应用技术型本科院校机电类专业“十三五”系列规划教材

Altium Designer 电子线路CAD教程

Altium Designer DIANZI XIANLU CAD JIAOCHENG

主 编 徐陶祎

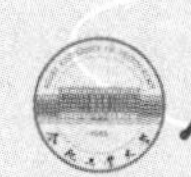

合肥工业大学出版社

图书在版编目(CIP)数据

Altium Designer 电子线路 CAD 教程/徐陶祎主编．—合肥：合肥工业大学出版社，2017.1(2024.1 重印)

ISBN 978-7-5650-3083-3

Ⅰ.①电… Ⅱ.①徐… Ⅲ.①电子电路—计算机辅助设计—高等学校—教材 Ⅳ.①TN702

中国版本图书馆 CIP 数据核字(2017)第 285215 号

Altium Designer 电子线路 CAD 教程

主 编 徐陶祎　　　　责任编辑 马成勋

出 版	合肥工业大学出版社	版 次	2017 年 1 月第 1 版
地 址	合肥市屯溪路 193 号	印 次	2024 年 1 月第 4 次印刷
邮 编	230009	开 本	787 毫米×1092 毫米 1/16
电 话	理工图书出版中心：15555129192	印 张	24.25
	营销与储运管理中心：0551-62903198	字 数	728 千字
网 址	press.hfut.edu.cn	印 刷	安徽昶颉包装印务有限责任公司
E-mail	hfutpress@163.com	发 行	全国新华书店

ISBN 978-7-5650-3083-3　　　　定价：60.00 元

如果有影响阅读的印装质量问题，请与出版社营销与储运管理中心联系调换。

前　言

随着计算机技术与电子技术的迅速发展，计算机辅助设计(Computer Aided Design——CAD)技术已经渗透到现代电子工业中的各个领域。其中Altium Designer是应用非常广泛、功能强大的一款电路设计软件，它是Altium的最新产品，是由Protel发展而来的，与前期的Protel版本相比，Altium Designer的功能得到了进一步增强。Altium Designer的自动布线规则大大提高了布线的成功率和准确率。尽管目前有多种原理图与PCB设计软件，但Altium Designer系列软件仍然以其功能强大、人机界面友好、易学易用、可完整实现电子产品从电学概念设计到生成物理生产数据的全过程等优点为各企业广泛应用。

通过深入细致地调查发现，现在的大专院校大多采用Altium Designer 09或Altium Designer 10软件完成教学。针对独立院校和高职高专类学生的特点，为使广大电路设计初学者能尽快入门并掌握电路设计软件，特编写该书。

本书通过大量应用实例向读者介绍电路板设计工具Altium Designer的使用方法，重点培养学生的电路设计技能，提高学生解决实际问题的能力。书中通过创设情境激发学生的学习兴趣，使其主动参加到学习中来，并掌握Altium Designer软件的功能。在内容的安排上遵循学习者认知规律，通俗易懂，循序渐进，富有启发性，每章后配有课后练习，方便教学与学生自学。

本书共分10章，主要内容如下：

第1章为读者介绍Altium Designer软件文件结构与管理，并讲述软件基本操作。

第2章到第3章为电路原理图设计系统，包括原理图工具栏用法、原理图图纸的设置、简单原理图的绘制方法、元件库的加载与使用以及层次原理图的两种绘制方法。

第4章讲述如何制作原理图元件，讲解元件符号的绘制工具与绘制方法，并讲述简单元件及部分复杂元件的绘制方法。

第 5 章到第 6 章讲述 PCB 设计，讲解了 PCB 的组成结构以及设计流程，并讲述如何设计 PCB，如何进行布局布线，此外还详细介绍了 PCB 编辑器参数的设置、电路板板框的设置、对象的编辑、添加泪滴及敷铜等操作。

第 7 章讲述如何进行 PCB 封装设计。本章详细讲解了如何进行封装库的创建、元件封装的设计、元件封装的管理以及元件封装报表的生成等操作。

第 8 章讲述电路仿真，并结合典型设计实例进行讲解，使读者可以轻松掌握 Altium Designer 仿真模块的应用。

第 9 章讲述 PCB 信号完整性分析。

第 10 章结合一个综合实例来讲解 PCB 制作的全过程，首先是文件系统的建立，然后详细介绍了 PCB 编辑器参数的设置、电路板板框的设置、对象的编辑、添加泪滴及敷铜等操作。

本书图文并茂，叙述简明清楚，在编写过程中的每个重要步骤都给出了提示，读者通过学习能够完全掌握 PCB 制作的最基本技巧，并能够灵活应用。全书以多个典型工程设计实例讲述在 Altium Designer 环境下，完成电路原理图设计和 PCB 的制作，以及电路仿真和信号完整性分析。

本书由武汉科技大学城市学院电气工程系主任徐陶祎老师编写，主要面向应用型本科院校或大中专院校相关专业师生以及广大电路设计初学者。

在本书的编写过程中，编者参阅了许多同行专家的文献资料，在此真诚致谢。由于编写时间仓促，作者水平有限，书中难免有不妥之处，恳请读者批评指正。

编　者

2016 年 12 月

目　录

第1章　印制电路板与 Altium Designer 10

本章导读

本章从 Altium 软件的发展历史出发，介绍了 Altium Designer 10 的设计环境界面、文件管理以及基本操作方式，使读者从总体上了解和熟悉软件的基本操作流程。

学习目标

- Altium Designer 10 的设计环境界面；
- Altium Designer 10 的文件管理；
- Altium Designer 10 的基本操作。

1.1　Altium Designer 10 概述

人们可以利用电子 CAD 软件完成电子线路的设计，包括电路的原理图设计、电路功能仿真、印制板设计与检测等。Altium Designer 软件是目前 EDA（Electronic Designer Automation）领域中领先的，由 Altium 公司推出的一款使用方便、操作便捷、操作界面人性化的电路设计软件。

Altium 软件发展历史如下。

1985 年：Protel 国际有限公司成立，并发布 DOS 版 Protel PCB。

1991 年：Protel 公司发布 Windows 上的 Protel，其为业界首例基于 Windows 的 PCB 设计系统，以客户/服务器结构开发技术平台，集成 EDA 设计工具（后来作为 Design Explorer 技术集成平台的基础，用在 Altium 当前的产品中）。

1998 年：Protel 公司发布 Protel 98，其为首例集成所有 5 个核心板卡设计工具的产品。

1999 年：Protel 公司在设计开发平台上发布 Protel 99，获得 Accolade 设计自动化（开始销售 Peak FPGA 产品），进入 FPGA 设计和综合市场从 Green Mountain 获得 VHDL 仿真技术。

2001 年：发布 P-CAD 2001，Protel 国际有限公司与 Atmel 公司开展战略伙伴关系，并正式更名为 Altium 有限公司。

2004 年：发布 Protel 2004，可在 FPGA 上开发完全基于处理器的数字系统。发布 CircuitStudio，其为板级和可编程逻辑设计通用的前端工程系统。

2005 年：正式发布 Altium Designer 6.0，该产品现在是基于 DXP 2004 设计系统的许可证选项,该系统具有整个电子产品开发流程所必需的所有功能。

2009 年:正式发布 Altium Designer Summer 09,在全球范围内推出了 Altium 创新电子设计平台。

2011 年:Altium 正式推出 Altium Designer 10,它的诞生延续了连续不断的新特性和新技术的应用过程。

1.2 Altium Designer 10 设计环境

1.2.1 Altium Designer 10 主界面

Altium Designer 10 启动后可进入软件主界面,如图 1－1 所示。用户可以通过该主界面进行项目文件的操作,如创建新项目、打开、保存文件等。

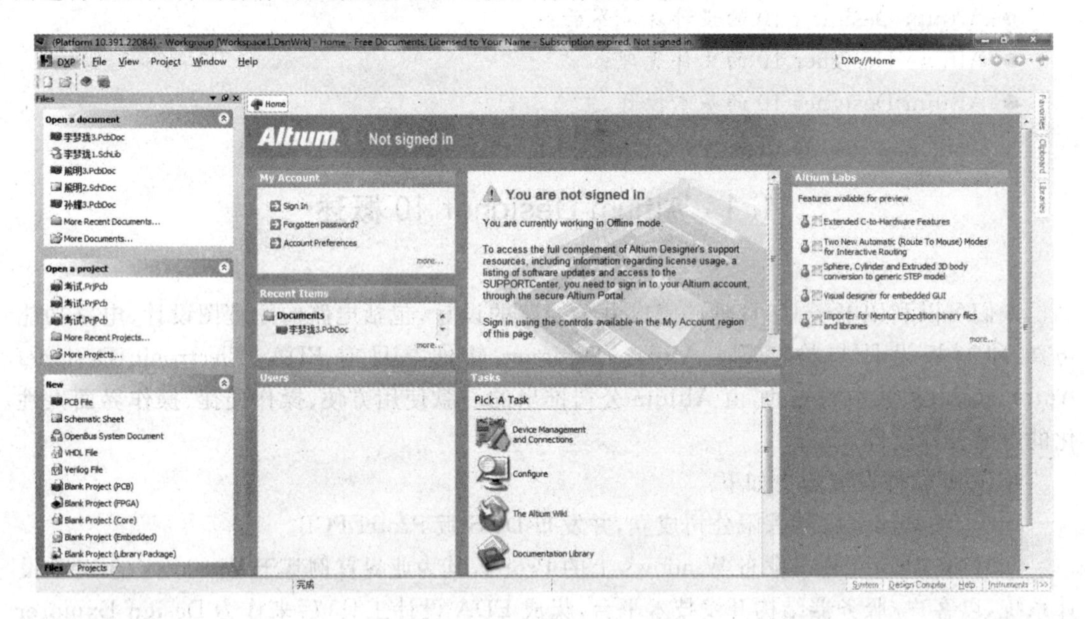

图 1－1 Altium Designer 10 主界面

Altium Designer 10 主界面类似于 Windows 的界面风格,主要包括菜单栏、工具栏、工作面板、状态栏和导航 5 个部分。

1.2.2 Altium Designer 10 菜单栏

菜单栏包括一个用户配置按钮 DXP、文件按钮 File、视图按钮 View、项目按钮 Project、窗口按钮 Windows 和帮助按钮 Help 共 5 个菜单,如图 1－2 所示。

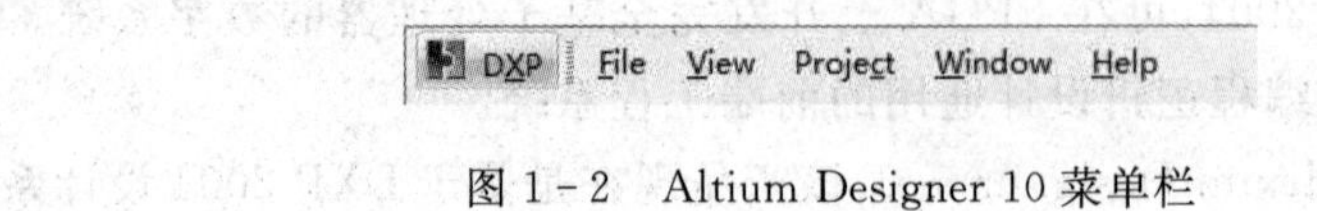

图 1－2 Altium Designer 10 菜单栏

1. 用户配置按钮 DXP

单击该按钮会弹出如图 1－3 所示的配置菜单，每项菜单的功能和组成在后续内容中将陆续学习。

2. 文件按钮 File

File 文件菜单主要用于文件的新建、打开、保存和退出等基本功能，如图 1－4 所示。

图 1－3　DXP 配置菜单栏

图 1－4　File 文件菜单栏

3. 视图按钮 View

View 视图菜单主要用于工具栏、工作面板、命令行与状态栏的显示和隐藏，如图 1－5 所示。

4. 项目按钮 Project

Project 项目菜单主要用于项目的管理，包括项目文件的编译、添加、删除、显示项目文件的差异和版本控制等命令，如图 1－6 所示。

图 1－5　View 视图菜单栏

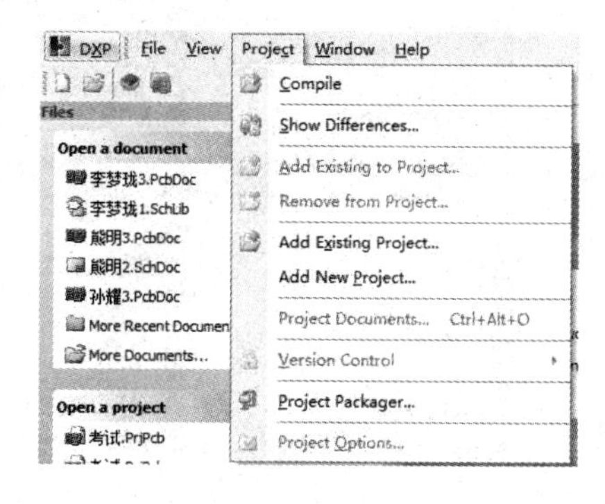

图 1－6　Project 项目菜单栏

5. 窗口按钮 Windows

Project 项目菜单主要用于对窗口的纵向排列、横向排列、打开、隐藏和关闭等操作，如

图 1－7 所示。

6. 帮助按钮 Help

Help 帮助菜单主要用于提供各种帮助信息，如图 1－8 所示。

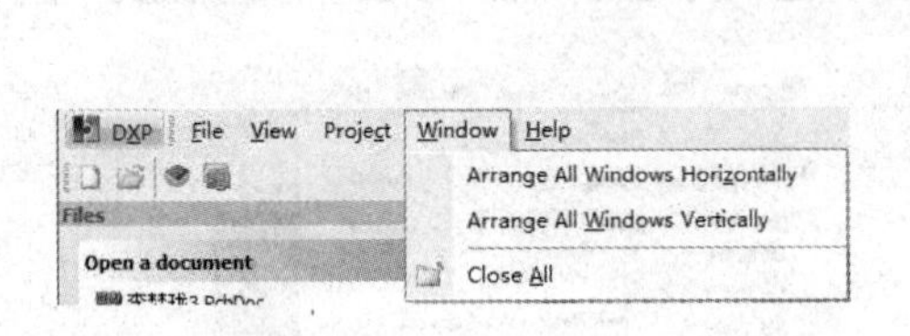

图 1－7　Windows 窗口菜单栏

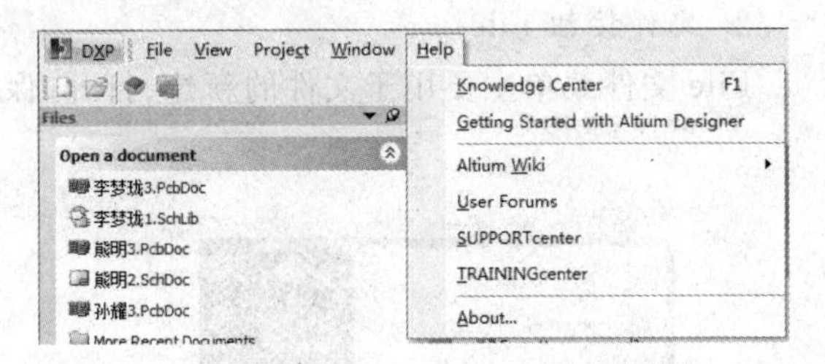

图 1－8　Help 帮助菜单栏

1.2.3　Altium Designer 10 工具栏

在主界面中，工具栏中只有 4 个按钮，分别用来新建文件、打开已存在的文件、打开设备视图和打开 PCB 发行视图页面，如图 1－9 所示。

图 1－9　工具栏

1.2.4　Altium Designer 10 工作窗口

打开 Altium Designer 10，工作窗口显示的是 Home 页面，如图 1－10 所示。

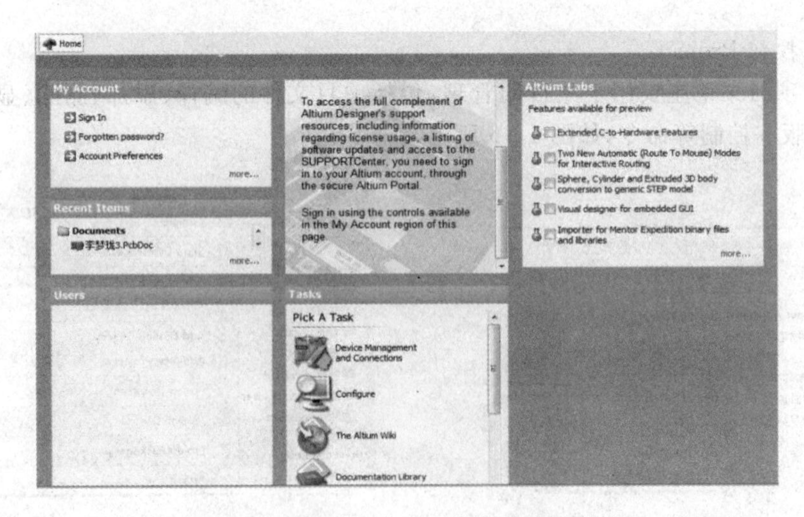

图 1－10　工作窗口的主页页面

Home 页面中包含一系列快速启动图标，包括列出最近打开的项目和文件、DXP 配置、查看升级信息、设计印制电路板等。

1.2.5　Altium Designer 10 工作面板

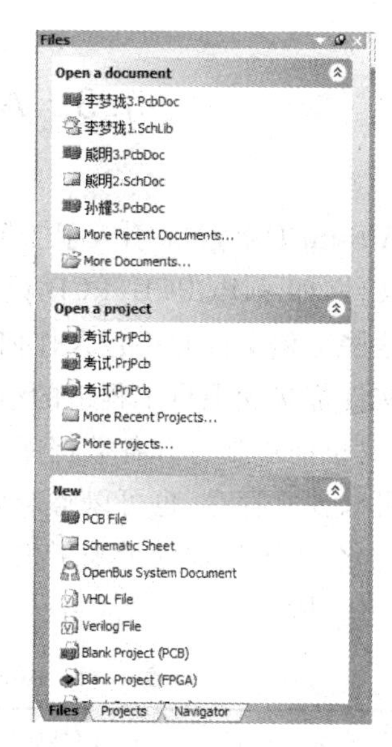

图 1－11　展开的"Files"工作面板

在 Altium Designer 10 中，可以使用系统型面板和编辑器面板两种类型的面板。系统型面板在任何时候都可以使用，而编辑器只有在相应的文件被打开时才可以使用。使用工作面板可以在设计过程中进行快捷操作。

Altium Designer 10 启动后，系统将自动激活"Files（文件）"面板、"Projects（项目）"面板和"Navigator(导航)"面板，可以通过单击面板底部的标签在各面板之间切换，如图 1－11 所示。

工作面板有自动隐藏显示、浮动显示和锁定显示 3 种显示方式。在每个面板的右上角都有 3 个按钮，按钮可以在各面板之间切换，按钮可以改变面板的显示方式，按钮用于关闭当前面板。

若操作者不慎将工作面板关闭，可通过软件界面的右下角部分的"System"菜单进行解决。打开"System"下拉菜单进行选择，若选择"Projects"选项将会让项目面板重新出现，如图 1－12 所示。

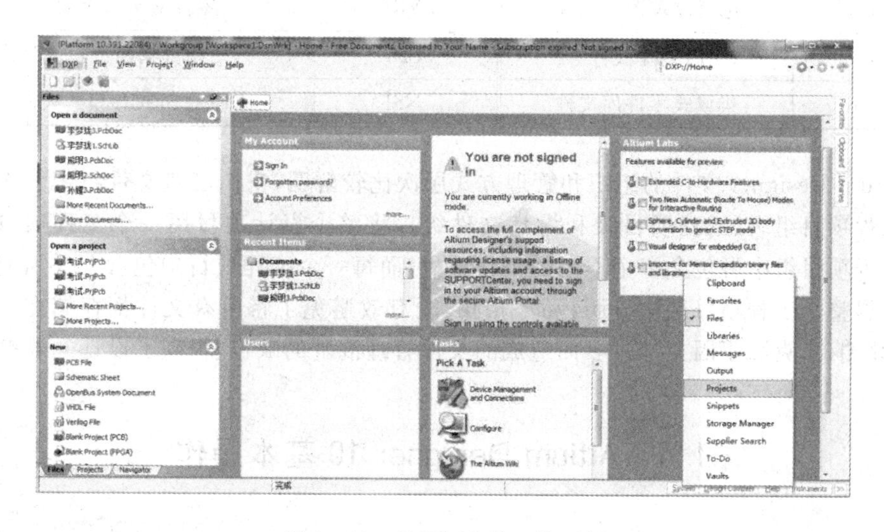

图 1－12　显示相应的工作面板

1.2.6　Altium Designer 10 标签栏、状态栏和命令行

（1）标签栏一般位于工作区的右下方，它的各个按钮用来启动相应的工作区面板。

（2）状态栏用于显示当前的设计状态。

（3）命令行用来显示当前正在使用的命令。

1.3 Altium Designer 10 文件管理

Altium Designer 引入了工程项目组(*.PrjGrp 为扩展名)的概念,其中包含一系列的工程文件,如 *.PrjPCB(PCB 设计工程)、*.PrjFpg(FPGA 现场可编程门阵列设计工程)等。这些工程文件并不包含任何文件,只建立与各源文件之间的链接关系,因此所有电路的设计文件都接受项目工程组的组织和管理,用户可以通过打开项目组来查找电路的设计文件,同时也能单独打开各数据库中的源文件,如原理图文件、PCB 文件等,也就是说各个源文件既可以独立存在,也可以整合到一个项目工程文件中。这种自由的文件组织结构,显得更为人性化,为大型设计带来了极大方便。Altium Designer 中支持部分源文件所表示的含义如表 1-1 所示。

表 1-1 Altium Designer 支持的部分源文件所表示的含义

扩展名	文件类型	扩展名	文件类型
.PrjPCB	PCB 项目文件	.PrjFpg	FPGA 项目文件
.SchDoc	电路原理图文件	.NET	网络表文件
.PcbDoc	PCB 文件	.REP	网络表比较结果文件
.SchLib	电路原理图库文件	.XRF	零件交叉参考表文件
.PcbLib	PCB 库文件	.SDF	仿真输出波形文件
.IntLib	集成式零件库文件	.NSF	原理图 SPICE 模式表示文件

Altium Designer 文件的组织和管理方式层次比较鲜明,它由三级文件组织管理模式构成,即工程项目组级、工程项目级和设计文件级。将整个设计项目用一个工程项目组来定义,该工程项目组中可包含多个不同的工程项目,而每一个工程项目中包含几乎所有设计文件,这使得整个工程项目层次分明,环环相扣,既有效避免了将所有文件都存储在一个文件夹里的弊端,又克服了因文件过多而造成的文件管理混乱的缺点,提高了设计的效率。

1.4 Altium Designer 10 基本操作

文件的组织和管理主要包括新建、保存、切换、删除等操作,下面简单介绍一下这些文件的基本操作方法。

1.4.1 新建文件

1. 新建工程项目文件

(1)启动软件后,打开“File”菜单,选择“New”—“Project”—“PCB Project”命令,如图 1-13 所示。

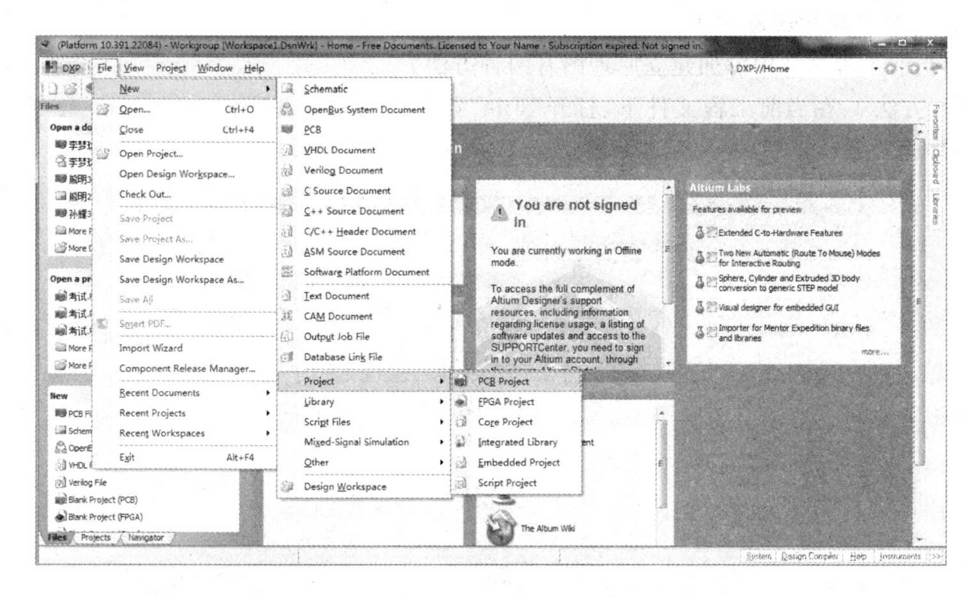

图 1 - 13　新建工程项目文件

(2)新建工程文件后，出现了如图 1 - 14 左侧所示的默认工程文件的面板，面板中有默认的工程文件为：PCB_Project1.PrjPCB。其中“PCB_Project1”是默认的工程文件名，后缀“.PrjPCB”为工程文件的扩展名。

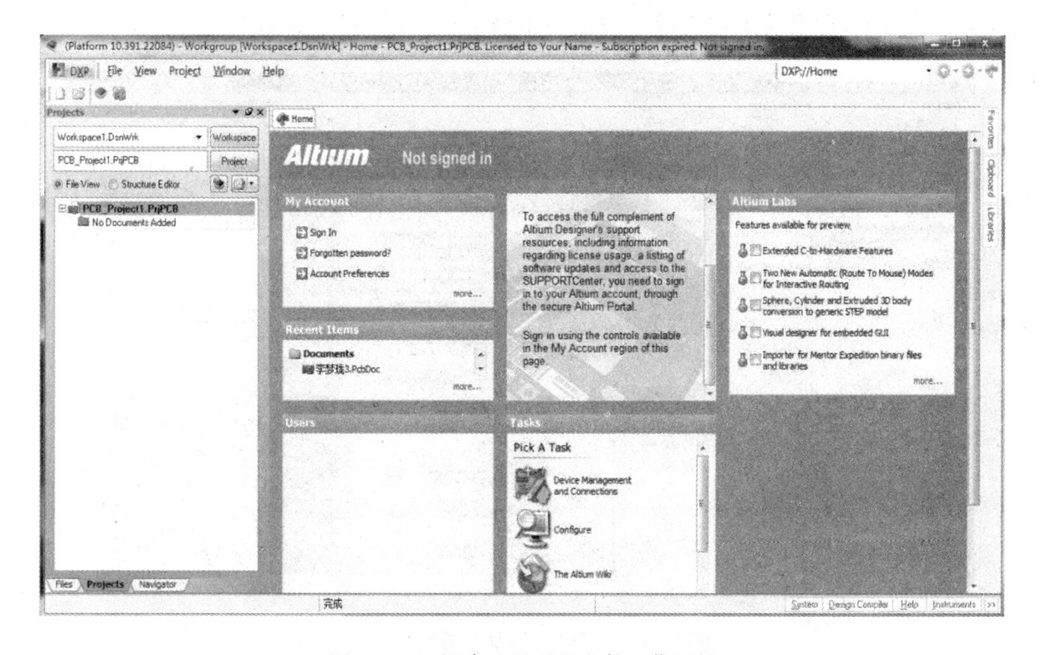

图 1 - 14　新建工程项目文件工作面板

需要注意的是，工程文件是管理性文件，在设计时必须先建立工程文件，才能顺利进行后续设计工作，其他所有单文件，都应在此工程文件中添加建立。

2. 新建电路原理图文件

向当前工程文件中添加建立原理图有两种方法。

(1)方法 1:在当前工程文件下,打开“File”菜单,选择“New”—“Schematic”命令,如图 1－15所示。

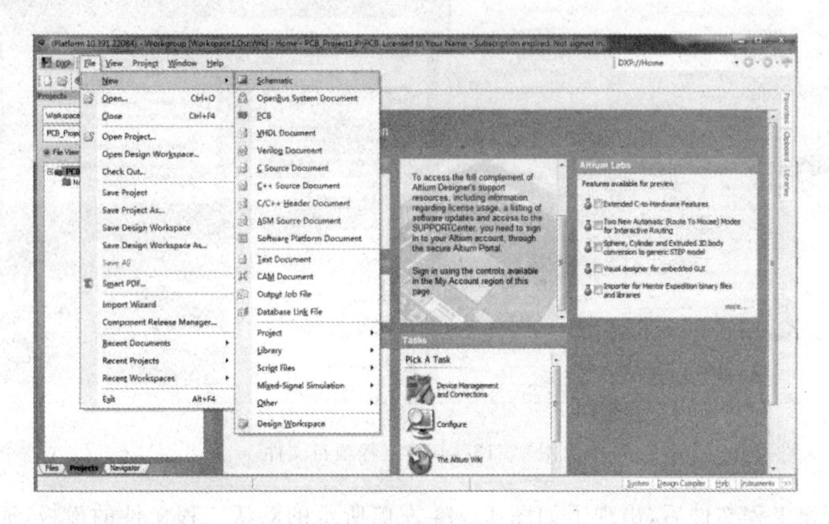

图 1－15　新建电路原理图文件方法 1

(2)方法 2:在已建立好的工程文件上单击右键选择“Add New to Project”菜单,选择“Schematic”命令,在当前工程文件中添加一个新的原理图文件,如图 1－16 所示。

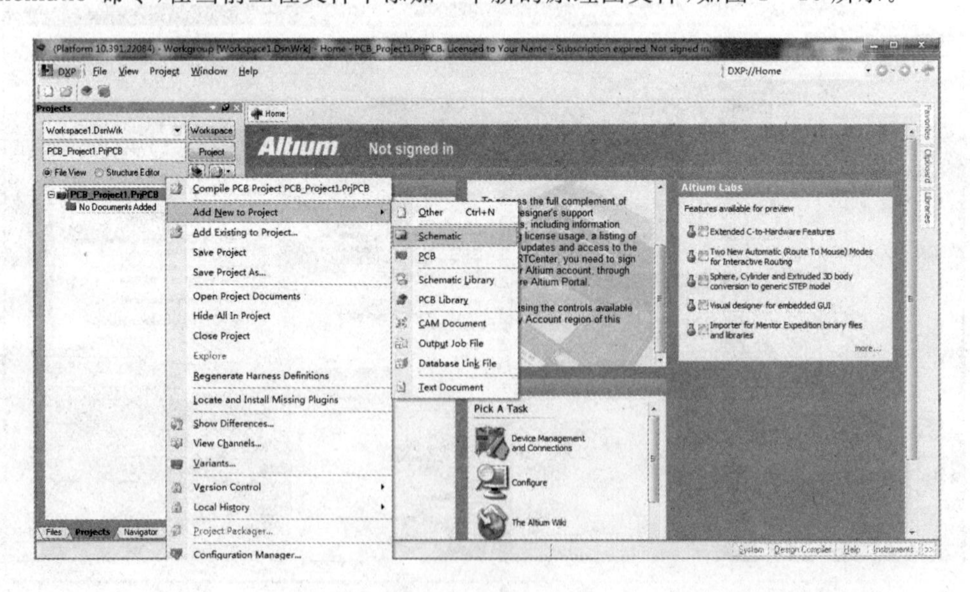

图 1－16　新建电路原理图文件方法 2

(3)两种方法添加原理图文件后,此时的工程文件面板中的工程文件中就会添加一个默认文件名为“Sheet1.SchDoc”的原理图文件,如图 1－17 所示。其中 Sheet1 是默认原理图文件名,用户可以自行修改,后缀“.SchDoc”是原理图文件的默认扩展名。

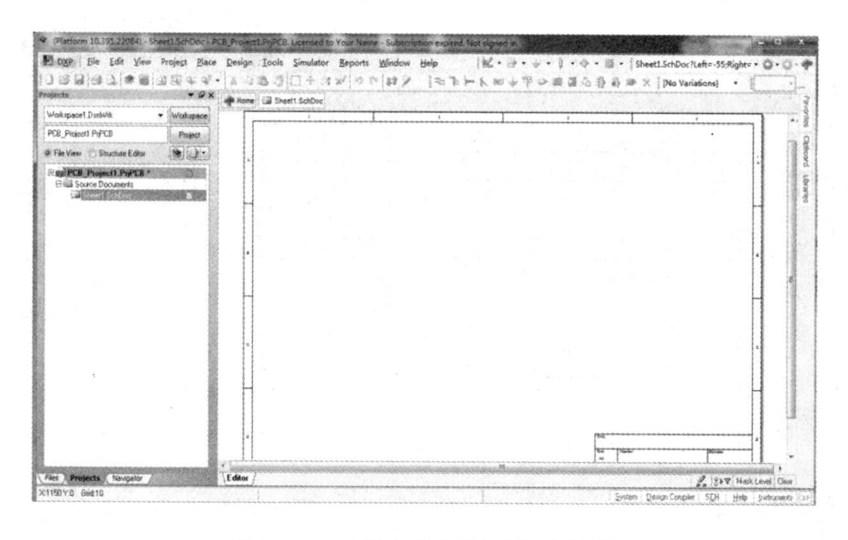

图 1 - 17　工程文件中增加原理图文件

3. 新建 PCB 文件

向当前工程文件中添加建立 PCB 文件有两种方法。

(1)方法 1:在当前工程文件下,打开“File”菜单,选择“New”—“PCB”命令,如图 1 - 18 所示。

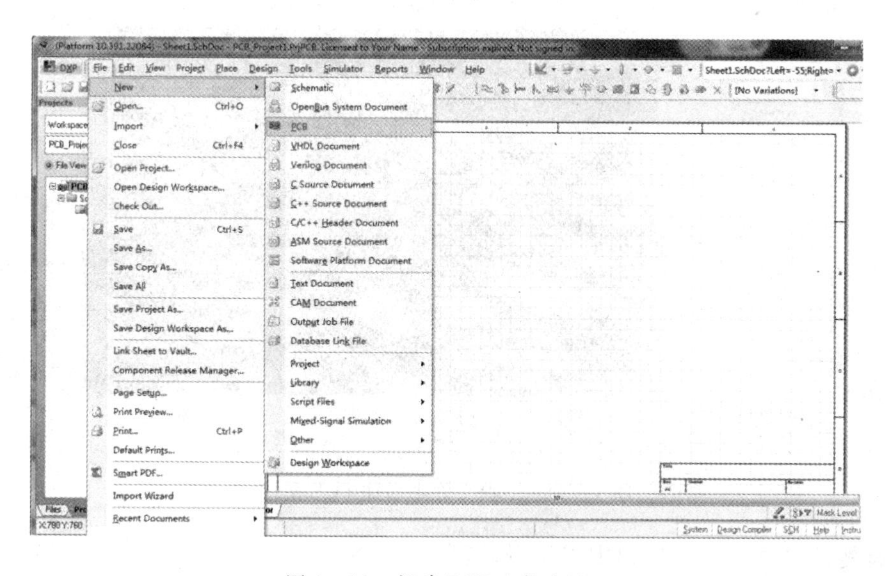

图 1 - 18　新建 PCB 文件方法 1

(2)方法 2:在已建立好的工程文件上单击右键选择“Add New to Project”菜单,选择“PCB”命令,就能在当前工程文件中添加一个新的 PCB 文件,如图 1 - 19 所示。

(3)两种方法添加 PCB 文件后,此时的工程文件面板中的工程文件中就会添加一个默认文件名为“PCB1.PcbDoc”的 PCB 文件,如图 1 - 20 所示。其中 PCB1 是默认 PCB 文件名,用户可以自行修改,后缀“.PcbDoc”是 PCB 文件的默认扩展名。

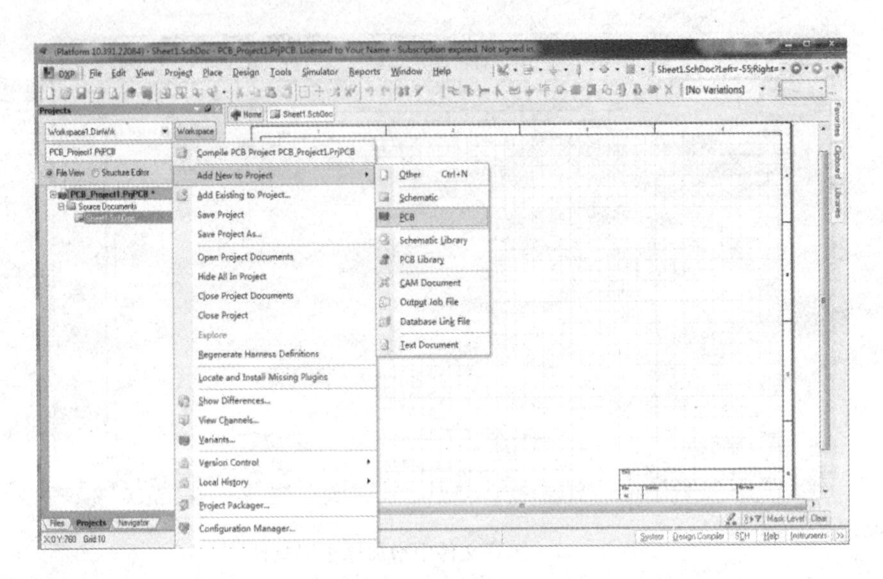

图 1-19　新建 PCB 文件方法 2

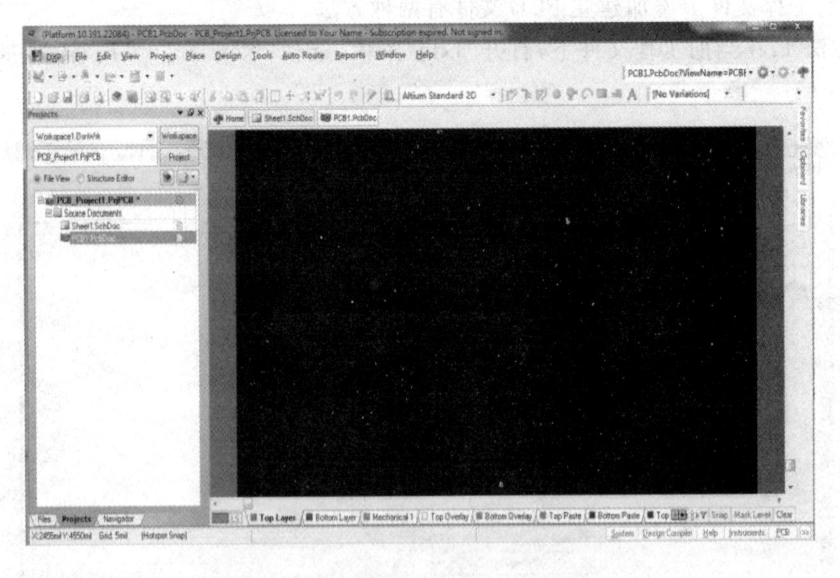

图 1-20　工程文件中增加 PCB 文件

4. 新建原理图库文件与 PCB 库文件

跟添加原理图文件类似，向当前工程文件中添加建立原理图库文件与 PCB 库文件有两种方法。

(1)方法 1：在当前工程文件下，打开“File”菜单，若选择“New”—“Library”—“Schematic Library”命令，则建立新原理图库文件，如图 1-21 所示。

若选择“New”—“Library”—“PCB Library”命令，则建立新 PCB 库文件，如图 1-22 所示。

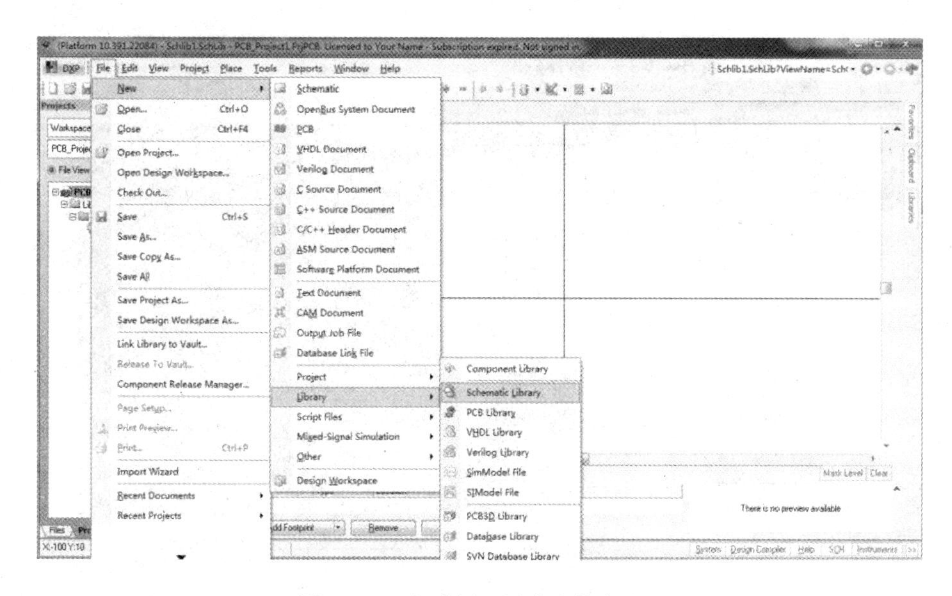

图 1 - 21　新建原理图库文件方法 1

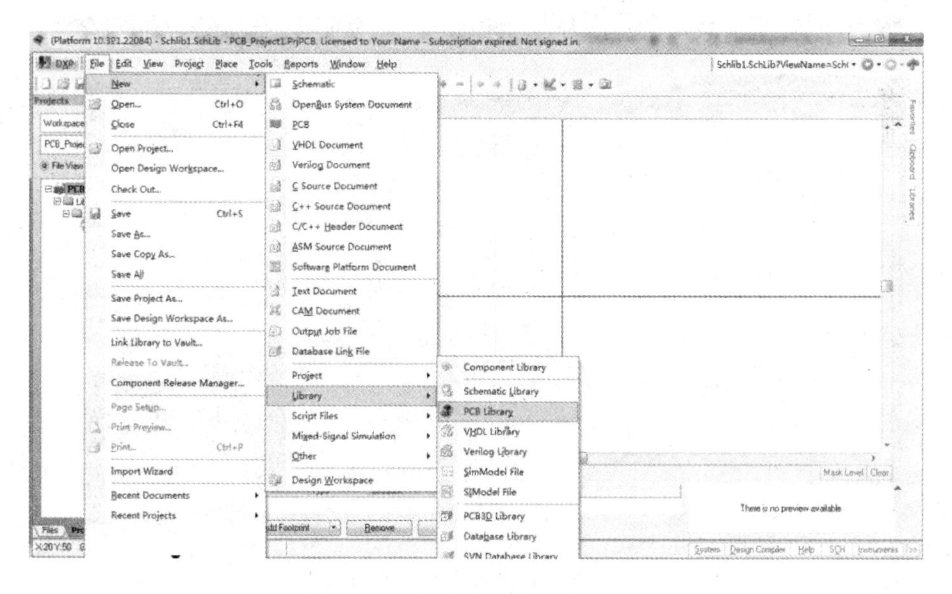

图 1 - 22　新建 PCB 库文件方法 1

(2)方法 2:在已建立好的工程文件上单击右键选择“Add New to Project”菜单,若选择“Schematic Library”命令,就能在当前工程文件中添加一个新的原理图库文件,如图 1 - 23 所示。

若选择“PCB Library”命令,就能在当前工程文件中添加一个新的 PCB 库文件,如图 1 - 24 所示。

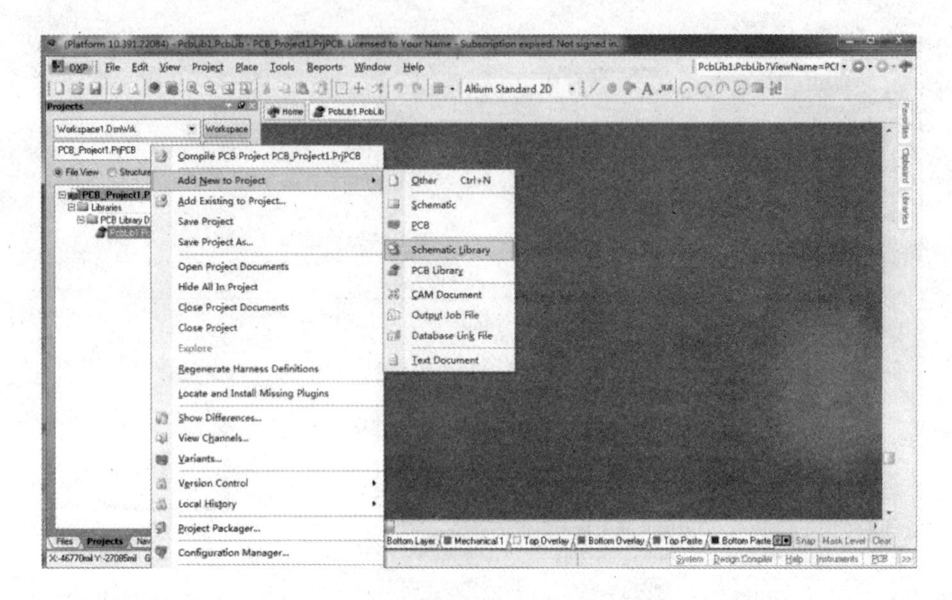

图 1-23　新建原理图库文件方法 2

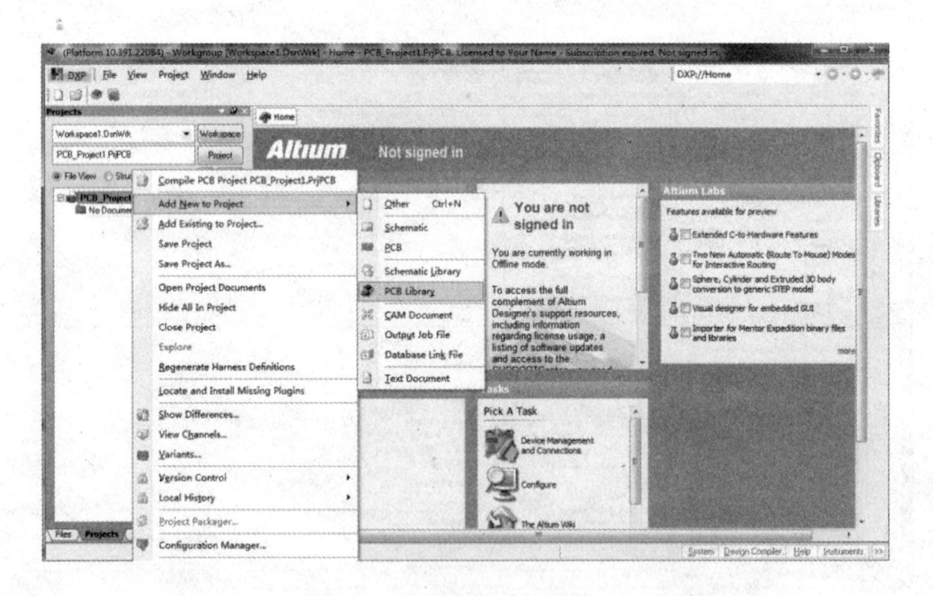

图 1-24　新建 PCB 库文件方法 2

(3)两种方法添加原理图库后，此时的工程文件面板中的工程文件中就会添加一个默认文件名为“SchLib1.SchLib”的原理图库文件，如图 1-25 所示。其中 SchLib1 是默认原理图库文件名，用户可以自行修改，后缀“.SchLib”是原理图库文件的默认扩展名。

两种方法添加 PCB 库文件后，此时的工程文件面板中的工程文件中就会添加一个默认文件名为“PcbLib1.PcbLib”的 PCB 库文件，如图 1-26 所示。其中 PcbLib1 是默认 PCB 库文件名，用户可以自行修改，后缀“.PcbLib”是 PCB 库文件的默认扩展名。

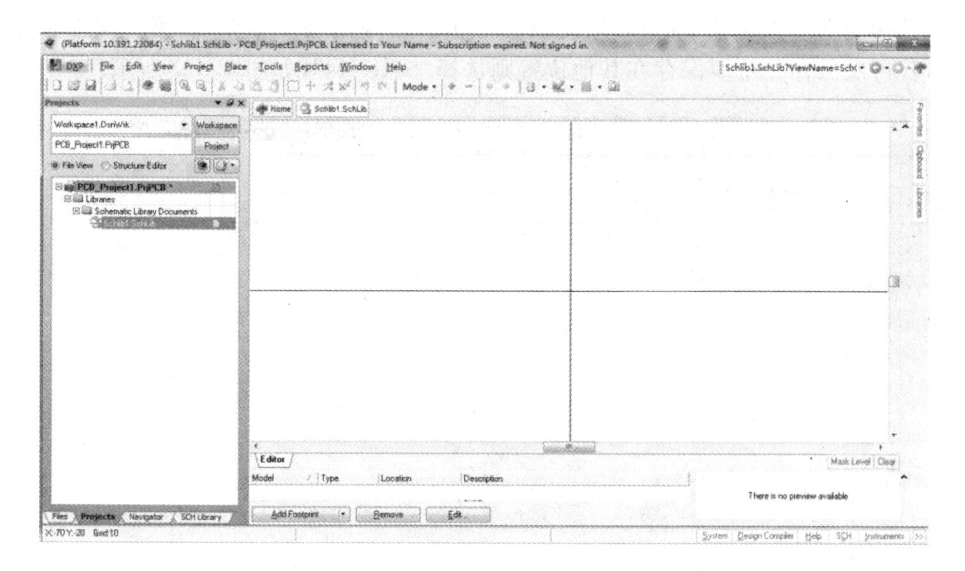

图 1 - 25　工程文件中添加原理图库文件

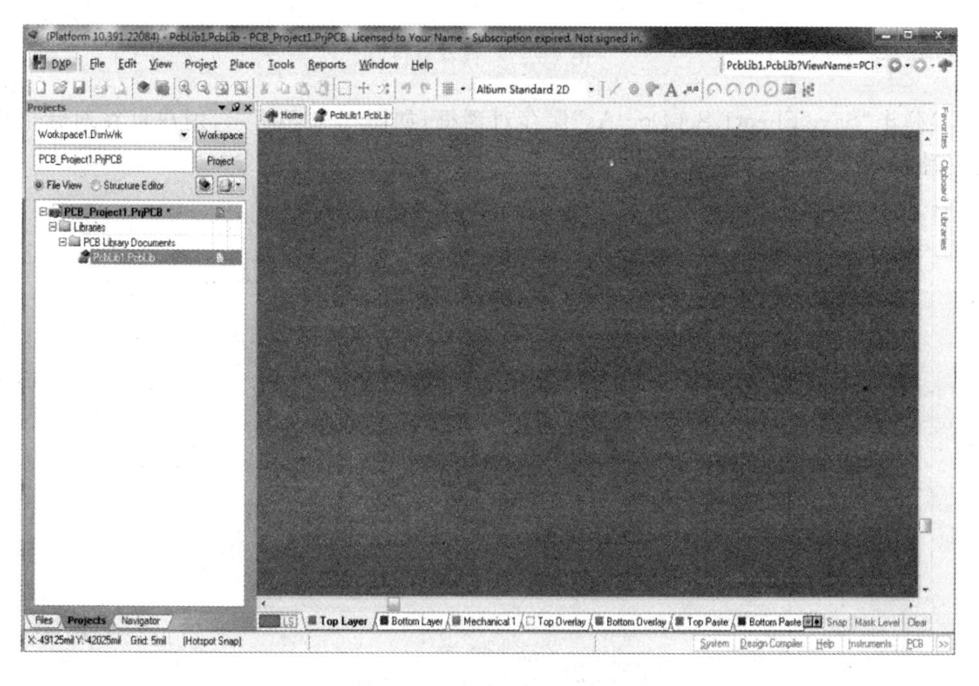

图 1 - 26　工程文件中添加 PCB 库文件

1.4.2　保存文件

将工程文件和其他设计文件保存在用户指定的文件夹中，如保存在 D 盘 Altium 文件夹中。保存文件时，注意顺序是从内到外，即先保存原理图、PCB 文件等，后保存工程文件。下面以工程文件和该文件下的原理图文件为例，说明保存文件的方式与步骤。

(1)选择当前工程文件中的原理图文件，点击右键弹出快捷菜单，若第一次保存则选择“Save”，若再次保存并希望保存在其他位置则选择“Save As”，如图 1－27 所示。

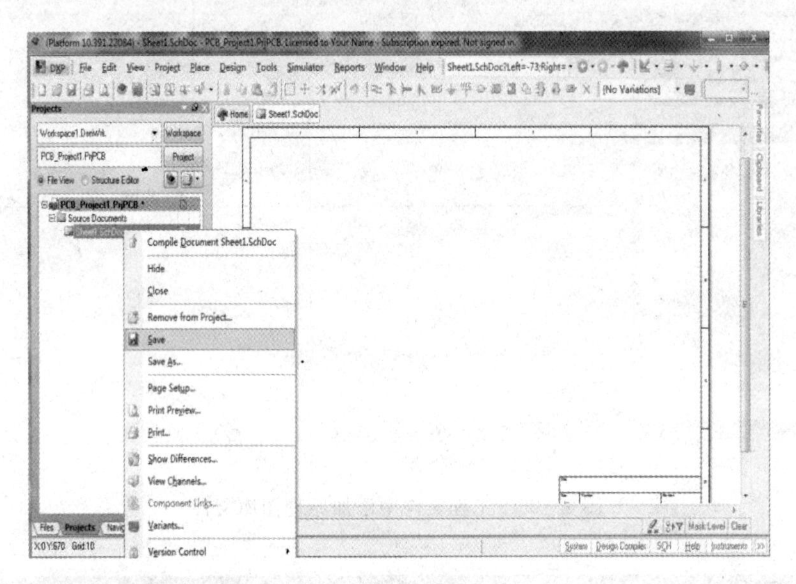

图 1－27 保存窗口

(2)弹出“Save Sheet1.SchDoc As”保存对话框，如图 1－28 所示，用户可在对话框中修改保存路径与文件名。

图 1－28 保存原理图文件窗口

(3)选择当前工程文件，点击右键弹出快捷菜单，若第一次保存则选择“Save Project”，若再次保存并希望保存在其他位置则选择“Save Project As”，如图 1－29 所示。

(4)弹出“Save PCB_Project1.PrjPCB As”保存对话框，如图 1－30 所示，用户可在对话框中修改保存路径与工程文件名。

(5)添加完毕后，整个工程文件以及工程中各文件图标如图 1－31 所示。

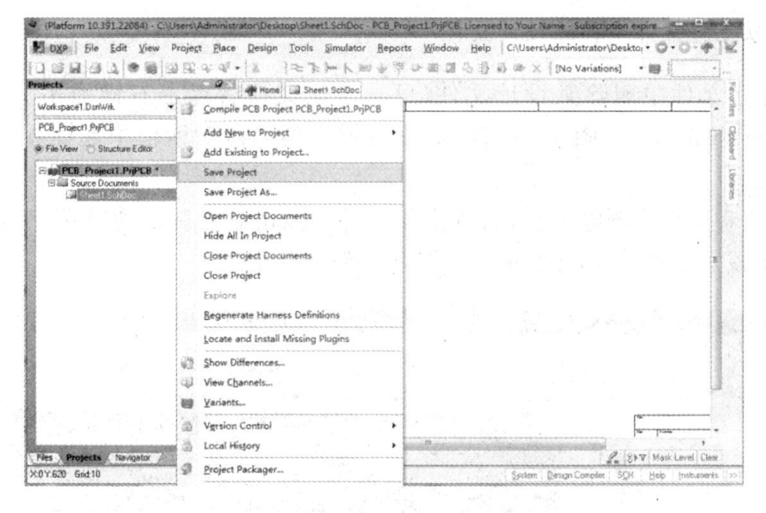

图 1-29　保存窗口

图 1-30　保存工程文件窗口

图 1-31　保存后整个工程文件窗口

1.4.3 从工程文件中移除设计文件

若要从工程文件中删除某设计文件，可选中该文件后点击右键弹出快捷菜单，选择“Remove from Project”，如图 1-32 所示，并在弹出的确认对话框中选择 Yes，如图 1-33 所示。

注意：从工程文件中删除文件，若选中该文件后点击右键弹出快捷菜单，选择“Close”，则仅仅做到将该文件关闭，而无法做到将其从工程中删除。

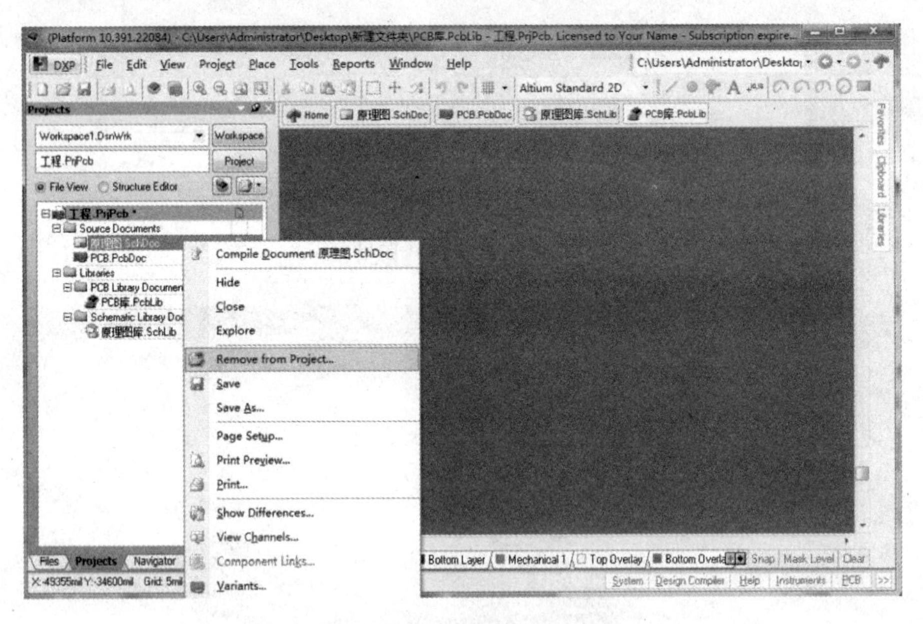

图 1-32 移除文件窗口

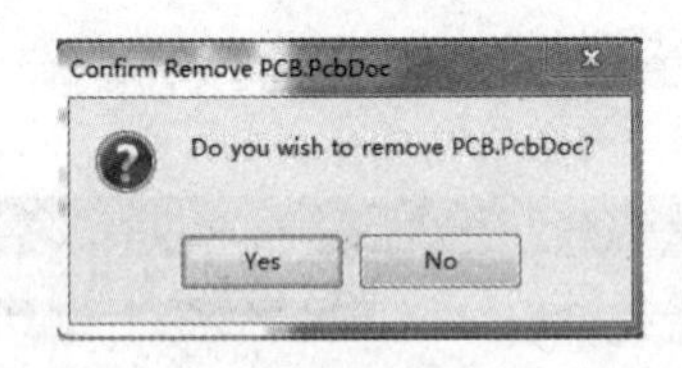

图 1-33 确定移除文件窗口

将文件从工程文件中移除时，该文件不会从工作面板中消失，而是出现在“Free Document”(空白文件夹)中成为自由文件。自由文件是指独立于项目文件之外的文件，Altium Designer 10 通常就会将这些文件存放在“Free Document”(空白文件夹)中。自由文件的存在方便了设计的进行，将文件从自由文档文件夹中删除时，文件才会被彻底删除。

1.4.4 打开与关闭文件

1. 打开文件

打开文件有以下几种方法。

(1)执行“File”—“Open”，在弹出的对话框中选择要打开的文件，然后单击“打开”按钮，如图 1 - 34 所示。

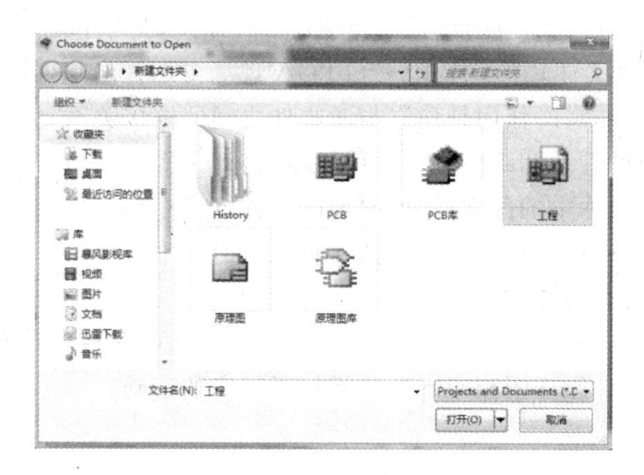

图 1 - 34　打开文件界面

(2)在 Altium Designer 软件的主界面窗口中，单击工具栏上的 按钮，可在随即弹出的对话框中选择需要打开的设计文件。

(3)在没有启动 Altium Designer 软件的情况下，只需知道改文件的位置，双击要打开的文件图标，或右击该文件并在弹出的快捷菜单中选择“打开”命令。

2. 关闭文件

需要关闭已打开的文件时，在工作面板上将鼠标指针移动到所要关闭的项目文件名上右击，在弹出来的快捷菜单中选择“Close”命令，如图 1 - 35 所示，即可关闭该文件。

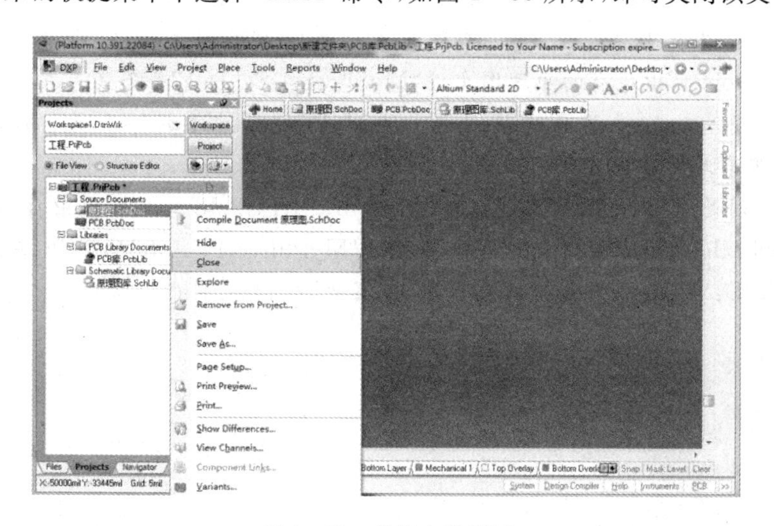

图 1 - 35　关闭文件界面

1.5　本章小结

Altium Designer 是一套完整的板卡级设计系统，可以真正实现在单个应用程序中的集成。本章主要介绍了 Altium Designer 10 软件的界面结构、文件结构管理和基本操作。

Altium Designer 引入工程项目组（*.PrjGrp）的概念，其中包含一系列的工程文件，如“*.PrjPcb”（PCB 工程文件）、“*.PrjFpg”（FPGA 现场可编程门阵列设计工程）等。这些工程文件不包含任何文件，它的作用是建立与源文件之间的链接关系，因此所有电路的设计文件都接受项目工程组的管理和组织，用户可以通过打开工程项目组来查找电路的设计文件，同时也可单独打开数据库中的源文件，如原理图文件、PCB 文件等。

Altium Designer 的基本操作主要包括文件的新建和保存、不同编辑器的启动和切换、文件的添加和移除，打开与关闭等。

通过本章学习，读者对 Altium Designer 10 软件、印制电路板设计和基本操作有了一个大概的了解，为今后设计原理图和印制电路板打下坚实的基础。

思考与练习

1. 简述 Altium Designer10 的界面结构。

2. 使用 Altium Designer10 新建一个 PCB 工程文件，并将新建的该工程文件改名为“MyWork_1.PrjPcb”后保存到目录“D:\Chapter1\MyProject”中。

3. 使用右键快捷菜单命令为第 2 题所建立的“MyWork_1.PrjPcb”工程文件下添加一个原理图文件和一个 PCB 文件，并分别命名为“MySheet_1.SchDoc”“MyPcb_1.PcbDoc”，接着将它们保存到目录“D:\Chapter1\MyProject”中，在操作过程中注意观察 PCB 工程文件下添加新文件后，工程文件工作面板的变化情况。

4. 在第 3 题基础上，将原理图文件“MySheet_1.SchDoc”从工程文件“MyWork_1.PrjPcb”中移除，接着保存修改过的工程文件后关闭该工程文件，观察计算机目录“D:\Chapter1\MyProject”中原有的原理图文件“MySheet_1.SchDoc”是否还存在。

5. 在第 4 题基础上，在目录“D:\Chapter1\MyProject”中重新打开“MyWork_1.PrjPcb”工程文件，并观察此时工程文件的组成。

6. 在第 5 题基础上，使用菜单命令为“MyWork_1.PrjPcb”工程文件中再添加一个名叫“MySlib_1.SchLib”的原理图库文件与一个名叫“MyPlib_1.PcbLib”的 PCB 库文件，并将它们保存到目录“D:\Chapter1\MyProject”中，观察此时工程文件的组成。

第2章　原理图设计

本章导读

原理图设计是电子电路设计过程中最重要的基础性工作，在 Altium Designer 10 软件设计时，只有先设计出符合需要符合规则的电路原理图，然后才能顺利地对其进行仿真分析，最终变为可以用于生产的 PCB 印制电路板文件。

学习目标

- Altium Designer 10 的原理图设计步骤；
- Altium Designer 10 的原理图布线工具栏、一般绘图工具栏使用方法；
- Altium Designer 10 的元件库的装载。

2.1　原理图设计步骤

电路原理图的一般设计步骤如下：

(1)新建工程文件

在绘制原理图等所有设计文件之前，均需要建立工程文件，将这些设计文件全部包含进去。

(2)添加原理图文件

在当前工程文件中添加一张原理图文件，并命名保存。

(3)设置原理图图纸与工作环境

根据所绘制原理图的复杂程度，需要进行图纸设置并设置环境参数。

(4)装载元件库

在放置原理图中各个元件之前，需要装载元器件所在的元件库。

(5)放置元器件

在对应元件库中选择元件放置到图纸对应位置。

(6)编辑元件属性

根据设计需求修改元件属性，如元件标识符、注释、方向、标称值等，并调整元件位置。

(7)电路连接

用导线完成各元件引脚之间的线路连接。

(8)文件保存

将已完成的原理图文件保存。

2.2 绘图工作环境的设置

2.2.1 原理图图纸设置

在进入原理图编辑环境时，Altium Designer 10 系统会自动给出相关图纸的默认参数，但在大多数情况下，这些默认参数不一定适合用户需求，因此在原理图绘制过程中，用户可以根据设计电路图的复杂程度，对图纸进行设置。

单击“Design”(设计)菜单，下拉选择“Document Options”(文档选项)，或者在图形编辑区右键单击在弹出的快捷菜单中选择“Options”(选项)，在下一级菜单选择“Document Options”(文档选项)，系统将弹出“Document Options”(文档选项)对话框，如图 2-1 所示。

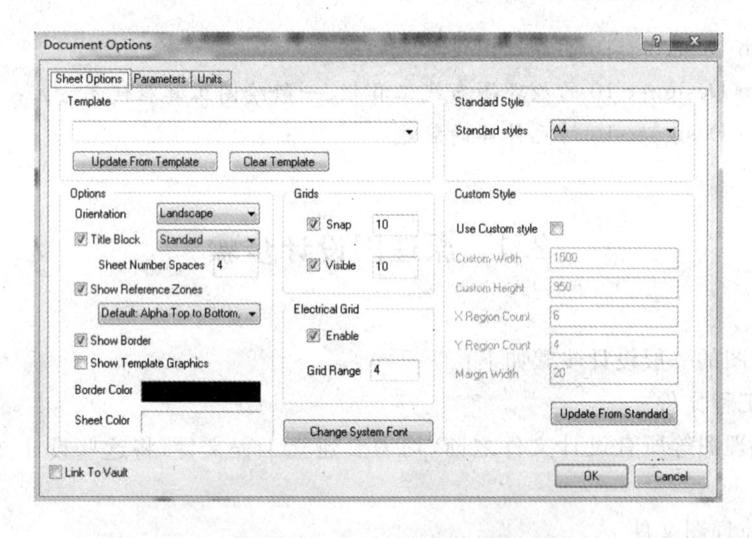

图 2-1 “Document Options”对话框

在该对话框中，有“Sheet Options”(原理图选项)、“Parameters”(参数)和“Units”(单位)3 个选项卡，用户可以根据里面的信息设置图纸相关参数。

1. 按照实际需要设置图纸规格

如图 2-2 所示，在“Sheet Options”(原理图选项)选项卡的“Standard Style”(标准风格)选项区选择标准风格或用户自定义风格。

“Standard Styles”(标准风格)选项区用来设置标准图纸尺寸，单击下拉列表可以选择图纸大小，提供标准图纸包括：A0、A1、A2、A3、A4，英制标准 A、B、C、D、E 与 OrCAD 等图纸格式。

“Custom Styles”(用户自定义风格)选项区，可以让用户自行定义图纸尺寸，选择“Use Custom Styles”(使用自定义风格)复选框即可自定义图纸尺寸。

2. 设置图纸方向

在"Options"(文档选项)区中设置图纸方向。在对话框中单击"Orientation"(方向)下拉列表框,弹出如图 2-3 所示的图纸方向选择列表,包括两个选项:Landscape(水平)和 Portrait(垂直)。

图 2-2　"Standard Style"选项区

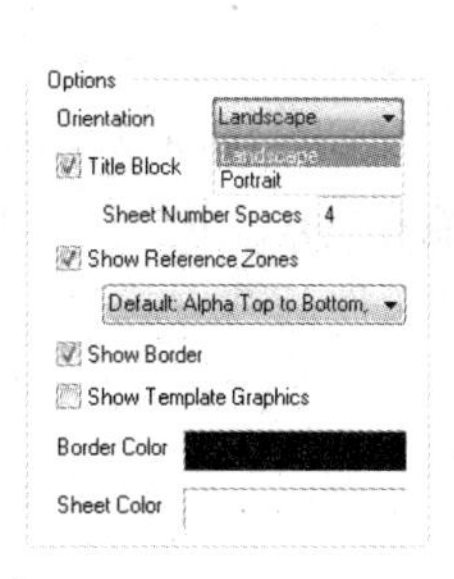

图 2-3　"Options"选项区

3. 设置图纸标题栏

在"Options"区(文档选项)中设置图纸方向标题栏。在对话框中单击"Title Block"(标题栏)前的复选框,并下拉列表框,弹出如图 2-4 所示的图纸标题栏选择列表,包括两个选项:Standard(标准型)和 ANSI(美国国家标准)。

4. 设置图纸颜色

在对话框中单击"Border Color"(边缘色)后的颜色块,弹出如图 2-5 所示的"Choose Color"对话框中设置图纸边缘颜色,单击"Sheet Color"(图纸颜色)后的颜色块,可以设置图纸颜色。

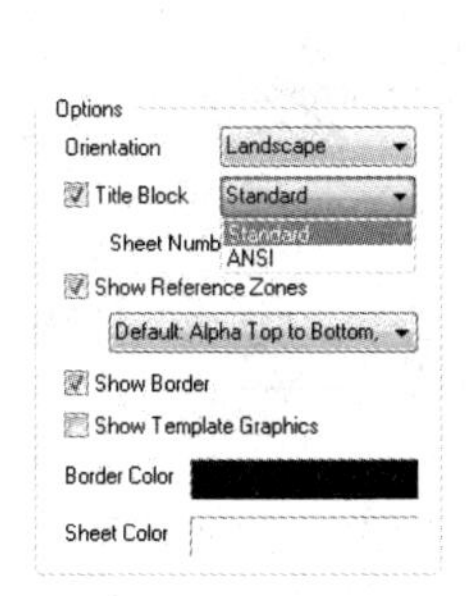

图 2-4　"Title Block"选项区

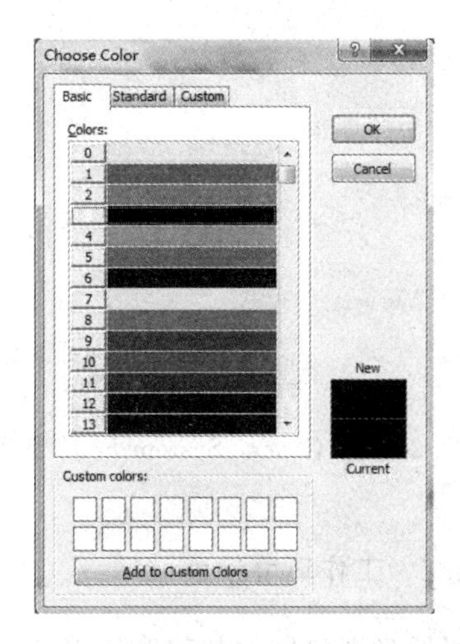

图 2-5　"Choose Color"对话框

5. 设置图纸网格

在对话框中"Grids"(网格)区合理设置原理图栅格,可以有效提高绘制原理图的质量,原理图栅格包括“Snap”(捕捉)栅格和“Visible”(可视)栅格,如图 2-6 所示。

“Snap”(捕捉)栅格:用来设置跳跃栅格。钩选该复选框后,光标以所设置的长度为单位进行元件的放置或拖动,10 表示 10mil(英制单位,1mil=0.0254mm),即鼠标移动元件或拖动时每次移动距离为 10mil。

“Visible”(可视)栅格:用来设置可视栅格的尺寸,即图纸显示栅格的间距。钩选该复选框后,工作区将显示栅格,其右侧的编辑框用来设置可视化栅格的尺寸。

6. 设置电气网格

在对话框中“Electrical Grid”(电气网格)区合理设置电气栅格,选中“Enable”(有效)复选框,系统就能在“Grid Range”(网格范围)所设定的范围大小内搜索电气节点。如图 2-7 所示,4 表示以元件的节点为圆心,以 mil 为单位,以光标中心为圆心,向四周搜索电气节点,并自动跳动到电气节点处,以方便连线。

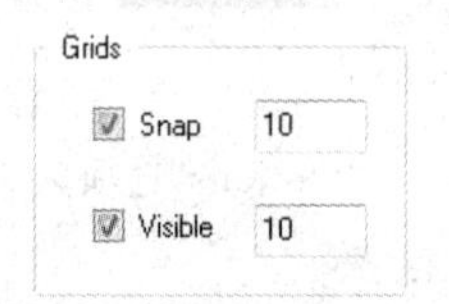

图 2-6 “Grids”选项区

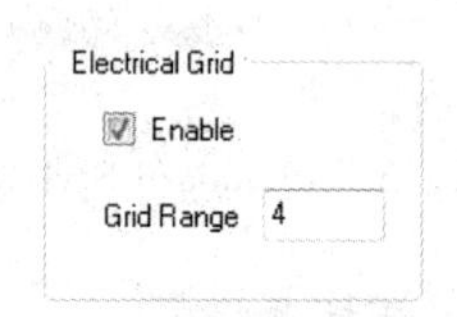

图 2-7 “Electrical Grid”选项区

7. 设置系统字体

Altium Designer 图纸支持插入中文或英文,系统可以为这些插入的字符设置字体,如在插入文字时,不修改字体,则默认为系统字体。点击“Change System Font”按钮,将弹出如图 2-9 所示的设置系统字体对话框,用户通过该对话框设置系统字体。

图 2-8 “Change System Font”选项区

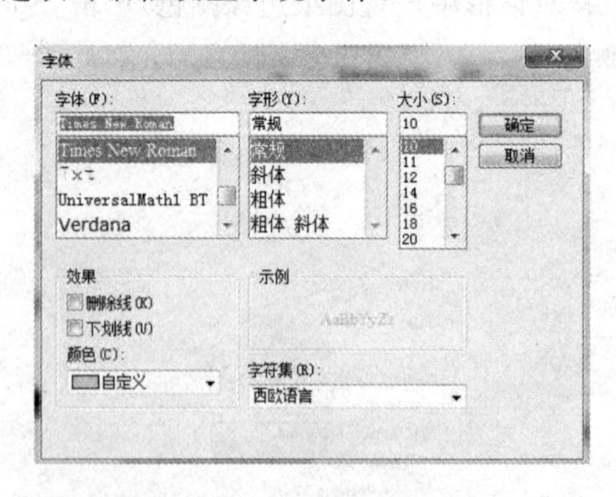

图 2-9 “字体”对话框

2.2.2 工作环境设置

一张原理图绘制的效率和正确性,常常与其工作环境参数的设置有重要关系,设置原理图的环境参数可以通过执行“Tool”(工具)—“Schematic Preferences”(原理图优先)命令来实现,执行该命令后,系统将弹出如图 2-10 所示的参数设置对话框。通过该对话框可以分别设置原理图环境、图形编辑环境及默认基本单元等,这些分别可以对“Schematic”(原理图)中的“General”(基本设置)、“Graphical Editing”(图形编辑)和“Grids”(网格)选项卡实现。

1.“General”(基本设置)选项卡

如图 2－10 所示,该选项卡主要用于原理图编辑过程中的通用设置。

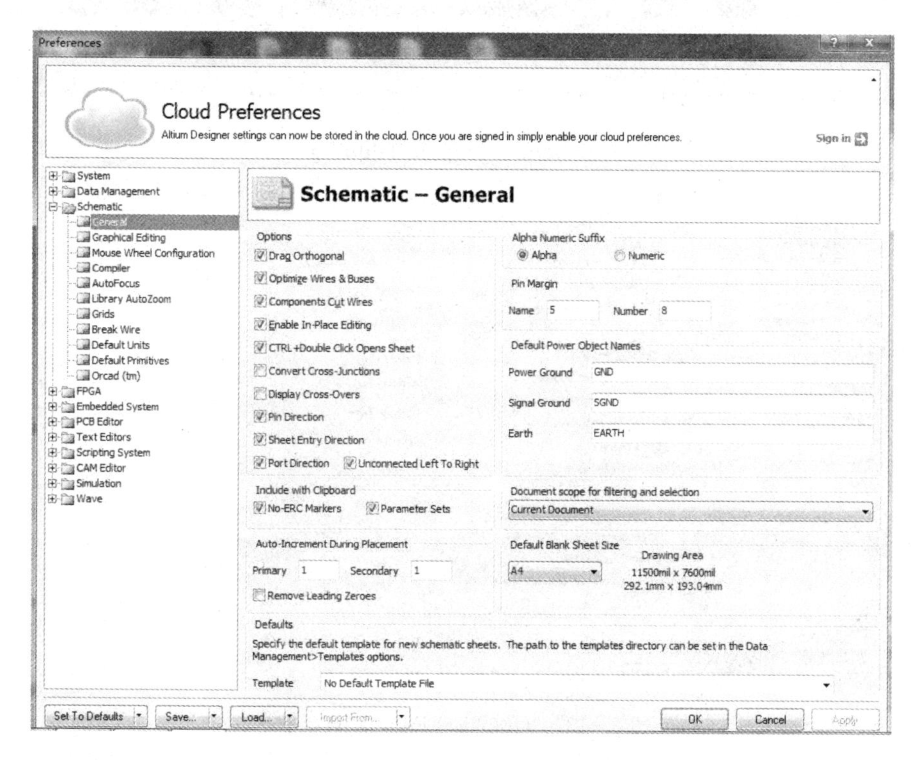

图 2－10　“Preferences”对话框

进行原理图设计时钩选“Options”(选项)区域中的“Display Cross-Overs”(显示交叉)复选框,此时系统会用横跨符号表示交叉而不导通的连线,未选择和选择该选项的示意图如图 2－11 所示。

“Auto-Increment During Palcement”(放置自动增量)区域用来设置元件及引脚号在自动标注过程中的序号递增量。例如在原理图上连续放置元件,“Primary”(第一位)复选框用于设置元件自动标注的递增量。修改“Primary”(第一位)复选框的设置为“2”,加入设置第一个电阻元件的标号为“R1”,那么系统会为接下来的电阻标注“R3”、“R5”等序号。如图 2－12 所示。

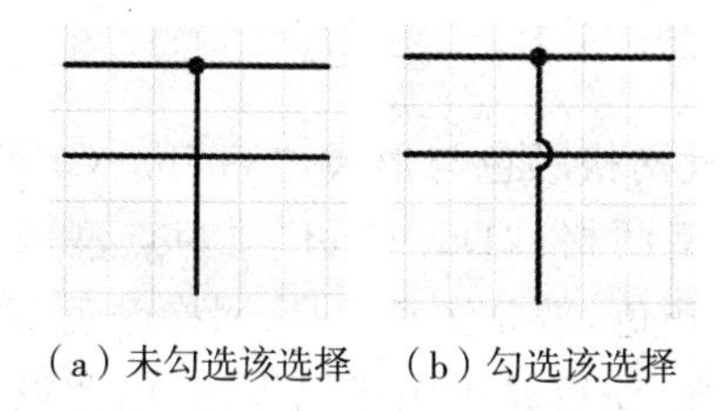

(a) 未勾选该选择　(b) 勾选该选择

图 2－11　选择“Display Cross-Overs”对话框

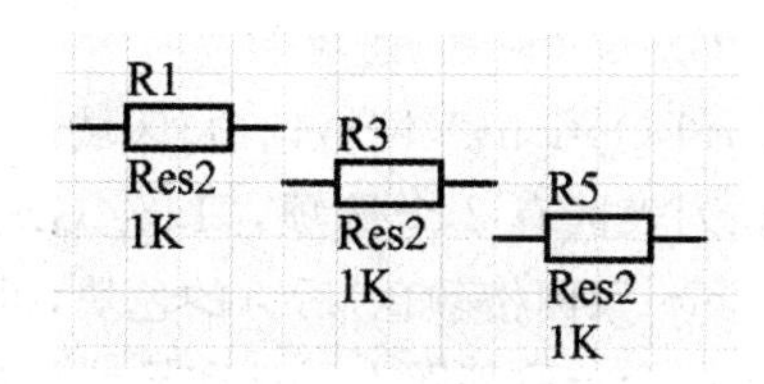

图 2－12　连续放置元件引脚

2."Graphical Editing"(图形编辑)选项卡

如图 2 - 13 所示,该选项卡主要对原理图编辑中的图像编辑属性进行设置,如鼠标指针类型、后退或重复操作次数等。

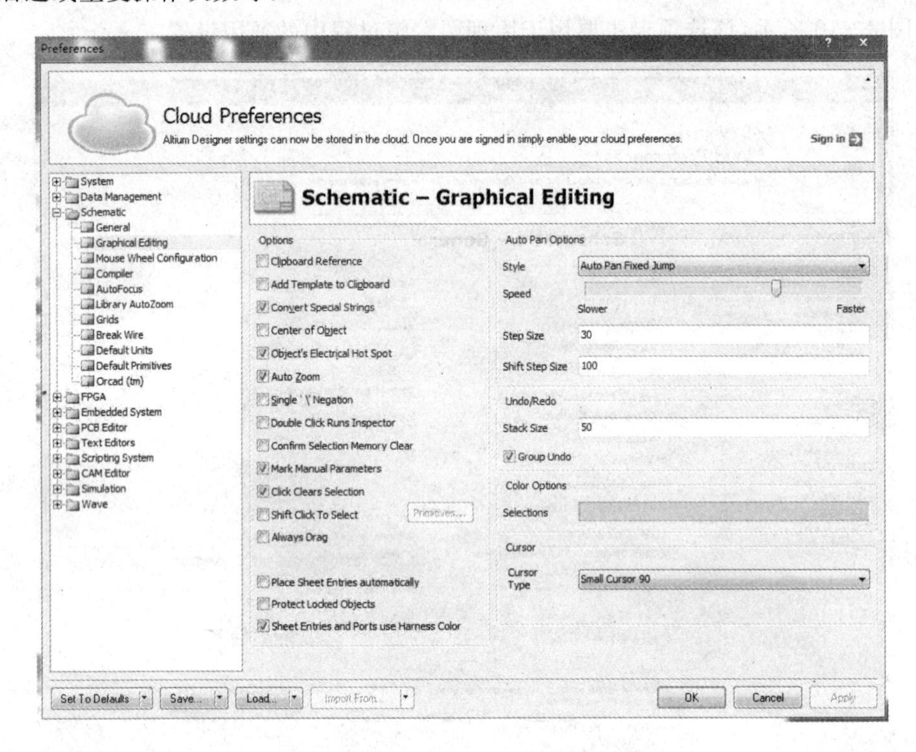

图 2 - 13 "Graphical Editing"对话框

"Cursor"(光标)区域用于定义光标的显示类型,"Cursor Type"(光标类型)下拉列表区有 4 个选项,"Large Curor 90"(90 度大光标)项为光标呈 90°大十字形;"Small Curor 90"(90 度小光标)项为光标呈 90°小十字形;"Small Curor 45"(45 度小光标)项为光标呈 45°小十字形;"Tiny Curor 45"(45 度小光标)项为光标呈 45°小十字形,如图 2 - 14 所示。

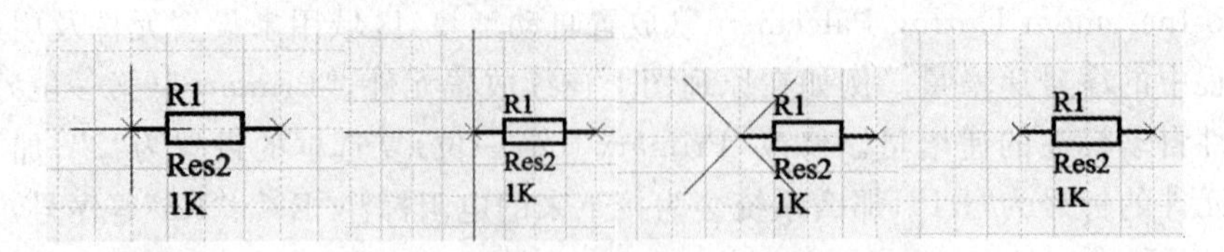

图 2 - 14 四种不同的光标类型

3."Grids"(网格)选项卡

"Grid Options"(网格选项)区域用于定义设置网格颜色与形式,"Visible Grid"(可视网格)下拉列表区有 2 个选项,"Line Grid"项为线型网格;"Dot Grid"项为点型网格。点击"Grid Color"(网格颜色)后方的色块,可调整网格颜色,需要注意的是:网格颜色不能设置得太深,否则会与原理图上元件和导线的颜色相冲突,使得原理图难以看清,因此设置为浅灰色为宜。

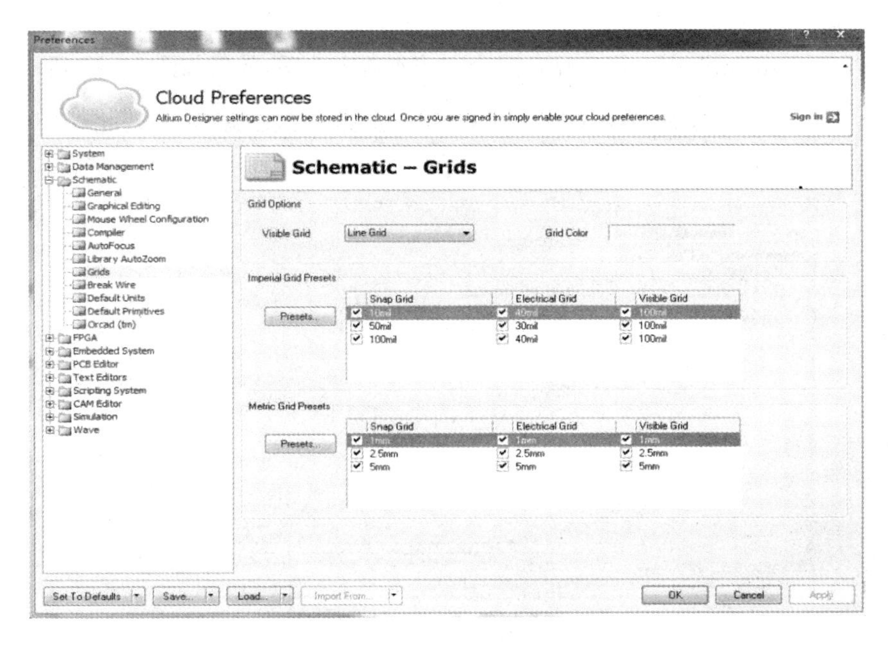

图 2-13　“Grids”对话框

2.2.3　图纸的放大、缩小与移动

1. 图纸的放大与缩小

在设计电路板的过程中，经常需要对图纸进行仔细观察，并希望对图纸做进一步的调整与修改，因此需要对图纸进行放大。通过单击快捷键“Page Up”以鼠标当前位置为中心放大图纸，单击快捷键“Page Down”以鼠标当前位置为中心缩小图纸。

同时，在“View”菜单中包含所有图纸放大和缩小的工具，如图 2-14 所示。

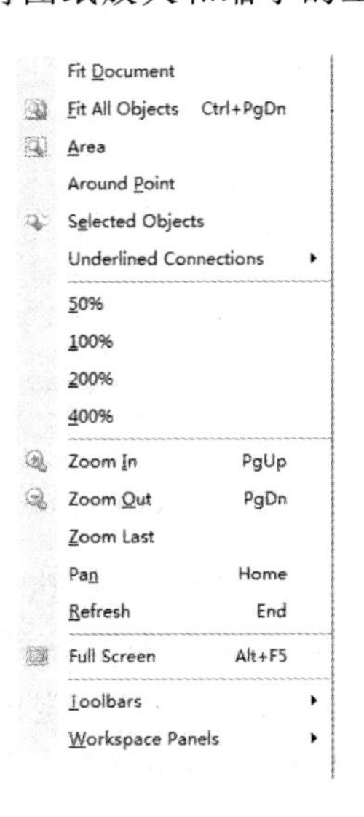

图 2-14　“View”菜单

下面简单介绍“View”菜单中各个命令的作用：

(1)“Fit Document”命令：用于显示整个文档查看电路图，效果如图 2－15 所示。

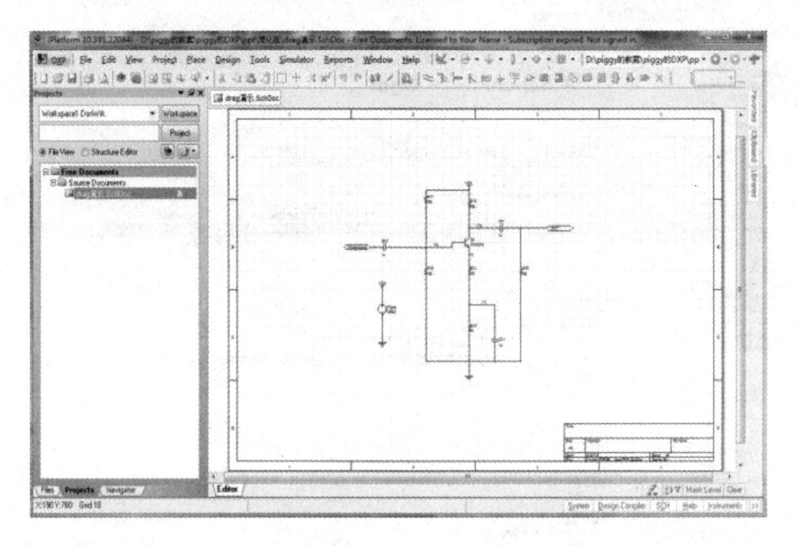

图 2－15　执行“Fit Document”后的效果

(2)“Fit All Objects”命令：用于使所有对象充满显示在工作区中，效果如图 2－16 所示。

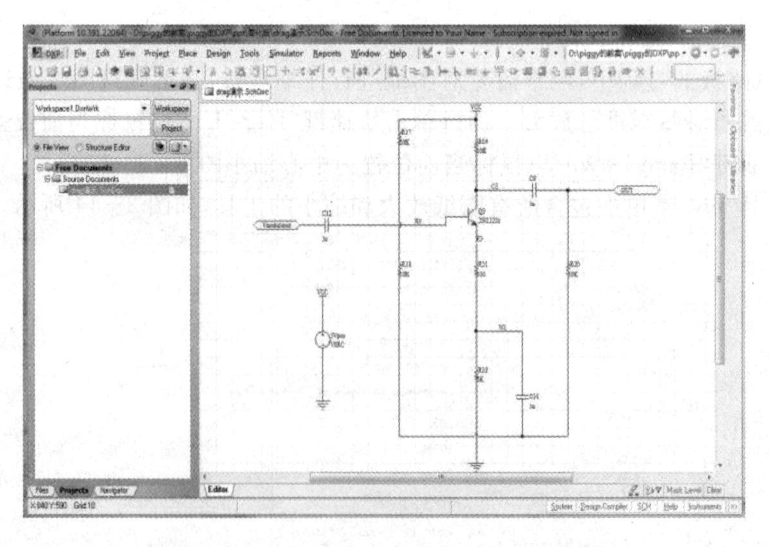

图 2－16　执行“Fit All Objects”后的效果

(3)“Area”命令：用于放大显示用户选定区域。执行此命令后，移动光标到目标的左上角位置，并拖动鼠标框选所需要放大的区域，即可将该区域放大，效果如图 2－17 所示。

(4)“Around Point”命令：用于放大显示用户设定的点周围区域。执行此命令后，移动光标到所需要放大区域的中心器件处单击，并拖动鼠标框选所需要放大的区域，即可将该区域放大，效果如图 2－18 所示。

(5)多种比例显示：“View”菜单提供了四种比例显示方式：50％、100％、200％和 400％。

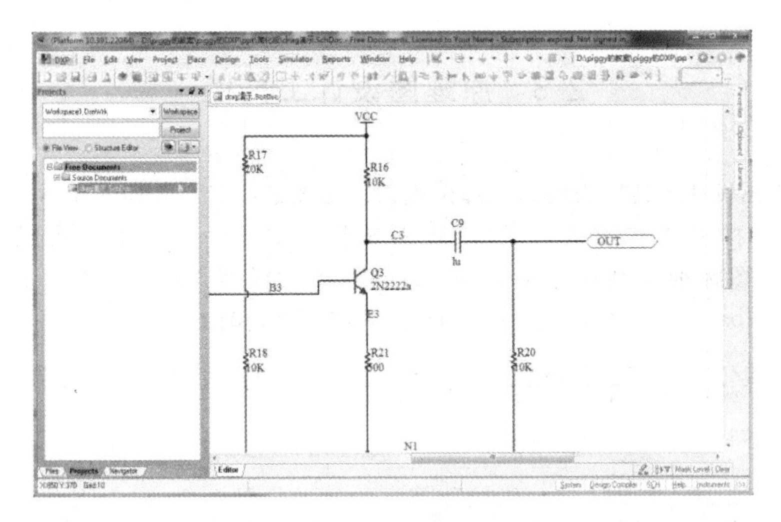

图 2－17　执行“Area”后的效果

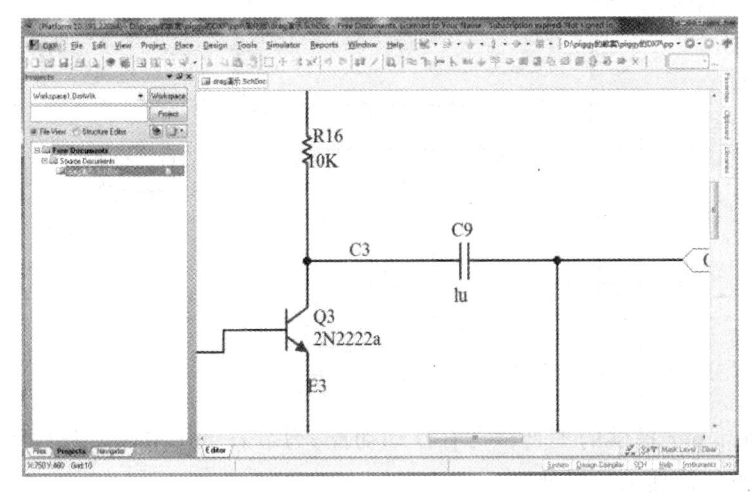

图 2－18　执行“Around Point”后的效果

(6)执行“Zoom In”命令可实现对图纸的放大；执行“Zoom Out”命令可实现对图纸的缩小。

(7)最简单方便的鼠标放大缩小操作是：按下鼠标中间滚轮不松开，使得光标呈现图形，向上推动鼠标为放大图纸，向下推动鼠标为缩小图纸。

2. 图纸的显示与移动

在设计电路板的过程中，往往需要同时观察整张图纸，此时可以单击按钮即可显示整张图纸。如果需要观察整张图纸的其他部分，则可利用工作窗口的滚动条来移动画面。将鼠标指针指在水平滚动条或竖直滚动条上，同时按住鼠标左键，左右或上下拖动即可观察图纸其他部分。

最简单方便的鼠标移动图纸的操作是：按下鼠标右键不松开，使得光标呈现手型图形，即可移动图纸观察需要的部分。

2.3 原理图设计工具栏

电路原理图设计工具栏为绘制原理图提供了必要的工具。Altium Designer 的电路原理图设计工具栏主要有:(Wiring)布线工具栏、(Utilities)常用工具栏、(Schematic Standard)原理图标准工具栏、(Navigation)导航工具栏和 Mixed Sim 工具栏等。执行"View"—"Toolbars"选择各工具栏命令即可打开或关闭绘图工具栏。

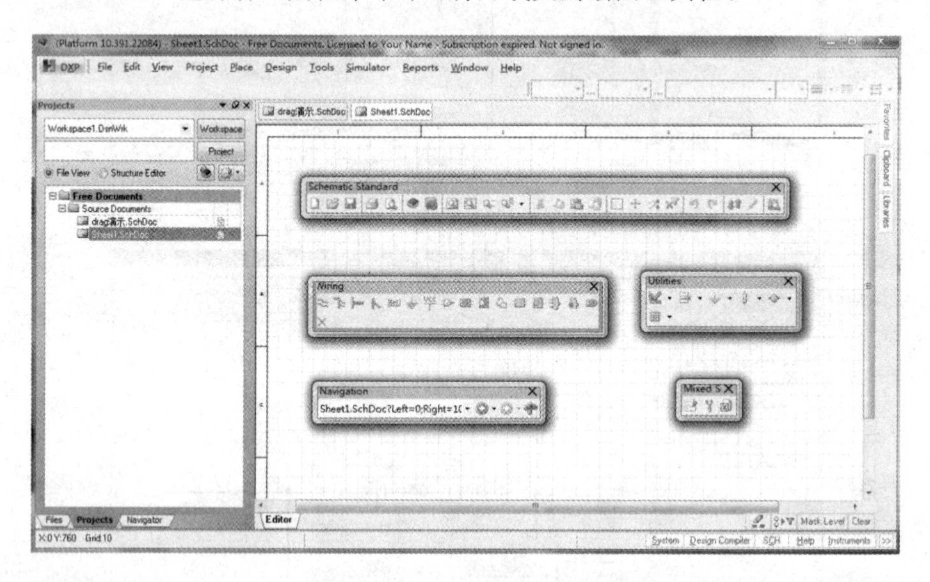

图 2-19　电路原理图设计工具栏

Altium Designer 提供的工具栏具有浮动功能,为节省工作空间,用户可以将工具栏拖放到工作区上方的快捷工具栏处。

下面以原理图设计中使用率最高的(Wiring)布线工具栏和(Utilities)常用工具栏为例,对各种工具的使用进行介绍。

2.3.1 布线工具栏

布线工具栏主要用于电路原理图中电气引脚的连接,总线或方框图的绘制及网络标签、电气节点、输入\输出端口的放置等。在该工具栏中包括 17 种工具,如图 2-20 所示。执行"View"—"Toolbars" —"Wiring"可打开布线工具栏,或点击"Place"菜单栏,下拉菜单中包括 Altium Designer 提供的所有布线工具,如图 2-21 所示。

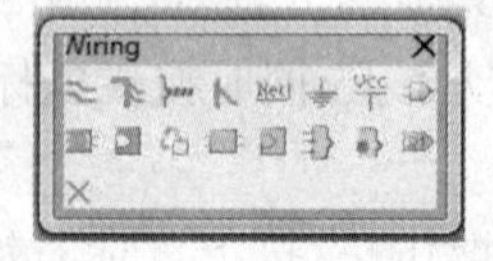

图 2-20　布线工具栏

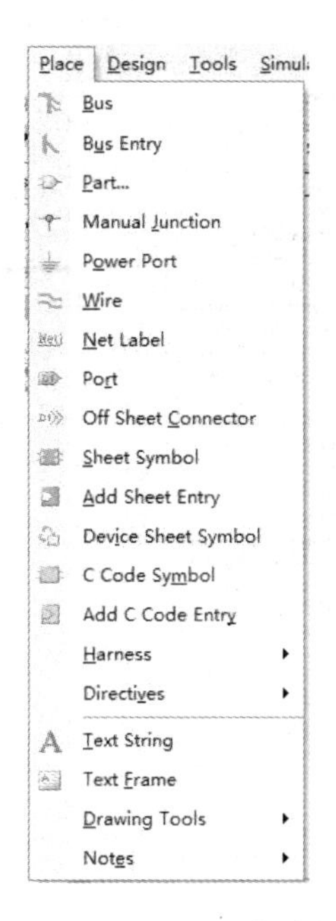

图 2－21　“Place”菜单栏

1. 放置元件工具

各种常用电子元器件是电路原理图的最基本组成元素，在电路原理图里经常放置的电子元器件有电阻、电容、二极管、晶体管及各种集成电路等，这些元件都存在各自的集成元件库中，需要将它们从元件库中调取出来。

(1)单击放置元件工具 。弹出“Place Part”(放置元器件)对话框，如图 2－22 所示。

(2)单击该对话框中的 按钮。弹出“Browse Libraries”(浏览元件库)对话框，如图 2－23所示。

(3)选择“Libraries”(元件库)后下拉选择元件所在元件库，较常用的元件库有两个，分别是“Miscellaneous Devices. IntLib”和“Miscellaneous Connectors. IntLib”，较常用的元器

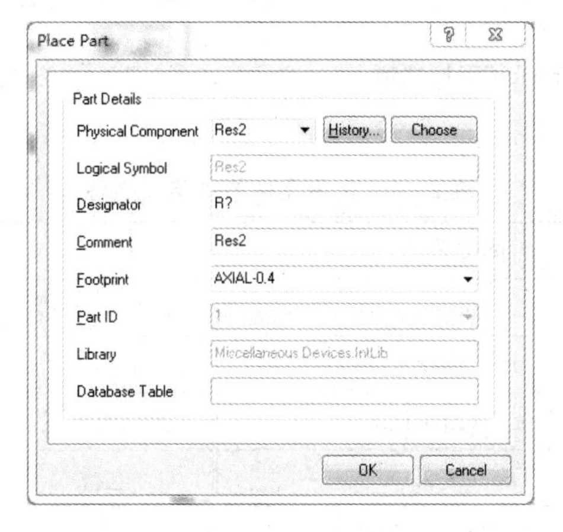

图 2－22　“Place Part”对话框

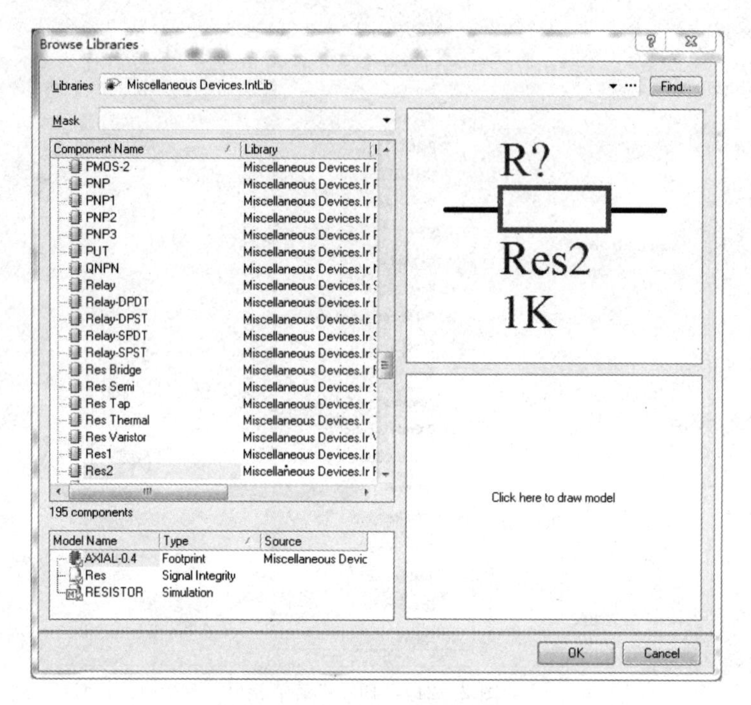

图 2-23 "Browse Libraries"(浏览元件库)对话框

件如电阻、电容、插针等都能在里面找到,如图 2-24 所示。

(4)选择当前元件库中选择要放置的元件,如 Res2、Cap 等,并点击右下角的"OK"。为提高元件的搜索速度,可以在"Mask"后输入元件的名称,如图 2-25 所示,即可找到在当前库中含有此字符的元件,常用元件的用英文名称如表 2-1 所示。

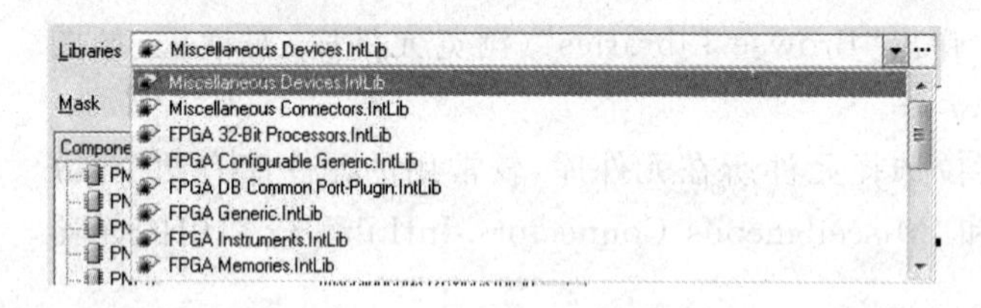

图 2-24 "Libraries"下拉选项

图 2-25 "Mask"关键字框

表 2-1 常用元件的中英文名称

元 件	英文名称	元 件	英文名称
电阻	Res *	运算放大器	Op *
电阻排	Res pack *	继电器	Relay *
电容	Cap * ,Capacitor *	数码显示管	Dpy *
二极管	Diode * ,D *	电桥	Bri * ,Bridge *
三极管系列	NPN * ,PNP * ,Mos * ,Mosfet * ,Mesfet * ,IGBT	光电器件	Opto

（续表）

元　件	英文名称	元　件	英文名称
电感	Inductor *	扬声器	Speaker *
麦克风	Mic *	天线	Antenna *
熔断器	Fuse *	开关系列	Sw *
变压器系列	Trans *	跳线	Jumper *
晶振	XTAL *	电源	Battery

（5）回到“Place Part”对话框，并点击右下角的“OK”，将元件移动到图纸上合适的位置，单击可放置该元件。已经放置好的元件如果需要改变方向，则应选中该元件再按下空格键实现旋转，单击一次旋转 90°。需要注意的是，在英文输入法的前提条件下点击空格键才能实现旋转。

（6）右键单击回到“Place Part”对话框，选择右下角的“Cancel”或按下“Esc”键即可退出放置元件的状态。

（7）编辑元件属性。

编辑元件属性的方法有以下 3 种。

方式①在放置元器件的过程中，当光标出现元件图形符号虚影时，如果此时不单击，元件会随着光标移动，按下“Tab”键，即可弹出如图 2 - 26 所示的“Properties for Schematic Component in Sheet”（元件属性）对话框。在该对话框中，常用的设置有以下几项。

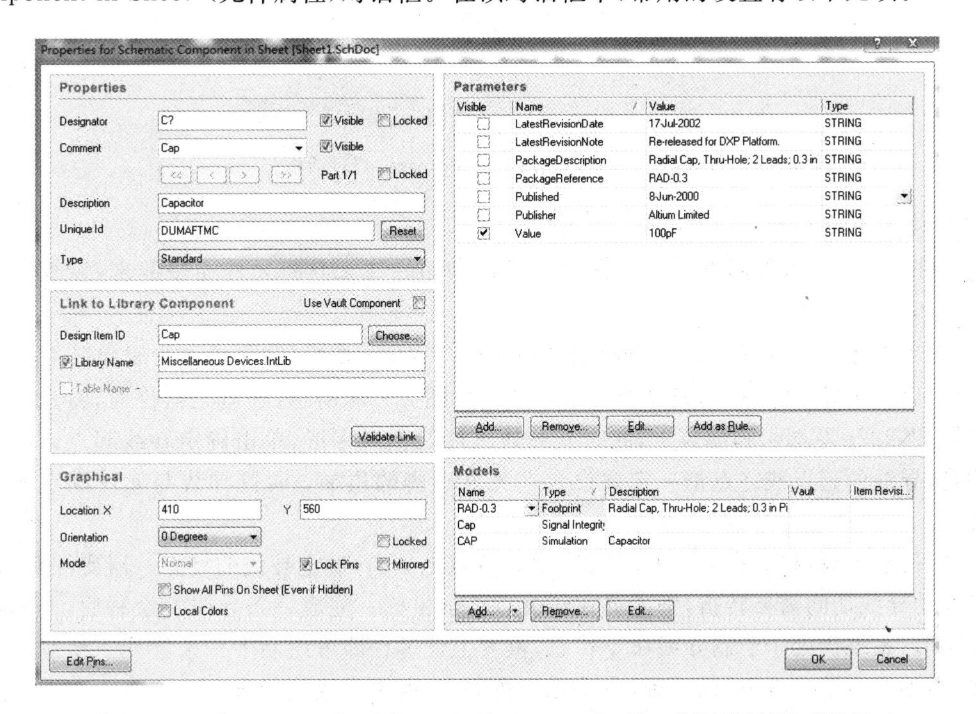

图 2 - 26　“Properties for Schematic Component in Sheet”（元件属性）对话框

Designator(标识符)：用于图纸中唯一代表该元件的代号，在同一个工程中每个元件都必须有唯一的元件编号。标识符由字母和数字两个部分组成，字母部分通常表示元件类别，数字部分为元件的序号，如 R1 表示电阻类序号为 1 的电阻，C2 表示电容类序号为 2 的电容。

Comment(注释)：元件型号。

Value(数值)：元件参数，如电阻的阻值、电容的容量等。

Footprint(封装)：元件的引脚封装，关系到 PCB 的制作。

方式②右键单击已放置好的元件，在弹出的快捷菜单中选择“Properties”，也可打开“Properties for Schematic Component in Sheet”(元件属性)对话框，再按照对话框中各部分设置元件属性。

方式③双击已经放置好的元件标识或注释部分，弹出如图 2 - 27 所示的“Parameter Properties”对话框，根据需要在对话框中修改参数，以实现对注释属性进行单独的修改。

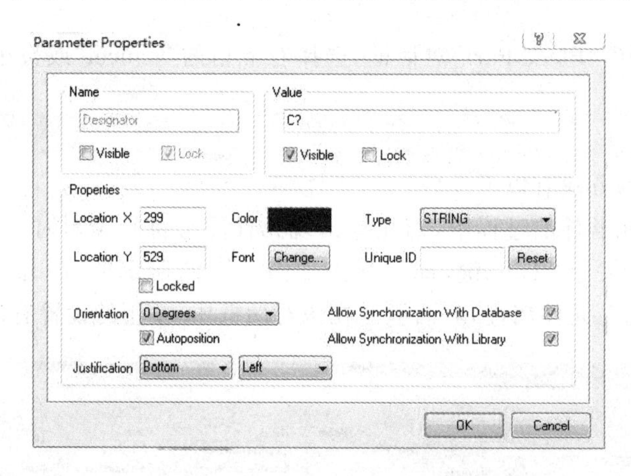

图 2 - 27 “Parameter Properties”对话框

2. 放置导线工具

元件放置完毕并编辑好元件属性后就可以利用导线工具将元件连接起来，导线连接操作方法如下：

(1)单击布线工具栏中的 或执行“Place”—“Wire”命令，即可启动绘制导线工具。

(2)启动画导线命令后，光标变为十字形。如图 2 - 28 所示，连接元器件时，将光标移到三极管 2N222a 左端引脚端点上，此时光标处出现红色米字形，单击确定导线起点。需要注意的是，导线的起点或终点都一定要设置在元件引脚的顶端。否则导线与元件没有电气连接关系。

(3)拖动导线，接着在元件 C12 的右引脚端点上单击，确定导线的终点。需要注意的是：如果拖动导线期间需要转折，则需要在转折点单击鼠标。完成一条导线的绘制后，光标仍然呈十字形，系统仍处于绘制导线命令状态，重复上述过程即可绘制下一条导线。绘制完所有导线后，单击右键或按下“Esc”键，十字光标将消失，退出导线绘制命令。

(4)绘制好导线后，若要修改导线属性，可以双击该导线，在弹出的如图 2 - 29 所示的“Wire”对话框中修改导线的“Wire Width”(线宽)与“Color”(颜色)。

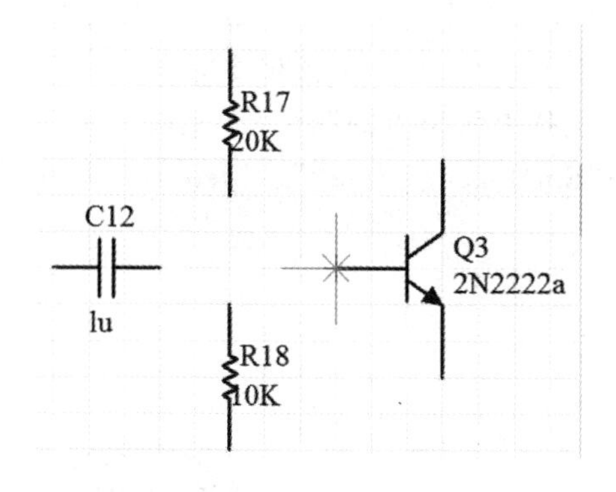

图 2－28　确定导线起点

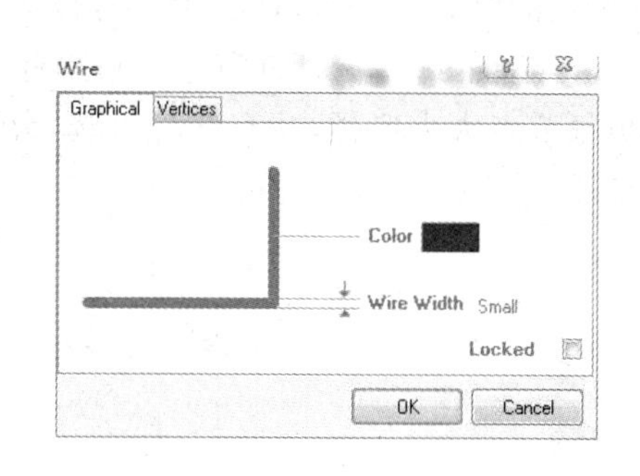

图 2－29　“Wire”对话框

(5)若觉得某段导线长度不合适，则可单击该导线，将光标移动到导线两段出现的小方块上，拖动到合适位置后释放鼠标，则可使导线被伸长或缩短。若要移动导线所在位置，则可以将光标移动到导线上除小方块以外的位置并拖动，即可将导线移动到目标位置。

(6)若要删除某段导线，可单击该导线后按“Delete”键。

需要注意是：在电路原理图中所绘制的导线只有水平和垂直两个方向，若有特殊情况要绘制倾斜导线，可以先绘制若干段折线，再单击该折线，选择转折处的小方块单击鼠标并拖动到合适角度，如图 2－30 所示。

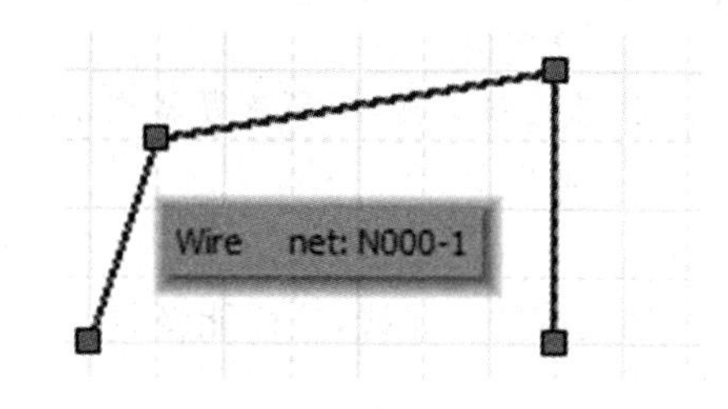

图 2－30　绘制倾斜导线

3. 放置电气节点

在连线过程中，丁字形交叉处会自动出现深色原点，即电气节点，表示两条线连通；而十字形交叉处不会出现这样的电气节点，即系统默认这两条导线在电气上没有连通，如图 2－31 所示。若需要将这两条导线在电气上连接在一起，需要用户自己放置节点。

(1)放置节点

① 执行“Place”—“Manual Junction”，启动放置节点命令。

② 将光标移动到合适位置，单击鼠标即可完成节点的放置，如图 2－32 所示。

③ 重复上述过程可继续放置电气节点，单击右键或按“Esc”键可退出该命令。

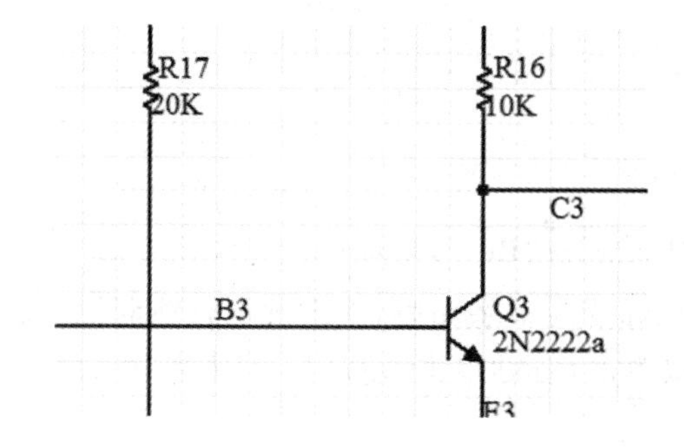

图 2－31　丁字形和十字形交叉点

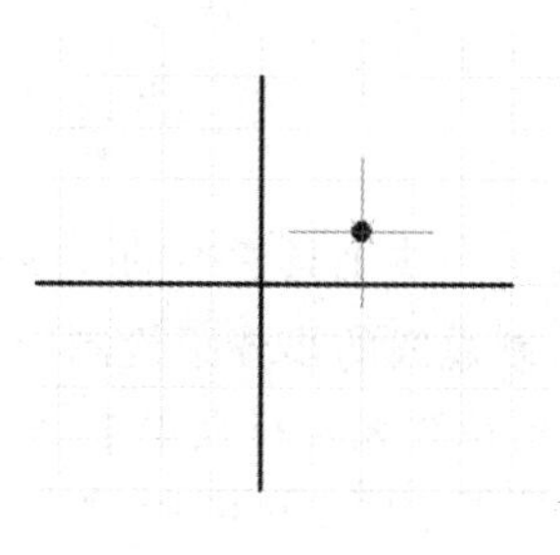

图 2－32　放置电气节点

(2)若要修改电气节点的属性,可在未退出该命令时按“Tab”键或退出该命令后双击节点,在弹出的“Junction”对话框中进行修改,如图 2-33 所示。在该对话框中可以修改节点的“Color”(颜色)、“Location”(中心点坐标)以及选择电气节点的颜色与大小。下拉“Size”可进行电气节点大小选择,共有 4 种可选,分别是“Smallest”、“Small”、“Medium”和“Large”,效果如图 2-34 所示。

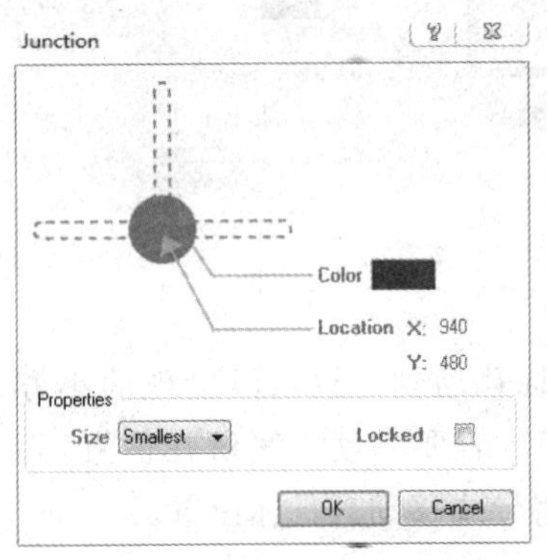

图 2-33 “Junction”对话框

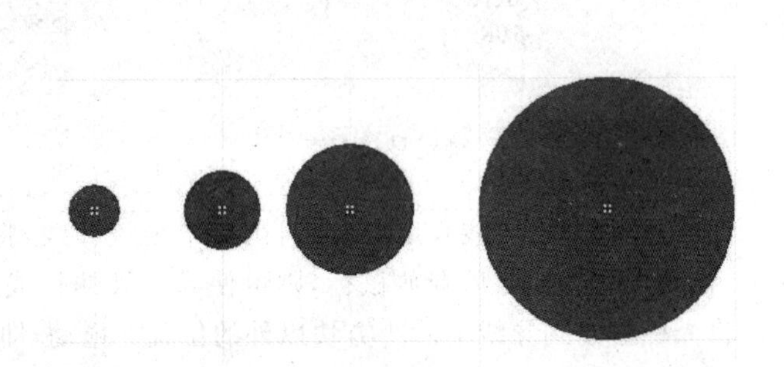

图 2-34 四种不同大小的节点

4. 放置总线工具和放置总线出入口导线工具

(1)绘制总线

总线是导线的集合,当元件直接是一组平行导线相互连接时,如图 2-35 所示,即可以用总线来代替这组导线,这样能将原理图简化。具体使用方式如下:

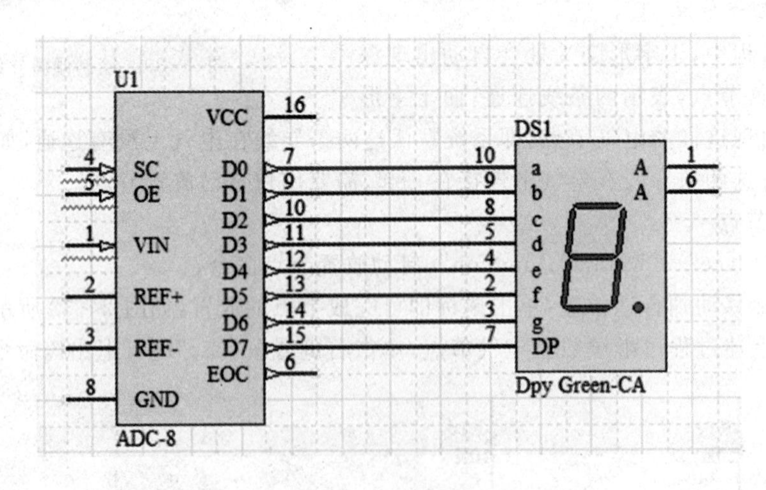

图 2-35 用一组导线相连的两个元件

① 单击布线工具栏中的或者执行“Place”—“Bus”,启动放置总线命令。、

② 绘制总线的步骤跟绘制导线类似,光标变为十字形后,单击确定总线起点,接着拖动光标到适当位置如转折点单击,移动到终点单击,右键单击或按“Esc”键退出该命令。放置完总线后效果如图 2-36 所示。

③ 用户如果对总线的粗细或颜色不满意,可在未退出该命令时按“Tab”键或退出该命

令后双击总线，在弹出的“Bus”对话框中修改“Bus Width”（总线线宽）与“Color”（颜色），如图 2－37 所示。

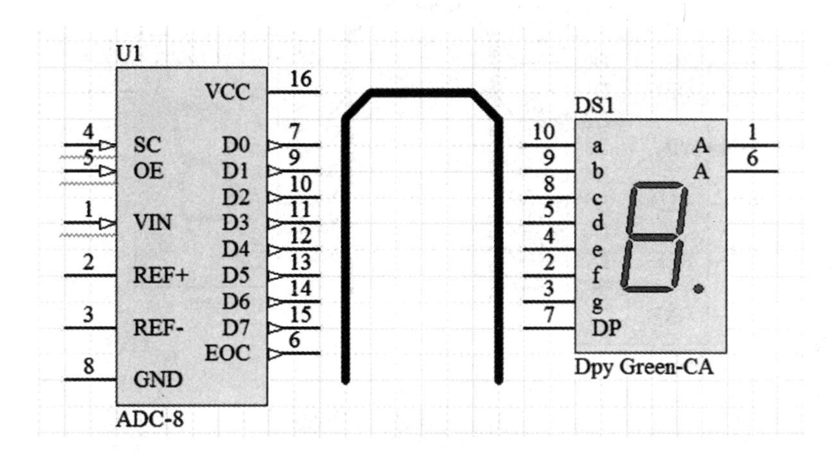

图 2－36　放置总线后的效果

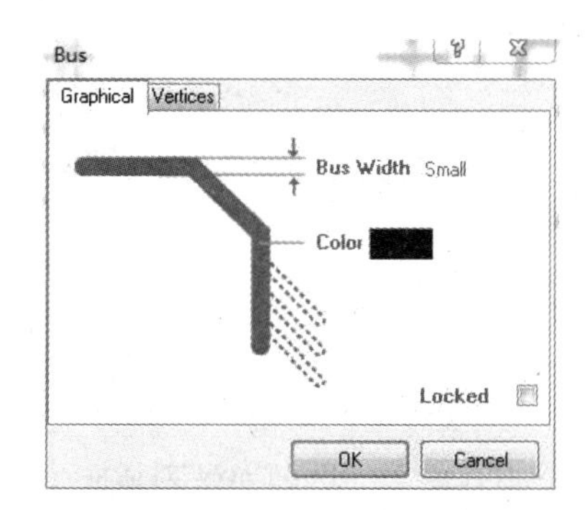

图 2－37　“Bus”对话框

(2)绘制总线出入口导线

总线出入口导线往往与总线配合使用，用来将导线或元件引脚和总线连接起来。具体使用方式如下：

① 单击布线工具栏中的 或者执行“Place”—“Bus Entry”，启动放置总线出入口导线命令。

② 光标变为十字形后，选择入口或出口位置，单击鼠标左键，完成这段总线出入口导线的放置，右键单击或按“Esc”键退出该命令。放置完总线出入口导线后效果如图 2－38 所示。

③ 用户如果对总线出入口导线的粗细、颜色或位置不满意，可在未退出该命令时按“Tab”键或退出该命令后双击该总线出入口导线，在弹出的“Bus Entry”对话框中修改“Location”（端点坐标）、“Color”（颜色）与“Line Width”（线宽），如图 2－39 所示。

④ 若用户对总线出入口导线的倾斜角度不满意，可在放置总线出入口导线的状态下按键盘上的空格键来旋转其角度，单击一次旋转 90°，共有四种角度：45°、135°、225°和 315°。用

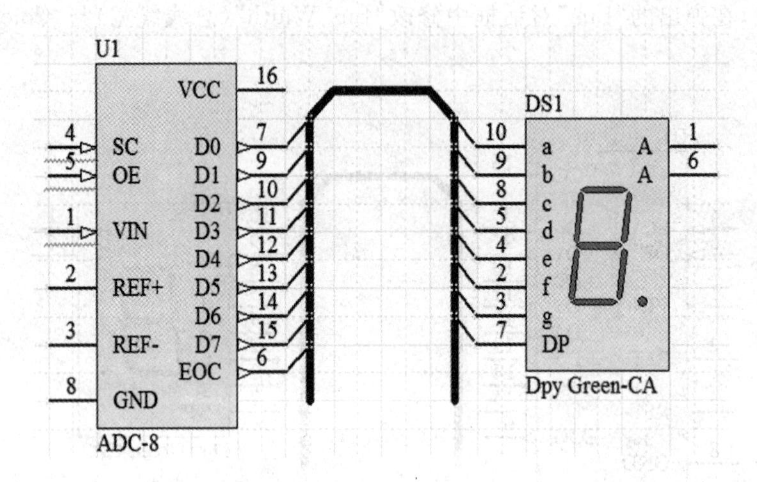

图 2-38　放置总线后的效果

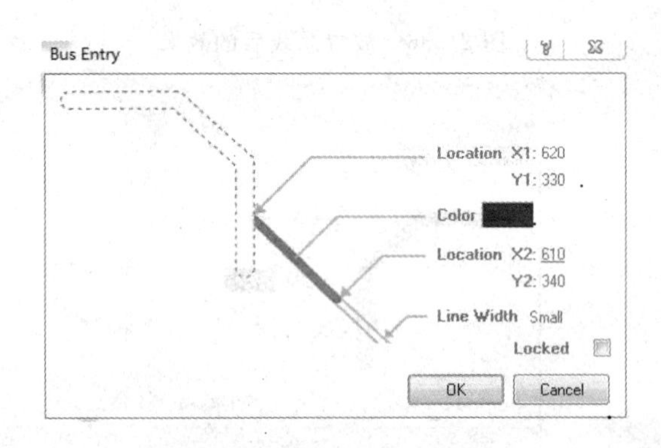

图 2-39　"Bus Entry"对话框

户可以根据绘图的要求进行选择。

5. 放置网络标签工具

网络标签主要用于标识电气节点、芯片引脚或导线与导线之间的电气连接关系。它本质是一个电气连接点，在电路中具有相同网络标签的元件引脚、导线、电源或接地符号等在电气上表示连接在一起。具体使用方式如下：

(1)单击布线工具栏中的 或者执行"Place"—"Net Label"，启动放置网络标签命令。

(2)光标变为十字形，并出现一个随光标移动的虚线方框，虚线内的字符串就是最近一次输入的网络标签名称。单击鼠标左键，完成一个网络标签的放置，单击右键或按"Esc"键退出该命令。需要注意的是：网络标签必须紧贴导线或引脚放置，不能隔得太开。放置完网络标签后效果如图 2-40 所示。

(3)用户如果对网络标签的内容、字体、颜色或方向不满意，可在未退出该命令时按"Tab"键或退出该命令后双击该网络标签，在弹出的"Net Label"对话框中修改"Location"(字符左下角坐标)、"Color"(字体颜色)、"Orientation"(旋转角度)、"Net"(网络名称)与"Font"(字体)，如图 2-41 所示。

网络标签可以以数字结尾，在放置了当前网络标签后，网络标签内的序号会自动递增，

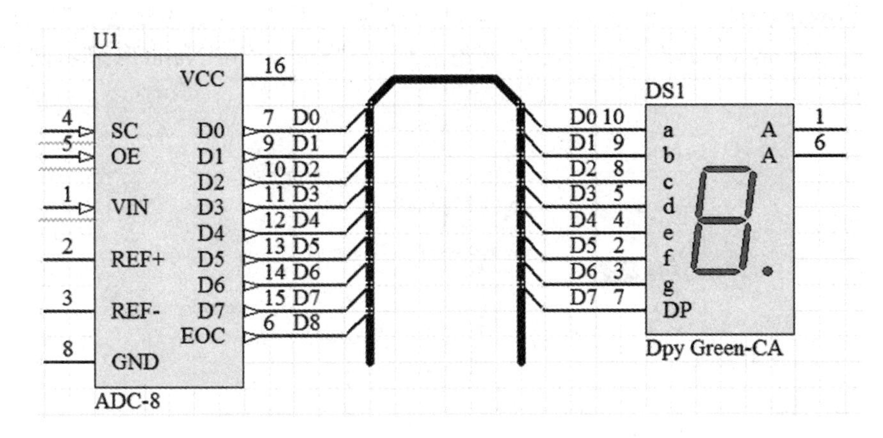

图 2-40　放置网络标签后的效果

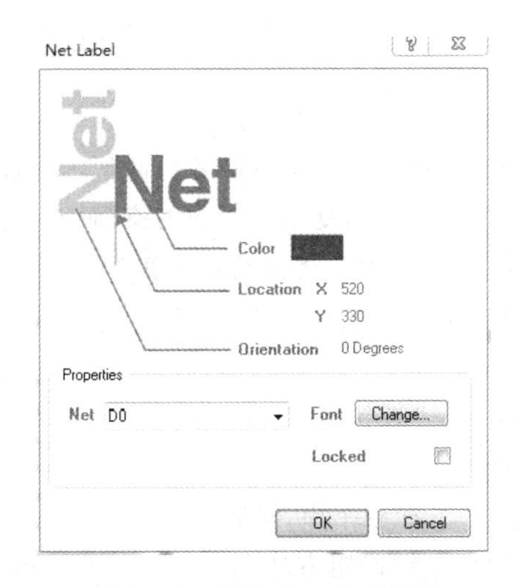

图 2-41　"Net Label"对话框

用户可以根据这一特性更简单方便地放置同类型网络标签。

6. 放置电源工具与放置地线工具

在电路原理图设计过程中，还需要给原理图放置电源和接地。放置电源的操作过程如下：

(1)单击布线工具栏中的或者执行"Place"—"Power Port"，启动放置电源命令。

(2)光标变为十字形，并且带一个电源符号，将光标移动到需要放置电源的元件或导线上，单击鼠标左键，完成一个电源符号的放置，右键单击或按"Esc"键退出该命令。放置地线和电源的操作过程基本相同，此处不再赘述。放置完电源和接地符号后效果如图 2-42 所示。

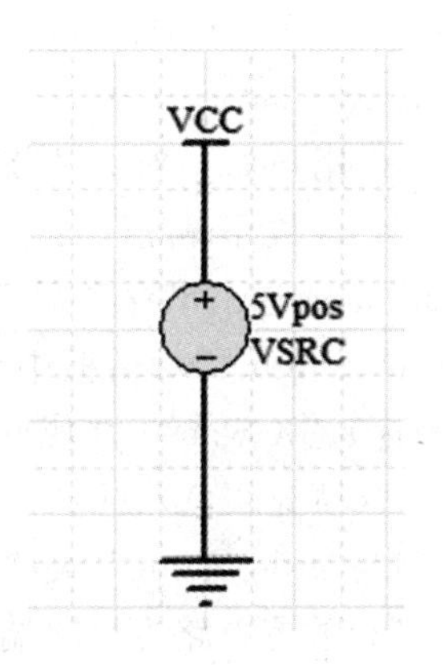

图 2-42　放置电源和接地符号后的效果

(3)用户如果对电源或接地的颜色、方向或类型不满意，可在未退出该命令时按"Tab"键或退出该命令后双击该符号，在弹出的“Power Port”对话框中修改“Location”(坐标)、“Color”(字体颜色)、“Style”(符号风格)、“Orientation”(旋转角度)、“Net”(网络名称)与“Show Net Name”(显示网络名称),如图 2-43 所示。

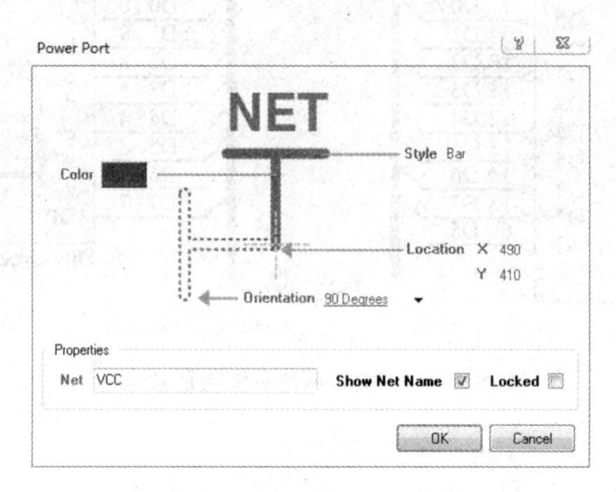

图 2-43 “Power Port”对话框

需要注意的是,在绘制原理图的时候,接地符号旁通常不会加“GND”注释,做到这一点正确的做法是将“Show Net Name”处的复选框钩选去掉,而不是删除“Net”后的“GND”。

7. 放置电路方块图工具和电路方块图端口工具

放置电路方块图和电路方块图端口主要用于绘制层次原理图的总图。

(1)放置电路方块图

① 单击布线工具栏中的或者执行“Place”—“Sheet Symbol”,启动放置电路方块图命令。

② 光标变为十字形后,并带有一个电路方块图。选择适当位置,单击鼠标左键确定方块图左上角坐标,拖动鼠标到合适位置再次单击鼠标左键确定该方块图右下角坐标,完成该方块图的放置。放置完电路方块图后效果如图 2-44 所示。

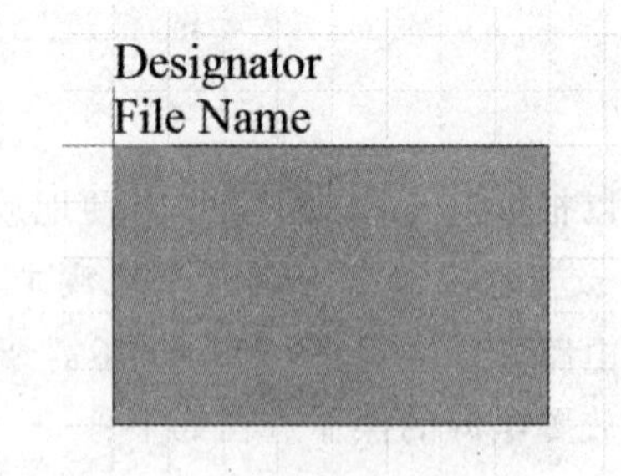

图 2-44 放置电路方块图后的效果

③ 用户如果对方块图的颜色、尺寸或边框宽度等参数不满意,可在未退出该命令时按“Tab”键或退出该命令后双击该方块,在弹出的“Sheet Symbol”对话框中修改“Location”(左上角坐标)、“X-Size”(方块长度)、“Y-Size”(方块宽度)、“Border With”(边缘宽度)、“Fill Color”(填充颜色)、“Draw Soild”(实心填充)、“Border Color”(边缘颜色)、“Designator”(标识符)与“File Name”(关联文件名),如图 2-45 所示。

(2)放置电路方块图端口

① 单击布线工具栏中的或者执行“Place”—“Add Sheet Entry”,启动放置电路方块图端口命令。

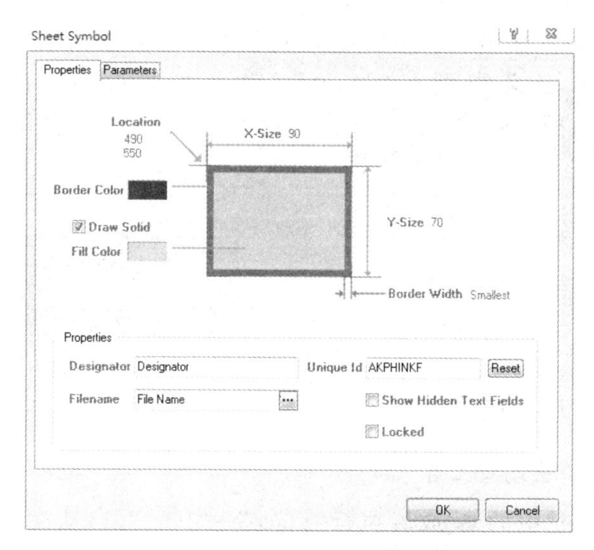

图 2－45　“Sheet Symbol ”对话框

② 光标变为十字形后，并带有一个电路方块图端口。将该端口移动到电路方块图的边缘，单击鼠标左键完成该端口的放置，注意：电路方块图端口只能放在电路方块图的内部边缘，其他位置无法放置。放置完电路方块图端口后效果如图 2－46 所示。

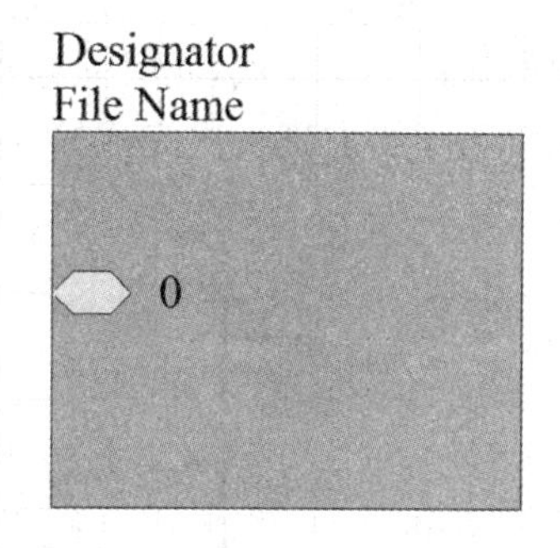

图 2－46　放置电路方块图后的效果

③ 用户如果对方块图端口的颜色、风格或放置位置等参数不满意，可在未退出该命令时按“Tab”键或退出该命令后双击该方块图端口，在弹出的“Sheet Entry”对话框中修改“Fill Color”（填充颜色）、“Side”（边界）、“Style”（风格）、“Kind”（类型）、“Border Color”（边缘颜色）、“Text Style”（文本风格）、“Text Font”（文本字体）、“Text Color”（文本颜色）、“Name”（端口名）与“I/O Type”（输入输出端口类型），如图 2－47 所示。

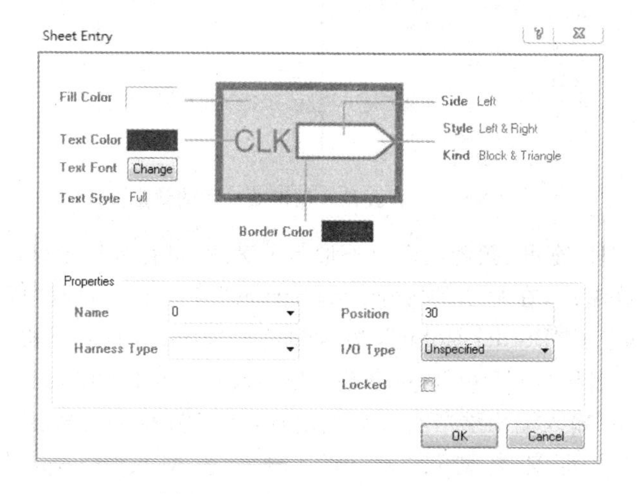

图 2－47　“Sheet Entry”对话框

其中“I/O Type”输入输出端口类型必须设置，共有四种输入输出类型可供选择，分别是：“Unspecified”（未定义类型）、“Input”（输入类型）、“Output”（输出类型）和“Bidirectional”（双向类型），如图 2－48 所示，各种类型端口的效果如图 2－49 所示。

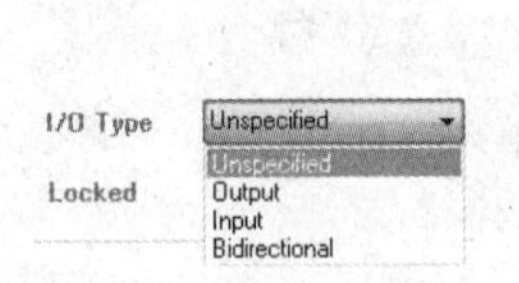

图 2－48 “I/O Type”下拉列表框

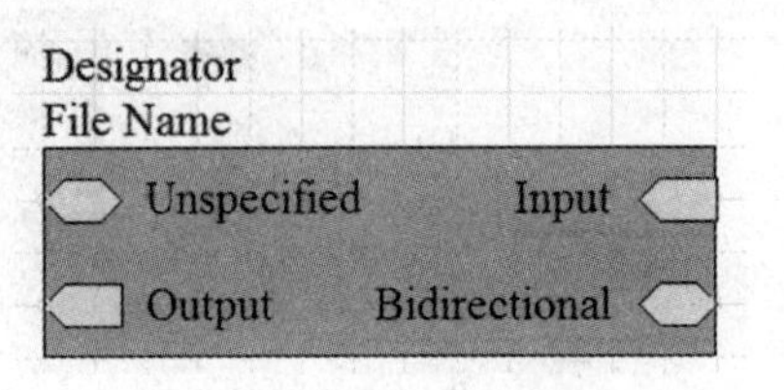

图 2－49 各种类型端口的效果

8. 放置电路输入输出端口工具

(1)单击布线工具栏中的 或者执行“Place”—“Port”，启动放置电路输入输出端口命令。

(2)光标变为十字形，并带有输入输出端口，将光标移到合适位置，单击鼠标左键确定输入输出端口的一侧端点，此时光标将自动移动到端口的另一侧端点，再拖动鼠标将端口移至合适长度再单击左键一次完成输入输出端口的设置。放置后效果如图 2－50 所示。

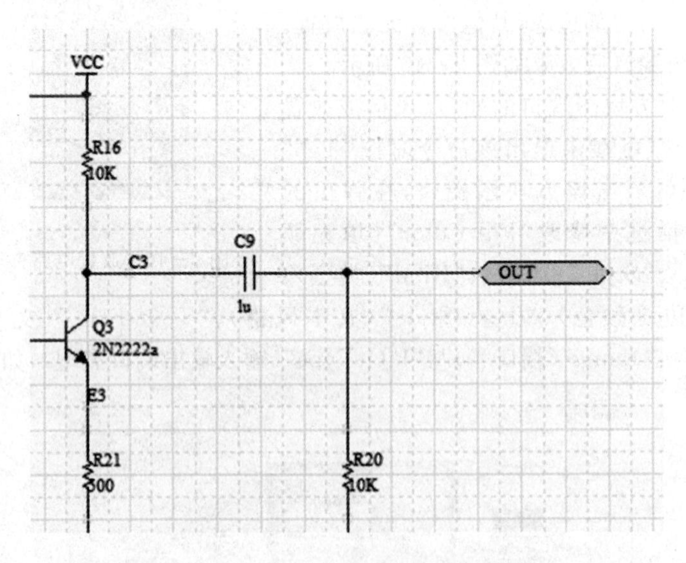

图 2－50 放置输入输出端口后的效果

(3)用户如果对端口宽度、颜色或端口外形等不满意，可在未退出该命令时按“Tab”键或退出该命令后双击该端口，在弹出的“Port Properties”对话框中修改“Width”(端口宽度)、“Fill Color”(填充颜色)、“Border Color”(边缘颜色)、“Style”(符号风格)、“Location”(旋转角度)、“Name”(端口名称)与“I/O Type”(输入输出端口类型)，如图 2－51 所示。

同样，“I/O Type”输入输出端口类型必须设置，共有四种输入输出类型可供选择，分别是：“Unspecified”（未定义类型）、“Input”（输入类型）、“Output”（输出类型）和“Bidirectional”(双向类型)。

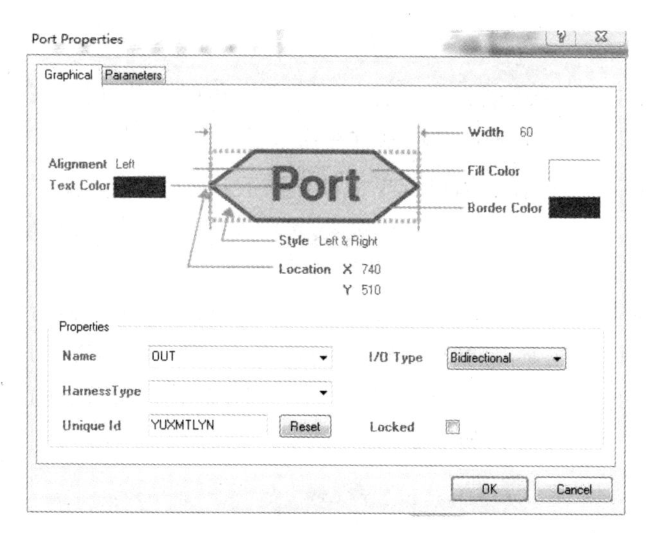

图 2 - 51　"Port Properties"对话框

2.3.2　绘图工具栏

原理图的绘制使用的是具有电气特性的布线工具，但是为了提高原理图的可读性，往往还用不具有电气特性的绘图工具对原理图加以标注。除引脚以外，其他图和文字都不具备电气属性，这与布线工具是有本质不同的。

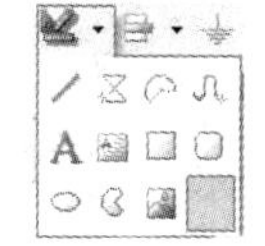

图 2 - 52　绘图工具栏

单击使用工具栏中的 ╱ 弹出如图 2 - 52 所示的绘图工具栏，或者执行"Place"—"Drawing Tool"命令，弹出如图 2 - 53 所示的绘图菜单，这两种方法都可以打开绘图工具。

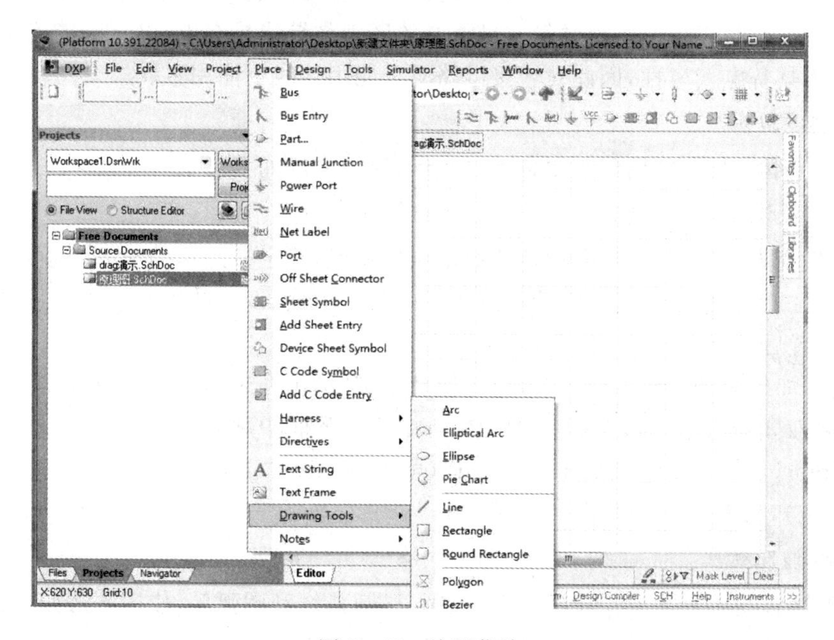

图 2 - 53　绘图菜单

1. 绘制直线

绘制直线工具主要用于绘制直线，包括实线、虚线和点线，使用方法如下：

(1)单击绘图工具栏中的 启动绘制直线命令。

(2)光标变为十字形，选择合适位置单击鼠标左键，确定直线起点，然后拖动鼠标到适当位置，再次单击鼠标左键确定直线终点，完成此段直线的绘制。放置后效果如图 2－54 所示。

(3)用户如果对直线的宽度、颜色或线型等不满意，可在未退出该命令时按“Tab”键或退出该命令后双击该直线，在弹出的“PolyLine”对话框中修改“Line Width”(直线宽度)、“Line Style”(线型)、“Color”(颜色)、“Start Line Shape”(线头形状)、“End Line Shape”(线尾形状)与“Line Shape Size”(线号)，如图 2－55 所示。

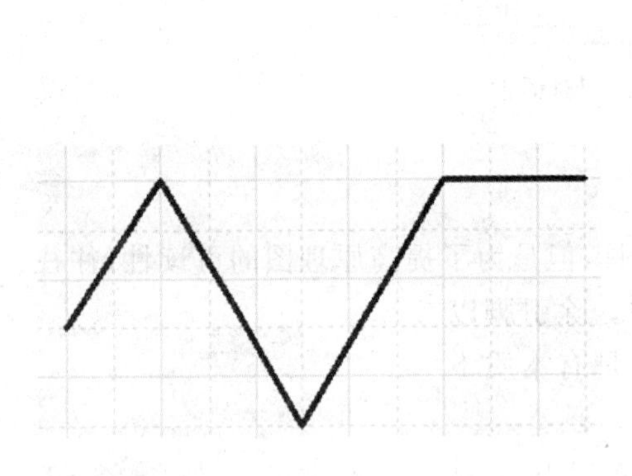

图 2－54　放置直线后的效果

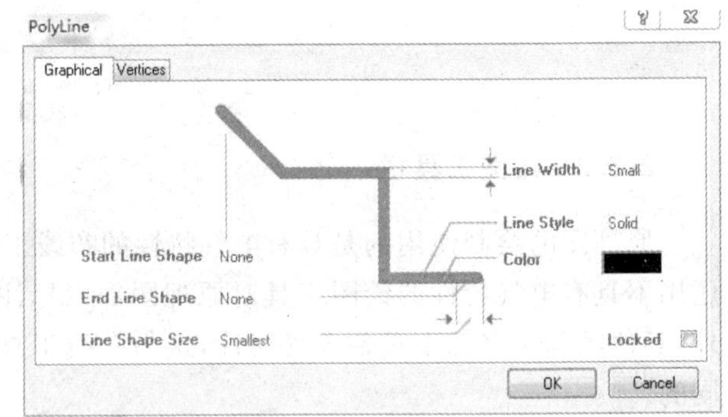

图 2－55　“PolyLine”对话框

需要注意的是：直线与导线有相似之处，但是两者不能混为一谈。绘制导线只能是水平或是垂直的，但绘制直线时可以倾斜。最重要的区别是导线具有电气属性，能连接各个元器件，但直线不具备电气属性，因此在连接电路时只能用导线不能用直线。

2. 绘制多边形

绘制多边形工具主要用于绘制各种多边形，使用方法如下：

(1)单击绘图工具栏中的 启动绘制多边形命令。

(2)光标变为十字形，选择合适位置单击鼠标左键，确定多边形的第一个顶点，然后拖动光标到适当位置，再单击鼠标左键确定多边形的第二个顶点，如此进行下去即可绘制出一个多边形。放置后效果如图 2－56 所示。

(3)用户如果对多边形的线宽、颜色等属性不满意，可在未退出该命令时按“Tab”键或退出该命令后双击该多边形，在弹出的“Polygon”对话框中修改“Fill Color”(填充颜色)、“Border Color”(边缘颜色)、“Draw Solid”(实心填充)、“Transparent”(透明)与“Border Width”(线宽)，如图 2－57 所示。

3. 绘制椭圆弧线

绘制椭圆弧线工具主要用于绘制椭圆、圆、椭圆弧线和圆弧等，使用方法如下：

(1)单击绘图工具栏中的 启动绘制椭圆弧线命令。

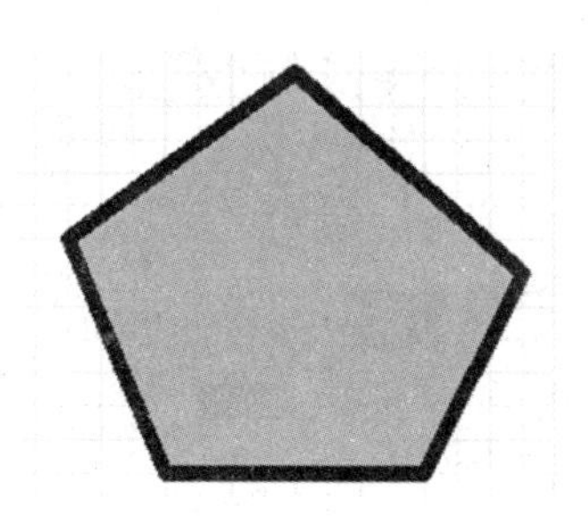

图 2-56 放置多边形后的效果

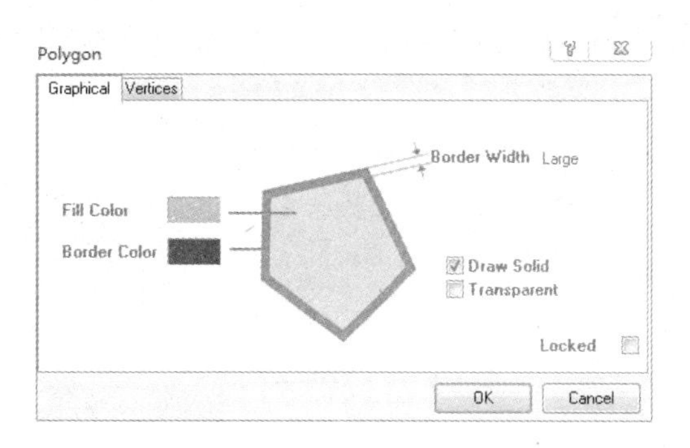

图 2-57 “Polygon”对话框

(2)光标变为十字形,并带有椭圆弧线。将光标移动到合适位置单击鼠标左键第一次,确定椭圆圆心坐标;再移动光标调整椭圆弧线的 x 轴半径,单击鼠标左键第二次确定椭圆 x 轴半径;再移动光标调整椭圆弧线的 y 轴半径,单击鼠标左键第三次确定椭圆 y 轴半径;再移动光标调整并单击鼠标左键第四次确定椭圆弧线缺口的一端;最后移动光标调整并单击鼠标左键第五次确定椭圆弧线缺口的另一端,完成对该椭圆弧线的绘制,放置后效果如图 2-58 所示。

(3)用户如果对椭圆弧线的线宽、颜色或 x、y 轴半径等属性不满意,可在未退出该命令时按“Tab”键或退出该命令后双击该椭圆弧线,在弹出的“Elliptical Arc”对话框中修改“Location”(圆心坐标)、“Color”(颜色)、“Start Angle”(起始角度)、“Y-Radius”(y 轴半径)、“Line Width”(线宽)、“X-Radius”(x 轴半径)和“End Angle”(终止角度),如图 2-59 所示。

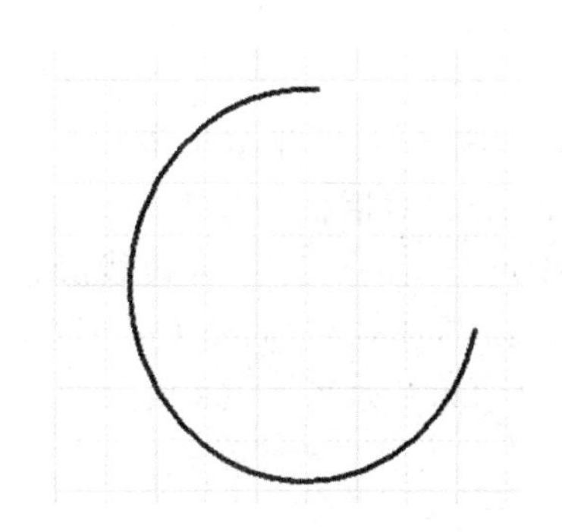

图 2-58 放置椭圆弧线后的效果

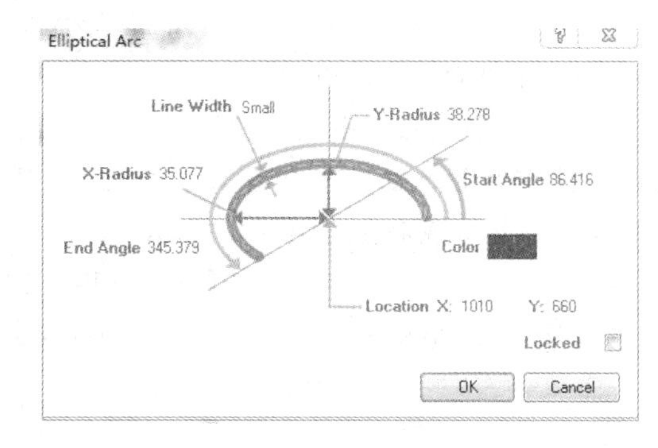

图 2-59 “Elliptical Arc”对话框

4. 放置单行文字 A 和文本框

放置单行文字工具主要用于在绘制好的原理图旁标注需要注意的事项或必要的说明,用于字数较少的情况;放置文本框工具主要用于插入多原理图的说明,用于字数较多的情况。

(1)放置单行文字工具

① 单击绘图工具栏中的 A 启动放置单行文字命令。

② 光标变为十字形,并带有文字提示,将光标移动到待插入文字的位置单击鼠标左键,即可完成文字的插入,如图 2-60 所示。

③ 用户如果对文字的颜色、角度、内容或字体等属性不满意,可在未退出该命令时按“Tab”键或退出该命令后双击该文字,在弹出的“Annotation”对话框中修改“Color”(文字颜色)、“Location”(文字左下角坐标)、“Orientation”(旋转角度)、“Horizontal Justification”(水平对齐)、

“Vertical Justification”(垂直对齐)、“Text”(文本)和“Font”(字体),如图 2-61 所示。

图 2-60 放置文字后的效果

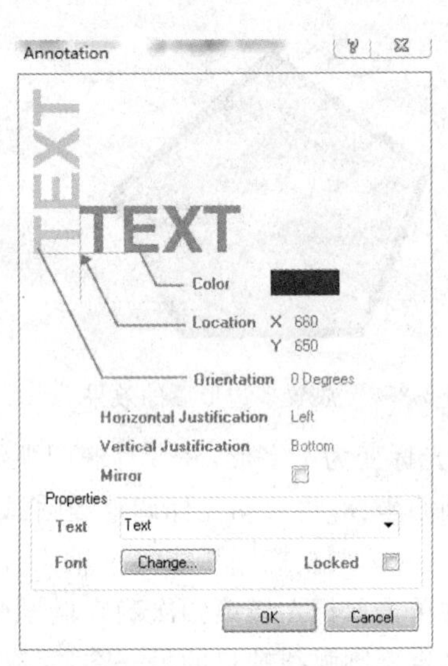

图 2-61 “Annotation”对话框

(2)放置文本框工具

① 单击绘图工具栏中的 启动放置文本框命令。

② 光标变为十字形,选择合适位置单击鼠标左键,确定文本框左下角坐标,接着拖动光标形成一个矩形虚线预拉框,拖至合适大小再单击鼠标左键确定文本框右上角坐标,即可插入一个文本框,如图 2-62 所示。

③ 用户如果对文本框的颜色、边线、内容或字体等属性不满意,可在未退出该命令时按“Tab”键或退出该命令后双击该文本框,在弹出的“Text Frame”对话框中修改“Location”(文本框左下角或右上角坐标)、“Show Border”(显示边线)、“Border Color”(边线颜色)、“Draw Solid”(实心填充)、“Fill Color”(填充颜色)、“Alignment”(排列)、“Text Color”(文本颜色)、“Border Width”(边线宽度)、“Text”(文本)和“Font”(字体),如图 2-63 所示。

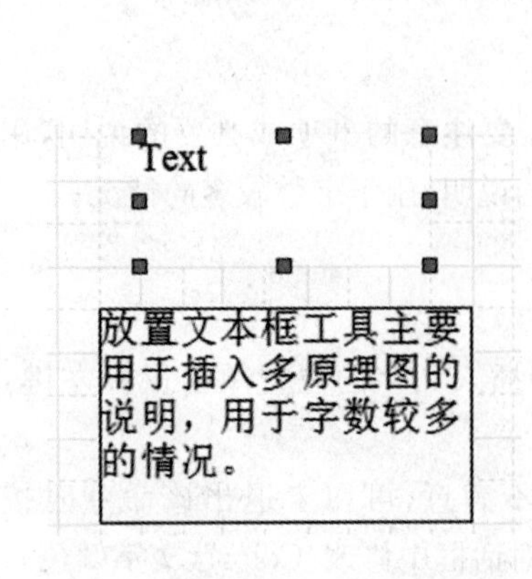

图 2-62 放置文本框后的效果

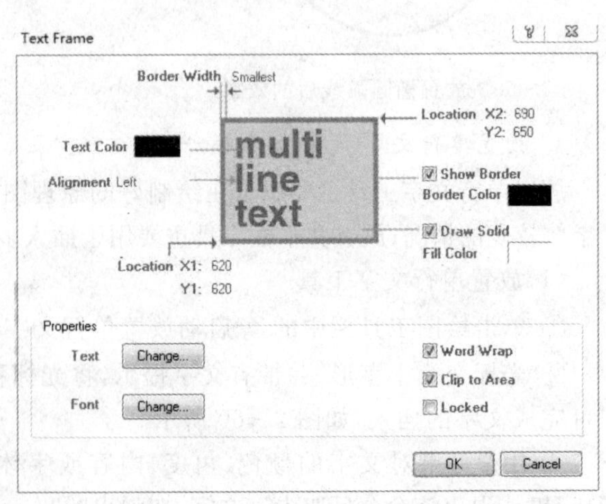

图 2-63 “Text Frame”对话框

5. 绘制矩形 □

绘制圆角矩形工具主要用于绘制矩形，在元件编辑器中可用于绘制矩形芯片外形，使用方法如下：

(1)单击绘图工具栏中的□启动绘制矩形命令。

(2)光标变为十字形，并带有一个矩形，选择合适位置单击鼠标左键，确定矩形的左下角顶点，然后拖动光标到适当位置，再单击鼠标左键确定矩形右上角顶点即可绘制出一个矩形。放置后效果如图 2－64 所示。

(3)用户如果对矩形的线宽、大小或颜色等属性不满意，可在未退出该命令时按“Tab”键或退出该命令后双击该矩形，在弹出的“Rectangle”对话框中修改“Border Width”(线宽)、“Location”(矩形左下角或右上角坐标)、“Fill Color”(填充颜色)、“Border Color”(边缘颜色)、“Draw Solid”(实心填充)与“Transparent”(透明)，如图 2－65 所示。

图 2－64　放置多边形后的效果

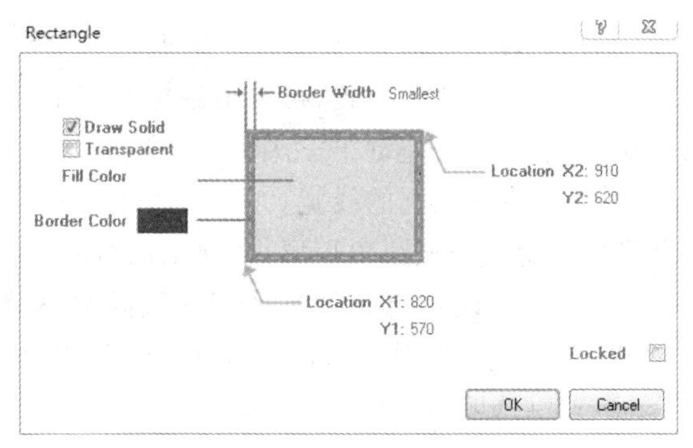

图 2－65　“Rectangle”对话框

6. 绘制圆角矩形 ▢

绘制矩形工具主要用于绘制圆角矩形，在元件编辑器中可用于绘制圆角矩形芯片外形，使用方法如下：

(1)单击绘图工具栏中的▢启动绘制圆角矩形命令。

(2)光标变为十字形，并带有一个圆角矩形，选择合适位置单击鼠标左键，确定圆角矩形的左下角顶点，然后拖动光标到适当位置，再单击鼠标左键确定圆角矩形右上角顶点即可绘制出一个圆角矩形。放置后效果如图 2－66 所示。

(3)用户如果对圆角矩形的线宽、大小或颜色等属性不满意，可在未退出该命令时按“Tab”键或退出该命令后双击该圆角矩形，在弹出的“Round Rectangle”对话框中修改“Border Width”(线宽)、“Location”(圆角矩形左下角或右上角坐标)、“X-Radius”(圆角 X 轴半径)、“Y-Radius”(圆角 Y 轴半径)、“Fill Color”(填充颜色)、“Border Color”(边缘颜色)、“Draw Solid”(实心填充)与“Transparent”(透明)，如图 2－67 所示。

7. 绘制椭圆 ⬭

绘制椭圆工具主要用于绘制椭圆或圆形，在元件编辑器中可用于绘制特殊元器件的外形，使用方法如下：

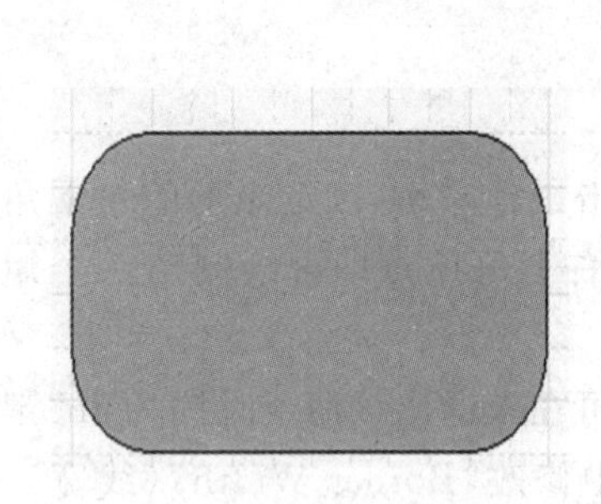
图 2-66 放置圆角矩形后的效果

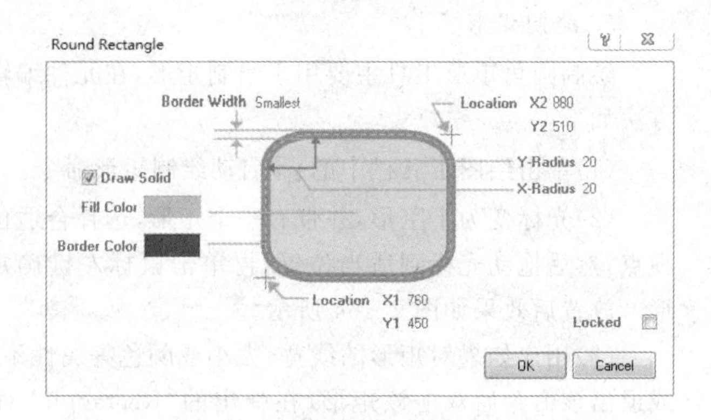

图 2-67 "Round Rectangle"对话框

(1)单击绘图工具栏中的⬭启动绘制椭圆命令。

(2)光标变为十字形,并带有一个椭圆,选择合适位置单击鼠标左键,确定椭圆的圆心坐标,然后拖动光标到适当位置,再单击鼠标左键第二次确定椭圆 X 轴半径,接着拖动光标到适当位置,再单击鼠标左键第三次确定椭圆 Y 轴半径。放置后效果如图 2-68 所示。

(3)用户如果对椭圆的线宽、大小或颜色等属性不满意,可在未退出该命令时按"Tab"键或退出该命令后双击该圆角矩形,在弹出的"Ellipse"对话框中修改"Border Width"(线宽)、"Location"(椭圆圆心坐标)、"X-Radius"(椭圆 X 轴半径)、"Y-Radius"(椭圆 Y 轴半径)、"Fill Color"(填充颜色)、"Border Color"(边缘颜色)、"Draw Solid"(实心填充)与"Transparent"(透明),如图 2-69 所示。

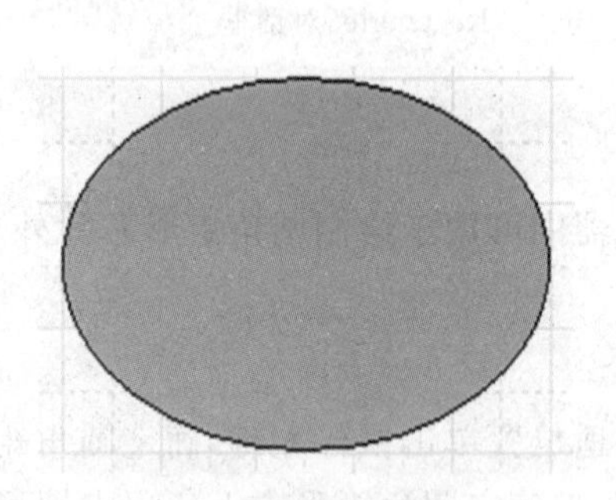
图 2-68 放置椭圆后的效果

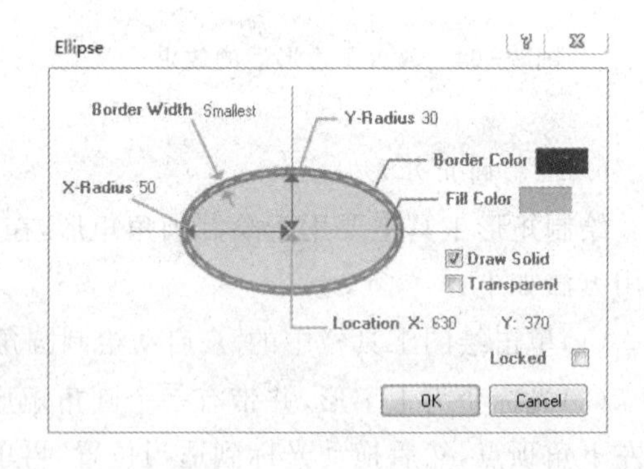

图 2-69 "Ellipse"对话框

8. 绘制饼图

绘制饼图工具主要用于绘制饼图,使用方法如下:

(1)单击绘图工具栏中的启动绘制饼图命令。

(2)光标变为十字形,并带有一个饼图,选择合适位置单击鼠标左键,确定饼图的圆心坐标,再移动光标调整饼图圆的半径,单击鼠标左键第 2 次确定饼图圆半径;再移动光标调整并单击鼠标左键第 3 次确定饼图圆缺口的一端;最后移动光标调整并单击鼠标左键第四次确定饼图圆缺口的另一端,完成对该饼图的绘制,放置后效果如图 2-70 所示。

(3)用户如果对饼图的线宽、大小或颜色等属性不满意,可在未退出该命令时按"Tab"键或退出该命令后双击该圆角矩形，在弹出的"Pie Chart"对话框中修改"Border Width"（线宽）、"Location"（饼图圆心坐标）、"Radius"（饼图圆半径）、"Color"（填充颜色）、"Border Color"（边缘颜色）、"Draw Solid"（实心填充）、"Start Angle"（起始角度）和"End Angle"（终止角度），如图 2-71 所示。

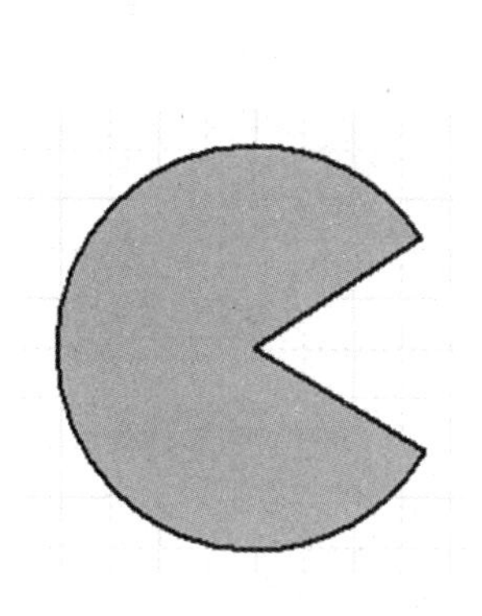

图 2-70　放置饼图后的效果

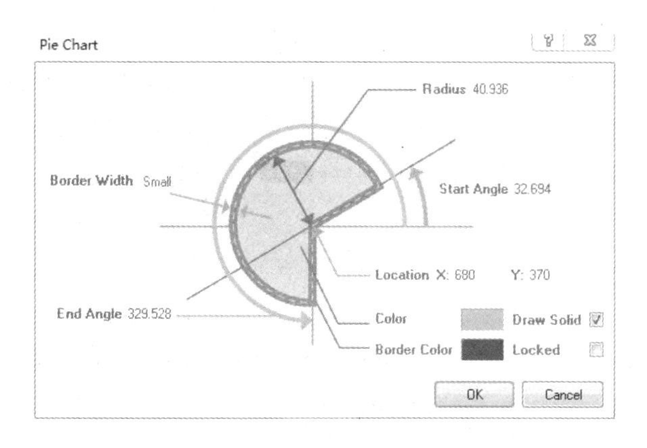

图 2-71　"Pie Chart"对话框

9. 插入图片

插入图片工具主要用于在原理图中插入图片，使用方法如下：

(1)单击绘图工具栏中的启动插入图片命令。

(2)光标变为十字形，并带有一个矩形，选择合适位置单击鼠标左键，确定矩形的左下角顶点，然后拖动光标到适当位置，再单击鼠标左键确定矩形右上角顶点即可绘制出一个矩形，该矩形尺寸即为所放置图片尺寸；接着会弹出如图 2-72 所示查找图片对话框，用户根据所需插入图片路径查找图片后确定，即可完成向原理图中插入一张图片，放置图片后效果如图 2-73 所示。

图 2-72　查找图片对话框

图 2-73　放置图片后的效果

(3)用户如果对图片的边线或图片内容不满意，可在未退出该命令时按“Tab”键或退出该命令后双击该图片，在弹出的“Graphic”对话框中修改“Border Width”(线宽)、“Location”(图片左下角或右上角坐标)、“Border Color”(边缘颜色)、“File Name”(图片路径及名称)，如图 2－74 所示。

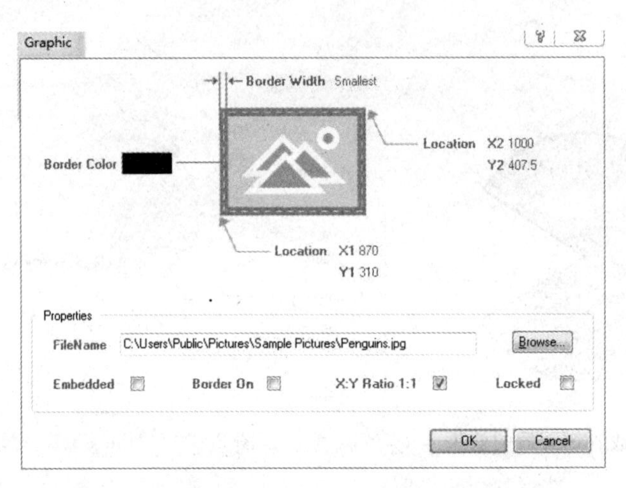

图 2－74 “Graphic”对话框

2.3.3 快速元器件调用工具栏

放置元器件除了 2.3.1 小节所介绍的方法外，一些比较常用的电路元件可以通过快捷工具来调用，使得作图效率更高。包括数字元器件工具栏、信号源工具栏和电源与接地工具栏。

1. 数字元器件工具栏

该工具栏包含了比较常用的电阻、电容、基本逻辑门电路等常用元器件，如图 2－75 所示。使用也非常简单方便，单击对应工具按钮即可将相应元器件拖到原理图合适位置放置，表 2－2 给出了各种工具按钮的功能。

图 2－75 数字元器件工具栏

表 2－2 数字元器件工具栏功能表

按钮	功　能	按钮	功　能
1K	放置阻值为 1kΩ 电阻		放置两输入端与非门
4K7	放置阻值为 4.7kΩ 电阻		放置两输入端或非门
10K	放置阻值为 10kΩ 电阻		放置非门
47K	放置阻值为 67kΩ 电阻		放置两输入端与门
100k	放置阻值为 100kΩ 电阻		放置两输入端或门
0.01	放置容值为 0.01μF 电容		放置三态门

（续表）

按钮	功　能	按钮	功　能
0.1	放置容值为 0.1μF 电容		放置 D 触发器
1.0	放置容值为 1.0μF 电容		放置两输入端异或门
2.2	放置容值为 2.2μF 电容		放置三一八线译码器
10	放置容值为 10μF 电容		放置总线传输器

2. 信号源工具栏

该工具栏包含了比较常用的直流、正弦波与方波信号源，如图 2－76 所示。单击对应工具按钮即可将相应信号源拖到原理图合适位置放置，表 2－3 给出了各种工具按钮的功能。

表 2－3　信号源工具栏功能表

按钮	功　能	按钮	功　能
+5	放置＋5V 直流信号源	-5	放置－5V 直流信号源
+12	放置＋12V 直流信号源	-12	放置－12V 直流信号源
1K	放置 1K 正弦信号源	100K	放置 100K 正弦信号源
10K	放置 10K 正弦信号源	1M	放置 1M 正弦信号源
1K	放置 1K 方波信号源	10K	放置 10K 方波信号源
100K	放置 100K 方波信号源	1M	放置 1M 方波信号源

3. 电源与接地工具栏

该工具栏包含了比较常用的电源与接地元件，如图 2－77 所示。单击对应选项即可将相应电源或接地元件拖到原理图合适位置放置。下面对该菜单进行介绍：

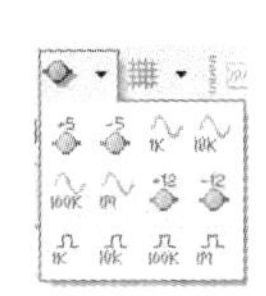

图 2－76　信号源工具栏

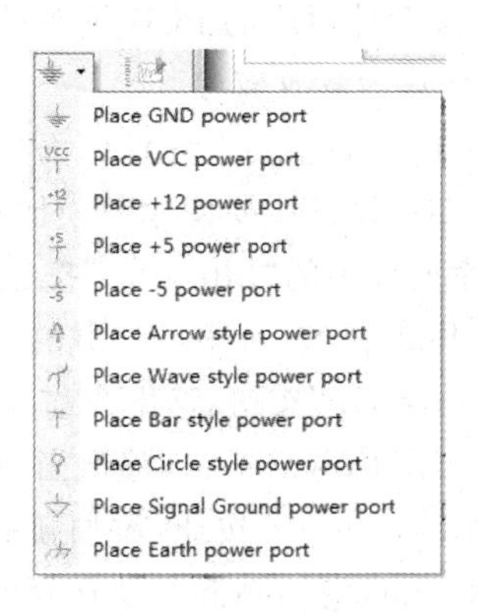

图 2－77　电源与接地工具栏

- Place GND power port:用于放置电源地。
- Place VCC power port:用于放置直线节点电源。
- Place +12 power port:用于放置+12V 直线节点电源。
- Place +5 power port:用于放置+5V 直线节点电源。
- Place -5 power port:用于放置-5V 直线节点电源。
- Place Arrow style power port:用于放置箭头节点电源。
- Place Wave style power port:用于放置波浪型节点电源。
- Place Bar style power port:用于放置平头型节点电源。
- Place Circle style power port:用于放置圆头型节点电源。
- Place Signal Ground power port:用于放置信号地。
- Place Earth power port:用于放置大地符号。

2.4 元件库的管理

2.3.1 小节中提过:绘制原理图时需要各种元件,这些元件被分门别类地放置在各种元件库中,因此在放置元件之前,要分析原理图中所用到的元器件属于哪个元件库,并加载该元件库,再从元件库中调用该元器件使用。

若用户加载过多的元件库,不仅难以区分,而且会占用大量的系统资源,所以不提倡一次加载过多元件库,而是只加载用户常用的若干个。

1. 元件库面板功能介绍

可通过以下两种方式打开元件库面板:

(1)将鼠标放置在工作界面右侧的"Libraries"竖向标签上,如图 2-78 所示,即可展开元件库面板。

(2)执行"Design"—"Browse Library", 如图 2-79 所示,也可展开元件库面板。

"Libraries"元件库面板中各个区域与按钮的意义如图 2-80 所示。

值得一提的是,Altium Designer 采用了集成库的概念,设计人员在元件库中查找元件时,会看到该元件对应的 PCB 元件封装,使设计环节更为便捷。

2. 元件库加载步骤

元件库的加载主要在元件库面板中实现,下面通过一个实例说明加载步骤。

(1)例如在设计中要使用数模比较器 AD828AN,但当前元件库里没有该元器件,则可以单击元件库面板中的"Libraries"按钮,弹出如图 2-81 所示的"Available Libraries"对话框,选择"Installed"标签,观察已加载的元件库。该标签下各按钮的功能如下:

- "Move Up"按钮:移出当前元件库中最上面的元件库。
- "Move Down"按钮:移出当前元件库中最下面的元件库。
- "Add Library"按钮:添加新的元件库。
- "Remove"按钮:卸载所选择元件库。

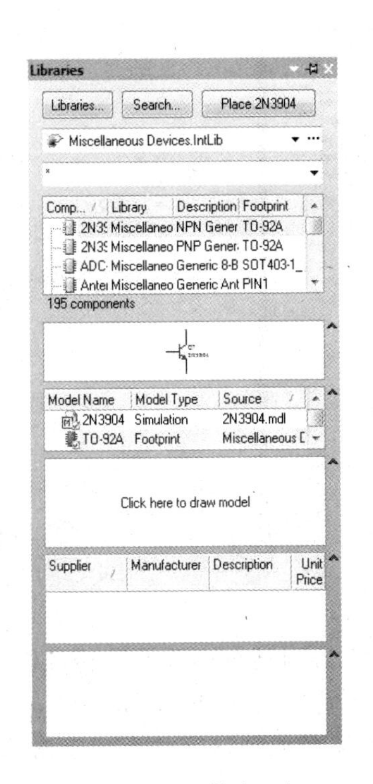

图 2-78　元件库面板

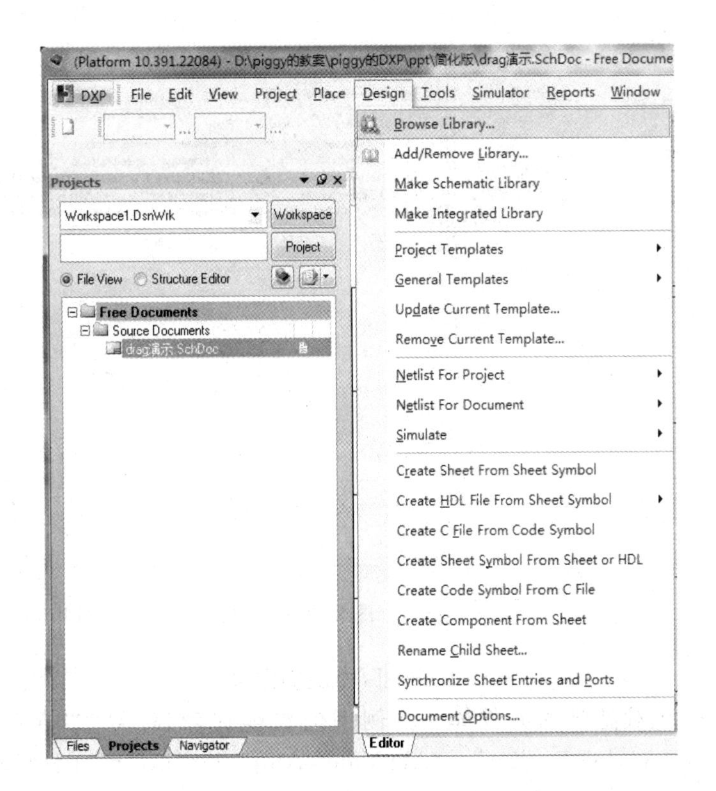

图 2-79　菜单栏展开元件库面板

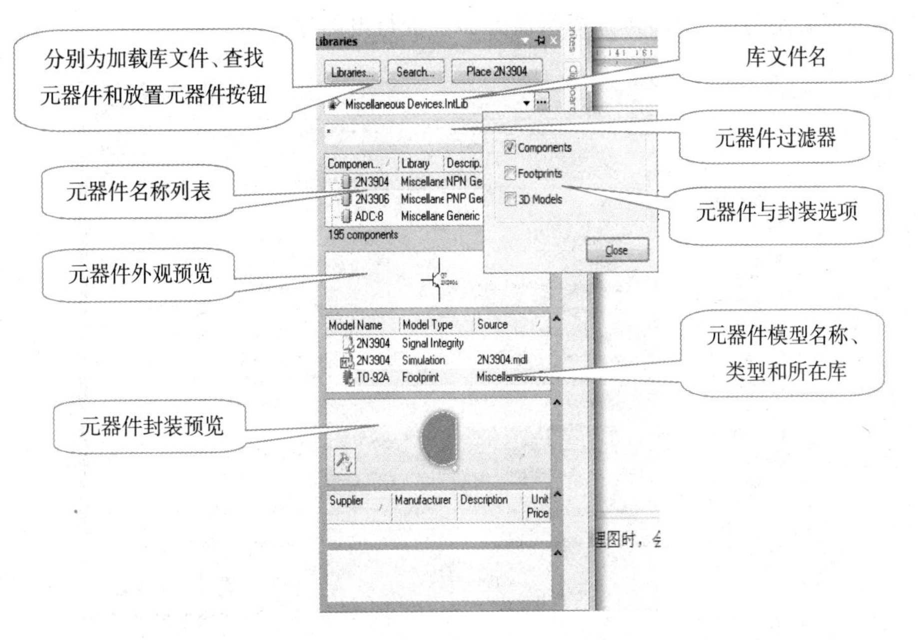

图 2-80　元件库面板构成与各区域功能

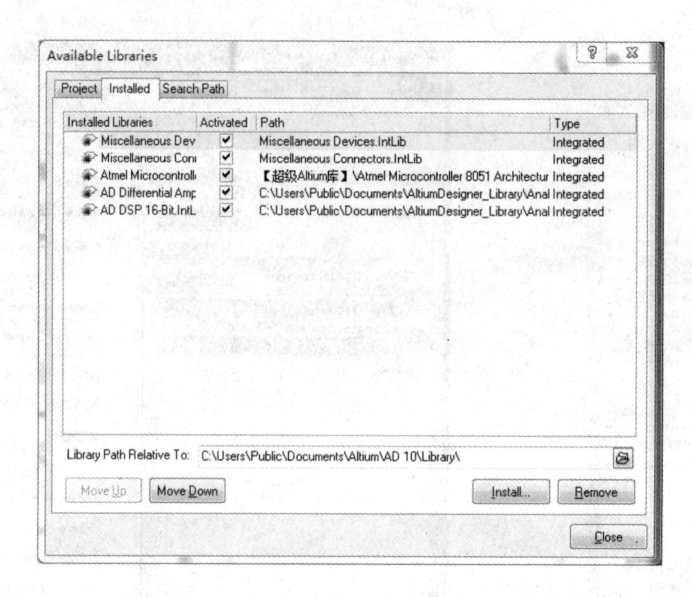

图 2 - 81　加载前“Available Libraries”对话框

(2)单击“Install”按钮，弹出如图 2 - 82 所示的“打开”对话框，在对话框中修改路径，以加载需要的元件库。本例中的数模比较器 AD828AN 在软件安装目录下“Library”—“Analog Devices”—“AD Video Amplifier.IntLib”元件库中。按路径找到该元件库后点击打开，该元件库即加载到系统中，如图 2 - 83 所示。

(3)加载完毕，点击“Close”按钮退出“Available Libraries”对话框后，系统返回到如图 2 - 84所示的元件库面板，并显示刚加载的元件库，在元件过滤器栏中输入元器件名称“AD828AN”(大小写均可)即可选择所需元器件进行电路原理图的绘制。

图 2 - 82　查找元件库对话框

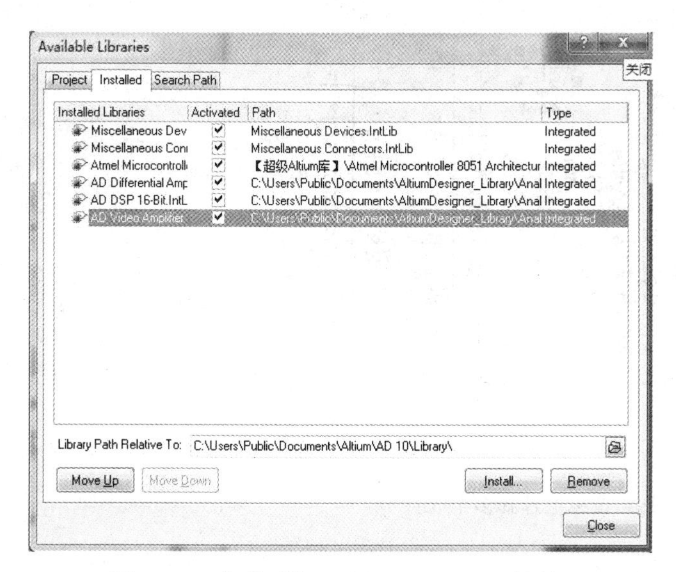

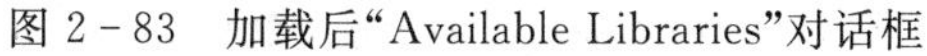

图 2-83 加载后“Available Libraries”对话框

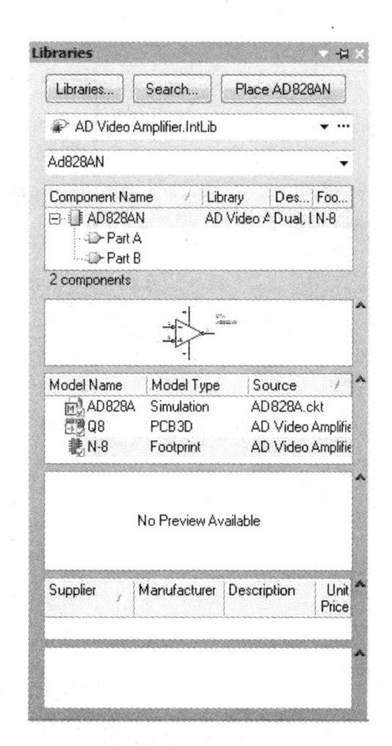

图 2-84 加载库以后“Libraries”面板

2.5 元件基本操作

2.5.1 对象的选取

通常选择对象的方式有两种，下面分别进行介绍。

1. 鼠标直接选取

鼠标单击所选择元件，即可选定该对象，如图 2-85 所示；鼠标在要选择的元件左上角单击鼠标左键，并拖动鼠标直到框选上所有想要框选的对象，再松开鼠标左键，即可选定多个对象，如图 2-86 所示。

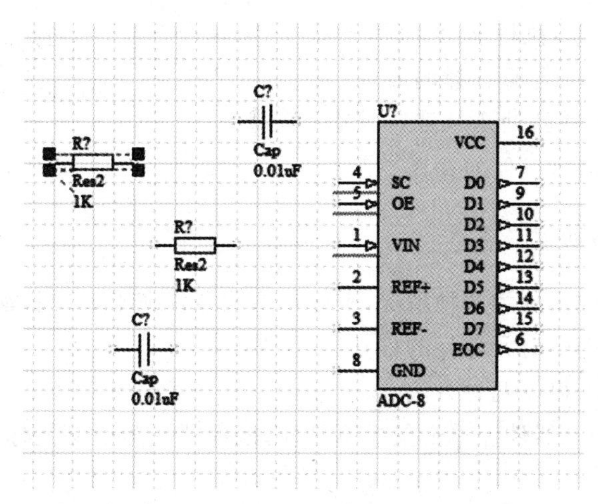

图 2-85 单击鼠标选择单个元件

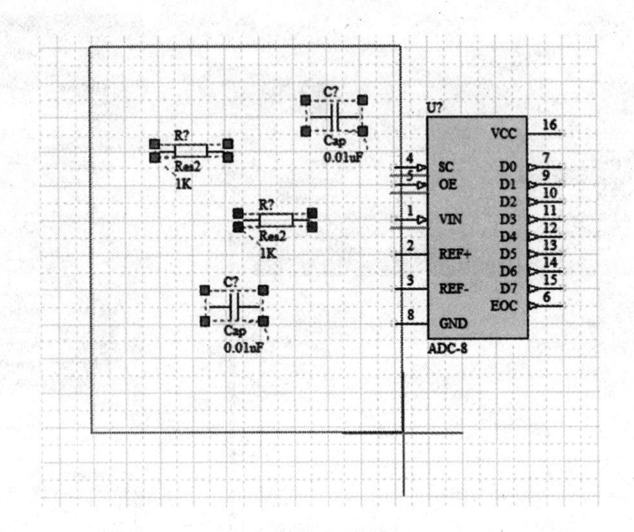

图 2-86　鼠标框选择多个元件

2. 用“Edit”菜单选项选取

执行“Edit”—“Select”，如图 2-87 所示，在下一级菜单中可实现各种选择方式。

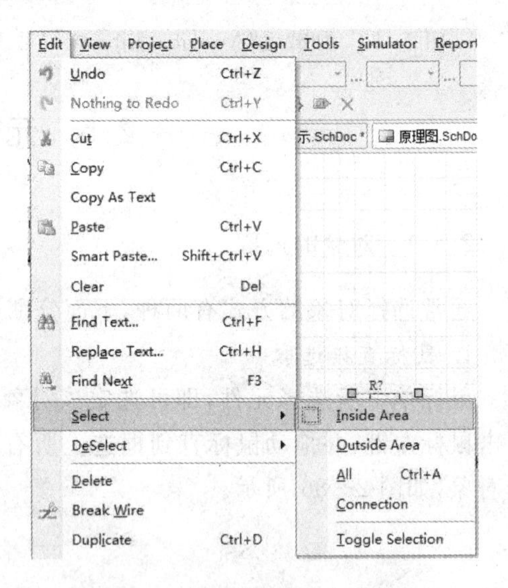

图 2-87　“Edit”菜单中的选择命令

下面对“Select”菜单选项的下一级菜单进行介绍。

- Inside Area：选取区域内的元器件。
- Outside Area：选取区域外的元器件。
- All：选取图纸内所有的元器件。
- Connection：选择与指定导线相连的所有元器件。执行该命令后，光标变成十字形状，单击某一根导线，则与该导线相连接的所有元器件都将被选中。
- Toggle Selection：执行该命令后，光标变成十字形状，用鼠标单击所选择的元件，则该元件被选中；若该元件已处于被选中状态，则单击该元器件时取消该元件的选择。

2.5.2　元件的移动

元器件的移动大致可分为两种情况，平移是指元器件在平面中移动；层移是指当一个元器件被另一个元件掩盖时对元器件的移动。

移动元器件通常有以下两种方法。

(1)在所需移动的元器件上单击鼠标不松开，鼠标即变为十字光标，对元器件进行拖动，如图 2-88 所示。

(2)执行“Edit”—“Move”命令进行元器件移动，如图 2-89 所示。

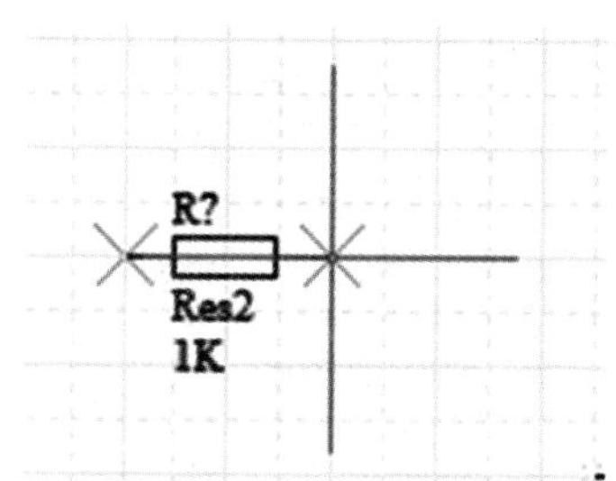

图 2-88　鼠标单击拖动元件

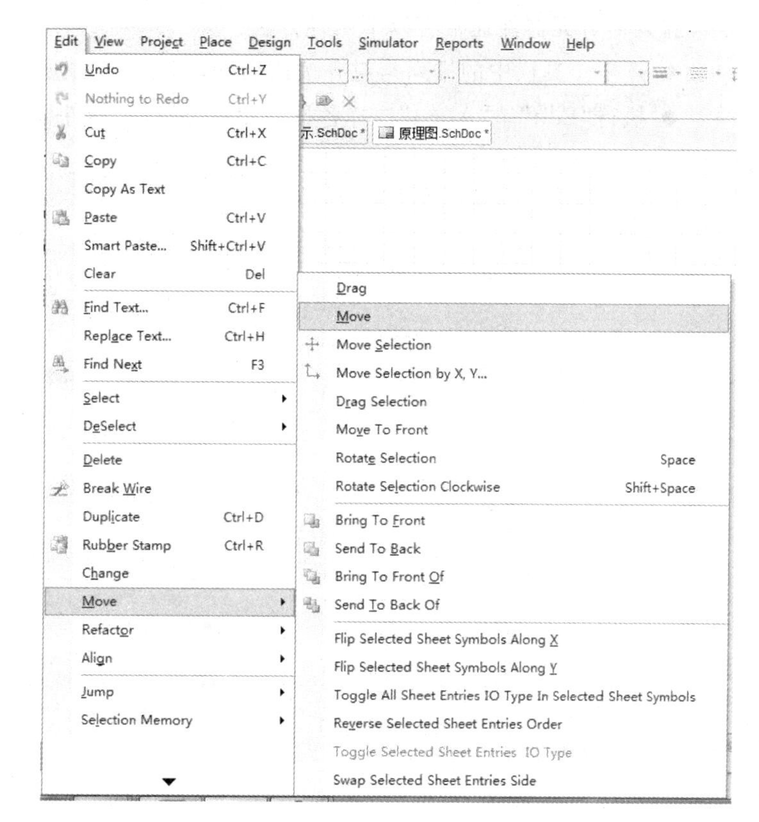

图 2-89　元器件移动子菜单命令

下面对“Move”菜单的下拉选项进行介绍。

- Drag：执行此命令时，光标变成十字形，用鼠标拖动所要移动的元器件，则所有与之连接的导线也会跟着移动，不会断线。
- Move：操作方法与“Drag”相同，但只是移动元器件，与元器件相连的导线不会随之移动。
- Move Selection：该操作方法可以移动一个或多个元器件，移动时与元器件相连的导线不会随之移动，操作方法与“Drag”相同。
- Drag Selection：该操作的功能与操作方法与“Move Selection”相同。
- Move To Front：该命令是平移与层移的混合命令，执行该命令时将所移动对象放在重叠对象的最上层。
- Send To Back：该命令是平移与层移的混合命令，执行该命令时将所移动对象放在重叠对象的最下层。

2.6　元件的排列与对齐

对于多个元器件的排列，可以用排列与对齐命令对其进行操作。

排列对齐元器件通常有以下两种方法：

- 点击工具栏中的排列与对齐按钮，如图 2－90 所示。
- 执行“Edit”—“Align”选择各排列命令，进行元器件移动，如图 2－91 所示。

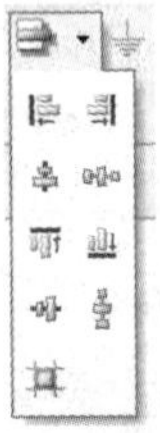

图 2－90　元件排列工具栏

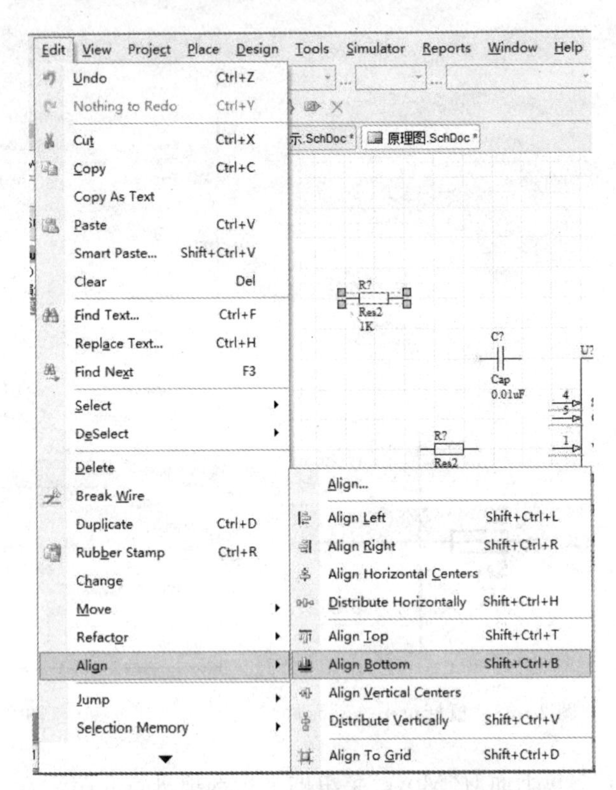

图 2－91　“Align”命令的子菜单选项

1. 元件左对齐和右对齐

元件未进行排列对齐前摆放位置如图 2－92所示。进行排列时首先选中需要对齐的元器件，点击工具栏中的排列与对齐按钮中的或者执行“Edit”—“Align”—“Align Left”，即可完成元器件的左对齐。如图 2－93 所示，可以看到四个元器件的左侧处于同一直线上。

点击工具栏中的排列与对齐按钮中的或者执行“Edit”—“Align”—“Align Right”，即可完成元器件的右对齐。如图 2－94 所示，可以看到 4 个元器件的右侧处于同一直线上。

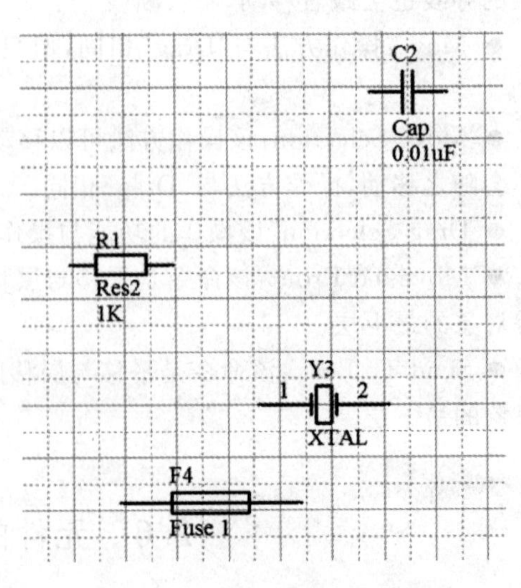

图 2－92　排列前各元件位置

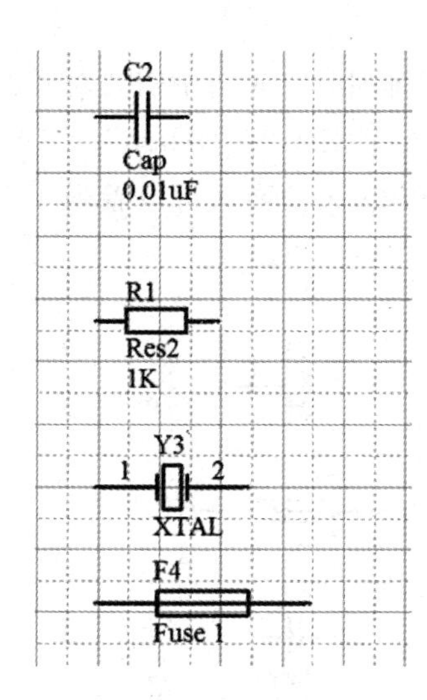

图 2-93　元器件左对齐

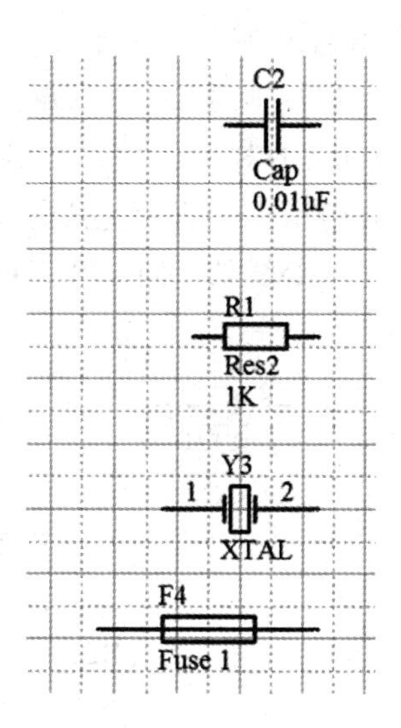

图 2-94　元器件右对齐

2. 元件顶端对齐和底端对齐

元件未进行排列对齐前摆放位置如图 2-95 所示。进行排列时首先选中需要对齐的元器件,若点击工具栏中的排列与对齐按钮中的或者执行"Edit"—"Align" —"Align Top",即可完成元器件的顶端对齐。如图 2-96 所示,可以看到 4 个元器件的顶端处于同一直线上。

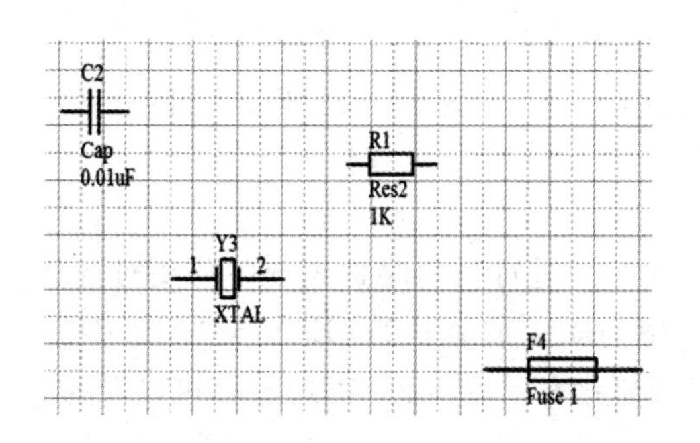

图 2-95　排列前各元件位置

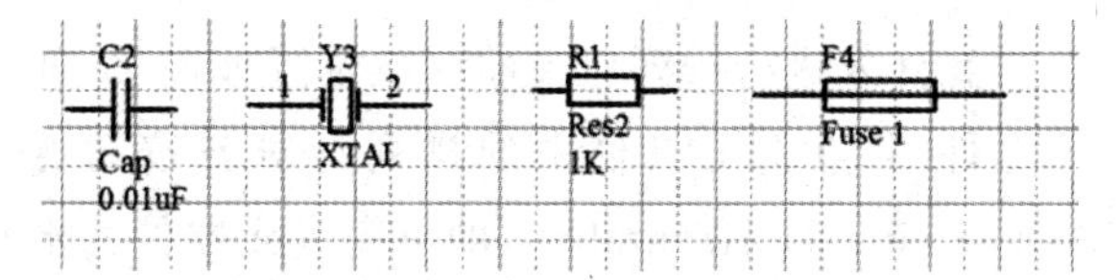

图 2-96　元器件顶端对齐

若点击工具栏中的排列与对齐按钮中的或者执行"Edit"—"Align" —"Align Bottom",即可完成元器件的底端对齐。如图 2-97 所示,可以看到 4 个元器件的底端处于同一直线上。

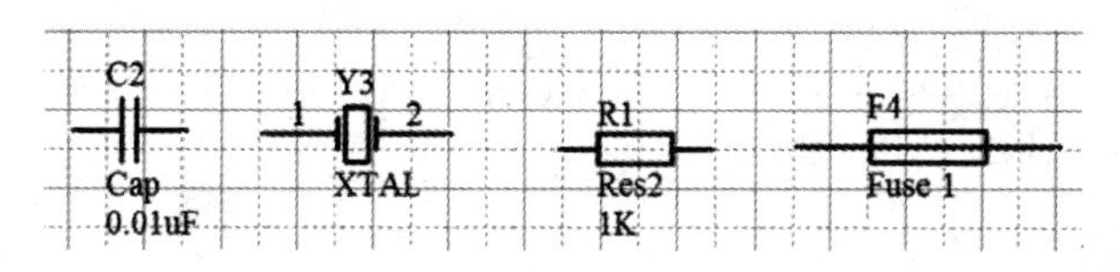

图 2-97　元器件底端对齐

3. 元件按水平中心线对齐

元件未进行排列对齐前摆放位置如图 2 - 98 所示。进行排列时首先选中需要对齐的元器件,若点击工具栏中的排列与对齐按钮 中的 或者执行“Edit”—“Align” —“Align Horizontal Centers”,即可完成元器件的水平居中对齐。如图 2 - 99 所示,可以看到 4 个元器件的水平中心线处于同一竖直直线上。

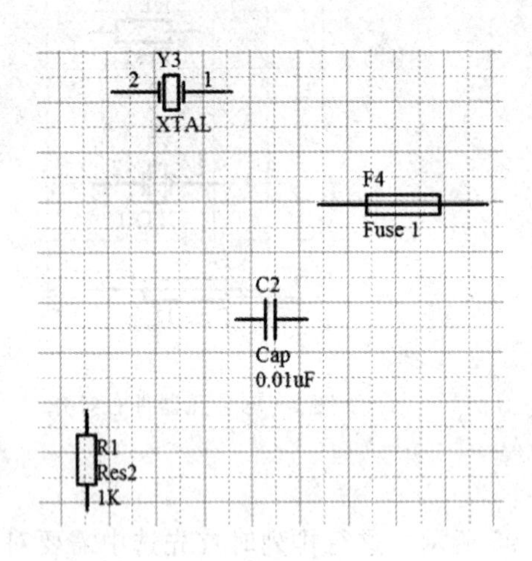

图 2 - 98　排列前各元件位置

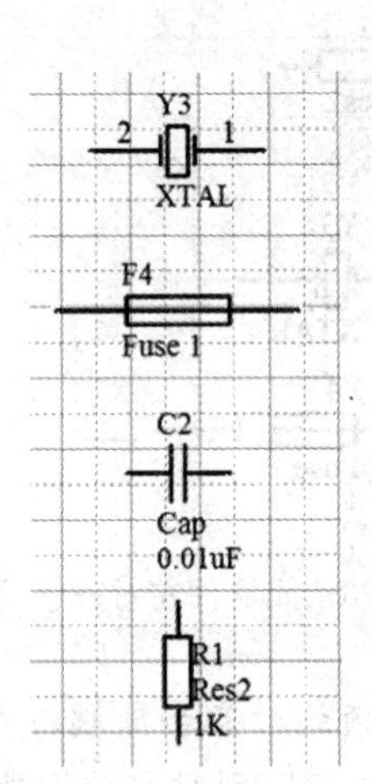

图 2 - 99　元器件水平中心线对齐

4. 元件按垂直中心线对齐

元件未进行排列对齐前摆放位置如图 2 - 100 所示。进行排列时首先选中需要对齐的元器件,若点击工具栏中的排列与对齐按钮 中的 或者执行“Edit”—“Align” —“Align Vertical Centers”,即可完成元器件的垂直居中对齐。如图 2 - 101 所示,可以看到四个元器件的垂直中心线处于同一水平直线上。

5. 元件按水平等距排布和垂直等距排布

元件未进行排列对齐前摆放位置如图 2 - 102 所示。进行排列时首先选中需要对齐的元器件,若点击工具栏中的排列与对齐按钮 中的 或者执行“Edit”—“Align” —“Distribute Horizontally”,即可完成元器件的水平等距排布。如图 2 - 103 所示,可以看到 4

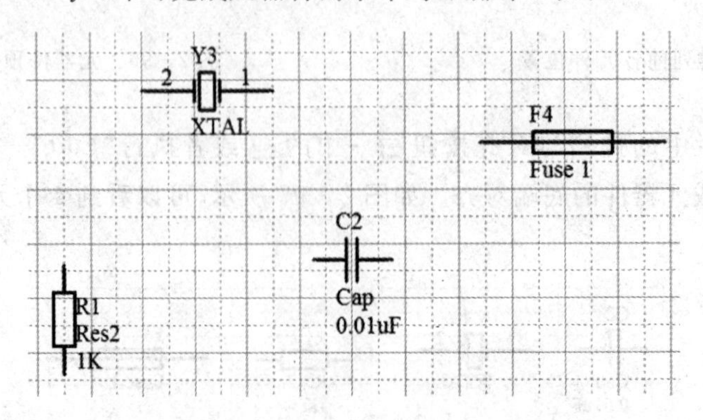

图 2 - 100　排列前各元件位置

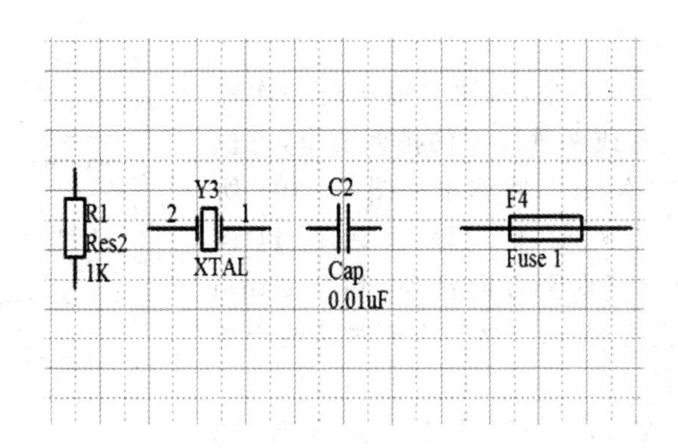

图 2-101 元器件垂直中心线对齐

个元器件之间水平方向间距相等。

若点击工具栏中的排列与对齐按钮中的或者执行"Edit"—"Align" —"Distribute Vertically",即可完成元器件的垂直等距排布。如图 2-104 所示,可以看到 4 个元器件之间垂直方向间距相等。

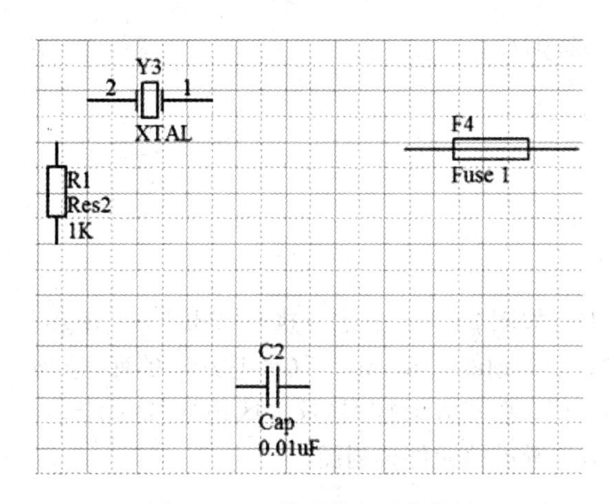

图 2-102 排列前各元件位置

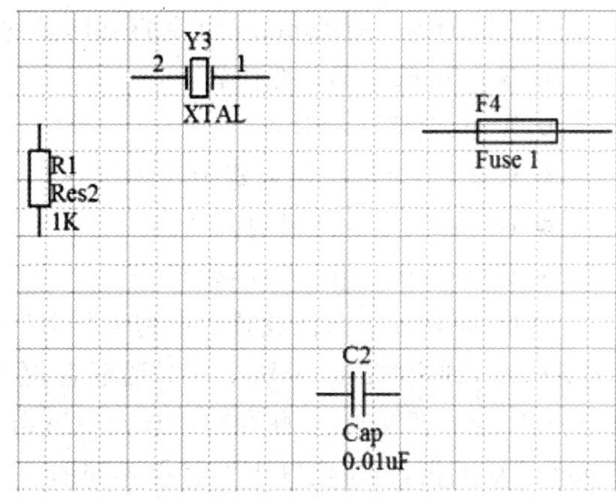

图 2-103 元器件水平等距排布

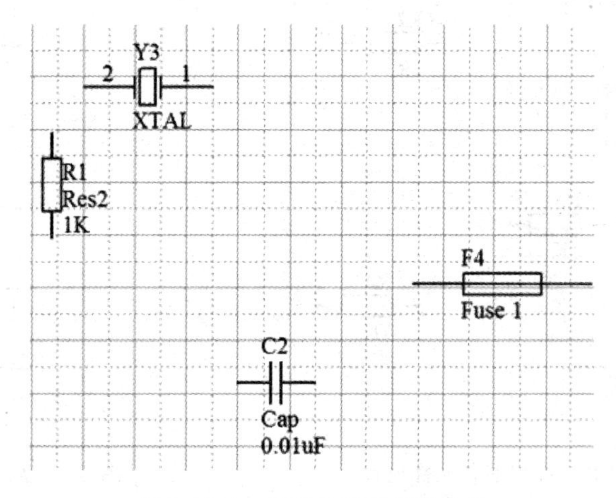

图 2-104 元器件垂直等距排布

6. 元件综合排布对齐

若按照上述方法排列对象,每次只能进行一次操作,若需要同时进行两种或两种以上的排列要求,可执行“Edit”—“Align” —“Align”,将弹出如图 2-105 所示的“Align Objects”对话框。该对话框包含“Horizontal Alignment”(水平方向排列)和“Vertical Alignment”(垂直方向排列)选项区。下面对这两个选项区内容进行简单介绍。

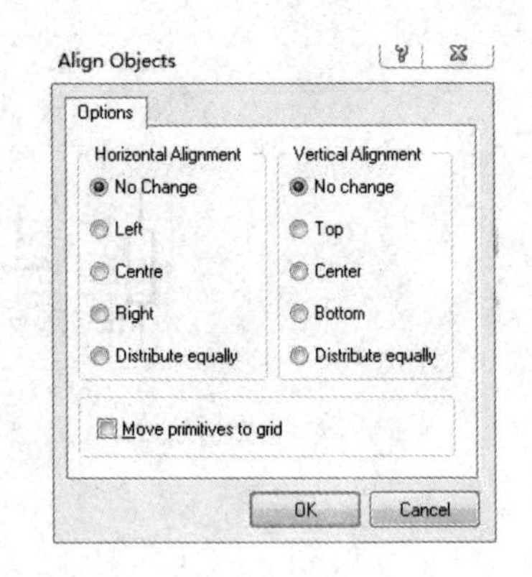

图 2-105 “Align Objects”对话框

(1)“Horizontal Alignment”(水平方向排列)选项区

- No change:不改变位置。
- Left:全部左对齐。
- Center:全部按照水平中心线对齐
- Right:全部右对齐。
- Distribute equally:间距相等。

(2)“Vertical Alignment”(垂直方向排列)选项区

- No change:不改变位置。
- Top:全部顶端对齐。
- Center:全部按照垂直中心线对齐
- Bottom:全部地段对齐。
- Distribute equally:间距相等。

例如:原理图中杂乱放置着电阻元件 R1~R5,如图 2-106 所示。执行“Edit”—“Align”—“Align”,弹出“Align Objects”对话框后,在“Horizontal Alignment”(水平方向排列)选项区钩选“Center”复选框,并在“Vertical Alignment”(垂直方向排列)选项区钩选“Distribute equally”复选框,再单击“OK”,将得到如图 2-107 所示的元件排列图。

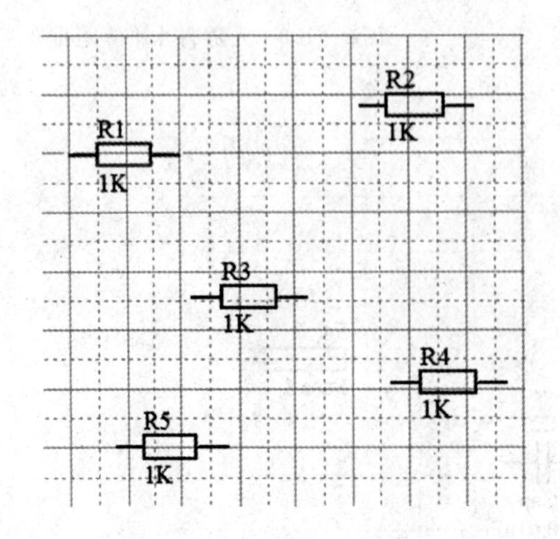

图 2-106 排列前各元件位置

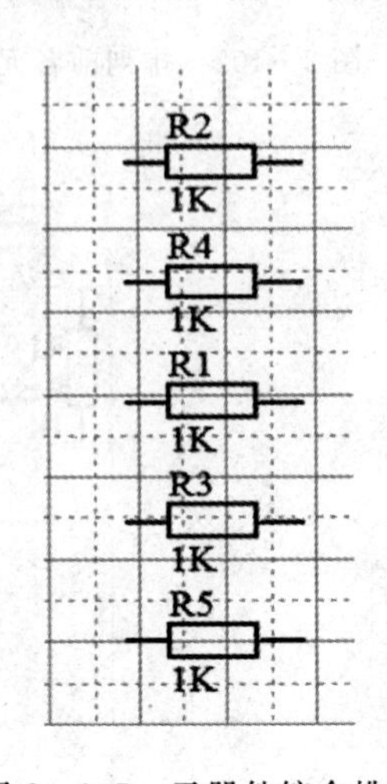

图 2-107 元器件综合排布

2.7　更新元器件流水号

设计电路原理图时，设计者必须定义每个元器件的流水号，定义时不能重号，对于大规模电路来说，由于元件过多，该步骤过于繁琐且容易出错。Altium Designer 提供了自动更新元件流水号的功能，能根据用户设定规则方便地设置各元件流水号。

(1)执行“Tools”—“Annotate Schematics”，将弹出如图 2-108 所示“Annotate”(注释)对话框。

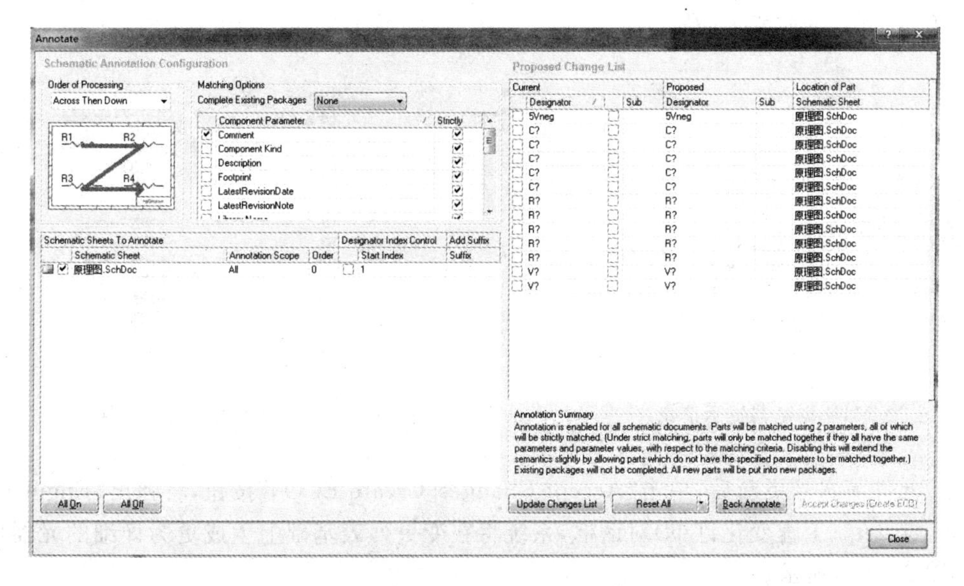

图 2-108　“Annotate”对话框

下面对该对话框中各选项进行简单介绍：

① Order of Processing(处理顺序)

- Across Then Down：先横向再向下。
- Across Then Up：先横向再向上。
- Up Then Across：先向上再横向。
- Down Then Across：先向下再横向。

② Proposed Changed List(目标变更列表)

- Current：当前流水号。
- Proposed：目标流水号。
- Location of Part：应用范围。

(2)在“Annotate”对话框中点击“Update Changes List”按钮，将弹出如图 2-109 所示浏览器提示更改信息，并单击“OK”按钮，可观察到原理图中各元件流水号已更新。

(3)如果对更新后的流水号不满意，则点击“Reset All”按钮，将弹出如图 2-111 所示浏览器提示更改信息，并单击“OK”按钮，可观察到原理图中各元件流水号回复到未定义状态，如图 2－112 所示。

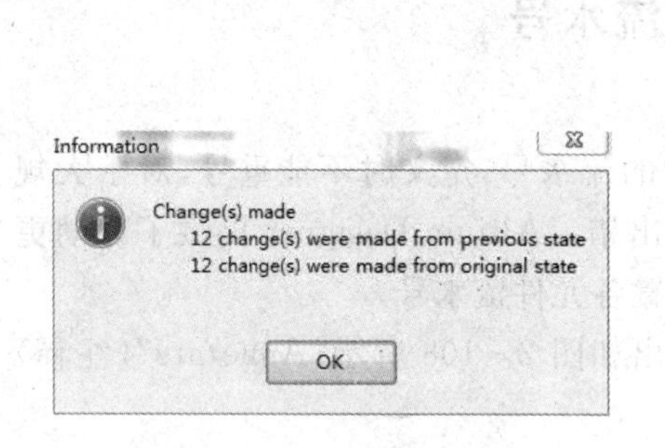

图 2－109　浏览器提示信息

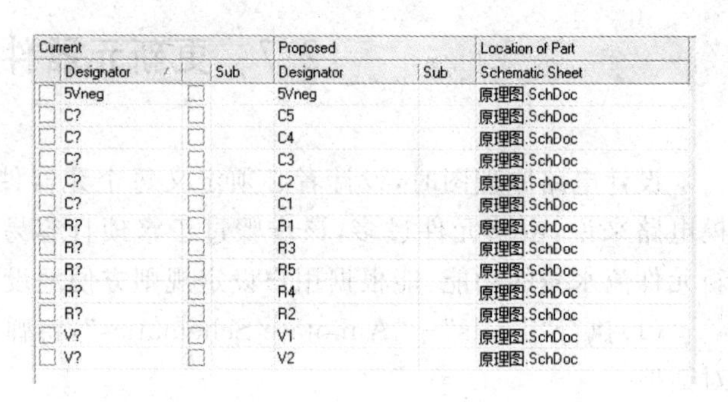

Current Designator	Sub	Proposed Designator	Sub	Location of Part Schematic Sheet
5Vneg		5Vneg		原理图.SchDoc
C?		C5		原理图.SchDoc
C?		C4		原理图.SchDoc
C?		C3		原理图.SchDoc
C?		C2		原理图.SchDoc
C?		C1		原理图.SchDoc
R?		R1		原理图.SchDoc
R?		R3		原理图.SchDoc
R?		R5		原理图.SchDoc
R?		R4		原理图.SchDoc
R?		R2		原理图.SchDoc
V?		V1		原理图.SchDoc
V?		V2		原理图.SchDoc

图 2－110　更新流水号后各元件

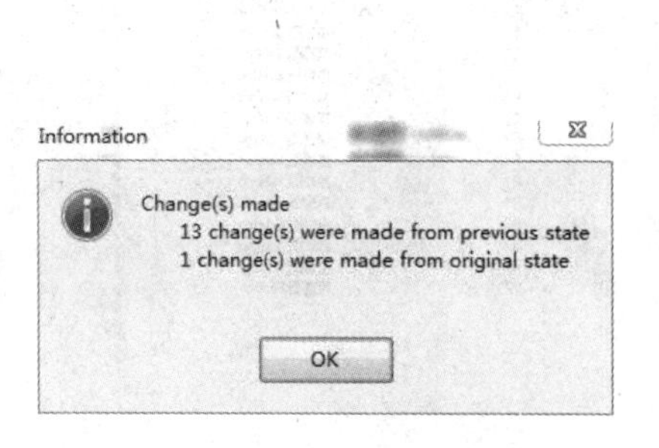

图 2－111　浏览器提示信息

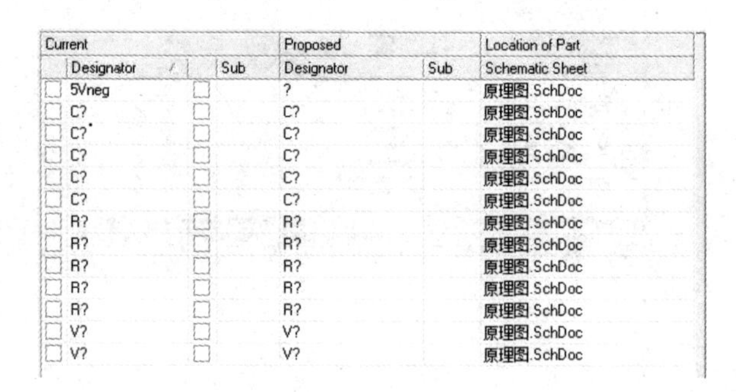

Current Designator	Sub	Proposed Designator	Sub	Location of Part Schematic Sheet
5Vneg		?		原理图.SchDoc
C?		C?		原理图.SchDoc
C?		C?		原理图.SchDoc
C?		C?		原理图.SchDoc
C?		C?		原理图.SchDoc
C?		C?		原理图.SchDoc
R?		R?		原理图.SchDoc
R?		R?		原理图.SchDoc
R?		R?		原理图.SchDoc
R?		R?		原理图.SchDoc
R?		R?		原理图.SchDoc
V?		V?		原理图.SchDoc
V?		V?		原理图.SchDoc

图 2－112　复位流水号后各元件

(4)元件流水号更新后，单击“Accept Changes[Create ECO]”按钮，将弹出“Engineering Change Order”(工程变化订单)对话框，系统将在变更列表基础上生成更为详细的元器件列表，如图 2－113 所示。

(5)在“Engineering Change Order”对话框中单击“Validate Changes”(使变化生效)按钮，来确认元器件变更的有效性，若有效，则将在该对话框的“Status”栏的“Check”一列出现对钩，如图 2－114 所示。

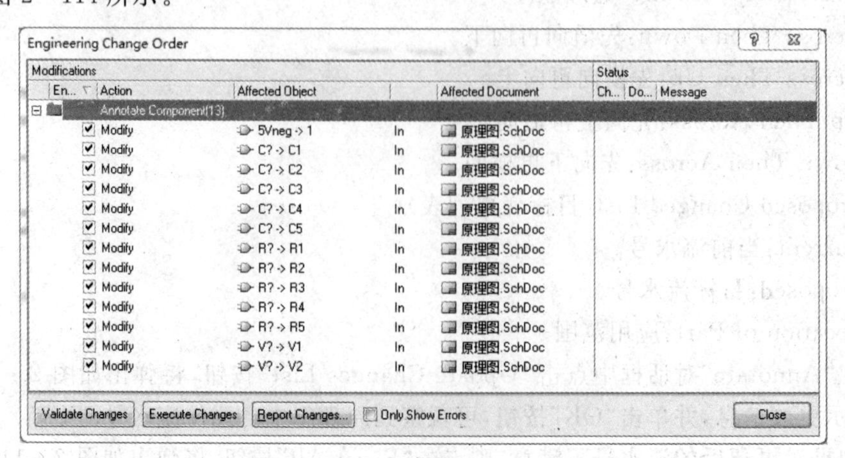

图 2－113　“Engineering Change Order”对话框

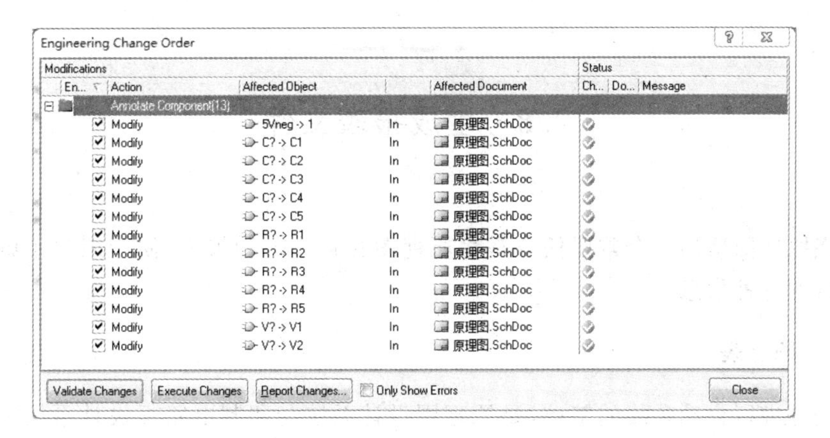

图 2－114　确认变更有效对话框

(6)确认元器件变更有效后，单击“Execute Changes”(执行变化)按钮，完成元器件的自动编号，则将在该对话框的“Status”栏的“Done”一列出现对钩，如图 2－115 所示。

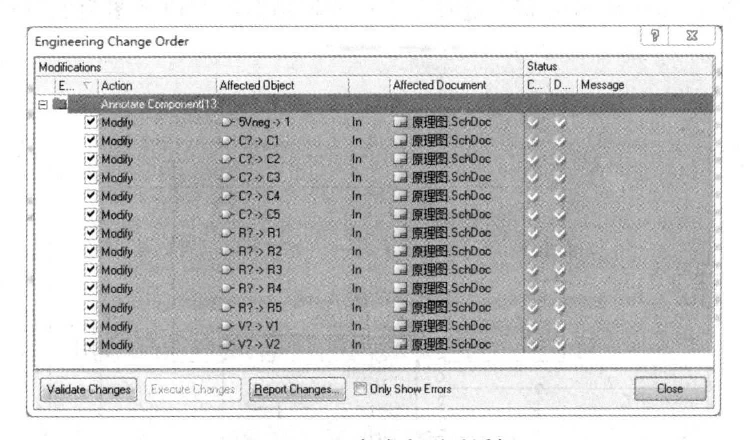

图 2－115　完成变更对话框

(7)最后单击“Report Changes”(变更报告)按钮，将显示元器件变更报表，如图 2－116 所示。

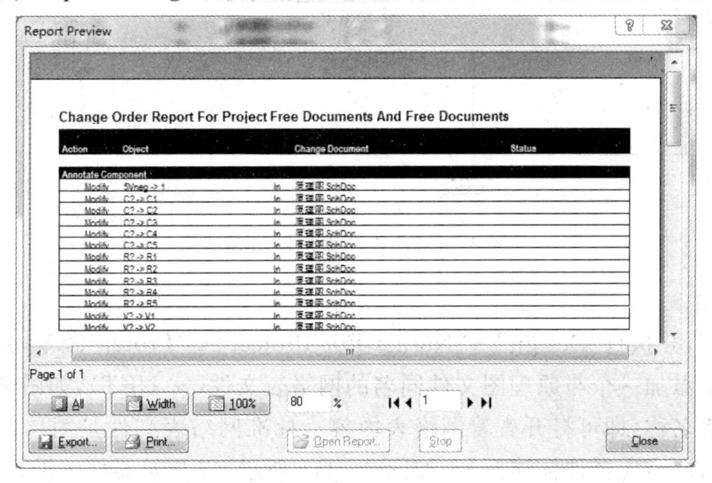

图 2－116　元器件变更报表

2.8 生成报表文件

绘制完原理图后的一个重要任务是将原理图转化为各种报表，便于用户了解整个原理图设计项目的各种信息。

2.8.1 网络表

网络表是进行自动布线的基础，是原理图设计系统与印制电路板设计系统的接口。网络表可以直接从电路原理图转化得到，也可以在印制电路板设计系统中已布线的电路中获取，它的作用主要有两个：一是可以支持印制电路板设计的自动布线及电路模拟程序；二是可以与印制电路板中得到的网络表进行比较以核对差错。

下面以如图 2－117 所示的 555 定时器组成的振荡器电路原理图为例，说明生成网络表的方法。

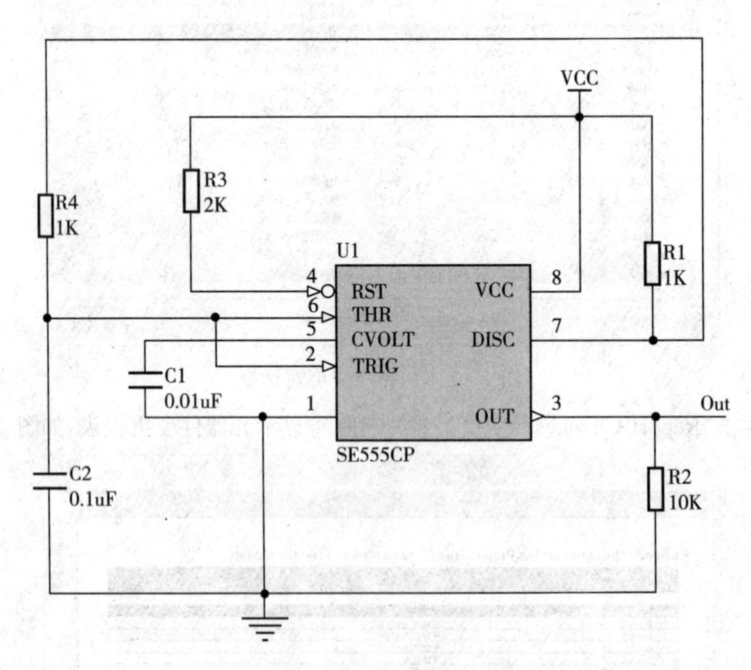

图 2－117　振荡器电路原理图

1. 生成网络表

打开原理图，并执行“Design”—“Netlist For Project”—“Protel”命令，系统就会自动在当前工程文件下添加一个与原理图文件同名的网络表文件（*.NET），如图 2－118 所示。

双击网络表名称，即可打开查看网络表内容。标准网络表文件是简单的 ASCII 文本文件，共包括两个部分：元器件描述部分，如图 2－119 所示；以及元器件的网络连接描述部分，如图 2－120 所示。

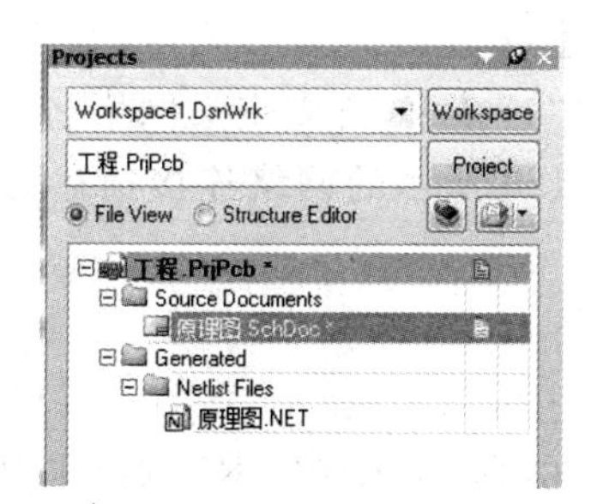

图 2-118　在 Project 面板上生成网络表

```
原理图.SchDoc *   原理图.NET
[
C1
RAD-0.3
Cap



]
[
C2
RAD-0.3
Cap



]
[
R1
AXIAL-0.4
Res2



]
[
R2
AXIAL-0.4
Res2



]
[
R3
```

图 2-119　网络表元器件描述部分

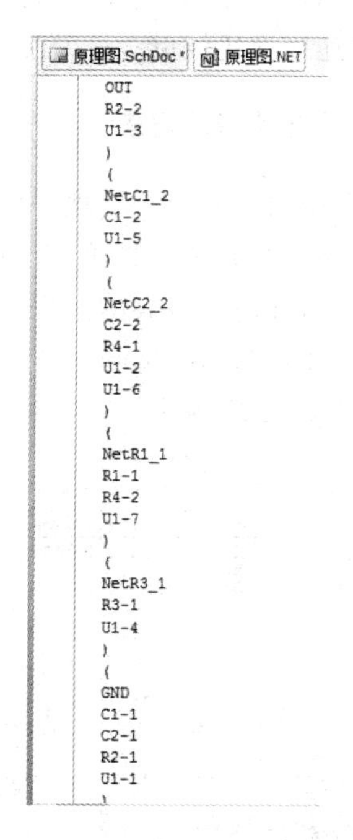

图 2-120　元器件的网络连接描述部分

2. 网络表的具体内容

(1)网络表中的元件描述

元件信息说明以“[”开始，以“]”结束，说明每个元件的序号、封装形式、类型或大小等基本信息。下面以如图 2-119 所示的元件描述为例，说明网络表中的元件信息。

[　元件信息说明开始

C1　元件序号

RAD-0.3　元件封装形式，当原理图中没有给出此属性，该行为空

Cap　元件型号或大小，当原理图中没有给出此属性，该行为空

…

…

…　系统自动保留三行空白

]　元件信息说明结束

(2)网络表中的网络连接描述

网络连接说明以“(”开始，以“)”结束，首先定义网络名称，接着给出与该网络相连的各个元件的引脚。下面以如图 2－120 所示的网络连接描述为例，说明网络表中的网络连接定义。

(　网络连接描述开始

NetR1_1　网络名称

R1-1　与该网络相连的元件引脚，表示元件 R1 的第 1 引脚与该网络相连

R4-2　元件 R4 的第 2 引脚与该网络相连

U1-7　元件 U1 的第 7 引脚与该网络相连

)　网络连接描述结束

2.8.2　元器件清单报表

元件清单报表主要用于整理一张电路原理图或整个项目中的所有元器件，主要包括元器件的名称、标注和封装信息等。下面仍以如图 2－117 所示的振荡器电路原理图为例，说明生成获得元器件清单报表的过程。

打开原理图，并执行“Report”—“Bill of Materials”命令，就会弹出“Bill of Materials For Project”，如图 2－121 所示。

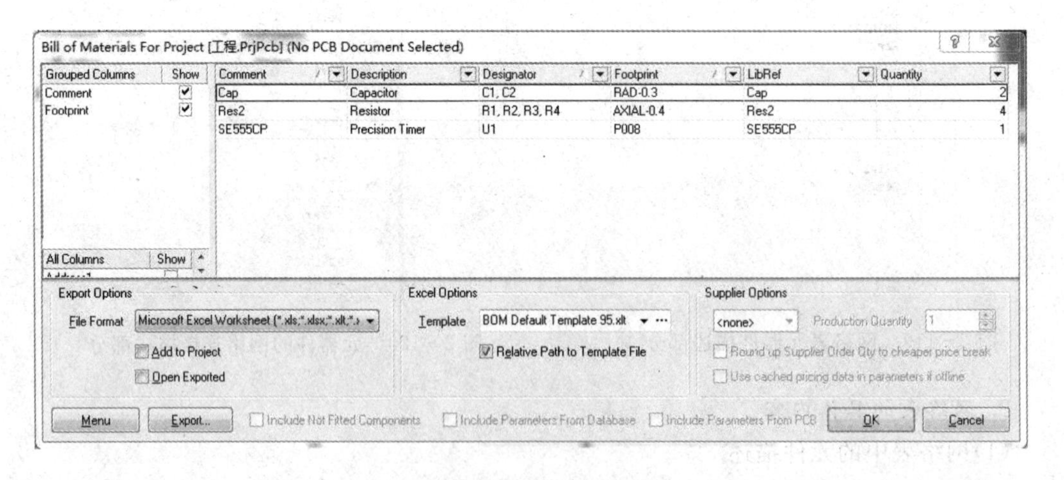

图 2－121　元器件清单报表

报表中列出原理图中元器件的“Comment”(注释)、“Description”(元件描述)、“Designator”(流水号)、“Footprint”(元件封装)、“LibRef”(元件库名称)和“Quantity”(元件个数)。

2.8.3　电气规则检查报表

电气规则检查报表(ERC)用于进行 PCB 板设计之前，对电路原理图中的电路连接匹配的正确性进行检查。执行完该检查后，系统将自动在原理图中出现错误的地方加以标记，以便用户检查错误，提高设计质量和效率。下面介绍生成电气规则检查报表的方法。

1. 设置设计检查规则

打开原理图，并执行“Project”—“Project Options”命令，弹出“Options for PCB Project”对话框，如图 2 - 122 所示。

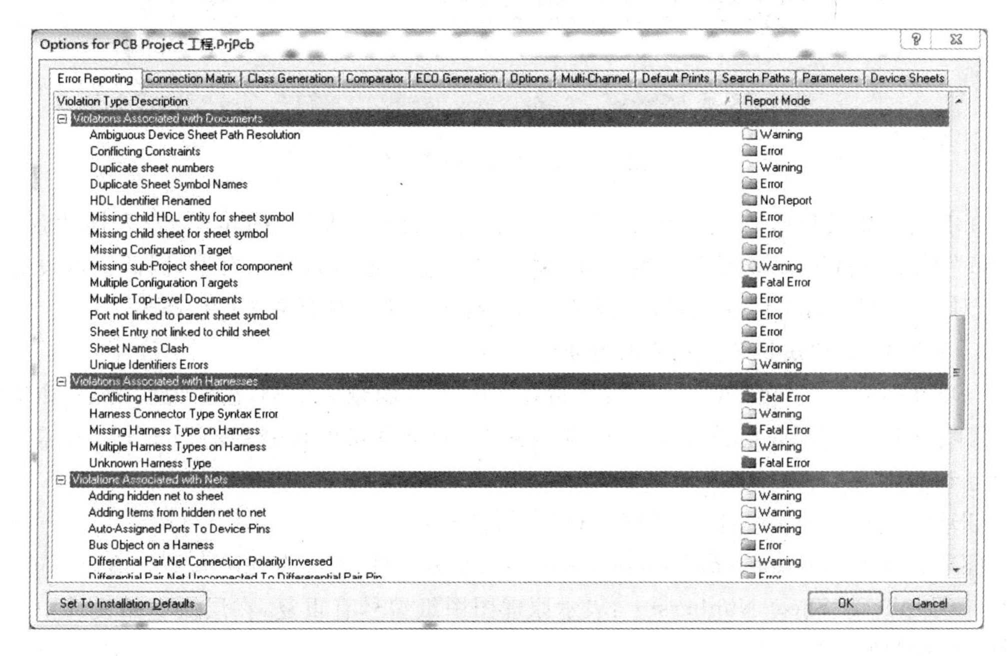

图 2 - 122　元器件清单报表

Altium Designer 中提供了以下九类电气规则检查项。

(1) Violations Associated with Buses：总线违规检查。

(2) Violations Associated with Code Symbols：编号违规检查。

(3) Violations Associated with Components：元件违规检查。

(4) Violations Associated with Configuration Constraints：配置约束违规检查。

(5) Violations Associated with Documents：文件违规检查。

(6) Violations Associated with Harnesses：线束违规检查。

(7) Violations Associated with Nets：网络违规检查。

(8) Violations Associated with Others：其他违规检查。

(9) Violations Associated with Parameters：元件违规检查。

在违规错误报告中，有以下四种错误类型。

(1) No Report：不产生报告，表示连接正确。

(2) Warning：警告，设计者根据需要决定是否修改。

(3) Error：错误，表示存在与设计规则相违背的错误，必须修改。

(4) Fatal Error：致命错误，表示绝对不允许出现的错误，出现该错误可能导致严重的后果。

2. 电气规则检查步骤

以如图 2 - 117 所示的振荡器电路原理图为例，执行“Project”—“Compile PCB Project”命令。经编译以后，系统自动检查错误结果显示在“Message”面板中，如图 2 - 123 所示。

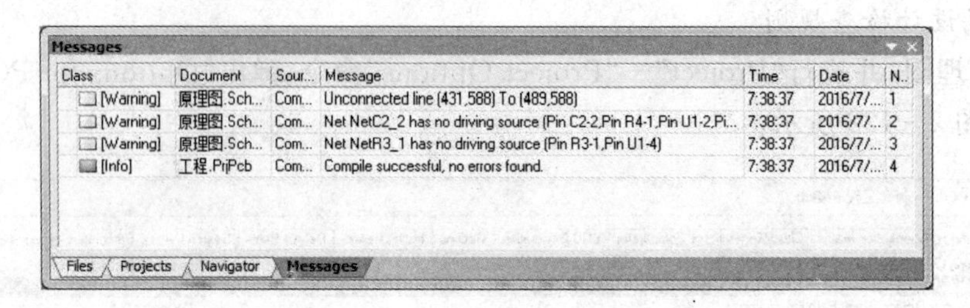

图 2-123 “Message”面板

在电气规则检查报告文件中，一般会显示两类错误，即“Warning”（警告性错误）和“Error”（致命性错误）。对于警告性错误，系统也不能确定是否真正有误，因此提示设计者注意；对于致命性错误，设计者必须认真分析，根据出错原因对原理图进行修改。

3. 常见 ERC 错误报告注释及原因分析

(1)Add item to hidden net Vcc：是指在 Vcc 上有隐藏的引脚，需要说明的是，如果有 Vcc 隐藏引脚，一定要在电路中有 Vcc 网络标签，如果电路中普遍用的是＋5V，就需要将 Vcc 与＋5V 网络合并。

(2)Duplicate Nets…：同一个网络有多个名称。

(3)Duplicate Component Designators…：有重复元件，可能有几个元件的编号相同。

(4)Duplicate Sheet Nunbers…：表示原理图图纸编号有重复，在层次电路设计中要求每张图纸编号唯一。

(5)Floating Power Objects…：电源或接地符号没有连接好。

(6)Floating Input Pins…：输入引脚浮空，或者输入引脚没有信号输入。Altium Designer 中输入引脚的信号必须来自于输出或者双向引脚，才不会报告这类错误。如果输入引脚的信号来自于分立元件，通常会报告错误，这时只要检查原理图以保证线路连接正确即可，可不用理会。

(7)Floating Net Labels…：网络标号没有连接到相应的管脚或导线。

(8)Illegal Bus Definitions…：表示总线定义非法，可能是总线画法不正确或缺少总线分支。

(9)Multiple Net Name on Net…：网络名重复，如果一个网络节点上出现多个网络名称，则系统会出现错误信息。

(10)Un-Designated Part…：元件名称中有“?”，表示该元件没有编号。

(11)Unconnected Line…to…：总线上没有标号，或者导线没有连接。

(12)Unused sub-part in Component…：表示该元件含有多个子件，而其中有些子件没有被使用。

2.9 原理图的输出

原理图绘制完毕后，可以通过绘图仪或打印机输出成为纸质文档。在打印输出之前，需要对打印预设置，如打印机类型设置、纸张大小设置、原理图图纸设置等，具体步骤如下。

(1)执行“File”—“Page Setup”(页面设置)命令,弹出如图 2-124 所示“Schematic Print Properties”对话框。

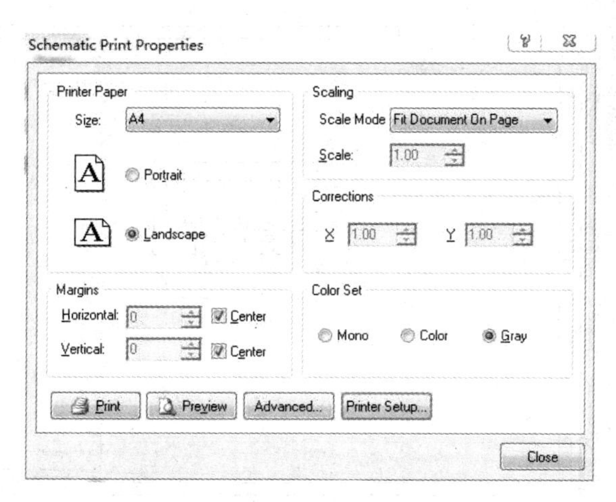

图 2-124　“Schematic Print Properties”对话框

在该对话框中设置包括如下内容:“Printer Paper”(打印纸)选项中纸张大小设置为 A4,打印方式设置为“Landscape”(水平);在“Color Set”(颜色设置)中点选“Gray”(灰度)单选按钮;在“Scale Mode”(比例模式)下拉列表框中选择“Fit Document On Page”(适合文档页面)选项。

点击“Advanced”(高级)按钮,弹出如图 2-125 所示“Schematic Print Properties”对话框。在该对话框中,显示了电路板图中所用到的工作层,可以在进行打印时添加或删除一个板材。

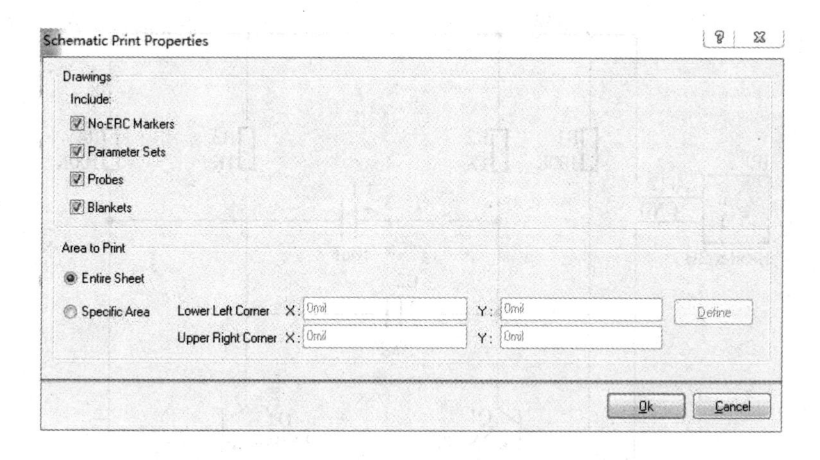

图 2-125　“Schematic Print Properties”对话框

(2)设置完毕后,执行“File”—“Page Preview”(页面预览)命令,弹出如图 2-126 所示“Preview Schematic Print of…”对话框,可以预览打印效果。

(3)执行“File”—“Print”(打印)命令,并点击“OK”,开始打印。

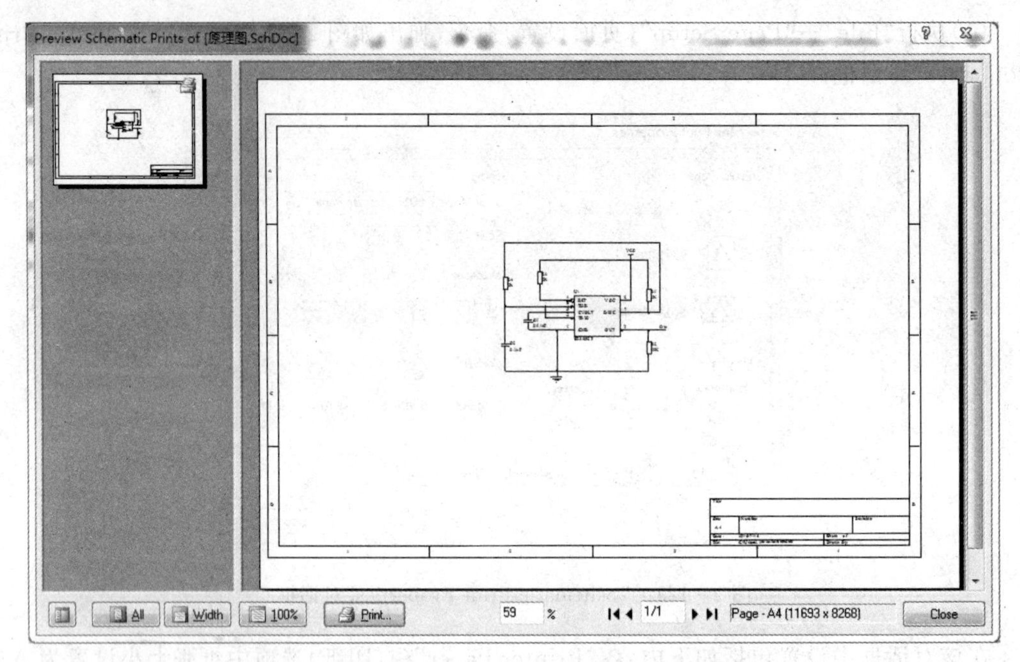

图 2-126 “Preview Schematic Print of…”对话框

2.10 原理图绘制实例

本节将介绍自激多谐振荡器电路图的绘制方法，该电路的电路图如图 2-127 所示。

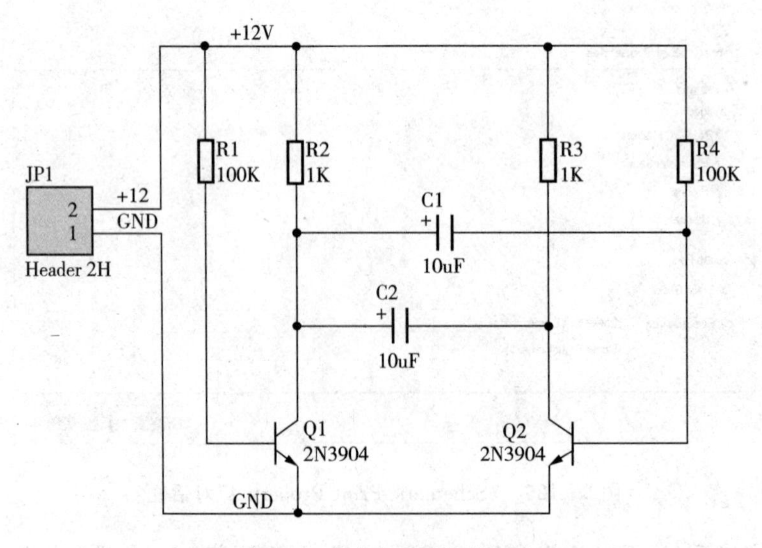

图 2-127 自激多谐振荡器电路图

绘制电路原理图的一般步骤是：

(1)首先建立工程文件，向工程文件下添加原理图文件。

(2)查看原理图中的元件是否能在已有原理图元件库中找到。若无法找到则必须制作该元器件。

(3)加载原理图中元件所需要的元件库。

(4)将各元件放置在图纸上。

(5)设置各元件参数。

(6)调整元件布局。

(7)利用电路线路连接。

2.10.1　设置原理图图纸

(1)打开"File"菜单,选择"New"—"Project"—"PCB Project"命令,新建一个 PCB 工程文件,将该工程文件改名为"课堂练习 .PrjPcb" 并保存到目录"D:\Chapter2\MyProject"中。

在已建立好的工程文件上单击右键选择"Add New to Project"菜单,选择"Schematic"命令,向当前工程文件中添加一个新的原理图文件,将该原理图文件改名为"振荡器电路 .SchDoc"并保存到目录"D:\Chapter2\MyProject"中。建立好后的"Project"工作面板如图 2－128 所示。

图 2－128　建立好后的"Projects"工作面板

(2)执行上述操作后,会打开一个空白的"原理图编辑"窗口,工作区此时发生一些变化,"主工具栏"中增加一组新的按钮,并出现新工具栏,在菜单栏也增加了新的菜单项。

(3)执行"Design"—"Document Options",系统将弹出"Document Options"对话框,在该对话框中进行图纸设置,本例中图纸保持默认设置,"Standard styles"设置为 A4 图纸,"Orientation"设置为"Landscape"(水平放置),"Grids"栏中"Snap"和"Visible"为"10mil",如图 2－129 所示。

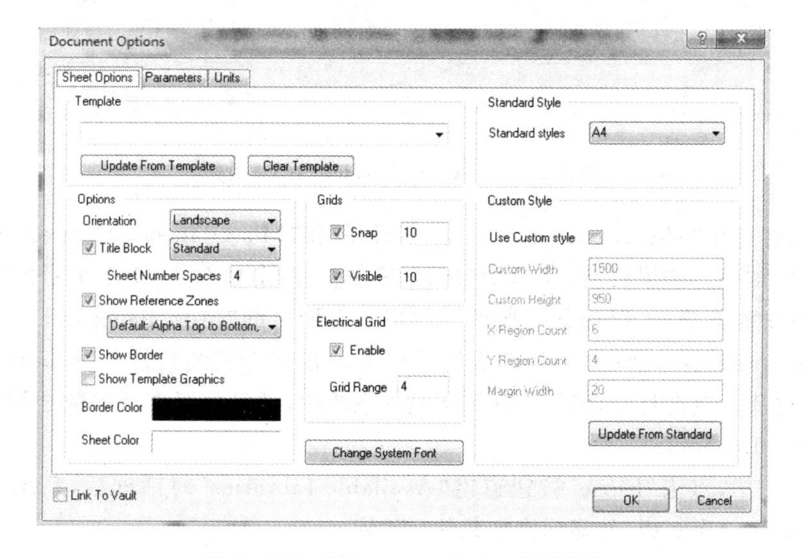

图 2－129　"Document Options"对话框

2.10.2 元件库的加载

1. 确定元件库名称

2N3904 晶体管和电阻器、电容器元件都位于常用元件库“Miscellaneous Devices.IntLib”，双头插针 Header 2H 位于常用元件库“Miscellaneous Connectors. IntLib”。首先需要加载元件库，否则无法完成元件的放置。

2. 加载元件库

加载元件库的方法如下：

(1)将鼠标放置在工作界面右侧的“Libraries”竖向标签上，可展开元件库面板。

(2)单击元件库面板中的“Libraries”按钮，弹出如图 2-130 所示的“Available Libraries”对话框，选择“Installed”标签，观察已加载的元件库。

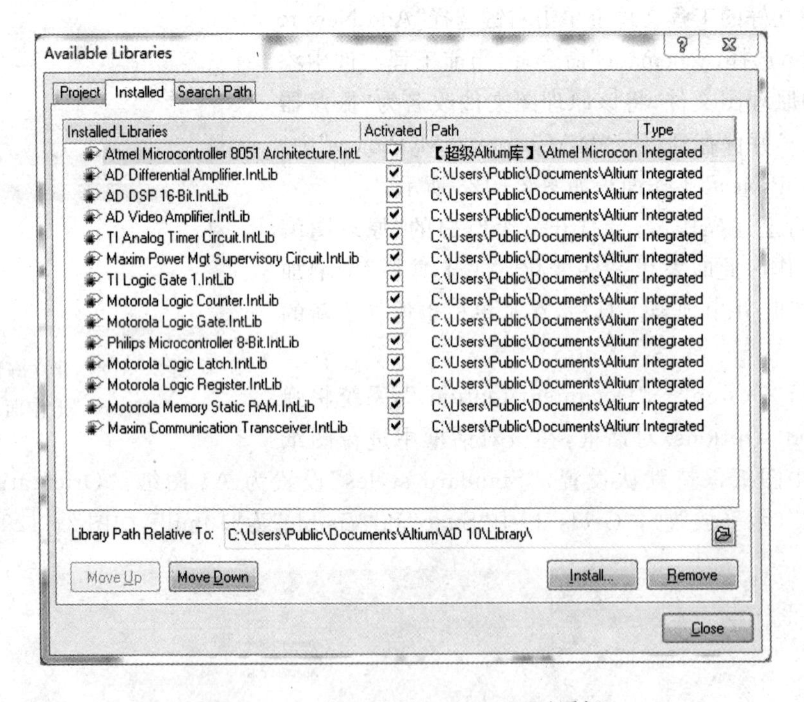

图 2-130 “Available Libraries”对话框

(3)若已经存在“Miscellaneous Devices. IntLib”和“Miscellaneous Connectors. IntLib”，则不需要再次加载。如果没有，则单击“Install”按钮，弹出如图 2-131 所示的“打开”对话框，在对话框中修改路径，以加载需要的元件库。本例中的“Miscellaneous Devices.IntLib”和“Miscellaneous Connectors.IntLib”常用元件库均在软件安装目录下“Library”中。按路径找到该元件库后点击打开，该元件库即加载到系统中，并且放置在所加载全部元件库的最下方，如图 2-132 所示。

(4)加载完毕，点击“Close”按钮退出“Available Libraries”对话框后，系统返回到如图 2-133所示的元件库面板，并显示刚加载的元件库。

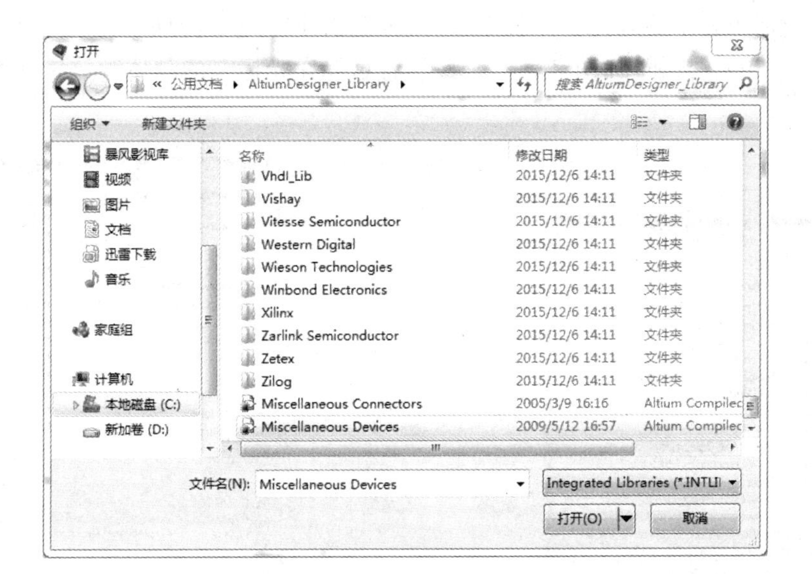

图 2－131　“打开”对话框

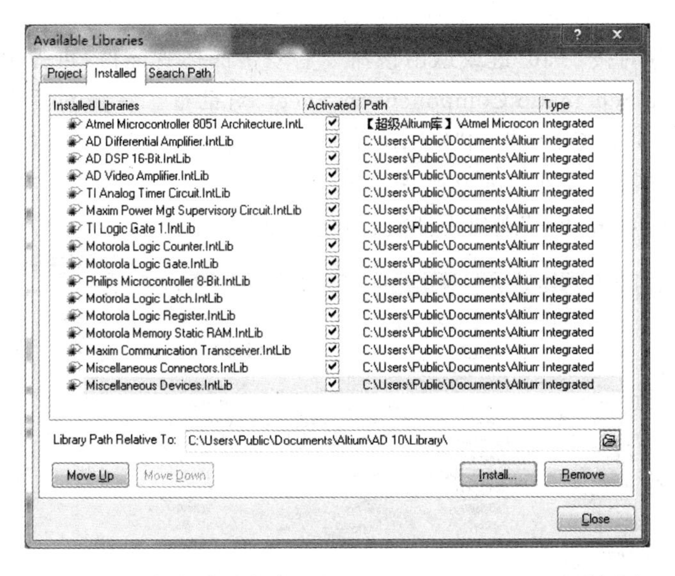

图 2－132　加载完元件库后的“Available Libraries”对话框图

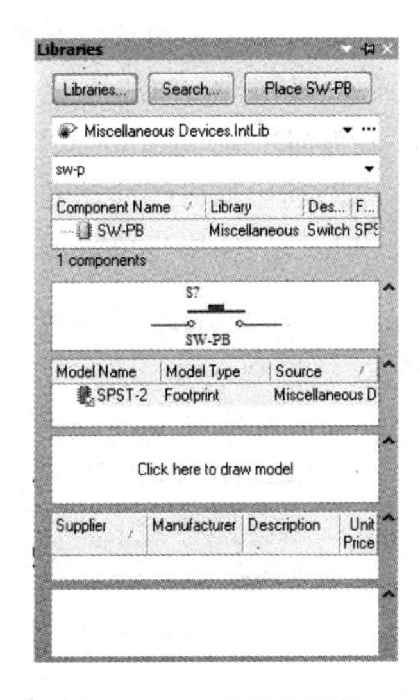

图 2－133　元件库面板

2.10.3　元件的放置与属性的修改

元件库加载完毕后，可以将元件库中原理图所需要的元件放置在原理图图纸上，放置元器件时可以直接在元件库中浏览选择放置，也可以通过搜索方法进行放置，电路图中的各个元件放置步骤如下。

1. 放置三极管元件

(1)在原理图中首先放置两个晶体管 Q1 和 Q2。Q1 和 Q2 是 BJT 晶体管，单击如图 2－134所示中所选择的库下拉箭头，选择“Miscellaneous Devices. IntLib”元件库为当前库。

在元件过滤器栏中输入元器件名称“2N3904”(大小写均可)即可选择所需该晶体管,并点击“Place 2N3904”按钮,如图 2 - 135 所示,将悬浮在光标上的晶体管放置到图纸的合适位置。

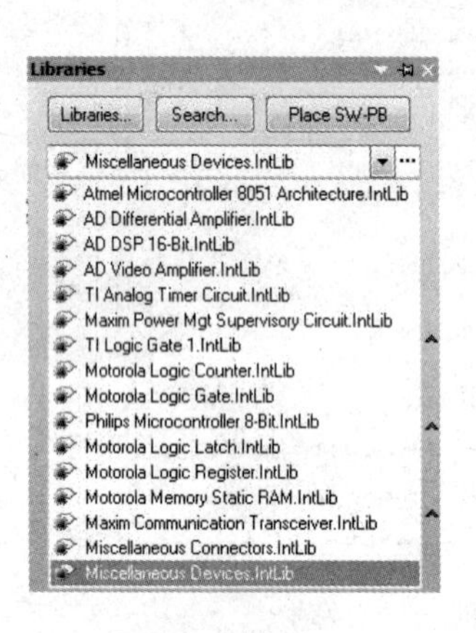

图 2 - 134 元件库面板下拉框

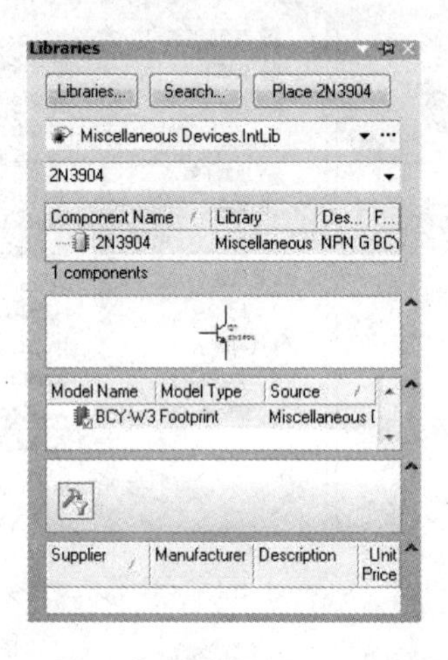

图 2 - 135 元件库面板选择元件

(2)可在未退出放置元器件命令时按“Tab”键或退出该命令后双击晶体管元件,再弹出如图 2 - 136 所示的“Properties for Schematic Component in Sheet”对话框。在该对话框中,设置“Designator”为 Q1 和 Q2,并将 Q2 属性的“Mirrored”(镜像)钩选。

(3)利用栅格线移动光标将晶体管放置到精确位置并对齐。

(4)放置完毕后单击鼠标右键或点击“Esc”退出元件放置状态。

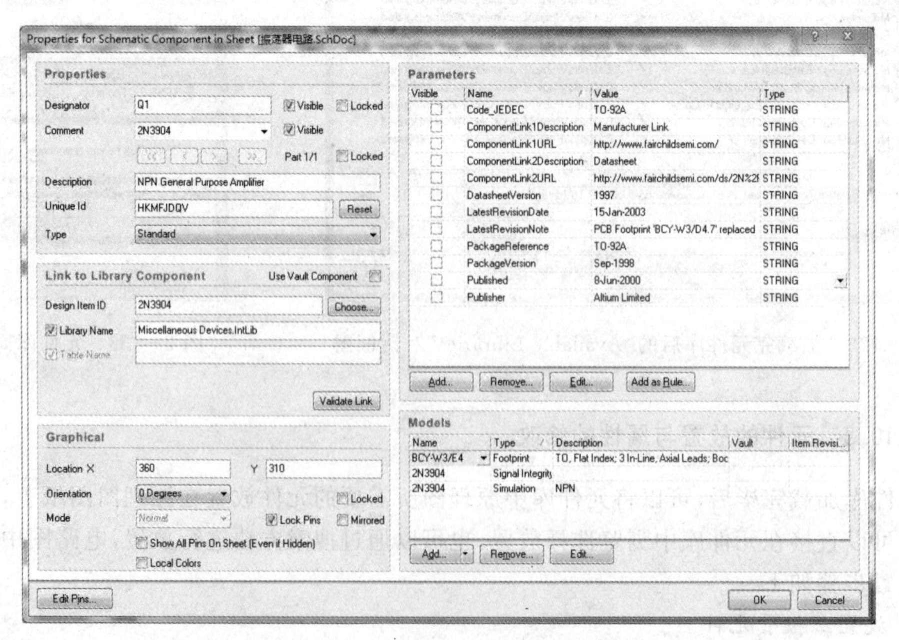

图 2 - 136 “Properties for Schematic Component in Sheet”对话框

2. 放置电阻元件

(1)在元件库面板中,确保“Miscellaneous Devices. IntLib”元件库为当前库。

(2)在元件过滤器栏中输入元器件名称“Res2”(大小写均可)即可选择所需电阻元件,并点击“Place Res2”按钮,将悬浮在光标上的电阻放置到图纸的合适位置。

(3)在未退出放置元器件命令时按“Tab”键,在弹出的“Properties for Schematic Component in Sheet”对话框中,设置“Designator”为 R1,“Comment”后的“Visible”钩选去掉,并将“Value”后电阻的阻值设置为“100K”。

(4)按空格键将电阻旋转 90°,将电阻放到 Q1、Q2 上方,并单击鼠标放置该电阻。

(5)按照同样的方法放置 R2、R3 和 R4,电阻值分别为 1K、1K 和 100K。

(6)利用栅格线移动光标将多个电阻元件放置到精确位置并对齐。

3. 放置电容元件

(1)电容元件同样在“Miscellaneous Devices. IntLib”元件库中。

(2)在元件过滤器栏中输入元器件名称“Cap Pol2”即可选择所需电容元件,并点击“Place Cap Pol2”按钮,将悬浮在光标上的电容放置到图纸的合适位置。

(3)在未退出放置元器件命令时按“Tab”键,在弹出的“Properties for Schematic Component in Sheet”对话框中,设置“Designator”为 C1,“Comment”后的“Visible”钩选去掉,并将 Value 后电容器的电容值设置为“10uF”。

(4)按空格键将电容旋转合适角度,确保电容方向正确。

(5)按照同样的方法放置 C2,并利用栅格线移动光标将电容放置到精确位置并对齐。

4. 放置双头插针

(1)双头插针在“Miscellaneous Connectors. IntLib”元件库中。

(2)在元件过滤器栏中输入元器件名称“Header 2H”即可选择所需双头插针,并点击“Place Header 2H”按钮,将悬浮在光标上的元件放置到图纸的合适位置。

(3)在未退出放置元器件命令时按“Tab”键,在弹出的“Properties for Schematic Component in Sheet”对话框中,设置“Designator”为 JP1。

(4)按空格键将元件旋转合适角度,确保元件方向正确。

5. 保存文件

绘图过程中注意边做边保存,放置好元器件后,原理图状态如图 2-137 所示。

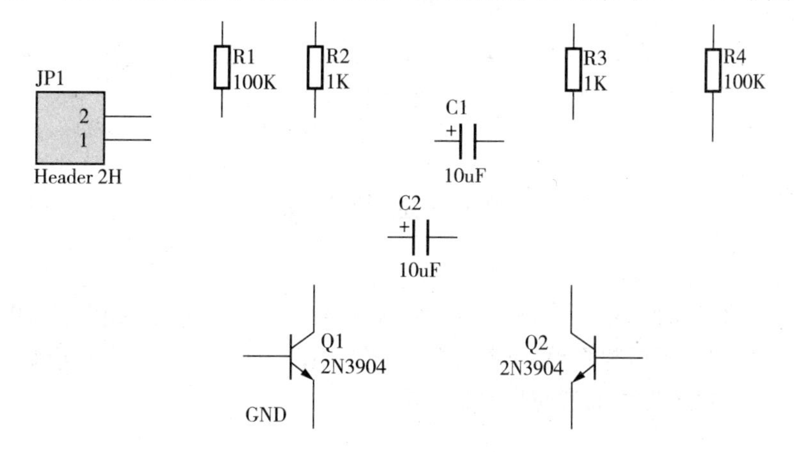

2.10.4 连接电路

导线在电路中的各种元件之间起建立连接的作用，在原理图中连接电路，按照如下步骤进行。

1. 电路连线

单击布线工具栏中的 ≈ 或执行“Place”—“Wire”命令，即可启动绘制导线工具。启动画导线命令后，光标变为十字形。将光标移到元件一端引脚端点上，此时光标处出现红色米字型，单击确定导线起点，并将光标移到所需要连接的元件引脚端点上，单击确定导线终点。

2. 放置网络标签

单击布线工具栏中的 Net 或者执行“Place”—“Net Label”，启动放置网络标签命令后光标变为十字形，并出现一个随光标移动的虚线方框，虚线内的字符串就是最近一次输入的网络标签名称。在未退出放置元器件命令时按“Tab”键，在弹出的“Net Label”对话框中，修改“Net”修改为+12V，单击鼠标左键，将该网络标签放置在对应的导线上。按照同样的方法放置其余 3 个网络标签。

3. 保存文件

绘图过程中注意边做边保存，将线路连接完毕后，原理图状态如图 2-138 所示。至此原理图的绘制基本完成。

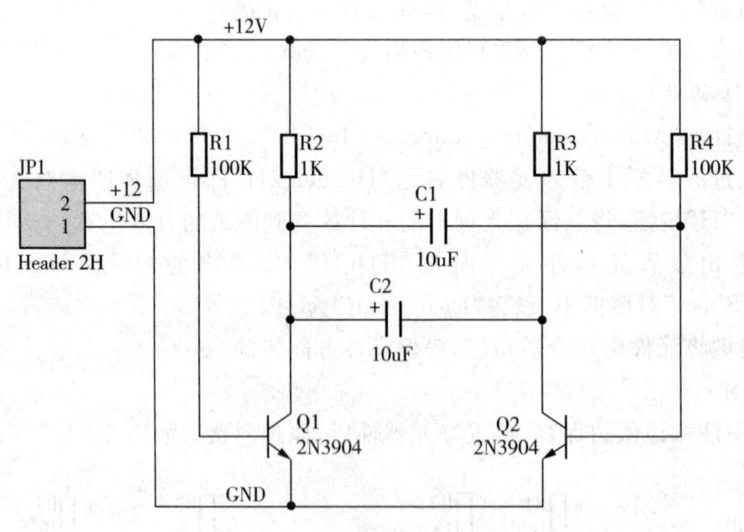

图 2-138 线路连接完毕后的原理图

2.11 本章小结

本章主要介绍了软件 Altium Designer 绘制电路原理图的一般步骤、原理图设计工具、相关参数设置、文件的组织和管理、元器件加载和调整的方法、Altium Designer 所提供的各种报表的作用以及生成这些报表的步骤和方法。

一般来说，电路原理图的设计包括：新建工程文件、添加原理图文件、设置原理图图纸与工作环境、装载元件库、放置元器件、编辑元件属性、电路连接、文件保存与打印输出这几个步骤。

一般在设计电路原理图之前都要对图纸进行设置，图纸设置主要在图纸参数设置对话框中完成。执行“Design”（设计）—“Document Options”（文档选项），即可打开图纸参数设置对话框。在该对话框中可以对图纸大小、方向、标题栏及图纸网络、系统字体、文档组织形式等进行设置。

设计电路原理图前还应设置图纸的网格形式及光标的显示方式，设置网格与标签主要在“Preferences”对话框中实现，执行“Tools”—“Preferences”命令即可打开“Preferences”对话框。

电路原理图设计工具栏是绘制原理图或原理图仿真提供的必要工具。Altium Designer 的电路原理图设计工具栏主要有（Wiring）布线工具栏、（Utilities）常用工具栏、（Schematic Standard）原理图标准工具栏、（Navigation）导航工具栏和 Mixed Sim 工具栏等。执行“View”—“Toolbars”选择各工具栏命令即可打开或关闭绘图工具栏。

元器件的调整包括对象的选取与取消、元器件的排列与对齐。电路原理图设计完成后，设计者有时可能要对元器件进行重新编号，即设置元器件的流水号，设置元器件的流水号可通过执行“Tools”—“Annotate Schematics”，弹出的“Annotate”（注释）对话框中设置流水号分布模式和目标变更列表。

Altium Designer 中提供了多种报表，包括网络表、元器件清单报表和电气规则检查报表。

虽然 Altium Designer 提供了双向同步功能，使得电路原理图设计向 PCB 设计的转化过程中不必再生成网络表，但网络表作为原理图设计与 PCB 设计的桥梁与纽带作用仍未改变，可以利用网络表进行快速查错。

元器件清单列表主要用于整理一个电路或一个工程中所有元器件，主要包括元器件名称、序号、封装形式等信息，利用该表，用户可以对设计中所用到的元器件进行快速检查。

在进行 PCB 设计之前，通常要对电路原理图的正确性进行检验，即进行电气规则检查。该检查主要用于测试电路连接匹配的正确性。执行完该检查后，系统将自动在原理图中有错的地方加以标记，从而方便用户检查错误。

思考与练习

1. 简述原理图设计中布线工具栏中常用工具的使用方法。

2. 简述原理图设计中绘图工具栏中常用工具的使用方法，并说明导线和直线工具的区别。

3. 新建一个名叫“MyWork_1.PrjPcb”的 PCB 工程文件，并向该工程文件下添加一个名叫“MySheet_1.SchDoc”原理图文件。要求对原理图图纸的属性进行设置，其中图纸大小设置为 A3，图纸方向设置为纵向，图纸颜色设置为蓝色，设置后观察图纸变化，并将工程文件和原理图文件都保存到目录“D:\Chapter2\MyProject_1”中。

4. 对第3题所建立的“MySheet_1.SchDoc”原理图文件图纸属性的栅格进行设置，设置

Snap 栅格和 Visible 栅格均为 20mil，观察图纸背景栅格的变化，并用鼠标移动光标，观察光标步长的变化。

5. 在原理图中任意放置 6 个电阻，练习电阻元件的各种排列对齐。

6. 练习在“Libraries”元件库面板中移除当前加载的所有集成元件库，在练习使用“Libraries”元件库面板加载常用的集成元件库“Miscellaneous Devices.IntLib”和“Miscellaneous Connectors. IntLib”。

7. 新建一个名叫“MyWork_2.PrjPcb”的 PCB 工程文件，向该工程文件下添加一个名叫“MySheet_2.SchDoc”原理图文件，并将工程文件和原理图文件都保存到目录“D:\Chapter2\MyProject_2”中。按照图 2－139 给出的电路原理图绘制电路，绘制完成后进行电气规则检查，图中元件：Trans CT、Bridge1、Cap Pol2、Res1、D Zener、2N3904 均在常用元件库 Miscellaneous Devices. IntLib 中。

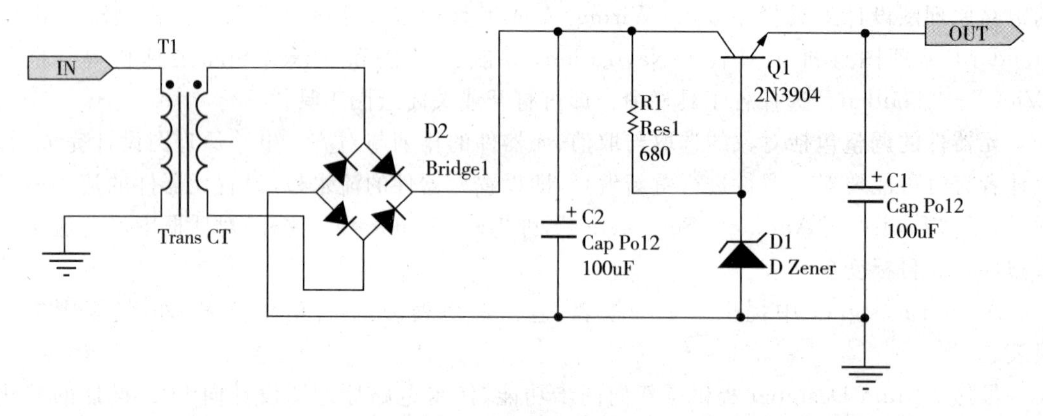

图 2－139 第 7 题电路图

8. 新建一个名叫“MyWork_3.PrjPcb”的 PCB 工程文件，向该工程文件下添加一个名叫“MySheet_3.SchDoc”原理图文件，并将工程文件和原理图文件都保存到目录“D:\Chapter2\MyProject_3”中。按照图 2－140 给出的电路原理图绘制电路，绘制完成后进行电气规则检查，图中部分元件所在元件库或加载路径如下。

① MC74AC4040N：Motorola/Motorola Logic Counter.IntLib

② MC74HC04N：Motorola/Motorola Logic Gate.IntLib

③ XTAL、SW-DIP8：Miscellaneous Devices.IntLib

9. 新建一个名叫“MyWork_4.PrjPcb”的 PCB 工程文件，并向该工程文件下添加一个名叫“MySheet_4.SchDoc”原理图文件。并将工程文件和原理图文件都保存到目录“D:\Chapter2\MyProject_4”中。按照图 2－141 给出的电路原理图绘制电路，图中部分元件所在元件库或加载路径如下。

① NE555D：Texas Instruments/TI Analog Timer Circuit.Intlib

② Header 3X2：Miscellaneous Connectors.IntLib

③ Res Adj2：Miscellaneous Devices.IntLib

10. 新建一个名叫“MyWork_5.PrjPcb”的 PCB 工程文件，向该工程文件下添加一个名叫“MySheet_5.SchDoc”原理图文件，并将工程文件和原理图文件都保存到目录“D:\

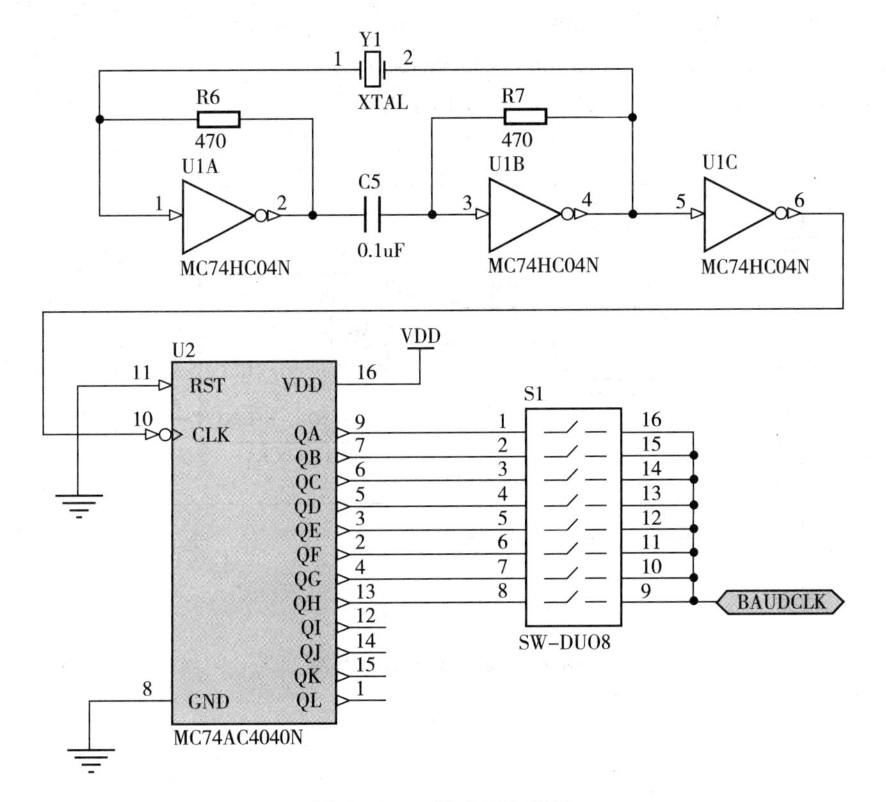

图 2 - 140　第 8 题电路图

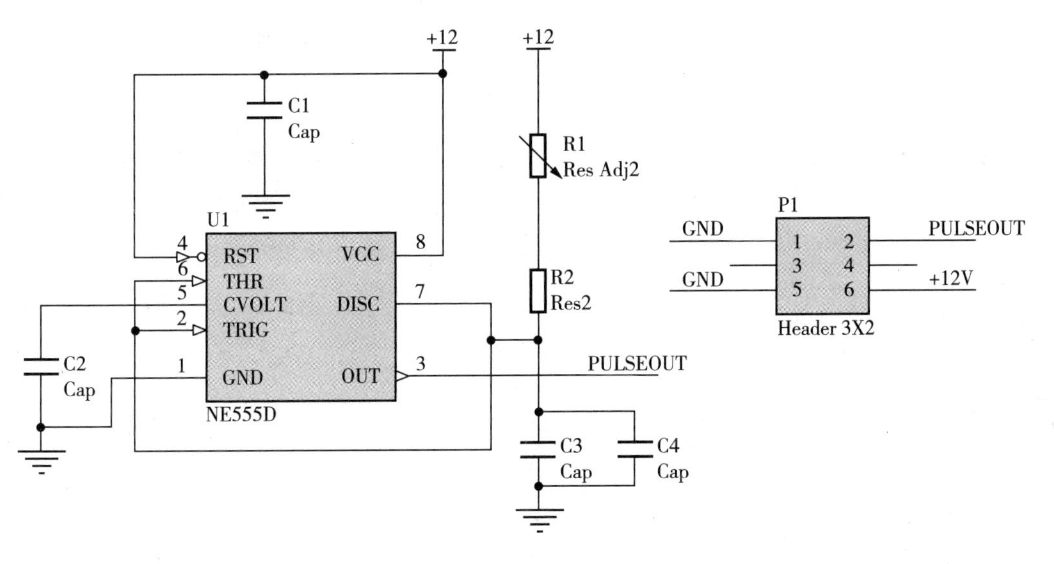

图 2 - 141　第 9 题电路图

Chapter2\MyProject_5”中。按照图 2 - 142 给出的电路原理图绘制电路，并输出该电路原理图的原件清单报表。图中部分元件所在元件库或加载路径如下。

① MAX706PCPA：Maxim/Maxim Power Mgt Supervisory Circuit.Intlib

② SN74AC08N：Texas Instruments/TI Logic Gate 1.IntLib

③ SW－PB、Cap Pol3：Miscellaneous Devices.IntLib

④ Header 2：Miscellaneous Connectors.IntLib

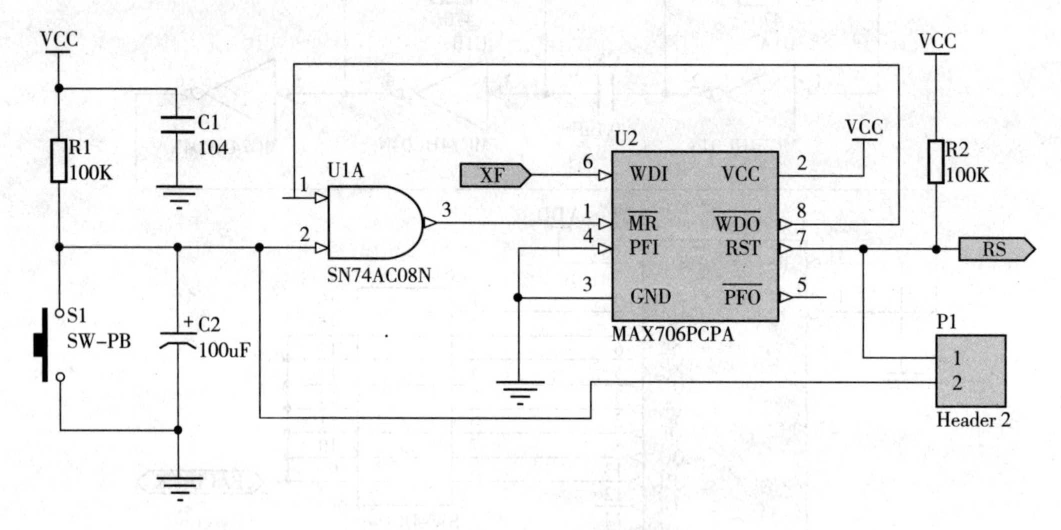

图 2－142　第 10 题电路图

第3章　层次原理图设计

本章导读

当设计较大或复杂的电路原理图时，由于图纸中元件数量众多，且结构关系复杂，若用一张图纸绘制，就会显得臃肿复杂，无论是读图或是对原理图进行检测修改都相当困难。因此应该采用另一种设计方式，即电路的模块化设计方法。该方法能将电路图整体按照功能分解成若干个电路模块，每个模块具有各自的独立功能与相对独立性，可以由不同的设计者分别绘制在不同的原理图上，能很好地解决这个问题。

本章主要讲述层次原理图的基本知识，设计方法与建立方法等内容，让读者对层次原理图有初步认识，能设计处出自己需要的层次原理图。

学习目标

- 层次原理图的设计方法；
- 层次原理图的建立；
- 层次原理图之间的切换；
- 由方块电路符号生成新原理图中的I/O端口符号；
- 由原理图文件生成方块电路符号。

3.1　层次原理图的结构

层次原理图的设计理念是将实际的总体电路进行模块化划分，划分原则是每一个电路模块都应该具有明确的功能特征和相对独立的结构，而且还要有简单、统一的接口，便于模块之间的连接。

针对每一个具体的电路模块，可以分别绘制出相应的电路原理图，该原理图一般称为子原理图，而各电路模块之间的连接关系则采用一个顶层原理图来描述。顶层原理图主要由若干方块电路符号进行电气连接而成，每个方块电路符号表示一个电路模块，即顶层原理图用来表示各电路模块之间的系统连接关系，描述的是整体电路的功能结构。这样就能将整个电路系统分解成顶层原理图和若干子原理图以分别进行设计。

Altium Designer 10 提供的层次原理图设计功能非常强大，能够实现多层的层次化设计功能。用户可以将整个电路划分为若干个子系统，每一个子系统可以划分为若干个功能模块，而每个功能模块还能再细分为若干个基本小模块，这样依次细分下去，能将原电路系统划分为多个层次，将电路设计化繁为简。

一个两层结构的原理图的基本结构如图 3－1 所示，由顶层原理图和子原理图共同组成，这就是上文所提到的层次化结构。

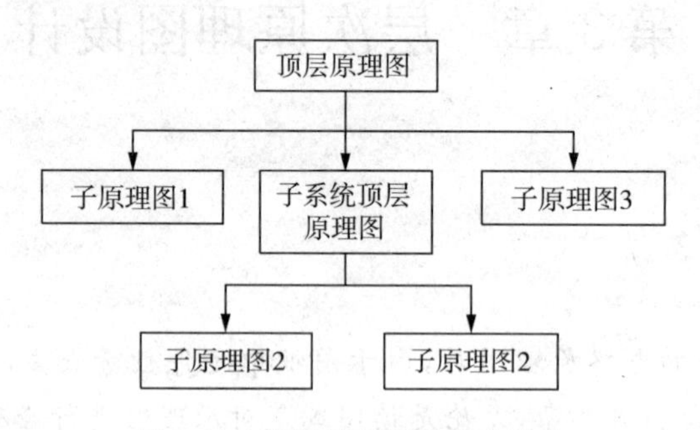

图 3－1　两层原理图的基本结构

其中，子原理图是用来描述某一电路模块具体功能的普通电路原理图，主要由各种具体元件、导线等构成，只不过增加了一些输入、输出端口，作为与上层原理图进行电气连接的接口标志。

顶层电路图即主图的主要构成元素不再是具体的元件，而是代表子原理图的方块电路符号，如图 3－2 所示是一个采用层次结构设计的顶层原理图。

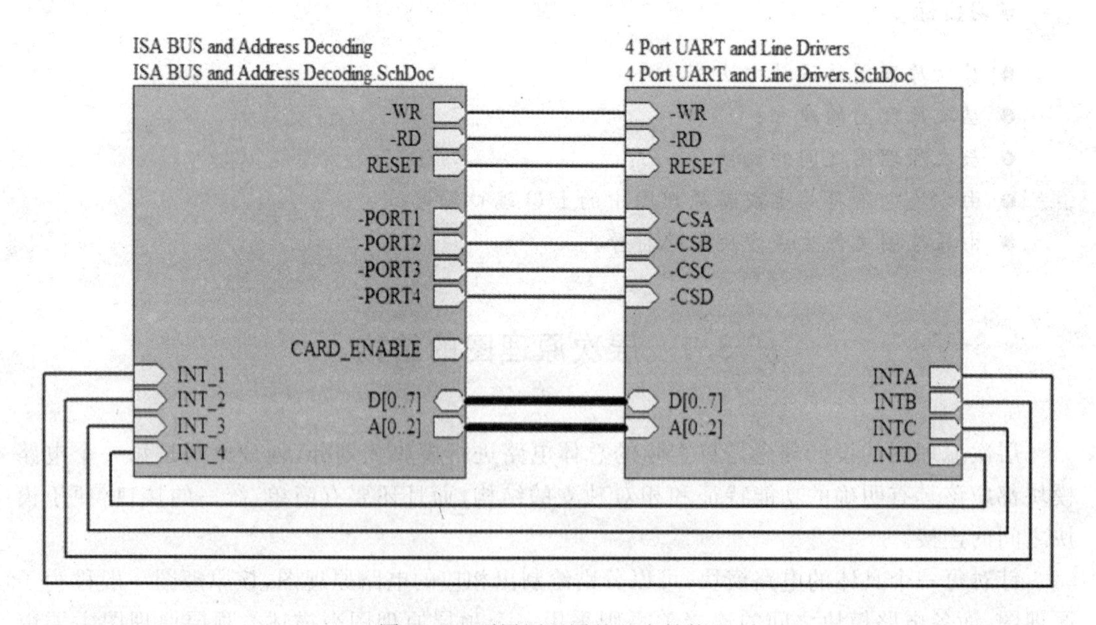

图 3－2　顶层原理图的基本结构

该顶层原理图主要由 2 个方块电路符号组成，每一个方块电路符号都代表一个相应的子原理图文件，在方块电路符号的内部给出了一个或多个表示连接关系的方块图出入端口，对于这些端口，在对应子原理图中都有相同名称的输入、输出端口与之相对应，以便建立起不同层次间的信号通道。

方块电路符号之间也是借助方块图出入端口进行连接的。此外，同一个项目的所有电路原理图(包括顶层原理图和子原理图)中,相同名称的输入、输出端口和电路端口之间,在电气意义上都是互相连通的。

层次原理图的设计主要有两种设计方法,分别是自顶向下设计和自底向上设计。其中,自顶向下设计方法比较常用,在3.2节和3.3节中将分别介绍这两种设计方法。

3.2　自顶向下的层次原理图设计

层次原理图的自顶向下设计方法是指先绘制顶层原理图,然后再设计下层各电路模块子图。

选择自顶向下的设计方法需要设计者在绘制原理图之前对电路的模块划分比较清楚,能在设计开始就确定层次化设计中有多少个模块,每个模块中包含多少个和其他模块进行电气连接的端口。这些对应到原理图上就是需要绘制多少张子原理图,每个子原理图中需要设计哪些端口,还有顶层原理图的绘制内容等。

这样的方法,是从一张顶层原理图绘制开始的,下面讲述建立层次原理图的步骤与方法。

3.2.1　绘制顶层原理图

在层次原理图中首先需要给出层次原理图的顶层原理图,下面以图3-3所示单片机应用电路为例,说明顶层原理图的设计方法。

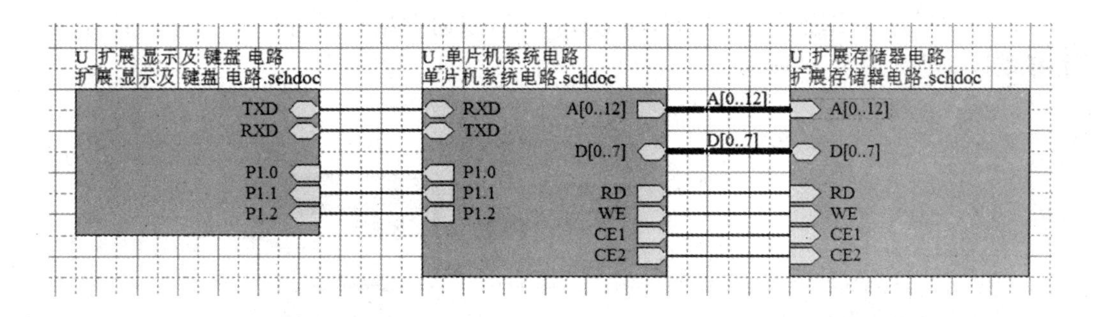

图3-3　层次原理图顶层原理图示例

(1)按照第一章所述方法,建立工程文件"层次原理图示例.PrjPcb",并向工程文件下添加原理图"单片机应用电路.SchDoc",如图3-4所示。并将工程文件和原理图文件都保存到目录"D:\Chapter3\MyProject_1"中。

(2)按照2.3.1小节所述方法,单击布线工具栏中的 或者执行"Place"—"Sheet Symbol",启动放置电路方块图命令。选择适当位置放置方块图符号。在未退出该命令时按"Tab"键或退出该命令后双击该方块图符号,在弹出的"Sheet Symbol"对话框中修改"X-Size"(方块长度)为120,"Y-Size"(方块宽度)为70;"Designator"(标识符)处填写"U_扩展显示及键盘电路";"File Name"(关联文件名)处填写"扩展显示及键盘电路.SchDoc",如

图 3-5 所示。设置完毕后,该方块图符号如图 3-6 所示。

图 3-4 工程文件结构

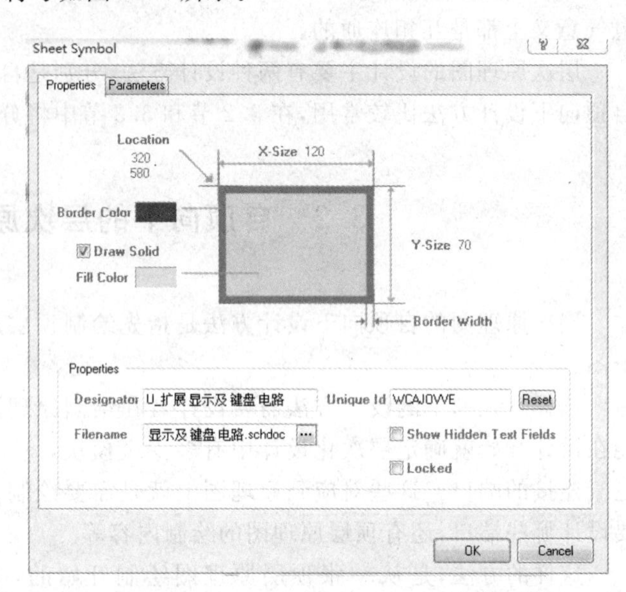

图 3-5 设置方块图符号属性对话框

(3)按照 2.3.1 小节所述方法,单击布线工具栏中的 或者执行“Place”—“Add Sheet Entry”,启动放置电路方块图端口命令。将端口移动到电路方块图边缘的合适位置,完成该端口的放置,双击该端口,在弹出的“Sheet Entry”对话框中修改“Name”(端口名)为“TXD”、“I/O Type”(输入输出端口类型)为“Bidirectional”(双向类型),如图 3-7 所示。设置完毕后,该端口符号如图 3-8 所示。

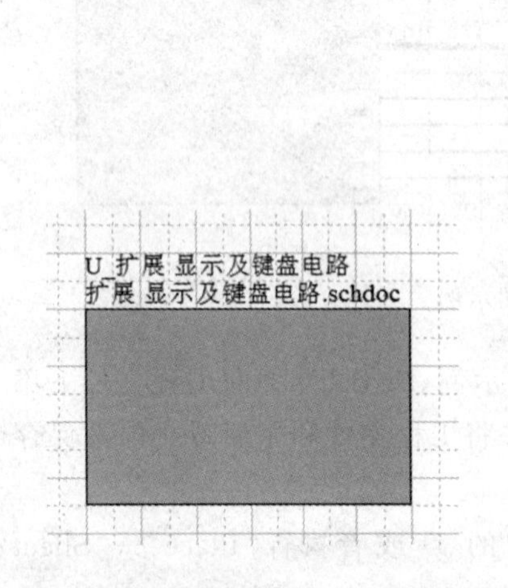

图 3-6 放置电路方块图后的效果

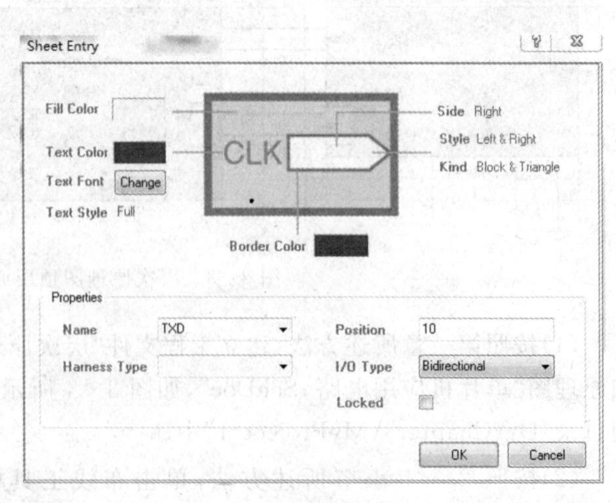

图 3-7 设置方块图出入端口属性对话框

(4)按照上一步所述方法,重复相同操作完成“扩展显示及键盘电路”电路方块图符号中所有端口的设置。设置完毕后,该方块图符号如图 3-9 所示。

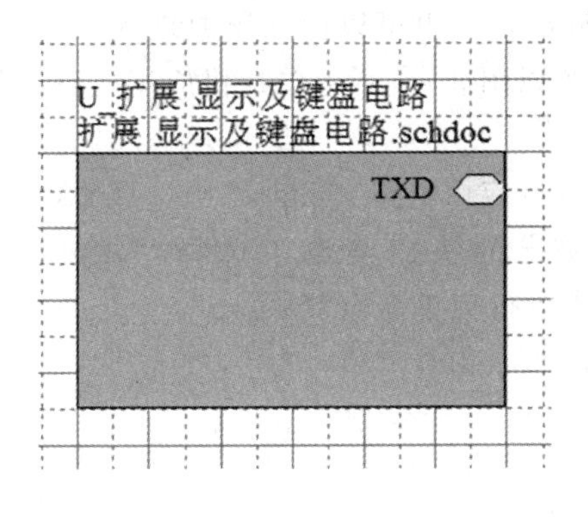

图3-8　放置一个方块图端口后的效果

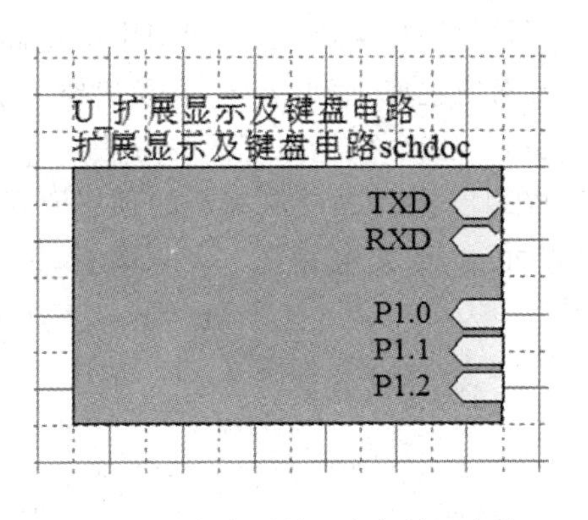

图3-9　方块图端口全部放置完毕

(5)按照上述方法，将另外两个电路方块图符号“单片机系统电路”和“扩展存储器电路”绘制完成，并添加所有端口符号，如图3-10所示。

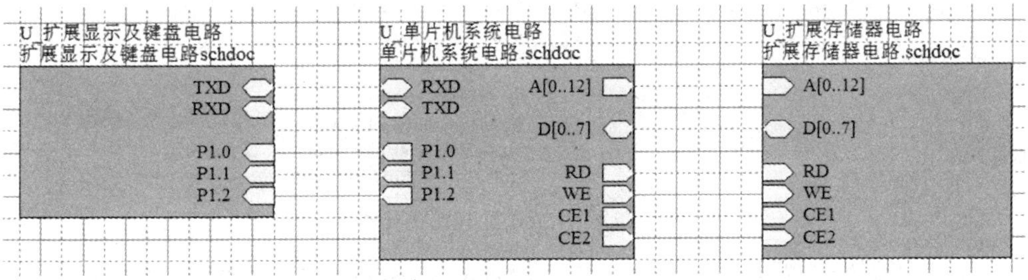

图3-10　放置全部方块图符号及端口

(6)连接图纸符号。按照需要根据电路的电气特性采用导线工具或总线工具将三个方块图符号连接起来。其中采用总线连接端口“A[0..12]”和“D[0..7]”，并在总线上放置网络标签“A[0..12]”和“D[0..7]”，用导线连接其他端口，完成后的顶层原理图如图3-11所示。

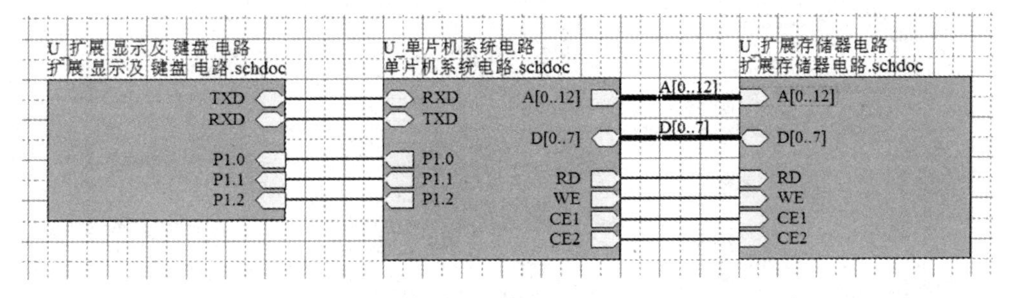

图3-11　顶层原理图完成示意图

3.2.2　由方块电路符号生成子原理图

绘制完层次原理图中的顶层原理图之后，接下来就可以分别绘制子原理图，以完成电路系统中各个模块的具体电路设计。采用自顶向下的设计时，子原理图可以由顶层原理图中的方块图符号直接生成，子原理图中的电路输入输出端口也可以由顶层原理图中的方块图端口符号对应生成，简单方便，不易出错。下面继续以图 3-3 所示单片机应用电路为例，说明由顶层原理图生成子原理图的方法。

(1)在上一小节所绘制完成的顶层原理图“单片机应用电路 .Schdoc”中选择方块图符号“扩展显示及键盘电路”。单击鼠标右键，在弹出的快捷菜单中选择“Sheet Symbol Actions”—“Create Sheet From Sheet Symbol”，或执行菜单命令“Design” —“Create Sheet From Sheet Symbol”，如图 3-12 所示。

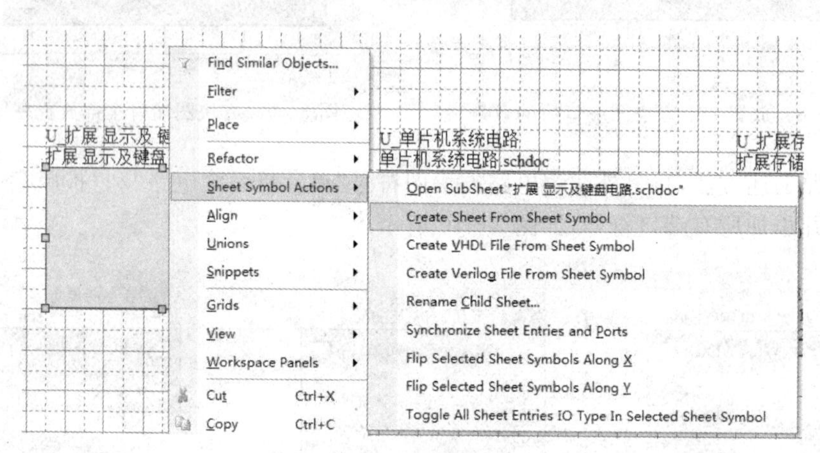

图 3-12　生成子原理图的操作

(2)系统自动在工程下生成“扩展显示及键盘电路 .SchDoc”子原理图，并根据在顶层原理图中方块图符号中的电路端口，系统自动在该子原理图中对应生成输入输出端口。系统自动创建的子原理图如图 3-13 所示。

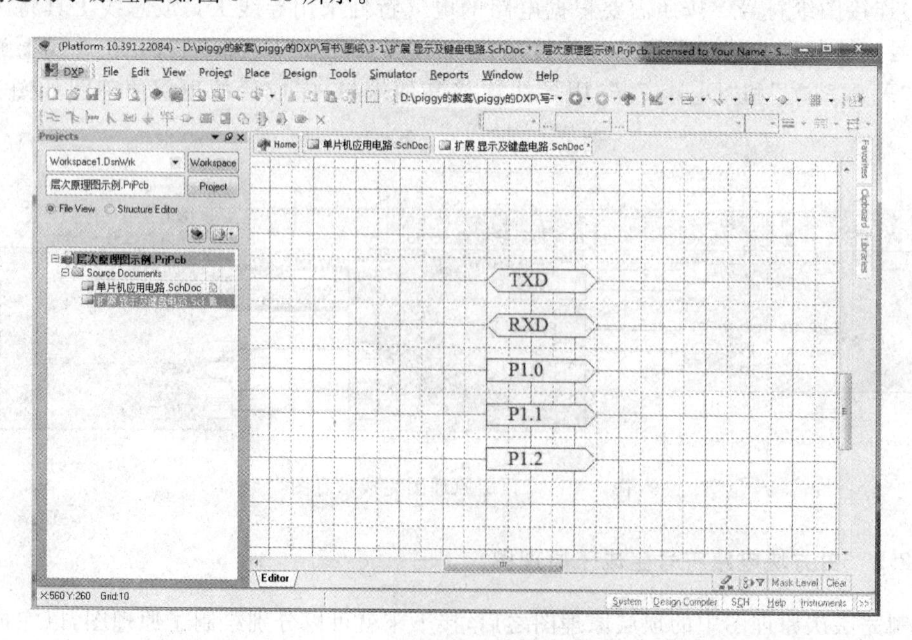

图 3-13　生成子原理图的操作

(3)重复同样的操作,生成子原理图“单片机系统电路”和“扩展存储器电路”,“Project”工作面板显示出工程当前的状态,包括一个顶层原理图和三个子原理图,如图 3－14 所示。

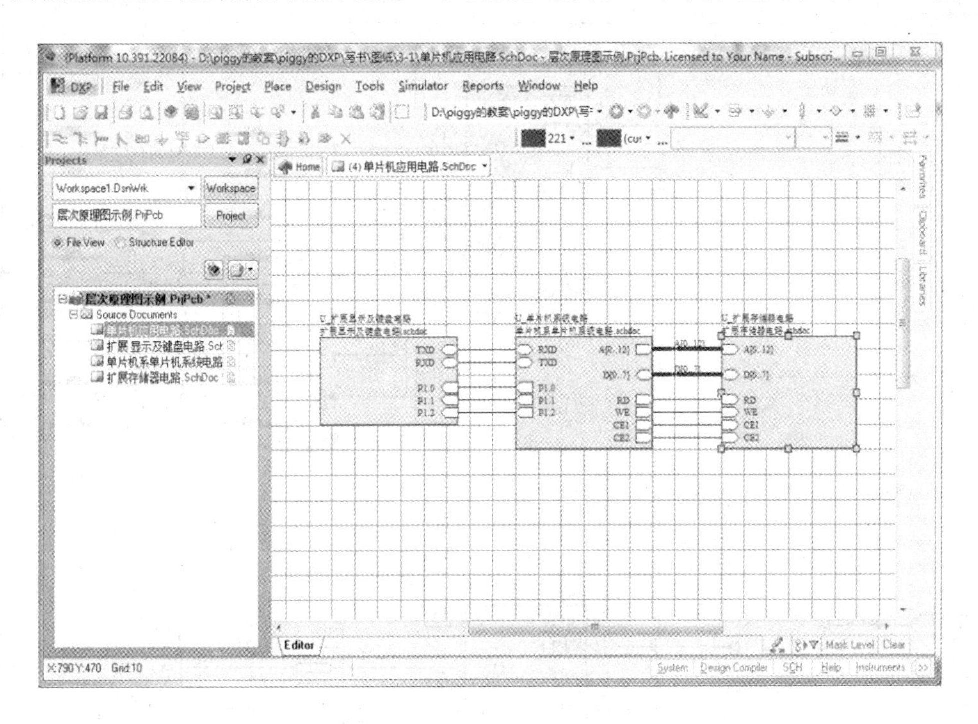

图 3－14　生成三个子原理图

3.2.3　绘制子原理图

绘制子原理图的方法和绘制普通原理图一样,下面继续以图 3－3 所示单片机应用电路为例,说明由顶层原理图生成子原理图的方法。

按照图 3－15 给出的电路原理图绘制子原理图“扩展显示及键盘电路 .SchDoc”,图中部分元件所在元件库或加载路径如下。

① MC74HC164N:Motorola/Motorola Logic Register.IntLib

② MC74HC08AN:Motorola/Motorola Logic Gate.IntLib

③ Res Pack4、SW-PB、Dpy Green-CA:Miscellaneous Devices.IntLib

按照图 3－16 给出的电路原理图绘制子原理图“单片机系统电路 .SchDoc”,图中部分元件所在元件库或加载路径如下。

① P89C52X2BN:Philips/Philips Microcontroller 8-Bit.IntLib

② MC74HC373N:Motorola/Motorola Logic Latch.IntLib

③ XTAL、Cap Pol2:Miscellaneous Devices.IntLib

按照图 3－17 给出的电路原理图绘制子原理图“扩展存储器电路 .SchDoc”,图中部分元件所在元件库或加载路径如下。

MCM6264CP:Motorola/Motorola Memory Static RAM.IntLib

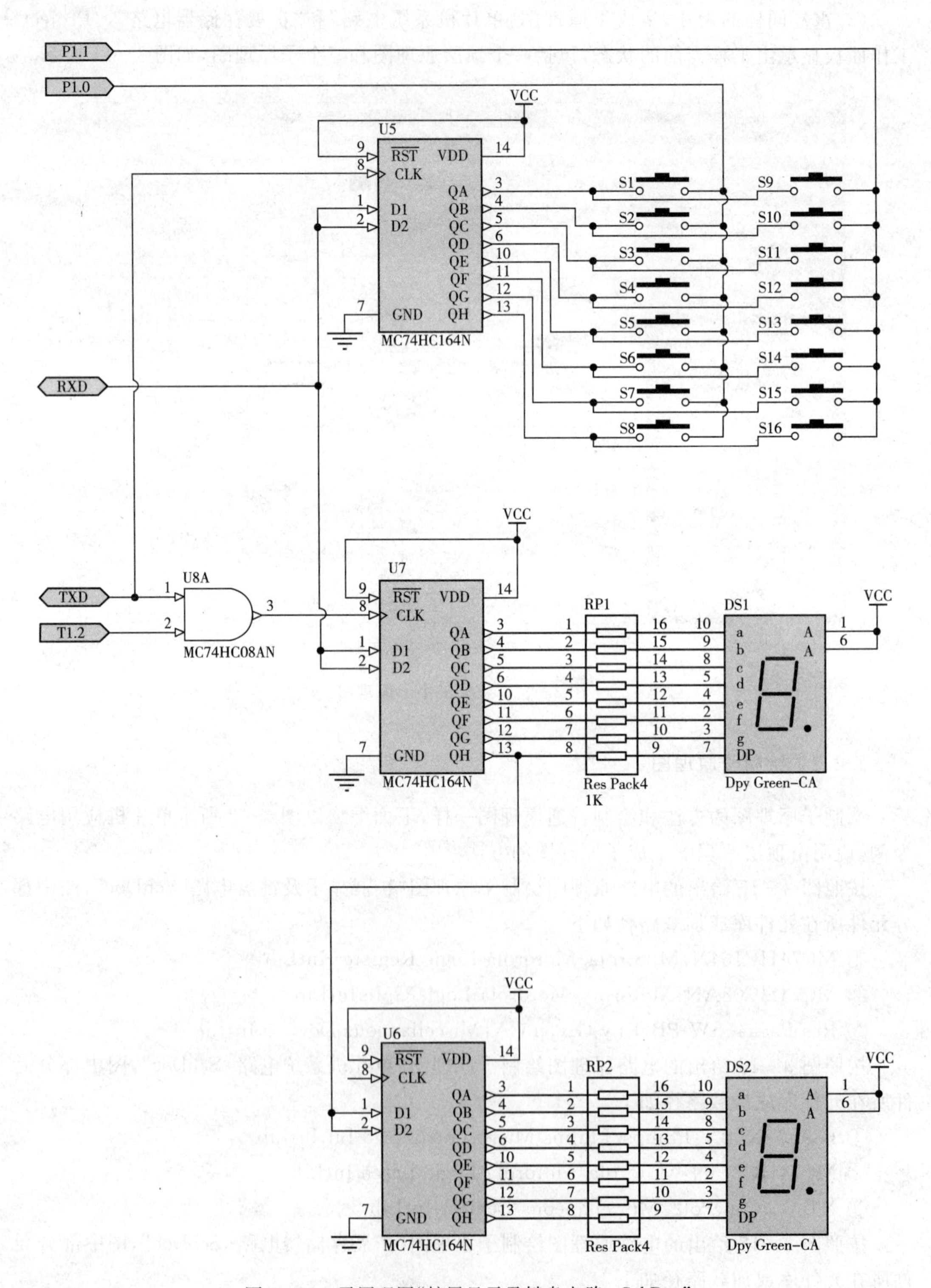

图 3-15　子原理图“扩展显示及键盘电路 . SchDoc”

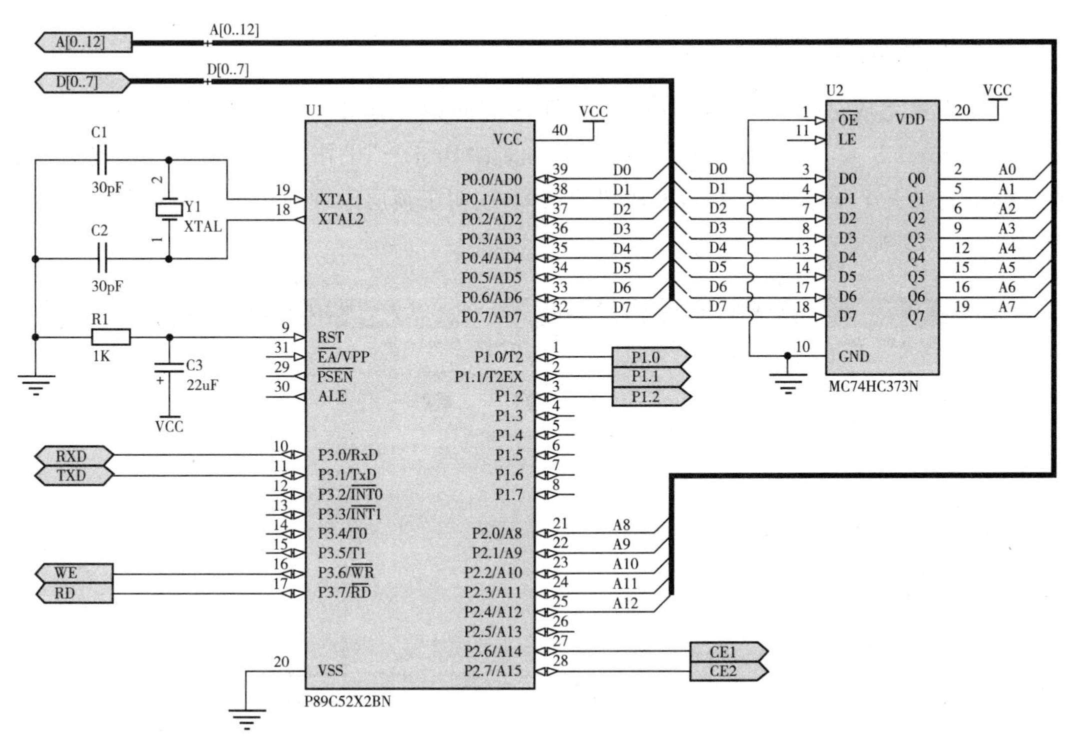

图 3-16　子原理图“单片机系统电路.SchDoc”

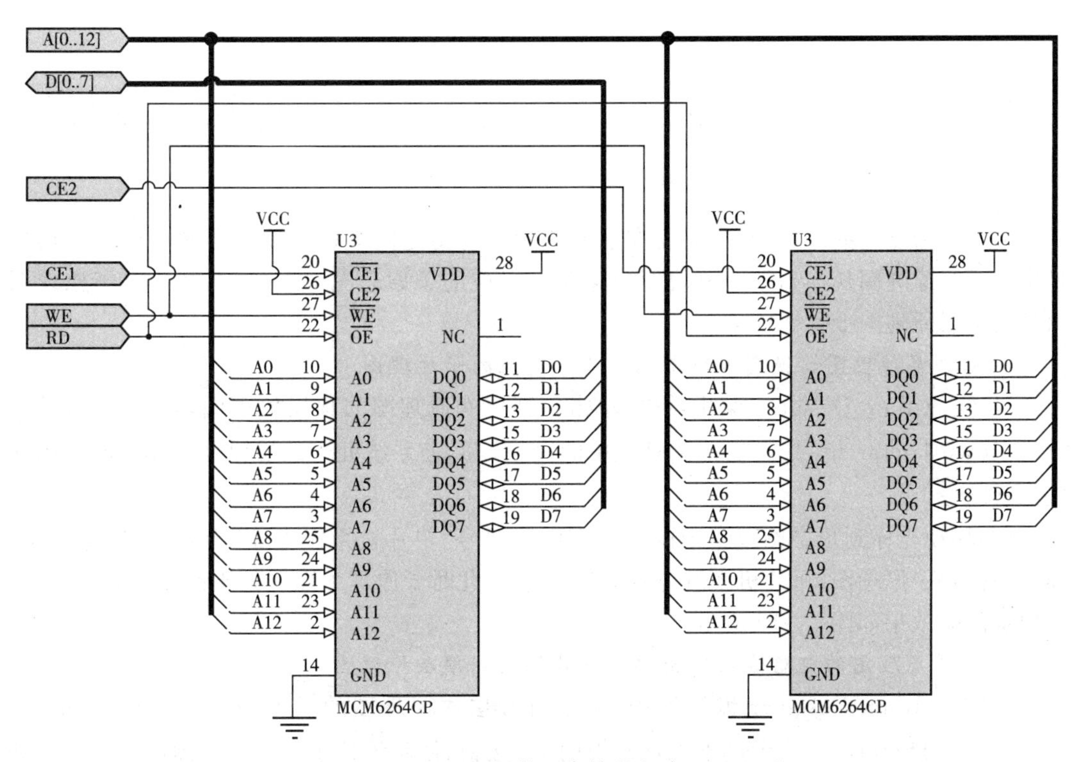

图 3-17　子原理图“扩展存储器电路.SchDoc”

3.2.4 建立层次关系

上述步骤完成之后，还需要对层次原理图之间建立层次关系，执行“Tools”—“Up/Down Hierarchy”或者点击工具栏中的按钮，在“Project”工作面板中即可以发现顶层原理图图标超前三个子原理图图标，形成树状结构，表明了顶层原理图包含子原理图的层次关系，如图 3-18 所示。

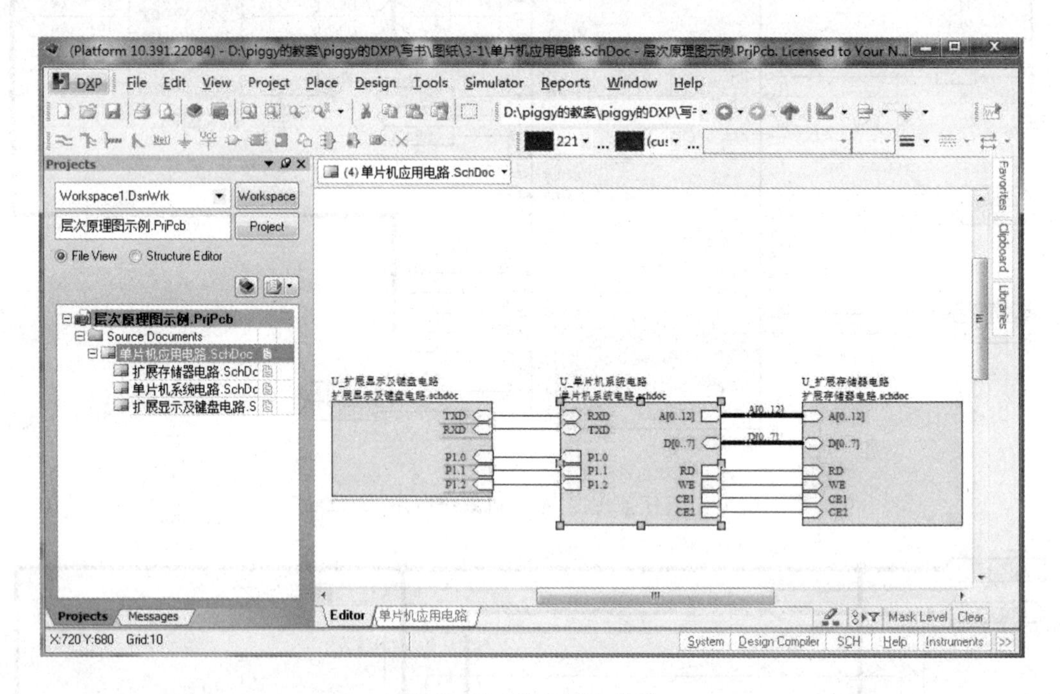

图 3-18 建立层次关系

系统较为复杂的时候，经常需要在层次原理图各图之间进行切换。层次原理图的切换是指从顶层原理图切换到某个方块图电路符号对应的子原理图上，或者从某一个子原理图切换到顶层原理图上。

1. 从顶层原理图切换到方块图电路符号对应的子原理图

(1)在 Altium Designer 编辑器中，单击打开层次原理图的顶层原理图，执行“Tools”—“Up/Down Hierarchy”或者点击工具栏中的按钮，使系统处于顶层原理图和子原理图切换的状态。

(2)移动光标到顶层原理图中的方块图电路符号“单片机系统电路”上，单击鼠标左键，即可切换到子原理图“单片机系统电路.SchDoc”。此时子原理图图线处于高亮状态，切换到子原理图的效果如图 3-19 所示。

2. 从子原理图的电路输入输出端口符号切换到顶层原理图

(1)在 Altium Designer 编辑器中，单击打开层次原理图的子原理图，执行“Tools”—“Up/Down Hierarchy”或者点击工具栏中的按钮，使系统处于顶层原理图和子原理图切换的状态。

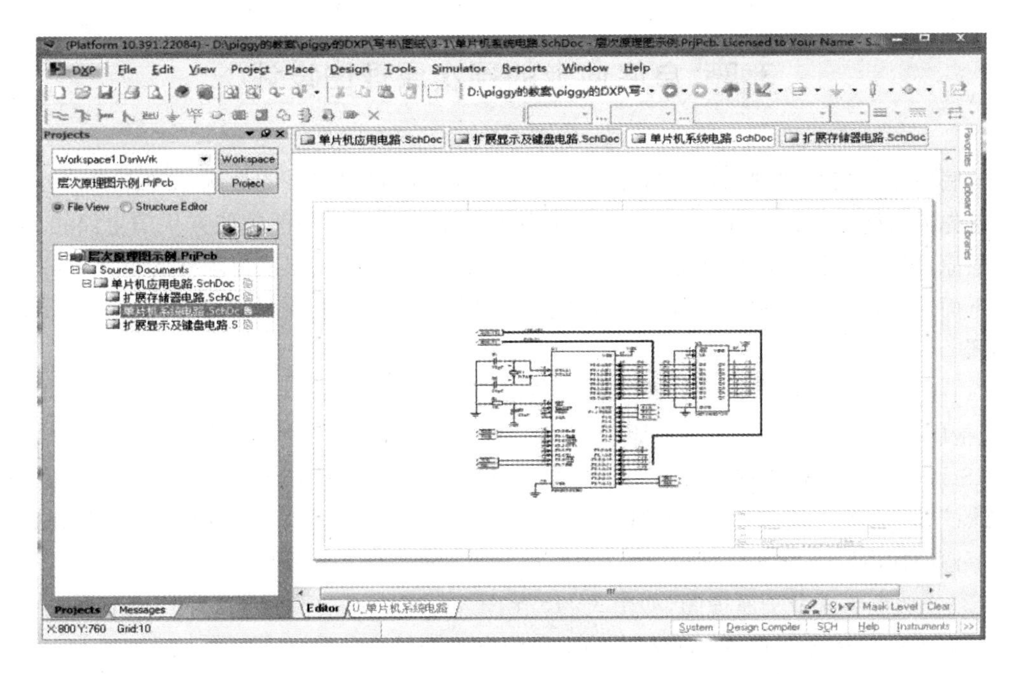

图 3 - 19　从顶层原理图切换到方块图电路符号的操作

(2)移动光标到子原理图“单片机系统电路.SchDoc”中的电路输入输出端口“P1.2”上，单击鼠标左键，即可切换到对应顶层原理图方块图端口符号。此时顶层原理图方块图端口符号“P1.2”处于高亮状态，切换到顶层原理图的效果如图 3 - 20 所示。

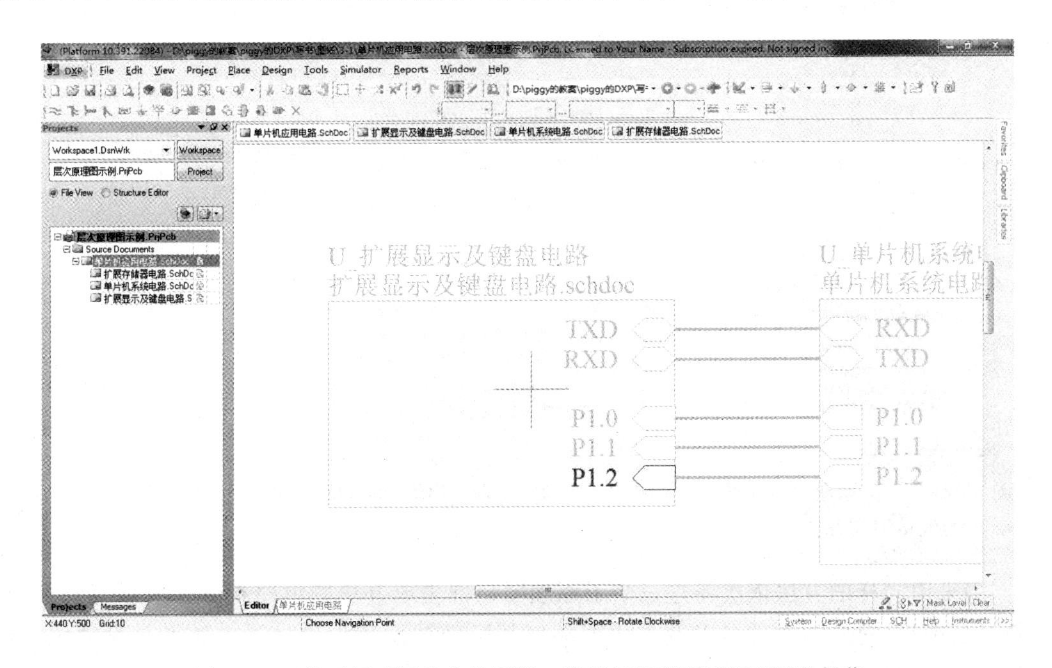

图 3 - 20　从子原理图的方块图端口符号切换到顶层原理图的操作

3.3 自底向上的层次原理图设计

自底向上的层次原理图设计方法与 3.2 节所介绍的自顶向下的层次原理图设计方法相反。首先需要先绘制完子原理图,然后由子原理图生成顶层原理图中的方块图电路符号,完成顶层原理图。按照这样的方法自底向上,层层集中,最后完成层次原理图的设计。

下面还是以 3.2 节中的单片机应用电路为例介绍自底向上的层次原理图设计方法的具体步骤。

(1)建立工程文件“层次原理图示例(自底向上).PrjPcb”,并向工程文件下添加原理图文件,包括层次原理图中的一个顶层原理图和三个子原理图。顶层原理图命名为“单片机应用电路 .Schdoc”,三个子原理图分别命名为“单片机系统电路 .SchDoc”,“扩展显示及键盘电路 .SchDoc”和“扩展存储器电路 .SchDoc”,并将工程文件和原理图文件都保存到目录“D:\Chapter3\MyProject_2”中。新建保存完毕后,“Project”工作面板如图 3-21 所示。

(2)分别绘制 3 个子原理图,如图 3-15 至图 3-17 所示。子原理图绘制完成后,就可以在顶层原理图中生成子原理图所对应的方块图电路符号。

(3)在 Altium Designer 编辑器中,单击打开层次原理图的顶层原理图,在工作区中单击鼠标右键,在弹出的快捷菜单中选择“Sheet Symbol Actions”—“Create Sheet Symbol From Sheet or HDL”,或执行菜单命令“Design”—“Create Sheet Symbol From Sheet or HDL”,都会弹出如图 3-22 所示的“Choose Document to Place”对话框,对话框中显示出三个子原理图的名称,选择任意一个子原理图都可以,比如选择“单片机系统电路 .SchDoc”,并单击“OK”,就会在顶层原理图中生成一个方块图电路符号,如图 3-23 所示。

图 3-21 层次原理图所在的“Project”工作面板

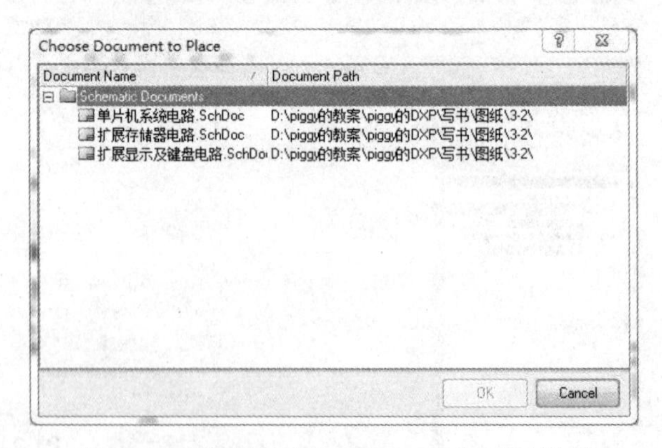

图 3-22 “Choose Document to Place”对话框

(4)采用同样的方法依次将这三个子原理图全部生成方块图电路符号。可以看到,方块图符号的编号、对应的文件名以及方块图端口都已经被系统设置好了。如果对自动生成的方块图电路符号的形状或方块图端口位置不满意,还可以进行手动调整。

(5)利用导线或总线连接顶层原理图的三个方块图电路符号,并在总线上放置网络标

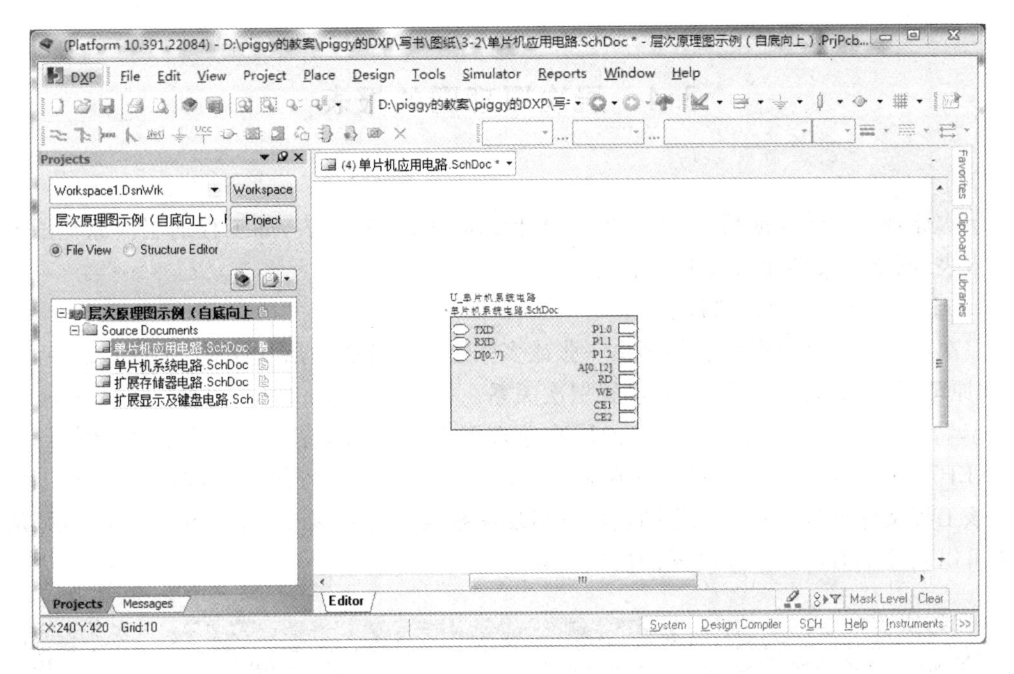

图 3-23　生成“单片机系统电路”方块图符号

号，如图 3-24 所示。

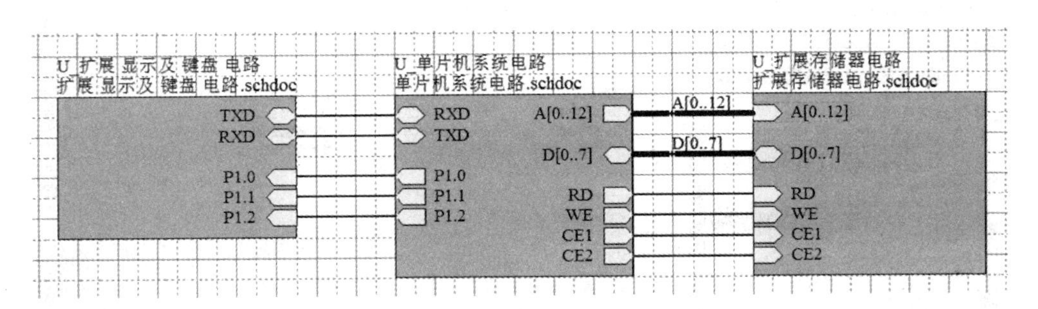

图 3-24　采用自底向上的设计方法生成的顶层原理图

(6)在层次原理图的绘制过程中，无论是采用自顶而下的设计方法还是采用自底向上的设计方法，最终都要设置层次原理图的层次关系，形成顶层原理图包含子原理图的关系。执行“Tools”—“Up/Down Hierarchy”或者点击工具栏中的按钮，在“Project”工作面板中即可以发现顶层原理图图标超前三个子原理图图标，形成树状结构，如图 3-25 所示。

图 3-25　顶层原理图包含子原理图

(7)保存工程和各原理图文件，完成整个自底向上的层次原理图设计过程。

3.4 层次原理图的报表

层次原理图设计完成后，也可以根据设计要求创建各种报表，如工程的层次原理图设计组织报表、网络报表和元器件清单报表。

1. *层次原理图设计组织报表*

层次原理图设计组织报表能列出一张或多张层次原理图的层次结构。下面以工程文件“层次原理图示例(自底向上)”，并设置层次关系。执行菜单“Report”—“Report Project Hierarchy”，系统将生成该层次原理图的层次原理图设计组织报表“层次原理图示例(自底向上).REP”。该报表自动保存在该存在工程文件同一文档中。与此同时，在“Project”工作面板的该工程文件下也显示与工程同名的项目层次报表。打开该文件，如图 3-26 所示，从报表中可以明显地看出层次原理图的层次关系。

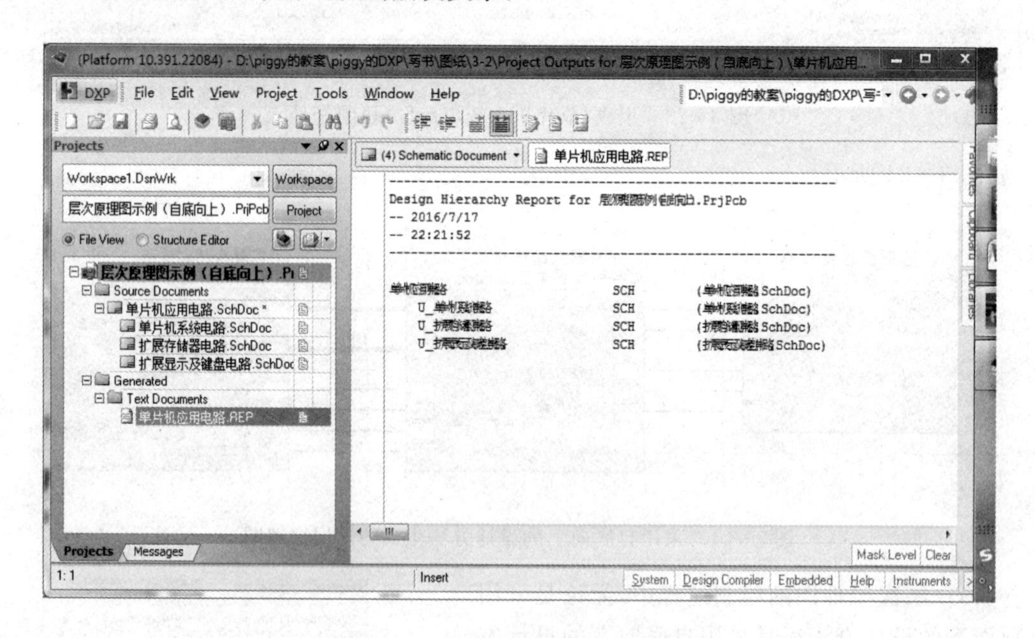

图 3-26 层次原理图设计组织报表

2. *网络报表*

执行“Design”—“Netlist for Project”—“Protel”，这时将会生成整个工程文件的报表——网络报表，如图 3-27 所示。工程的网络报表显示的是整个工程中所包含的元件及电气连接。

3. *元件清单报表*

执行“Report”—“Bill of Materials”，这时将会弹出如图 3-28 所示的对话框，显示元件清单报表。元件清单报表有助于后期 PCB 的制作和元件的购买。

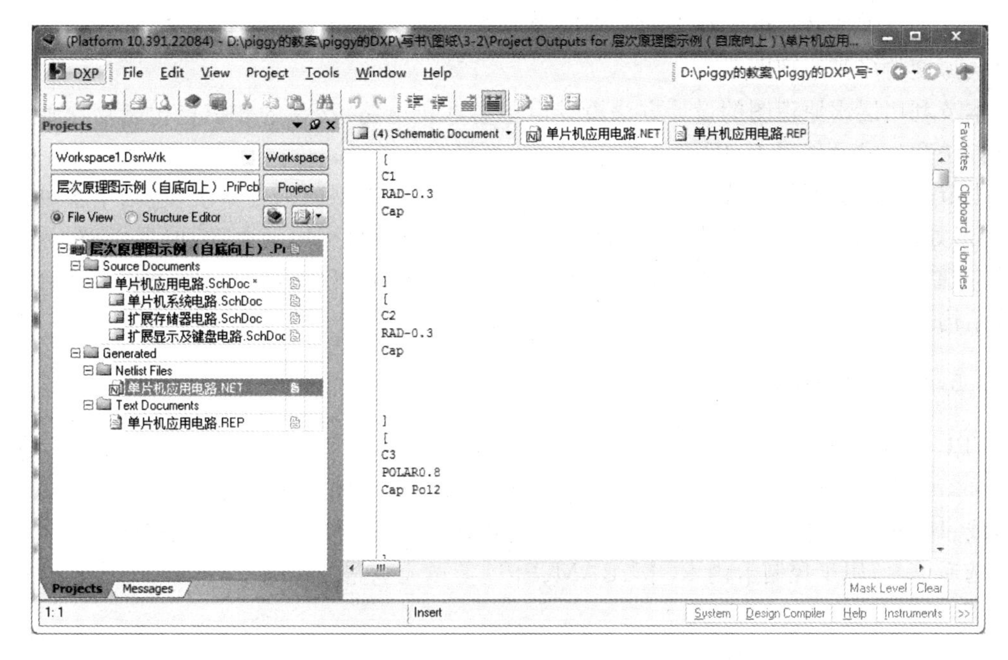

图 3－27　工程文件的网络报表

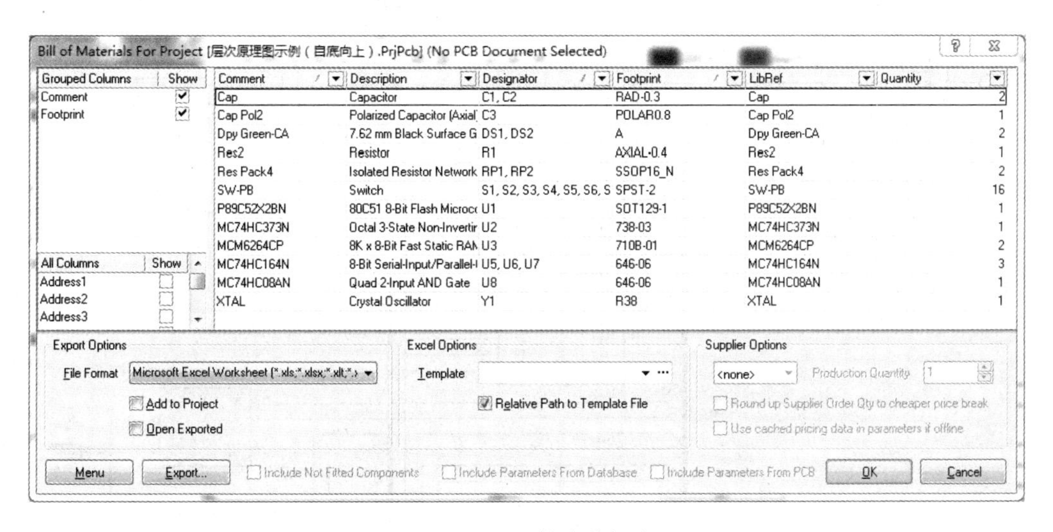

图 3－28　元件清单报表

3.5　游戏机电路设计综合实例

随着电子技术、计算机技术、自动化技术的飞速发展，电子电路设计师所要绘制的电路原理图越来越复杂，有时工程技术人员也很难看懂。另一方面，由于网络的普及，对于复杂的电路图一般都采用网络多层次并行开发设计，这样可以极大地加快设计进程。Altium

Designer 完全支持并提供了强大的层次原理图设计功能，在同一个项目工程中，可以包含无限分层深度的多张原理图。

本节利用层次原理图的设计方法设计电子游戏机电路，涉及的知识点包括层次原理图设计方法和生成元件报表，以及文件组织结构。

本节采用的实例是游戏机电路。游戏机电路是一个大型的电路系统，包括中央处理电路、图形处理器电路、接口电路、射频调制电路、制式转换电路、电源电路、时钟电路、光电枪电路、控制盒电路、游戏卡电路等共 10 个电路模块。下面分别介绍各电路模块的原理及其组成结构。

3.5.1 中央处理器

CPU 是游戏机的核心。如图 3 - 29 所示为某种游戏机的 CPU 基本电路，包含 CPU6527P、SRAM6116 和译码器 SN74LS139N 等元件。CPU6527P 是 8 位单片机，有 8 条数据线、16 条地址线，寻址范围为 64KB。其高位地址经 SN74LS139N 译码后输出低电平有效的选通信号，用于控制卡内 ROM、RAM、PPU 等单元电路的选通。

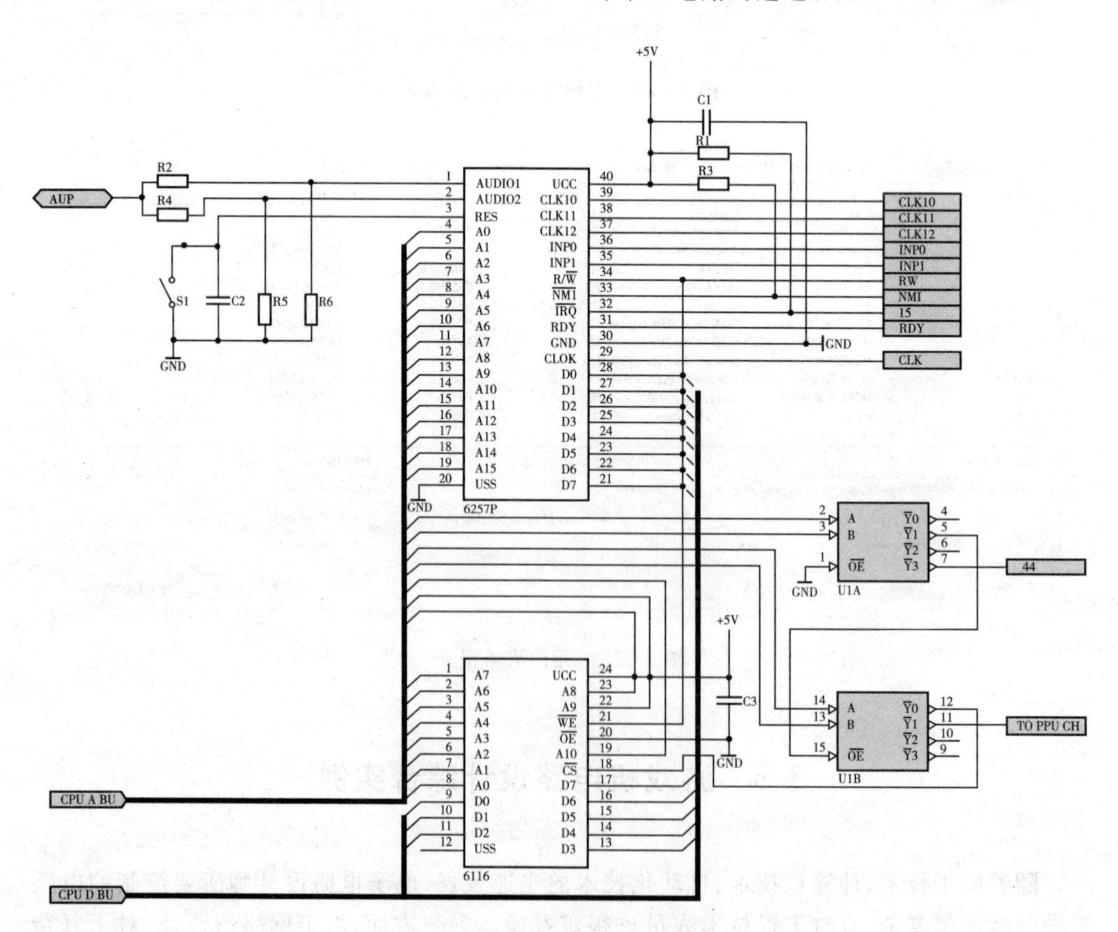

图 3 - 29 某游戏机的 CPU 基本电路

3.5.2　图形处理器

图形处理器 PPU 电路是专门为处理图像设计的 40 脚双列直插式大规模集成电路，如图 3-30 所示。它包含图像处理芯片 PPU6528、SRAM6116 和锁存器 SN74LS373N 等元件。PPU6528 有 8 条数据线 D0～D7、3 条地址线 A0～A2、8 条地址/数据线 AD0～AD7。复用线加上 PA8～PA12 可形成 13 位地址，寻址范围为 8KB。

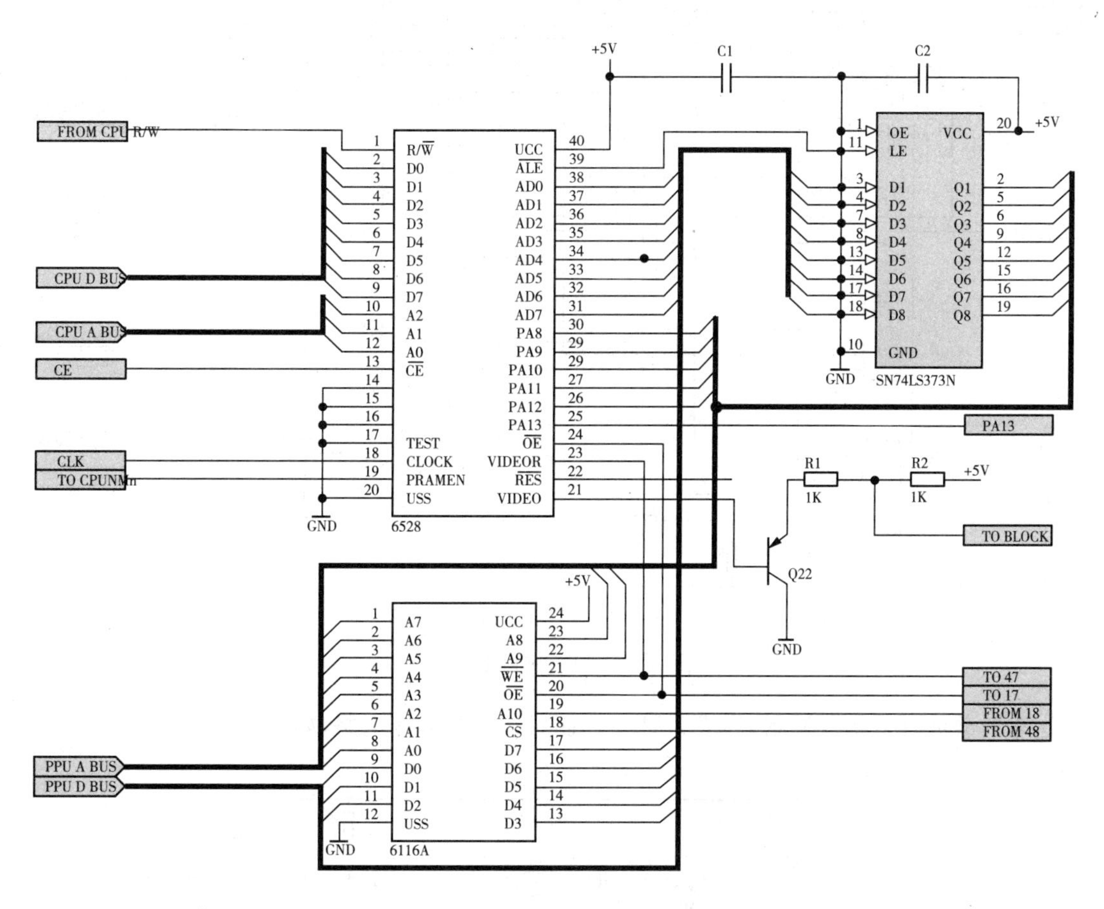

图 3-30　图像处理器 PPU 电路

3.5.3　接口电路

接口电路作为游戏机的输入/输出接口，接受来自主、副控制盒及光电枪的输入信号，并在 CPU 的输出端 INP0 和 INP1 的协调下，将控制盒输入的信号送到 CPU 的数据端口，如图 3-31 所示。

3.5.4　射频调制电路

由于我国的电视信号中图像截频比伴音载频低 6.5MHz，故需先用伴音信号调制 6.5MHz 的等幅波，然后与 PPU 输出的视频信号一起送至混频电路，对混合图像载波振荡

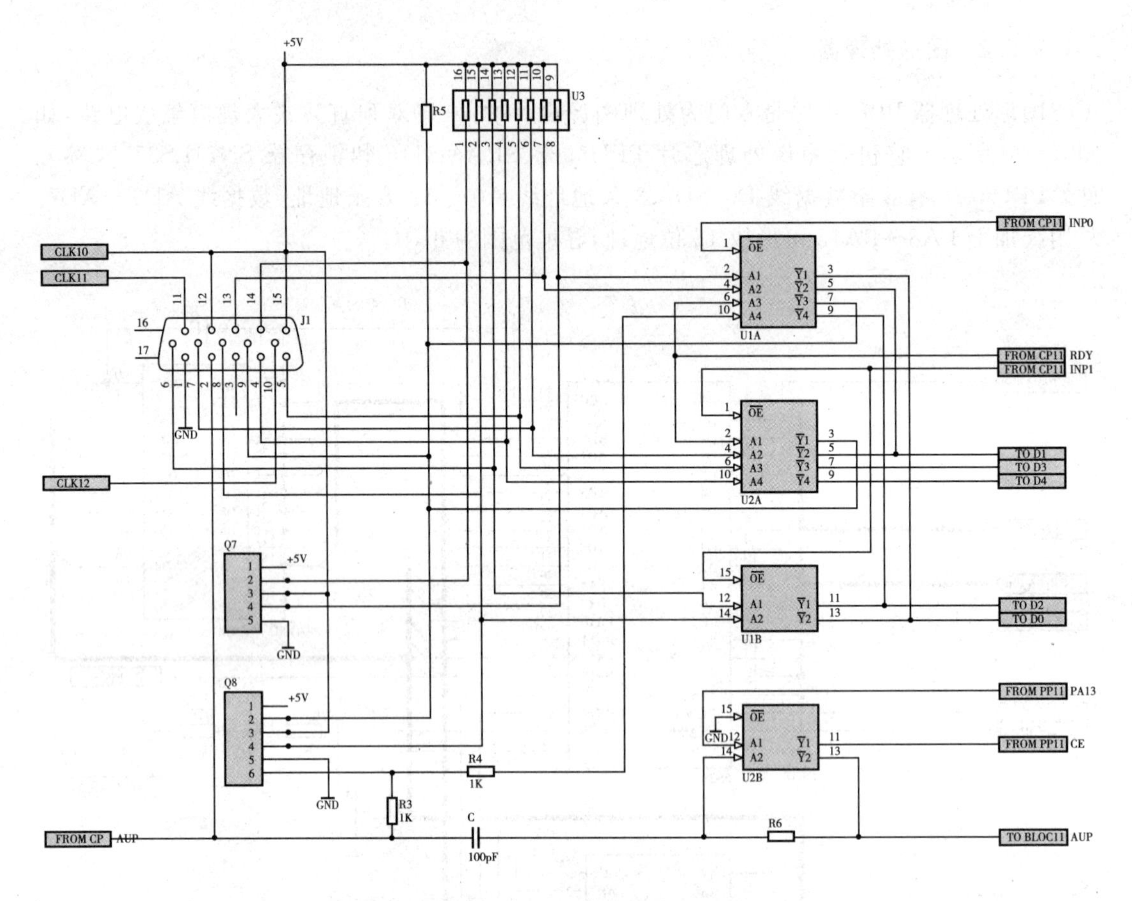

图 3-31　接口电路

器送来的载波进行幅度调制，形成 PAL-D 制式的射频调制电路，如图 3-32 所示。

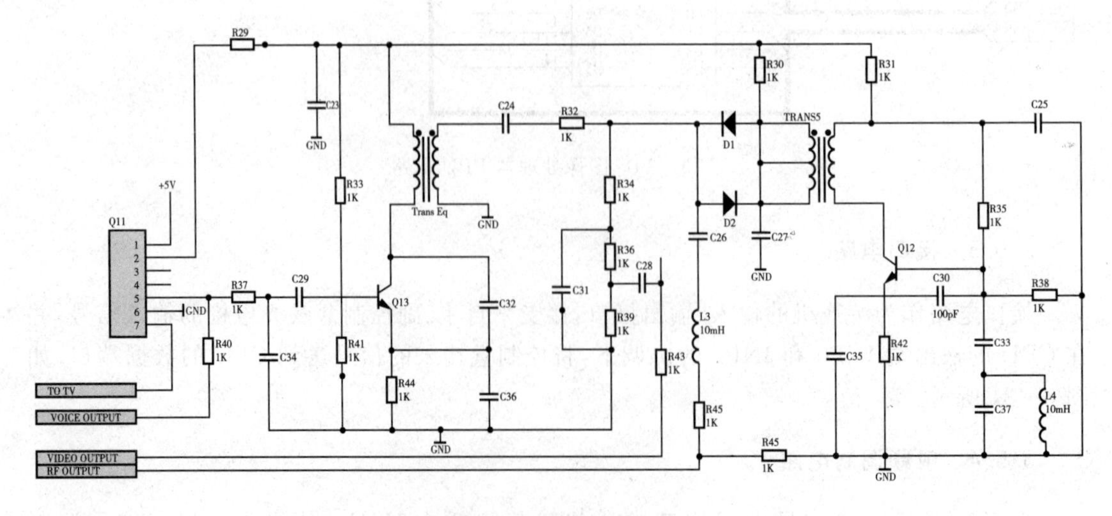

图 3-32　射频调制电路

3.5.5　制式转换电路

有些游戏机产生的视频信号为NTSC制式，需要将其转换为我国电视信号所使用的PAL－D制式才能正常使用。两种制式行频差别不大，可以正常同步，但场频差别太大，不能同步，颜色信号载波频率与颜色编码方式也不同。制式转换电路主要完成场频和颜色信号载波频率的转换。

如图3－33所示为制式转换电路，该电路中采用了TV制式转换芯片MK5060和一些通用的阻容元件。来自PPU的NTSC制电视信号经输入端，分3路分别进行处理。处理完毕后，将此3路信号叠加，就形成了PAL－D制式全电视信号，并送往射频调制电路。

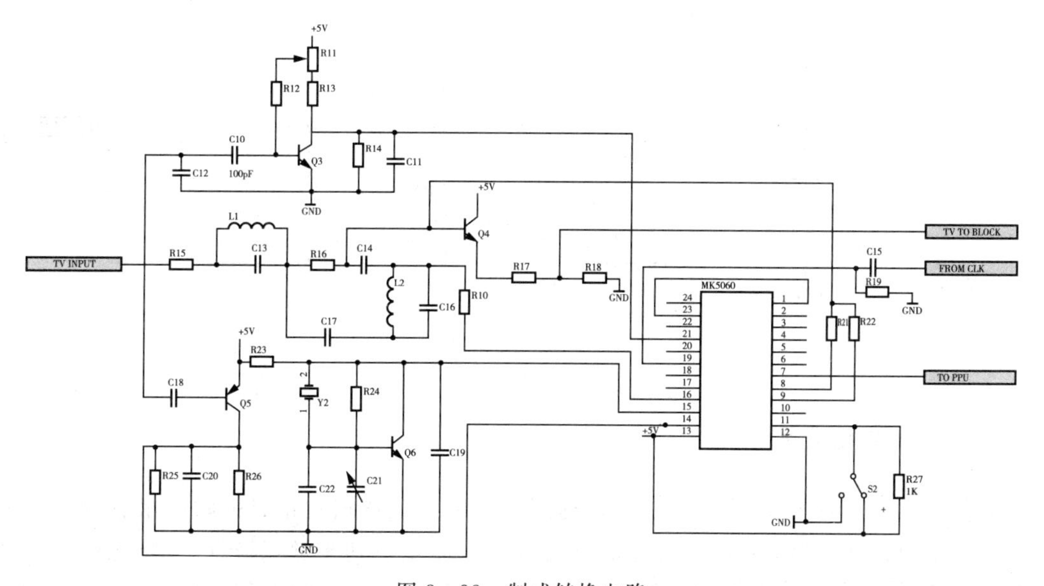

图3－33　制式转换电路

3.5.6　电源电路

电源电路包括随机整理电源和稳压电源两个部分，如图3－34所示。首先由变压器、整流桥和滤波电容将220V交流电转换为10～15V直流电压，然后利用三端稳压器AN7805和滤波电容，将整流电源提供的直流电压稳定在5V。

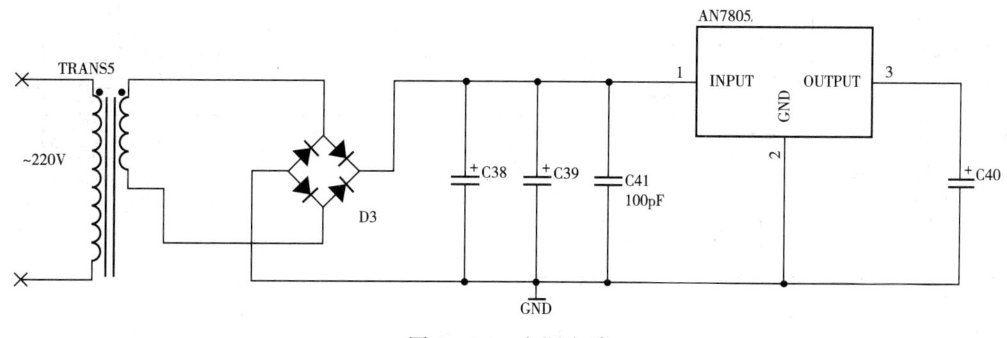

图3－34　电源电路

3.5.7 时钟电路

时钟电路产生高频脉冲作为 CPU 和 PPU 的时钟信号,如图 3-35 所示。TX 为石英晶体振荡器,它决定电路的振荡频率。游戏机中常用的石英晶体振荡器有 21.47727MHz、21.351465MHz 和 26.601712MHz 三种工作频率。选用时要依据 CPU 和 PPU 的工作特点而定。

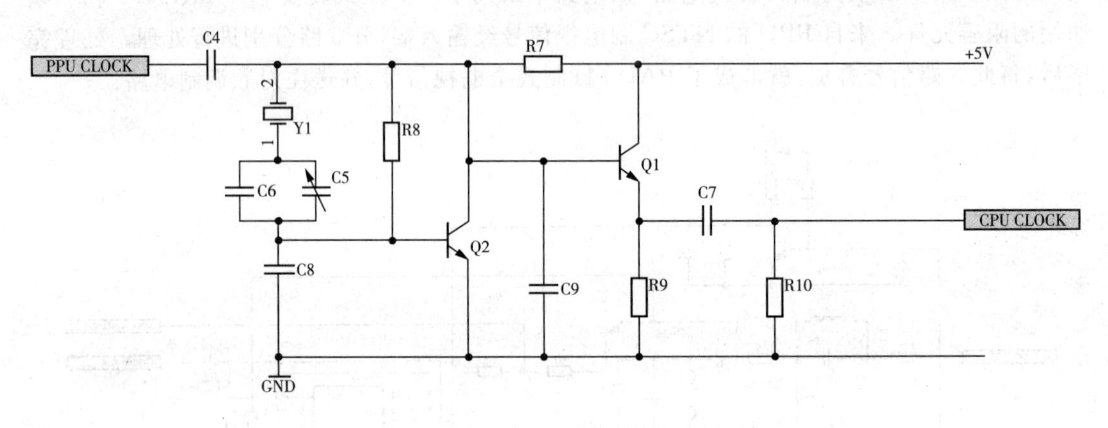

图 3-35 时钟电路

3.5.8 光电枪电路

射击目标即目标图形,位置邻近的目标图形实际上是依据对正光强频率敏感程度的差别进行区分的。目标光信号经枪管上的聚光镜聚焦后投射到光敏三极管上,将光信号转变为电信号,然后经选频放大器对其进行放大,并经 CD4011BCN 放大整形后,产生正脉冲信号,最后通过接口电路送到 CPU,如图 3-36 所示。

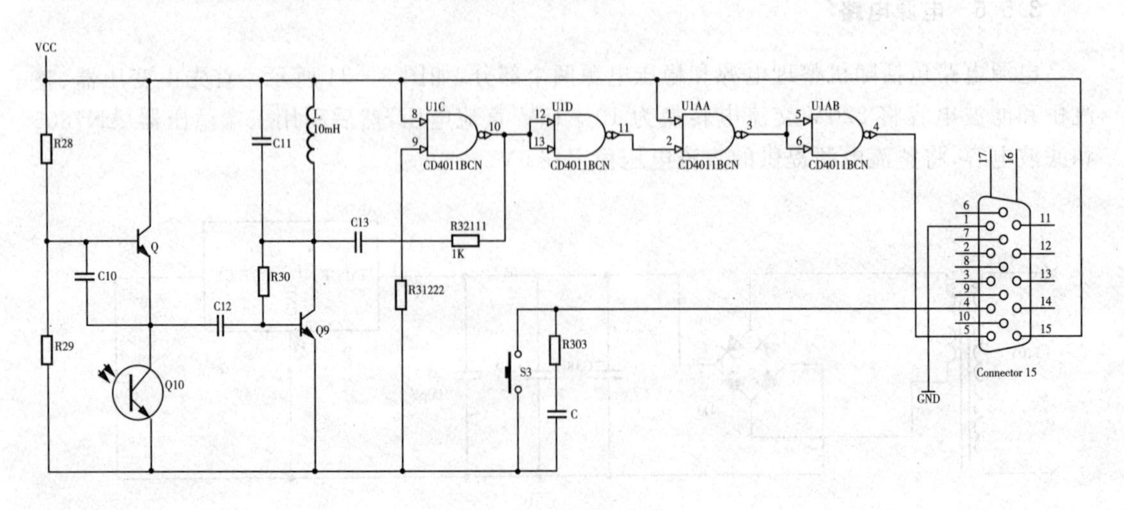

图 3-36 光电枪电路

3.5.9 控制盒电路

控制盒就是操作手柄，游戏机主、副两个控制盒的电路基本相同，其区别主要是副控制盒没有选择(SELECT)和启动(START)键。控制盒电路如图3-37所示。NE555N集成电路和阻容元件组成自激多谐振荡电路，产生连续脉冲信号；SK4021B是采用异步并行输入、同步串行输入/串行输出移位寄存器，它将所有按键闭合时产生的负脉冲经接口电路送往CPU，CPU将按游戏者按键命令控制游戏运行。

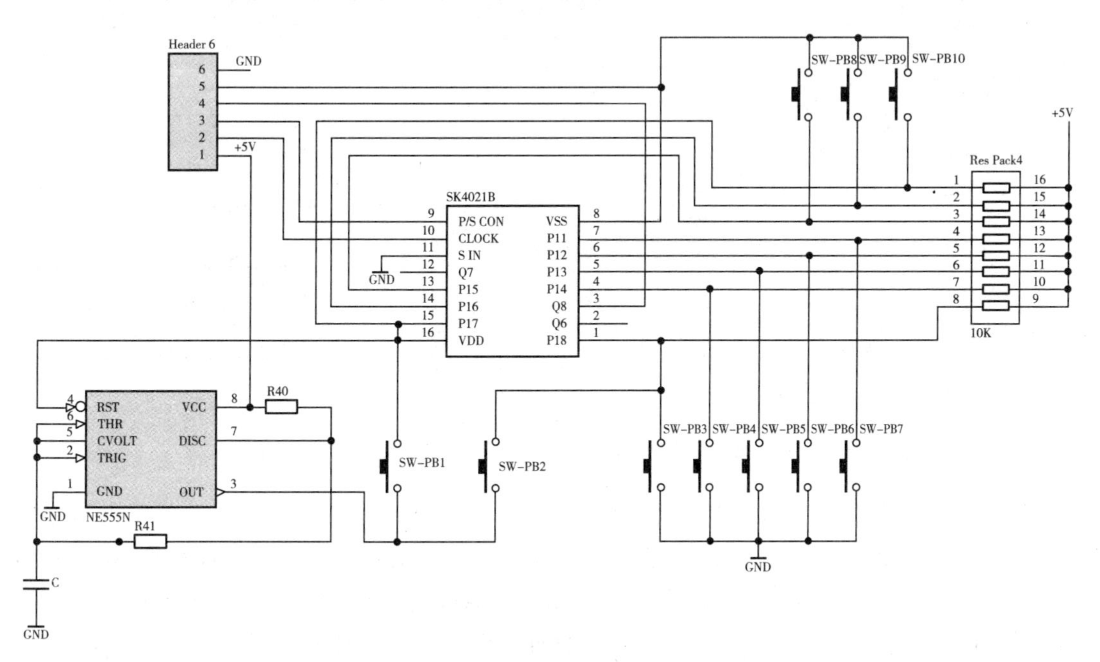

图3-37　控制盒电路

3.6 绘制层次原理图

由于该电路规模较大，因此采用层次化设计，本节采用自顶向下的设计方法，讲述层次原理图的设计过程。

3.6.1 绘制顶层电路图

采用自顶向下的设计方法，首先应绘制层次原理图中的顶层电路图，具体步骤如下：

(1)单击布线工具栏中的 或者执行“Place”—“Sheet Symbol”，启动放置电路方块图命令。选择适当位置，放置方块图符号。在未退出该命令时按“Tab”键或退出该命令后双击该方块图符号，在弹出的“Sheet Symbol”对话框中修改“X-Size”(方块长度)、“Y-Size”(方块宽度)、“Designator”(标识符)处文字标注与“File Name”(关联文件名)处填写，重复上述操作，完成9个方块图符号的绘制。完成属性和文字标注设置的层次原理图顶层电路图如图3

-38 所示。

图 3-38　完成属性和文字标注设置的层次原理图顶层电路图

(2)单击布线工具栏中的 或者执行“Place”—“Add Sheet Entry”，启动放置电路方块图端口命令。将端口移动到电路方块图的边缘的合适位置，完成该端口的放置，双击该端口，在弹出的“Sheet Entry”对话框中修改“Name”(端口名)和“I/O Type”(输入输出端口类型)，如图 3-39 所示。设置完毕所有方块图对应出入端口属性后，该端口符号如图 3-40 所示。

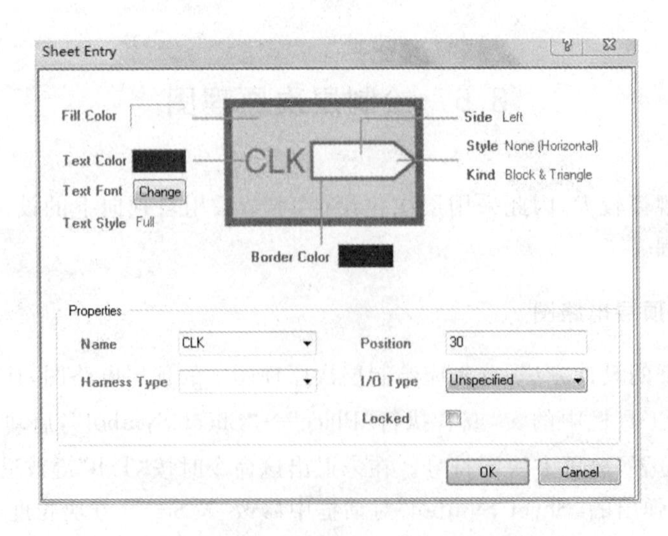

图 3-39　设置方块图出入端口属性对话框

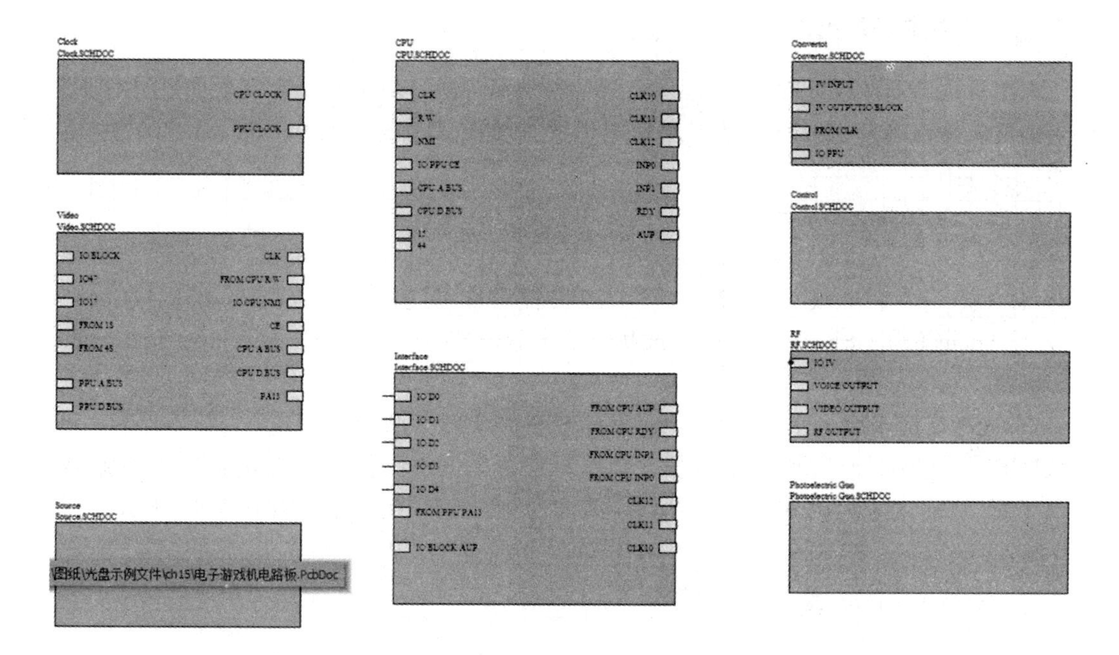

图 3－40　完成端口属性放置后的层次原理图顶层电路图

(3)连接图纸符号。根据需要根据电路的电气特性采用导线工具或总线工具将 3 个方块图符号连接起来。完成后的顶层原理图如图 3－41 所示。

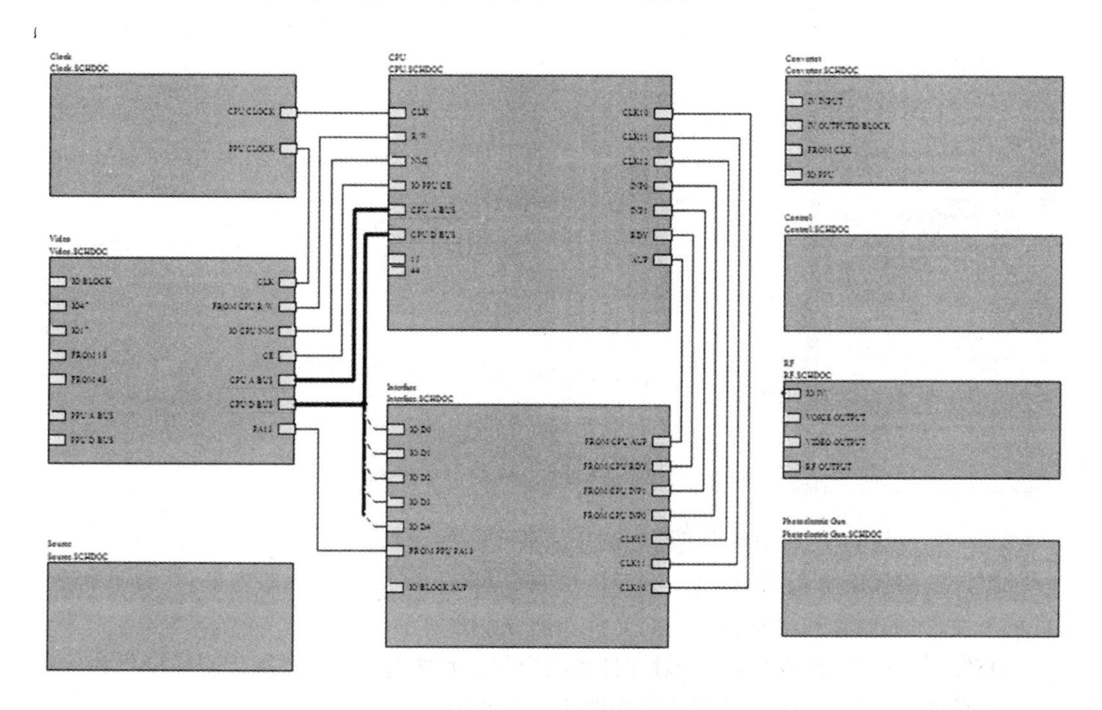

图 3－41　完成连线后的层次原理图顶层电路图

3.6.2 绘制底层电路图

采用自顶向下的设计时，子原理图由顶层原理图中的方块图符号直接生成，子原理图中的电路输入输出端口也可以由顶层原理图中的方块图端口符号对应生成，简单方便，不易出错。

1. 中央处理器电路模块设计

(1)在上一小节所绘制完成的顶层原理图“Electron Game Circuit.SchDoc”中选择方块图符号“CPU”。单击鼠标右键，在弹出的快捷菜单中选择“Sheet Symbol Actions”—“Create Sheet From Sheet Symbol”，或执行菜单命令“Design” —“Create Sheet From Sheet Symbol”。

(2)光标变为十字形状后，将十字光标移动至方块图“CPU”上单击，系统自动在工程下生成“CPU.SchDoc”子原理图，并根据在顶层原理图中方块图符号中的电路端口，系统自动在该子原理图中对应生成输入输出端口。系统自动创建的子原理图如图 3－42 所示。

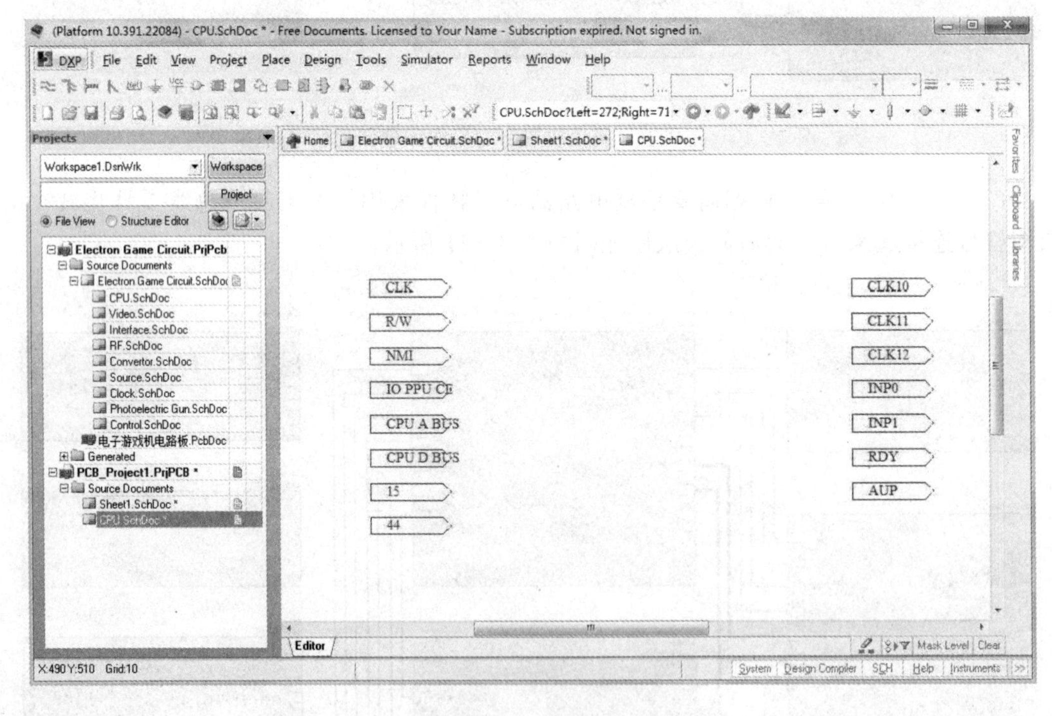

图 3－42 生成“CPU. SchDoc”子原理图

(3)在所生成“CPU.SchDoc”子原理图中完成子图的设计。

放置该电路板中所用到的元件：6257P、6116、SN74LS139 和一些阻容元件，并编辑各个元件的属性，完成放置和编辑属性后的元件如图 3－43 所示。

(4)对元件进行属性设置后，再对元件进行布局。单击导线工具，执行连线操作并保存。完成连线后的“CPU.SchDoc”子原理图如图 3－44 所示。

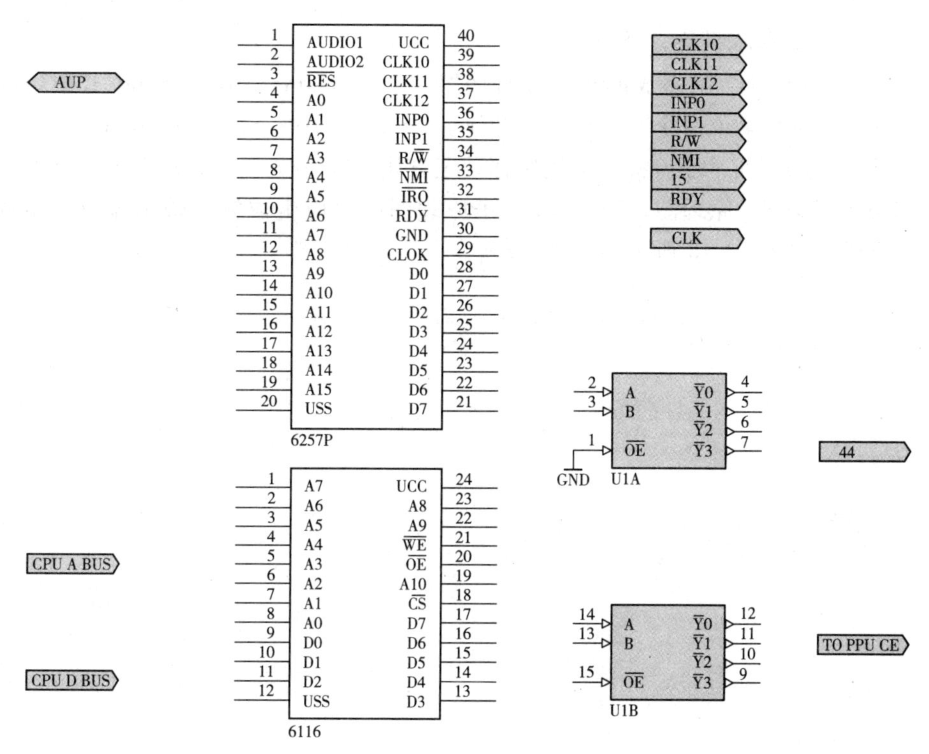

图 3-43　完成元件放置后的“CPU. SchDoc”子原理图

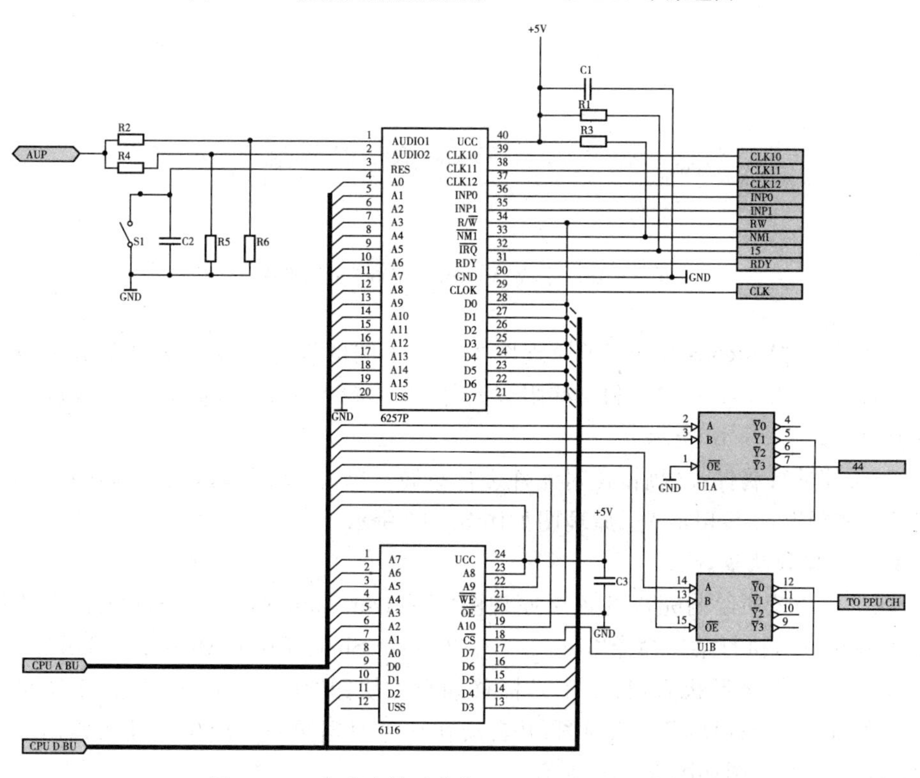

图 3-44　完成连线后的“CPU. SchDoc”子原理图

2. 图像处理器电路模块设计

(1)在上一小节所绘制完成的顶层原理图“Electron Game Circuit.Schdoc”中选择方块图符号“Video”,执行菜单命令“Design” —“Create Sheet From Sheet Symbol”。

(2)光标变为十字形状后,将十字光标移动至方块图“Video”上单击,系统自动在工程下生成“Video.SchDoc”子原理图,并自动在该子原理图中对应生成输入输出端口。系统自动创建的子原理图如图 3-45 所示。

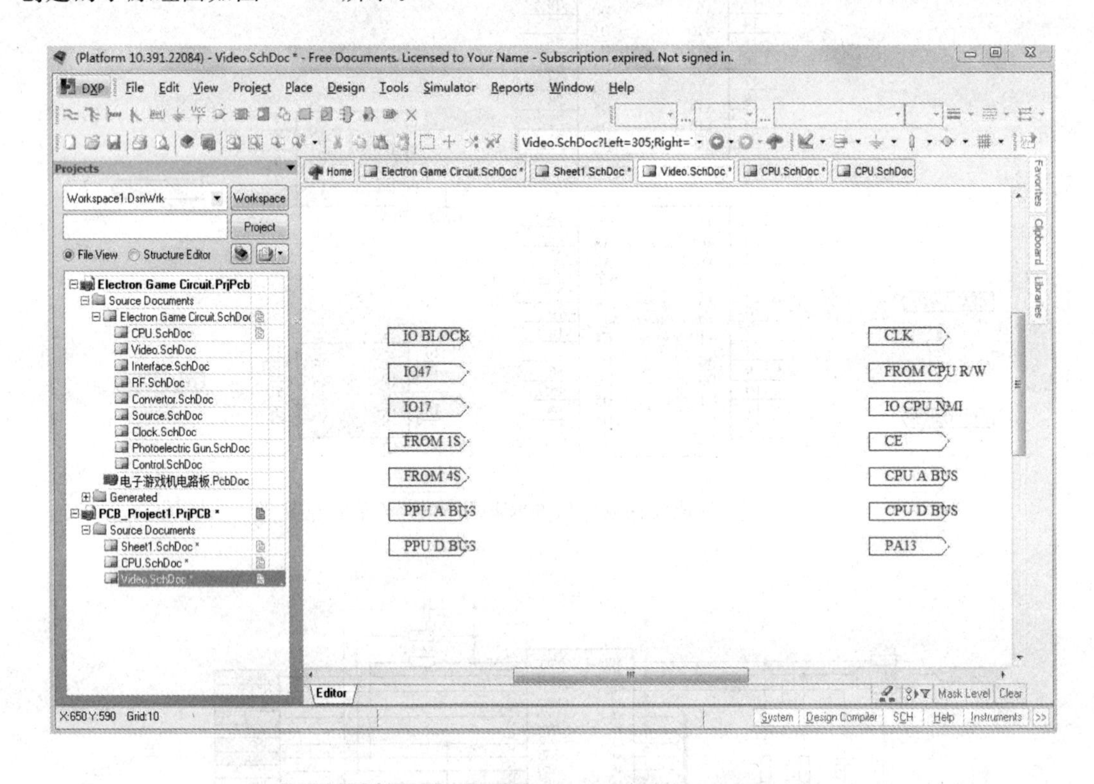

图 3-45 生成“Video. SchDoc”子原理图

(3)在所生成“Video.SchDoc”子原理图中完成子图的设计。放置该电路板中所用到的元件:6258、6116、SN74LS373N 和一些阻容元件,并编辑各个元件的属性,完成放置和编辑属性后的元件如图 3-46 所示。

(4)对元件进行属性设置后,再对元件进行布局。单击导线工具,执行连线操作并保存。完成连线后的“Video.SchDoc”子原理图如图 3-47 所示。

3. 接口电路模块设计

(1)在上一小节所绘制完成的顶层原理图“Electron Game Circuit.SchDoc”中选择方块图符号“Interface”,执行菜单命令“Design” —“Create Sheet From Sheet Symbol”。

(2)光标变为十字形状后,将十字光标移动至方块图“Interface”上单击,系统自动在工程下生成“Interface.SchDoc”子原理图,并自动在该子原理图中对应生成输入输出端口。系统自动创建的子原理图如图 3-48 所示。

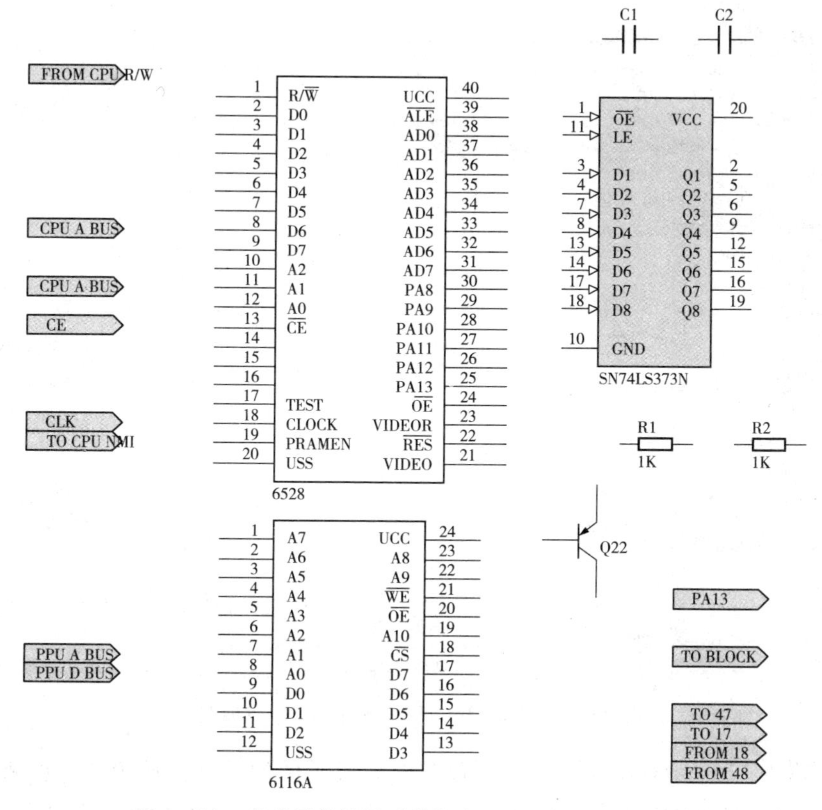

图 3-46　完成元件放置后的“Video. SchDoc”子原理图

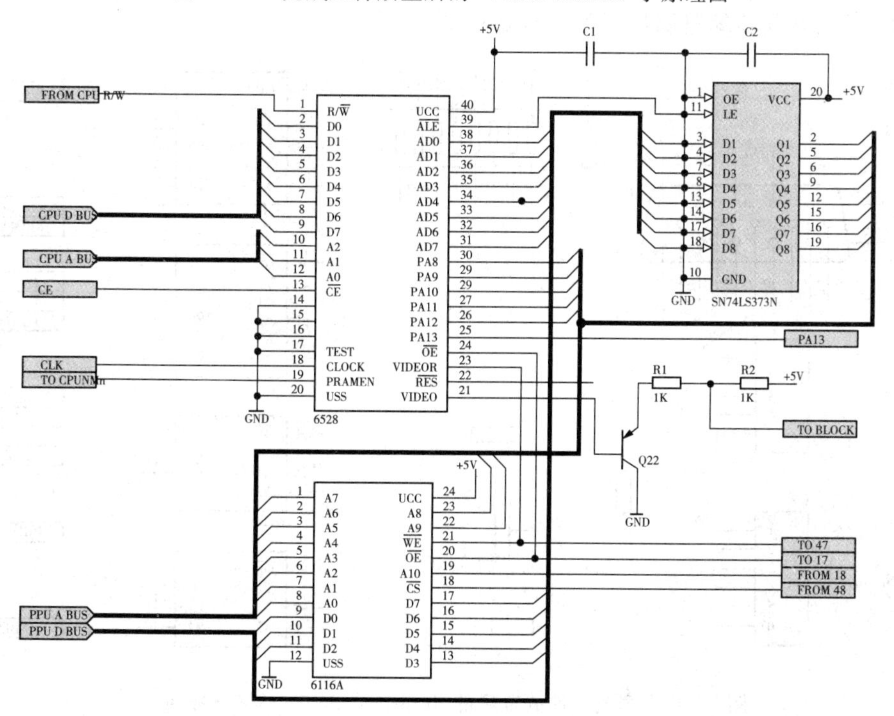

图 3-47　完成连线后的“Video. SchDoc”子原理图

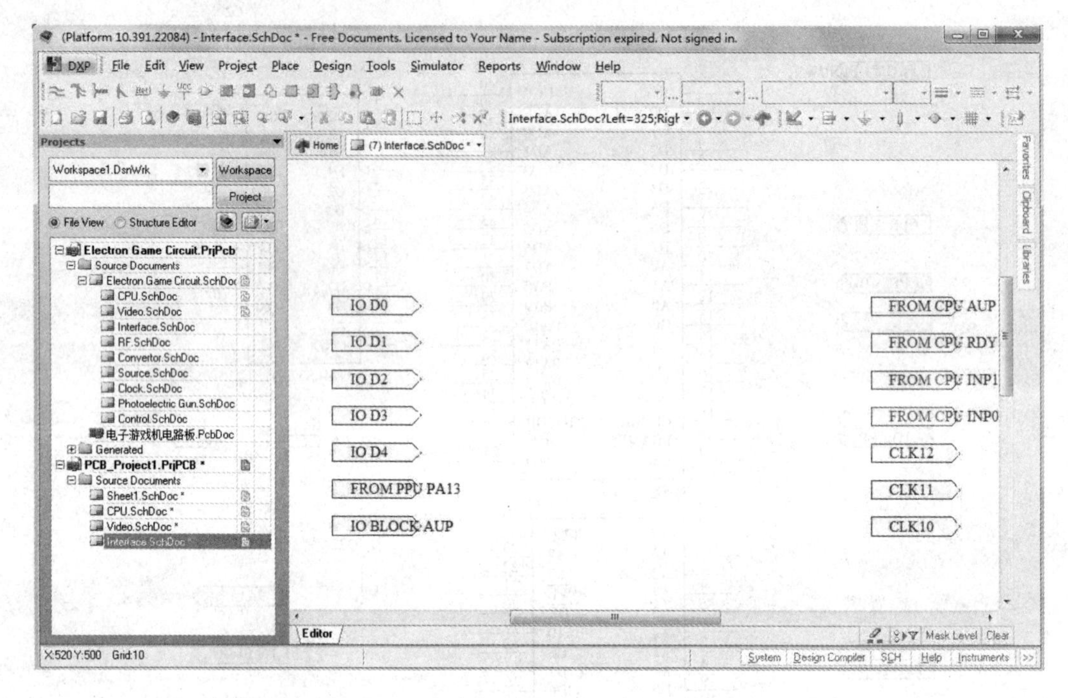

图 3-48 生成"Interface. SchDoc"子原理图

(3)在所生成"Interface.SchDoc"子原理图中完成子图的设计。放置该电路板中所用到的元件：Header5、Header6、Connector15 和 SN74HC368N 和一些阻容元件，并编辑各个元件的属性，完成放置和编辑属性后的元件如图 3-49 所示。

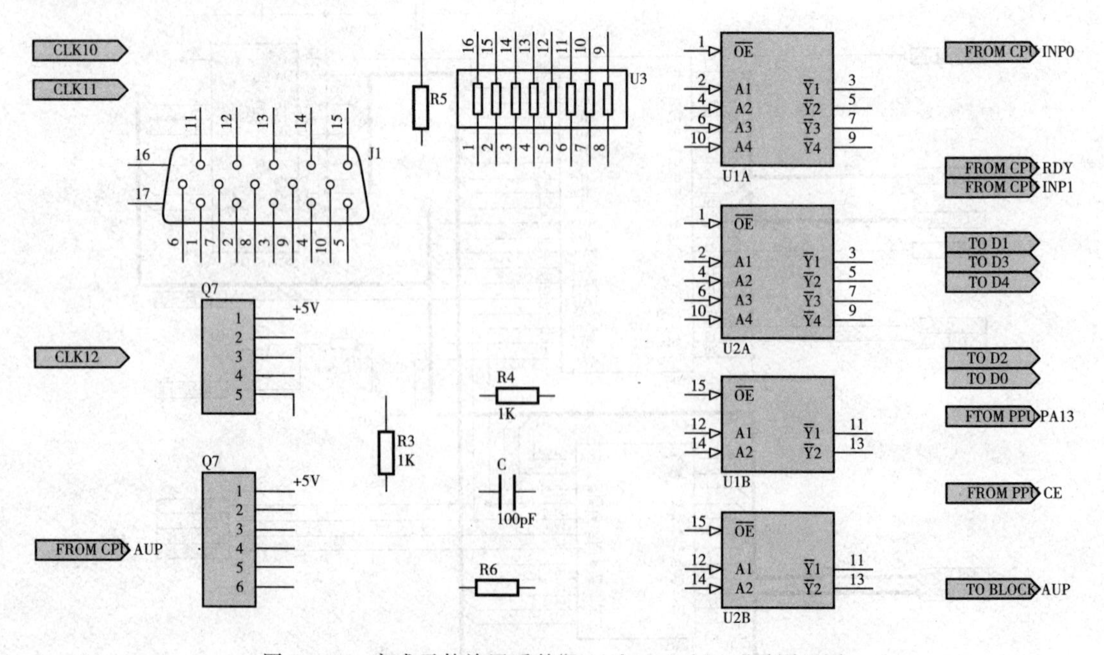

图 3-49 完成元件放置后的"Interface. SchDoc"子原理图

(4)对元件进行属性设置后，再对元件进行布局。单击导线工具，执行连线操作并保存。完成连线后的“Interface.SchDoc”子原理图如图 3－50 所示。

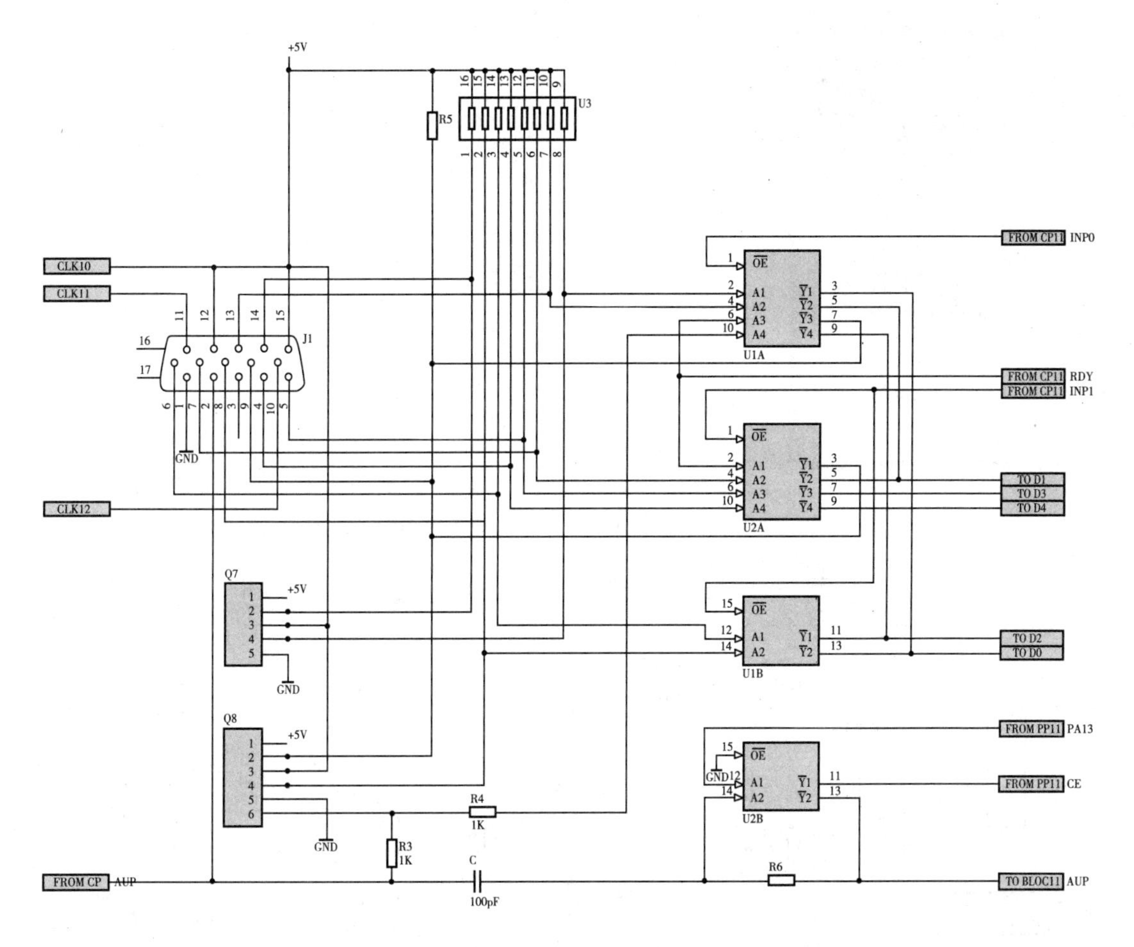

图 3－50　完成连线后的“Interface. SchDoc”子原理图

4. 射频调制电路模块设计

(1)在上一小节所绘制完成的顶层原理图“Electron Game Circuit.SchDoc”中选择方块图符号“RF”，执行菜单命令“Design”—“Create Sheet From Sheet Symbol”。

(2)光标变为十字形状后，将十字光标移动至方块图“RF”上单击，系统自动在工程下生成“RF.SchDoc”子原理图，并自动在该子原理图中对应生成输入输出端口。系统自动创建的子原理图如图 3－51 所示。

(3)在所生成“RF.SchDoc”子原理图中完成子图的设计。放置该电路板中所用到的元件：Trans Eq、Header5 和一些阻容元件，并编辑各个元件的属性，完成放置和编辑属性后的元件如图 3－52 所示。

(4)对元件进行属性设置后，再对元件进行布局。单击导线工具，执行连线操作并保存。完成连线后的“RF.SchDoc”子原理图如图 3－53 所示。

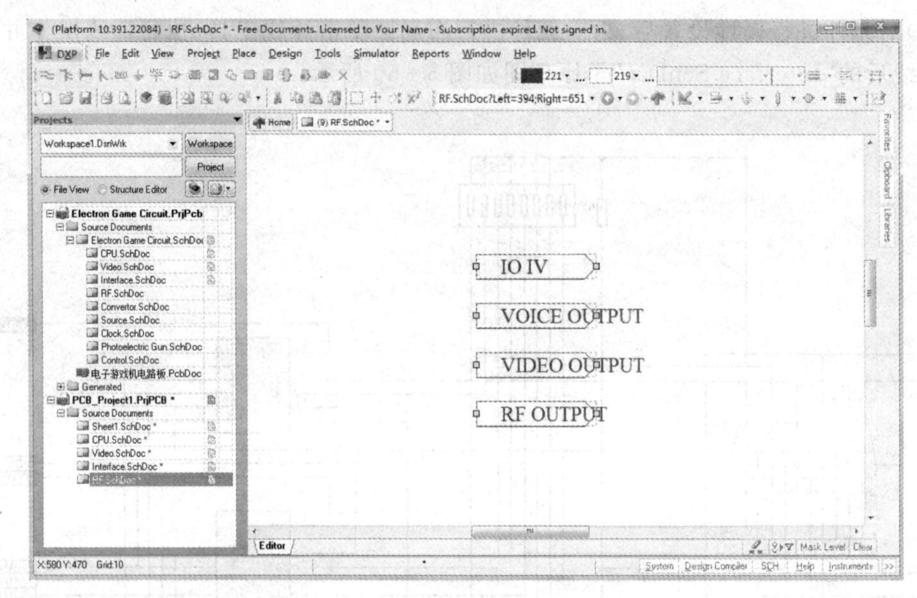

图 3-51　生成“RF. SchDoc”子原理图

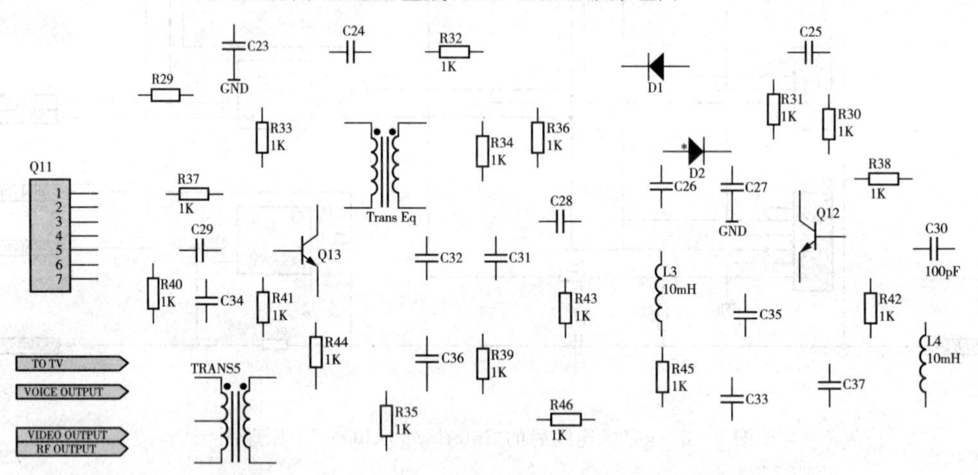

图 3-52　完成元件放置后的“RF. SchDoc”子原理图

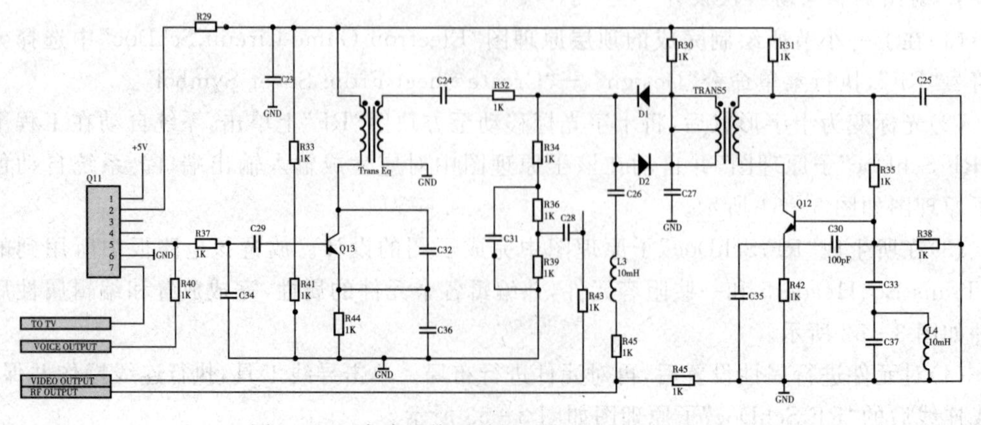

图 3-53　完成连线后的“RF. SchDoc”子原理图

5. 制式转换电路模块设计

(1)在上一小节所绘制完成的顶层原理图“Electron Game Circuit.SchDoc”中选择方块图符号“Convertor”,执行菜单命令“Design” —“Create Sheet From Sheet Symbol”。

(2)光标变为十字形状后,将十字光标移动至方块图“Convertor”上单击,系统自动在工程下生成“Convertor.SchDoc”子原理图,并自动在该子原理图中对应生成输入输出端口。系统自动创建的子原理图如图 3-54 所示。

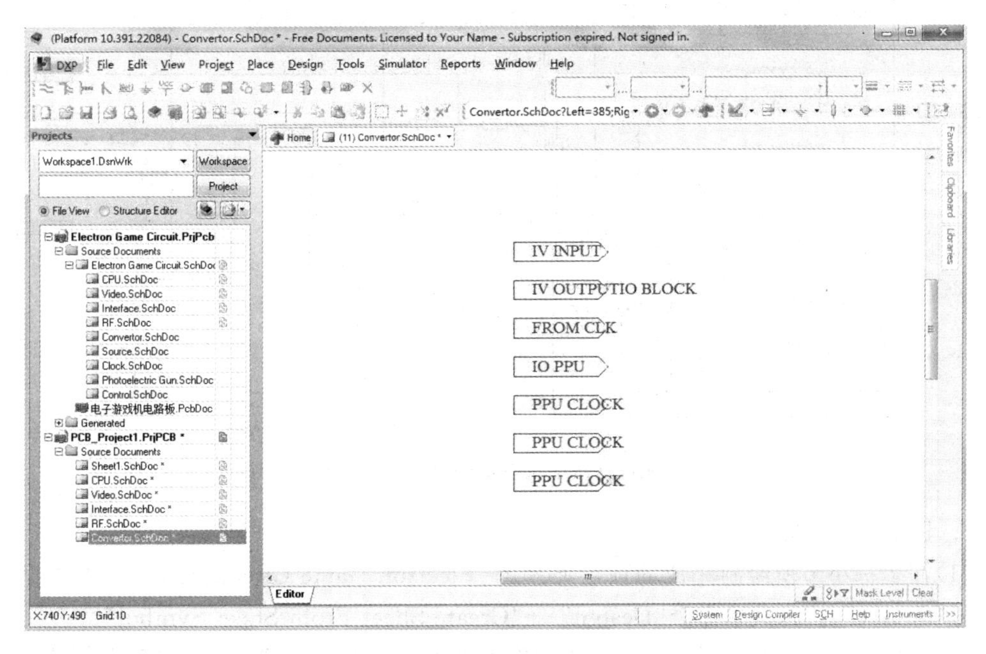

图 3-54　生成“Convertor. SchDoc”子原理图

(3)在所生成“Convertor.SchDoc”子原理图中完成子图的设计。放置该电路板中所用到的元件:MK5060 和一些阻容元件,并编辑各个元件的属性,完成放置和编辑属性后的元件如图 3-55 所示。

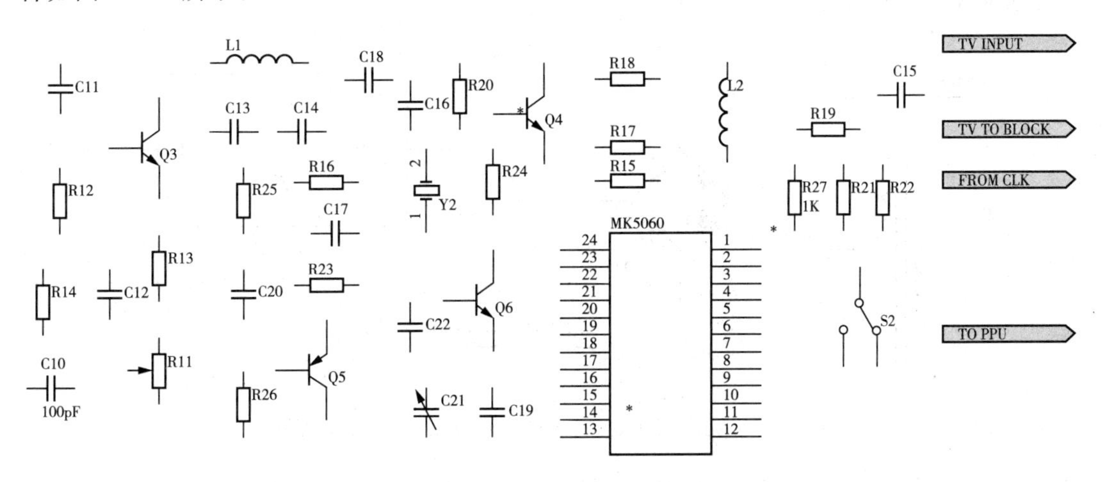

图 3-55　完成元件放置后的“Convertor. SchDoc”子原理图

(4)对元件进行属性设置后,再对元件进行布局。单击导线工具,执行连线操作并保存。完成连线后的“Convertor.SchDoc”子原理图如图 3-56 所示。

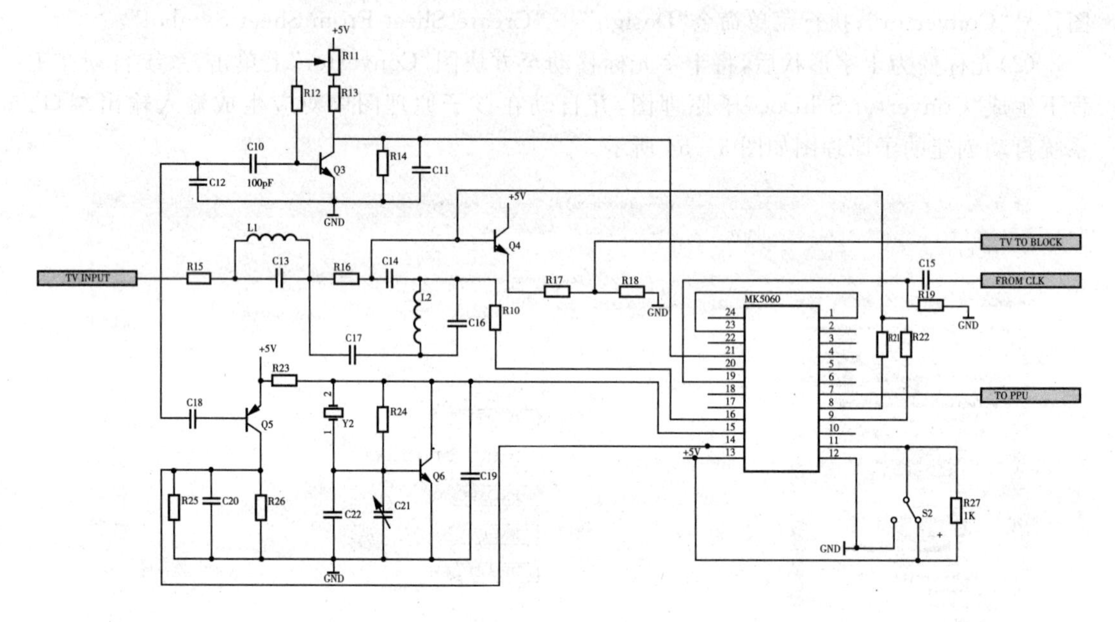

图 3-56 完成连线后的“Convertor. SchDoc”子原理图

6. 电源电路模块设计

(1)在上一小节所绘制完成的顶层原理图“Electron Game Circuit.SchDoc”中选择方块图符号“Source”,执行菜单命令“Design”—“Create Sheet From Sheet Symbol”。

(2)光标变为十字形状后,将十字光标移动至方块图“Source”上单击,系统自动在工程下生成“Source.SchDoc”子原理图,并自动在该子原理图中对应生成输入输出端口。

(3)在所生成“Source.SchDoc”子原理图中完成子图的设计。放置该电路板中所用到的元件:AN7805、Trans5 和一些阻容元件,并编辑各个元件的属性,完成放置和编辑属性后的元件如图 3-57 所示。

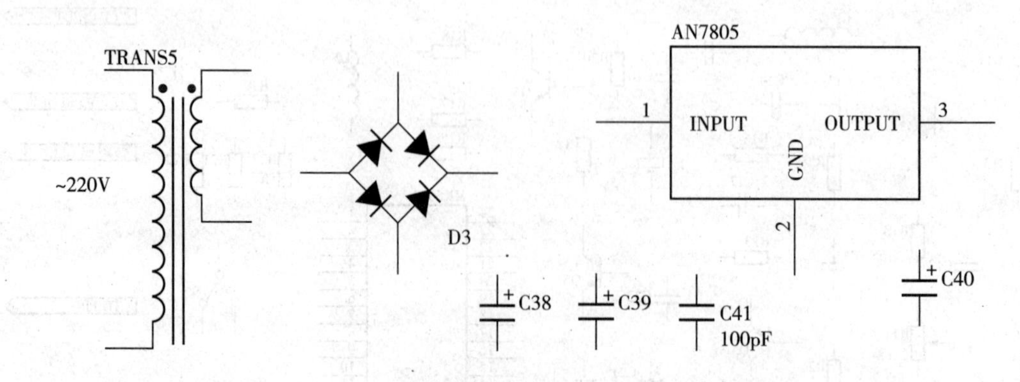

图 3-57 完成元件放置后的“Source. SchDoc”子原理图

(4)对元件进行属性设置后,再对元件进行布局。单击导线工具,执行连线操作并保存。

完成连线后的“Source.SchDoc”子原理图如图 3－58 所示。

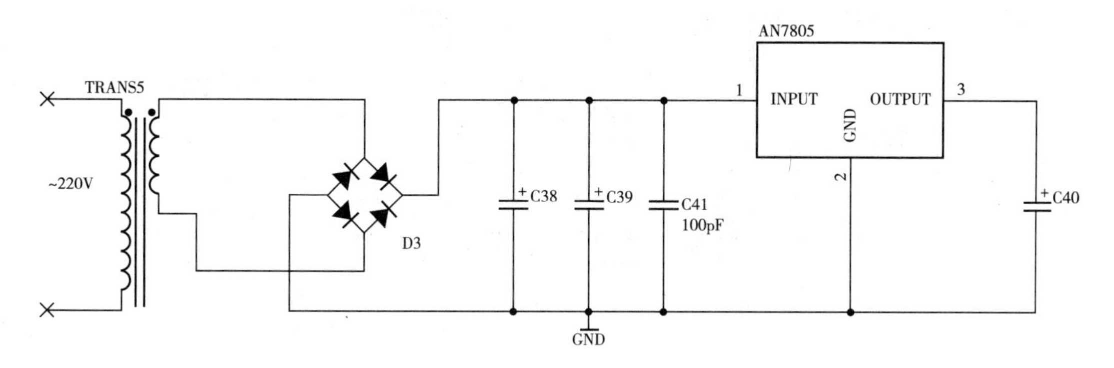

图 3－58　完成连线后的“Source. SchDoc”子原理图

7. 制式转换电路模块设计

(1)在上一小节所绘制完成的顶层原理图“Electron Game Circuit.SchDoc”中选择方块图符号“Clock”，执行菜单命令“Design” —“Create Sheet From Sheet Symbol”。

(2)光标变为十字形状后，将十字光标移动至方块图“Clock”上单击，系统自动在工程下生成“Clock.SchDoc”子原理图，并自动在该子原理图中对应生成输入输出端口。系统自动创建的子原理图如图 3－59 所示。

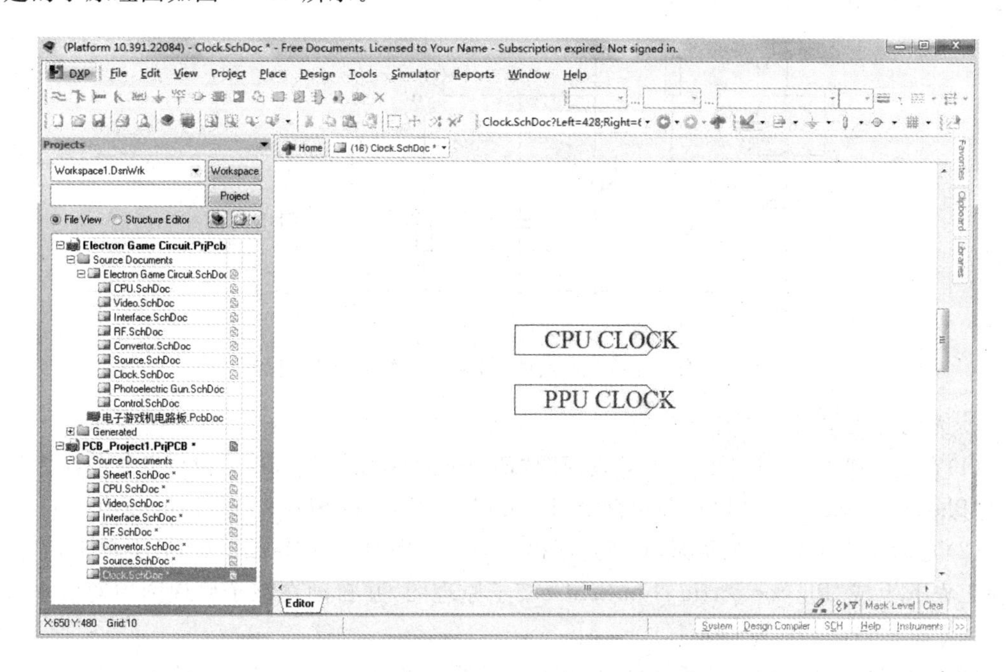

图 3－59　生成“Clock. SchDoc”子原理图

(3)在所生成“Clock.SchDoc”子原理图中完成子图的设计。放置该电路板中所用到的元件：MK5060 和一些阻容元件，并编辑各个元件的属性，完成放置和编辑属性后的元件如图 3－60 所示。

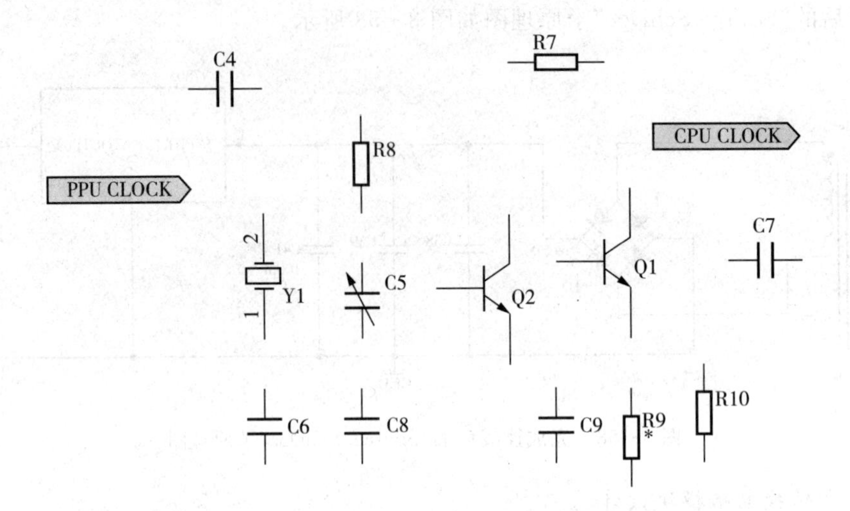

图 3－60　完成元件放置后的“Clock. SchDoc”子原理图

(4)对元件进行属性设置后，再对元件进行布局。单击导线工具，执行连线操作并保存。完成连线后的“Clock.SchDoc”子原理图如图 3－61 所示。

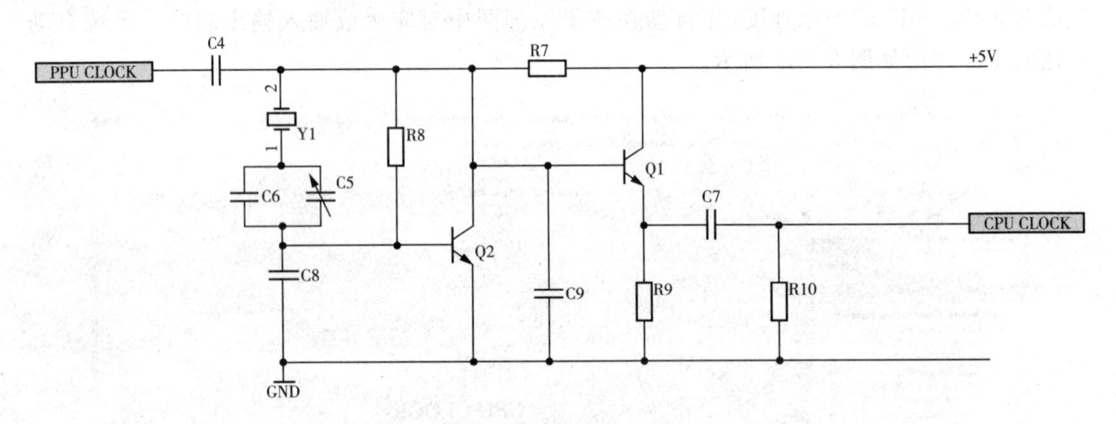

图 3－61　完成连线后的“Clock. SchDoc”子原理图

8. 光电枪电路模块设计

(1)在上一节所绘制完成的顶层原理图“Electron Game Circuit.SchDoc”中选择方块图符号“Photoelectric Gun”，执行菜单命令“Design”—“Create Sheet From Sheet Symbol”。

(2)光标变为十字形状后，将十字光标移动至方块图“Photoelectric Gun”上单击，系统自动在工程下生成“Photoelectric Gun.SchDoc”子原理图，并自动在该子原理图中对应生成输入输出端口。

(3)在所生成“Photoelectric Gun.SchDoc”子原理图中完成子图的设计。放置该电路板中所用到的元件：CD4011BCN、Connector15 和一些阻容元件，并编辑各个元件的属性，完成放置和编辑属性后的元件如图 3－62 所示。

(4)对元件进行属性设置后，再对元件进行布局。单击导线工具，执行连线操作并保存。完成连线后的“Photoelectric Gun.SchDoc”子原理图如图 3－63 所示。

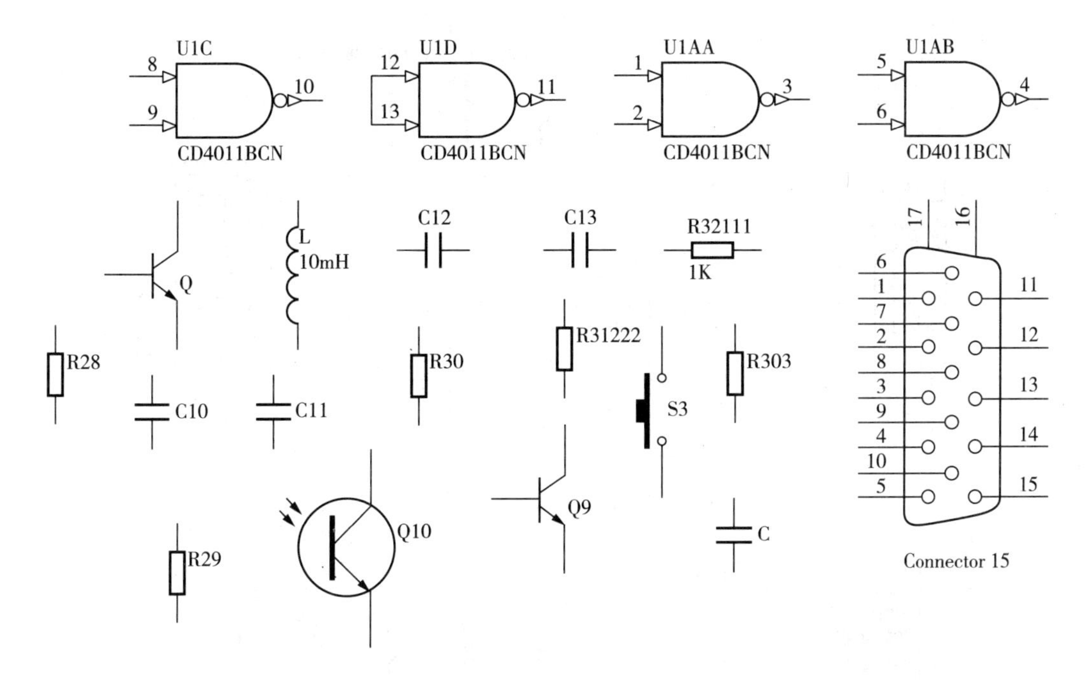

图 3－62　完成元件放置后的“Photoelectric Gun. SchDoc”子原理图

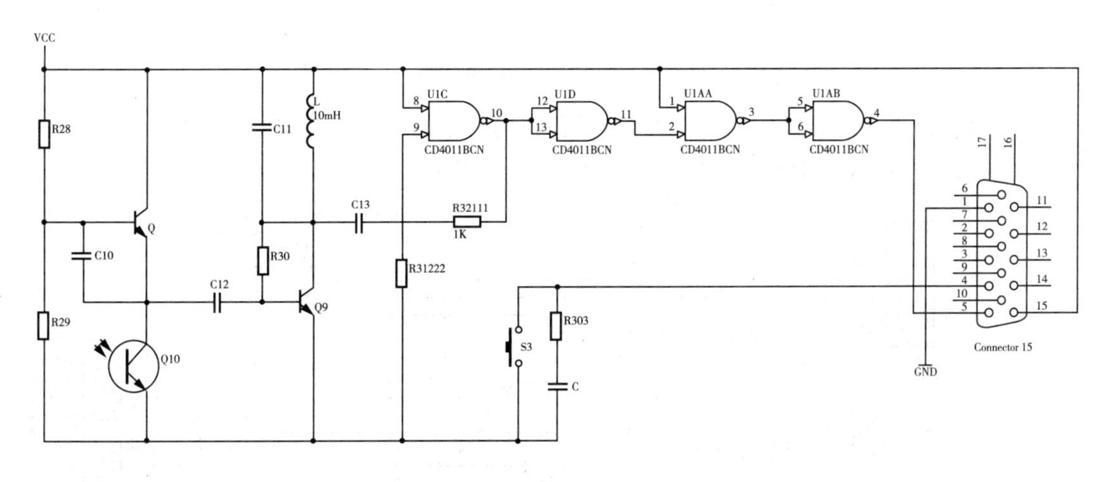

图 3－63　完成连线后的“Photoelectric Gun. SchDoc”子原理图

9. 控制盒电路模块设计

(1)在上一小节所绘制完成的顶层原理图“Electron Game Circuit.SchDoc”中选择方块图符号“Control”，执行菜单命令“Design”—“Create Sheet From Sheet Symbol”。

(2)光标变为十字形状后，将十字光标移动至方块图“Control”上单击，系统自动在工程下生成“Control.SchDoc”子原理图，并自动在该子原理图中对应生成输入输出端口。

(3)在所生成“Control.SchDoc”子原理图中完成子图的设计。放置该电路板中所用到的元件：SK4021B、Header6、NE555N 和一些阻容元件，并编辑各个元件的属性，完成放置和编辑属性后的元件如图 3－64 所示。

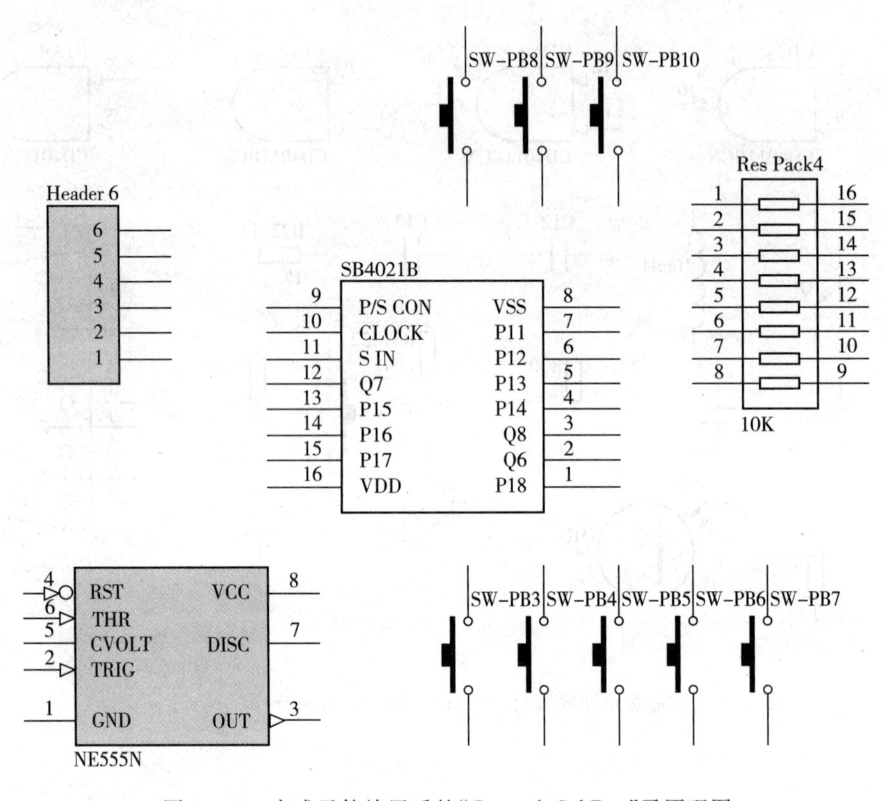

图 3-64 完成元件放置后的"Control. SchDoc"子原理图

(4)对元件进行属性设置后,再对元件进行布局。单击导线工具,执行连线操作并保存。完成连线后的"Control.SchDoc"子原理图如图 3-65 所示。

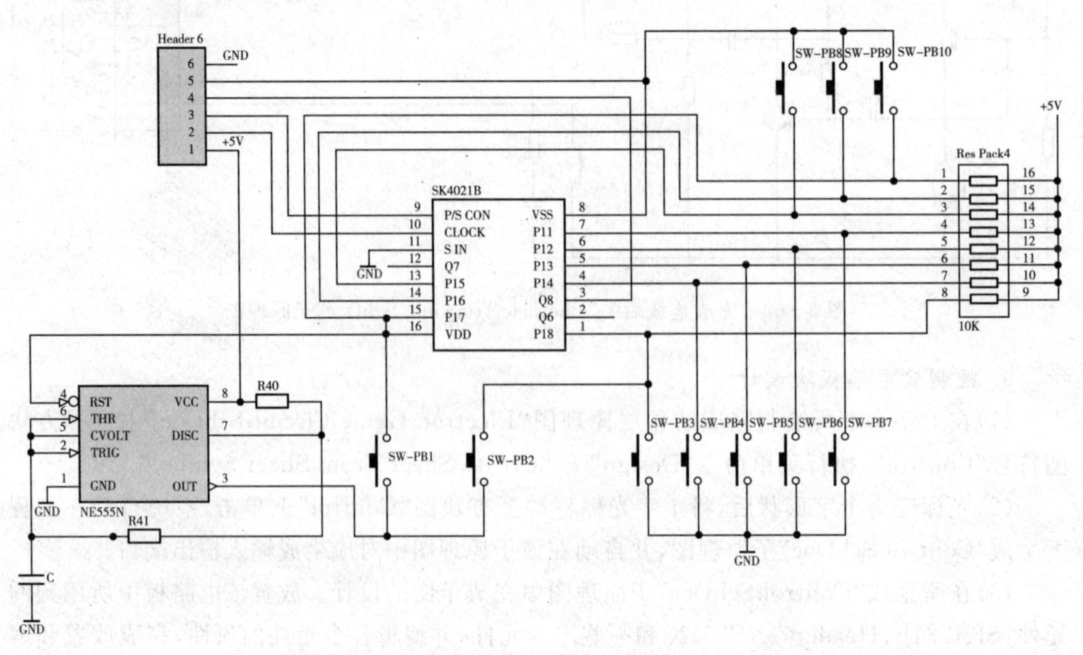

图 3-65 完成连线后的"Clock. SchDoc"子原理图

3.6.3　原理图元件的自动标注

如果原理图中排列的元件不做标注，那么同种类型的元件只要放置超过两个，就会出现错误，而利用逐个修改元件属性的方式修改其标注值又太过于繁琐。Altium Designer 中内置了一个非常有用的工具，即更新元件流水号，能根据用户设定规则方便的设置各元件流水号。

在该工程文件中的任一子原理图里，执行“Tools”—“Annotate Schematics”，弹出如图 3 - 66 所示“Annotate”（注释）对话框。

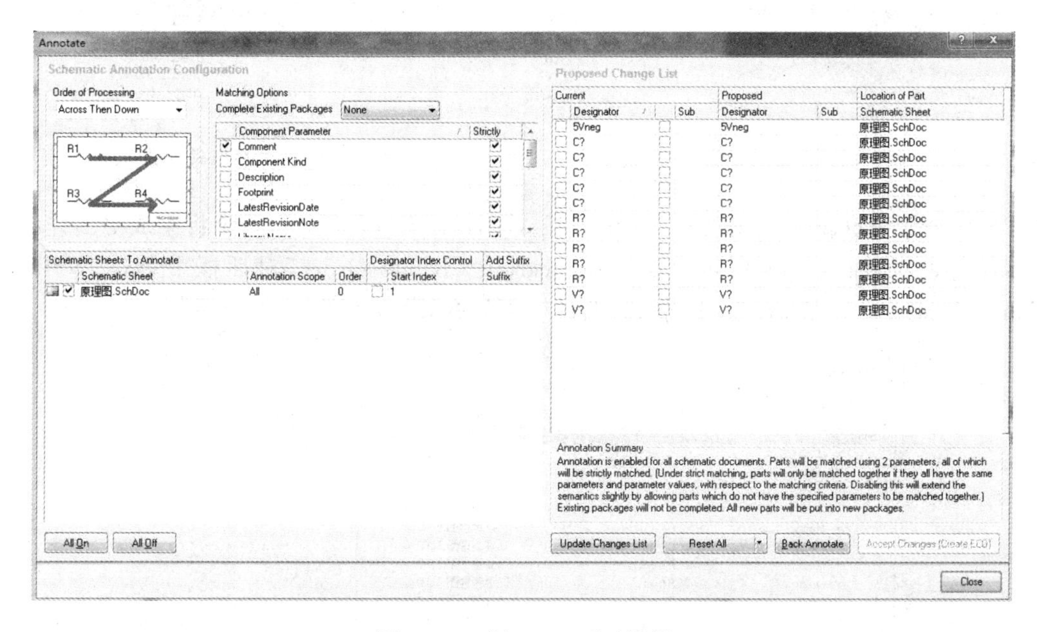

图 3 - 66　“Annotate”对话框

在该对话框中的“Order of Processing”（处理顺序）选项区中选择“Across Then Down”：先横向再向下的标注顺序。在“Annotate”对话框中点击“Update Changes List”按钮，将弹出如图 3 - 67 所示浏览器提示更改信息，并单击“OK”按钮，可观察到原理图中各元件流水号已更新，如图 3 - 68 所示。

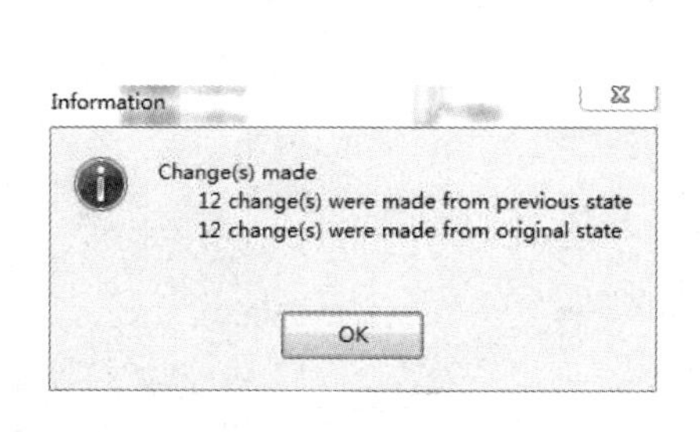

图 3 - 67　浏览器提示信息

Current Designator	Sub	Proposed Designator	Sub	Location of Part Schematic Sheet
5Vneg		5Vneg		原理图.SchDoc
C?		C5		原理图.SchDoc
C?		C4		原理图.SchDoc
C?		C3		原理图.SchDoc
C?		C2		原理图.SchDoc
C?		C1		原理图.SchDoc
R?		R1		原理图.SchDoc
R?		R3		原理图.SchDoc
R?		R5		原理图.SchDoc
R?		R4		原理图.SchDoc
R?		R2		原理图.SchDoc
V?		V1		原理图.SchDoc
V?		V2		原理图.SchDoc

图 3 - 68　更新流水号后各元件

如果对更新后的流水号不满意，则点击“Reset All”按钮，将弹出如图 3－69 所示浏览器提示更改信息，并单击“OK”按钮，可观察到原理图中各元件流水号回复到未定义状态，如图 3－70 所示。

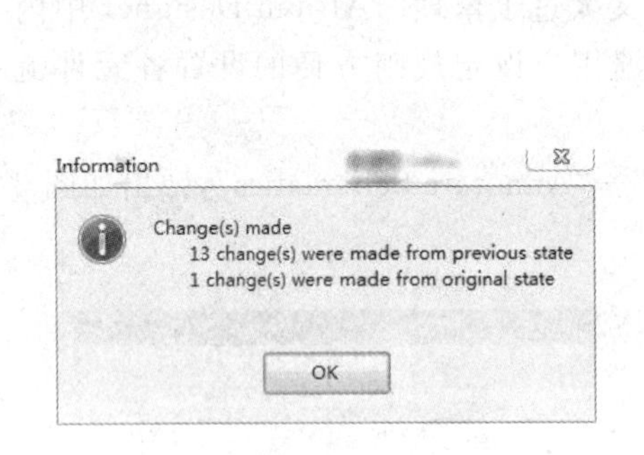

图 3－69　浏览器提示信息

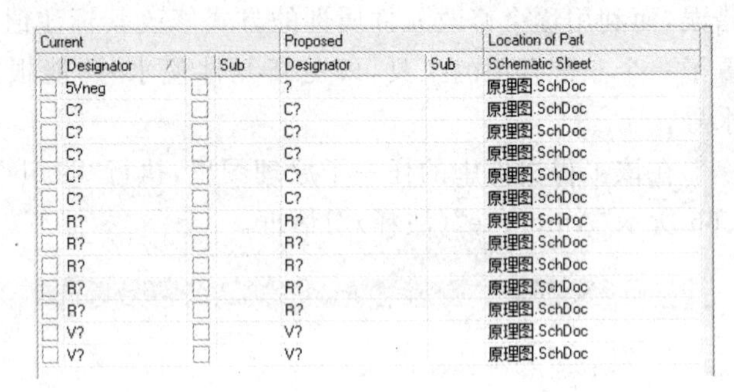

Current Designator	Sub	Proposed Designator	Sub	Location of Part Schematic Sheet
5Vneg		?		原理图.SchDoc
C?		C?		原理图.SchDoc
C?		C?		原理图.SchDoc
C?		C?		原理图.SchDoc
C?		C?		原理图.SchDoc
C?		C?		原理图.SchDoc
R?		R?		原理图.SchDoc
R?		R?		原理图.SchDoc
R?		R?		原理图.SchDoc
R?		R?		原理图.SchDoc
R?		R?		原理图.SchDoc
V?		V?		原理图.SchDoc
V?		V?		原理图.SchDoc

图 3－70　复位流水号后各元件

元件流水号更新后，单击“Accept Changes[Create ECO]”按钮，系统将生成更为详细的元器件列表，如图 3－71 所示。在“Engineering Change Order”对话框中单击“Validate Changes”(使变化生效)按钮，来确认元器件变更的有效性，如图 3－72 所示。

Engineering Change Order

Action	Affected Object		Affected Document
Annotate Component(13)			
Modify	5Vneg -> 1	In	原理图.SchDoc
Modify	C? -> C1	In	原理图.SchDoc
Modify	C? -> C2	In	原理图.SchDoc
Modify	C? -> C3	In	原理图.SchDoc
Modify	C? -> C4	In	原理图.SchDoc
Modify	C? -> C5	In	原理图.SchDoc
Modify	R? -> R1	In	原理图.SchDoc
Modify	R? -> R2	In	原理图.SchDoc
Modify	R? -> R3	In	原理图.SchDoc
Modify	R? -> R4	In	原理图.SchDoc
Modify	R? -> R5	In	原理图.SchDoc
Modify	V? -> V1	In	原理图.SchDoc
Modify	V? -> V2	In	原理图.SchDoc

Validate Changes　Execute Changes　Report Changes...　Only Show Errors　Close

图 3－71　“Engineering Change Order”对话框

Engineering Change Order

Action	Affected Object		Affected Document	Status Ch...
Annotate Component(13)				
Modify	5Vneg -> 1	In	原理图.SchDoc	✓
Modify	C? -> C1	In	原理图.SchDoc	✓
Modify	C? -> C2	In	原理图.SchDoc	✓
Modify	C? -> C3	In	原理图.SchDoc	✓
Modify	C? -> C4	In	原理图.SchDoc	✓
Modify	C? -> C5	In	原理图.SchDoc	✓
Modify	R? -> R1	In	原理图.SchDoc	✓
Modify	R? -> R2	In	原理图.SchDoc	✓
Modify	R? -> R3	In	原理图.SchDoc	✓
Modify	R? -> R4	In	原理图.SchDoc	✓
Modify	R? -> R5	In	原理图.SchDoc	✓
Modify	V? -> V1	In	原理图.SchDoc	✓
Modify	V? -> V2	In	原理图.SchDoc	✓

Validate Changes　Execute Changes　Report Changes...　Only Show Errors　Close

图 3－72　确认元器件变更有效性对话框

确认元器件变更有效后，单击“Execute Changes”（执行变化）按钮，完成元器件的自动编号，如图 3－73 所示。最后单击“Report Changes”（变更报告）按钮，将显示元器件变更报表，如图 3－74 所示。

Engineering Change Order

E...	Action	Affected Object		Affected Document	C...	D...	Message
	Annotate Component(13)						
✔	Modify	5Vneg -> 1	In	原理图.SchDoc	✔	✔	
✔	Modify	C? -> C1	In	原理图.SchDoc	✔	✔	
✔	Modify	C? -> C2	In	原理图.SchDoc	✔	✔	
✔	Modify	C? -> C3	In	原理图.SchDoc	✔	✔	
✔	Modify	C? -> C4	In	原理图.SchDoc	✔	✔	
✔	Modify	C? -> C5	In	原理图.SchDoc	✔	✔	
✔	Modify	R? -> R1	In	原理图.SchDoc	✔	✔	
✔	Modify	R? -> R2	In	原理图.SchDoc	✔	✔	
✔	Modify	R? -> R3	In	原理图.SchDoc	✔	✔	
✔	Modify	R? -> R4	In	原理图.SchDoc	✔	✔	
✔	Modify	R? -> R5	In	原理图.SchDoc	✔	✔	
✔	Modify	V? -> V1	In	原理图.SchDoc	✔	✔	
✔	Modify	V? -> V2	In	原理图.SchDoc	✔	✔	

Validate Changes　Execute Changes　Report Changes...　Only Show Errors　Close

图 3－73　完成变更对话框

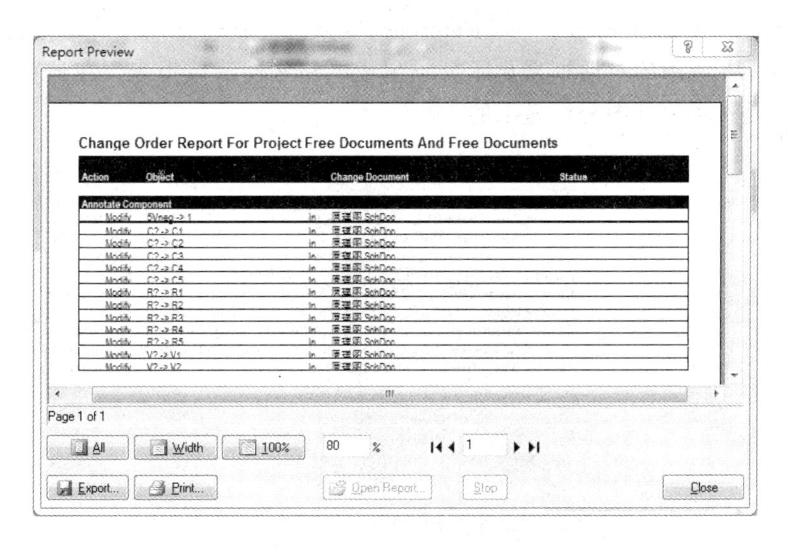

图 3－74　元器件变更报表

3.6.4　元件清单

在该工程中的任意一张原理图中，单击菜单栏中的“Report”（报表）—“Bill of Material”（元件清单）命令，系统将弹出如图 3－75 所示的对话框来显示元件清单列表。

单击该列表中左下角的“Menu”按钮，在弹出的快捷菜单中选择“Report”命令，系统将弹出报表预览对话框。单击“Export”按钮，系统将弹出保存元件清单对话框。选择保存文件位置，输入文件名，完成保存。

上述步骤生成的是电路总的元件报表，也可以分门别类的生成每张电路原理图的元件清单报表。分类生成电路元件报表的方法是：在该项目任意一张原理图中，单击菜单栏中的

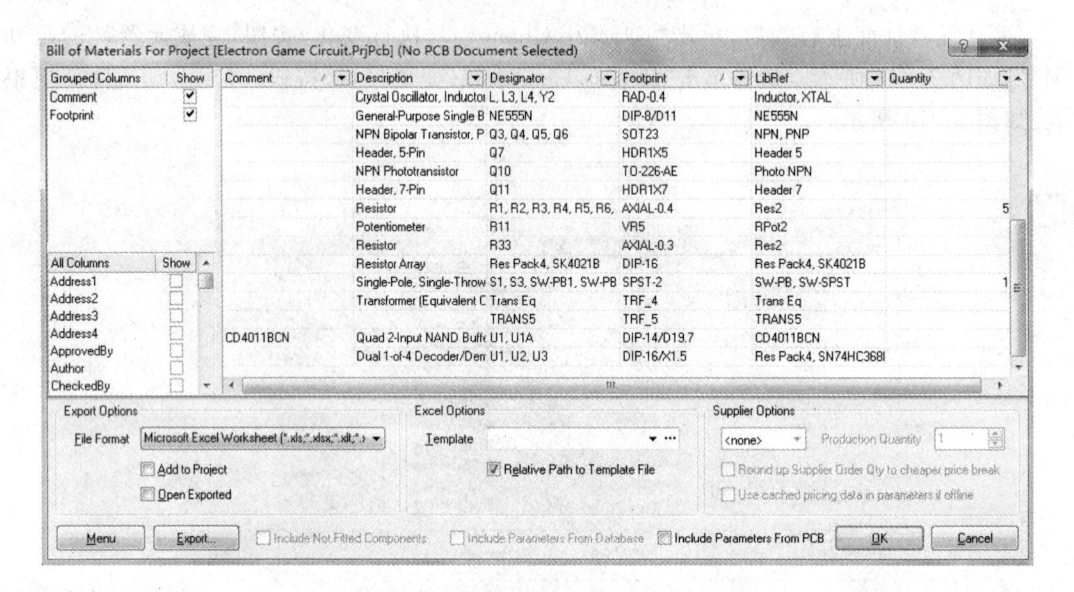

图 3-75　显示元件清单列表

"Report"(报表)—"Component Cross Reference"(分类生成电路元件清单报表)命令,系统将弹出如图 3-76 所示的对话框来显示分类生成电路元件清单报表。在该对话框中,元件的相关信息都是按子原理图分组显示的。

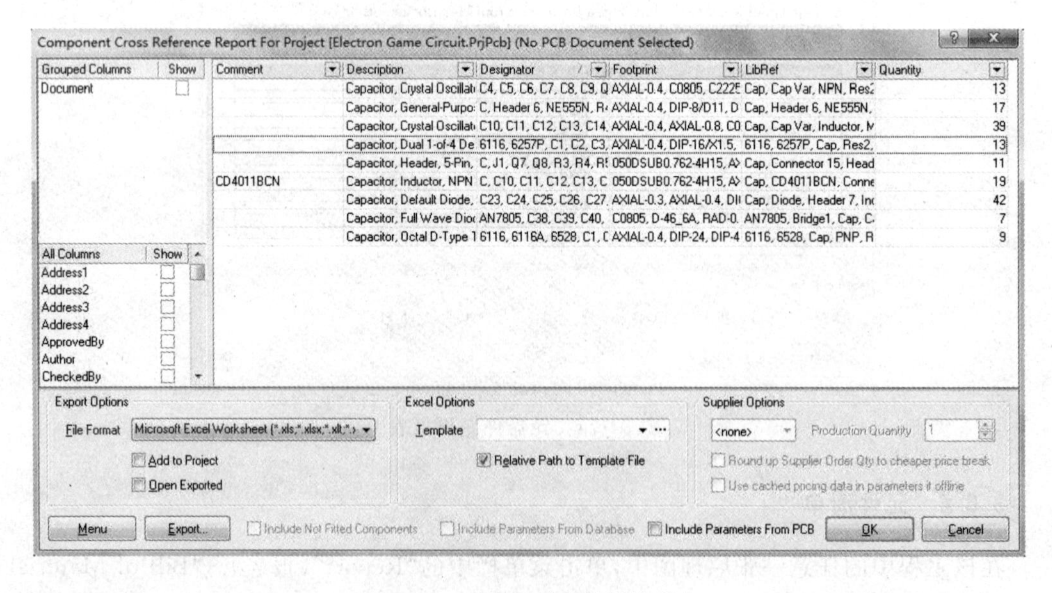

图 3-76　显示元件分类清单列表

项目层次结构组织文件可以帮助读者理解各原理图的层次关系和连接关系。下面是电子游戏机工程文件层次结构组织文件的生成过程。

打开工程文件中的任意一个原理图,单击菜单栏中的"Report"(报表)—"Report Project Hierarchy"(项目层次结构报表)命令,然后打开"Project"面板,可以看到系统将弹出如图

3－77所示项目层次结构报表。在该对话框中，原理图文件名越靠左，该原理图层次就越高。

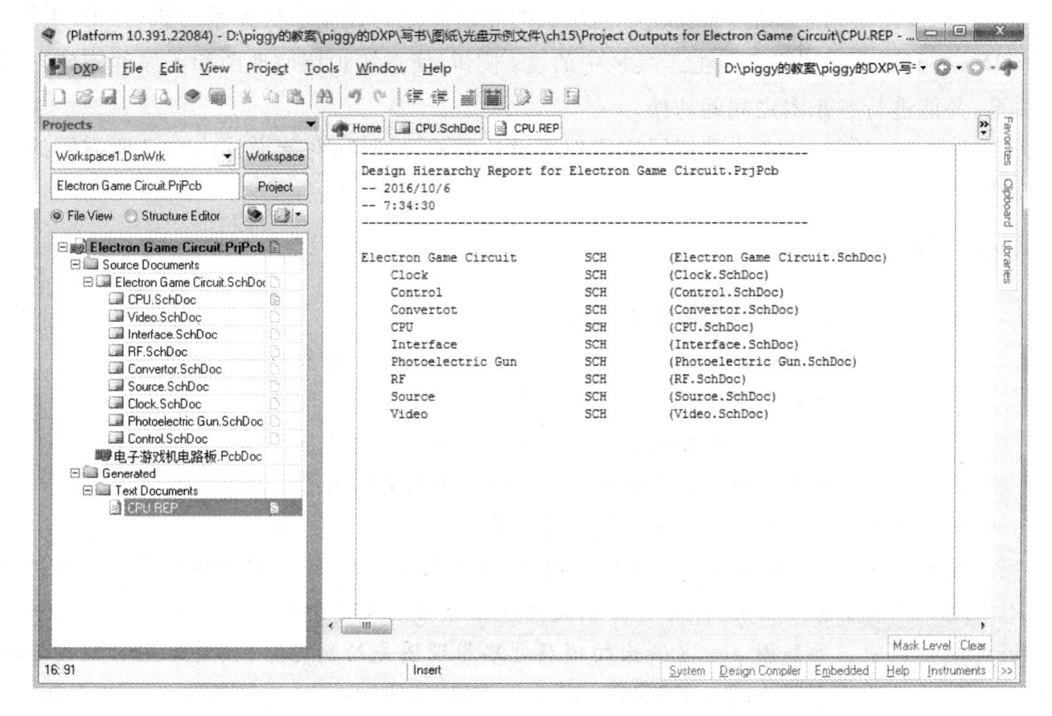

图 3－77　项目层次结构报表

3.7　本章小结

本章主要讲述了层次原理图的基本知识、设计方法、建立方法以及生成 I/O 端口符号、生成网络表文件等内容。

层次化原理图是我们针对大型设计采取的最佳设计方法，Altium Designer 支持原理图的层次化设计。采用层次化设计后，原理图将按照某种标准划分为若干功能部分，分别绘制在多张原理图纸上，这些图纸被称为该设计系统的子图。同时，这些子图将由一张原理图来说明它们之间的联系，此原理图被称为该项设计系统的主图。各张子图与主图之间是通过输入/输出端口或网络标签建立起电气连接，这样就形成了此设计系统的层次原理图。

通常层次原理图的设计主要包括两种方法，分别是自顶向下设计和自底向上设计。层次原理图的自顶向下设计方法是指由电路方块图生成电路原理图，因此在绘制层次原理图之前，首先要设计出电路方块图。层次原理图的自底向上设计方法是指由基本模块的原理图生成电路方块图，因此在绘制层次原理图之前，要首先设计出基本模块的原理图。

执行菜单命令“Design”—“Create Sheet From Sheet Symbol”可以由主图中的方块图符号生成子原理图与子原理图中的 I/O 端口符号。

执行菜单命令“Design”—“Create Sheet Symbol From Sheet or HDL”可以由子原理图

生成主图中的方块图符号。

层次原理图绘制完毕后，需要在不同层次的原理图之间建立层次关系。执行“Tools”—“Up/Down Hierarchy”或者点击工具栏中的 按钮，使系统顶层原理图和子原理图建立层次关系，并能进行各张图之间的切换。

通过本章的学习，读者应掌握层次原理图设计的相关知识，并能设计出自己所需要的层次原理图。

思考与练习

1. 简述大型系统为什么要采用层次化设计。
2. 层次原理图由哪两个部分构成？层次原理图的设计主要采用哪两种设计方法？
3. 如何在层次原理图中的顶层原理图和子原理图之间进行切换？
4. 如何由方块图电路符号生成子原理图中的输入输出端口符号？
5. 如何由子原理图文件生成顶层原理图中的方块图电路符号？
6. 如何建立层次原理图几张图之间的层次关系？
7. 新建一个名叫“MyWork_1.PrjPcb”的 PCB 工程文件，向该工程文件下添加一个名叫“TR1.SchDoc”顶层原理图文件，并将工程文件和该原理图文件都保存到目录“D:\Chapter3\MyProject_1”中。按照图 3-78 给出的顶层电路原理图先绘制电路，接着采用自顶向下的设计方式，生成两幅子原理图“SIN.SchDoc”和“CLOCK.SchDoc”，并按照图 3-79 和图 3-80 完成子原理图，将三幅图完成后，建立各幅图之间的层次关系。

按照图 3-78 至图 3-80 给出的电路原理图中部分元件所在元件库或加载路径如下。

① LM339PW：Texas Instrument/TI Analog Comparator.Intlib

② Cap Pol2：Miscellaneous Devices.IntLib

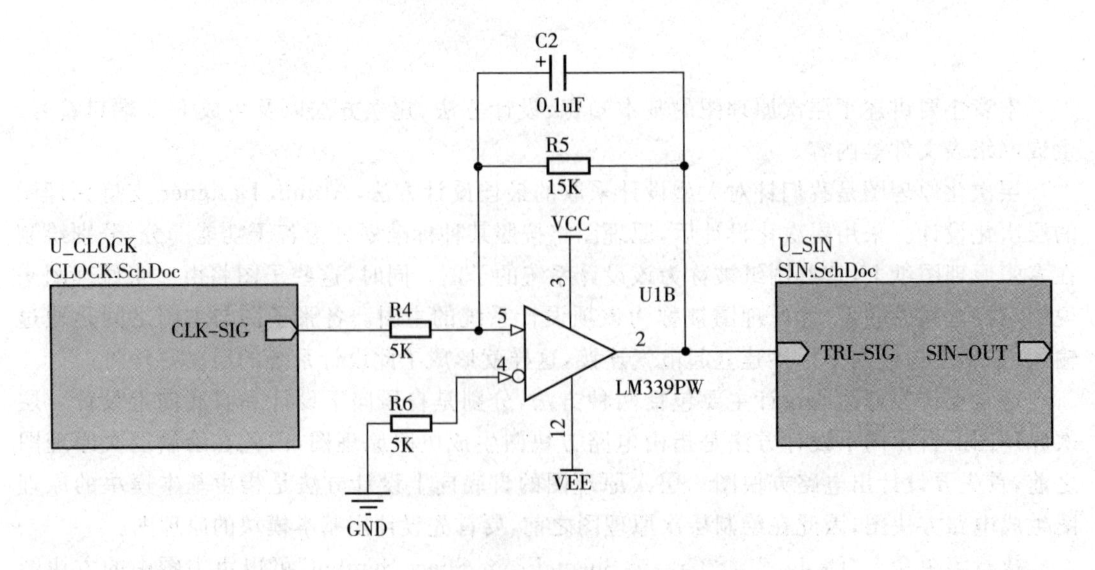

图 3-78　顶层原理图“TR1. SchDoc”

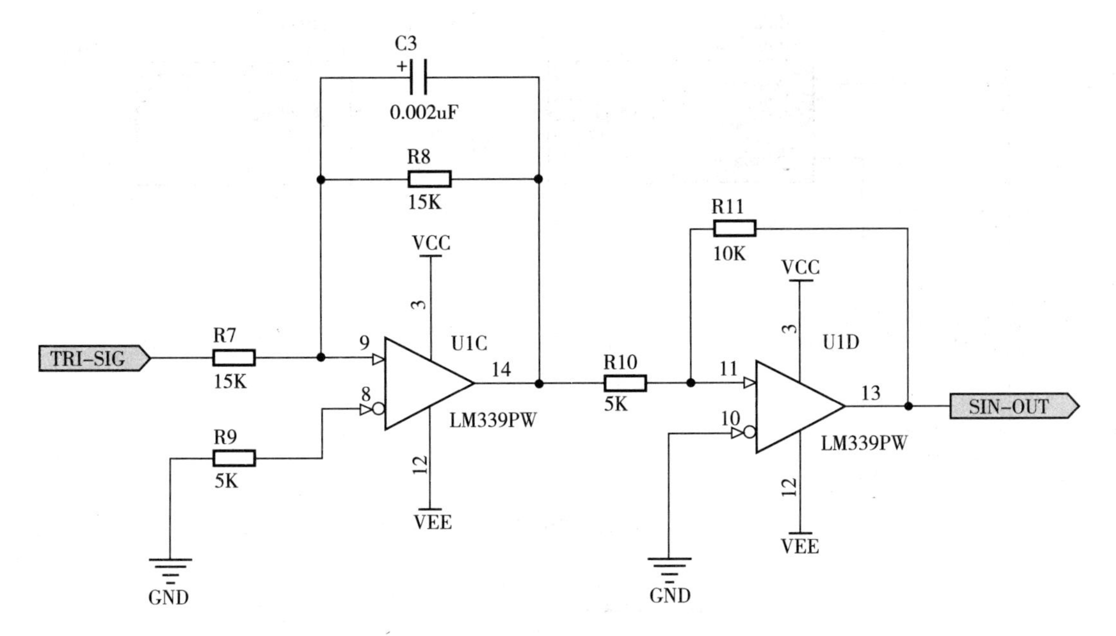

图 3-79 子原理图“SIN. SchDoc”

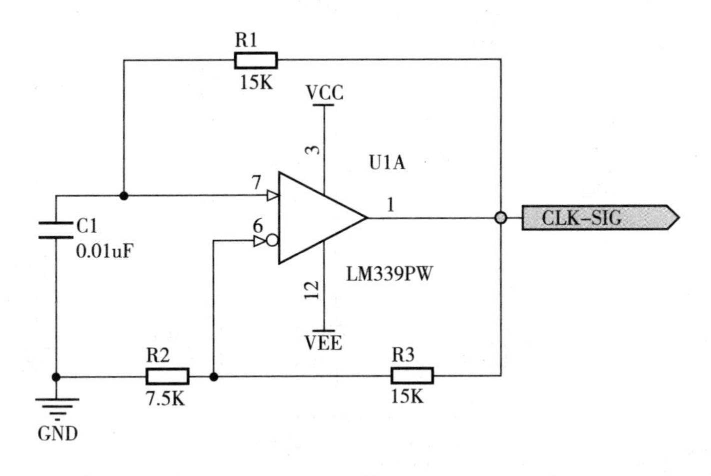

图 3-80 子原理图“CLOCK. SchDoc”

8. 新建一个名叫“MyWork_2.PrjPcb”的 PCB 工程文件,向该工程文件下添加一个名叫“main.SchDoc”顶层原理图文件,并将工程文件和该原理图文件都保存到目录“D:\Chapter3\MyProject_2”中。按照图 3-81 给出的顶层电路原理图先绘制电路,接着采用自顶向下的设计方式,生成两幅子原理图“modulator.SchDoc”和“amplifier.SchDoc”,并按照图 3-82 和图 3-83 完成子原理图,将三幅图完成后,建立各幅图之间的层次关系。

按照图 3-82 和图 3-83 给出的电路原理图中部分元件均能在常用元件库 Miscellaneous Devices.IntLib 中找到。

9. 新建一个名叫“MyWork_3.PrjPcb”的 PCB 工程文件,向该工程文件下添加两个分别

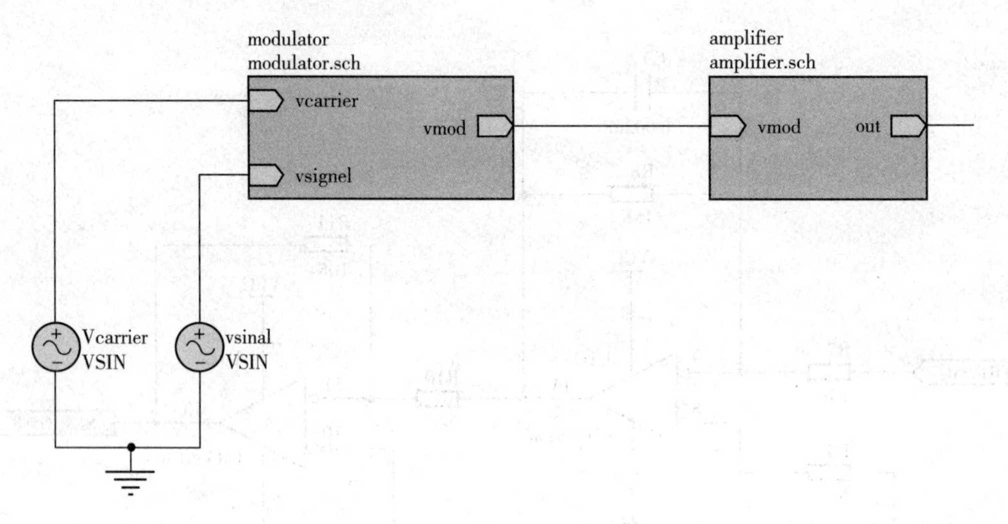

图 3－81 顶层原理图“main. SchDoc”

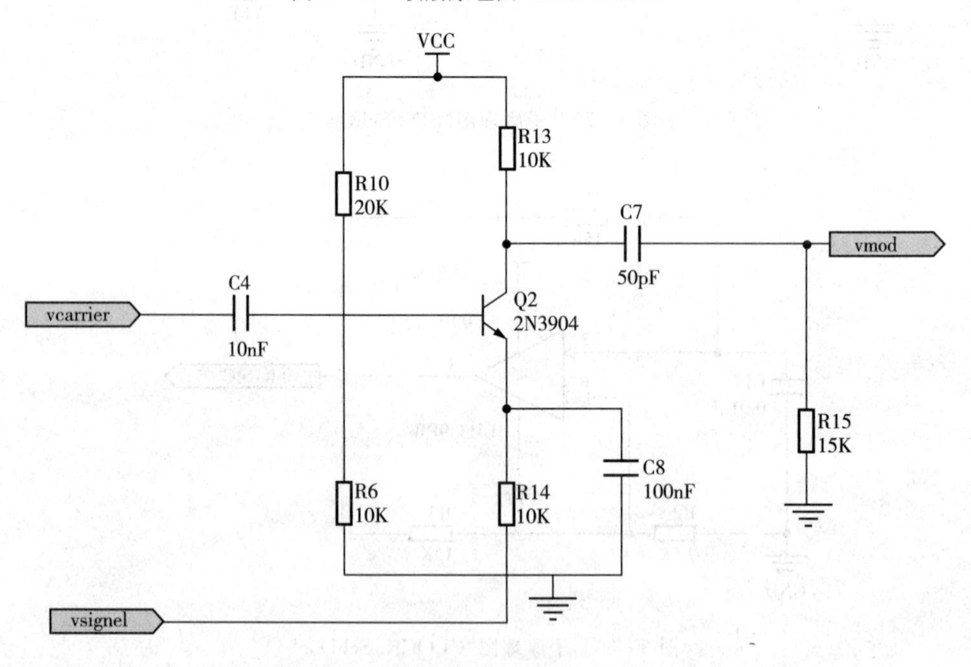

图 3－82 子原理图“modulator. SchDoc”

叫“姓名子图 1.SchDoc”和“姓名子图 2.SchDoc”的子原理图文件以及一个名叫“姓名主图.SchDoc”的顶层原理图。并将工程文件和该原理图文件都保存到目录“D:\Chapter3\MyProject_3”中。按照图 3－84 和图 3－85 给出的两个子电路原理图先绘制电路，接着采用自底向上的设计方式，在顶层原理图生成两个方块电路符号“姓名子图 1”和“姓名子图 2”，并按照图 3－86 完成顶层原理图，将三幅图完成后，建立各幅图之间的层次关系。

图 3－84 至图 3－86 给出的电路原理图中部分元件 RES3、Cap Pol1、2N3904、2N3906、Diode 1N914、D Zener、Bridge1 和 Trans CT，均能在常用元件库 Miscellaneous Devices.IntLib 中找到。

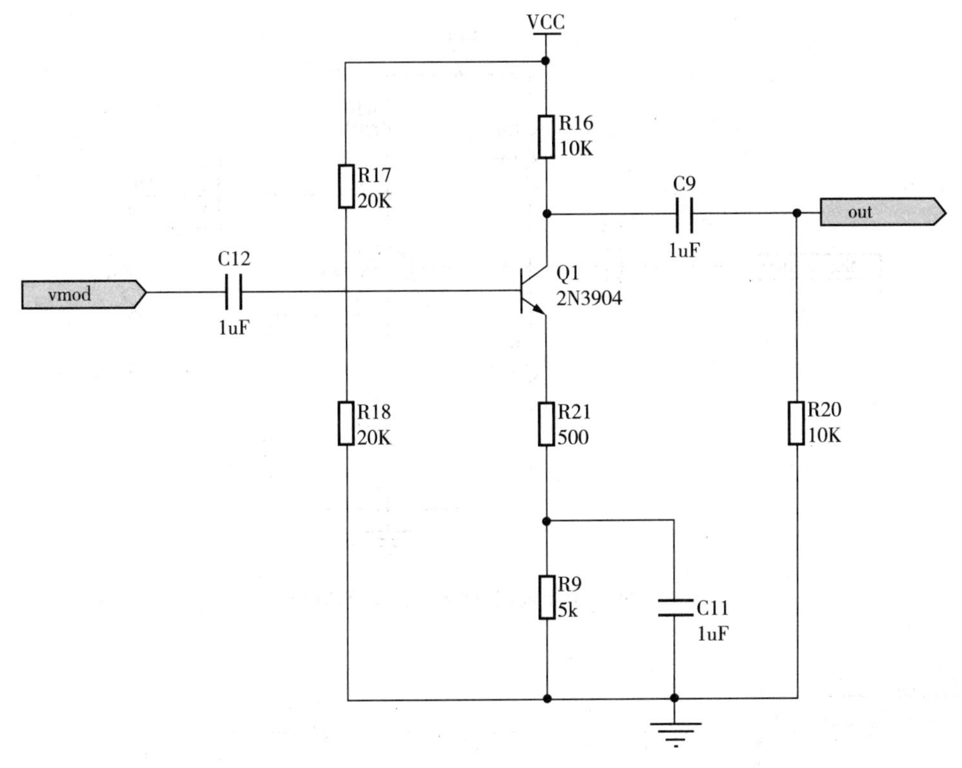

图 3－83　子原理图“amplifier. SchDoc”

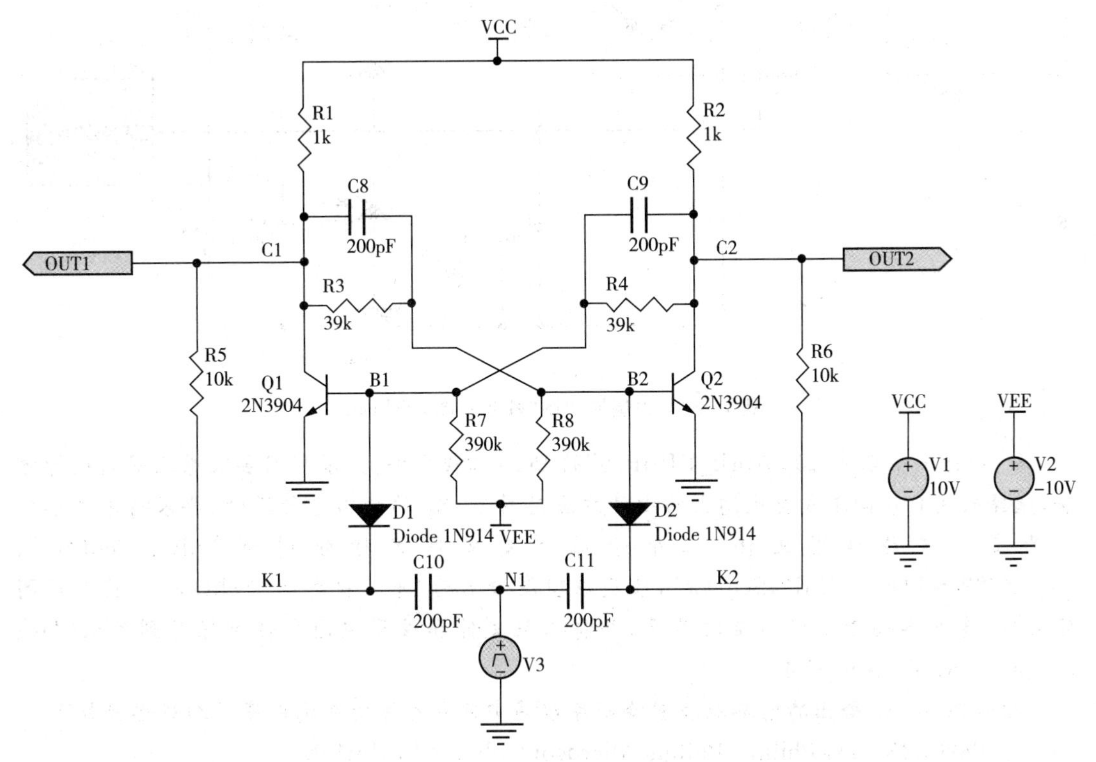

图 3－84　子原理图“姓名子图 1. SchDoc”

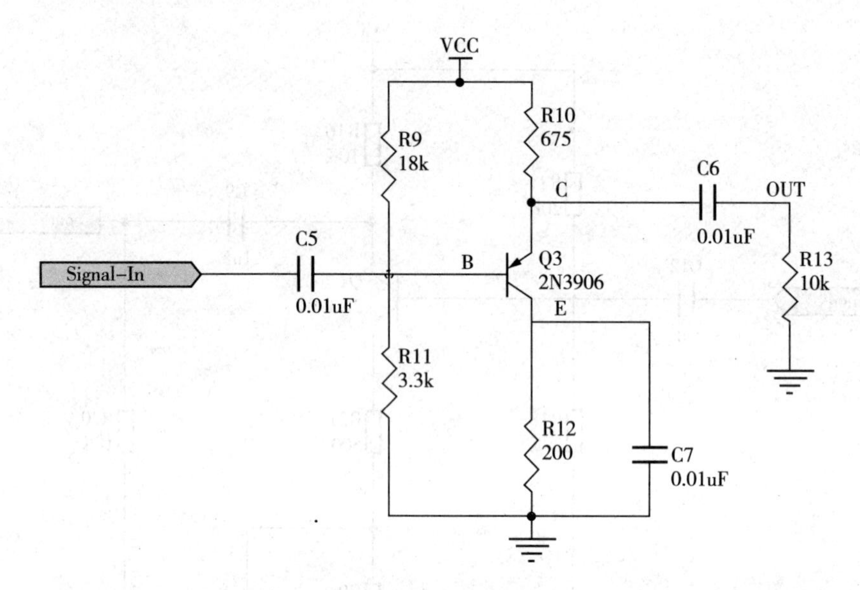

图 3-85　子原理图“姓名子图 2. SchDoc”

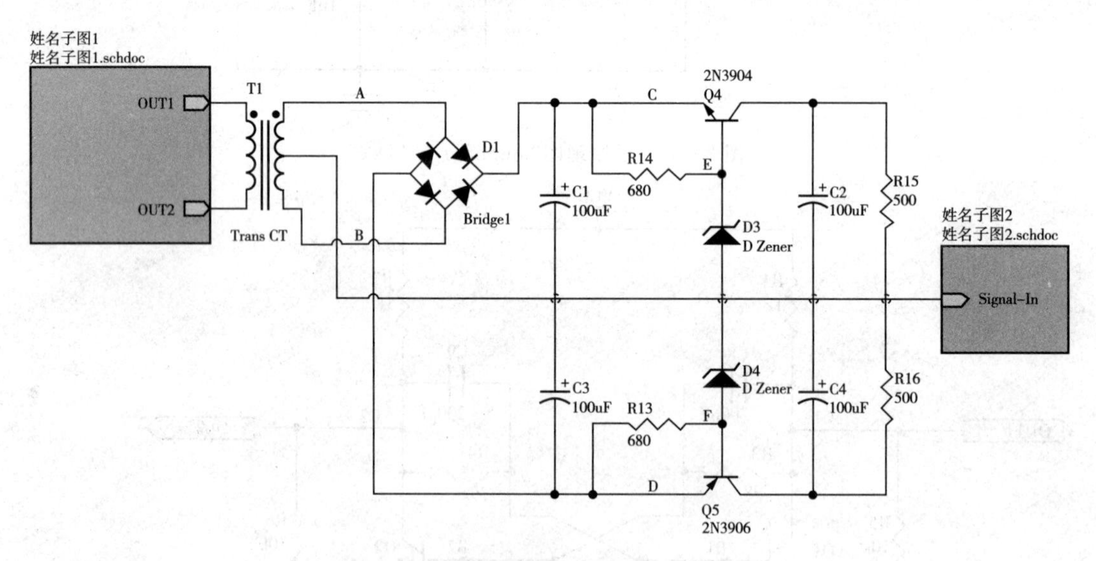

图 3-86　顶层原理图“姓名主图 . SchDoc”

9. 新建一个名叫“MyWork_4.PrjPcb”的 PCB 工程文件，要求利用层次原理图的设计方法，选择采用自顶向下或自底向上的设计方法对图 3-87 的电路进行设计，要求将该电路拆分为三个子原理图文件，三个子原理图文件名称分别为“MCU.SchDoc”、“MAX232.SchDoc”、“MIC.SchDoc”，顶层原理图命名为“单片机电路 .SchDoc”。将三幅图完成后，建立各幅图之间的层次关系，并将工程文件和该原理图文件都保存到目录“D:\Chapter3\MyProject_4”中。

按照图 3-87 给出的电路原理图绘制原理图中部分元件所在元件库或加载路径如下。

① P89C52X2BN：Philips/Philips Microcontroller 8-Bit.IntLib

② MAX232ACPE：Maxim/Maxim Communication Transceiver.IntLib

③ D Connector9：Miscellaneous Connectors.IntLib

④ XTAL、Mic、SW-PB、NPN、Cap Pol3：Miscellaneous Devices.IntLib

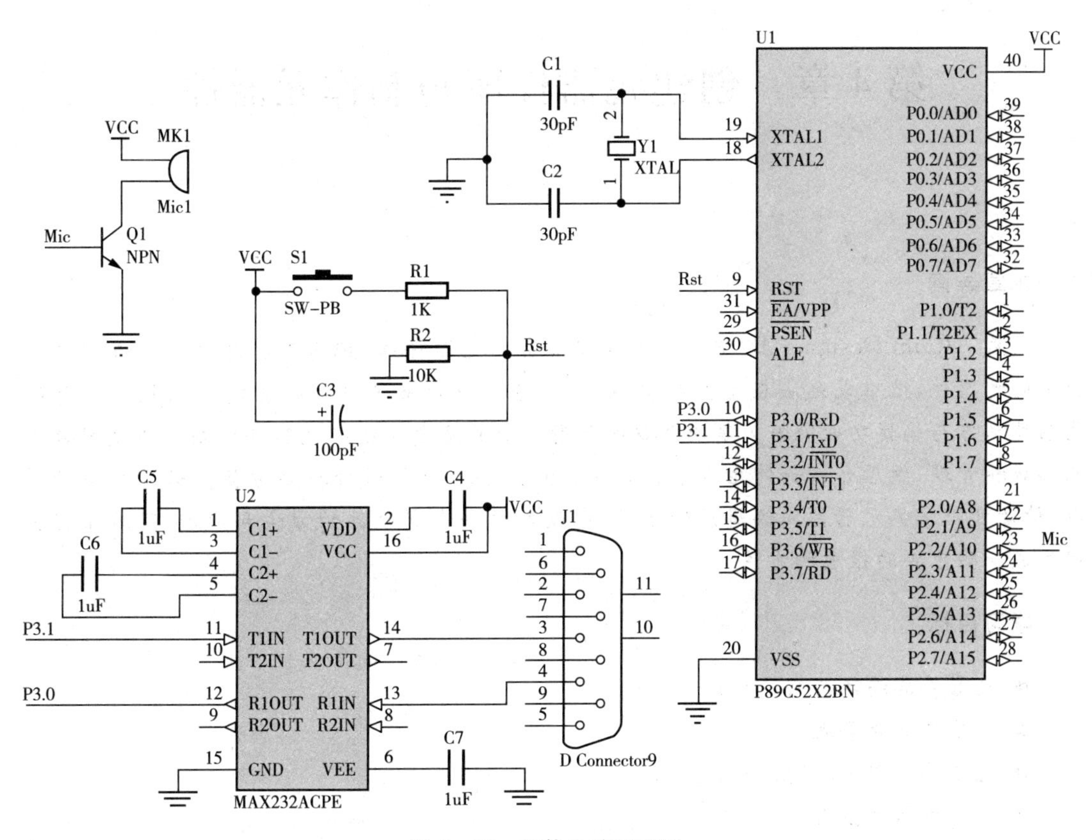

图 3-87　整体电路原理图

第4章　创建元器件库与制作元器件

本章导读

虽然 Altium Designer 10 中提供了非常丰富的元器件库，但有些特殊元器件或刚开发出来的元器件，很难或无法在元件库中找到，这给用户带来了很大的麻烦。Altium 软件的元器件制作与编辑功能很好地解决了这个问题。本章主要介绍了元器件的制作与元器件库的加载和管理，然后介绍如何生成元器件库，为后面的 PCB 设计提供方便。通过本章的学习，读者可以掌握元器件库编辑器的使用，以及制作一个新元件的方法和步骤，同时掌握如何生成一些重要的报表的方法。

学习目标

- 元器件库编辑器的使用；
- 元器件库的管理；
- 元器件绘图工具的使用；
- 生成元器件报表。

4.1　元件库概述

Altium Designer 10 中自带一些常用的元件符号，如电阻元件、电容元件等。Altium Designer 10 设计系统已经提供了非常多的元件库，但是任何一个 EDA 软件都不可能包含世界上所有的元件库，并且软件自带的元件模型也有可能不符合设计人员的需要。因此，对于元件库中没有的原理图元件和元件封装，设计人员需要使用 Altium Designer 10 设计系统提供的库文件编辑器来自行创建元件库。

元件库，其文件扩展名为“. SchLib”。原理图元件是实际元件的电气图形符号，包括原理图元件的外形和元件引脚两个部分。电气元件外形部分不具有任何电气特性，对其大小没有严格的规定，和实际元件的大小没有什么对应关系。引脚部分的电气特性则需要考虑实际元件引脚特性进行定义，原理图元件的引脚编号和实际元件对应的引脚编号必须是一致的，但是在绘制原理图元件时，其引脚排列顺序可以与实际的元件引脚排列顺序有所区别。

建立一个新的元件符号需要遵从以下流程：

(1)新建一个元件库，设置元件库中的图纸参数。

(2)查找芯片的数据手册，找出其中的元件框图说明部分，根据各个引脚的说明统计元件引脚数目和名称。

(3)新建元件符号。

(4)为元件符号绘制合适的边框。

(5)给元件符号添加引脚，并编辑引脚属性。

(6)为元件符号添加说明，编辑属性。

(7)保存元件库。

4.2　元件库的创建

1. 新建工程项目文件。

执行“File”菜单，选择“New”—“Project”—“PCB Project”命令，建立一个工程文件。

2. 添加原理图库文件。

在已建立好的工程文件上单击右键选择“Add New to Project”菜单，若选择“Schematic Library”命令，就能在当前工程文件中添加一个默认文件名为“SchLib1. SchLib”的原理图库文件，如图 4-1 所示。其中 SchLib1 是默认原理图库文件名，可以由用户自行修改，后缀“. SchLib”是原理图库文件的默认扩展名。

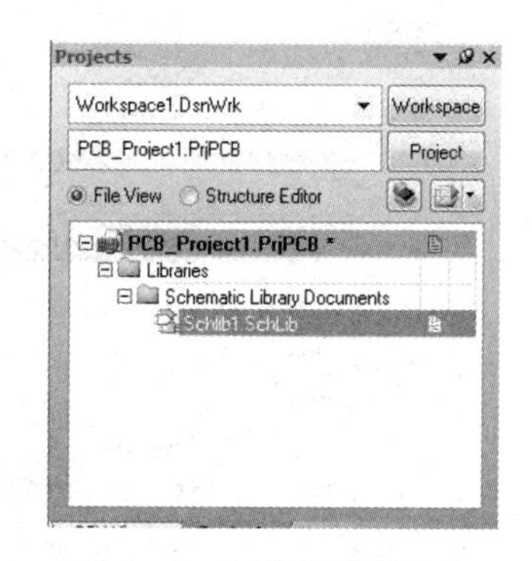

图 4-1　新建元件库后的“Project”面板

3. 保存元件库。

选择当前工程文件中的原理图库文件，点击右键弹出快捷菜单，选择“Save”，并将其改名保存到指定路径，并以同样的方式保存工程文件到指定路径。

4.3　元件库的管理

4.3.1　元件库设计界面介绍

在完成元件库的建立以后，即可进入新建元件库编辑界面，如图 4-2 所示。该界面与原理图编辑界面相似，主要有主工具栏、菜单栏、常用工具栏、工作区等，不同之处在于元器件库编辑器工作区有一个十字坐标轴，它将工作区分成四个象限，通常我们在第四象限进行元器件的编辑工作。

除了主工具栏之外，元件库编辑器还提供了一个元器件管理器和两个重要工具栏，分别为绘图工具栏和 IEEE 符号工具栏，如图 4-3 所示。

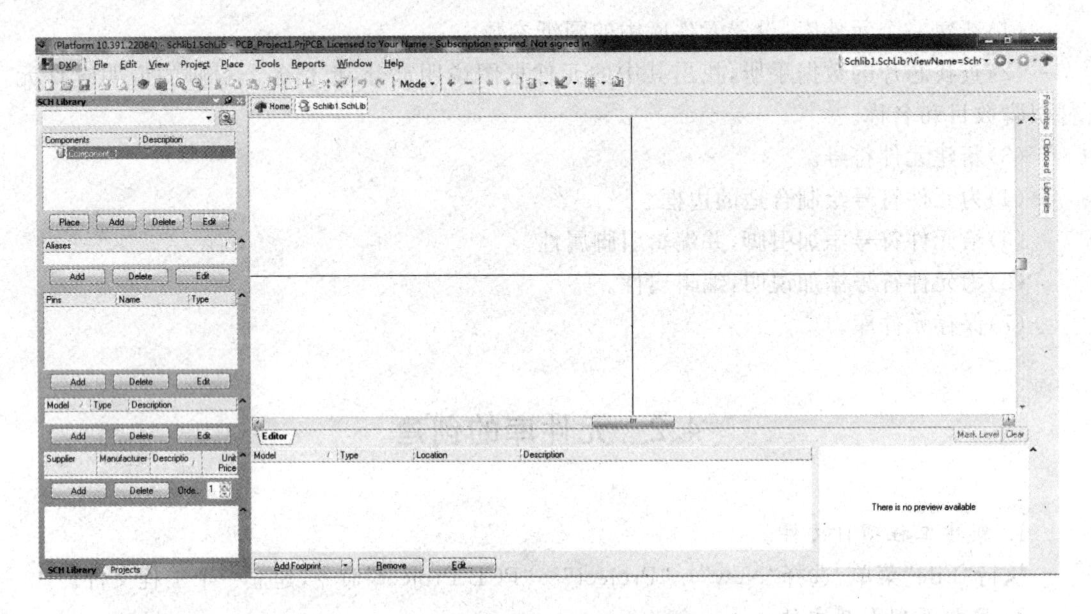

图 4-2　元件库编辑器窗口

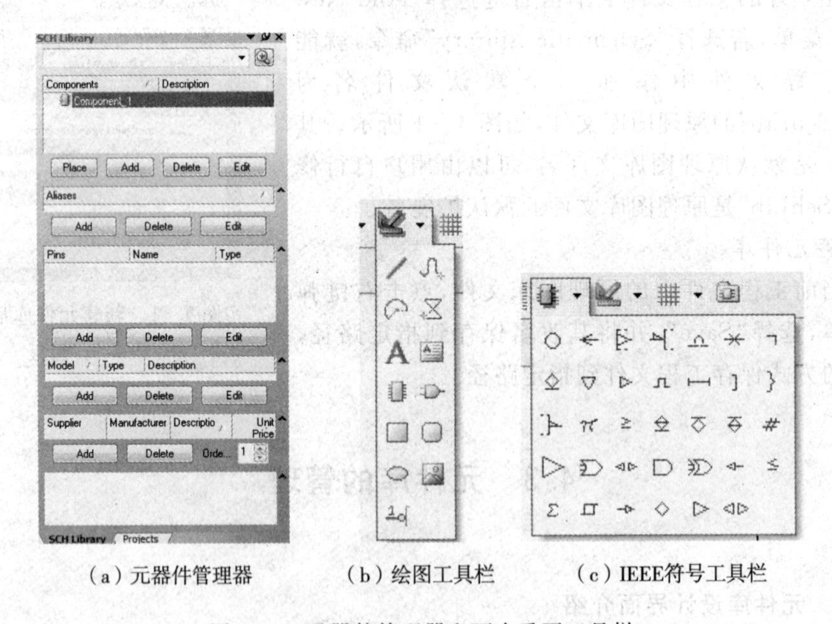

（a）元器件管理器　　（b）绘图工具栏　　（c）IEEE符号工具栏

图 4-3　元器件管理器和两个重要工具栏

4.3.2　元器件管理器

元器件管理器与设计管理器集成在一起，如图 4-4 所示。元件库管理器共包括四个区域，分别为“Component”（元器件列表）区域、“Aliases”（元器件别名）区域、“Pins”（元器件引脚）区域和“Model”（元器件模型）区域。

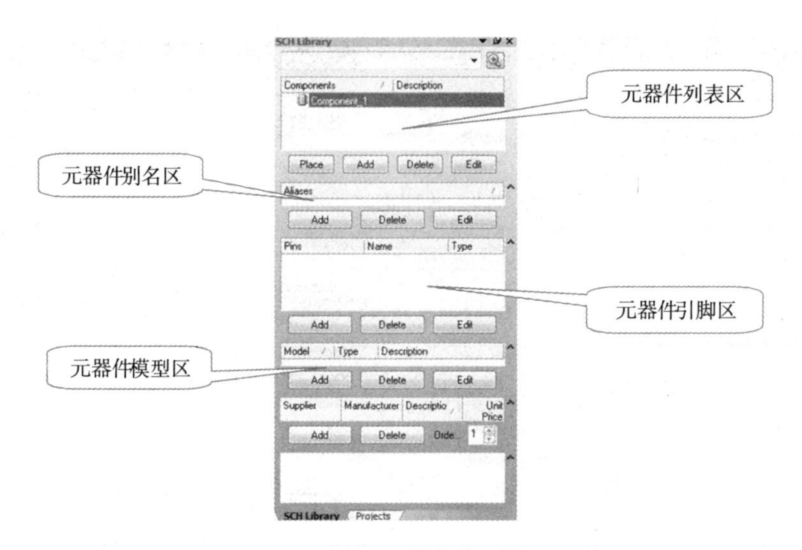

图 4－4　元器件管理器

下面对该四个区域进行简要介绍。

1．“Component”(元器件列表)区域

该区域用于查找、选择与取用元器件，当我们打开一个元器件库时，元器件列表就会显示所有元器件的名称。要取用元件，只需将光标移至所要选择的元件上方，单击“Place”按钮即可。如果直接双击某个元件名称，也可以取用该元件。

(1)第一行为空白编辑框，用于筛选元件。当在该编辑框输入元件名的开头字符，在元件列表中将会只显示以这些字符开头的元件。

(2)“Place”按钮的功能是将所选元件放置到原理图中。单击该按钮后，系统会自动切换到原理图设计界面，同时将原理图元件库编辑器退到后台运行。

(3)“Add”按钮的功能是添加元件。将指定的元件名称添加到该元件库中，单击该按钮后，会出现如图 4－5 所示的“New Component Name”对话框。输入指定的元件名称，单击“OK”按钮即可将指定元件添加进元件库。

图 4－5　“New Component Name”对话框

(4)“Delete”按钮的功能是从元件库中删除元件。

(5)“Edit”按钮的功能是编辑元件属性。单击该按钮后，会出现如图 4－6 所示的“Library Component Properties”对话框。此时可以设置元件的相关属性，该对话框的相关操作设置方法与第 2 章讲述的元件属性的设置方法一致，读者可以参考第 2 章中相关设置讲解。

2．“Aliases”(元器件别名)区域

该区域主要用于设置所选中元器件的别名，并且可以通过“Add”、“Delete”、“Edit”按钮对其进行添加、删除和编辑操作。

3．“Pins”(元器件引脚)区域

该区域用于显示正在工作中的元器件引脚名称及状态信息。

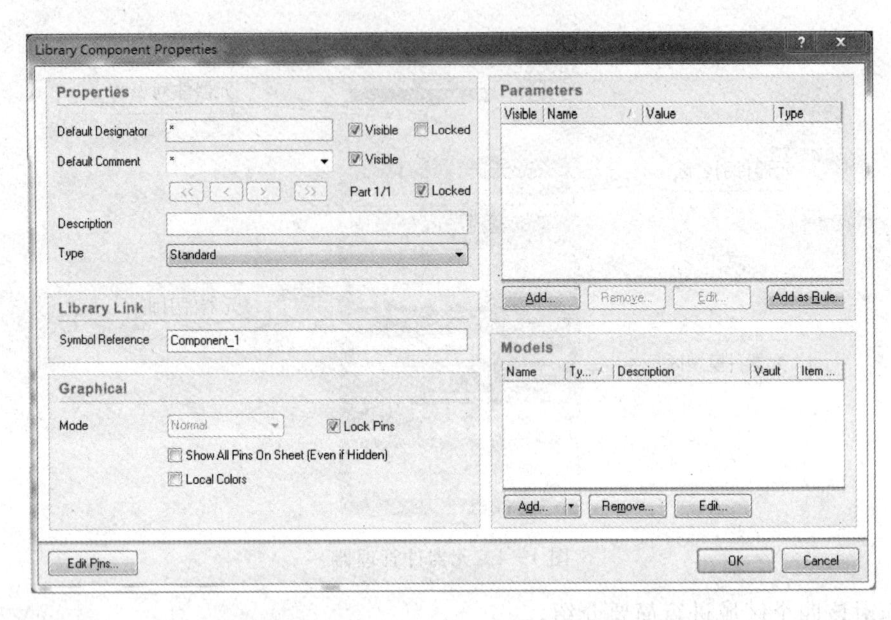

图 4-6 "Library Component Properties"对话框

(1)"Add"按钮的功能是向选中元件中添加新的引脚。

(2)"Delete"按钮的功能是从所选中元件中删除引脚。

(3)"Edit"按钮的功能是编辑元件引脚属性。单击该按钮后,会出现如图 4-7 所示的"Pin Properties"对话框。此时可以设置元件引脚的相关属性,该对话框的相关操作设置方法读者可以参考 4.4.2 小节中相关设置讲解。

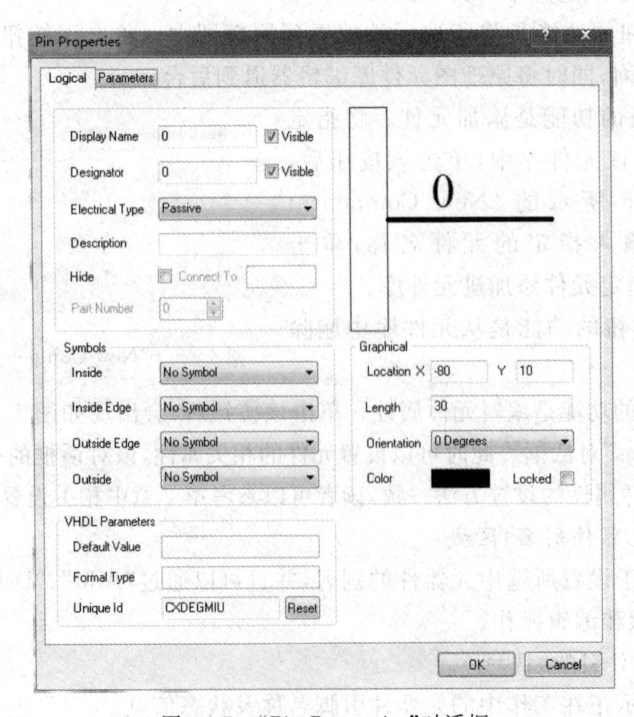

图 4-7 "Pin Properties"对话框

4."Model"(元器件模型)区域

该区域功能用于指定元件的 PCB 封装、信号完整性或仿真模式等。指定的元件模式可以用来连接和映射到原理图的元件上。单击"Add"按钮,系统将弹出如图 4－8 所示的"Add New Model"对话框,此时可以为元件添加一个新的模式。

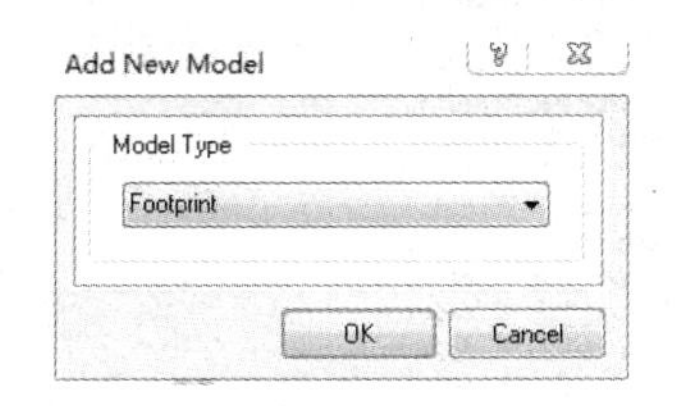

图 4－8　"Add New Model"对话框

然后在 Model 区域会显示一个刚刚添加的新模式,使用鼠标双击该模式,或者选中该模式后单击"Edit"按钮,则可以对该模式进行编辑。

下面以添加一个 PCB 封装模式为例讲述一下具体操作过程。

(1)单击"Add"按钮,添加一个"Footprint"模式。

(2)在如图 4－9 所示的"PCB Model"对话框中可以设置 PCB 封装的属性。在"Name"编辑框中可以输入封装名,"Description"编辑框中可以输入封装的描述。或者可以单击"Browse"按钮选择封装类型,并弹出如图 4－10 所示的"Browse Libraries"对话框,此时可选择封装类型,然后单击"OK"按钮即可,如果当前没有装载需要的元件封装库,则可以单击图 4－10 中的 … 按钮装载一个元件库或者单击"Find"按钮进行查找。

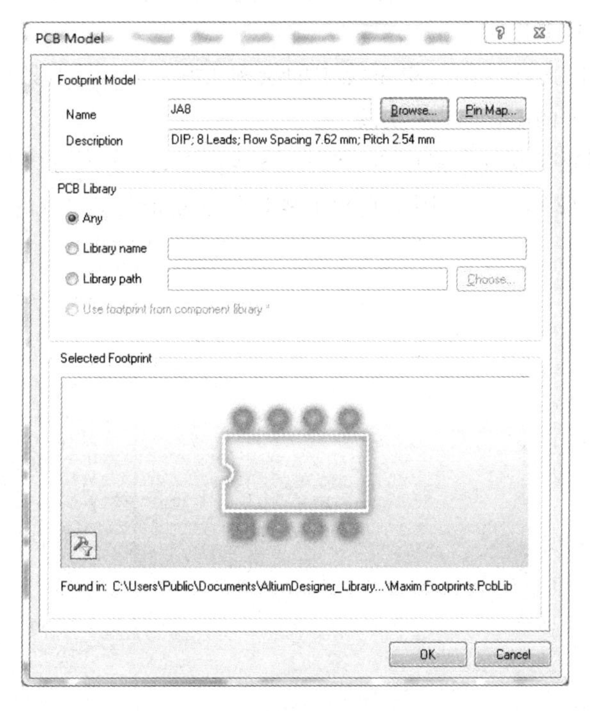

图 4－9　"PCB Model"对话框

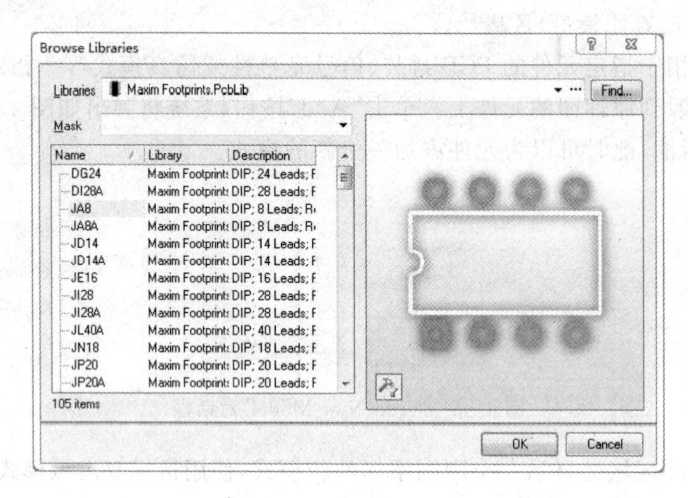

图 4 - 10 “Browse Libraries”对话框

4.4 元件绘图工具

4.4.1 绘图工具栏

4.3.2 小节中讲述了元件库编辑管理器的使用方法，本小节讲解如何制作元件。制作元件可以利用绘图工具来进行。

如图 4 - 11 所示的为元件库编辑系统中的绘图工具栏，绘图工具栏的打开与关闭可以通过选取实用工具栏中的图标实现。

绘图工具栏上的命令也对应菜单栏“Place”下各命令，因此也可以从“Place”菜单栏上直接选取命令，如图 4 - 12 所示。绘图工具栏上各按钮的功能见表 4 - 1。

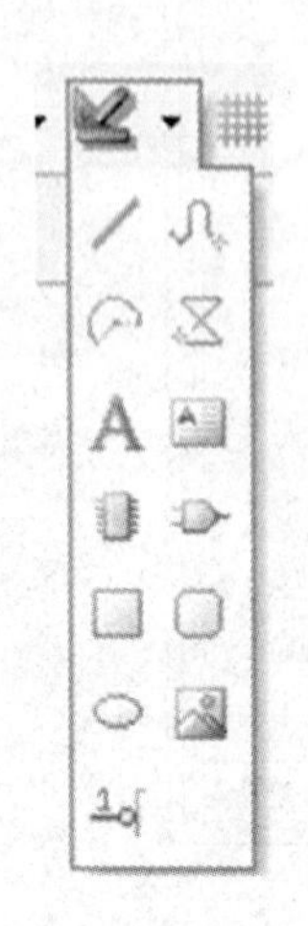

图 4 - 11 绘图工具栏

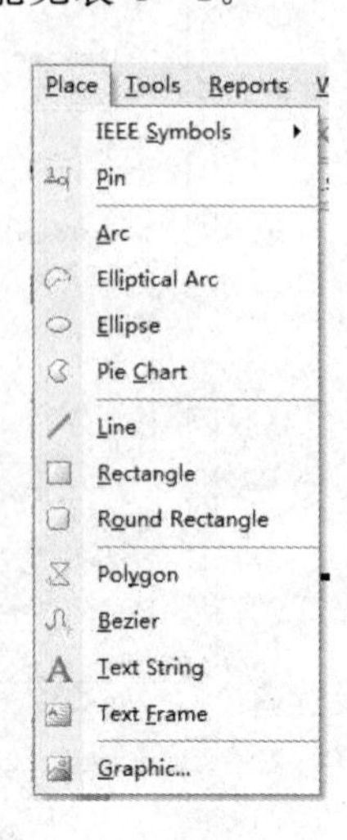

图 4 - 12 “Place”菜单栏

表 4-1　绘图工具栏功能表

按钮	对应菜单命令	功　能
	“Place”—“Line”	绘制直线
	“Place”—“Bezier”	绘制贝塞尔曲线
	“Place”—“Elliptical Arc”	绘制椭圆弧线
	“Place”—“Polygon”	绘制多边形
A	“Place”—“Text String”	插入文字
	“Place”—“Text Frame”	插入文本框
	“Tools”—“New Component”	插入新元件
	“Tools”—“New Part”	为当前显示的元件添加新部分
	“Place”—“Rectangle”	绘制直角矩形
	“Place”—“Round Rectangle”	绘制圆角矩形
	“Place”—“Ellipse”	绘制椭圆形及圆形
	“Place”—“Graphic”	插入图片
	“Place”—“Pin”	绘制引脚

这些命令中大部分与第 2.3.2 小节介绍的绘图工具一致，下面仅对绘制引脚命令进行介绍。

4.4.2　绘制引脚工具

执行菜单命令“Place”—“Pin”，或者点击绘图工具栏中的按钮，可将编辑模式切换到放置引脚模式，此时鼠标指针旁会多出一个大十字符号并有一条短线，即引脚，这时就可以进行引脚的绘制工作。在放置引脚之前按“Tab”键或放置引脚后双击该引脚，在弹出的“Pin Properties”对话框中设置元件引脚的相关属性，如图 4-13 所示。

“Pin Properties”对话框中的各操作框含义如下。

(1)“Display Name”(管脚名称)：编辑框中的管脚名称是引脚左边的符号，此符号没有电气特性，只描述引脚名称。还可以通过是否钩选“Visible”复选框来确定该引脚名是否可见。

(2)“Designator”(管脚标号)：编辑框中的管脚标号是引脚上的序号，此处输入的标号和元器件引脚一一对应，并要求和随后绘制的封装中的焊盘标号一一对应。还可以通过是否钩选“Visible”复选框来确定该引脚序号是否可见。

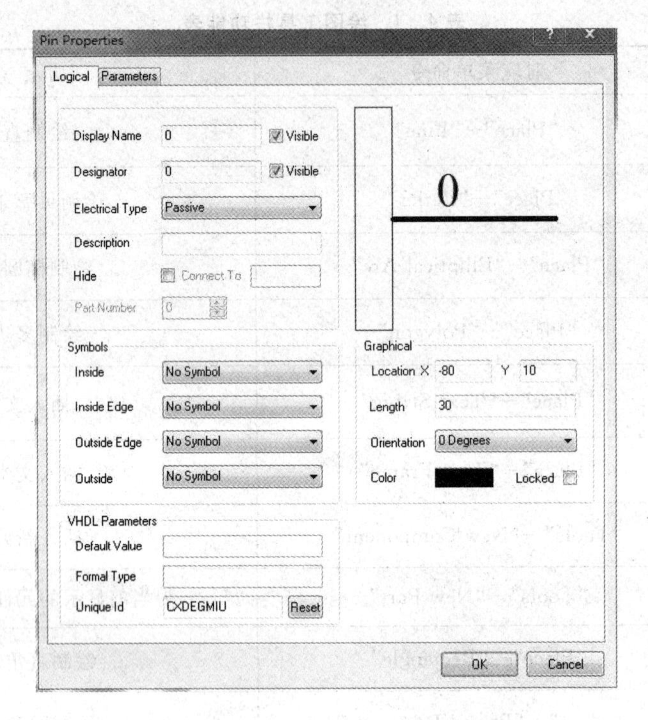

图 4－13 "Pin Properties"对话框

(3)"Electrical Type"(电气类型):下拉列表选项用来设置该引脚的电气属性。

- Input:输入引脚,用于输入信号。
- I/O:输入/输出引脚,既有输入信号又有输出信号。
- Output:输出引脚,用于输出信号。
- Open Collector:集电极开路引脚。
- Passive:无源引脚。
- Hiz:高阻抗引脚。
- Emitter:发射极引脚。
- Power:电源引脚。

(4)"Description"(描述):引脚的描述文字,用于描述该引脚功能。

(5)"Part Number"(元件部分):一个复合元件可以包含多个部分,例如一个 74LS00 包含四个与非门,在该编辑框就可以设置复合元件的每一个部分与非门编号。

(6)"Symbol"(符号):在该操作框中可以分别设置引脚的输入输出符号。

① Inside:引脚内部符号设置。

- No Symbol:表示引脚符号没有特殊设置。
- Postponed Output :暂缓性输出符号。
- Open Collector:集电极开路符号。
- Hiz:高阻抗符号。
- High Current:高扇出符号
- Pulse:脉冲符号。

- Schmitt:施密特触发输入特性符号。
- Open Collector Pull Up:集电极开路上拉符号。
- Open Emitter:发射极开路符号。
- Open Emitter Pull Up:发射极开路上拉符号。
- Shift Output:移位输出符号。
- Open Output:开路输出符号。

② Inside Edge:引脚内部边缘符号设置。

- No Symbol:表示引脚符号没有特殊设置。
- Clock:时钟符号。

③ Outside:引脚外部符号设置。

- No Symbol:表示引脚符号没有特殊设置。
- Dot:圆点符号,表示逻辑取反。
- Active Low Input:低电平输入有效。
- Active Low Output:低电平输出有效。

④ Outside Edge:引脚外部边缘符号设置。

- No Symbol:表示引脚符号没有特殊设置。
- Right Left Signal Flow:从右到左的信号流向符号。
- Analog Signal In:模拟信号输入信号。
- Not Logic Connection:逻辑无连接符号。
- Digital Signal In:数字信号输入符号。
- Left Right Signal Flow:从左到右的信号流向符号。
- Bidirectional Signal Flow:双向的信号流向符号。

(7)"Graphical"(图形):在该选项区可设置引脚外观有关信息。

- Location:确定引脚坐标。
- Length:确定引脚长度。
- Orientation:确定引脚的旋转角度。
- Color:确定引脚颜色。
- Hidden:确定是否隐藏引脚。

在"Pin Properties"对话框中设置元件引脚的相关属性后,选择合适的位置单击鼠标左键,即可完成元器件引脚的放置。

4.4.3 IEEE 符号工具栏

如图 4-14 所示为元件库编辑系统中的 IEEE 符号工具栏,绘图工具栏的打开与关闭可以通过选取实用工具栏中的图标 实现。

IEEE 符号工具栏上的命令也对应菜单栏"Place"下各命令,因此也可以从"Place"菜单栏上直接选取"IEEE Symbol"后在下一级菜单中选择各命令,如图 4-15 所示。IEEE 符号工具栏上各按钮的功能如表 4-2 所示。在制作元器件和创建元件库时,IEEE 符号很重要,它们代表着该元件的电气特性。

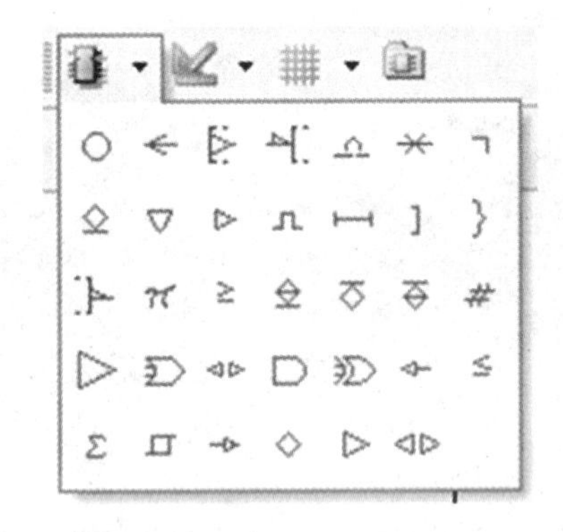

图 4-14 IEEE 符号工具栏

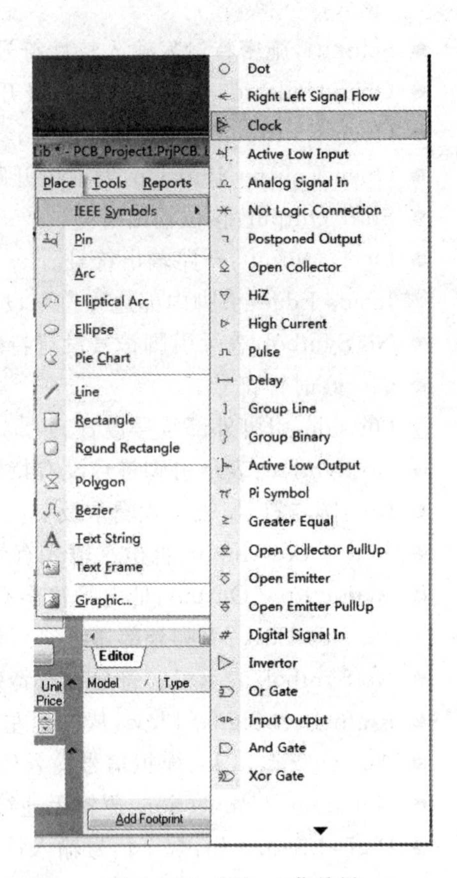

图 4-15 "Place"菜单栏

表 4-2 IEEE 符号工具栏功能表

按钮	对应菜单命令	功 能
○	"Place"—"IEEE Symbol" —"Dot"	放置低态触发符号
←	"Place"—"IEEE Symbol" —"Right Left Signal Flow"	放置左向符号
	"Place"—"IEEE Symbol" —"Clock"	放置上升沿触发时钟符号
	"Place"—"IEEE Symbol" —"Active Low Input"	放置低态触发输入符号
	"Place"—"IEEE Symbol" —"Analog Signal In"	放置模拟信号输入符号
	"Place"—"IEEE Symbol" —"Not Logic Connection"	放置无逻辑性连接符号
¬	"Place"—"IEEE Symbol" —"Postponed Output"	放置具有暂缓性输出符号
	"Place"—"IEEE Symbol" —"Open Collector"	放置具有开集性输出符号
▽	"Place"—"IEEE Symbol" —"Hiz"	放置高阻抗状态符号
▷	"Place"—"IEEE Symbol" —"High Current"	放置高输出电流符号
	"Place"—"IEEE Symbol" —"Pulse"	放置脉冲符号

（续表）

按钮	对应菜单命令	功　能
	“Place”—“IEEE Symbol” —“Delay”	放置延时符号
]	“Place”—“IEEE Symbol” —“Group Line”	放置多条 I/O 符号
}	“Place”—“IEEE Symbol” —“Group Binary”	放置二进制组合符号
	“Place”—“IEEE Symbol” —“Active Low Output”	放置低态触发输出符号
π	“Place”—“IEEE Symbol” —“Pi Symbol”	放置 π 符号
≥	“Place”—“IEEE Symbol” —“Greater Equal”	放置大于等于符号
	“Place”—“IEEE Symbol” —“Open Collector Pull Up”	放置具有提高阻抗的开集电极输出符号
	“Place”—“IEEE Symbol” —“Open Emitter”	放置开射极输出符号
	“Place”—“IEEE Symbol” —“Open Emitter Pull Up”	放置具有电阻接地的开射极输出符号
#	“Place”—“IEEE Symbol” —“Digital Signal In”	放置数字输入符号
▷	“Place”—“IEEE Symbol” —“Invertor”	放置反相器符号
	“Place”—“IEEE Symbol” —“Or Gate”	放置或门符号
	“Place”—“IEEE Symbol” —“Input Output”	放置双向符号
	“Place”—“IEEE Symbol” —“And Gate”	放置与门符号
	“Place”—“IEEE Symbol” —“Xor Gate”	放置与或门符号
	“Place”—“IEEE Symbol” —“Shift Left”	放置数据左移符号
≤	“Place”—“IEEE Symbol” —“Less Equal”	放置小于等于符号
Σ	“Place”—“IEEE Symbol” —“Sigma”	放置∑符号
	“Place”—“IEEE Symbol” —“Schmitt”	放置施密特触发输入特性符号
	“Place”—“IEEE Symbol” —“Shift Right”	放置数据右移符号
◇	“Place”—“IEEE Symbol” —“Open Output”	放置开路输出符号
▷	“Place”—“IEEE Symbol” —“Left Right Signal Flow”	放置由左至右的信号流符号
◁▷	“Place”—“IEEE Symbol” —“Bidirectional Signal Flow”	放置双向信号流符号

4.5　简单元件绘制实例

下面通过一个实例说明如何创建一个简单元件：JK 触发器“SN74LS109”，并将其加载到元件库“74LS”中。该元件绘制比较简单，该元件共九个引脚，其中两个隐型引脚，每个未隐藏引脚的电气名称和引脚功能如图 4－16 所示。

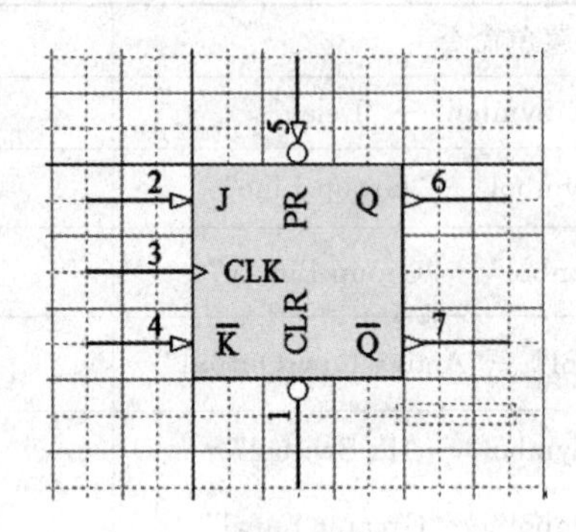

图 4－16 JK 触发器实例

4.5.1 图纸设置

Altium Designer 10 通过元件符号来管理所有的元件符号，因此在新建一个元件符号之前要为新建的元件符号建立一个元件符号库，新建元件库的方法在前面介绍过，此处不再多加叙述。在完成元件库的保存后，就可以开始设置元件库图纸。

执行“Tools”—“Document Options”，弹出如图 4－17 所示的“Library Editor Options”对话框，也可以在库设计窗口中单击鼠标右键，在弹出的快捷菜单中选择“Options”—“Document Options”，同样能打开“Library Editor Options”对话框。在该对话框中可以设置元件符号图纸。

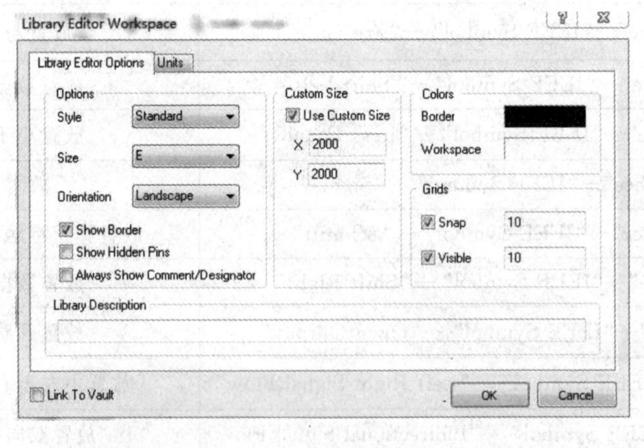

图 4－17 “Library Editor Options”对话框

在该对话框中有如下 5 个选项组内容。

1.“Options”（选项）

该选项组可以设置图纸的基本属性，该组中各项属性和原理图图纸中设置的属性类似，具体如下。

- Style(类型)：图纸类型，Altium Designer 10 提供 Standard 型和 ANSI 型图纸。
- Size(尺寸)：确定引脚长度，Altium Designer 10 提供各种米制、英制等标准图纸尺寸。

● Orientation(方向):图纸放置方向,Altium Designer 10 提供水平和垂直两种图纸方向。

2."Custom Size"(用户自定义尺寸)

元件库中可以采用用户自定义图纸,在该栏中的文本框中可以输入自定义图纸的大小。

3."Color"(颜色)

该选项组用来设置图纸中的颜色属性,该组中各项属性如下。

● Border(边线):图纸边框颜色。

● Workspace(工作空间):图纸颜色。

4."Grid"(栅格)

该选项组可用来设置图纸格点,也是元件库图纸设置中最重要的一组,该组中各项属性如下。

● Snap(捕捉):锁定格点间距,此项设置将影响鼠标移动,在鼠标移动过程中将以设置值为基本单位。

● Visible(可见性):可视格点,此项设置在图纸上显示的格点间距,一般将两个值均设置为 10mil。

5."Library Description"(库描述)

该栏可以输入对元件库的描述。

4.5.2　新建一个元器件

在介绍了原理图图纸的设置后,接下来介绍如何新建一个元器件。

1. 新建元器件

新建一个名叫"MyWork_1.PrjPcb"的 PCB 工程文件,并向该工程文件下添加一个名叫"MyLib_1.SchLib"原理图库文件。在完成新元件库的建立及保存后,将自动建立一个元件符号,如图 4-18 所示。在工作面板中激活了此元件库中唯一的元器件:Component_1。

选择"Tools"—"New Component"或选择绘图工具工具栏中的 ,弹出如图 4-19 所示的对话框。在该对话框中输入元器件名称,单击"OK"按钮即可完成新建一个元件符号,该元件将以刚输入的名称显示在元件库浏览器中。

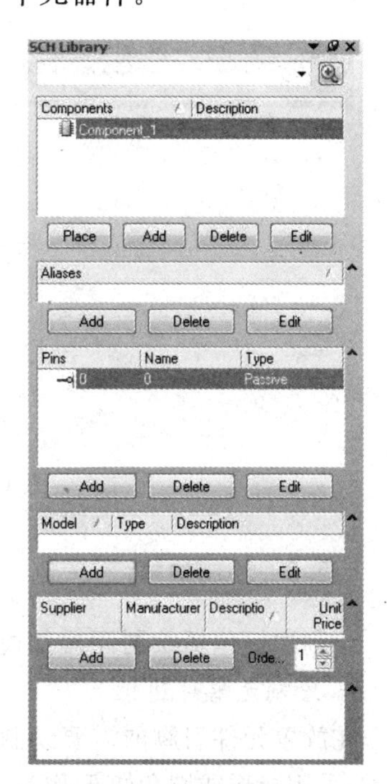

图 4-18　"SCH Library"面板

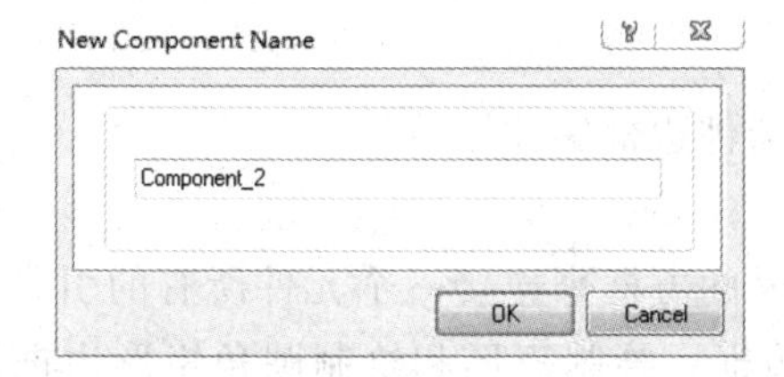

图 4-19　"New Component Name"对话框

2. 重命名元器件

为了方便元件管理,命名需要具有一定的实际意义,最常用的是直接采用元件或芯片名称作为元件名称。

在元件库浏览器中选中一个元件符号后,执行"Tools"—"Rename Component",如图 4-20 所示,并弹出如图 4-21 所示"Rename Component"对话框。

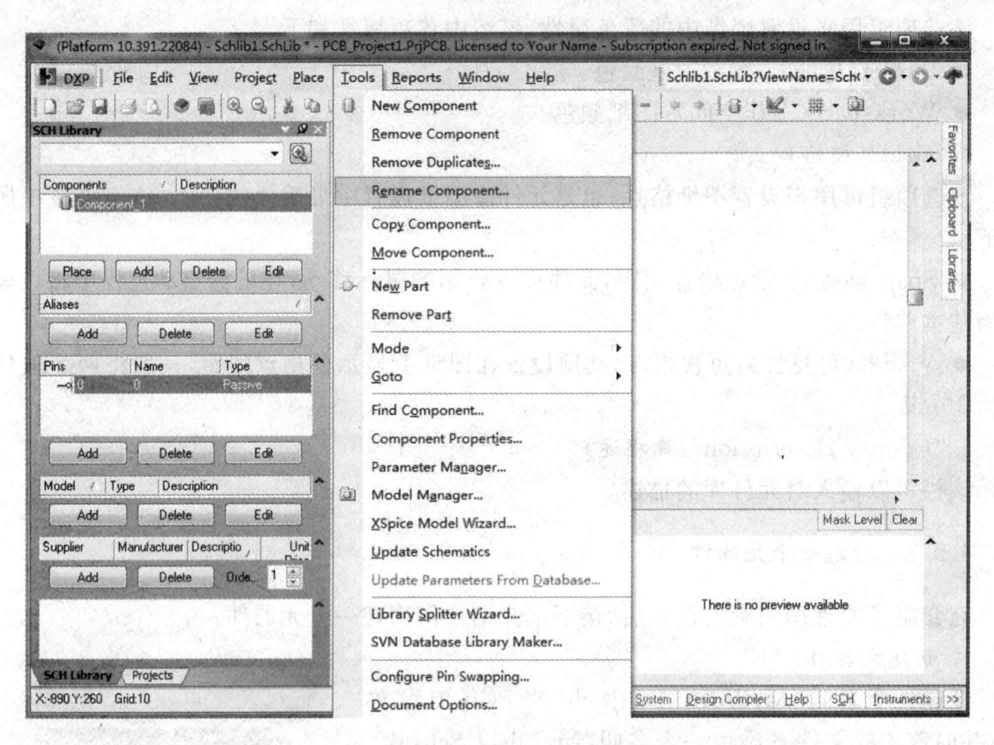

图 4-20 选择重命名选项

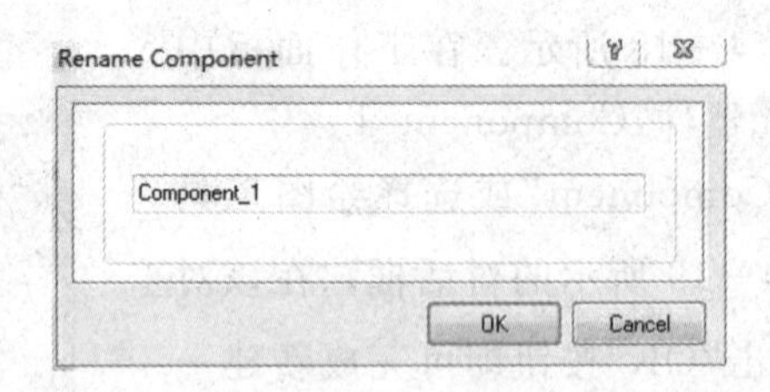

图 4-21 "Rename Component"对话框

4.5.3 绘制边框

绘制边框包括绘制元器件边框和设置元器件边框属性。

1. 绘制元器件边框

在放置元件引脚前需要绘制一个元件符号的方框来连接一个元件所有的引脚。一般情况下,采用矩形或圆角矩形作为元件符号的边框。绘制矩形和绘制圆角矩形边框的操作方法相同。执行"Place"—"Rectangle"或在绘图工具栏点击 ,绘制一个直角矩形。此时光标变成十字形，将光标移至原点处单击鼠标左键，确定矩形左上角坐标，然后向右下方拖动鼠标，当所示矩形区域合乎要求时，再单击鼠标，即可绘制一个直角矩形。在本例中设置矩形大小为 6 小格×6 小格，如图 4－21 所示。

2. 设置元器件边框属性

双击工作窗口中的元件边框，即可进入该边框的属性设置，弹出如图 4－22 所示的"Rectangle"对话框。

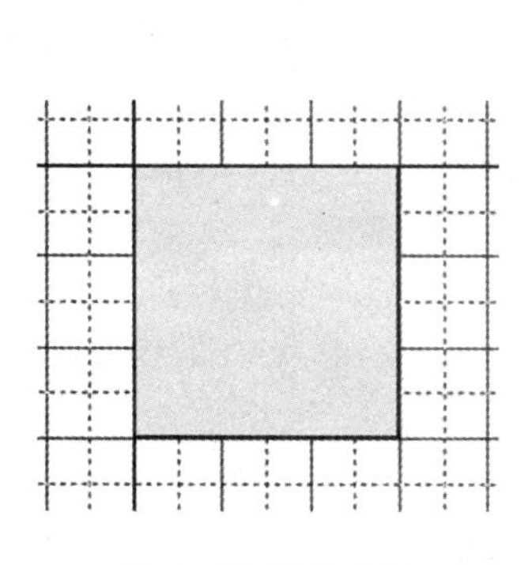

图 4－21 绘制矩形

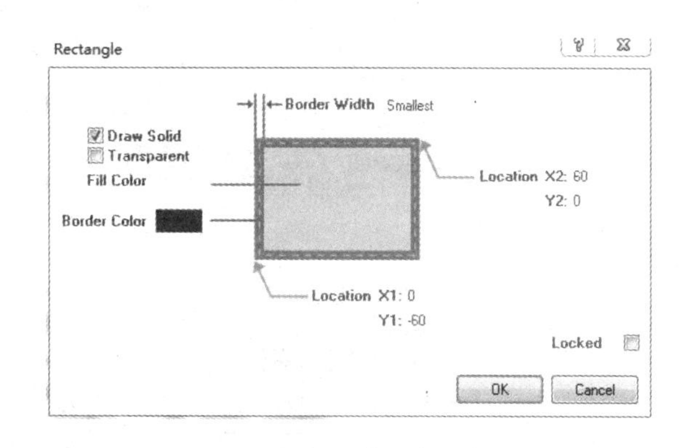

图 4－22 "Rectangle"对话框

该对话框中各项属性的意义如下。

- "Border Width"：矩形边线线宽。
- "Location"：矩形左下角或右上角坐标。
- "Fill Color"：矩形填充颜色。
- "Border Color"：矩形边缘颜色。
- "Draw Solid"：矩形采用实心颜色填充。
- "Transparent"：矩形采用透明颜色。

4.5.4 绘制引脚

绘制好元器件边框后，可以开始放置元件的引脚，引脚需要依附在元件符号的边框上。在完成引脚放置上，还需要对引脚属性进行设置。

1. 绘制元器件引脚

执行菜单命令"Place"—"Pin"，或者绘图工具栏中的按钮，可将编辑模式切换到放置引脚模式，此时鼠标指针旁会多出一个大十字符号并有一条短线，即引脚。按照 JK 触发器实例图形放置九个引脚的具体位置，如图 4－23 所示。放置引脚时，按空格键让引脚旋转一定角度，如引脚"1"旋转 270°；引脚"5"旋转 90°；引脚"2"、"3"、"4"、"9"旋转 270°；引脚"6"、"7"、"8"旋转 0°，或者在引脚属性对话框中设置"Orientation"确定引脚的旋转角度。

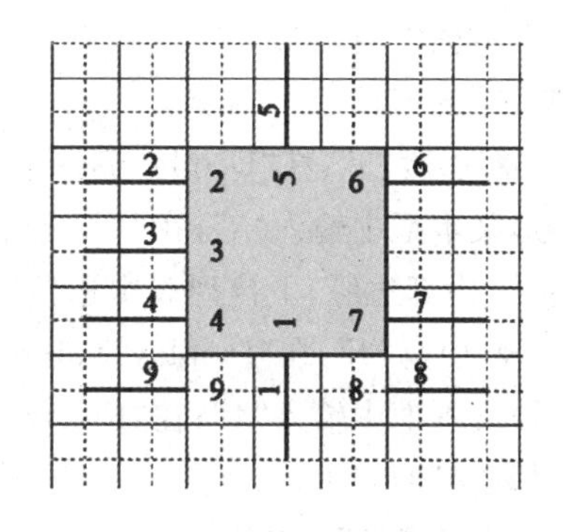

图 4－23 放置引脚后的图形

2. 编辑各元器件引脚

双击所需要编辑的引脚，或先选中该引脚，但单击鼠标右键，从快捷键菜单中选择“Properties”，进入“Pin Properties”对话框中设置元件引脚的相关属性，如图 4-24 所示，具体修改方式如下。

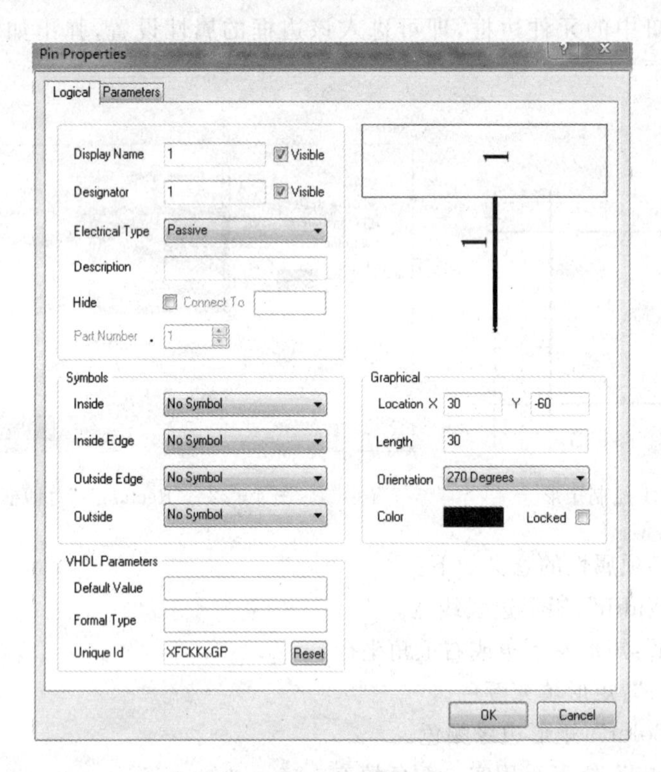

图 4-24 “Pin Properties”对话框

● 引脚“1”：在“Display Name”（管脚名称）文本框中输入“CLR”；在“Designator”（管脚编号）文本框中输入“1”；在“Outside Edge”（外部边缘）下拉列表中选择“Dot”；在“Electrical Type”（电气类型）下拉列表中选择“Input”，即可完成对引脚“1”的编辑。

● 引脚“2”：在“Display Name”（管脚名称）文本框中输入“J”；在“Designator”（管脚编号）文本框中输入“2”；在“Electrical Type”（电气类型）下拉列表中选择“Input”，即可完成对引脚“2”的编辑。

● 引脚“3”：在“Display Name”（管脚名称）文本框中输入“CLK”；在“Designator”（管脚编号）文本框中输入“3”；在“Electrical Type”（电气类型）下拉列表中选择“Input”；在“Inside Edge”（内部边缘）下拉列表中选择“Clock”，即可完成对引脚“3”的编辑。

● 引脚“4”：在“Display Name”（管脚名称）文本框中输入“K\”；在“Designator”（管脚编号）文本框中输入“4”；在“Electrical Type”（电气类型）下拉列表中选择“Input”，即可完成对引脚“4”的编辑。

● 引脚“5”：在“Display Name”（管脚名称）文本框中输入“PR”；在“Designator”（管脚编号）文本框中输入“5”；在“Outside Edge”（外部边缘）下拉列表中选择“Dot”；在“Electrical

Type”(电气类型)下拉列表中选择“Input”,即可完成对引脚“5”的编辑。

● 引脚“6”:在“Display Name”(管脚名称)文本框中输入“Q”;在“Designator”(管脚编号)文本框中输入“6”;在“Electrical Type”(电气类型)下拉列表中选择“Output”,即可完成对引脚“6”的编辑。

● 引脚“7”:在“Display Name”(管脚名称)文本框中输入“Q\”;在“Designator”(管脚编号)文本框中输入“7”;在“Electrical Type”(电气类型)下拉列表中选择“Output”,即可完成对引脚“7”的编辑。

● 引脚“8”:在“Display Name”(管脚名称)文本框中输入“GND”;在“Designator”(管脚编号)文本框中输入“8”;在“Electrical Type”(电气类型)下拉列表中选择“Power”,即可完成对引脚“8”的编辑。

● 引脚“9”:在“Display Name”(管脚名称)文本框中输入“Vcc”;在“Designator”(管脚编号)文本框中输入“16”;在“Electrical Type”(电气类型)下拉列表中选择“Power”,即可完成对引脚“16”的编辑。

引脚编辑完成后,元件引脚摆放如图 4-25 所示。

选择引脚“8”和引脚“16”,进入“Pin Properties”对话框中钩选“Hide”复选框,将该两引脚隐藏,隐藏引脚后元件引脚摆放如图 4-26 所示。

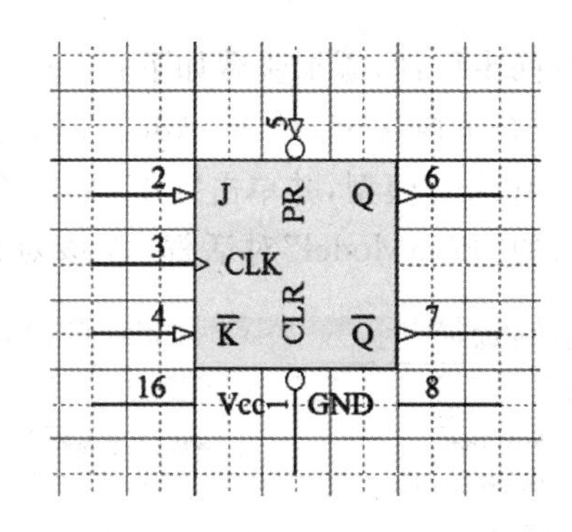

图 4-25　放置引脚后的图形

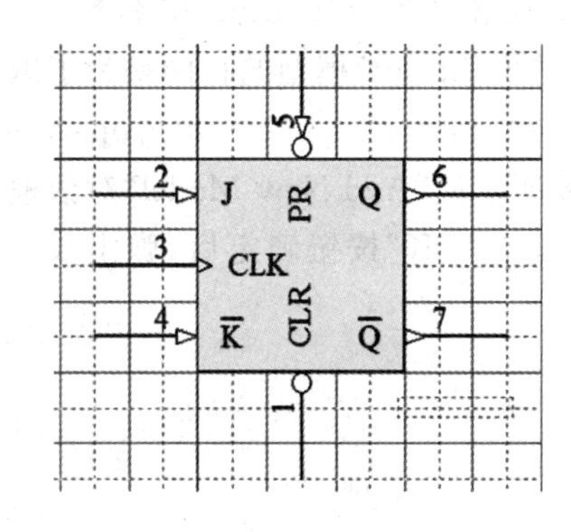

图 4-26　隐藏引脚后的图形

4.5.5　为元件添加模型

1. 设置元器件属性

单击“Component”下方的“Edit”按钮进行元件属性编辑。单击该按钮后,会出现如图 4-27所示的“Library Component Properties”对话框。

在“Library Component Properties”对话框中设置元件属性,在其中的“Default Designator”文本框中输入流水号“U?”;在“Default Comment”文本框中输入“SN74LS109”;在“Description”文本框中输入“J-K 正边沿触发器”;在“Symbol Reference”文本框中输入“SN74LS109”。设置参数完毕后如图 4-27 所示。

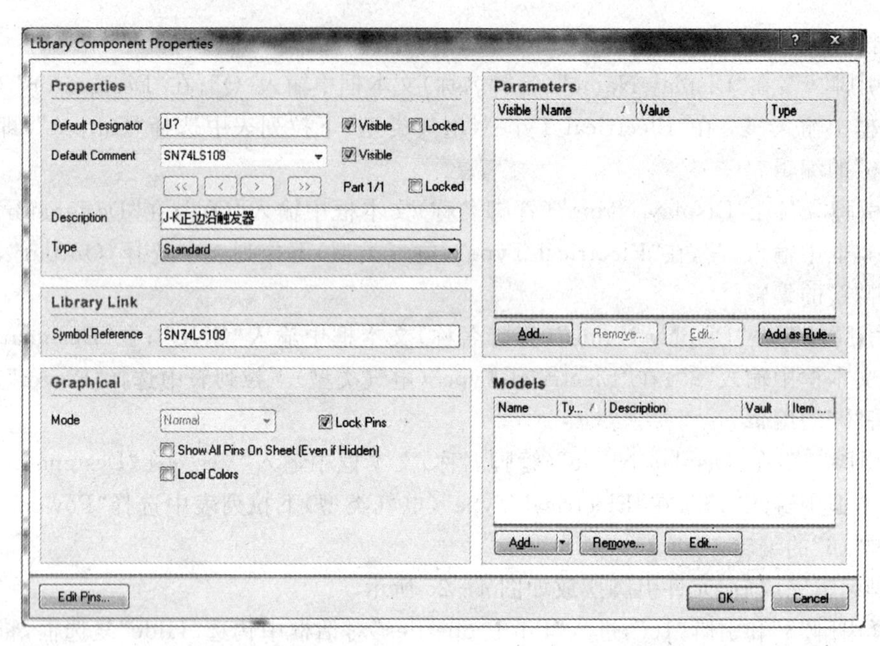

图 4－27 “Library Component Properties”对话框

2. 为元器件添加“Footprint”模型

添加“Footprint”模型的目的是为了以后的 PCB 同步设计，添加步骤如下：

(1)在“Library Component Properties”对话框中右下脚区域，单击“Add”按钮，弹出如图 4－28 所示的“Add New Model”对话框，选择“Footprint”模型，并单击“OK”按钮确定。

(2)单击“OK”按钮确定后，弹出如图4-29所示的“PCBModel”对话框，在该对话框中

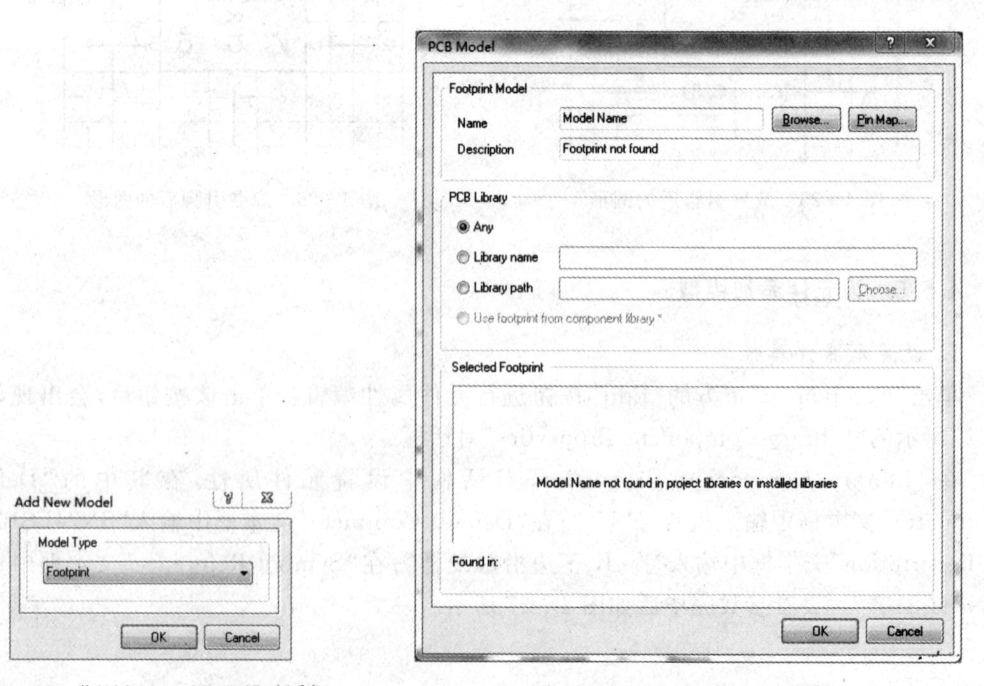

图 4－28 “Add New Model”对话框

图 4－29 “PCB Model”对话框

单击“Browse”按钮，并弹出如图 4－30 所示的“Browse Libraries”对话框。单击该对话框中的 ··· 按钮装载一个封装库。

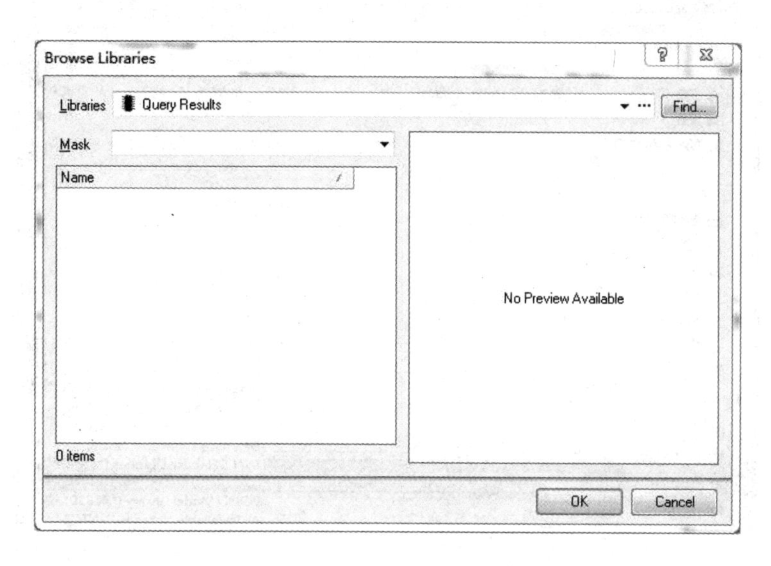

图 4－30　“Add New Model”对话框

(3)单击 ··· 按钮后弹出如图 4－31 所示的“Available Libraries”对话框，点击右下角的“Install”按钮，弹出如图 4－32 所示的“打开”对话框，修改右下角的打开文件类型为“Protel Footprint Library(.PcbLib)”，并选择路径为 Motorola/Motorola Footprint.PcbLib。将该封装库加载进系统。

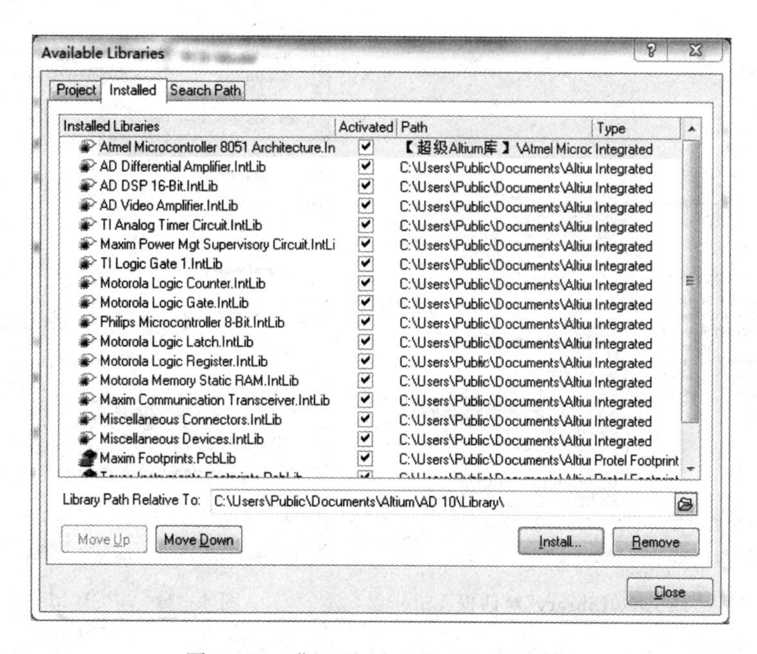

图 4－31　“Available Libraries”对话框

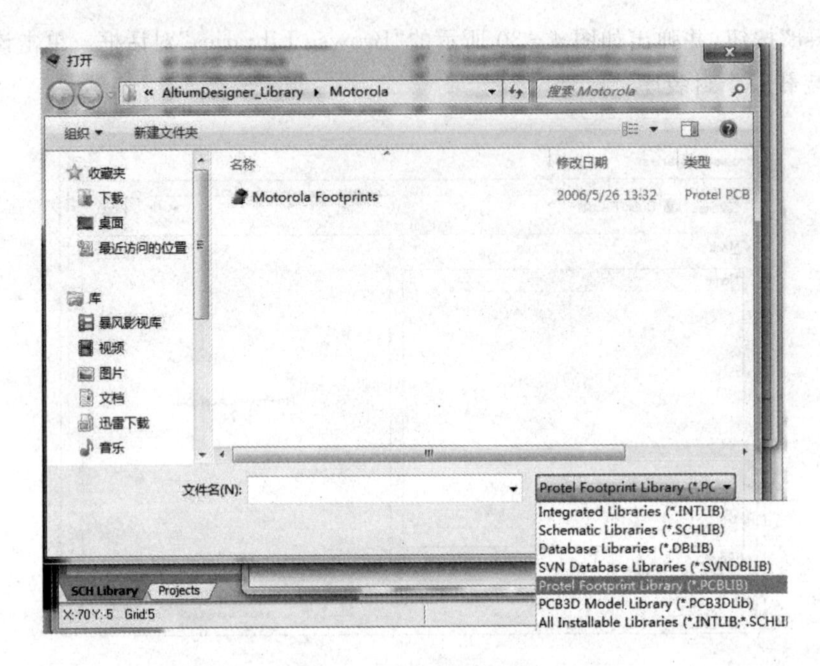

图 4-32 “打开”对话框

(4)回到如图 4-33 所示的“Browse Libraries”对话框中的“Mask”文本框里输入封装名“646-06”。单击“OK”。回到如图 4-34 所示的“PCB Model”对话框，在该对话框中单击“OK”按钮。

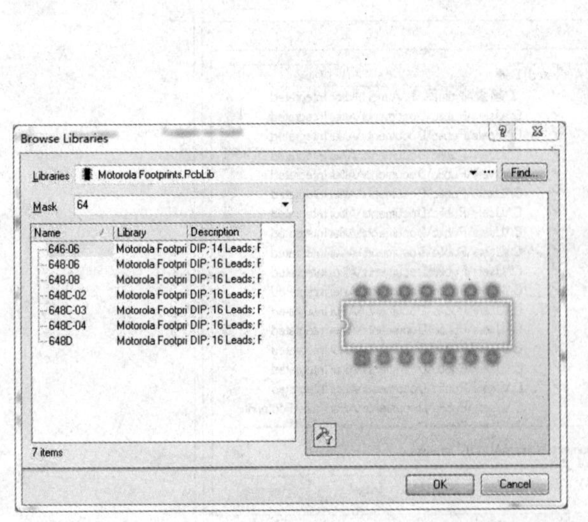

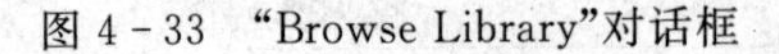
图 4-33 “Browse Library”对话框

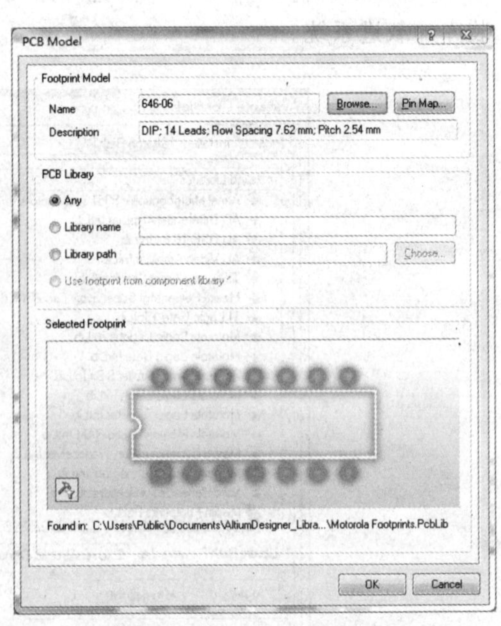

图 4-34 “PCB Model”对话框

(5)在“Library Component Properties”对话框中单击“OK”按钮确定，如图 4-35 所示。

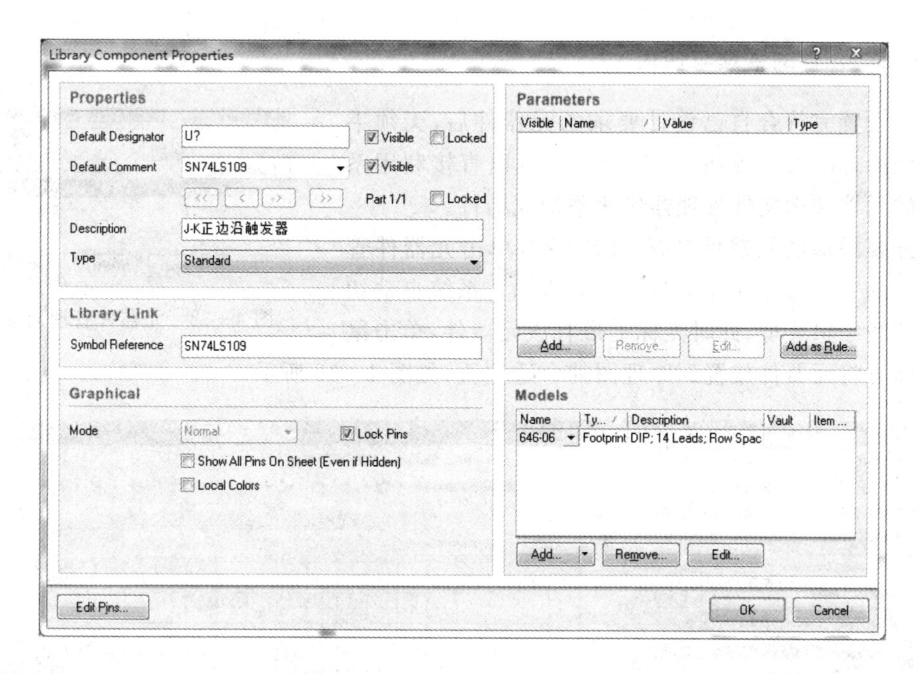

图 4－35　“Library Component Properties”对话框

(6)最后添加封装后的元件结果如图 4－36 所示。

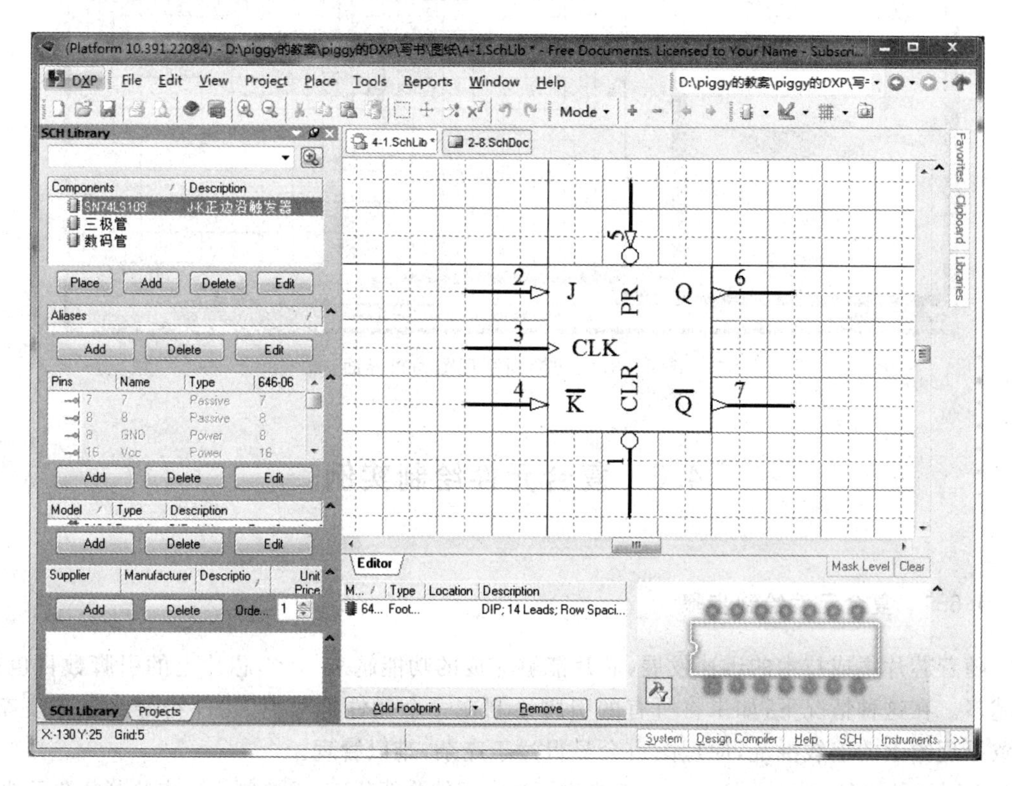

图 4－36　已成功添加封装

4.5.6 元件的管理与使用

用户设置完符合自己设计要求的元器件后，无须手动切换到原理图编辑器再添加元器件，可以直接利用系统提供的元器件库文件管理器快速添加元器件。

图 4－38 元器件管理面板

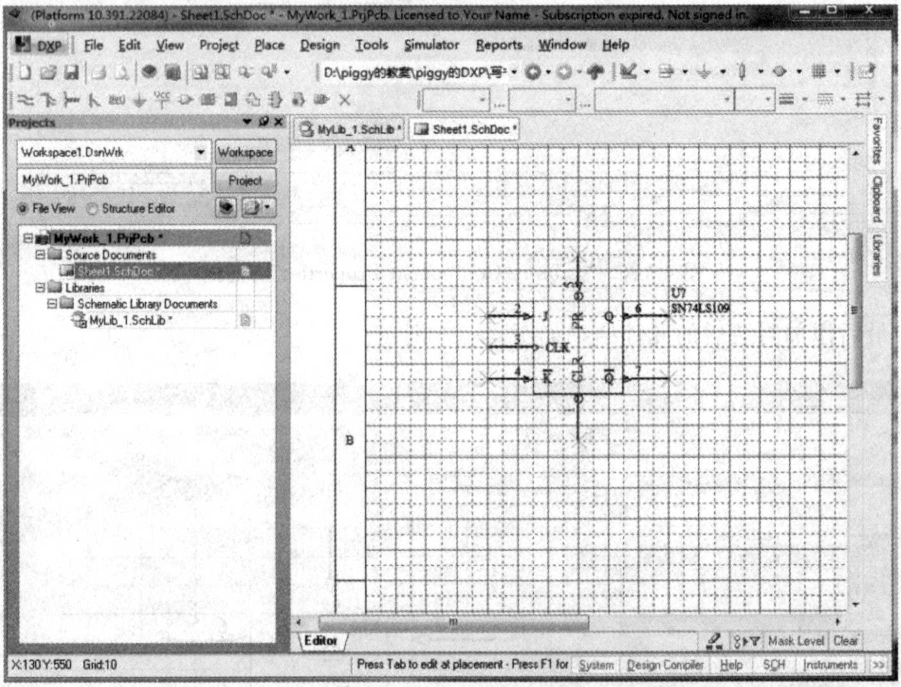

选择要添加的元器件“SN74LS109”，单击元器件管理面板中的“Place”按钮，如图 4－37 所示。系统自动切换到原理图编辑环境，此时光标上带有该元器件，单击鼠标左键即可将元器件放置到原理图的合适位置，如图 4－38 所示。

图 4－37 切换到原理图编辑界面

4.6 复合元件绘制实例

4.6.1 复合元件绘制步骤

随着芯片集成技术的迅速发展，芯片能够完成的功能越来越多，芯片上的引脚数目也越来越多。在这种情况下，如果将所有的引脚绘制在一个元件符号上，元件符号将过于复杂，导致原理图上的连线混乱，原理图也会显得过于庞杂，难以管理。

针对这种情况，Altium Designer 10 提供了复合元件分部分(Part)绘制方法来绘制复杂元件。

分部分绘制元件符号中的操作和普通元件符号地绘制大体相同，流程也类似，只是分部分绘制元件符号中需要对元件进行分解，一个部分一个部分的绘制符号，这些符号彼此独立，但都从属于一个元件。分部分绘制元件符号的步骤如下：

(1)新建一个元件符号，并命名保存。

(2)对芯片的引脚进行分组。

(3)绘制元件符号的一个部分。

(4)在元件符号中新建部分，重复步骤(3)，绘制新的元件符号部分。

(5)重复步骤(4)到所有的部分绘制完成，此时元件符号绘制完成。

(6)注释元件符号，设置元件符号属性。

4.6.2　绘制复合元件 LM324

本节要绘制的元件是 LM324 芯片。根据该芯片的数据手册，该芯片共 14 个引脚，一块芯片上集成四个运算放大器。

1. 新建元件符号

本例在 4.5 节所建立的名叫“MyWork_1.PrjPcb”的 PCB 工程文件下名叫“MyLib_1.SchLib”原理图库文件中进行处理。

选择“Tools”—“New Component”或选择绘图工具工具栏中的 ，将新建一个元件符号。修改该元器件名称为“LM324”，单击“OK”按钮即可完成新建一个元件符号，该元件将以刚输入的名称显示在元件库浏览器中，如图 4-39 所示。

图 4-39　新建元器件后的管理面板

2. 元器件分组

LM324 芯片上集成四个运算放大器，因此可以分为四个部分绘制。

部分 A(Part A)：包括引脚 4、11、14 与公共引脚 12、13，即一个运算放大器。

部分 B(Part B)：包括引脚 1、2、3 与公共引脚 12、13，即一个运算放大器。

部分 C(Part C)：包括引脚 5、6、7 与公共引脚 12、13，即一个运算放大器。

部分 D(Part D)：包括引脚 8、9、10 与公共引脚 12、13，即一个运算放大器。

3. 绘制元件中的一个部分

在完成元件符号的新建之后，即可以在工作窗口中绘制元件的第一部分。元件第一部分的绘制和整个元件的绘制相同，都是绘制一个三角形边框在添加上引脚，然后对元件符号进行注解。

(1)单击绘图工具栏中的 按钮，或者执行“Place”—“Line”进入绘制直线命令。

(2)绘制一个芯片外形，可以按照图 4-40 所示三角形 3 条线段的坐标绘制 3 条线段，组合为一个三角形边框。

(3)为芯片绘制引脚，在元件第一部分包含 5 个引脚，此 5 个引脚属性如下所示。

● 引脚“4”：在“Display Name”(管脚名称)文本框中输入“Vcc”，并将“Visible”钩选去掉；在“Designator”(管脚编号)文本框中输入“4”；在“Electrical Type”(电气类型)下拉列表中选择“Power”；“Length”(管脚长度)输入“35”，即可完成对引脚“4”的编辑。

● 引脚“12”:在“Display Name”(管脚名称)文本框中输入“+”;在“Designator”(管脚编号)文本框中输入“12”;在“Electrical Type”(电气类型)下拉列表中选择“Input”;“Length”(管脚长度)输入“35”,即可完成对引脚“12”的编辑。

● 引脚“13”:在“Display Name”(管脚名称)文本框中输入“-”;在“Designator”(管脚编号)文本框中输入“13”;在“Electrical Type”(电气类型)下拉列表中选择“Input”;“Length”(管脚长度)输入“35”,即可完成对引脚“13”的编辑。

● 引脚“11”:在“Display Name”(管脚名称)文本框中输入“Vss”,并将“Visible”钩选去掉;在“Designator”(管脚编号)文本框中输入“11”;在“Electrical Type”(电气类型)下拉列表中选择“Power”;“Length”(管脚长度)输入“35”,即可完成对引脚“11”的编辑。

● 引脚“14”:在“Display Name”(管脚名称)文本框中输入“14”,并将“Visible”钩选去掉;在“Designator”(管脚编号)文本框中输入“14”;在“Electrical Type”(电气类型)下拉列表中选择“Output”;“Length”(管脚长度)输入“35”,即可完成对引脚“14”的编辑。

绘制完成的元件符号如图 4-41 所示。

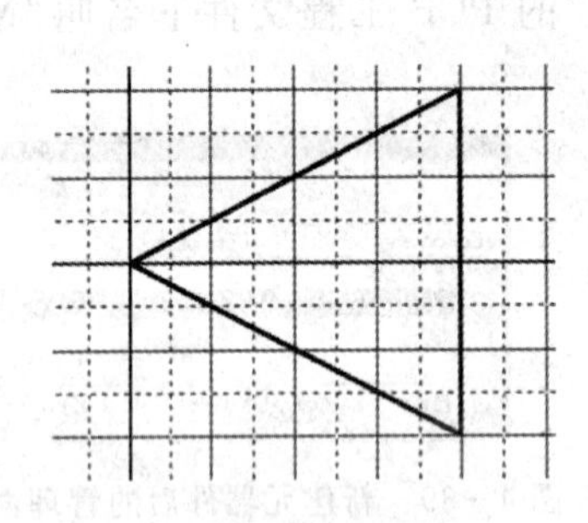

图 4-40 元器件边框

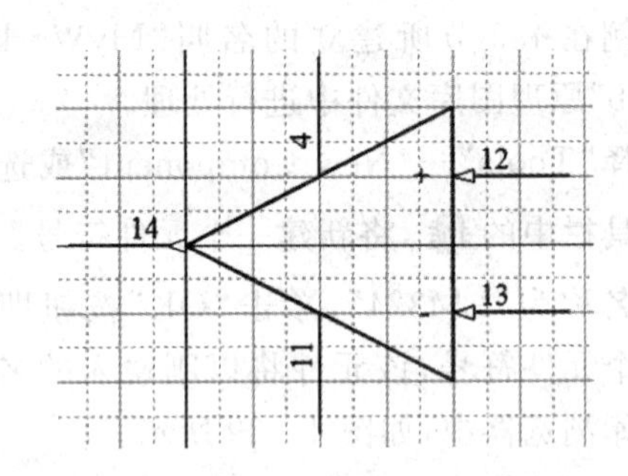

图 4-41 绘制完成的元件符号

4. 添加元件的其余部分

在完成元件符号的第一个部分的绘制之后,点击绘图工作栏中的 按钮,或执行“Tools”—“New Part”命令,即可新建元件符号中的一个部分,该部分在元件符号库浏览器中能够显示出来。按此方法,再向该元件符号中添加两个部分,使得元件符号中共四个部分,即“Part A”、“Part B”、“Part C”、“Part D”,如图 4-42 所示。

元件 LM324 一共由四部分组成,新建的三个部分和第一个部分非常相似,只有引脚名称和标号上的区别,如图 4-43 所示为绘制的第二部分。

图 4-42 添加 Part 的元器件

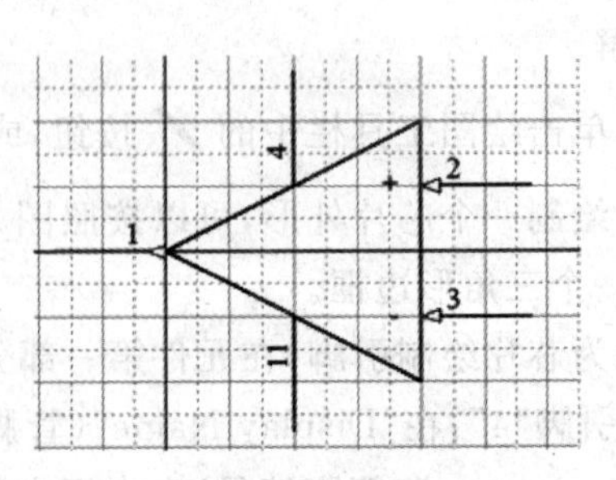

图 4-43 元件符号的“Part B”

按照同样的方法将元件的第三、第四部分进行绘制，如图 4－44、图 4－45 所示。

要注意的是，这四个部分每部分都要绘制电源的两个引脚，即引脚“4”，名称“Vcc”，电气类型“Power”；引脚“11”，名称“Vss”，电气类型“Power”。在绘制过程中，可以将这两个引脚隐藏。

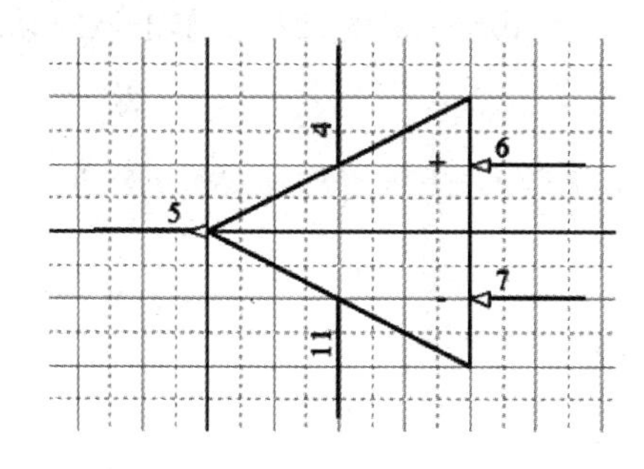

图 4－44　元件符号的“Part C”

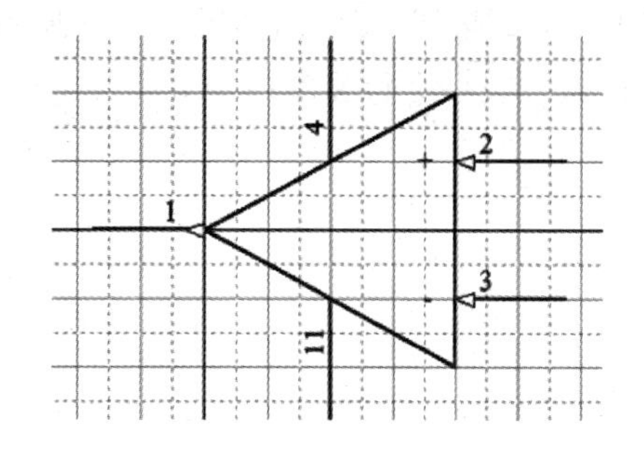

图 4－45　元件符号的“Part D”

5. 修改元件属性

(1)设置元器件属性

单击“Component”下方的“Edit”按钮进行元件属性编辑。单击该按钮后，会出现“Library Component Properties”对话框。

在“Library Component Properties”对话框中设置元件属性，在其中的“Default Designator”文本框中输入流水号“U?”；在“Default Comment”文本框中输入“LM324”；在“Description”文本框中输入“四路运算放大器”；在“Symbol Reference”文本框中输入“LM324”。设置参数完毕后如图 4－46 所示。

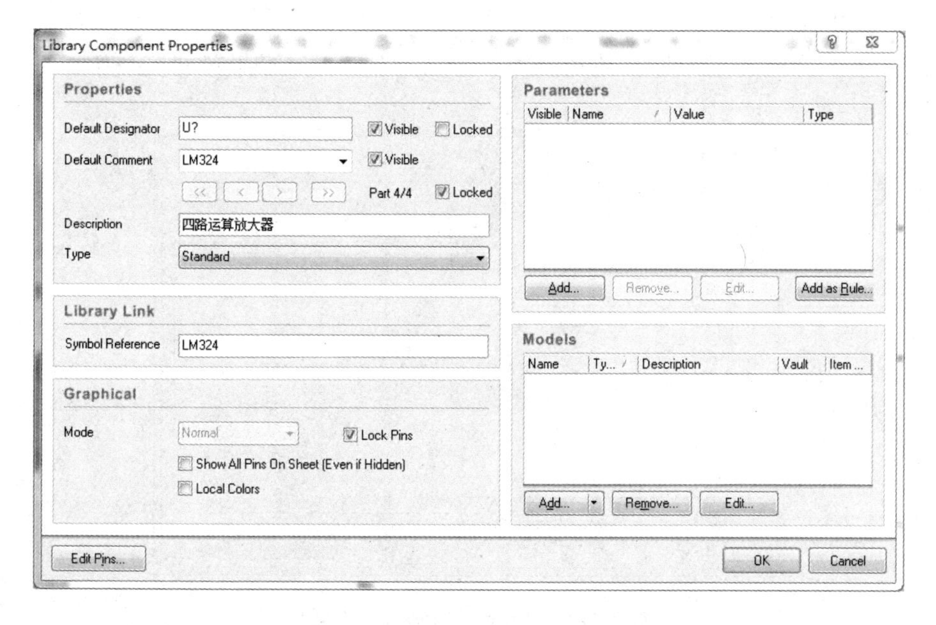

图 4－46　“Library Component Properties”对话框

(2)为元器件添加“Footprint”模型

① 在“Library Component Properties”对话框中右下脚区域，单击“Add”按钮，弹出如图 4－47 所示的“Add New Model”对话框，选择“Footprint”模型，并单击“OK”按钮确定。

② 单击“OK”按钮确定后，弹出如图 4－48 所示的“PCB Model”对话框，在该对话框中单击“Browse”按钮，将弹出如图 4－49 所示的“Browse Libraries”对话框。单击该对话框中的 ··· 按钮装载一个封装库。

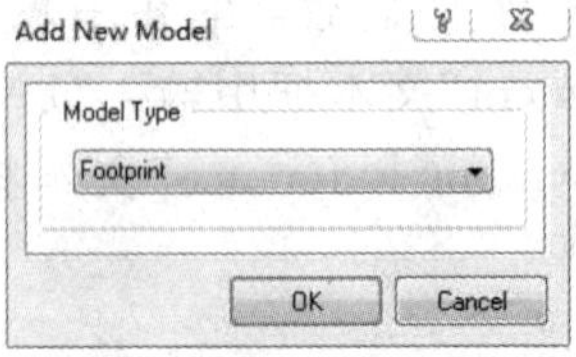

图 4－47 “Add New Model”对话框

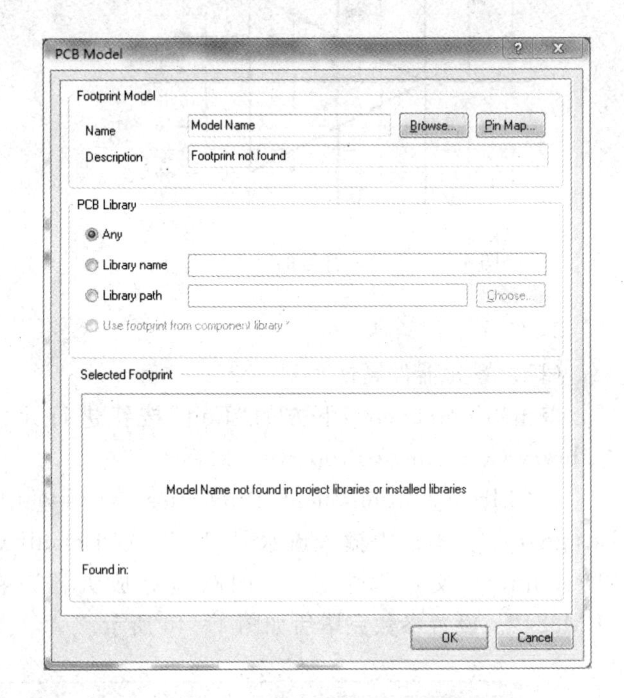

图 4－48 “PCB Model”对话框

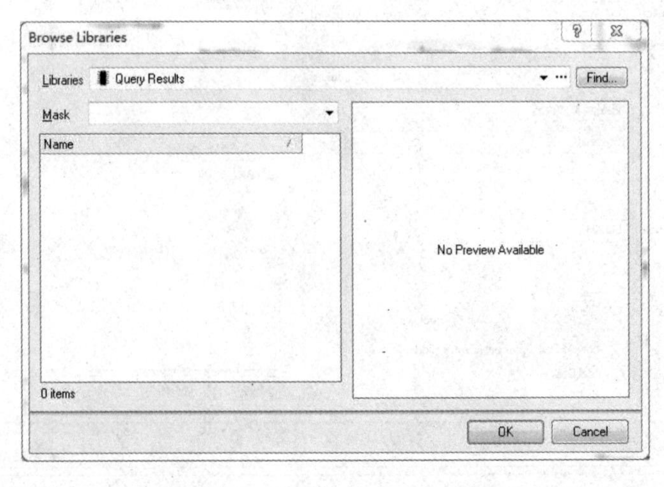

图 4－49 “Browse Libraries”对话框

③ 单击 ··· 按钮后弹出如图 4－50 所示的“Available Libraries”对话框，点击右下角的

"Install"按钮，并选择路径为 Texas Instrument/Texas Instrument Footprints.PcbLib。将该封装库加载进系统。

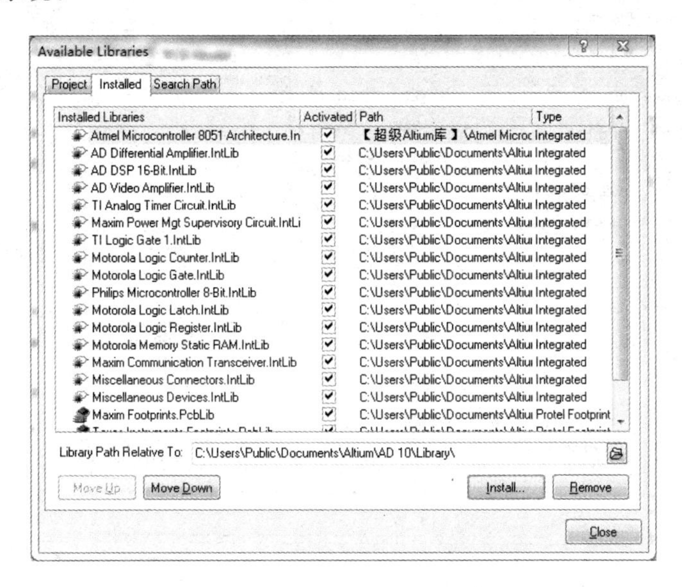

图 4－50　"Available Libraries"对话框

④ 回到如图 4－51 所示的"Browse Libraries"对话框中，在"Mask"文本框里输入封装名"W014"，单击"OK"。回到如图 4－52 所示的"PCB Model"对话框，在该对话框中单击"OK"按钮。

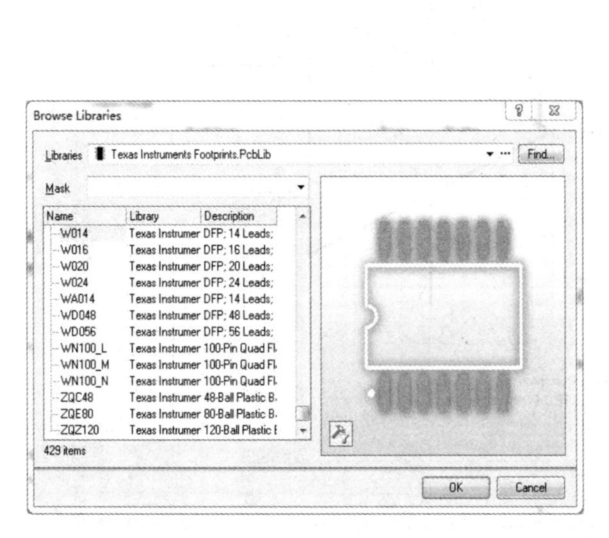

图 4－51　"Browse Libraries"对话框

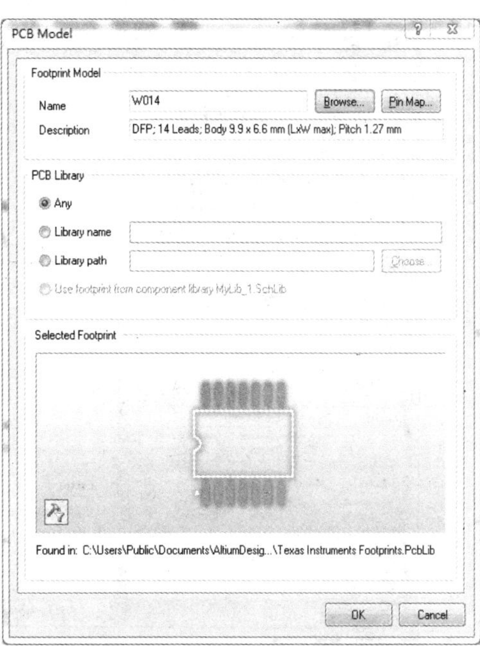

图 4－52　"PCB Model"对话框

⑤ 在“Library Component Properties”对话框中单击“OK”按钮确定，如图 4 - 53 所示。

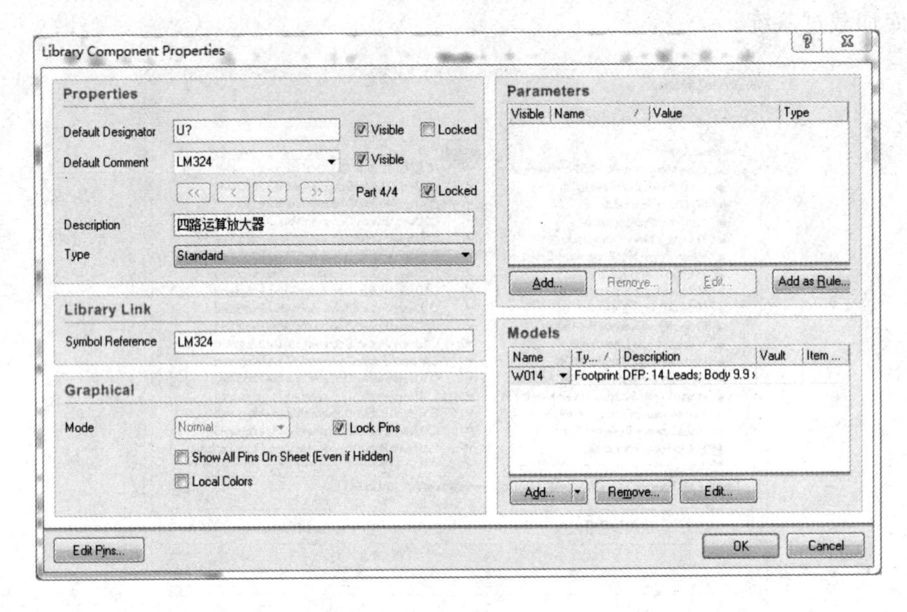

图 4 - 53 “Library Component Properties”对话框

⑥ 最后添加封装后的元件结果如图 4 - 54 所示。

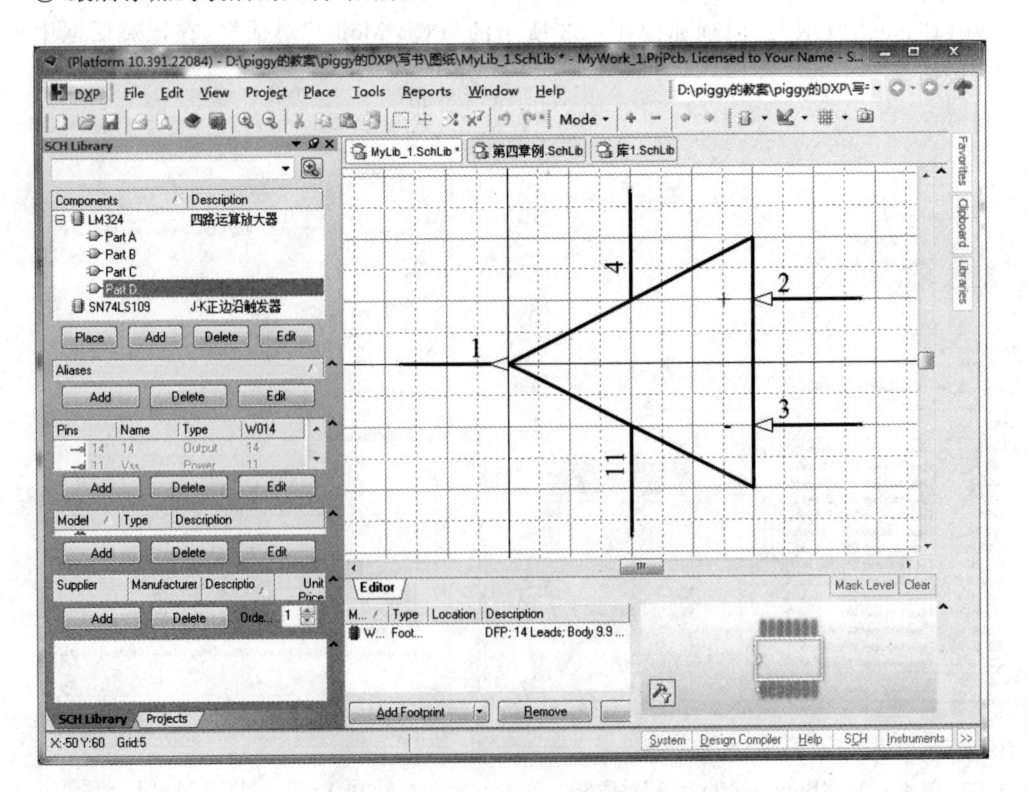

图 4 - 54 添加封装后的元件结果

4.7　生成元件报表

Altium Designer 10 元器件库编辑器提供了三种报表，分别为“Component Report”(元器件报表)、“Library Report”(元器件库报表)和“Component Rule Check Report”(元器件规则检查报表)，下面分别介绍如何生成这三种报表。

4.7.1　元器件报表

以 4.5 节制作的 JK 触发器为例，在元器件库编辑器中执行“Reports”—“Component”命令，如图 4 - 55 所示，即可打开如图 4 - 56 所示的元器件报表窗口。

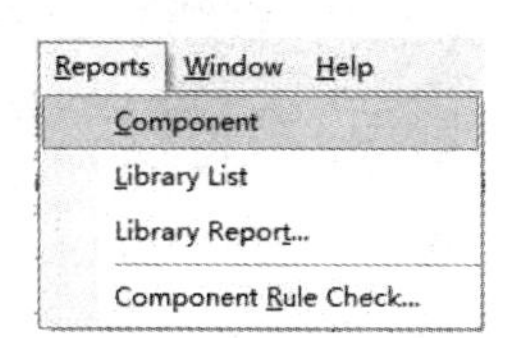

图 4 - 55　“Reports”菜单

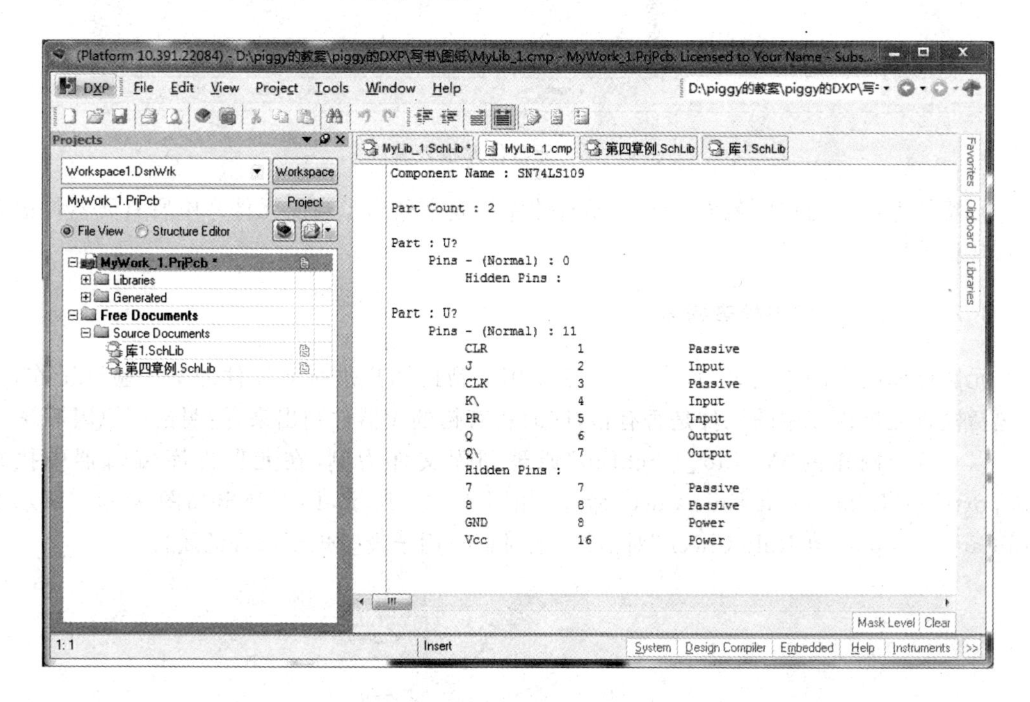

图 4 - 56　元器件报表窗口

元器件报表的扩展名为“.cmp”，元器件报表中列出了该元器件所有的相关信息，如子元件个数、元器件组名称、各个元器件的引脚细节等。

4.7.2　元器件库报表

以 4.5 节制作的“MyLib_1.SchLib”原理图库文件为例，在元器件库编辑器中执行“Reports”—“Library List”命令，如图 4 - 57 所示，即可打开如图 4 - 58 所示的元器件库报表窗口。

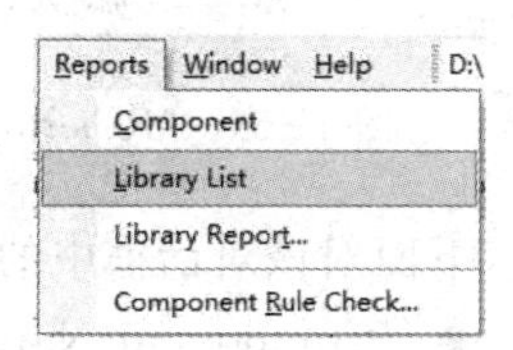

图 4 - 57　“Reports”菜单

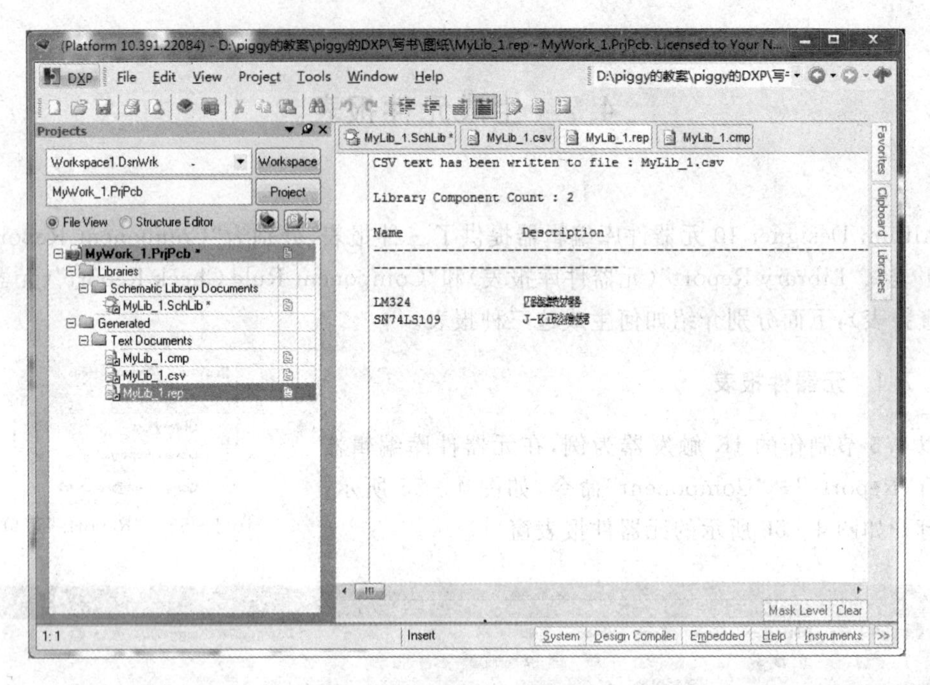

图 4-58 元器件库报表窗口

元器件库报表的扩展名为“.rep”，元器件库报表中列出了当前元件库中所有元器件的名称及其相关属性。

4.7.3 元器件规则检查报表

元器件库报表的扩展名为“.err”，它主要用于帮助用户进行元器件的基本验证工作，其中包括检查元器件库中的元件是否有错，同时将有错的元器件列出来，指明错误原因等。

以 4.5 节制作的“MyLib_1.SchLib”原理图库文件为例，在元器件库编辑器中执行“Reports”—“Component Rule Chec”命令，如图 4-59 所示，即可弹出如图 4-60 所示的“Library Component Rule Check”对话框，该对话框用于设置规则检查的属性。

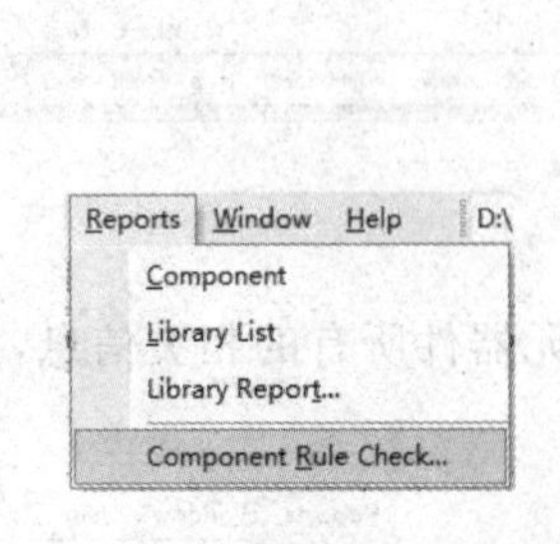

图 4-59 “Reports”菜单

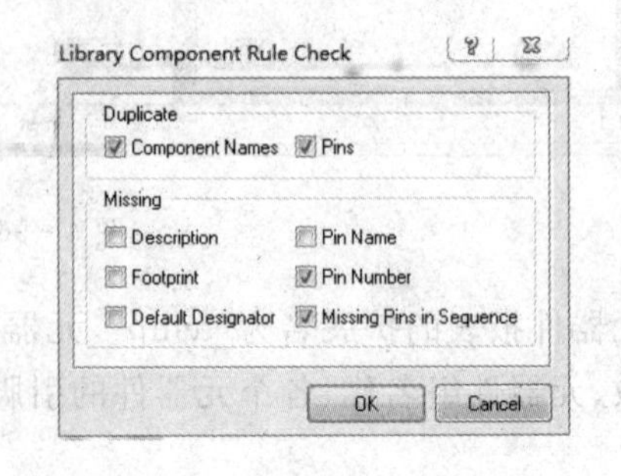

图 4-60 元器件库报表窗口

下面对该对话框中的各选项功能进行简单介绍。

- “Component Names”：设置元器件库中的元器件是否允许重名。
- “Pins”：设置元器件的引脚是否允许重名。

- “Description”:检查是否有元器件遗漏了元器件描述。
- “Footprint”:检查是否有元器件遗漏了封装描述。
- “Default Designator”:检查是否有元器件遗漏了默认流水号。
- “Pin Name”:检查是否有元器件遗漏了引脚名称。
- “Pin Number”:检查是否有元器件遗漏了引脚编号。
- “Missing Pins in Sequence”:检查一个序列的引脚号码中是否缺少某个号码。

在“Library Component Rule Check”对话框中选择需要检查的规则后点击“OK”即可生成如图4-61所示的元器件规则检查报表。

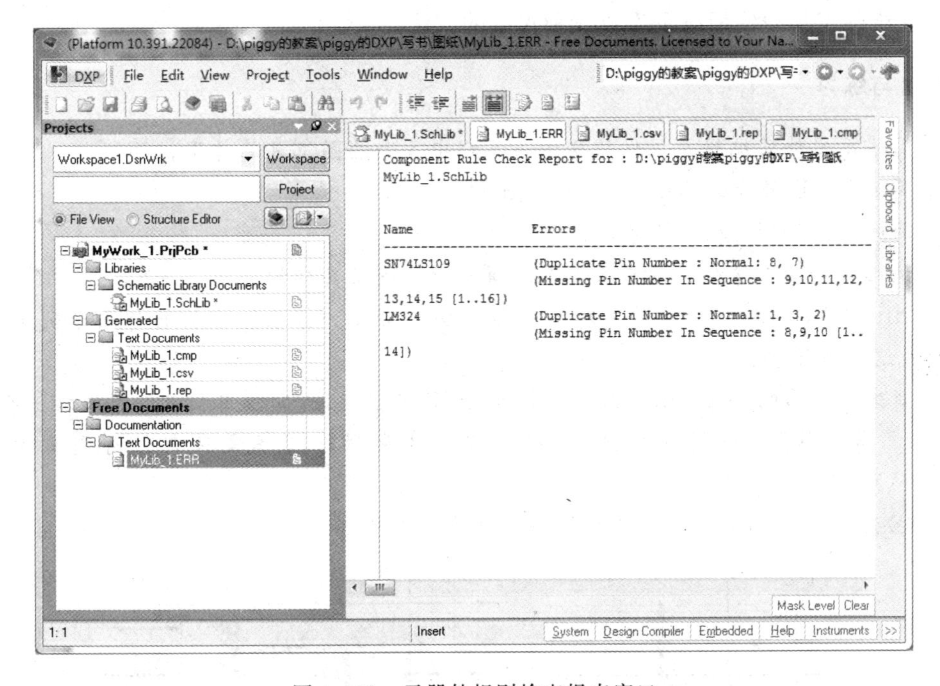

图4-61　元器件规则检查报表窗口

4.8　本章小结

本章主要介绍了元器件的制作与元器件库的加载和管理,同时还讲述了元器件绘图工具以及如何生成元器件列表。

在进行元器件编辑前首先要添加原理图库文件,在建立工程文件后,执行“Add New to Project”—“Schematic Library”,即可加载原理图库文件。

元器件的管理主要通过元器件管理器实现,通过元器件管理器可以对元器件库中已有的元器件进行查找、删除和放置操作,还可以对新绘制的元器件进行编辑和添加操作。

元器件库编辑器提供了一个绘图工具栏,该绘图工具栏的大部分工具与第二章中介绍的绘制原理图工具相同。

Altium Designer元器件库编辑器提供了三种报表,分别为“Component Report”(元器件报表)、“Library Report”(元器件库报表)和“Component Rule Check Report”(元器件规则检查报表)。

在元器件库编辑器中执行“Reports”—“Component”命令,即可生成报表。

在元器件库编辑器中执行“Reports”—“Library List”命令,即可生成元器件库元器件报表。

在元器件库编辑器中执行“Reports”—“Component Rule Check”命令,即可生成元器件规则检查报表。

通过本章的学习,读者应掌握自行绘制元器件以及将新建元器件添加到元件库的方法,同时掌握绘图工具的使用以及生成三种报表的方法。

思考与练习

1. 简述元器件库编辑器提供的绘图工具栏中各个绘图工具的作用。

2. 简述 IEEE 符号工具栏各个工具的作用。

3. 简述元器件制作的基本步骤。

4. 试比较元器件库编辑器与原理图编辑器中绘图工具栏的异同。

5. Altium Designer 10 元器件库编辑器提供了哪几种报表?它们的作用分别是什么?如何生成这几种报表?

6. 新建一个名叫“MyWork_2.PrjPcb”的 PCB 工程文件,向该工程文件下添加一个名叫“MyLib_2. SchLib”原理图库文件,并将工程文件和原理图库文件都保存到目录“D:\Chapter4\MyProject_2”中。

(1)按照图 4-62(a)给出的三极管符号创建元器件。

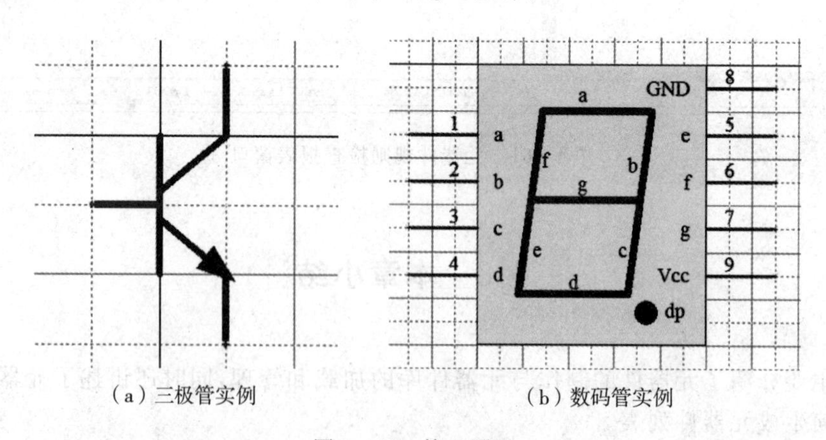

(a)三极管实例　　(b)数码管实例

图 4-62　第 6 题图

提示:

① 栅格捕捉调整方法为“Tools”—“Document Options”—“Snap”。

② 三极管发射极可采用双击调整直线,由直线属性将线头形状改为箭头形。

③ 不要将引脚画成直线,引脚长改为 10。

④ 设置元件属性,在其中的“Default Designator”文本框中输入流水号“T?”;在“Default Comment”文本框中输入“2N3906”;在“Description”文本框中输入“NPN 晶体管”;在

“Symbol Reference”文本框中输入“2N3906”。

⑤ 选择路径为 Texas Instrument/Texas Instrument Footprints.PcbLib，将该封装库加载进系统，为元器件添加“Footprint”模型“T110”。

(2)按照图 4-62(b)给出的数码管符号创建元器件

提示：

① 栅格捕捉调整方法为“Tools”—“”Document Options”—“Snap”。

② 小数点用椭圆工具绘制，x、y 轴半径均设为 5。

③ 设置元件属性，在其中的“Default Designator”文本框中输入流水号“U?”；在“Default Comment”文本框中输入“DIP-Green”；在“Description”文本框中输入“七段数码管”；在“Symbol Reference”文本框中输入“DIP-Green”。

④ 选择路径为 Analog Devices/Analog Devices Footprints.PcbLib，将该封装库加载进系统，为元器件添加“FootPrint”模型“DH-14M”。

7. 新建一个名叫“MyWork_3.PrjPcb”的 PCB 工程文件，并向该工程文件下添加一个名叫“MyLib_3. SchLib”原理图库文件，并将工程文件和原理图库文件都保存到目录“D:\Chapter4\MyProject_3”中。

(1)按照图 4-63(a)给出的单片机符号创建元器件。

提示：

① 设置元件属性，在其中的“Default Designator”文本框中输入流水号“U?”；在“Default Comment”文本框中输入“AT89C51”；在“Description”文本框中输入“51 系列微处理器”；在“Symbol Reference”文本框中输入“AT89C51”。

② 选择路径为 Ateml/Ateml Footprints.PcbLib，将该封装库加载进系统，为元器件添加“Footprint”模型“40p6”。

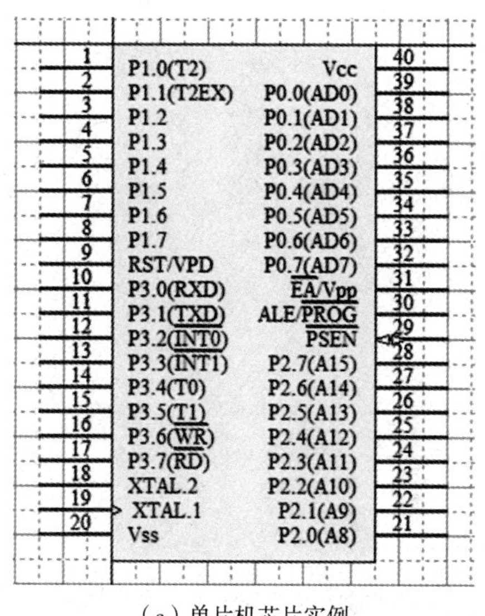

(a) 单片机芯片实例

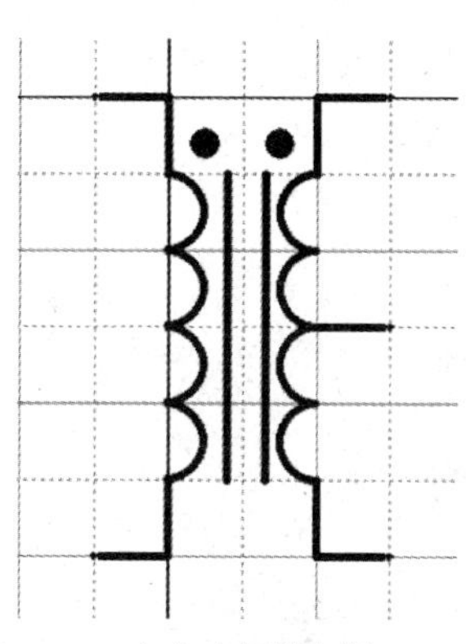

(b) 变压器实例

图 4-63 第 7 题图

(2)按照图 4-63(b)给出的变压器符号创建元器件。

提示:

① 设置元件属性,在其中的“Default Designator”文本框中输入流水号“T?”;在“Default Comment”文本框中输入“Trans-C”;在“Description”文本框中输入“变压器”;在“Symbol Reference”文本框中输入“Trans-C”。

② 选择路径为 Maxim/Maxim Footprints.PcbLib,将该封装库加载进系统,为元器件添加“Footprint”模型“JA8”。

第5章　PCB设计基础

本章导读

PCB是英文Printed Circuit Board的缩写，翻译为印制电路板，简称电路板或PCB。PCB用印制的方法制成导电线路和元件封装，它的主要功能是实现电子元器件的固定安装以及引脚之间的电气连接，从而实现电器的各种特定功能。制作连线正确、使用可靠、外形美观的PCB是电路板设计的最终目的。

本章从PCB的基本概念讲起，内容涉及常用元件封装、PCB设计流程与PCB设计的基本原则，为下一章学习PCB具体设计打下基础。

学习目标

- PCB设计流程；
- PCB设计基本原则。

5.1　PCB的板层结构

通常情况下，电子电路图设计在原理图设计完成后，需要设计一块PCB板来完成原理图中的元件电气连接，并将各种元件焊接在PCB板上，经过调试后，PCB板能完成原理图上实现的功能。在PCB板上，通常有一系列的芯片如电阻、电容等元件，它们通过PCB板上的导线相连，构成电路，一起实现一定的功能。PCB板就是一块连接板，它的主要功能就是为元件提供电器连接，为整个电路提供输出端口和显示，电气连通性是PCB板最重要的特性之一。

5.1.1　PCB的种类

PCB的种类可以根据元件导电层面的多少分为单层板、双层板和多层板三种。

1. 单层板

单层板所用的绝缘基板上只有一层覆铜，在这一覆铜面中包含有焊盘和铜箔导线，因此该面版被称为焊接面；而另一面上只包含没有电气特性的元件型号和参数等，以便于元器件的安装、调试和维修，因此这一面被称为元件面。

单面板由于只有一面覆铜，所以无需过孔，成本较低，但由于所有导线都集中在一个面，很难满足复杂连接的布线要求，因此适用于线路简单、成本低廉、功能较为简单且电路板面积要求不高的场合。

如图 5-1 所示为单层板。

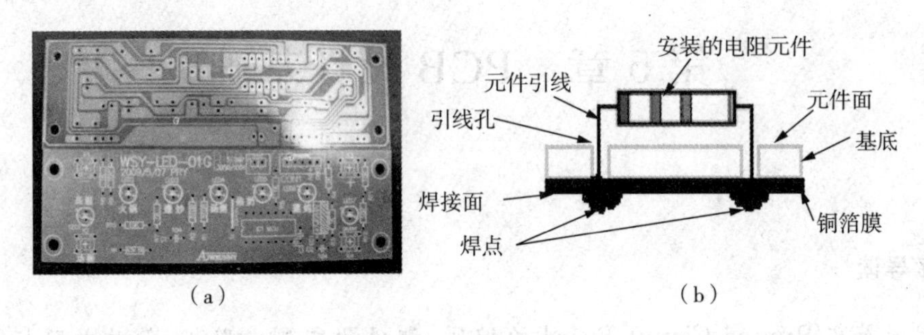

(a)　　(b)

图 5-1　单层板

2. 双层板

双层板所用的绝缘基板的上、下两面均有覆铜，都可以制作铜箔导线。双层板底层和单面板作用相同，而在顶层上除了印制元件的型号和参数外，和底层一样也可以制作成铜箔导线，元件通常仍安装在顶层，因此顶层又被称为元件面，底层称为焊锡面。

双层板的采用有效地解决了同一层面导线交叉的问题，而金属化过孔的采用有效解决了不同层面导线的电气连接。与单面板相比，双面板极大地提高了电路板的元件密度和布线密度，可以适应高度复杂的电气连接要求。双层板在目前应用最为广泛。

图 5-2 所示为双层板。

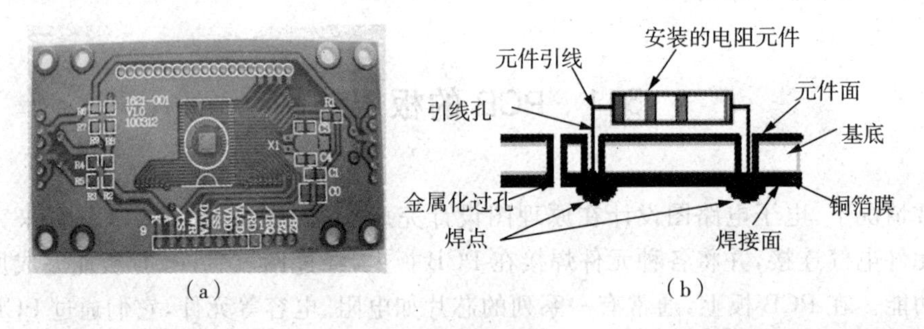

(a)　　(b)

图 5-2　双层板

3. 多层板

对于比较复杂的 PCB，双层板已经不能满足布线和电磁屏蔽要求，这时一般采用多层板设计。多层板结构复杂，多层印制电路板除了电路板本身的两个面外，在电路板的中间还设置了多个中间层。多层板由电气导线层和绝缘材料层交替黏合而成，成本较高，导电层数目一般为偶数，层间的电气连接同样利用层间的金属化过孔实现。

如 Protel 99 SE 扩展到 32 个信号层。16 个中间信号层，主要用于电源层、地层或放置信号线；16 个机械层，没有电气特性，主要用于放置电路板上一些关键部位的标注尺寸信息、印制板边框以及电路板生产过程中所需的对准孔等。

多层印制电路板布线容易、稳定性高、板面积小。随着集成电路技术的不断发展，元件集成度越来越高，电路元件连接关系越来越复杂，使多层板的应用越来越广泛。但制作工艺更复杂、成本更高。例如计算机中的主板、内存条、网卡等均采用 4 层或 6 层印制电路板。

5.1.2　PCB 的工作层面

PCB 的铜箔导线是在一层(或多层)敷着整面铜箔的绝缘基板上通过化学反应腐蚀出来的,元件标号和参数是制作完电路板后印刷上去的,因此在加工、印刷实际电路过程中所需要的板面信息,在 Altium Designer 10 的 PCB 编辑器中都有一个独立的层面(Layer)与之相对应,PCB 设计者通过层面(Layers)给 PCB 厂家提供制作该板所需的印制参数,因此理解层面对于设计 PCB 至关重要,只有充分理解各个板层的物理作用以及它和 Altium Designer 10 中层面的对应关系,才能更好地利用 PCB 编辑器进行电路设计。

Altium Designer 10 提供了 74 个不同类型的工作层面,主要包括:包括 32 个信号层(Signal Layer)、16 个内部电源层/接地层(Internal Layer)、16 个机械层(Mechanical Layer)、2 个阻焊层(Solder Masks Layer)、2 个助焊层(Paste Mask Layer)、2 个丝印层(Silkscreen Layer)、2 个钻孔层、1 个禁止层(Keep-Out Layer)和 1 个横跨所有信号板层(Multi-Layer)。

1. 信号层

信号层包括顶层、底层和中间信号层,共 32 层。

顶层(Top Layer):主要用在双面板、多层板中制作顶层铜箔导线,在实际电路板中称为元件面,元件引脚安装在本层面焊孔中,焊接在底面焊盘上。

底层(Bottom Layer):又称为焊接面,主要用于制作底层铜箔导线,它是单面板唯一的布线层,也是双层板和多层板的主要布线层。

中间层(Mid1～Mid14):在一般电路板中较少采用,一般只有在 5 层以上较为复杂的电路板中才采用。

2. 内部电源/接地层

内部电源层/接地层简称内电层主要用于放置电源/地线,Altium Designer 10 编辑器可以支持 16 个内部电源层/接地层。因为在各种电路中,电源和地线所接的元件引脚数是最多的,所以在多层板中,可充分利用内部电源层/接地层将大量的接电源(或接地)的元件引脚通过元件焊盘或过孔直接与电源(或地线)相连,从而极大地减少顶层和底层电源/地线的连线长度。

3. 机械层

Altium Designer 10 编辑器可以支持 16 个机械层。机械层没有电气特性,在实际电路板中也没有实际对象与其对应,是 PCB 编辑器便于电路板厂家规划尺寸制板而设置,属于逻辑层(即在实际电路板中不存在实际的物理层与其相对应),主要为电路板厂家制作电路时所需的加工尺寸信息,如电路板边框尺寸、固定孔、对准孔以及大型元件或散热片的安装孔等尺寸标注信息。

4. 信号层

防护层包括 2 个阻焊层(Solder Mask Layer)和 2 个焊锡膏层(Paste Mask Layer),主要用于保护铜线以及防止元件被焊接到不正确的地方。

阻焊层主要为一些不需要焊锡的铜箔部分(如导线、填充区、覆铜区)涂上一层阻焊漆(一般为绿色),用于进行波峰焊接时,阻止焊盘以外的导线、覆铜区粘上不必要的焊锡,从而避免相邻导线在波峰焊接时短路，还可防止电路板在恶劣的环境中长期使用时氧化腐蚀。因此它和信号层相对应出现，也分为顶层(Top Solder Mask)和底层(Bottom Solder Mask)两层。

焊锡膏层有时也称为助焊层，用来提高焊盘的可焊接性能，在 PCB 上比焊盘略大的各浅色圆斑即为所说的焊锡膏层。在进行波峰焊等焊接时，在焊盘上涂上助焊剂，可以提高 PCB 板的焊接性能。

5. 丝印层

丝印层主要通过丝印的方式将元件的外形、序号、参数等说明性文字印制在元件面(或焊锡面)，以便于在电路板装配过程中插件(即将元件插入焊盘孔中)、产品的调试、维修等。丝印层分为顶层(Top Overlay)和底层(Bottom Overlay)，一般尽量使用顶层，只有维修率较高的电路板或底层装配有贴片元件的电路板中，才使用底层丝印层以便于维修人员查看电路(如电视机、显示器电路板等)。

6. 其他层

其他层包括 1 个禁止布线层(Keep-Out Layer)、2 个钻孔层(Drill Layer)、1 个多层(Multi-Layer)。

禁止布线层在实际电路板中也没有实际的层面对象与其对应，属于 Altium Designer 10 编辑器的逻辑层，它起着规范信号层布线的目的，即在该层中绘制的对象(如导线)，信号层的铜箔导线无法穿越，所以信号层的铜箔导线被限制在禁止布线层导线所围的区域内。该层主要用于定义电路板的边框，或定义电路板中不能有铜箔导线穿越的区域，如电路板中的挖空区域。

钻孔位置层(Drill Guide)用于标识 PCB 钻孔的位置；钻孔绘图层(Drill Drawing)用于设定钻孔形状。

多层(Multi-Layer)主要是为了设计人员编辑、绘图的方便，一般用于显示焊盘和过孔。

以上介绍的层面基本上都存在和实际电路板相对应的板面，在 PCB 设计过程中经常用到以上各层面的概念，因此务必理解清楚。

5.1.3 PCB 板的构成

1. 铜膜导线

铜膜导线是覆铜板经过蚀刻后形成的铜膜布线，简称为导线。铜膜导线是电路板的实际走线，用于连接元件的各个焊盘，是 PCB 板的重要组成部分。导线的主要属性是导线宽度，它取决于承载电流的大小和铜箔的厚度。

2. 过孔

在 PCB 板中，过孔的主要作用是用来连接不同板层间的导线。在工艺上，过孔的孔壁圆柱面上用化学沉积的方法镀上一层金属，用以连通中间各层需要连通的铜箔，而过孔的上下两面做成圆形焊盘形状。通常，过孔有 3 种类型，它们分别是从顶层到底层的穿透式过孔(通孔)、从顶层通过内层或从内层通到底层的盲过孔(盲孔)、内层间的深埋过孔(埋孔)。过孔的形状只有圆形，主要参数包括过孔尺寸和孔径尺寸。

3. 焊盘

焊盘是在 PCB 板上为了固定元件引脚，并使元件引脚和导线导通而加工的具有固定形状的铜膜。焊盘形状一般有圆形(Round)、矩形(Rectangle)、圆角矩形(Rounded Rectangle)和八角形(Octagonal)几种。一般用于固定穿孔安装式元件的焊盘有孔径尺寸和焊盘尺寸两个参数,表面粘贴式元件常采用方形焊盘。

4. 元件封装

元器件封装是实际元器件焊接到 PCB 上时,在 PCB 上所显示的外形和焊盘位置关系,因此元器件封装是实际元器件在 PCB 板上的外形和引脚分布关系图。纯粹的元件封装只是一个空间概念,没有具体的电气意义。

元器件封装的两个要素是外形和焊盘。制作元器件封装时必须严格按照实际元器件的尺寸和焊盘间距来制作,否则装配 PCB 板时有可能因焊盘间距不正确而导致元器件不能装到电路板上,或者因为外形尺寸不正确,而使元器件之间发生干涉。

5. 飞线

飞线有以下两重含义:

(1)在 PCB 板的设计系统中导入元件之后,在自动布线之前,元件的相应引脚之间出现供观察用的类似橡皮筋的白色网络连接线,这些白色连线是系统根据规则自动生成的,起指引布线作用的一种连线,一般俗称为飞线。

(2)有些厂商在设计 PCB 板布线时,由于技术实力原因往往会导致最后的 PCB 板存在不足的地方。这时需要采用人工修补的方法来修补问题,就是用导线连通一些电气网络,有时候也称这种导线为"飞线",这就是飞线的第二重含义。

需要注意的是:PCB 板设计中的飞线与铜膜导线有着本质的区别。飞线只是一种形式上的连线,它只是形式上表示出各焊点之间的连接关系,没有实际电气的连接意义;而铜膜导线是根据飞线指示的焊点间连接关系布置的具有电气连接意义的连接线路。

6. 安全间距

在设计 PCB 板的过程中,设计人员为了避免或者减少导线、过孔、焊盘以及元件间的相互干扰现象,需要在这些对象之间留出适当的距离,这个距离一般称为安全间距。

5.2　元器件常用封装

5.2.1　元件封装分类

按照元件安装的方式,元件封装可分成通孔直插式封装和表面粘贴式封装两大类。

通孔直插式元件及元件封装如图 5-3 所示。通孔直插式元件焊接时先要将元件引脚插入焊盘通孔中,然后再焊锡。由于焊点导孔贯穿整个电路板,所以其焊盘中心必须有通孔,焊盘至少占用两层电路板,因此通孔直插式元件焊盘属性对话框中,Layer(层)的属性必须为"Multi-Layer"。

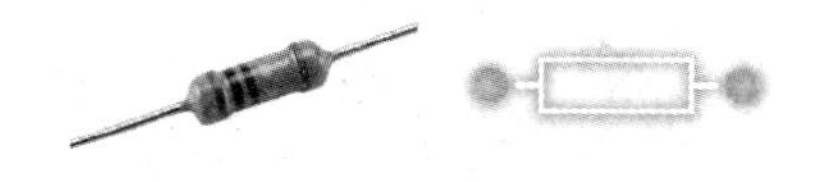

图 5-3　通孔直插式元件及元件封装

表面粘贴式封装及元件封装如图 5-4 所示。此类封装的焊盘没有导通孔,焊盘与元件在同一层面，元件直接贴在焊盘上焊接。所以表面安装式封装的焊盘只限于 PCB 表面板层，即顶层或底层。因此表面粘贴式元件焊盘属性对话框中，Layer(层)的属性必须为“Top Layer”或“Bottom Layer”。

图 5-4 表面粘贴式元件及元件封装

5.2.2 常用元件封装介绍

按照元件的不同封装，本节可将封装分成两大类：一类为分立元件的封装；另一类为集成电路元件的封装。下面介绍几种最基本、最常用的封装形式。

1. 分立元件的封装

(1)电容

电容分为普通电容和贴片电容。

普通电容又分为有极性电容和无极性电容。

有极性电容(如电解电容)根据容量和耐压的不同，体积差别较大，如图 5-5 所示。极性电容封装编号为“RB*-*”，如“RB5-10.5”，其中数字“5”表示焊盘间距，而数字“10.5”表示电解电容的外形直径，单位是 mm。

图 5-5 电解电容元件、原理图符号和元件封装

无极性电容根据容量不同，外形体积差别也较大，如图 5-6 所示。无极性电容封装编号为“RAD-*”，如“RAD-0.1”，其中数字“0.1”表示焊盘间距，单位是 inch。

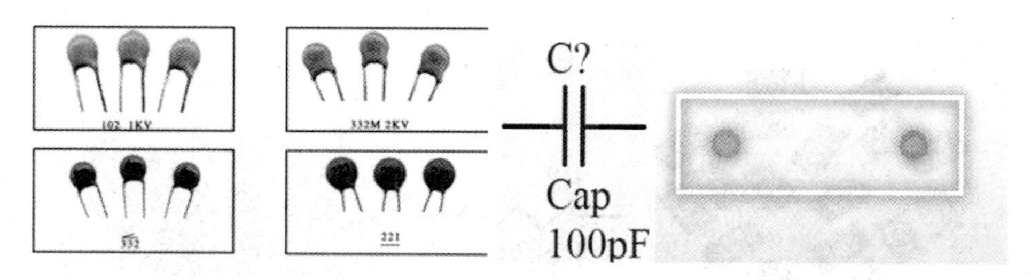

图 5-6　无极性电容元件、原理图符号和元件封装

贴片电容外形如图 5-7 所示。它们的体积与传统的直插式电容比较而言非常细小,有的只有芝麻粒般大小,已经没有元件引脚,两端白色的金属端直接通过锡膏与电路板的表面焊盘相接。贴片电容封装编号为"CC＊＊-＊＊",如"CC2012-0805",其中"-"后面的数字"0805"分成两部分,前面的"08"表示焊盘间距,后面的"05"表示焊盘宽度,两者的单位都是 mil,"-"前面的数字"2012"是与"0805"相对应的公制尺寸,单位是 mm。

图 5-7　贴片电容元件、原理图符号和元件封装

(2)电阻

电容分为普通电阻和贴片电阻。

普通电阻是电路中使用最多的元件之一,如图 5-8 所示。根据功率不同,电阻体积差别很大,普通电阻封装编号为"AXIAL-＊",如"AXIAL-0.4",其中数字"0.4"表示焊盘间距,单位是 inch。

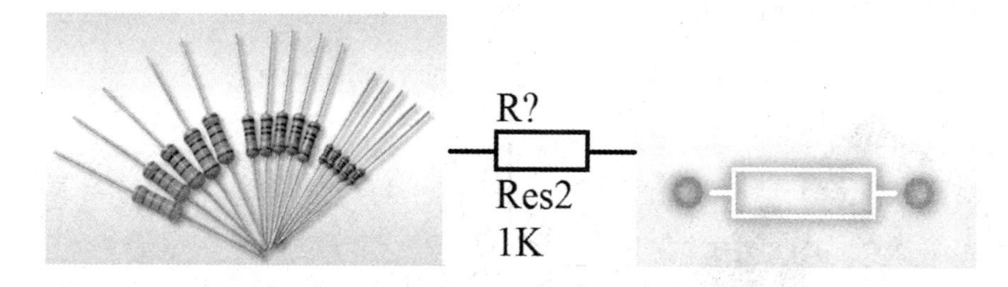

图 5-8　普通电阻元件、原理图符号和元件封装

贴片电阻和贴片电容在外形上非常相似,所以它们可采用相同的封装,贴片电阻的外形如图 5-9 所示。贴片电阻封装编号为"R＊-＊",如"R2012-0805",其含义和贴片电容的含

义基本相同。

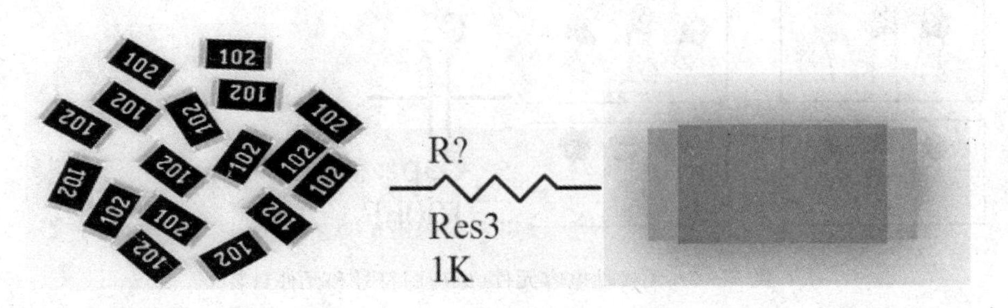

图 5-9　贴片电阻元件、原理图符号和元件封装

(3)二极管

二极管分为普通二极管和贴片二极管。

普通二极管根据功率不同,外形和体积差别很大,常用的封装如图 5-10 所示。以封装编号“DIO＊-＊×＊”为例,如“DIO7.1-3.9×1.9”,其中数字“7.1”表示焊盘间距,而数字“3.9×1.9”表示二极管的外形,单位是 mm。注意二极管为有极性器件,封装外形上画有短线的一端代表负端,和实物二极管外壳上表示负端的白色环或银色环相对应。

贴片二极管可用贴片电容的封装套用。

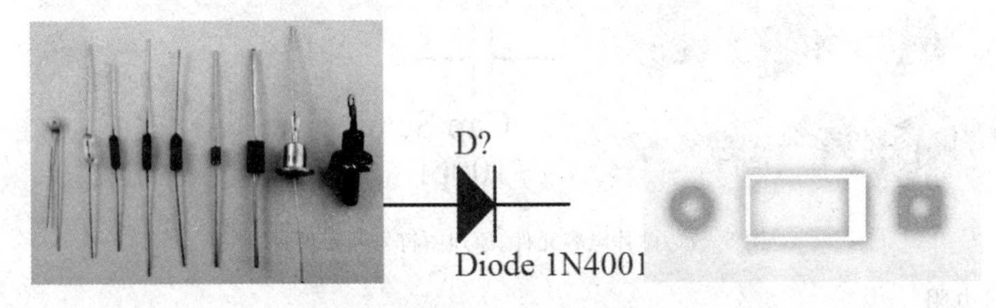

图 5-10　普通二极管元件、原理图符号和元件封装

(4)三极管

三极管也分为普通三极管和贴片三极管。

普通三极管根据功率不同,外形和体积差别很大,常用的封装如图 5-11 所示。以封装编号“BCY-W＊/E＊”为例,如“BCY-W3/E4”。

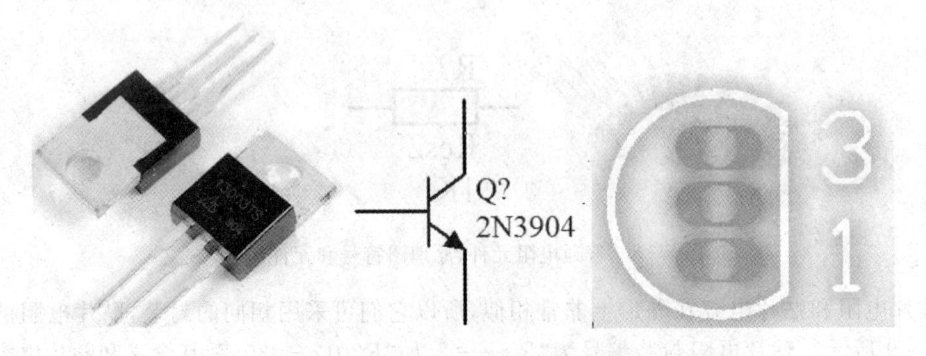

图 5-11　普通三极管元件、原理图符号和元件封装

贴片三极管外形以及常用的封装如图 5－12 所示。以封装编号“SO－G＊/C＊”为例，如“SO－G3/C2.5”。

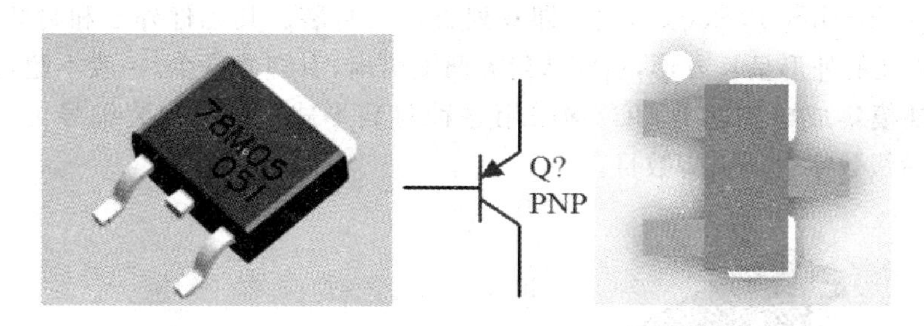

图 5－12　贴片三极管元件、原理图符号和元件封装

(5)电位器

电位器即可调电阻，在电阻参数需要调节的电器中广泛采用。根据精度和材料的不同，在外形和体积差别很大，常用的封装如图 5－13 所示。常用封装为“VR”系列 VR2～VR5，这里后缀的数字仅表示外形的不同，而没有实际尺寸的含义，其中 VR5 一般为精密电位器封装。

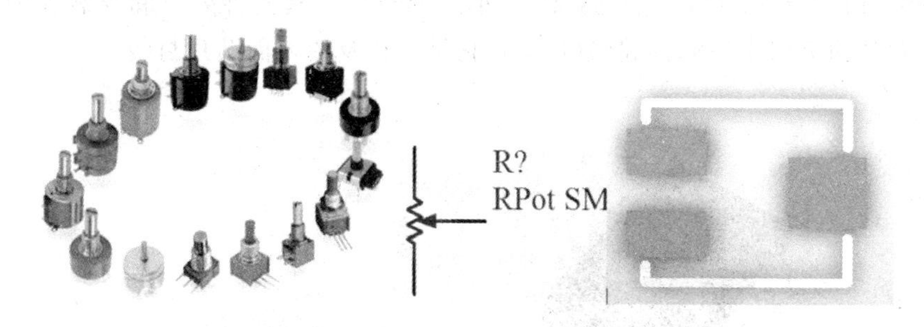

图 5－13　电位器元件、原理图符号和元件封装

(6)单排直插元件

单排直插元件，如用于不同电路板之间电信号连接的单排插座、单排集成块等。一般在原理图库元件中单排直插座常用“Header”系列，其封装一般采用“HDR”系列。图 5－14 所示为“HDR1×8”。

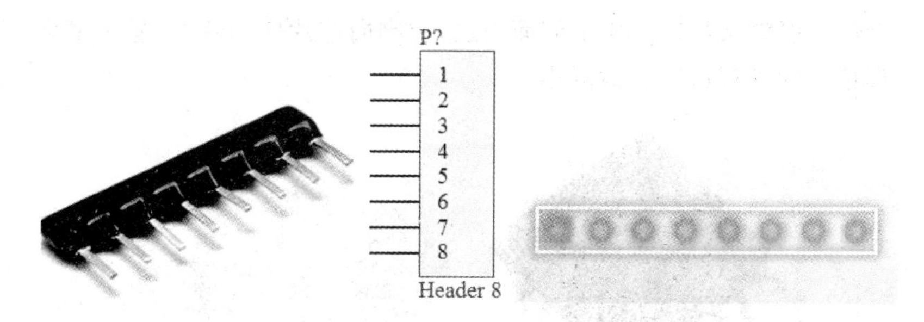

图 5－14　单排直插元件、原理图符号和元件封装

其他分立封装元件大部分在“Miscellaneous Connectors.IntLib”库中，这里不做具体说明，但必须熟悉各个元件命名，这样在调用时就一目了然。

2. 集成电路元件的封装

(1)DIP 封装

DIP(Dual In－line Package)封装，即双列直插式封装。其元件外形和封装如图 5－15 所示。这种封装的外形呈长方形，引脚从封装两侧引出，引脚数量少，一般不超过 100 个，绝大多数中小规模集成电路芯片(IC)均采用这种封装形式。DIP 封装编号为“DIP＊”，如“DIP14”，其后缀数字表示引脚数目。

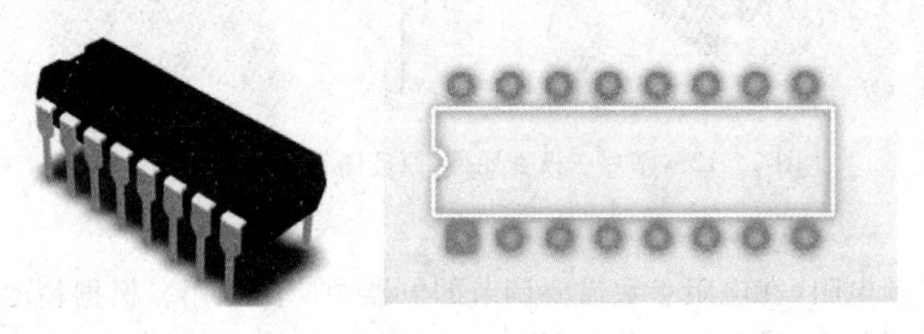

图 5－15　DIP 元件和元件封装

(2)SOP 封装

SOP(Small Outline Package)封装，即小外形封装。其元件外形和封装如图 5－16 所示，引脚从封装两侧引出呈海鸥翼状(L 型)，它是最普及的表面贴片封装。

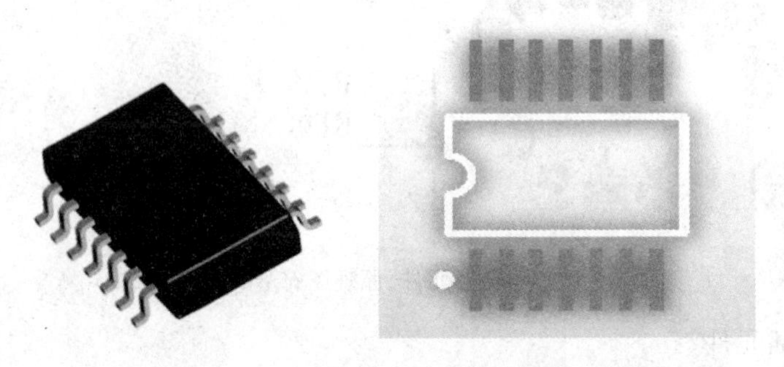

图 5－16　SOP 元件和元件封装

(3)PLCC 封装

PLCC(Plastic Leaded Chip Carrier)封装，即塑料有引线芯片载体封装。其元件外形封装如图 5－17 所示，引脚从封装的 4 个侧面引出，引脚向芯片底部弯曲，呈 J 字型。J 型引脚不易变形，但焊接后的外观检查较为困难。

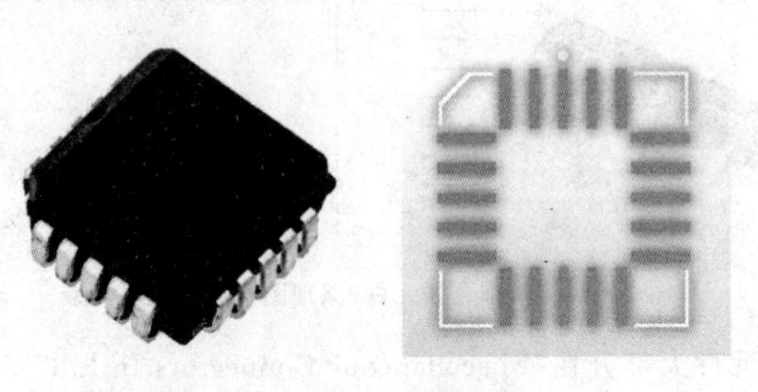

图 5－17　PLCC 元件和元件封装

(4)PQFP 封装

PQFP(Plastic Quad Flat Package)封装，即塑料方形扁平式封装。元件外形和封装图如图 5-18 所示。该封装的元件四边均有引脚，引脚向外张开。该封装在大规模或超大规模集成电路封装中经常被采用，因为他四周都有引脚，所以引脚数目较多，而且引脚距离也很短。

图 5-18 PQFP 元件和元件封装

(5)BGA 封装

BGA(Ball Grid Array)封装，即球状栅格阵列封装。元件外形和封装如图 5-19 所示。该封装表面无引脚，其引脚呈球状且以矩阵式排列于元件底部。该封装引脚数目多，集成度高。

图 5-19 BGA 元件和元件封装

(6)PGA 封装

PGA(Pin Grid Array)封装，即引脚网格阵列封装。元件外形和封装如图 5-20 所示。该封装结构和 BGA 封装很相似。不同的是其引脚引出元件底部并以矩阵式排列，它是目前 CPU 的主要封装形式。

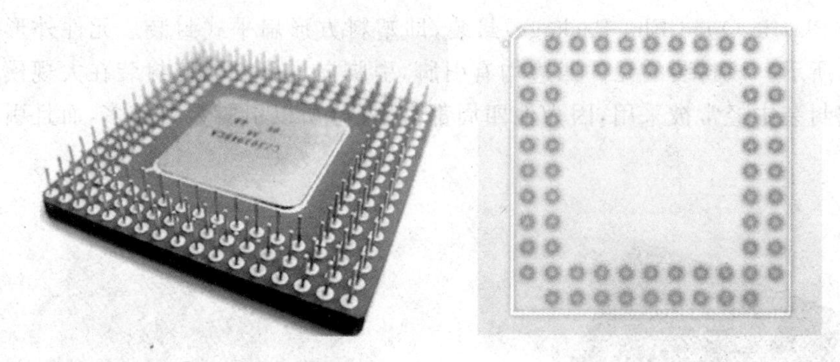

图 5 - 20　PGA 元件和元件封装

5.3　PCB 板设计流程与制作工艺

5.3.1　PCB 设计基本流程

对于初次接触印制电路板的设计人员来说，往往不知道 PCB 板设计应该从哪里开始，都有哪些步骤，因此在进行 PCB 板设计之前，设计人员有必要了解 PCB 设计的基本流程。PCB 设计的基本流程大致可分成以下几个步骤，流程图如图 5 - 21 所示。

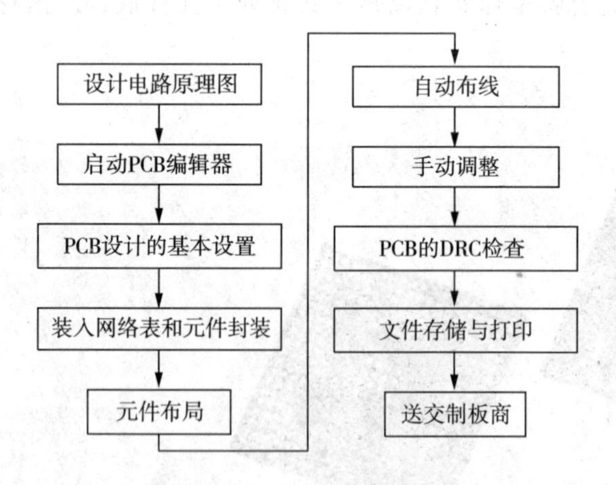

图 5 - 21　PCB 的设计流程

(1)设计电路原理图

电路原理图的设计是进行 PCB 设计的前期准备工作，是绘制 PCB 的基础步骤。

(2)启动 PCB 编辑器

设计人员通过新建或者打开 PCB 文件来启动 PCB 编辑器，只有进入到 PCB 编辑器中，设计人员才能进行 PCB 设计。

(3)PCB 设计的基本设置

在 PCB 设计过程中，基本设置主要包括三个方面的设置，它们分别是工作层面的设置、环境参数的设置和电路板的规划设置。

工作层面的设置在图层管理器内，根据设计人员的需要，将PCB设计成单层板、双层板或多层板。

设计人员根据自己的习惯设置环境参数，包括栅格大小、光标捕捉区域大小、工作层面颜色等，对初学者来说大多数参数都可以采用系统默认值。

规划电路板是指在进行具体的PCB设计之前，设计人员根据设计要求来设置电路板的外形、尺寸、禁止布线边界和安装方式等。

(4)装入网络表和元件封装

PCB编辑器只有载入网络表和元件封装之后才能开始绘制电路板。网络表是联系原理图编辑器和PCB编辑器的桥梁和纽带。电路板的自动布线是根据网络表来进行的。

需要注意的是：在原理图设计的过程中，ERC检查不会涉及元器件的封装问题。因此，对原理图进行设计时，元器件的封装很可能被遗忘，在引进网络表时可以根据设计情况来修改或补充元器件的封装。

(5)元件布局

元件布局应该从PCB的机械结构、散热性、抗电磁干扰能力以及布线的方便性等方面进行综合考虑。元件布局的基本原则是先布局与机械尺寸有关的元件，然后是电路系统的核心元件和规模较大的元件，最后再布局电路板的外围小的元器件。

(6)自动布线

Altium Designer 10在PCB的自动布线上引入人工智能技术，设计人员只需要在自动布线之前进行简单的布线参数和布线规则设置，自动布线器就会根据设计人员的具体设置选取最佳的自动布线策略完成PCB自动布线。

(7)手动调整

虽然自动布线具有极大的优越性并且布线通过率接近于100%，但在某些情况下自动布线还是难以完全满足PCB设计的要求。这时设计人员就需要采取手动调整以满足设计需求，将某些绕得太多的线重新设置，消除部分不必要的过孔，从而优化PCB的设计效果。

(8)PCB板的DRC检查

完成PCB的自动布线后，设计人员还需要对PCB的正确性进行检测。Altium Designer 10设计系统为设计人员提供了功能十分强大的设计规则检查(Design Rule Check，DRC)功能，通过DRC检查，设计人员可以检查所设计的PCB是否满足先前所设定的布线要求，从而能够使得设计人员快速修改PCB设计中出现的问题。

(9)文件存储及打印

PCB设计完成后，设计人员需要对PCB设计过程中产生的各种文件和报表进行存储和输出打印，以便对设计项目进行存档。

(10)送交制板商

设计人员还应该将PCB图导出，用来送交给制造商制作所需要的PCB板，应当注明板的材料、厚度、数量和加工时有特殊要求的地方。

5.3.2 PCB的基本组成

PCB板包含一系列元件，由PCB材料支撑，通过PCB材料中的铜箔层进行电气连接的电路板，在电路板表面上还有对 PCB 起注释作用的丝印层。

一般来说，PCB 包括以下 4 个基本组成部分：

(1)元器件

用于实现电路功能的各种元器件，如芯片、电阻、电容等。每一个元件都包含若干引脚。通过这些引脚，电信号被引入元件内部进行处理，从而完成相应的功能。

(2)铜箔

在电路板上表示为导线、焊盘、过孔和覆铜等。为了实现元件的安装和引脚连接，必须在电路板上按元件引脚的距离和大小钻孔，同时还必须在钻孔的周围留出焊接引脚的焊盘，为了实现元件引脚的电气连接，在有电气连接引脚的焊盘之间还必须覆盖一层导电能力较强的铜箔膜导线。同时，为了防止铜箔膜导线在长期的恶劣环境中使用而氧化，减少焊接、调试时短路的可能性，在铜箔导线上还要涂抹一层绿色的阻焊漆。

(3)丝印层

采用绝缘材料制成，可以在丝印层上标注文字以及对电路板上的元件进行注释。

(4)绝缘基板

采用绝缘材料构成，用于支撑整个电路板。

5.3.3 PCB 板制作流程

PCB 板的制作过程包括下料、丝网漏印、腐蚀和去除印料、孔加工等一系列步骤，如图 5-22 所示。本小节以一个单层板为例，简单介绍 PCB 板制作过程。

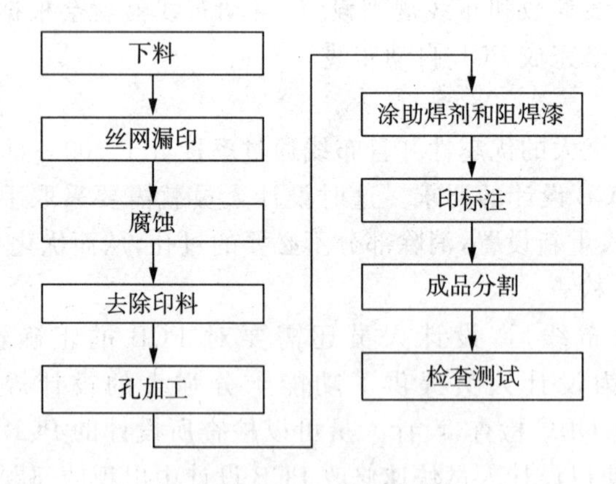

图 5-22 PCB 的设计流程

(1)下料

一般是指选取材料、厚度合适，整个表面铺有较薄铜箔的整张基板。

(2)丝网漏印

为了制作元器件引脚之间的相连的铜箔导线，必须将多余的铜箔部分利用化学反应腐蚀掉，而使铜箔导线在化学反应的过程中保留下来，所以必须在腐蚀之前将元件引脚之间相连的铜箔导线利用特殊材料印制到铺有较薄铜箔的整张基板上。该特殊材料可以保证其下面的铜箔与腐蚀液隔离。将特殊材料印制到基板上的过程就是丝网漏印。

(3)腐蚀和去除印料

将丝网漏印后的基板放置在腐蚀化学液中，将裸露出来的多余铜箔腐蚀掉，接下来再利用化学溶液将保留下来铜箔上的特殊材料清洗掉。如此就能制作出裸露的铜箔导线。

(4)孔加工

为了实现元件的安装，还必须为元件的引脚提供安装孔。利用数控机床在基板上钻孔。对于双层板而言，为了实现上下层导线的互连，还必须制作过孔。过孔的制作较为复杂，钻孔后还必须在过孔中电镀上一层导电金属膜，该过程就是孔加工。

(5)助焊剂和阻焊漆

经过以上步骤，电路板已经初步制作完成，但为了更好地装配元件和提高可靠性，还必须在元件的焊盘上涂抹一层助焊剂。该助焊剂有利于用焊盘与元件引脚的焊接。而在焊接过程中为了避免和附近其他导线短接的可能性，还必须在铜箔导线上涂上一层绿色的阻焊漆，同时阻焊漆还可以保护其下部的铜箔导线在长期恶劣的工作环境中被氧化腐蚀。

(6)印标注

为了元件装配和维修的过程中识别元件，还必须在电路板上印上元件的编号以及其他必要的标注。

(7)成品分割和坚持测试

将整张制作完成的电路板分割为小的成品电路板。最后还要对电路板进行检查测试。

5.4　PCB板设计原则

PCB设计的好坏直接影响电路板抗干扰能力的大小。因此在进行PCB设计时，一定要遵循PCB设计的一般规则，以达到抗干扰设计的要求。其中，元器件的布局、布线、焊盘大小、去耦电容的配置及元器件之间的连接等设计都会影响电路板的抗干扰能力，下面简单介绍这些方面的一些规律。

1. 元器件布局

若PCB尺寸过大，则因制线路较长，引起阻抗相应增加，抗噪声能力减弱，成本也会增加；如果PCB尺寸过小，那么元器件之间排列得过于紧密，就会导致散热效果不好，容易产生干扰等情况。所以我们应该在确定PCB尺寸后，再确定一些特殊元器件的位置。最后再综合考虑整个电路的功能单元，对元器件进行合理布局。

2. 一些特殊元件放置时应遵循的原则

(1)应尽量缩短高频元件之间的连线，以减少它们之间的分布参数和相互之间的电磁干扰，输入与输出的元器件应尽量远离。

(2)对于那些又大又重、发热量很高的元器件，如LM317、LM7805等，应该使用散热支架加以固定，热敏元件应尽量远离这些发热元件。

(3)在某些元器件或导线之间，可能存在较高的电位差，应该加大它们之间的距离，以免放电引起短路。对于带有强电的元件，应尽量布置在远离人手触及的地方，以免危及人身安全。

(4)应该预留出电路板的定位孔和固定支架所占用的位置。

(5)应以每个功能电路的核心元件为中心,其他元件应均匀、整齐、紧凑地排列在电路板上以尽量减少元器件之间的引线和连接。

(6)对于在高频工作下的电路,应考虑元器件之间的分布参数。通常电路应尽可能使元件平行排列,这样不但美观、焊接容易,而且容易批量生产。

(7)电路板的最佳形状为矩形,长宽比为 3∶2 或 4∶3。若电路板尺寸大于 200mm×150mm 时,应尽量考虑电路板所受的机械强度,位于电路板边缘的元器件,距电路板边缘一般不小于 2mm。

(8)对于可调电感线圈、可变电容器、电位器、微调开关等可调元器件的布局应考虑整机的结构要求。若是机内调节,应放置在电路板上易于调节的地方;若是机外调节,其放置位置应与调节按钮在机箱面板上的位置相适应。

(9)按照电路的流程安排各个功能电路单元的位置,使得布局便于信号的流通,并且尽量保证流通方向的一致性。

3. 布线

布线的方法和布线的结果对 PCB 也会产生很大的影响,一般布线应遵循以下原则:

(1)对于集成电路尤其是数字电路,印制电路板导线的最小宽度应为 0.2～0.3mm,电源线和地线可以选用较宽的导线,导线间最小间距要求通常为 5～8mm。

(2)输入输出端的导线应远离并避免平行。最好添加一根地线,以免发生反馈耦合。

(3)在高频电路中,导线拐弯处若是直角或锐角,会影响电路板的性能,因此导线转弯处一般选取圆弧形。另外,应尽量避免使用大面积的铜箔,因为长时间受热会使铜箔膨胀和脱落。当必须用大面积铜箔时,最好选用栅格状,这样有利于排除铜箔与基板之间黏合剂受热所产生的挥发性气体。

4. 焊盘大小

焊盘的中心孔应该比元器件引脚直径略大一些。若焊盘太小不易插入元器件,焊盘太大则容易形成虚焊。通常焊盘外径 D 应不小于 $d+1.2$mm,其中 d 为引脚直径。对于元器件密度高的数字电路,焊盘最小直径可取 $d+1.0$mm。

5. 去耦电容配置

(1)电源输入端应跨接 10μF 以上的电解电容。

(2)原则上每个集成电路芯片之间都应布置一个 0.01pF 的瓷片电容,若电路板的空间有限,则可每 4～8 个芯片布置一个 1～10pF 的钽电容。

(3)对抗噪能力弱、开关电源电压变化大的器件,如 RAM、ROM 等存储器件,应尽量在芯片的电源和地线之间直接接入去耦电容。

(4)若电路板中有继电器、接触器和按钮等元器件,由于可能会产生火花放电,在继电器、接触器等元件两端应采用 RC 电路吸收放电电流,在继电器的两端还应该接入一个二极管来放掉线圈中存储的电流。一般取电阻 R 为 1～2kΩ,电容 C 为 2.2～47μF。

6. 元器件之间的连线原则

(1)印制电路板导线中不允许出现交叉点,对于可能交叉导线采用“钻”或“绕”的方式解决,即让某些导线从电阻、电容和三极管引脚等元件的空隙处“钻”过去;或者从可能交叉的另一根导线的一端“绕”过去。

(2)电阻、电容和二极管等元件有“卧式”和“立式”两种安装方法。“立式”是指垂直于电路板安装,可以节省大量空间;“卧式”是指元器件平行并紧贴于电路板安装,可以提高元器件安装的机械强度。

(3)强电流引线(公共地线,电源引线等)应当尽量宽些,这样可以降低分布电阻及压降,可减少因寄生耦合而产生的自激振荡。

(4)在使用IC插座的情况下,要特别注意IC插座上定位槽放置的方向是否正确,并注意与将要放置的元件引脚相对应。例如,从面板正面来看,第1引脚只能位于IC座的左下角或右上角。

(5)在保证电路性能要求的前提下,设计应力求走线合理,少用外接跨线,并按照由左到右,由上而下的顺序进行布线,力求直观,便于安装、检修和调整。

(6)同一级电路应尽量采用相同的接地点,本级电路的电源滤波电容应该接在该级接地点上。通常同一级的晶体管基极、发射极的接地不能相距太远,否则将会因为接地间的铜箔太长而产生自激和干扰。采用一点接地法的电路,工作性能比较稳定,不易产生自激振荡。

(7)总接地线必须严格按照高频——中频——低频逐级按照弱电到强电的顺序排列,切不可随意乱接,宁可极间接线长一些也要遵守这一原则。变频头、再生头、调频头等调频电路应采用大面积包围式地线,从而抑制自激振荡的产生,保证良好的屏蔽效果。

7. 抗干扰设计原则

(1)电源线的设计应尽量与地线的走向和数据传递的方向一致,根据印制电路板的大小尽量加粗电源线的宽度,从而减少环路电阻,同时提高抗噪声能力。

(2)地线设计要求数字地和模拟地分开,若电路板上既有逻辑电路又有线性电路,应尽量使它们分开。低频电路的地尽量采用单点并联接地,实际布线有困难时才可用串联后再并联接地。对于高频电路则应采用多点串联接地方式,地线应尽量短而粗,高频元器件周围尽量敷设网格状的大面积铜箔。通常接地线应该尽量加粗,这样可以提高抗噪能力,一般应允许通过3倍于印刷电路板上的允许电流。接地线应构成闭合环路,这样可以大大提高抗噪声能力。

5.5 本章小结

本章主要介绍了PCB板的板层结构、元器件常用封装、PCB板设计流程与制作工艺以及PCB板设计原则。

PCB的种类可以根据元件导电层面的多少分为单层板、双层板和多层板三种。其中单层板设计最为简单;双层板在目前应用最为广泛;多层板主要应用与复杂电子电路板设计。

按照元件安装的方式,元件封装可分成通孔直插式封装和表面粘贴式封装两大类。

PCB设计的基本流程大致可分成:设计电路原理图、启动PCB编辑器、PCB设计的基本设置、装入网络表和元件封装、元件布局、自动布线、手动调整、PCB板的DRC检查、文件存储及打印和送交制板商等几个步骤。

PCB 设计的好坏直接影响电路板抗干扰能力的大小。因此在进行 PCB 设计时，一定要遵循 PCB 设计的一般规则，如元器件布局原则、特殊元件放置原则、布线规则、焊盘大小原则、去耦电容配置原则、元器件之间的连线原则和抗干扰设计原则等。

通过本章学习，使读者对电路板的设计有一个基本的了解，以便进行下一章 PCB 设计学习。

思考与练习

1. 单层板、双层板和多层板各有什么特点？
2. PCB 包括哪些类型的工作层面？
3. 过孔一般分为哪几种类型？
4. 按照元件安装方式，元件封装可分为哪几类？
5. PCB 板通常由哪几个部分组成？
6. 简述 PCB 设计的基本流程。

第6章 Altium Designer 10的PCB设计

本章导读

本章介绍了Altium Designer 10软件的PCB设计工具，并详细讲述如何设计PCB板。PCB的设计有自动和手动的设计两种方法。PCB的自动布线可以大大减轻设计人员的工作量，在自动化设计PCB的过程中应着重掌握加载网络表文件的方法和如何设置布线规则等。尽管Altium Designer 10自动布线的功能非常强大，但通常都需要对自动设计的PCB板进行手动调整，因此掌握PCB的手动设计方法依然很重要。在手动设计PCB的过程中，需要掌握手动布局和手动布线等关键步骤的方法与技巧。此外本章还详细介绍了PCB编辑器参数的设置，电路板板框的设置、对象的编辑、添加泪滴及敷铜等操作。

学习目标

- 掌握PCB文件的建立；
- 掌握PCB编辑参数设置的方法；
- 掌握PCB板板框设置的方法；
- 掌握PCB规则的设置；
- 掌握PCB板添加泪滴和敷铜的方法。

6.1 PCB编辑器

6.1.1 PCB文件的创建

与新建一个原理图文件的操作基本相同，设计人员可以通过使用菜单新建一个PCB文件。

1. 新建工程项目文件。

执行“File”菜单，选择“New”—“Project”—“PCB Project”命令，建立一个工程文件。

2. 添加PCB文件。

在已建立好的工程文件上单击右键选择“Add New to Project”菜单，若选择“PCB”命令，就能在当前工程文件中添加一个默认文件名为“PCB1.PcbDoc”的PCB文件，如图6-1所示。其中PCB1是默认PCB文件名，可以由用户自行修改，后缀“.PcbDoc”是PCB文件的默认扩展名。

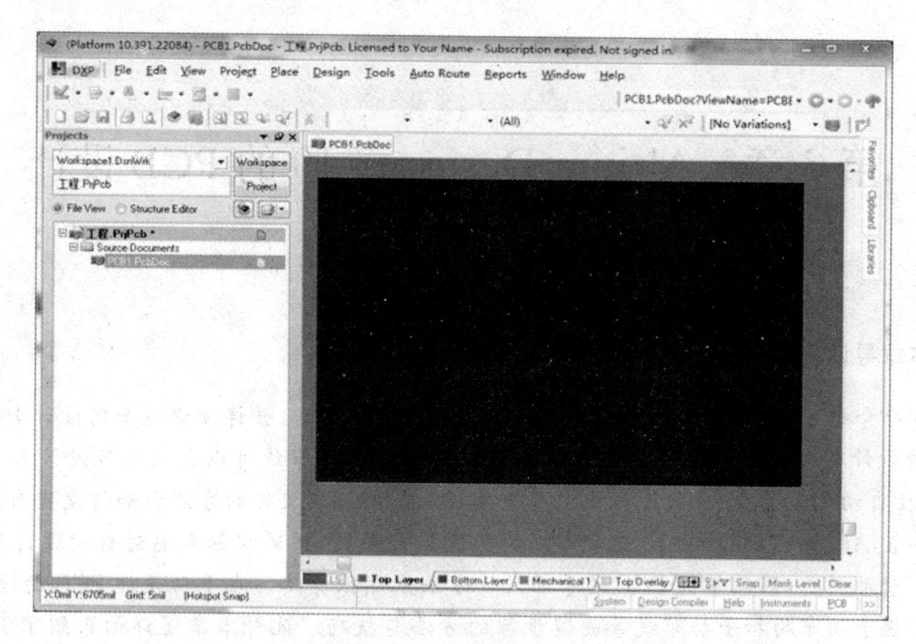

图 6-1　PCB 编辑器界面

6.1.2　PCB 编辑器界面

PCB 编辑器的工作界面在整体布局上与原理图编辑器的界面布局完全类似。还是由菜单栏、工具栏、工作区和各种管理工作面板、命令状态栏以及面板控制区,只是相应区域的功能有所不同。

1. 菜单栏

Altium Designer 10 的 PCB 编辑器的主菜单包括 11 个菜单项,如图 6-2 所示。该菜单中包括了与 PCB 设计有关的操作命令。

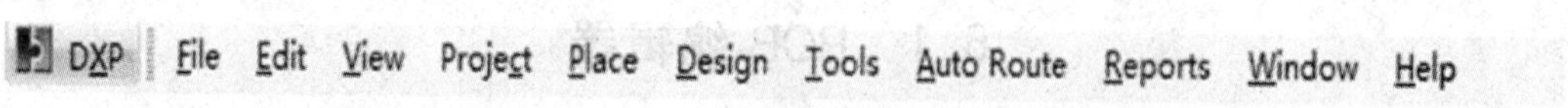

DXP　File　Edit　View　Project　Place　Design　Tools　Auto Route　Reports　Window　Help

图 6-2　PCB 编辑器界面的主菜单

- “File”菜单:用于文件的打开、关闭、保存、打印和输出等操作。
- “Edit”菜单:用于对象的选择、复制、粘贴、移动、排列和查找等操作。
- “View”菜单:用于画面的各种操作,如工作窗口的放大和缩小、各种面板、工作栏、状态栏的显示和隐藏等操作。
- “Project”菜单:用于与项目有关的各种操作,如编译文件和项目,创建、删除和关闭文件等操作。
- “Design”菜单:用于导入网络表及元器件封装、设置 PCB 设计规则、PCB 层颜色和对象类的设置。
- “Tools”菜单:为 PCB 设计提供各项工具,如 DRC、元件布局等。
- “Auto Route”菜单:与 PCB 自动布线相关的操作。

● “Windows”菜单:对窗口进行平铺和控制等操作。

● “Help”菜单:提供帮助。

2. 工具栏

Altium Designer 10 的 PCB 编辑器的工具栏包括“Standard”、“Navigation”、“Filter”、“Wiring”、“Utilities”5 个工具栏,如图 6-3 至图 6-7 所示。可以根据需要选择显示或隐藏这些工具栏。

● “Standard”工具栏:该工具栏中大部分的工具按钮与原理图标准工具栏功能相同,包括对文件的操作、对视图的操作等。

Altium Standard 2D

图 6-3 “Standard”工具栏

● “Navigation”工具栏:该工具栏指示文件所在的路径,支持文件之间的跳转及转至主页等操作。

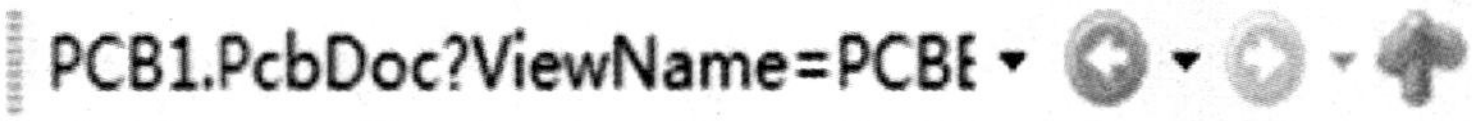

PCB1.PcbDoc?ViewName=PCBE

图 6-4 “Navigation”工具栏

● “Filter”工具栏:该工具栏用于设置屏蔽选项,在“Filter”工具栏中的编辑框下选择屏蔽条件后,PCB 工作区只显示满足用户需求的对象,如某一个网络或元件等。

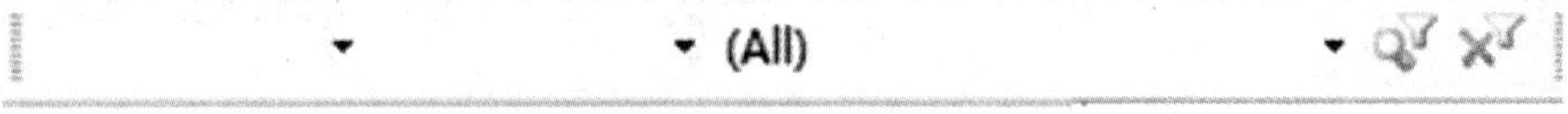

(All)

图 6-5 “Filter”工具栏

● “Wiring”工具栏:该工具栏主要提供在 PCB 编辑环境中一般电气对象的放置操作按钮、如放置铜膜导线、焊盘、过孔、PCB 元件封装等电气对象。

图 6-6 “Wiring”工具栏

● “Utilities”工具栏:该工具栏中的工具按钮用于在 PCB 编辑环境中绘制不具有电气意义的非电气对象,如绘制直线、圆弧、坐标、标准尺寸等。

图 6-7 “Utilities”工具栏

6.1.3 PCB 工作面板

在 Altium Designer 10 的各编辑器中都提供了一些有助于管理的工作面板，PCB 编辑器同样也提供了丰富的工作面板，如“Filter”工作面板、“List”工作面板、“Inspector”工作面板和“PCB”工作面板等。

其中“PCB”工作面板是 PCB 设计中最为经常使用的工作面板。通过“PCB”工作面板可以观察到电路板上所有对象的信息，还可以对元件、网络等对象的属性直接进行编辑。对“PCB”工作面板的熟练操作有益于提高设计工作效率。

单击 PCB 编辑器右下角工作面板区的“PCB”标签，选择其中的“PCB”选项，如图 6－8 所示，并弹出如图 6－9 所示的“PCB”工作面板。

在“PCB”工作面板中包括 6 个区域：对象选择区域、命令选择区域、对象分类区域、对象浏览区域、对象描述区域以及 PCB 浏览窗口。

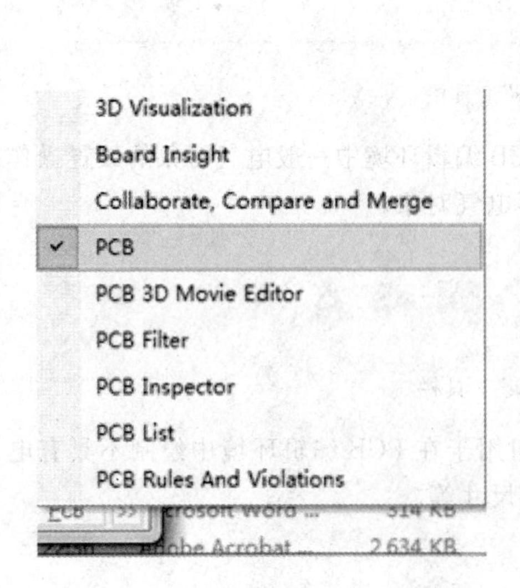

图 6－8 选择“PCB”选项

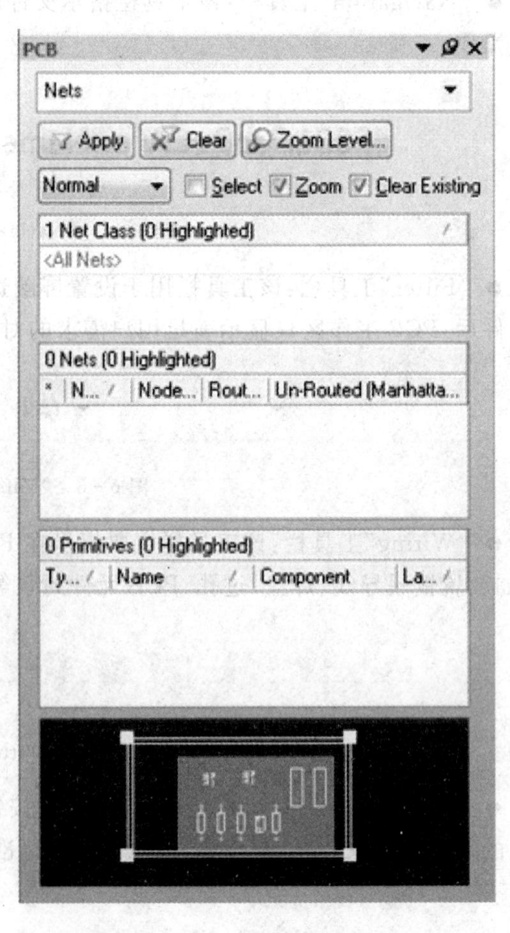

图 6－9 “PCB”工作面板

1. 对象选择区域

对象选择区域列出 PCB 文件中所有对象的分类情况，如图 6－10 所示。其中的“Nets”、

“Components”、“From-To Editor”、“Split Plane Editor”、“Rules”等选项可分别表示查看该 PCB 文件中所有的网络、元件、焊点位置、Plane 编辑项、规则等相关内容。

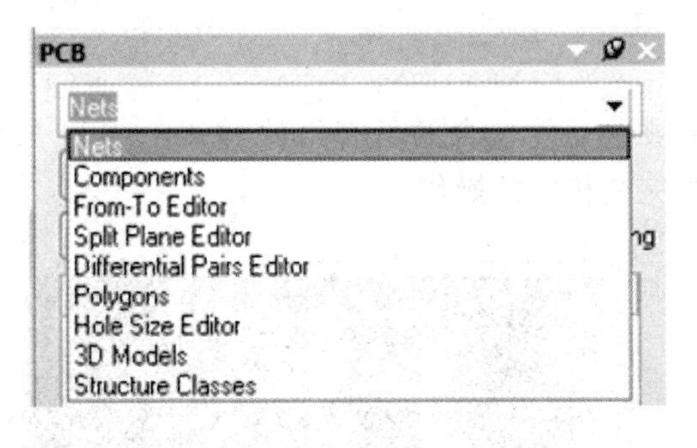

图 6 - 10　对象选择区域图

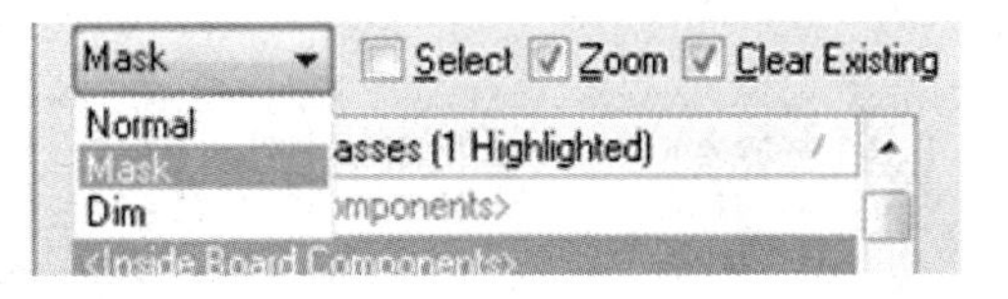

图 6 - 11　命令选择区域

2. 命令选择区域

命令选择区域要求选择被查找对象的显示方式。系统提供了以下几种选择方式，如图 6 - 11 所示。

- “Mask”下拉框：可用来改变所选中对象是高亮显示或正常显示。
- “Select”选项：钩选此选项，选中的对象处于被选择的状态。
- “Zoom”选项：钩选此选项，选中对象以适合的大小出现在窗口中。
- “Clear Existing”选项：不钩选此选项，上次操作将不会被取消。

3. 对象分类区域

对象分类区域列出了该 PCB 文件中的所有对象类，如图 6 - 12 所示。在此区域中，系统提供了以下两个操作。

- 查看对象类中包含的元件在 PCB 文件中的位置。在对象列表栏单击所选中需要查看的对象类，系统将自动跳转窗口，显示该对象类的所有元件。
- 查看对象类属性。直接双击对象类的名称，系统自动弹出对象类的属性设置对话框，在此对话框中设计人员可以修改对象类的属性。

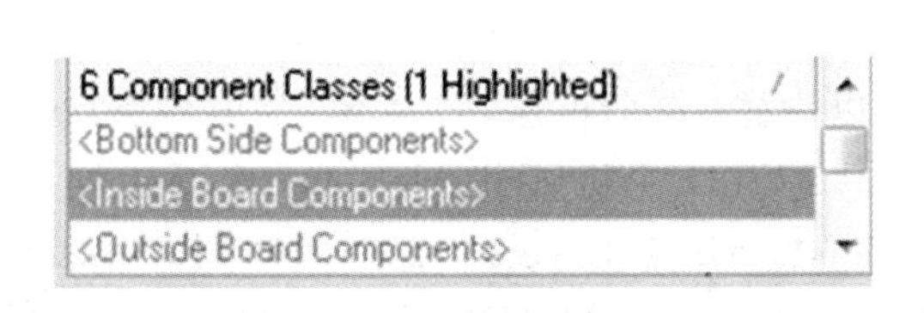

图 6 - 12　对象分类区域

9 Components (0 Highlighted)

Designa...	Comment	Footprint
C1	Cap	RAD-0.3
C2	Cap	RAD-0.3
P1	Header 2	HDR1X2
Q1	2N3904	BCY-W3/E4
Q2	2N3904	BCY-W3/E4

图 6 - 13　对象浏览区域

4. 对象浏览区域

对象浏览区域列出了该 PCB 文件中某个对象类中所包含的元件，如图 6 - 13 所示。在此区域中，系统也提供了两个操作。

- 定位元件。在对象浏览区域中单击选中需要查看的元件，系统将自动跳转窗口，显示该元件所在的位置。

● 查看元件的基本属性。直接双击某个元件也可以显示该元件的属性设置对话框，在此对话框中设计人员可以修改元件的属性。

5. 对象描述区域

对象描述区域列出了在对象浏览区域中被选元件包含的所有组件，如图 6-14 所示。在此区域中，系统提供了与对象浏览区域功能完全相同的操作。

6 Component Primitives (0 Highlighted)

Type	Name	Net	Layer
Pad	P1-1	NetP1_1	MultiLay
Track	Width=7.874mil		TopOve
Track	Width=7.874mil		TopOve
Track	Width=7.874mil		TopOve
Track	Width=7.874mil		TopOve

图 6-14 对象描述区域

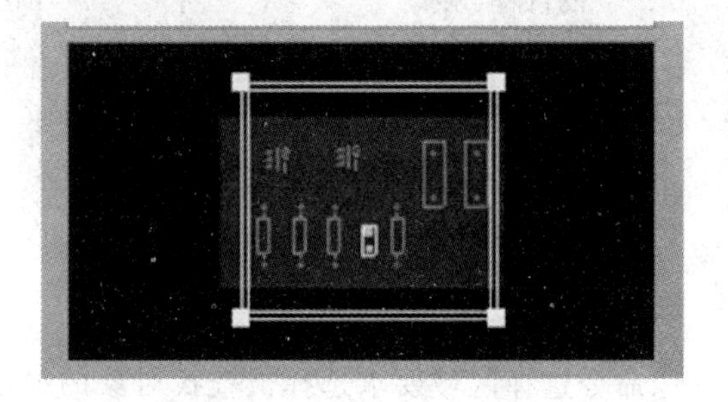
图 6-15 PCB 浏览窗口

6. PCB 浏览窗口

PCB 浏览窗口便于设计人员快速查看，定位 PCB 文件工作区中的对象，如图 6-15 所示。该窗口提供两种操作。

● 单击“PCB”工作面板上的 Apply 按钮，系统将定位到对象分类区域、对象浏览区或对象描述区域中被选中的对象上。

● 调整 PCB 浏览窗口中的白色方框的大小可以缩放 PCB 的观察范围。同时，如果移动光标到 PCB 浏览窗口的白色方框。此时拖动白色方框，可以观察 PCB 的局部细节。

6.2 PCB 参数设置

6.2.1 PCB 板层设置

第五章中学习过，Altium Designer 10 可以设置 74 个板层，包括 32 个信号层（Signal Layers）、16 个内部电源层/接地层（Internal Layers）、16 个机械层（Mechanical Layers）、2 个阻焊层（Solder Mask Layers）、2 个助焊层（Paste Mask Layers）、2 个丝印层（Silkscreen Layers）、2 个钻孔层、1 个禁止层（Keepout Layer）和 1 个横跨所有信号板层（Multi-Layer）。

Altium Designer 10 提供层堆栈管理器对各层属性进行管理。在层堆栈管理器中，用户可定义层的结构，看到层堆栈的立体效果。对电路板层的管理可以执行“Design”—“Layer Stack Manager”命令，系统将弹出如图 6-16 所示的“Layer Stack Manager”对话框。

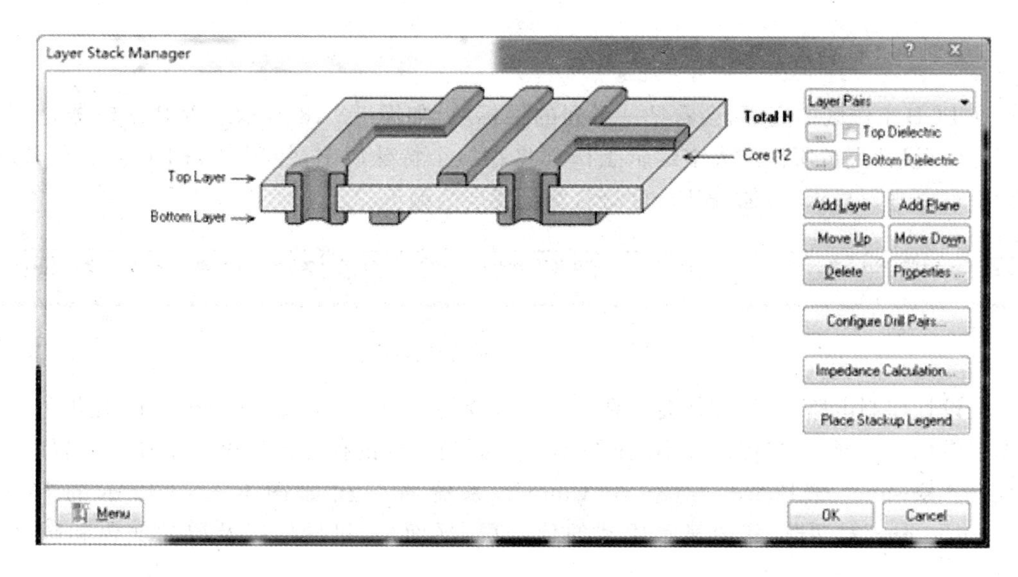

图 6－16 “Layer Stack Manager”对话框

● 单击“Add Layer”按钮，可以添加中间信号层。

● 单击“Add Plane”按钮，可以添加内电源/接地层，不过添加信号层前，应该首先使用鼠标单击信号层添加位置处，然后再设置。

● 如果选中“Top Dielectric”复选框则在顶层添加绝缘层，单击起左边按钮，打开如图 6－17 所示的对话框，即可设置绝缘层属性。

● 如果选中“Bottom Dielectric”复选框则在底层添加绝缘层，单击起左边按钮，同样可设置绝缘层属性。

● 如果用户需要设置中间层的厚度，则可以在“Core”处双击编辑设定。

● 如果用户想重新排列中间的信号层，可以使用“Move Up”和“Move Down”按钮来操作。

● 如果用户需要设置某一层的厚度，则可以选中该层，然后单击“Properties”按钮，系统将弹出如图 6－17 所示的对话框，可以设置信号层的厚度、层名。

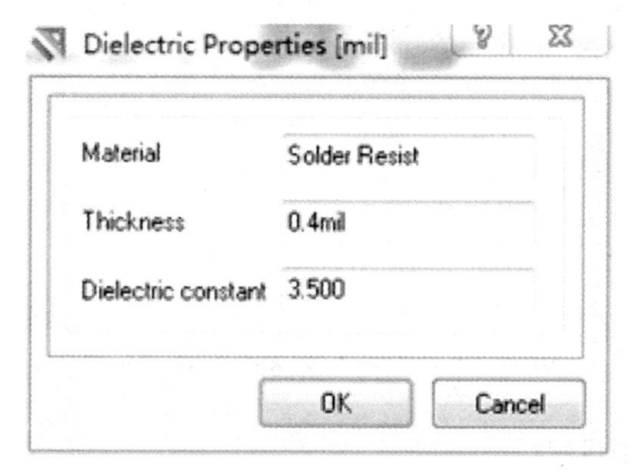

图 6－17 绝缘层属性对话框

6.2.2 PCB 各层定义与颜色设置

在 PCB 工作区的底部，会看见一系列的层标签，如图 6－18 所示。PCB 编辑器是一个多层环境，设计人员所做的大多编辑工作都将在一个特殊层上，使用 Board Layer & Color 对话框可以进行显示、添加、删除、重命名及设置层的颜色。

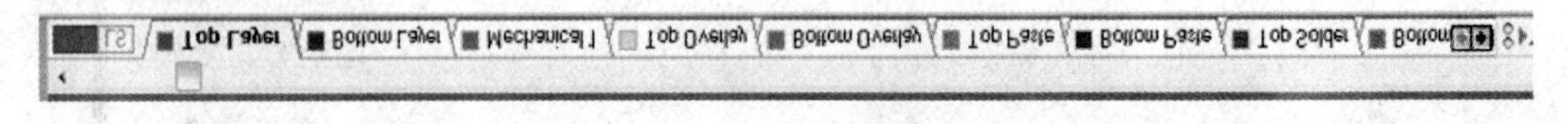

图 6－18　工作层选择标签

在设计印制电路板时，往往会遇到工作层选择的问题。Altium Designer 10 提供了多个工作层供用户选择，用户可以在不同的工作层上进行不同的操作。当进行工作层设置时，应该执行“Design”—“Board Layer & Color”，系统将弹出如图 6－19 所示的“View Configurations”对话框，其中显示用到的信号层、平面层、机械层以及层的颜色和图纸的颜色。

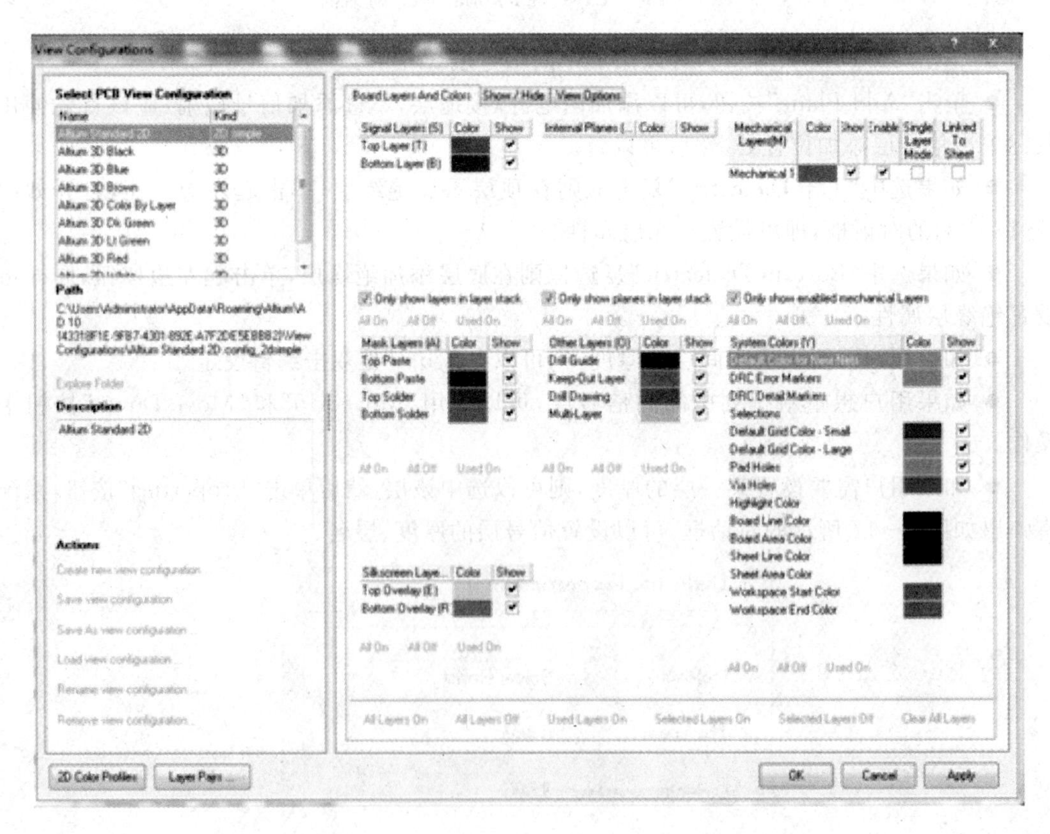

图 6－19　“View Configurations”对话框

6.2.3 PCB 板选项设置

在实际的设计过程中，不能打开所有的工作层，这就需要用户设置工作层，将自己需要的工作层打开。

执行“Design”—“Board Options”，系统将会弹出如图 6 - 20 所示的“Board Options”对话框，在该对话框中，可以设置包括捕获网格、计量单位和页面大小等。

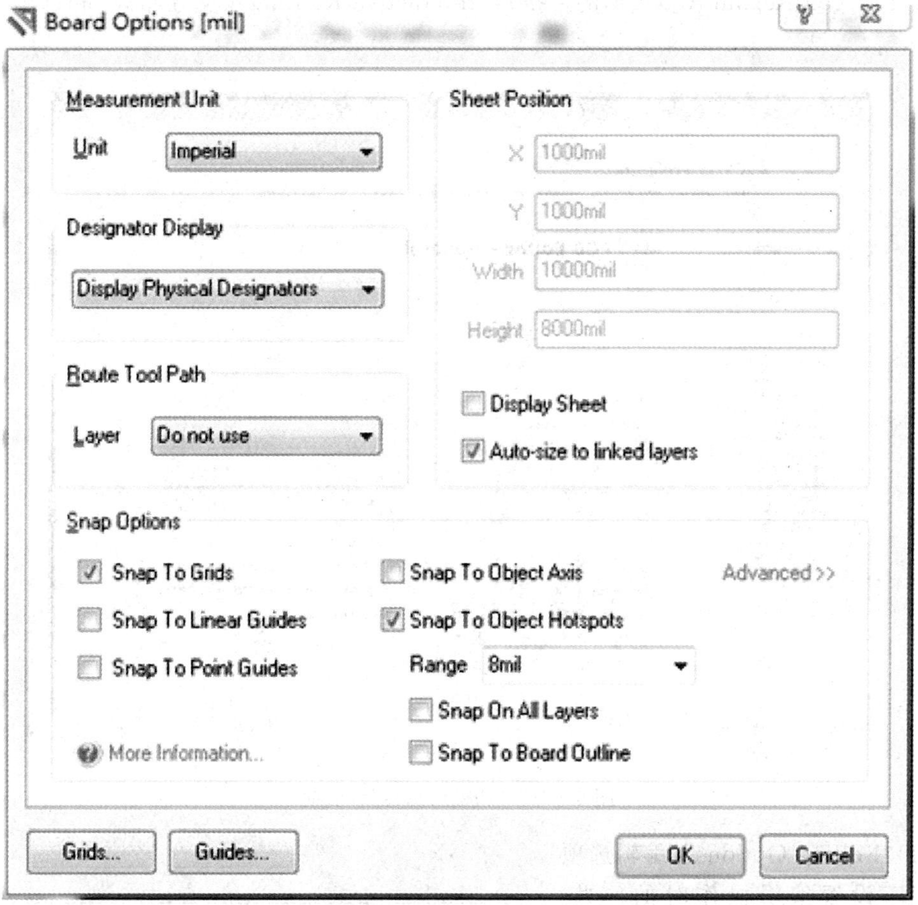

图 6 - 20　“Board Options”对话框

6.2.4　设置 PCB 电路参数

设置系统参数是电路板设计过程中非常重要的一步，系统参数包括光标显示、层颜色、系统默认设置、PCB 设置等。许多系统参数应符合用户的个人习惯，因此一旦设定，将成为用户个性化的设计环境。

执行“Tools”—“Preferences”，系统将会弹出如图 6 - 21 所示的“Preferences”对话框，它包括“General”选项卡、“Display”选项卡、“Board Insight Display”选项卡、“Board Insight Modes”选项卡、“Board Insight Lens”选项卡、“Interactive Routing”选项卡、“Default”选项卡、“True Type Fonts”选项卡、“Mouse Wheel Configuration”选项卡、“Layer Color”选项卡。下面就具体讲述部分选项卡的设置。

1.“General”选项卡

单击“General”标签即可进入“General”选项卡，如图 6 - 21 所示。“General”选项卡用于设置一些常用的功能，包括“Editing Options”(编辑选项)、“Autopan Options”(自动摇景选项)、“Polygon Repour”(多边形的推挤)、“Interactive Routing”(交互布线)和“Other”(其他)设置等。

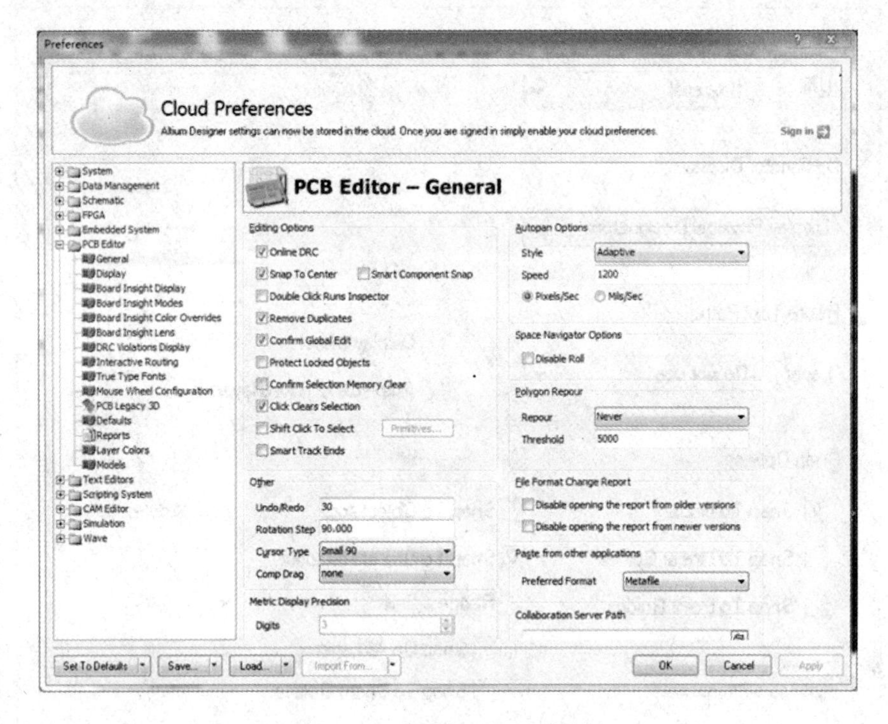

图 6 - 21 “Preferences”对话框

(1)“Editing Options”(编辑选项)

用于设置编辑操作时的一些特性。

● Online DRC：该复选框用于设置在线设计规则检查。选中此项，在布线过程中，系统自动根据设定的设计规则进行检查。

● Snap To Center：用于设置当移动元件封装或字符串时，光标是否自动移动到元件封装或字符串参考点。系统默认选中此项。

● Smart Component Snap：该复选框被选择后，当用户双击选取一个元件时，光标会出现在相应元件最

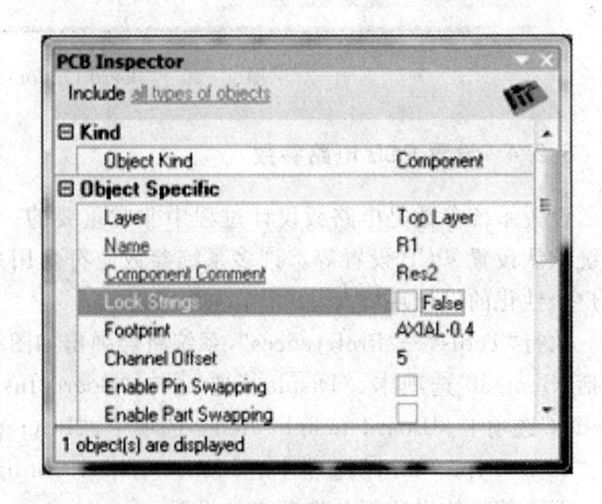

图 6 - 22 “PCB Inspector”窗口

近的焊盘上。

● Double Click Runs Inspector：选中该选项后，如果使用鼠标左键双击元件或引脚，将弹出如图 6-22 所示的“PCB Inspector”（PCB 检查器）窗口，此窗口会显示所检查元件的信息。

● Remove Duplicates：用于设置系统是否自动删除重复的组件，系统默认选中此项。

● Confirm Global Edit：用于设置在进行整体修改时，系统是否出现整体修改结果提示对话框。系统默认选中此项。

● Protect Locked Objects：用于保护锁定的对象，选中该复选框有效。

● Confirm Selection Memory Clear：选中该复选框后，选择集存储空间可以保存一组对象的选择状态。为了防止一个选择集存储空间被覆盖，应该选择该选项。

● Click Clears Selection：用于设置当选取电路板组件时，是否取消原来选取的组件。选中此项，系统不会取消原来选取的组件，将连同新选取的组件一起处于选取状态。系统默认选中此项。

● Shift Click To Select：当选择该选项后，必须使用“Shift”键，同时使用鼠标才能选中对象。

● Smart Track Ends：选择该选项后，可以允许网络分析器将连接线附着到导线的端点。例如，如果从一个焊盘开始走线，然后停止走线（将导线端处于自由空间），则网络分析器就会将连接线附着在导线端。

（2）“Autopan Options”（自动摇景选项）

用于设置自动移动功能。Style 选项用于设置移动模式，系统共提供了 7 种移动模式，具体如下。

● Adaptive：自适应模式。系统将会根据当前图形的位置自动选择移动方式。

● Disable：取消移动功能。

● Re-Center：当光标移到编辑区边缘时，系统将光标所在的位置设置为新的编辑区中心。

● Fix Size Jump：当光标移到编辑区边缘时，系统将以“Step Size”项的设定值为移动量向未显示的部分移动；当按下“Shift”键后，系统将以“Shift Step”项的设定值为移动量向未显示的部分移动。注意：当选中“Fixed Size Jump”模式时，相应对话框中才会显示“Step Size”和“Shift Step”操作项。

● Shift Accelerate：当光标移到编辑区边缘时，如果“Shift Step”项的设定值比“Step Size”项的设定值大的话，系统将以“Step Size”项的设定值为移动量向未显示的部分移动；当按下“Shift”键后，系统将以“Shift Step”项的设定值为移动量向未显示的部分移动。如果“Shift Step”项的设定值比“Step Size”项的设定值小的话，不管按不按下“Shift”键，系统都将以“Shift Step”项的设定值为移动量向未显示的部分移动。注意：当选中“Shift Accelerate”模式时，相应对话框中才会显示“Step Size”和“Shift Step”操作项。

● Shift Decelerate：当光标移到编辑区边缘时，如果“Shift Step”项的设定值比“Step Size”项的设定值小的话，系统将以“Step Size”项的设定值为移动量向未显示的部分移动；当按下“Shift”键后，系统将以“Shift Step”项的设定值为移动量向未显示的部分移动。如果

“Shift Step”项的设定值比“Step Size”项的设定值大的话，不管按不按下“Shift”键，系统都将以“Shift Step”项的设定值为移动量向未显示的部分移动。注意：当选中“Shift Decelerate”模式时，相应对话框中才会显示“Step Size”和“Shift Step”操作项。

● Ballistic：当光标移到编辑区边缘时，越往编辑区边缘移动，移动速度越快。系统默认移动模式为“Fixed Size Jump”模式。

Speed 编辑框设置移动的速度；Pixels/Sec 单选框为移动速度单位，即每秒多少像素；Mils/Sec 单选框为每秒多少英寸的速度。

(3)“Space Navigator Options”

在该区域可以设置是否使能空间导航器选项。如果选择“Disable roll”复选框，则系统允许使用 3D 运动，此时 PCB 可以 Z 轴转动，而不是一般的旋转。

(4)“Polygon Repour”(多边形的推挤)

用于设置交互式布线中的避免障碍和推挤布线方式。每当一个多边形被移动时，他可以自动或者根据设置被调整，以避免障碍。

如果“Repour”中选为“Always”，则可以在已敷铜的 PCB 中修改走线，敷铜会自动重敷；如果选择“Never”，则不采用任何推挤布线方式；如果选择“Threshold”，则设置一个避免障碍的门槛值，此时仅当超过了该值后，多边形才被推挤。

(5)“Other”(其他)

● Rotation Step：该选项用于设置旋转角度。在放置组件时，按一次空格键，组件会旋转一个角度，这个旋转角度就是再次设置。系统默认值为 90°，即按一次空格键，组件会旋转 90°。

● Cursor Type：该选项用于设置光标类型。系统提供了 3 种光标类型，即“Small 90”(小 90°光标)、“Large 90”(大 90°光标)、“Small 45”(小 45°光标)。

● Undo/Redo：用于设置撤销操作/重复操作的步数。

● Comp Drag：该区域下拉列表框中共有两个选项，即“Component Tracks”和“None”。选择“Component Tracks”项，在执行命令“Edit”—“Move”—“Drag”移动组件时，与组件连接的铜膜导线会随着组件一起伸缩，不会和组件断开；选择“None”项，在执行命令“Edit”—“Move”—“Drag”移动组件时，与组件连接的铜膜导线会断开，此时执行命令“Edit”—“Move”—“Drag”和“Edit”—“Move”—“Move”没有区别。

(6)“File Format Change Report”

可以设置文件格式修改报告。如果选择“Disable opening the report for older versions”选项，则在打开旧格式文件时，不会打开一个文件格式修改报告；如果选择“Disable opening the report for newer versions”选项，则在打开新格式文件时，不会打开一个文件格式修改报告。

(7)“Paste from other application”

可以设置从其他应用程序复制对象到 Altium Designer 。可以在“Preferred Format”选择列表中选择所使用的格式，如“Metafile”格式或文本格式。

(8)“Metric Display Precision”

该区域可以设置公制单位显示精度。通常该操作项是不可操作的，如果需要设置，则需要关闭所有 PCB 文档和 PCB 库，然后重新启动 Altium Designer 才能进行设置。

(9)"Internal Planes"

该区域可以设置是否使能多线程平面重建。如果用户计算机具有多个核，那么可以使能该选项。

2. "Display"选项卡

单击"Display"标签即可进入"Display"选项卡，如图 6-23 所示。"General"选项卡用于设置屏幕显示和元件显示模式，其中主要可以设置如下选项。

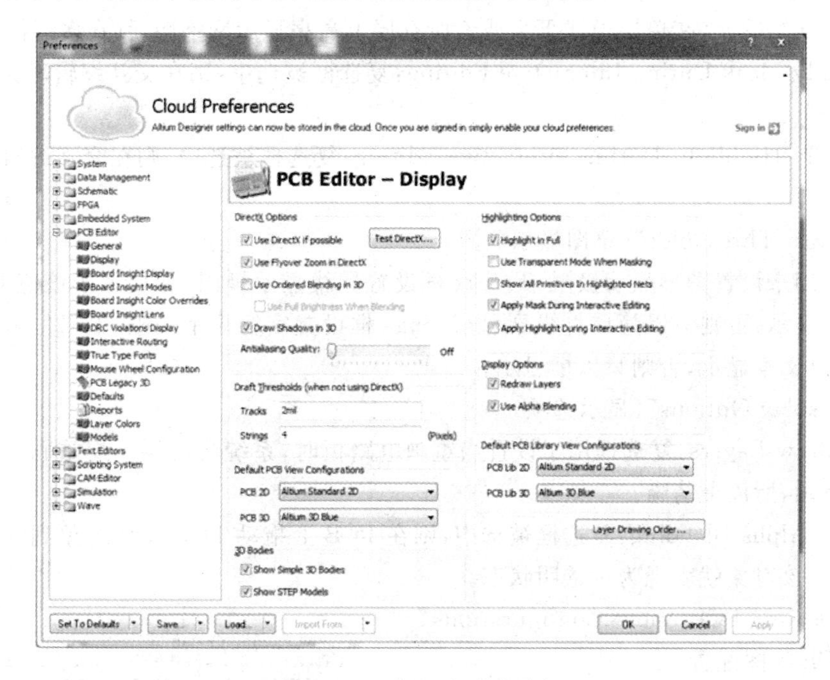

图 6-23　"Display"选项卡

(1)"DirectX Options"

用于设置如何使用"Microsoft DirectX"进行显示操作。

● Use DirectX if possible：复选框被选中后，则尽可能使用"Microsoft DirectX"进行图形渲染。

● Use Flyover Zoom in DirectX：如果选择该复选框，则使用平滑动态的缩放模式。

● Use Ordered Blending in 3D：复选框被选中后，则使位于其他对象前面或顶部的对象透明，使其看起来就在其他对象的前面或顶部。

如果选择了"Use Ordered Blending in 3D"复选框，则"Use Full Brightness When Blending"复选框也可操作。此时如果选择"Use Full Brightness When Blending"，则可以使透明层颜色在透明层模式下处于一般亮度。

● Draw Shadows in 3D：如果选择该复选框，则在 3D 模式下对象具有阴影效果。

(2)"Highlight Options"

该区域用来设置高亮显示选项。

● Highlight in Full：复选框被选中后，则被选中的对象完全以当前选择集颜色亮显显示;否则选择的对象仅仅以当前选择集颜色显示外形。

● Use Net Color For Highlight:复选框被选中后,则对于选中的网络,可用于设置是否仍然使用网络颜色,还是一律采用黄色。

● Use Transparent Mode When Masking:复选框被选中,则当对象被屏蔽时,对象变为透明,此时可以看到被屏蔽对象到其下面的层对象。

● Show All Primitives In Highlighted Nets:复选框被选中,则可以显示隐藏层上的所有图元(在单层模式下)和显示当前层高亮网络的图元。如果不选择该选项,则只有当前层上高亮显示网络图元(在单层模式下),或者所有层上高亮显示网络图元(在多层模式下)。

● Apply Mask During Interactive Editing:复选框被选中,则在交互编辑时会应用屏蔽模式。

● Apply Highlight During Interactive Editing:复选框被选中,则在交互编辑时会应用亮显模式。

(3)"Draft Thresholds"(草图显示极限)

该区域用来设置图形显示极限,Tracks 框设置导线显示极限,如果大于该值的导线,则以实际轮廓显示,否则只以简单直线显示;Strings 框设置字符显示极限,如果像素大于该值的字符,则以文本显示,否则只以框显示。

(4)"Display Options"(显示选项)

● Redraw Layers:复选框用于设置当重画电路板时,系统将一层一层重画。当前的层最后才会重画,所以最清晰。

● Use Alpha Blending:复选框被选中,则在 PCB 上拖动 PCB 设计对象到一个存在的对象上方时,该对象就表现为半透明状态。

(5)"Default PCB View Configurations"(默认的 PCB 视图配置)

该区域用来设置 PCB 的 2D 和 3D 视图模式。

(6)"Default PCB Library View Configurations"(默认的 PCB 库视图配置)

该区域用来设置 PCB 库的 2D 和 3D 视图模式。

(7)"3D Bodies"

该区域用来设置是否显示简单的 3D 元件或显示 STEP 模型。

(8)"Layer Drawing Order"(层次绘制次序)

如果单击"Layer Drawing Order"按钮,则系统会打开如图 6-24 所示的对话框,此时就可以设置层的绘制次序。单击"Promote"提高其绘制次序,"Demote"则降低其次序。

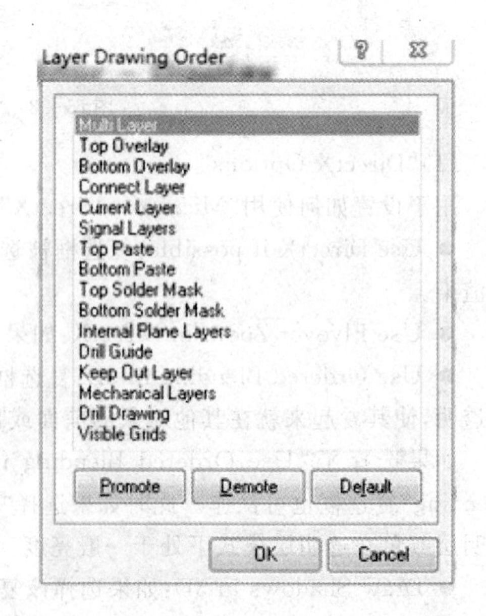

图 6-24 "Layer Drawing Order"对话框

3. “Board Insight Display”选项卡

“Board Insight Display”选项卡可以设置板的过孔和焊盘的显示模式，如单层显示模式以及高亮显示模式等。“Board Insight Display”选项卡如图 6 - 25 所示。

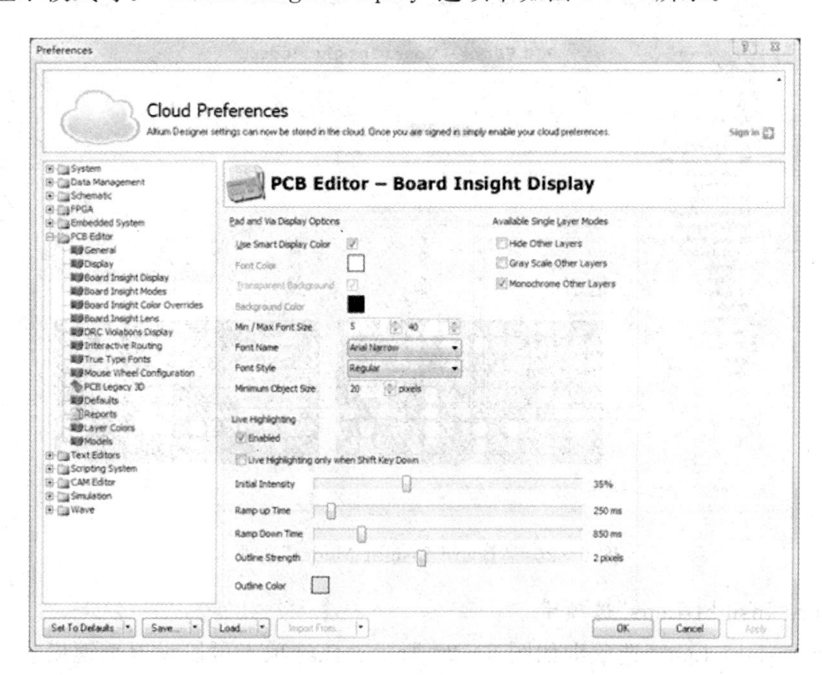

图 6 - 25　“Board Insight Display”选项卡

（1）焊盘和过孔显示选项设置

在“Pad and Via Display Options”区域可以设置焊盘和过孔显示，可以设置显示颜色、字体的大小、字体的类型以及最小对象尺寸。

（2）单层模式

在“Available Single Layer Modes”区域可以设置单层模式。如果选择“Hide Other Layer”则会隐藏其他层。如果选择“Gray Scale Other Layers”则灰度显示其他层的图元。如果选择“Monochrome Other Layers”，则以相同的灰色阴影显示其他层的图元。

（3）实时亮显设置

在“Live Highlighting”区域可以设置为实时的亮显模式。

（4）“Show Locked Texture on Objects”

在“Show Locked Texture on Objects”区域可以设置如何显示锁定在对象上的文本。

4. “Board Insight Modes”选项卡

“Board Insight Modes”选项卡可以设置板的仰视显示模式。使用仰视显示模式，可以把光标对象的重要信息和状态直接显示在设计人员面前，仰视信息范围覆盖了从上次点击位置的微小移动距离到当前光标下组件、网络等的详细信息。“Board Insight Modes”选项卡如图 6 - 26 所示。

在该选项卡中，可以设置是否显示仰视信息、字体大小、颜色、仰视信息的不透明度以及可见的信息内容、其他仰视显示选项。

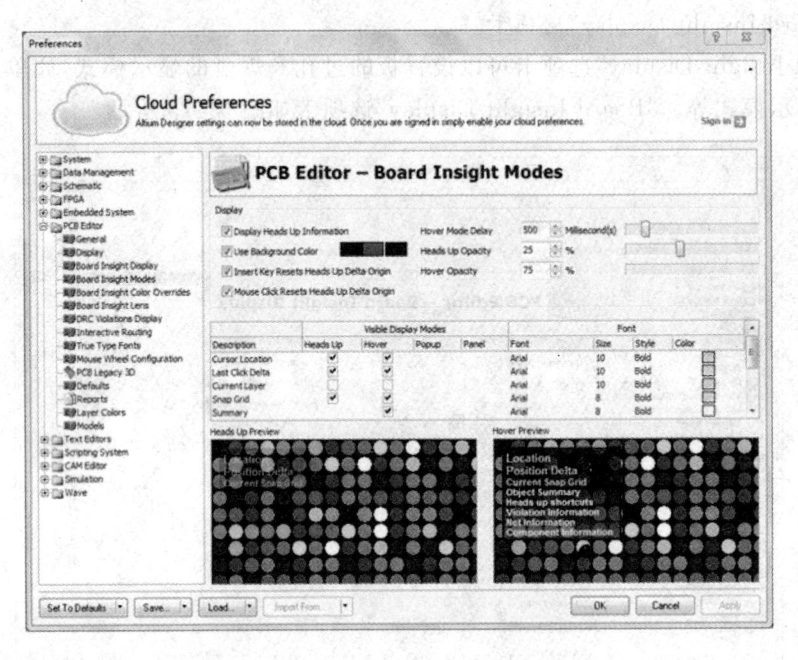

图 6 - 26 “Board Insight Modes”选项卡

5.“Board Insight Lens”选项卡

“Board Insight Lens”选项卡如图 6 - 27 所示。该选项卡可以设置透镜模式。使用透镜显示模式,可以把光标所在的对象使用透镜放大模式进行显示。Insight Lens 工作起来就像一个放大镜,可以显示板卡上某区域的放大视图。不过它不仅仅是一个简单的放大镜,因为可以使用它辅助很多细节工作。

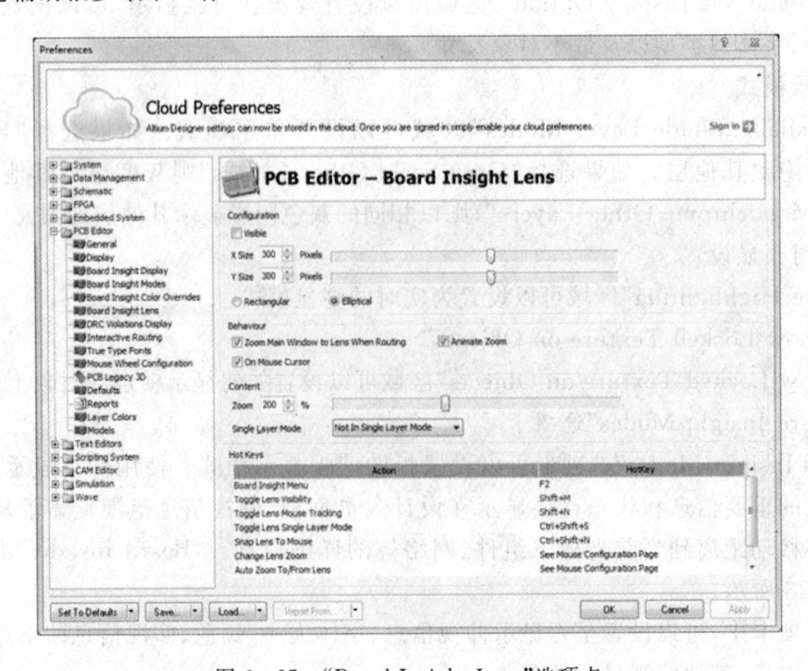

图 6 - 27 “Board Insight Lens”选项卡

- 放大或缩小视图，无须改变当前板卡的缩放级别（“Alt”+滚动滚轮）。
- 对单层模式来回切换（“Shift”+“Ctrl”+“S”）。
- 切换透镜中的当前层（“Shift”+“Ctrl”+滚动滚轮）。
- 把透镜停靠在工作空间某处，然后重新使用（“Shift”+“N”）。
- 将其停在光标中间（“Shift”+“Ctrl”+“N”）。
- 再次关闭（“Shift”+“M”）。

6.“Interactive Routing”选项卡

“Interactive Routing”选项卡如图6-28所示，可以设置交互式布线模式。可以设置布线冲突的解决方式，交互布线的基本规则以及其他与交互布线相关的模式。

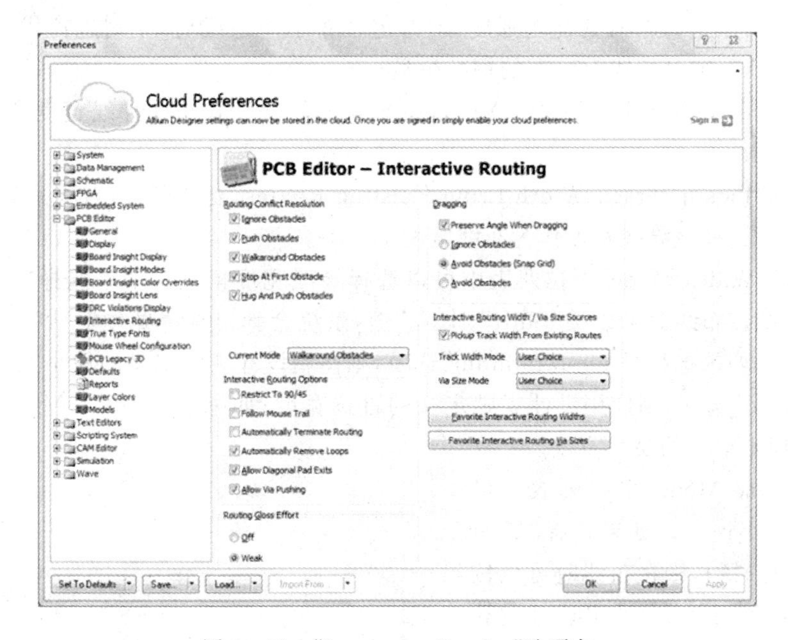

图6-28　“Interactive Routing”选项卡

(1)“Routing Conflict Resolution”（布线冲突解决）

Altium Designer 提供了几种布线冲突的解决方式，即“Ignore Obstades”（忽略冲突对象）、“Push Obstades”（推挤冲突对象）、“Walkaround Obstades”（绕过冲突对象）、“Stop At First Obstades”（在第一次冲突时停止）、“Hug And Push Obstades”（紧贴并推挤冲突对象）。

(2)“Dragging”（拖动）

该区域可以设置拖动布线时的几种处理障碍的方式，即“Preserve Angle When Dragging”（当拖动时保留角度）、“Ignore Obstades”（忽略障碍）、“Avoid Obstades(Snap Grid)”（按栅格避开障碍）、“Avoid Obstades”（避开障碍）。

(3)“Interactive Routing Options”（交互式布线设置选项）

- Restrict To 90/45：复选框选中后，布线的方向只能限制为90°和45°。
- Follow Mouse Trail：复选框选中后，则可以跟随鼠标的轨迹，这样的工作模式为推挤模式。

● Automatically Terminate Routing：复选框选中后，则当完成一次到目标焊盘的布线时，布线工具不会再持续从该目标焊盘进行后面的布线，而是退出布线状态，并准备下一次的布线。

● Automatically Remove Loops：复选框用于设置自动回路删除。选中此项，在绘制一条导线后，如果发现存在另一条回路，系统则会自动删除原来的回路。

● Allow Diagonal Pad Exits：表示允许对角退出焊盘。选中此项则允许交互式布线器会尽可能以对角退出焊盘。若没有选择此项，则尽可能以 90°退出焊盘。

● Allow Via Pushing：表示允许通过过孔推挤导线。

(4)"Routing Gloss Effort"(布线优化强度)

该操作区可以选择布线的优化强度，即指定在布了一条线后，立刻进行优化清理的量。如果选择"Weak"，则对导线上已布的铜减少最小。

(5)"Interactive Routing Width/Via Size Source"(交互式布线导线宽度和过孔大小设置)

如果选择"Pickup Track Width From Existing Routes"复选框，则当从一个已经布线的导线开始时，会选择该导线宽度作为布线宽度。

在"Track Width Mode"下拉列表中可以选择导线宽度模式。如果选择"User Choice"(用户选择)，则在布线时可以按"Shift"+"W"键，系统会弹出选择宽度对话框，然后用户可选择导线宽度；如果选择"Rule Minimum"选项，则使用设计规则定义的最小宽度；如果选择"Rule Preferred"选项，则使用设计规则定义的首选宽度；如果选择"Rule Maximum"选项，则使用设计规则定义的最大宽度。

在"Via Size Mode"下拉列表中可以选择过孔大小模式。如果选择"User Choice"(用户选择)，则在布线时可以按"Shift"+"W"键，系统会弹出选择过孔大小对话框，然后用户可选择过孔大小；如果选择"Rule Minimum"选项，则使用设计规则定义的最小过孔大小；如果选择"Rule Preferred"选项，则使用设计规则定义的首选过孔大小；如果选择"Rule Maximum"选项，则使用设计规则定义的最大过孔大小。

如果单击"Favorite Interactive Routing Widths"按钮，则系统会打开常用的交互式布线宽度对话框，如图 6-29 所示，通过该对话框，可以添加更多的布线宽度。

Favorite Interactive Routing Widths

Imperial		Metric		System Units
Width	Units	Width	Units	Units
5	mil	0.127	mm	Imperial
6	mil	0.152	mm	Imperial
8	mil	0.203	mm	Imperial
10	mil	0.254	mm	Imperial
12	mil	0.305	mm	Imperial
20	mil	0.508	mm	Imperial
25	mil	0.635	mm	Imperial
50	mil	1.27	mm	Imperial
100	mil	2.54	mm	Imperial
3.937	mil	0.1	mm	Metric
7.874	mil	0.2	mm	Metric
11.811	mil	0.3	mm	Metric
19.685	mil	0.5	mm	Metric
29.528	mil	0.75	mm	Metric
39.37	mil	1	mm	Metric

Add... Delete Edit... OK Cancel

图 6-29 "Favorite Interactive Routing Widths"对话框

如果单击"Favorite Interactive Routing Via Sizes"按钮，则系统会打开常用的交互式布线过孔大小对话框，如图 6-30 所示，通过该对话框，可以添加更多的过孔大小。

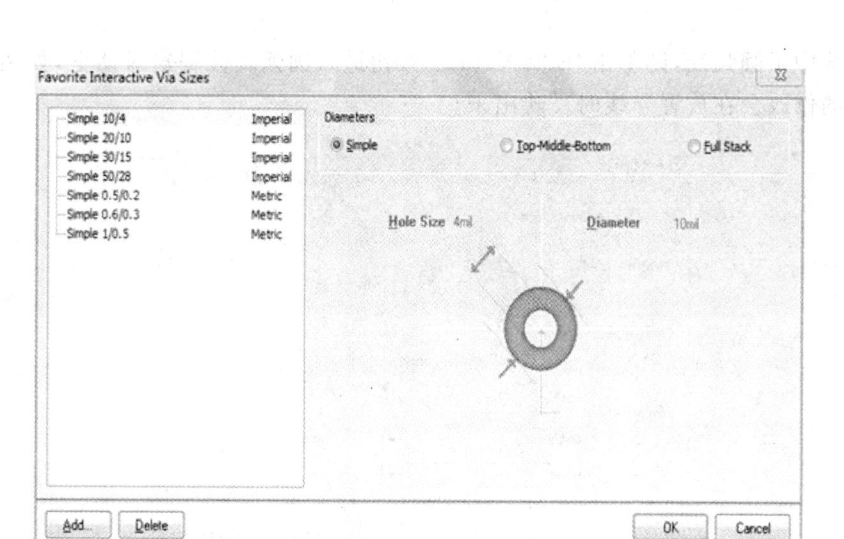

图 6 - 30　“Favorite Interactive Via Sizes”对话框

7. “Defaults”选项卡

单击“Defaults”标签即可进入“Defaults”选项卡，如图 6 - 31 所示，可以设置各个组件的系统默认设置。各个组件包括“Arc”（圆弧）、“Component”（元件封装）、“Coordinate”（坐标）、“Dimension”（尺寸）、“Fill”（金属填充）、“Pad”（焊盘）、“Polygon”（敷铜）、“String”（字符串）、“Track”（铜膜导线）、“Via”（过孔）等。

要将系统设置为默认设置的话，在如图 6 - 31 所示的对话框中，选中组件。单击“Edit Values”按钮即可进入选中对象的属性对话框。

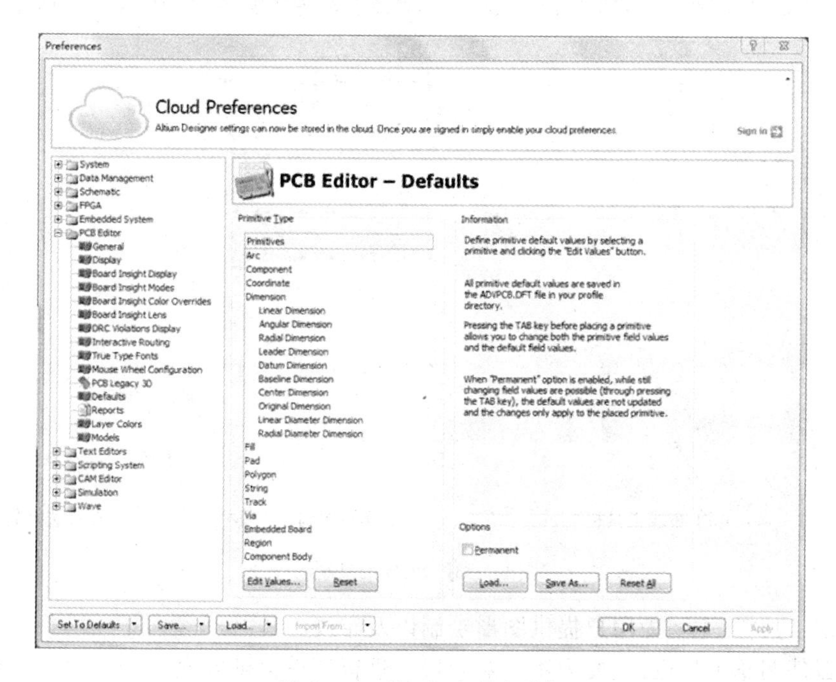

图 6 - 31　“Defaults”选项卡

假设选中了圆弧线，则单击“Edit Values”按钮进入圆弧属性编辑对话框，如图 6－32 所示。各项的修改会在放置导线时反映出来。

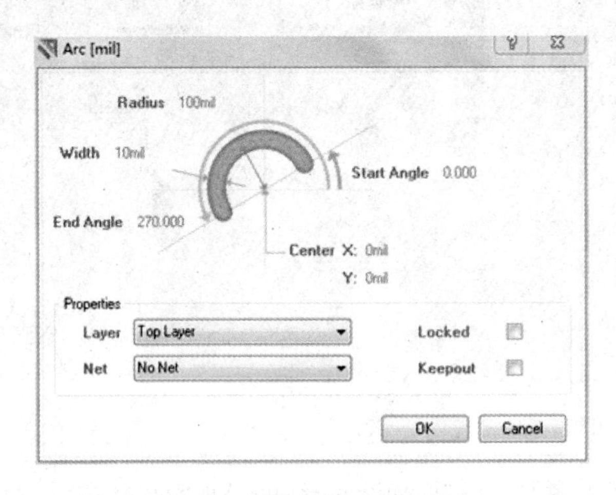

图 6－32　圆弧属性编辑对话框

在参数设置对话框中，通常还可以设置“True Type”字体、鼠标滚轮的设置、PCB 三维显示、图层颜色等，这些都相对简单，在此不一一介绍。

6.3　PCB 设计工具栏

与原理图设计系统一样，PCB 设计系统也提供了各种工具栏，如图 6－33 所示。

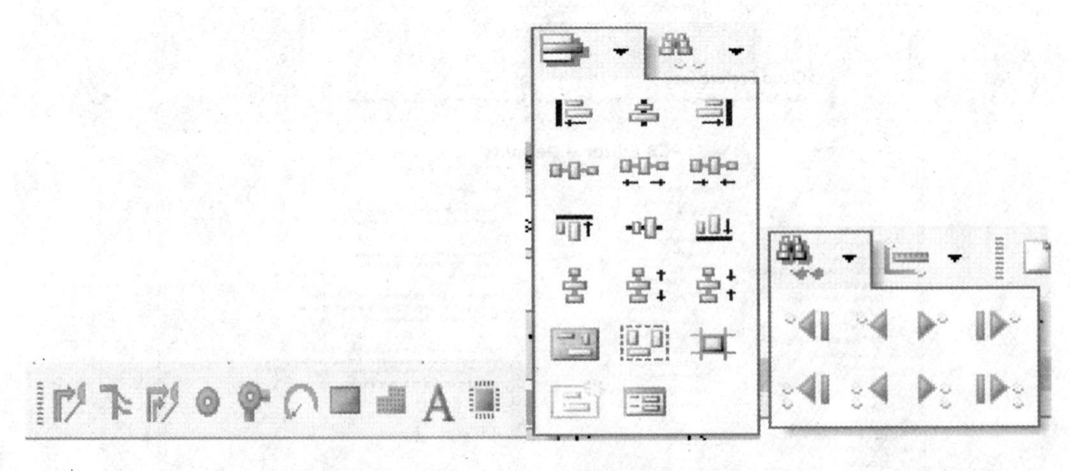

（a）布线工具栏　　（b）元器件调整工具栏　　（c）查找选择集工具栏

图 6－33　PCB 工具栏

- 布线工具栏：主要为用户提供图形绘制以及布线工具。
- 元器件调整工具栏：主要为用户对元器件进行调整提供方便。
- 查找选择集工具栏：主要为用户选择原来所选的元器件提供方便。

下面分别介绍放置工具栏、元器件位置调整工具栏和查找选择集工具栏中各个工具的使用方法。

6.3.1　布线工具栏

执行“View”—“Toolbars”—“Wiring”可打开布线工具栏，或点击“Place”菜单栏，下拉菜单中包括 Altium Designer 提供的所有布线工具，如图 6-34、图 6-35 所示。

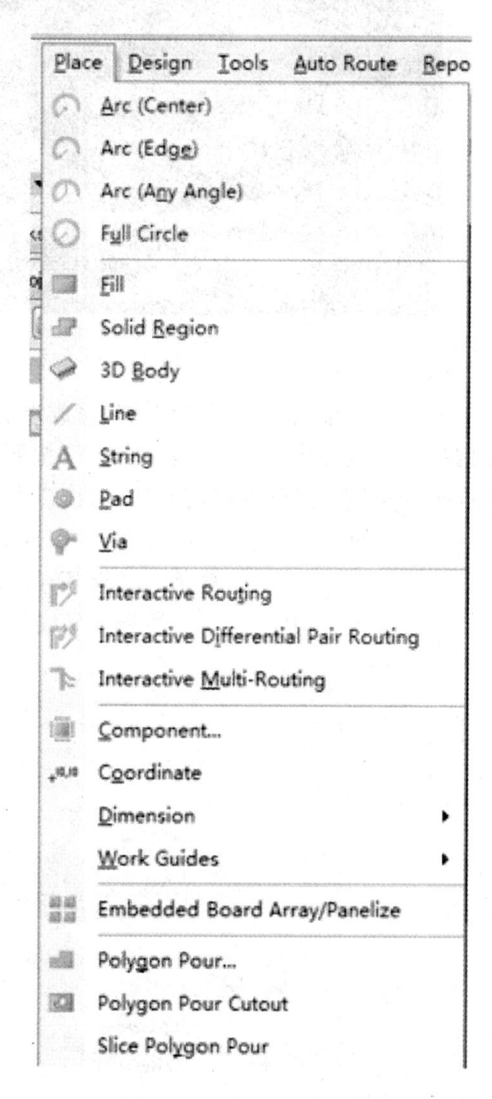

图 6-34　布线工具栏

图 6-35　“Place”菜单栏

1. 绘制铜膜导线工具

该工具主要用于绘制铜膜导线，具体使用方法如下：

(1)单击绘制铜膜导线工具，或执行“Place”—“Interactive Routing”命令，即可启动绘制铜膜导线工具。

(2)启动绘制铜膜导线命令后,光标变为十字形。选择合适位置,单击鼠标左键,确定铜膜导线起点,然后移动光标至适当位置,单击鼠标左键确定铜膜导线终点,再单击鼠标右键即完成一段铜膜导线的绘制,效果如图 6-36 所示。

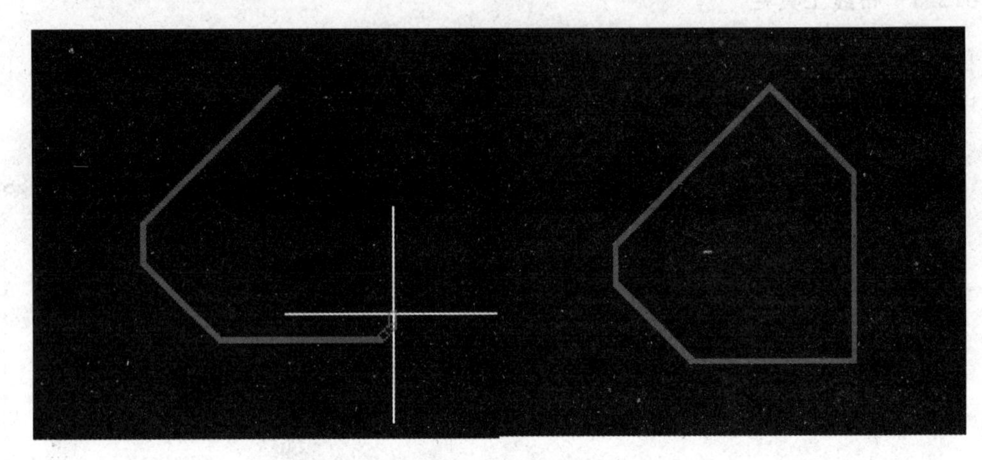

图 6-36　绘制铜膜导线工具应用的效果

完成一次布线,单击鼠标右键,完成当前网络的布线,光标变成十字形,此时可以继续其他网络的布线。将光标移到新的位置,按照上述步骤,再布其他网络连接导线,双击鼠标右键或按"Esc"键,光标变成箭头状,退出该命令状态。

(3)若要修改铜膜导线的属性,可在未退出该命令时按"Tab"键或退出该命令后右键单击该导线,在弹出的快捷菜单中选择"Properties"即可在弹出的"Track"对话框中进行修改,如图 6-37 所示,其中会显示所选择导线的属性,"Track"的导线属性说明如下。

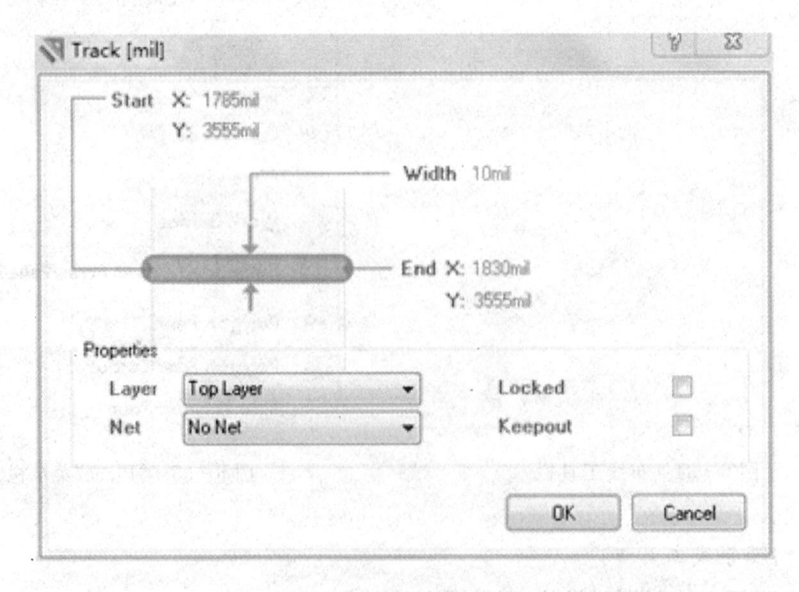

图 6-37　"Track"对话框

- Width:设定导线宽度。
- Layer:设定导线所在层。

- Net：设定导线所在的网络。
- X1：设定导线起点的 X 轴坐标。
- Y1：设定导线起点的 Y 轴坐标。
- X2：设定导线终点的 X 轴坐标。
- Y2：设定导线终点的 Y 轴坐标。
- Locked：设定导线位置是否锁定。
- Keepout：该复选框选中后，则无论其属性设置如何，此导线均在禁止布线层（Keep-Out Layer）。

2. 放置直线工具

该工具主要用于绘制直线，通常用来绘制电路板的电气边框，具体使用方法如下：

（1）执行“Place”—“Line”命令，即可启动绘制直线工具。

（2）启动绘制直线命令后，光标变为十字形。选择合适位置，单击鼠标左键，确定直线起点，然后移动光标至适当位置，单击鼠标左键确定直线终点，再单击鼠标右键即完成一段直线的绘制，效果如图 6－38 所示。

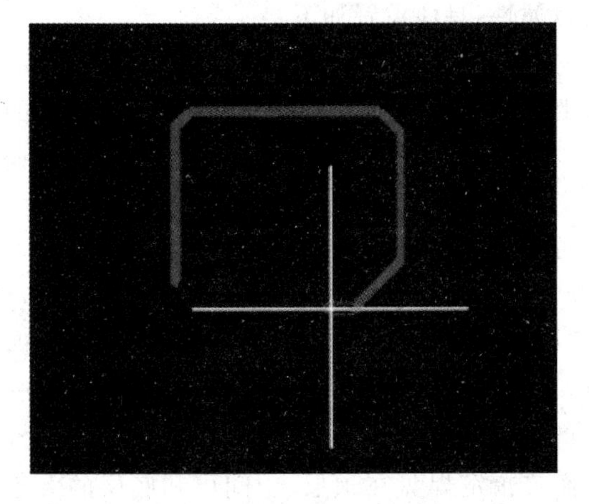

图 6－38　绘制直线的效果

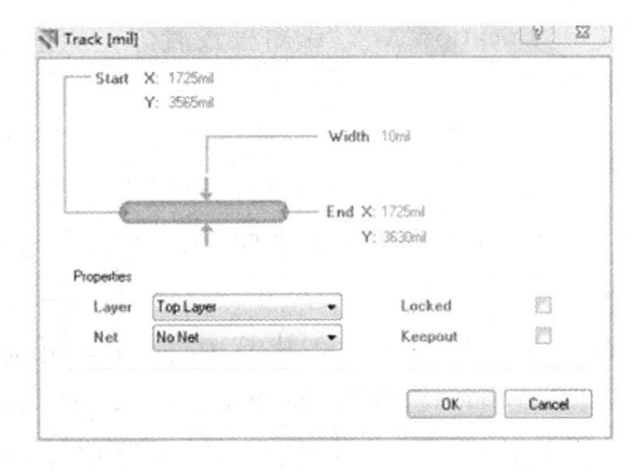

图 6－39　“Track”对话框

（3）若要修改直线的属性，可在未退出该命令时按“Tab”键或退出该命令后右键单击该直线，在弹出的快捷菜单中选择“Properties”即可在弹出的“Track”对话框中进行修改，如图 6－39 所示，该对话框与修改铜膜导线属性对话框一致。

3. 放置焊盘工具

（1）单击绘制焊盘工具 ，执行“Place”—“Pad”命令，即可启动绘制焊盘工具。

（2）启动绘制焊盘命令后，光标变为十字形，并带有一个焊盘。选择合适位置，单击鼠标左键即完成一个焊盘的放置，效果如图 6－40 所示。

（3）若要修改焊盘的属性，可在未退出该命令时按“Tab”键或退出该命令后右键单击该焊盘，在弹出的快捷菜单中选择“Properties”，在弹出的“Pad”对话框中进行修改，如图 6－41 所示。

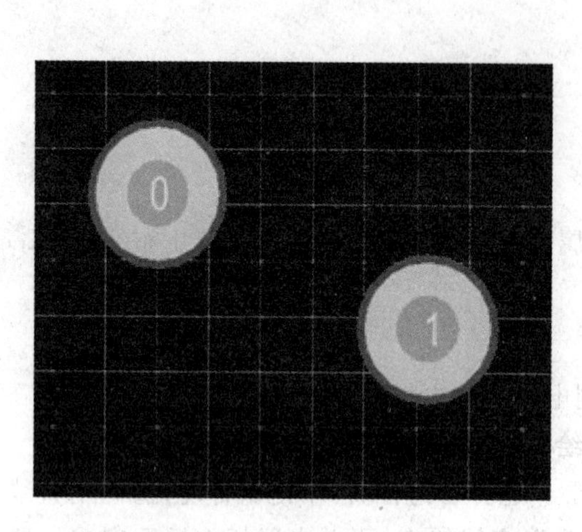

图 6－40　放置焊盘的效果

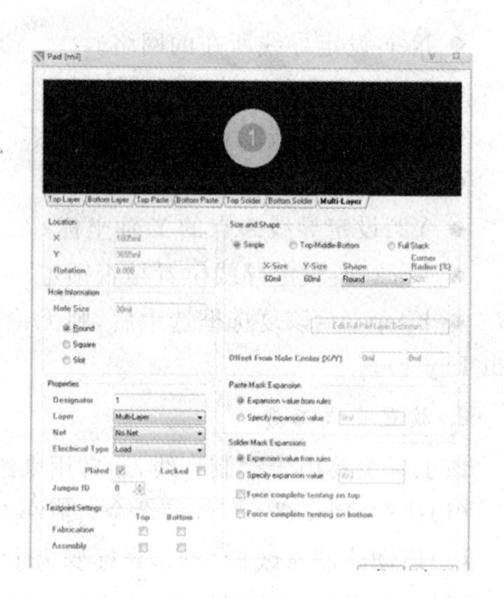

图 6－41　“Pad”对话框

(4)在弹出的“Pad”对话框中进行修改焊盘属性,具体设置如下。

① 焊盘位置设置

“Location X/Y”编辑框设置焊盘的中心坐标。“Rotation”(旋转)编辑框设置焊盘的旋转角度。

② 焊盘的尺寸和形状(Size and Shape)

“Size and Shape”编辑选项用来设置焊盘的形状和焊盘的外形尺寸。

当选择“Simple”形状时,则可以通过设置“X-Size”来设定焊盘 X 轴尺寸;通过设置“Y-Size”来设定焊盘 Y 轴尺寸;通过设置“Shape”来设定焊盘形状,单击右侧的下拉按钮,即可选择焊盘形状,这里共有四种焊盘形状,即“Round”(圆形)、“Rectangle”(矩形)、“Octagonal”(八角形)和“Round Rectangle”(圆角矩形)。

当选择“Top-Middle-Bottom”选项时,则需要指定焊盘在顶层、中间层和底层的大小和形状,每个区域里的选项都具有相同的 3 个设置选项。

当选择“Full Stack”选项时,那么设计人员可以单击“Edit Full Pad Layer Definition”(编辑整个焊盘层定义)按钮,将弹出如图 6－42 所示的对话框,此时可以按层设置焊盘尺寸。

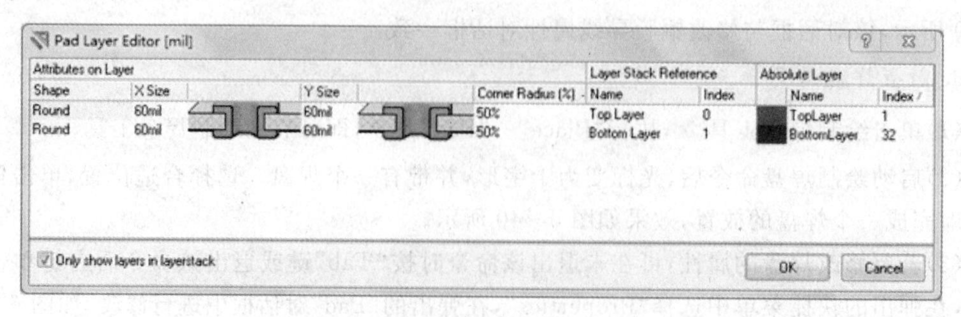

图 6－42　“Pad Layer Editor”对话框

③ 焊盘的尺寸信息

"Hole Size"(孔尺寸)编辑框设置焊盘的孔尺寸。另外还可以设置焊盘的形状,包括"Round"(圆形)、"Square"(正方形)、"Slot"(槽形)。如果选择圆形,则只需在"Hole Size"编辑框中输入焊盘的孔尺寸即可。如果选择正方形,则除了可以在"Hole Size"编辑框中输入正方形的尺寸外,还可以输入旋转角度(Rotation)。如果选择槽形,则除了可以在"Hole Size"编辑框中输入槽的宽度尺寸外,还可以输入槽的长度(Length)和旋转角度(Rotation)。

④ "Properties"选项设置

● Designator:设定焊盘序号。

● Layer:设定焊盘所在层。通常多层电路板焊盘层为"Multi-Layer"。

● Net:设定焊盘所在网络。

● Electrical Type:指定焊盘在网络中的电气属性,包括"Load"(中间点)、"Source"(起点)、"Terminator"(终点)。

● Testpoint:有两个选项,即"Top"和"Bottom",如果选择了这两个复选框,则可以分别设置该焊盘的顶层或底层为测试点,设置测试点属性后,在焊盘上会显示"Top & Bottom Test-point"文本,并且"Locked"属性同时也被自动选中,该焊盘被锁定。

● Locked:该属性被选中时,焊盘被锁定。

● Plated:设定是否将焊盘的通孔孔壁加以电镀。

● Jumper ID:使用该编辑框,可以为焊盘提供一个跳线连接 ID,从而可以用作 PCB 的跳线连接。

⑤ "Paste Mask Expansions"(阻焊膜属性设置)。

● Expansion value from rules:由规则设定阻焊膜延伸值。如果选中该复选框,则采用设计规则中定义的阻焊膜尺寸。

● Specify expansion value:指定阻焊膜延伸值。如果选中该复选框,则可以在其后的编辑框中设定阻焊膜尺寸。

⑥ "Solder Mask Expansions"(助焊膜属性设置)

"Solder Mask Expansions"助焊膜延伸值属性设置选项与阻焊膜属性设置选项意义类似。

● Force complete tenting on top:由规则设定助焊膜延伸值无效,并且在顶层的助焊膜上不会有开口,助焊膜仅仅是一个隆起。

● Force complete tenting on bottom:由规则设定助焊膜延伸值无效,并且在底层的助焊膜上不会有开口,助焊膜仅仅是一个隆起。

如果在已放置的焊盘上双击鼠标,即可进入 PCB 检查器界面,可以查看焊盘的属性,并且可以进行属性编辑。

4. 放置过孔工具

(1)单击绘制过孔工具,执行"Place"—"Via"命令,即可启动绘制过孔工具。

(2)启动绘制过孔命令后,光标变为十字形,并带有一个过孔。选择合适位置,单击鼠标左键即完成一个过孔的放置,效果如图 6-43 所示。

(3)若要修改过孔的属性,可在未退出该命令时按"Tab"键或退出该命令后右键单击该过孔，在弹出的快捷菜单中选择“Properties”，在弹出的“Via”对话框中进行修改，如图 6－44 所示。

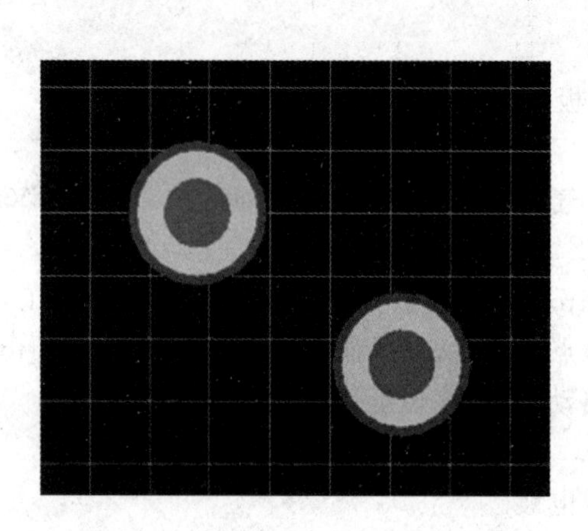

图 6－43　放置过孔的效果

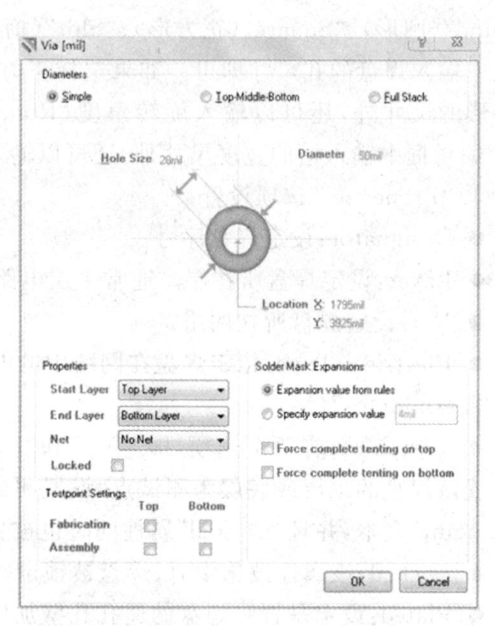

图 6－44　“Via”对话框

(4)在弹出的“Via”对话框中进行修改过孔的属性，具体设置如下。

① 孔的形状和大小设置

当选择“Simple”形状时，可以设置过孔的通孔大小(Hole Size)、过孔的直径(Diameter)以及位置(Location)。

当选择“Top-Middle-Bottom”选项时，需要指定在顶层、中间层和底层的过孔直径大小。

当选择“Full Stack”选项时，设计人员可以单击“Edit Full Pad Layer Definition”(编辑整个过孔层定义)按钮。然后进入过孔层编辑器进行过孔的大小参数设置。

② 过孔属性设置

在“Properties”区域，可以设置过孔的电气属性。

- Start Layer：设定过孔穿过的开始层，设计者可以选择 Top(顶层)和 Bottom(底层)。
- End Layer：设定过孔穿过的结束层，设计者也可以选择 Top(顶层)和 Bottom(底层)。
- Net：过孔是否与 PCB 的网络相连。
- Testpoint：与焊盘的属性对话框相应的选项意义一致。
- Locked：该属性被选中时，该过孔被锁定。

③ “Solder Mask Expansions”助焊膜属性设置

- Expansion value from rules：由规则设定助焊膜延伸值。如果选中该复选框，则采用设计规则中定义的阻焊膜尺寸。

● Specify expansion value：指定助焊膜延伸值。如果选中该复选框，则可以在其后的编辑框中设定助焊膜尺寸。

● Force complete tenting on top：由规则设定助焊膜延伸值无效，并且在顶层的助焊膜上不会有开口，助焊膜仅仅是一个隆起。

● Force complete tenting on bottom：由规则设定助焊膜延伸值无效，并且在底层的助焊膜上不会有开口，助焊膜仅仅是一个隆起。

如果在已放置的过孔上双击鼠标，可以进入 PCB 检查器界面，可以查看过孔的属性，并且可以进行属性编辑。

需要注意的是：过孔尽量少用，一旦选用了过孔，务必处理好它与周边各实体的间隙，特别是容易被忽视的中间各层与过孔不相连的线与过孔的间隙，如果是自动布线，可选择"过孔数量最小化"自动解决。另外如果需要的载流量越大，所需的过孔尺寸也越大，如电源层和地层与其他层连接所用的过孔就要大一些。

5. 放置字符串工具 A

(1)单击放置字符串工具 A，或执行"Place"—"String"命令，即可启动放置字符串工具。

(2)启动放置字符串命令后，光标变为十字形，并带有一个字符串。选择合适位置，单击鼠标左键即完成一个字符串的放置，效果如图 6-45 所示。

(3)若要修改字符串的属性，可在未退出该命令时按"Tab"键或退出该命令后右键单击该字符串，在弹出的快捷菜单中选择"Properties"，在弹出的"String"对话框中进行修改，如图 6-46 所示。

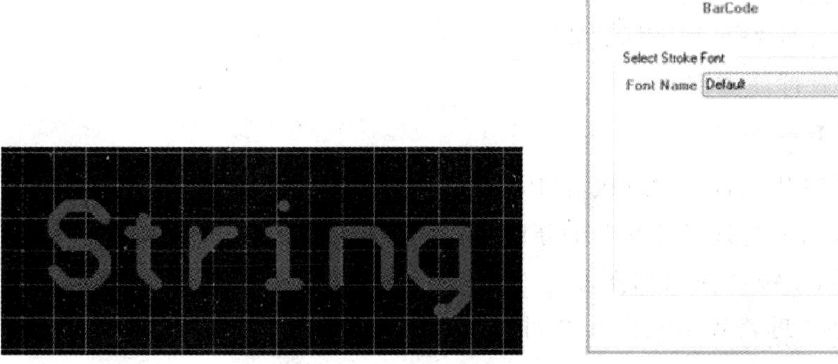

图 6-45　放置字符串的效果

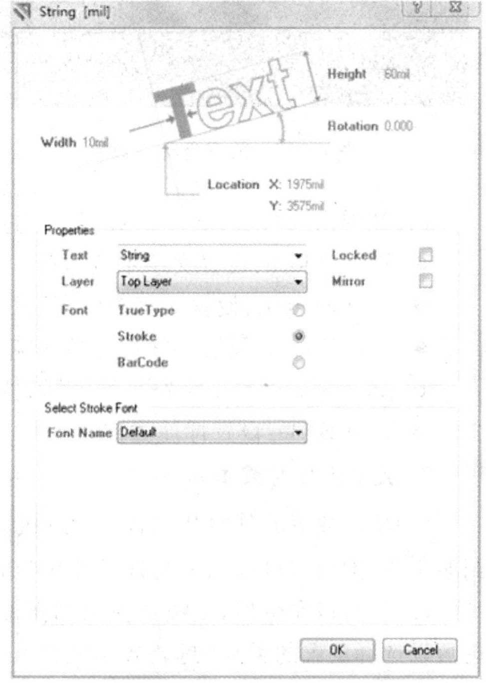

图 6-46　"Sring"对话框

(4)在弹出的"String"对话框中进行修改字符串属性。修改字符串的高度(Height)、字体宽度(Width)、倾斜角度(Rotation)、文本内容(Text)以及所在层面(Layer)等参数。可按键盘上的空格键来旋转角度。共有 4 种角度,分别是 0°、90°、180°、270°

6. 放置坐标工具

(1)执行"Place"—"Coordinate"命令,即可启动放置坐标工具。

(2)启动放置坐标命令后,光标变为十字形,并带有当前鼠标所在位置坐标。选择合适位置,单击鼠标左键即完成该位置坐标的放置,效果如图 6-47 所示。

(3)若要修改坐标的属性,可在未退出该命令时按"Tab"键或退出该命令后右键单击该坐标,在弹出的快捷菜单中选择"Properties",在弹出的"Coordinate"对话框中进行修改,如图 6-48 所示。

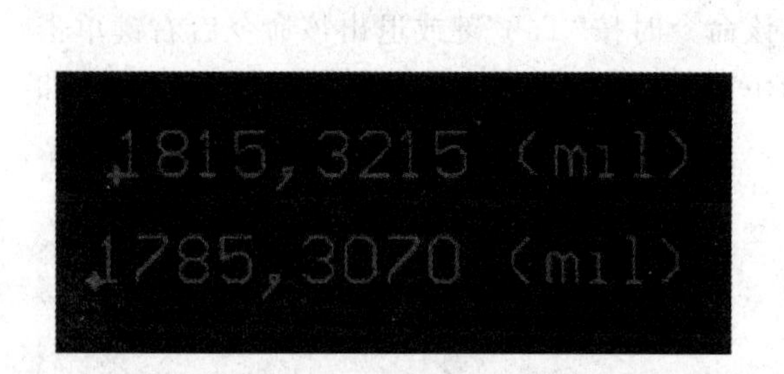

图 6-47 放置坐标的效果

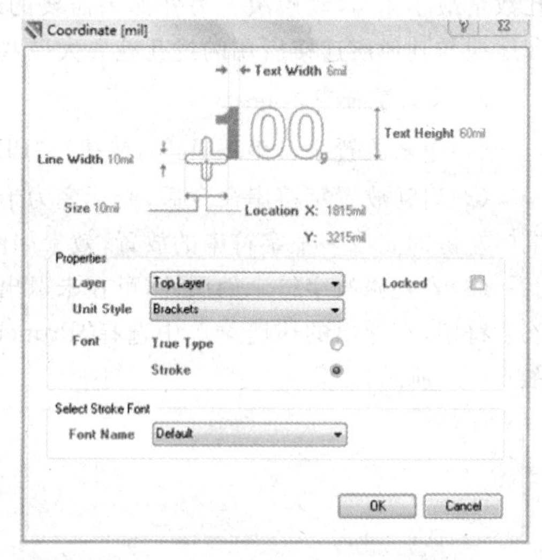

图 6-48 "Coordinate"对话框

(4)在弹出的"Coordinate"对话框中进行修改坐标属性。

- Test Width:设置文字单位宽度。
- Test Height:设置文字单位高度。
- Line Width:设置十字符号的线宽。
- Location:设置十字符号的坐标位置。
- Unit Style:设置标注类型。

7. 放置元件封装工具

(1)单击放置元件封装工具 ,或执行"Place"—"Component"命令,即可启动放置元件封装工具,然后就可以添加与该元件相关的新网络连接。

(2)执行该命令后,系统会弹出如图 6-49 所示的放置"Place Component"对话框。此时可以选择放置的类型(封装或是元件),并可以选择需要封装的名称,封装类型以及流水号等。

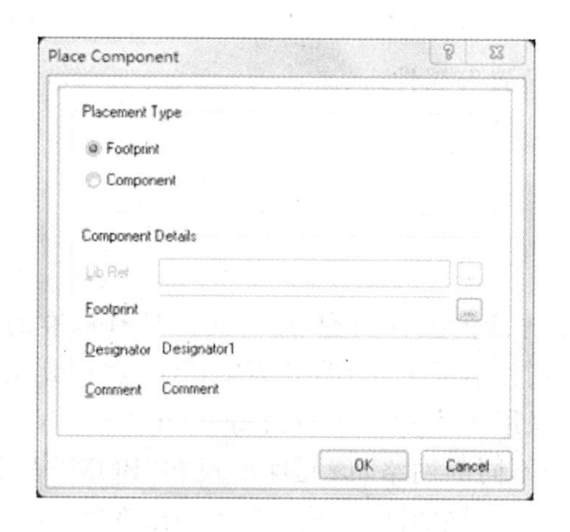

图 6-49　"Place Component"对话框

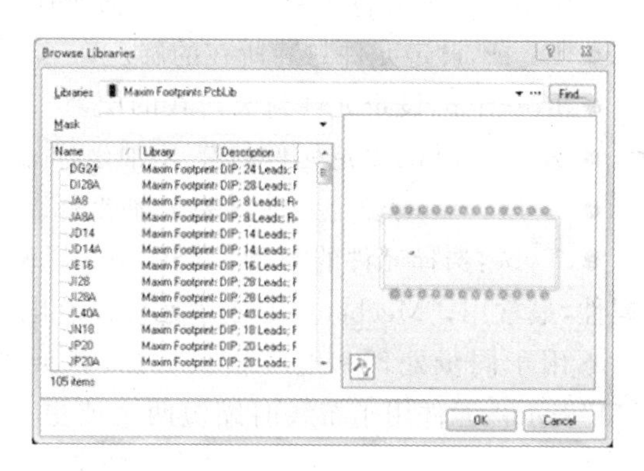

图 6-50　"Browse Libraries"对话框

● Placement Type：在此放置类型操作框中，应该选择"Footprint"（封装），如果选择"Component"（元件）的话，则放置的是元件。

● Component Detail：在此元件细节操作框中，可以设置元件的细节。其中，"Footprint"用来输入封装，即装载哪种封装。用户也可单击"Browse"按钮，系统将弹出如图 6-50 所示的"Browse Libraries"对话框。用户可以通过该对话框选择所需要放置的封装，此时还可以单击"Find"按钮查找需要的封装。用户可以根据实际需要设置完参数后，即可把元件放置到工作区，如图 6-51 所示。

(3)若要修改元件封装的属性，可在未退出该命令时按"Tab"键或退出该命令后右键单击该坐标，在弹出的快捷菜单中选择"Properties"，在弹出的"Component Designator"对话框中进行修改，如图 6-52 所示。

在如图 6-51 所示的元件封装属性对话框中，可以分别对"Component Properties"（元件属性）、"Designator"（流水号）、"Comment"（注释）和"Footprint"（封装）等进行设置。

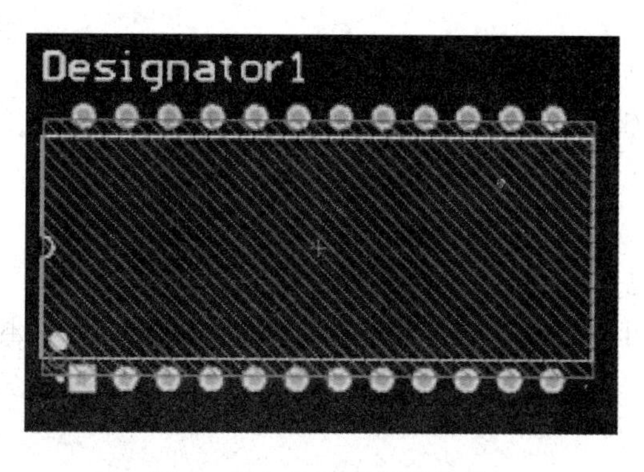

图 6-51　放置元器件效果

图 6-52　"Component Designator"对话框

① Comment Properties(元件属性)

主要用于设置元件本身的属性,包括所在层、位置等属性。

● Layer:设定元件封装所在的层。

● Rotation:设定元件封装所在的层。

● X-Location:设定元件封装 X 轴坐标。

● Y-Location:设定元件封装 Y 轴坐标。

● Type:选择元件的类型。"Standard"表示标准的元件类型,此时元件具有标准的电气属性,最常用;"Mechanical"表示元件没有电气属性但能生成 BOM 表中;"Graphical"表示元件不用于同步处理和电气错误检测,该元件仅用于表示公司日志等文档;"Tie Net in BOM"表示该元件用于布线时缩短两个或更多个不同的网络,该元件出现在"BOM"表中;"Tie Net"表示该元件用于布线时缩短两个或更多个不同的网络,该元件不会出现在"BOM"表中。

● Lock Prims:设定是否锁定元件封装结构。

● Locked:设定是否锁定元件封装的位置。

② Designator(选项设定)

主要用于设置元件的流水号,主要包括如下属性。

● Text:设定元件封装的序号。

● Height:设定元件封装流水号的高度。

● Width:设定元件封装流水号的线宽。

● Layer:设定元件封装流水号所在的层。

● Rotation:设定元件封装流水号的旋转角度。

● X-Location:设定元件封装流水号的 X 轴坐标。

● Y-Location:设定元件封装流水号的 Y 轴坐标。

● Font:设定元件封装流水号的字体。

● Autoposition:设定元件封装流水号的定位方式,即在元件封装的方位。

● Hide:设定元件封装流水号是否隐藏。

● Mirror:设定元件封装流水号是否翻转。

③ Comment(注释选项设置)

各项的定义与"Designator"选项设置的意义一样。

用户还可以对流水号文本和引脚进行编辑,当单独编辑它们时,只需使用鼠标双击文本或引脚即可进入相应的属性对话框,以便进行编辑调整。

④ Footprint(封装)

该操作选项主要用来设置封装的属性,包括封装名、所属的封装库和描述。

如果在已放置的元件封装上双击鼠标,可以进入 PCB 检查器界面,可以查看元件封装的属性,并可以进行属性编辑。

8. 绘制圆弧(中心法)工具

(1)执行"Place"—"Arc(Center)"命令,即可启动中心法绘制圆弧工具。

(2)光标变为十字形,将光标移动到合适位置单击鼠标左键第一次,确定圆弧所在圆心坐标；再移动光标调整圆的半径，单击鼠标左键第二次确定圆半径；再移动光标调整并单击鼠标左键第三次确定圆弧线缺口的一端；最后移动光标调整并单击鼠标左键第四次确定圆弧线缺口的另一端，完成对该圆弧线的绘制，放置后效果如图 6-53 所示。

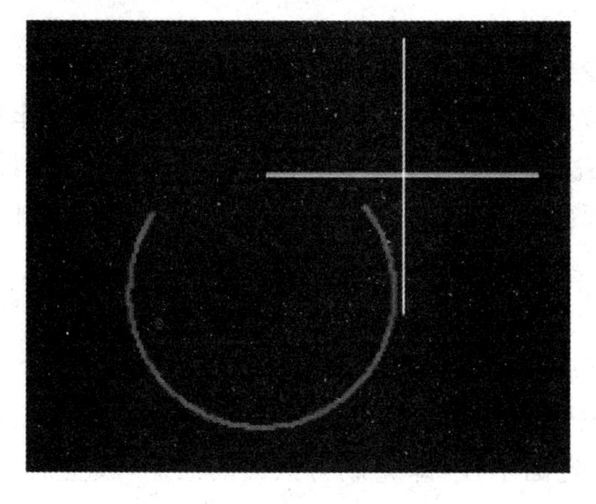

图 6-53 放置圆弧效果

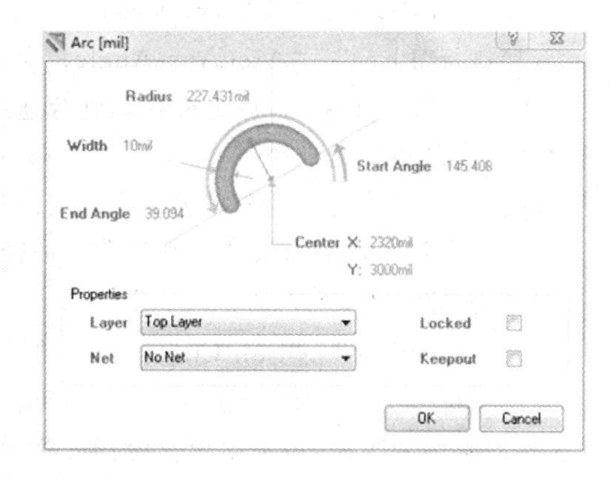

图 6-54 "Arc"对话框

(3)用户如果对圆弧的线宽、半径等属性不满意，可在未退出该命令时按"Tab"键或退出该命令后右键单击该坐标，在弹出的快捷菜单中选择"Properties"，在弹出的"Arc"对话框中进行修改，如图 6-53 所示。

在该对话框中可修改"Center"(圆心坐标)、"Start Angle"(起始角度)、"Radius"(圆弧半径)、"Width"(线宽)、"End Angle"(终止角度)、"Layer"(所在层)和"Net"(所在网络)，如图 6-54 所示。

9. 绘制圆弧(边缘法)工具

(1)单击绘制圆弧(边缘法)工具，或执行"Place"—"Arc(Edge)"命令，即可启动边缘法绘制圆弧工具。

(2)光标变为十字形，将光标移动到合适位置单击鼠标左键第一次，确定圆弧一端坐标；再移动光标调整圆弧外形，单击鼠标左键第二次确定圆弧另一端坐标，完成对该圆弧线的绘制，放置后效果如图 6-55 所示。

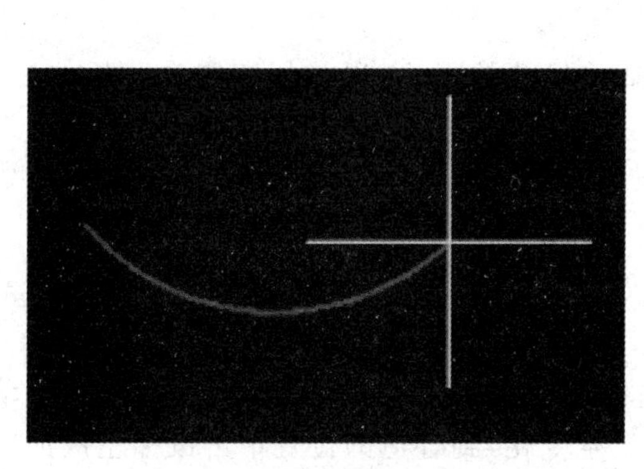

图 6-55 放置圆弧效果

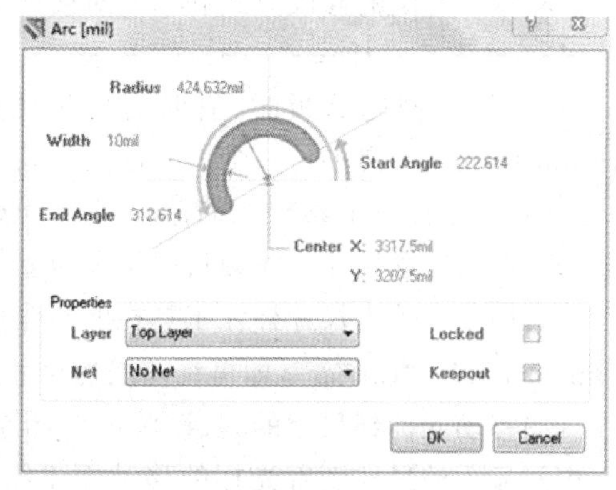

图 6-56 "Arc"对话框

(3)用户如果对圆弧的线宽或半径等属性不满意,可在未退出该命令时按“Tab”键或退出该命令后右键单击该坐标,在弹出的快捷菜单中选择“Properties”,在弹出的“Arc”对话框中进行修改,如图 6-56 所示。该对话框修改方式与用中心法绘制圆弧方式一样。

10. 绘制圆弧(角度旋转法)工具

(1)执行“Place”—“Arc(Any Angle)”命令,即可启动角度旋转法绘制圆弧工具。

(2)光标变为十字形,将光标移动到合适位置单击鼠标左键第一次,确定圆弧一端坐标;再移动光标调整圆的半径,单击鼠标左键第二次确定圆半径;移动光标调整圆弧外形,最后移动光标调整并单击鼠标左键第三次确定圆弧线缺口的另一端,完成对该圆弧线的绘制。

(3)用户对圆弧的修改方式和修改对话框与用中心法绘制圆弧方式一样。

11. 绘制整圆工具

(1)执行“Place”—“Full Circle”命令,即可启动绘制整圆工具。

(2)光标变为十字形,将光标移动到合适位置单击鼠标左键第一次,确定圆心坐标;再移动光标调整圆的半径,单击鼠标左键第二次确定圆半径,即完成对该圆的绘制,放置后效果如图 6-57 所示。

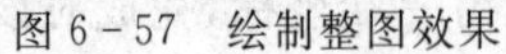

图 6-57　绘制整图效果

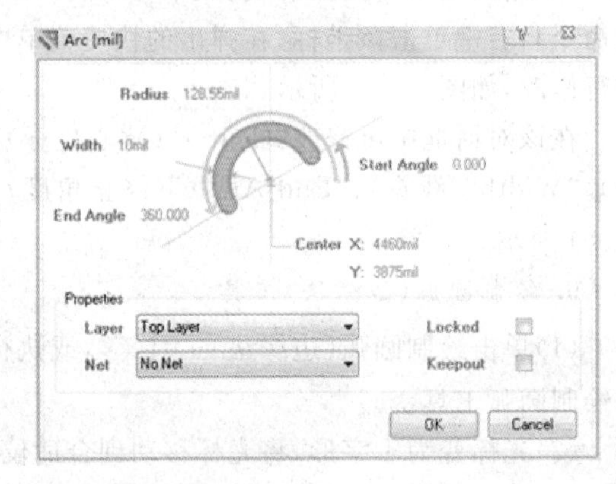

图 6-58　“Arc”对话框

(3)用户对圆的修改方式和修改对话框与绘制圆弧方式一样,如图 6-58 所示。

12. 放置尺寸标注

在设计印制电路板时,有时需要标注某些尺寸的大小,以方便印制电路板的制造。Altium Designer 提供了一个尺寸标注工具栏,如图 6-59 所示,它是实用工具栏的字工具栏。并且尺寸标注工具栏上的命令与“Place”—“Dimension”子菜单中命令一一对应,如图 6-60所示。放置尺寸标注的具体步骤如下:

(1)用鼠标单击尺寸标注工具栏的命令按钮(如 ,标注线性尺寸),或执行“Place”—“Dimension”—“Linear”,即可标注线性尺寸。

(2)移动光标到尺寸的起点,单击鼠标左键,即可确定标注尺寸的起始位置。并移动光标,中间显示的尺寸随着光标的移动而不断发生变化,到合适的位置单击鼠标左键加以确定,再移动光标确定尺寸线长度再次单击鼠标左键,即可完成尺寸标注,如图 6-61 所示。

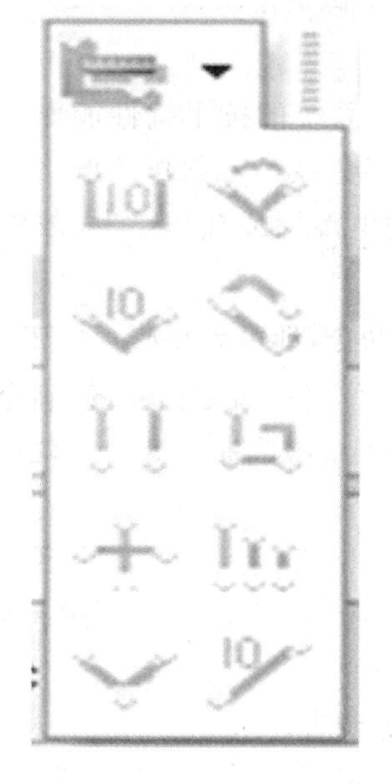

图 6－59　尺寸标注工具栏

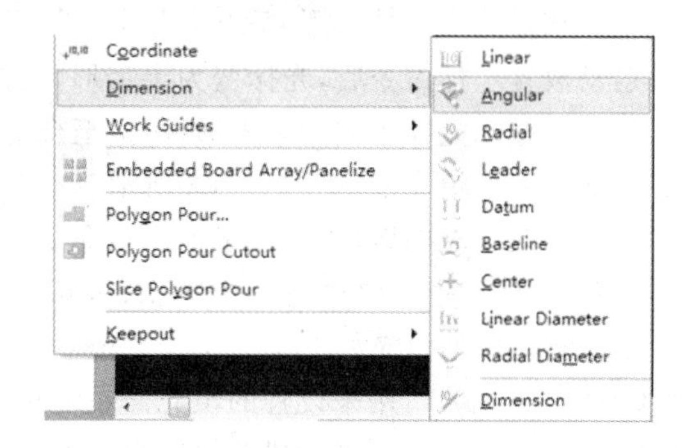

图 6－60　“Dimension”子菜单

图 6－61　完成线性尺寸标注

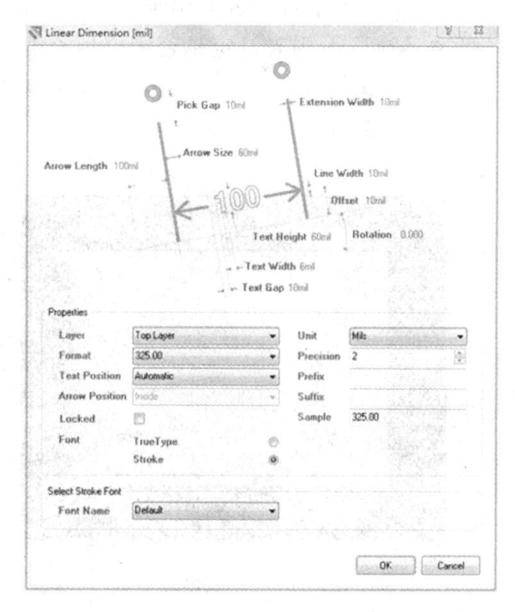

图 6－62　“Linear Dimension”对话框

(3)用户如果对标注的线宽、高度、旋转角度等属性不满意，可在未退出该命令时按“Tab”键或退出该命令后右键单击该尺寸标注，在弹出的快捷菜单中选择“Properties”，在弹出的“Linear Dimension”对话框中进行修改，如图 6－62 所示。

(4)将光标移到新的位置，按照上述步骤，放置其他的尺寸标注。

Altium Designer 提供了很多尺寸标注，包括线性尺寸、圆弧、角度、半径和直径等，标注方法和修改方式与线性标注类似，读者可自己摸索，此处不做赘述。

13. 放置填充

填充一般用于制作 PCB 插件的接触面或者用于增强系统的抗干扰性能而设置的大面积电源或接地。在制作电路板的接触面时，放置填充的部分在实际制作的电路板上是外露的敷铜区。填充通常放置在 PCB 的顶层、底层或内部的电源层或接地层上，放置填充的一般操作方法如下：

(1)单击放置填充工具 ，或执行“Place”—“Fill”命令，即可启动放置填充工具。

(2)启动放置坐标命令后，光标变为十字形，选择合适位置单击鼠标左键，确定填充面左下角坐标，接着拖动光标形成一个矩形框，拖至合适大小再单击鼠标左键确定填充面右上角坐标，即可插入一个填充面，如图 6－63 所示。

(3)若要修改填充的属性，可在未退出该命令时按“Tab”键或退出该命令后右键单击该填充面，在弹出的快捷菜单中选择“Properties”，在弹出的“Fill”对话框中进行修改，如图 6－64所示。具体属性填充如下。

- Corner1 X 和 Y：用来设置的填充面左下角的坐标位置。
- Corner2 X 和 Y：用来设置的填充面右上角的坐标位置。
- Layer：该下拉列表框用来选择填充所放置的层。
- Net：该下拉列表框用来设置填充的网络层。
- Locked：用来设定是否锁定填充。
- Keepout：该复选框选中后，则无论其属性设置如何，此填充均在禁止布线层(Keepout Layer)。

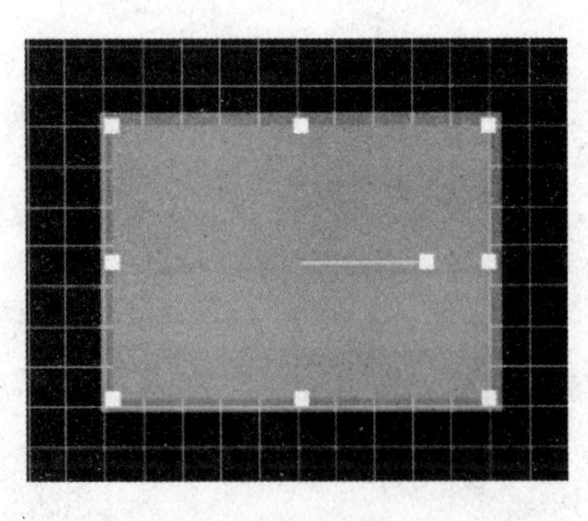

图 6－63　完成填充放置

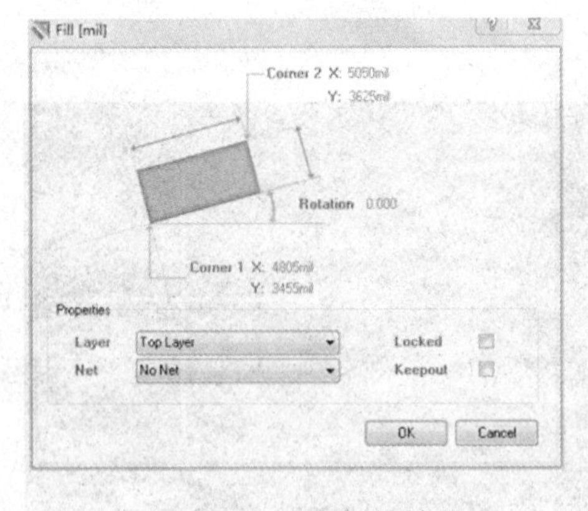

图 6－64　“Fill”对话框

14. 放置多边形敷铜平面

该功能用于为大面积电源或接地敷铜，以增强系统的抗干扰性能，下面讲述放置多边形敷铜平面的方法。

(1)单击放置多边形敷铜平面工具 ，或执行“Place”—“Polygon Pour”命令，即弹出如图 6－65 所示的“Polygon Pour”对话框，设置选项如下。

- Fill Mode 操作框：在该操作框中，可以选择敷铜的模式，“Solid”(Copper Regions)表示实体填充模式；"Hatched"(Tracks/Arcs)表示网格状填充模式；"None"(Outline Only)表示只在外轮廓上敷铜。

● Remove Island Less Than(sq miles)In Area：将小于指定面积的多边形岛移去。

● Arc Approximation 编辑框：包围焊盘或过孔的多边形圆弧的精度。

● Remove Necks When Copper Width Less Than：该编辑框定义了一个多边形区域的最小宽度的限值。小于这个限值的狭窄的多边形区域将会被移去。默认值为 5mil。

● Layer：该下拉列表选择多边形平面所放置的层。

● Connect to Net：该下拉列表设置多边形平面的网络层。

● Min Prim Length：该编辑框设定推挤一个多边形时的最小允许图元尺寸。当多边形被推挤时，多边形可以包含很多短的导线和圆弧，这些导线和圆弧用来包围存在的对象的光滑边。该值设置越大，则推挤的速度越快。

● Lock Primitives：如果该项被选中，所有组成多边形的导线被锁定在一起，并且这些图元作为一个对象被编辑操作。如果该选项没有选中，则可以单独编辑那些组成的图元。

● 选择覆盖相同网络的模式：如果选择"Pour Over All Same Net Objects"，任何存在相同网络的多边形敷铜平面内部的导线将会被该多边形覆盖；如果选择"Pour Over Same Net Polygon Only"，任何存在于相同网络的多边形敷铜平面内部的多边形将会被该多边形覆盖；如果选择"Don't Pour Over Same Net Objects"，则多边形敷铜平面将只包围相同网络已经存在的导线或多边形，而不会覆盖。

● Remove Dead Cooper：当多边形敷铜不能连接到所选择网络的区域会生成死铜。该选项选中后，则在多边形敷铜平面内部的死铜将被移去。如果该选项没有被选中，则任何区域的死铜将不会被移去。

需要注意的是：如果在选中的网络上，多边形没有封闭任何焊盘，则整个多边形会被移动，因此此时多边形将会被看作死铜。

(2)启动放置坐标命令后，光标变为十字形，选择合适位置单击鼠标左键，确定多边形的起点，然后再移动鼠标到适当位置单击鼠标左键，确定多边形的中间点，在终点处单击鼠标右键，程序会自动将终点和起点连接在一起，形成一个封闭的多边形平面，如图 6 - 66 所示。

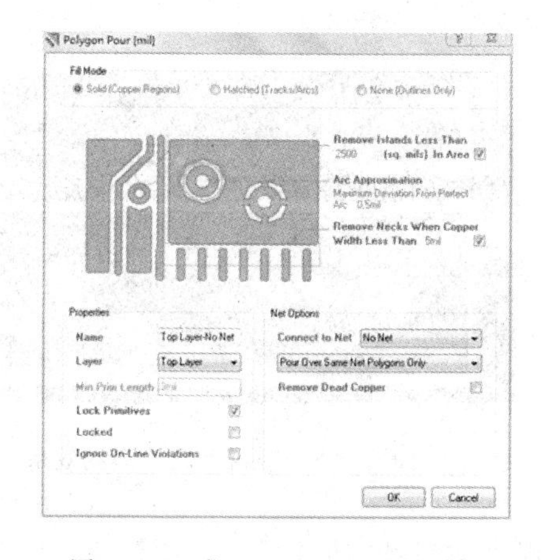

图 6 - 65 "Polygon Pour"对话框

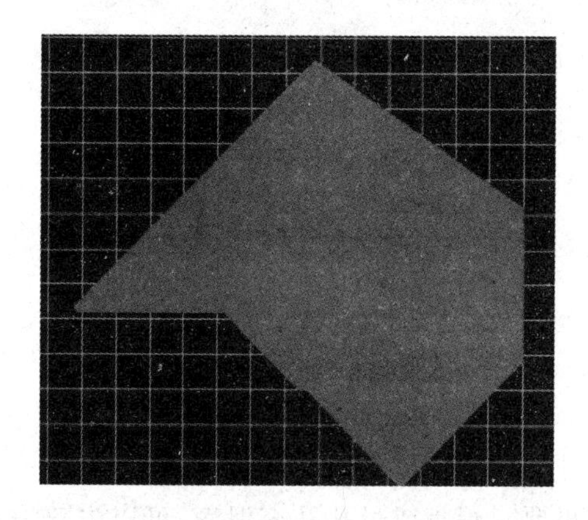

图 6 - 66 放置敷铜平面效果

15. 设置初始原点

在设计电路板的过程中，用户一般使用程序本身提供的坐标系，如果用户自己定义坐标系，只需要设定用户坐标原点，具体步骤如下：

(1)单击绘图工具栏中的放置原点工具 ⊠ ，或执行"Edit"—"Origin"—"Set"命令。

(2)执行该命令后，光标变成十字形，将光标移到所需要的位置，单击鼠标左键，即可将该点设置为用户定义坐标系的原点，如图 6-67 所示。

(3)如果用户想恢复原来的坐标系，执行命令"Edit"—"Origin"—"Reset"即可。

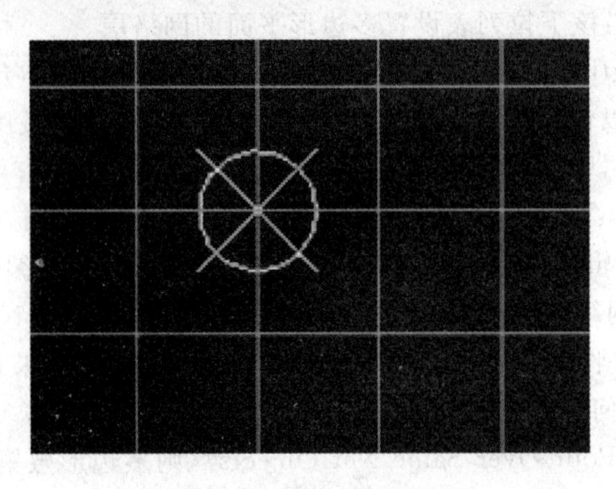

图 6-67 设置原点效果

16. 设置补充泪滴

在电路板设计中，为了使焊盘与导线或过孔之间的连接更牢固，防止因为钻孔时的应力集中而使接触处断裂，常常在焊盘与导线之间用铜布置一个过渡区，形状像泪滴，故称为补泪滴。焊盘和过孔等可以进行补泪滴设置。泪滴焊盘和过孔形状可以定义为弧形或线形，可以对选中的实体，也可以对所有过孔或焊盘进行设置。可以执行选项命令"Tools"—"Teardrops"来进行设置，执行该命令后，系统将弹出如图 6-67 所示的"Teardrop Options"对话框。

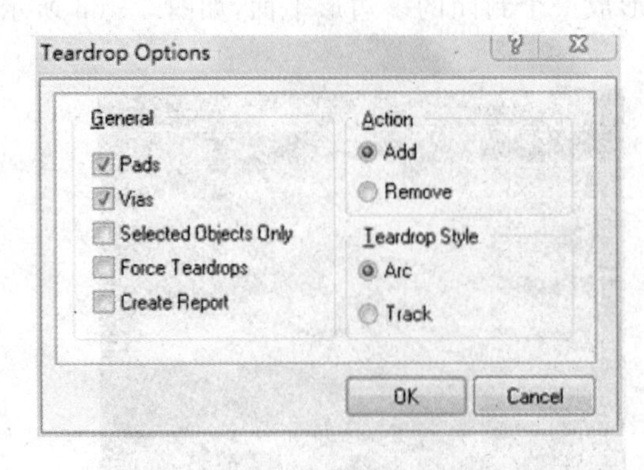

图 6-67 "Teardrop Options"对话框

图 6-68 焊盘上放置泪滴效果

如果要对焊盘或过孔补充泪滴，可以先双击焊盘或过孔，使其处于选中状态，然后选择"Teardrop Options"对话框中的"All Pads"或"Selected Objects Only"选项，最后单击 OK 按钮结束。

需要注意的是：对于贴片和单层板一定要对过孔和焊盘补充泪滴。

6.3.2　元器件位置调整工具栏

元器件调整工具栏主要用于对电路板中的元器件封装位置进行调整，如左对齐、右对齐、水平平铺等。单击元器件调整工具栏符号 ，即可打开如图 6 - 69 所示的元器件位置调整工具栏。

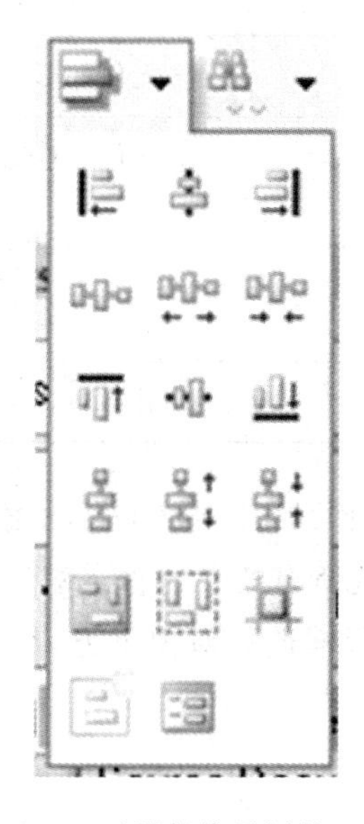

图 6 - 69　元器件位置调整工具栏

元器件调整工具栏中各个工具的作用见表 6 - 1。

表 6 - 1　元器件调整工具栏功能表

按　钮	功　能
	选取对象左对齐
	选取对象水平居中对齐
	选取对象右对齐
	选取对象水平平铺
	选取对象水平间距增大
	选取对象水平间距缩小
	选取对象上对齐
	选取对象垂直居中对齐

（续表）

按　钮	功　能
	选取对象下对齐
	选取对象垂直平铺
	选取对象垂直间距增大
	选取对象垂直间距缩小
	元件外形移入布置空间内
	元件外形移入选取区域内
	将对象移至合格点定位
	将选取对象创建联合
	调用“Align Component”对话框

下面以水平居中工具为例，介绍元器件调整工具的用法。例如，工作区中散乱排布的元器件封装如图 6－70 所示，首先框选所有的元器件封装。单击对象水平居中按钮 ，此时光标变成十字形状，将光标移动到所框选的对象上方，单击鼠标左键，则所有框选封装将按水平居中对齐，如图 6－71 所示。

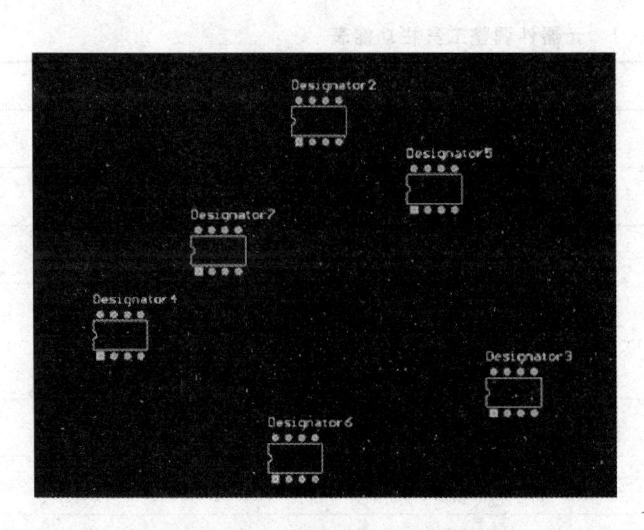

图 6－70　散乱排布的元器件

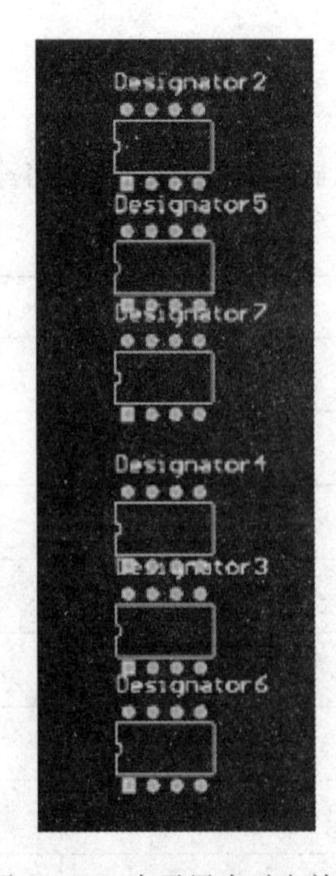

图 6－71　水平居中对齐效果

6.3.3　查找选择集工具栏

查找选择集工具栏主要用于为用户选择原来所选的元器件提供方便。单击查找选择集工具栏符号，即可打开如图 6－72 所示的查找选择集调整工具栏。

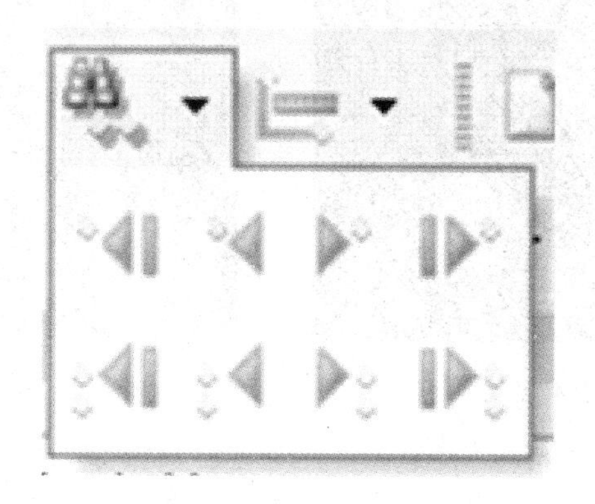

图 6－72　查找选择集工具栏

查找选择集工具栏中各个工具的作用见表 6－2。

表 6－2　查找选择集工具栏功能表

按　钮	功　能
	跳到选择的第一个单体元器件封装
	跳到选择的上一个单体元器件封装
	跳到选择的下一个单体元器件封装
	跳到选择的最后一个单体元器件封装
	跳到选择的第一个群体元器件封装
	跳到选择的上一个群体元器件封装
	跳到选择的下一个群体元器件封装
	跳到选择的最后一个群体元器件封装

下面以跳到选择的第一个群体元器件封装工具为例，介绍查找选择集工具的用法。例如，工作区中散乱排布的元器件封装如图 6－73 所示，首先框选所有的元器件封装，单击跳到选择的第一个群体元器件封装按钮，此时界面跳到选择的第一个群体元器件封装被选中，如图 6－74 所示。

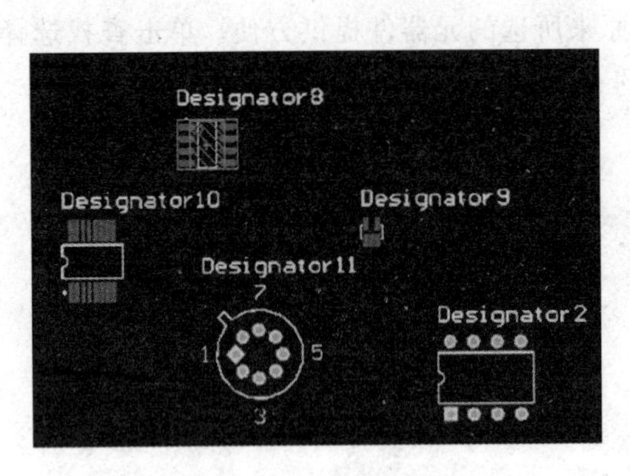

图 6－73　散乱排布的元器件

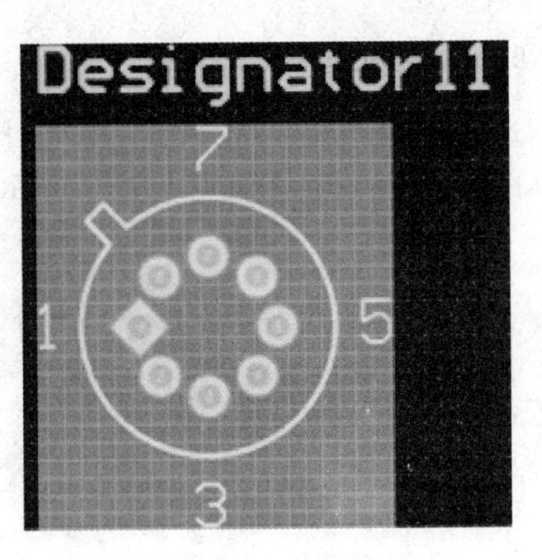

图 6－74　群体元件封装被选中

6.4　利用自动布线方法绘制 PCB 图

自动布线是设计 PCB 最基本且最常用的方法。本节以一个具体的实例介绍印制电路板自动布局、自动布线的操作过程。

6.4.1　准备原理图

1. 对原理图的要求

正确设计原理图是用自动布线方法来绘制 PCB 板的基本要求，对准备绘制 PCB 板的原理图有如下要求。

(1)所有元件都要有标号，而且不能重复，不能为空。

(2)元件之间使用导线连接，在具有总线结构的电路图中，总线、总线分支线、网络标签缺一不可。

(3)电源、接地符号绘制正确，连接正确无遗漏。

(4)所有元件都要有封装，而且封装要根据实际元件确定。

2. 原理图的准备

(1)按照要求准备的原理图

新建一个名叫“MyWork_1.PrjPcb”的 PCB 工程文件，向该工程文件下添加一个名叫“MySheet_1.SchDoc”原理图文件，并将工程文件和原理图文件都保存到目录“D:\Chapter6\MyProject_1”中。

按照如图 6－75 所示自激多谐振荡器电路图的绘制方法，绘制电路原理图。电路中 2N3904 晶体管和电阻器、电容器元件都位于常用元件库“Miscellaneous Devices. IntLib”，双头插针 Header 2H 位于常用元件库“Miscellaneous Connectors. IntLib”。绘制完毕后检查电路绘制的正确性。

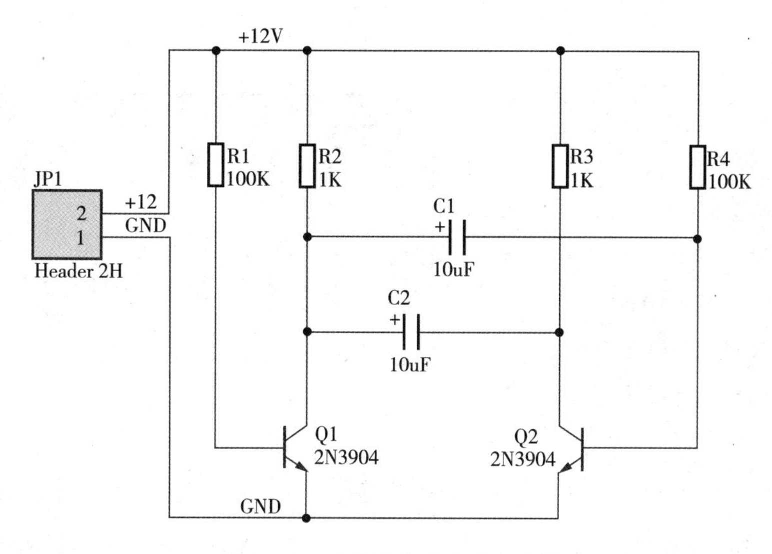

图 6－75　自激多谐振荡器电路图

(2)生成网络表

网络表是连接原理图和 PCB 的桥梁，正确绘制完原理图后，执行“Design”—“Netlist For Project”—“Protel”命令，即可生成名为“MySheet_1.NET”的网络表文件。

6.4.2　确定印制电路板的工作层

1. 新建 PCB 文件

在“MyWork_1.PrjPcb”的 PCB 工程文件下添加一个名叫“MyPCB_1.PcbDoc”的 PCB 文件，同时打开该 PCB 文件，进入 PCB 编辑器。

2. 设置工作层

在本例中主要学习双面 PCB 板的自动布线方法，双面 PCB 板一般具有以下 6 个工作层。

- Top Layer(顶层)：放置元件并布线。
- Bottom Layer(底层)：布线并进行焊接。
- Mechanical Layer(机械层)：用于确定电路板的物理边界，也就是电路板的实际边框。
- Keep－Out Layer(禁止布线层)：用于电路板的电气边界。
- Top Over Layer(顶层丝印层)：放置元件的轮廓、标注及一些说明性文字。
- Multi－ Layer(多层)：用于显示焊盘和过孔。

在对电路板进行设计之前，要对电路板的层数及属性进行详细设置。设置步骤如下：

(1)执行“Design”—“Board Layers & Colors”命令，如图 6－76 所示，会弹出如图 6－77 所示的“View Configurations”对话框。

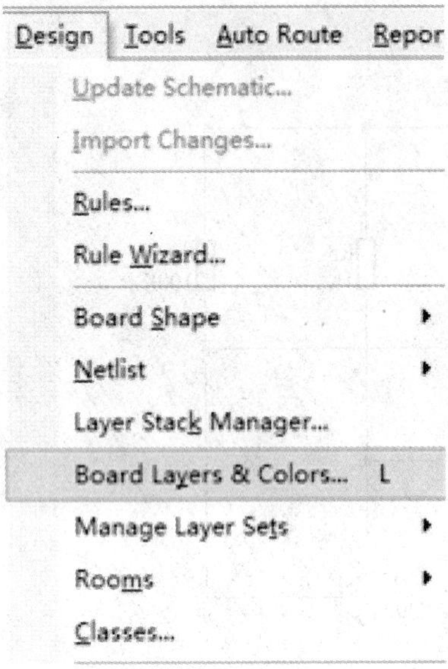

Design Tools Auto Route Repor
Update Schematic...
Import Changes...
Rules...
Rule Wizard...
Board Shape
Netlist
Layer Stack Manager...
Board Layers & Colors... L
Manage Layer Sets
Rooms
Classes...

图 6-76 执行菜单命令图

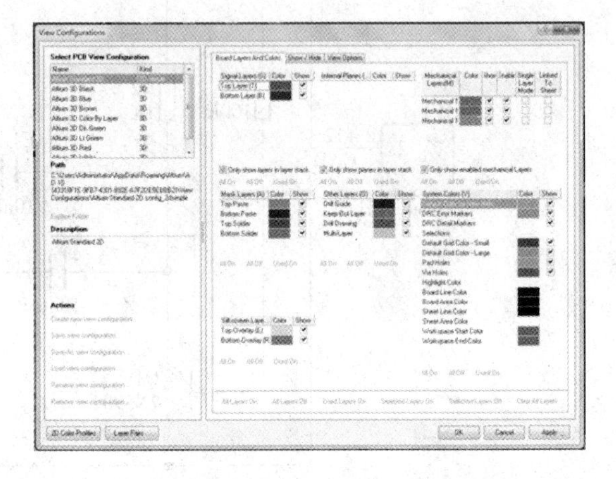

图 6-77 “View Configurations”对话框

(2)可以通过工作层右边的“Show”复选框来显示需要的层，单击“Color”块会弹出如图所示“2D System Colors”对话框，用户可以按照需要改变颜色，但在一般情况下均采用默认颜色。

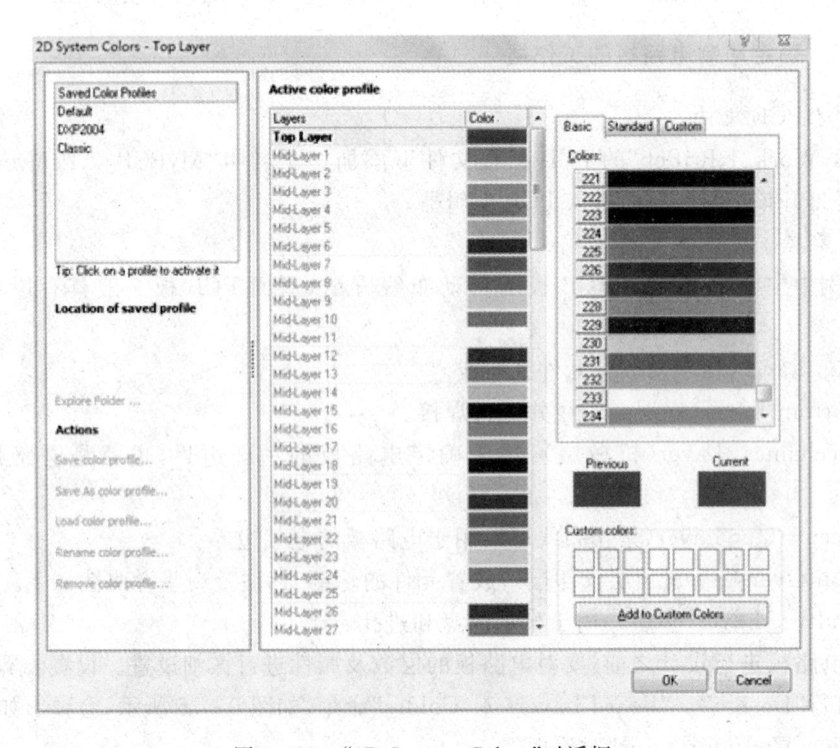

图 6-78 “2D System Colors”对话框

(3)在 PCB 编辑界面可以显示所设置的层及各层的颜色,如图 6－79 所示。

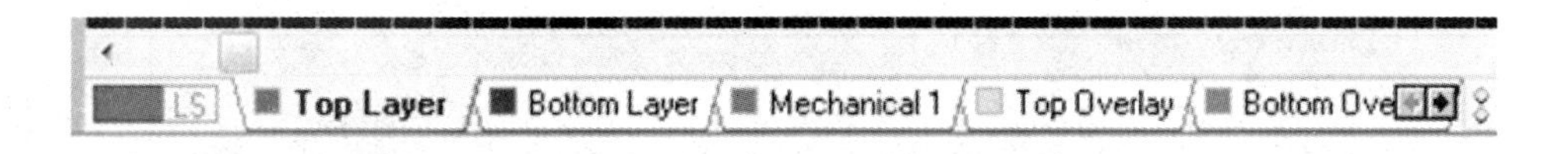

图 6－79　PCB 图界面工作层

6.4.3　加载元件封装库和网络表

1. 加载元件封装库

PCB 板规划好后,需要加载元件封装库才能通过网络表将原理图中的元件转移到 PCB 板中。在装入网络表和元件封装前,应确保所有元件均有有效的元件封装,而且要装入该电路所需的元件库,否则会导致网络表和元件封装装入失败。

加载元件封装库的方法与加载原理图元件库的方法类似,在此不再赘述。

2. 加载网络表

(1)执行"Design"—"Import Changes From MyWork_1.PrjPcb"命令,弹出如图 6－80 所示的"Engineering Change Order"(工程变化订单)对话框。

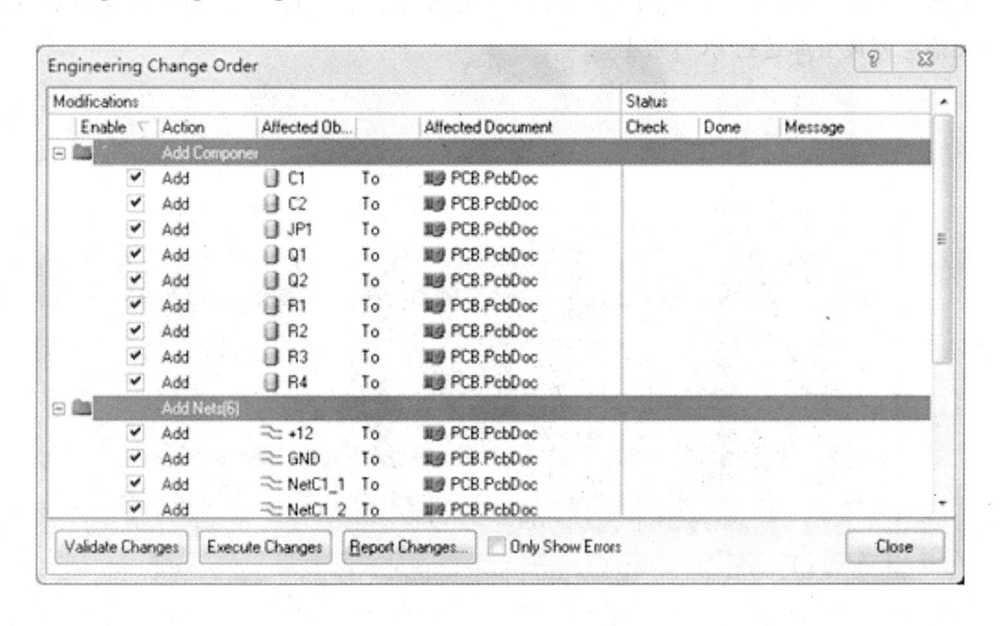

图 6－80　"Engineering Change Order"对话框

(2)在该对话框中单击"Validate Changes"(使变化生效)按钮,系统检查所有更改是否有效。若有效,将在右侧"Check"(检查)一栏显示√,若无效则在这一栏显示×,若出现错误,则应关闭该对话框,回到原理图进行修改,直到该对话框"Check"一栏全部显示√,如图 6－81 所示。

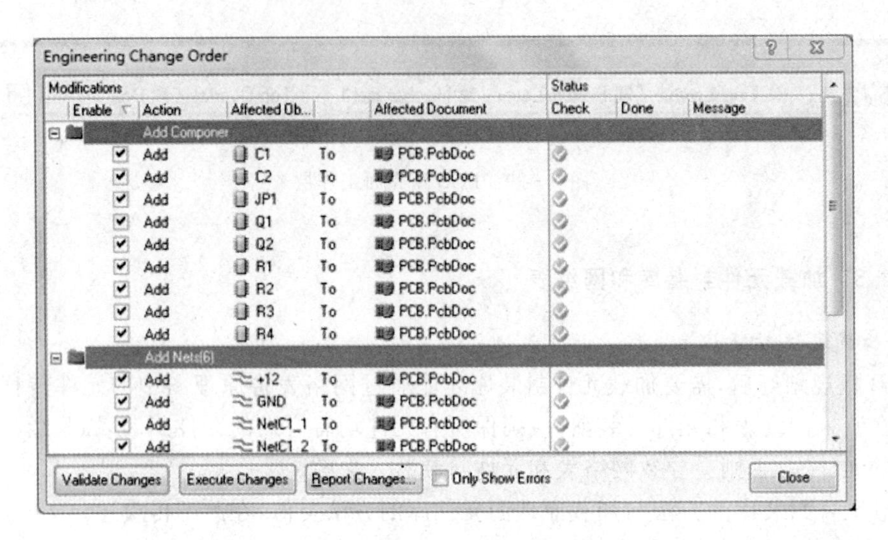

图 6-81 系统检查无错

(3)在该对话框中单击“Execute Changes”(执行变化)按钮,系统将自动执行所有变化,并在右边的“Done”(完成)一栏显示√,如图 6-82 所示。若执行成功,则单击“Close”按钮,原理图信息就被全部送到 PCB 板上。

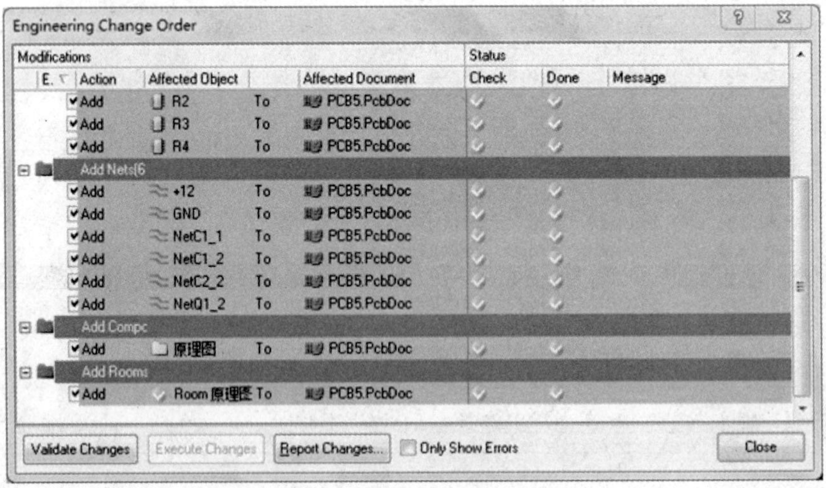

图 6-82 系统检查所有更改是否有效

6.4.4 元件布局

加载网络表后,发现元件封装都排列为一列放在 PCB 工作界面外右下角,如图 6-83 所示。但这显然不能满足布线的要求,因此要对元件封装进行合理的布局和位置调整。

图 6-83　加载网络表后的 PCB 工作界面

1. 元件封装移入工作界面

将鼠标放置在 PCB 工作界面外右下角的元件封装框上拖至 PCB 工作界面中，如图 6-84 所示。

并用鼠标单击该封装框，去除该框，留下元器件封装于 PCB 工作界面中，如图 6-85 所示。

图 6-84　将元件封装移入 PCB 工作界面

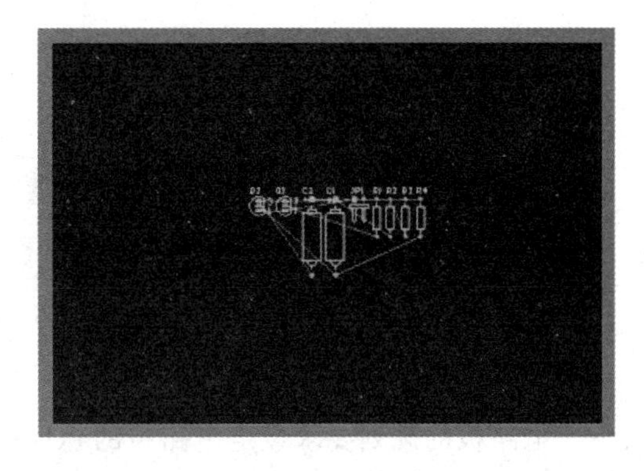

图 6-85　去除元件封装边框

2. 元件的手工布局与调整

手工布局就是利用鼠标将元件移到 PCB 上合适的位置，布局主要遵循以下原则。

(1)按照信号流向，从左到右或者从上到下布局，依次为输入(交流信号)、整流、滤波、稳压。

(2)调整元件位置，使飞线交叉尽可能少，连线尽可能短。

(3)元件尽量朝向一致，整齐美观。

元件的手工布局与调整，主要是针对元件的位置和放置方法来说的。将光标移动到元件上，拖动到合适位置，则元件的位置也随之改变，松开左键就可将元件放置到当前的位置上。

若要改变元件的放置方向，则可以将光标移到元件上并拖动，若同时按空格键来调整元件的旋转方向；若同时按“X”键进行元件的 X 轴镜像调整；按“Y”键进行元件的 Y 轴镜像调整。

3. 元件注释的调整

对元件的注释可以进行位置改变、方向调整和编辑操作。元件注释的位置改变和方向调整的方法与元件位置改变和方向调整的方法相同。这里重点介绍元件注释的编辑。

双击要编辑的元件注释，在弹出来的“Component Designator”对话框中可以编辑文字的内容、文字的高度、文字的宽度、字体类型、注释文字放置的角度和所在的工作层等属性，如图 6－86 所示。

调整完毕后元件的手工布局和调整就结束了，如图 6－87 所示。

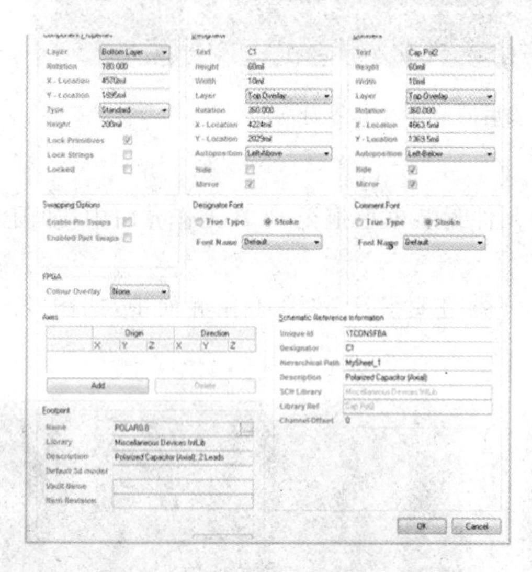

图 6－86 “Component Designator”对话框

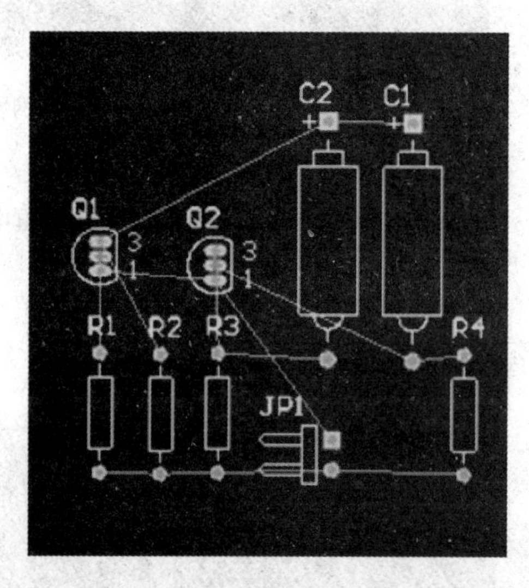

图 6－87 布局完毕后的元件封装

6.4.5 规划 PCB 板边界

电路板的规划要求设定电路板的物理边界和电气边界。

1. 设置物理边界

元件布局完毕后，用户可以根据已设置的元件封装布局，设定电路板的物理尺寸。本例中将电路板物理尺寸定义为长 1700mil，宽 1600mil。绘制步骤如下：

(1)单击 Mechanical 1 标签，选择第一个机械层来确定电路板的物理边界，也就是电路板的实际边框，如图 6－88 所示。

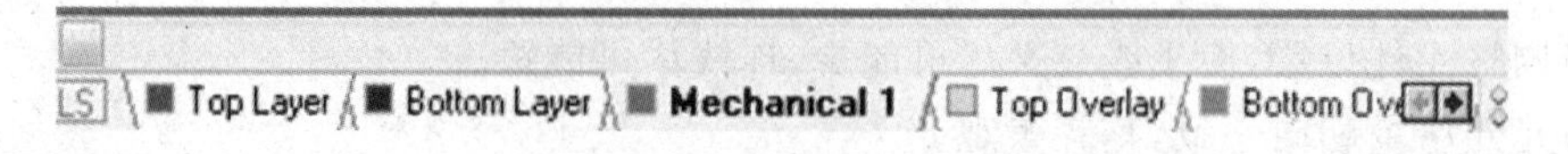

图 6－88 Mechanical 1 标签

(2)执行“Edit”—“Origin”—“Set”命令，或单击 ▾，在弹出的下拉列表中单击“Set”按钮，设置当前原点。

(3)执行“Design”—“Board Shape”—“Redefine Board Shape”命令，光标将变为十字状。将光标移到坐标原点，单击以确定板边起点，移动鼠标依次确定板边四个顶点坐标(0mil,0mil)、(0mil,1600mil)、(1700mil,1600mil)、(1700mil,0mil)，再右键单击鼠标，从而形成一个四边形的电路板，如图 6－89 所示。

注意，可利用键盘上的“←”、“↑”、“→”、“↓”光标对顶点坐标进行微调。

(4)执行“Place”—“Line”命令，Mechanical1 中绘制电路板的矩形边框。依次移动光标到四个顶点处并单击，则可完成电路板边框的绘制，右键单击退出命令状态。绘制好的电路板边框如图 6－90 所示。

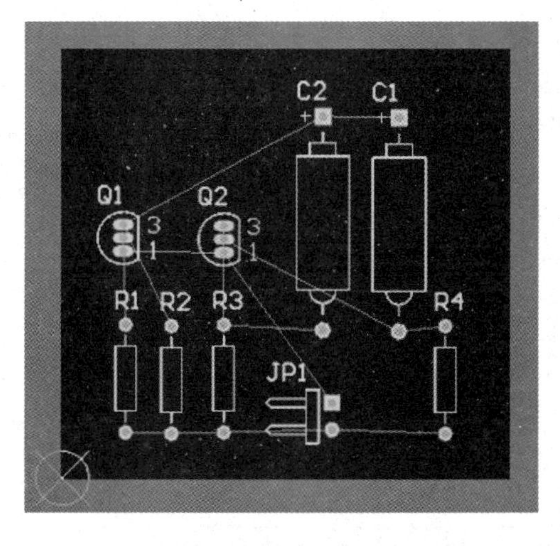

图 6－89　绘制好的 PCB 形状

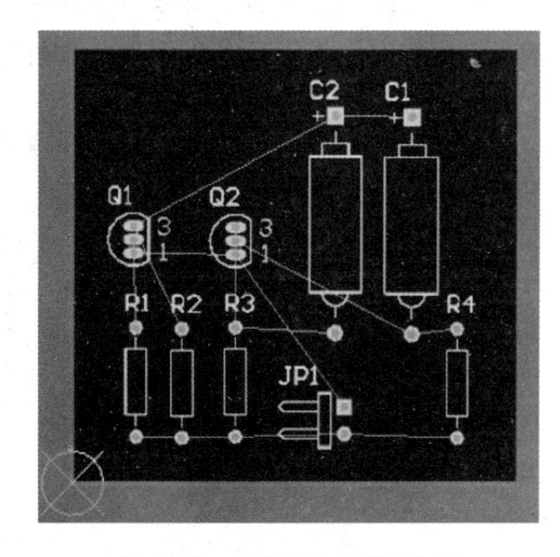

图 6－90　绘制好的电路板边框

绘制电路板的边框也可以用如下方法：绘制完一条边框后双击该边框，在弹出的对话框中输入直线起点和直线终点坐标，则完成一条边的绘制；依次设置四条首尾相连的边线，即可绘制一个封闭的电路板边框。

2. 设置电气边界

电路板的电气边界是指在系统能进行自动布局和自动布线的范围，定义在禁止布线层上。可以不确定物理边界，而用电路板的电气边界来代替物理边界，但为了防止元件的位置和布线过于靠近电路板的边框，电路板的电气边界要略小于物理边界。这里设置电气边界距离物理边界 50mil，即电气边界的长为 1900mil，宽为 1100mil。绘制电气边框的步骤如下：

(1)将工作层切换到 Keep-Out Layer(禁止布线层)，如图 6－91 所示。

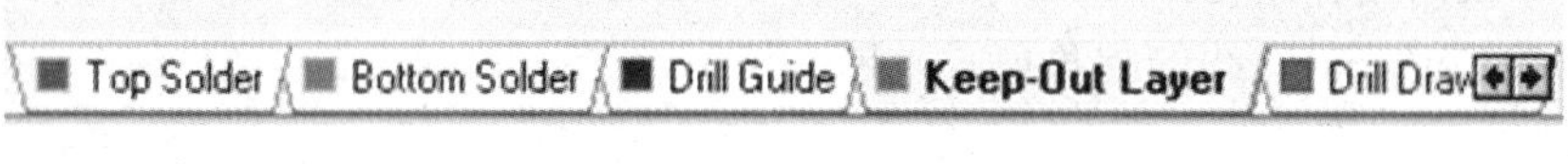

Top Solder | Bottom Solder | Drill Guide | **Keep-Out Layer** | Drill Draw

图 6－91　Keep Out Layer 标签

（2）与设置物理边界的方法一样，设置电气边界。执行“Place”—“Line”命令，移动鼠标依次确定电气边界的四个顶点坐标（50mil，50mil）、（50mil，1550mil）、（1650mil，1550mil）、（1650mil，50mil），再右键单击鼠标，形成一个四边形的电气边界，如图 6－92 所示。

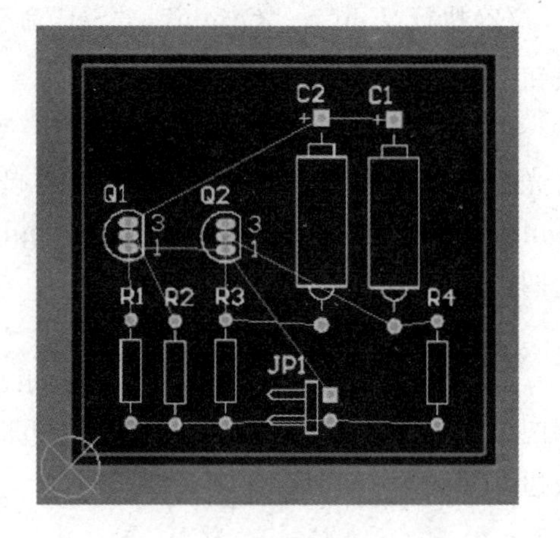

图 6－92　设置好的电气边界

6.4.6　设定元件布线参数设置

1. 设置布线规则的参数设置对话框

Altium Designer 为用户提供了自动布线的功能，可以用来进行自动布线、也可以进行手动交互式布线。在布线之前，必须先进行其参数的设置，下面讲述布线规则的参数设置过程。

（1）执行“Design”—“Rules”命令，系统将会弹出如图 6－93 所示的对话框，在此对话框中可以设置布线参数。

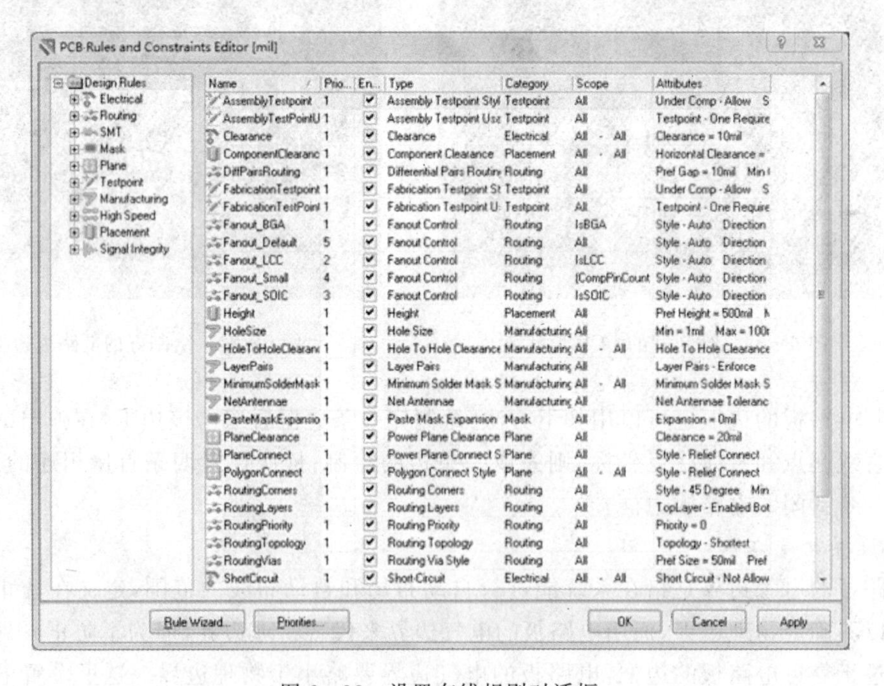

图 6－93　设置布线规则对话框

（2）在如图 6－93 所示的对话框中，可以设置布线和其他设计规则参数。

① 布线规则一般都集中在 Routing（布线）类别中，包括有：Width（宽度）、Routing Topology（布线的拓扑结构）、Routing Priority（布线的优先级）、Routing Layers（布线的工作层）、Routing Corners（布线的拐角模式）、Routing Via Style（过孔的类型）和 Fanout Control（输出控制）。

② Electrical（电气规则）类别包括：Clearance（走线间距约束）、Short-Circuit（短路约

束)、Un-Routed Net(未布线约束)和 Un-Connected Pin(未连接的引脚约束)。

③ SMT(表贴规则设置),具体包括:SMD To Corner(走线拐弯处表贴约束)、SMD To Plane(SMD 到电平面的距离约束)和 SMD Neck-Down(SMD 的缩颈约束)。

④ Mask(阻焊膜和助焊膜规则设置),包括:Solder Mask Expansion(阻焊膜扩展)和 Paste Mask Expansion(助焊膜扩展)。

⑤ Testpoint(测试点设置),包括:Testpoint Style(测试点的类型)和 Testpoint Usage(测试点的用处)。

2. 设置布线规则

(1) Width(设置走线宽度)

该设置可以设置走线的最大、最小和推荐宽度。

① 在图 6-93 所示的对话框中,使用鼠标选中选项“Routing”的“Width”选项,然后单击鼠标右键从快捷菜单中选择“New Rule”,如图 6-94 所示。系统将生成一个新的宽度约束。然后使用鼠标单击新生成的宽度约束,系统将会弹出如图 6-95 所示的对话框。

图 6-94　快捷菜单

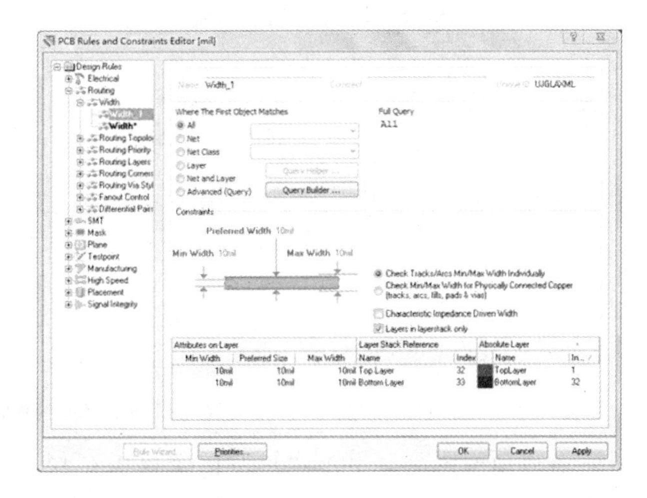

图 6-95　PCB 宽度约束规则设置

② 在“Name”编辑框中输入“Width_all”,然后设定该宽度规则的约束特性和范围。在此设定该宽度规则应用到整个电路板,所以在“Where The First Object Matches”单元选择“All”。并且设置宽度约束条件如下:

“Preferred Width”(推荐宽度)设置为 12mil;“Min Width”(最小宽度)和“Max Width”(最大宽度)均设置为 12mil。

其他设置项为默认值,这样就设置了一个适用于整个 PCB 图的宽度约束。

Altium Designer 设计规则系统的一个强大功能是:可以定义同类型的多个规则,则每个规则应用对象可以相同,每个规则的应用对象只适用于该规则的范围内。规则系统使用预定义等级来决定将哪个规则应用到对象。

例如,可能有一个对整个电路板的宽度约束规则(即所有导线都必须是这个宽度),而对接地网络需要另一个宽度约束规则(这个规则忽略前一个规则),在接地网络上的特殊连接却需要第三个宽度约束规则(这个规则忽略前两个规则),规则根据优先权顺序显示。

此时在设计中有一个宽度约束规则应用到整个电路板。下面为 12V 和 GND 网络再添加一个新的宽度约束规则，继续下面的操作。

③ 以同样的方法在如图 6－94 所示的快捷菜单中选择“New Rule”，然后生成一个新的宽度约束。然后修改其范围和宽度约束。在“Name”编辑框中输入“12V/GND”，在“Where The First Object Matches”单元的 Net 项，从有效的网络列表中选择“＋12”，在“Full Query”框中会显示“InNet（‘＋12’）”。分别设置“Preferred Width”（推荐宽度）设置为 25mil；“Min Width”（最小宽度）和“Max Width”（最大宽度）均设置为 25mil。此时就设置好了 12V 的布线宽度约束规则，如图 6－96 所示。

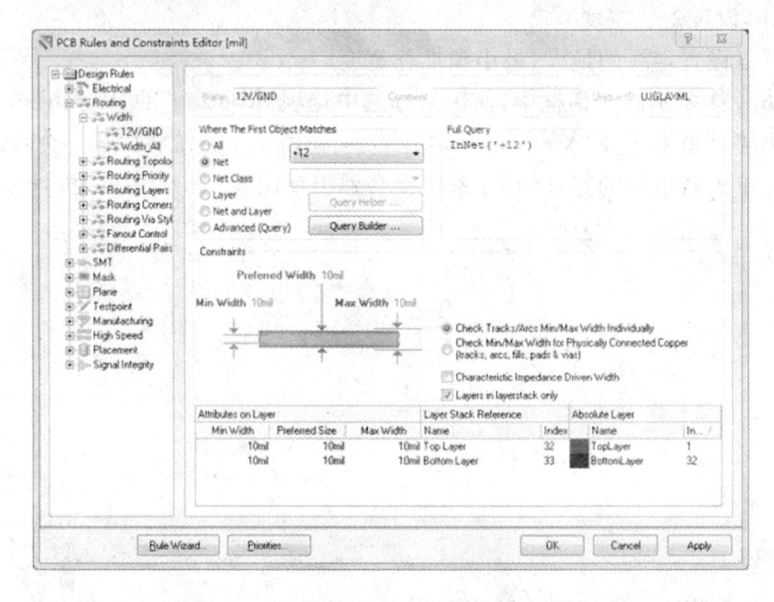

图 6－96　设置 12V 布线宽度约束规则

④ 下面使用“Query Builder”将范围扩展为包括 GND 网络。首先选中“Advanced（Query）”，然后单击“Query Helper”按钮。此时弹出如图 6－97 所示的“Query Helper”对话框。

图 6－97　“Query Helper”对话框

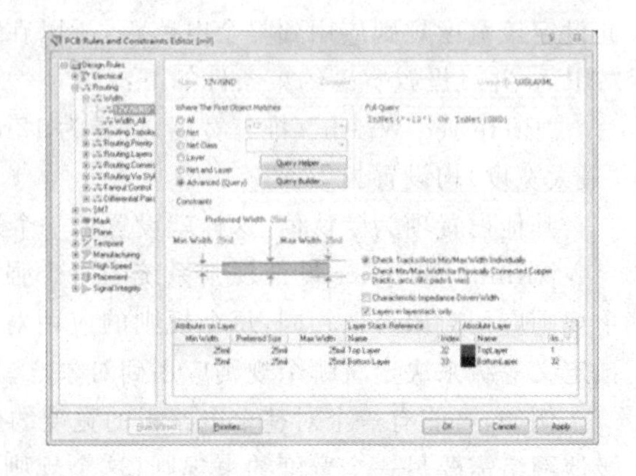

图 6－98　设置 12V/GND 布线宽度约束规则

用鼠标单击该对话框中“Query”框中“InNet(‘12V’)”的右边，点击“Or”按钮。此时“Query”框中内容变为“InNet(‘12V’)or”，这样就可以将规则范围上设置为应用到两个网络中。

再使用鼠标单击“PCB Functions”类的“Membership Checks”，接着双击“Name”单元的“InNet”选项，此时“Query”框中变为“InNet(‘12V’)or InNet(　)”。

在“Query”框中的“InNet(　)”的括号中间用鼠标单击一下，已确定添加位置。然后在“PCB Objects Lists”类选择“Nets”，然后从可用网络列表中双击选择“GND”，并使用单引号包含按钮“‘ * ’”包含“GND”，此时“Query”框中变为“InNet(‘12V’)or InNet(‘GND’)”。

表达式写完之后，单击左下角“Check Syntax”按钮，检查表达式正确与否，如果存在错误则必须进行修正。

检查无误后单击“OK”按钮关闭“Query Helper”对话框，此时“Full Query”区域内的就更新为新的内容，新的规则已经设置完毕。

⑤ 设置了宽度约束规则后，当用手工布线或使用自动布线器时，除了 GND 和 12V 导线为 25mil 之外，所有的导线均为 12mil。

(2)Clearance(设置走线间距约束)

该项用于设置走线与其他对象之间的最小距离。将光标移动到“Electrical”的“Clearance”处单击鼠标右键，然后从快捷菜单中选取“New Rule”命令，即可生成一个新的走线间距约束(Clearance)。然后单击该新的走线间距约束，即可进入安全间距设置对话框，如图 6 - 99 所示。用户也可以双击“Clearance”选项，系统也可以弹出该对话框。

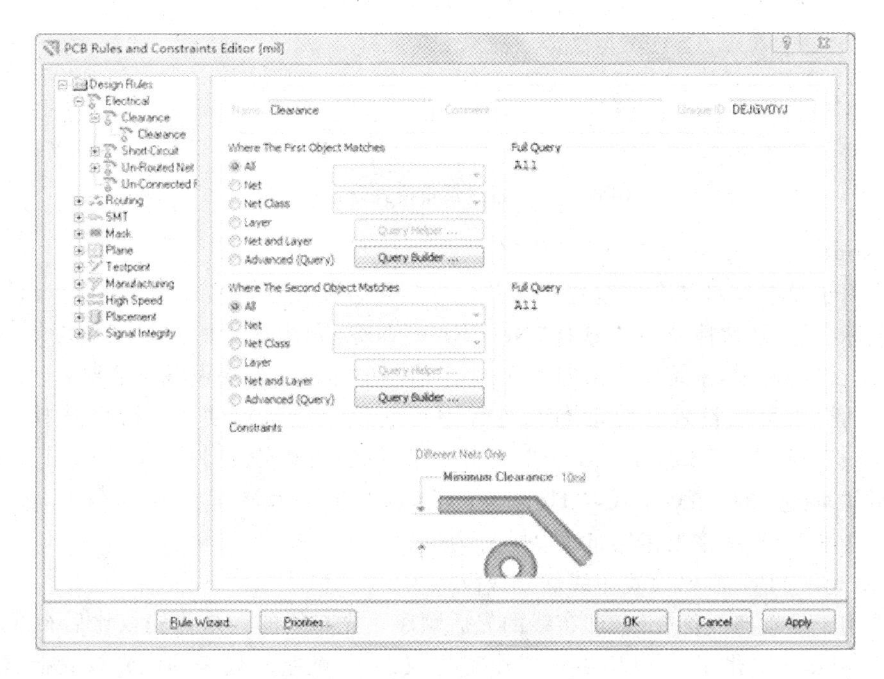

图 6 - 99　安全间距设置对话框

① 该对话框可以设置本规则适用的范围，可以分别在“Where The First/Second Object Matches”选择框中选择规则匹配的对象，一般可以指定为整个电路板(All)，也可以分别

指定。

② 在“Minimum Clearance”(最小间距)编辑框中设置允许的图元之间的最小间距。

(3)Routing Corners(设置走线拐角模式)

该项用于设置走线拐弯的模式,选中“Routing Corners”选项,然后单击鼠标右键,从快捷菜单中选择“New Rule”命令,则生成新的布线拐角规则。单击新的布线拐角规则,系统将进入布线拐角规范设置界面,如图 6-100 所示。该界面主要设置两部分内容,即拐角模式和拐角尺寸。拐角模式有 45°、90°和圆弧等,均可以取系统的默认值。

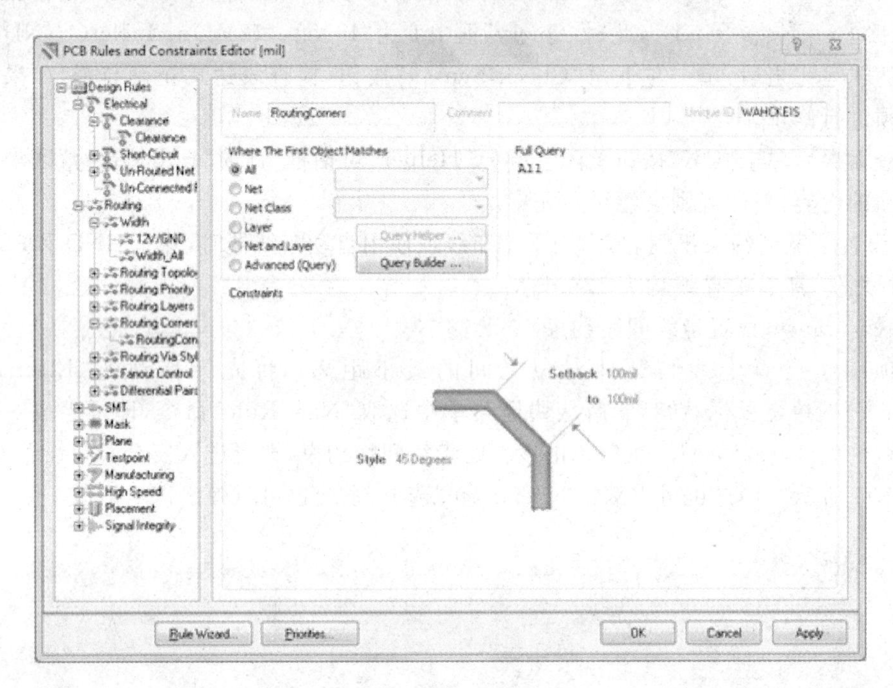

图 6-100　布线拐角模式设置对话框

(4)Routing Layers(设置布线工作层)

该项用于设置在自动布线过程中哪些信号层可以使用,选中“Routing Layers”选项,然后单击鼠标右键,从快捷菜单中选择“New Rule”命令,则生成新的布线工作层规则。单击新的布线工作层规则,系统将弹出如图 6-101 所示的布线工作层设置对话框。

该对话框中可以设置在自动布线过程中哪些信号层可以使用。可以选择的层包括“Top Layer”(顶层)、“Bottom Layer”(底层)等;各层可以设置为“Horizontal”(水平)和“Vertical”(垂直)的布线方式,“Horizontal”(水平)表示该工作层布线以水平为主,“Vertical”(垂直)表示该工作层布线以垂直为主。

(5)Routing Priority(设置布线优先级)

该项用于设置布线优先级,即布线的先后顺序。先布线的网络优先权比后布线的要高。Altium Designer 提供了 0～100 共 101 个优先权设定,数字 0 代表的优先权最低,数字 100 代表该网络的布线优先权最高。

选中“Routing Priority”选项,然后单击鼠标右键,从快捷菜单中选择“New Rule”命令,则生成新的布线优先级规则,单击新的布线优先级规则,系统将弹出布线优先级设置对话框，如图 6-102 所示，在该对话框中可以设置布线优先级。

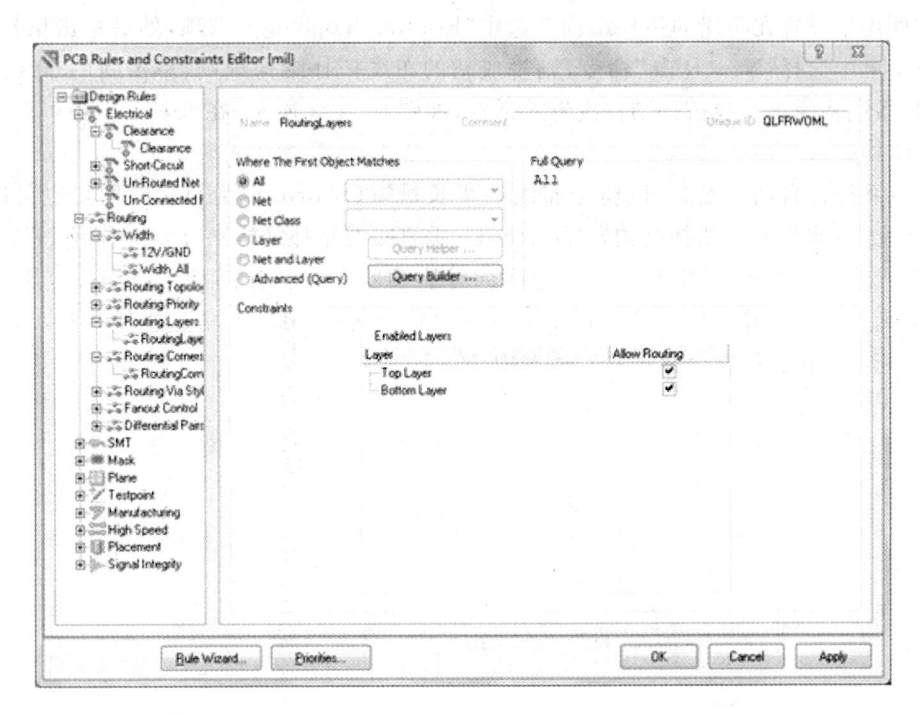

图 6-101 布线工作层设置对话框

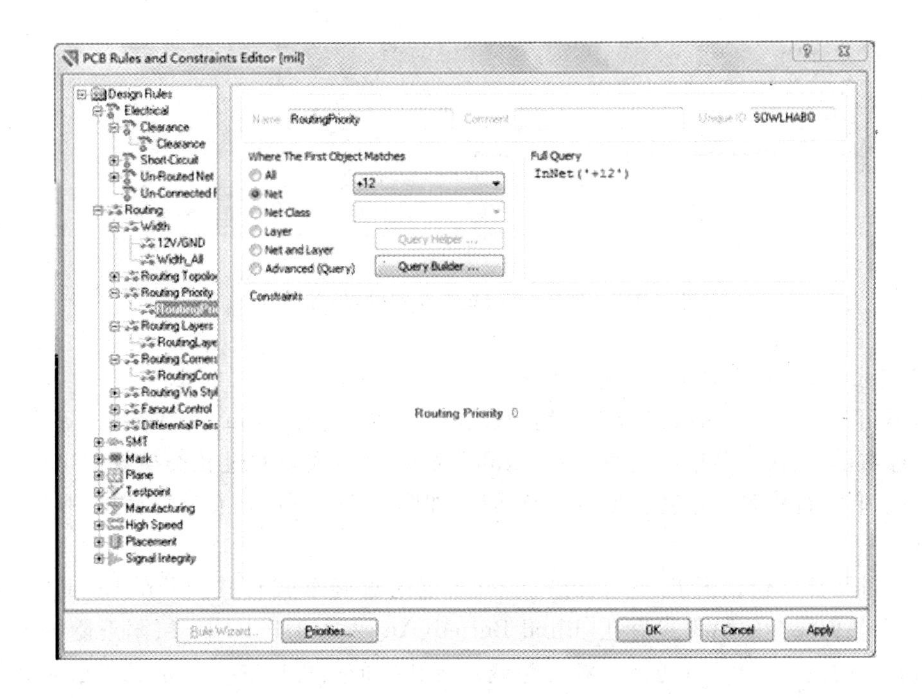

图 6-102 布线优先级设置对话框

(6)Routing Topology(设置布线拓扑结构)

该项用于设置在布线的拓扑结构。选中“Routing Topology”选项,然后单击鼠标右键,从快捷菜单中选择“New Rule”命令,则生成新的布线拓扑结构规则,单击新的布线拓扑结构规则,系统将弹出布线拓扑结构设置对话框,如图 6-103 所示,在该对话框中可以设置布线拓扑结构。

通常系统在自动布线时,以整个布线的线长最短(Shortest)为目标。用户也可以选择“Horizontal”(水平布线拓扑结构)、“Vertical”(垂直布线拓扑结构)、“Daisy-Simple”(雏菊状布线拓扑结构)、“Daisy-MidDriven”(中间向外雏菊状布线拓扑结构)、“Daisy-Balanced”(均衡雏菊状布线拓扑结构)和“Starburst”(放射状布线拓扑结构)等拓扑结构选项,选中各选项时,相应的拓扑结构会显示在对话框中。

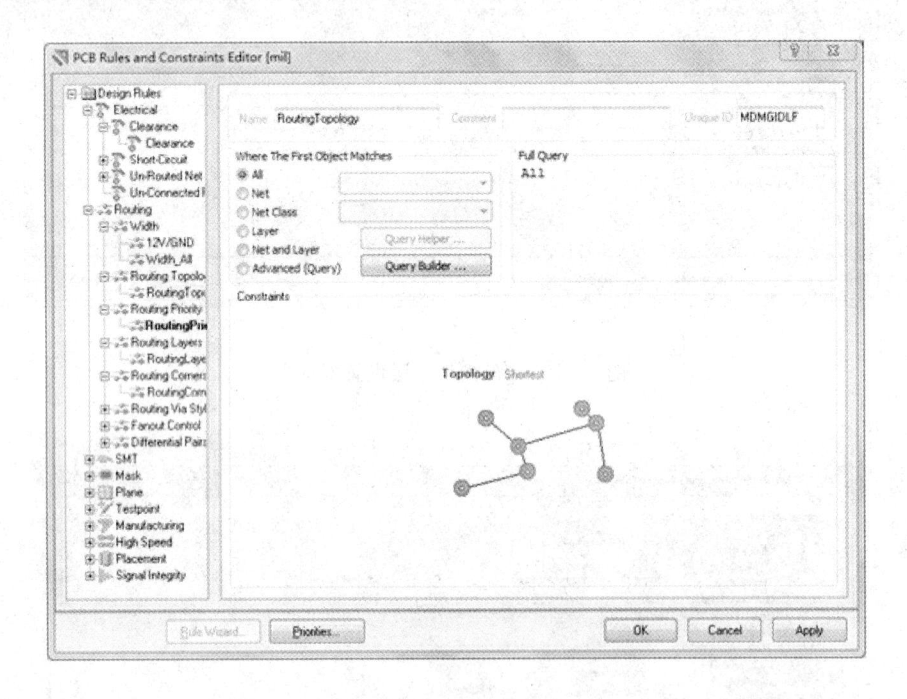

图 6-103 布线拓扑结构设置对话框

(7)Routing Via Style(设置过孔类型)

该项用于设置自动布线过程中使用的过孔的样式。选中“Routing Via Style”选项,然后单击鼠标右键,从快捷菜单中选择“New Rule”命令,则生成新的过孔类型规则,单击新的过孔类型规则,系统将弹出过孔类型设置对话框,如图 6-104 所示,在该对话框中可以设置过孔类型。

通常过孔类型包括通孔(Through Hole)、层附近隐藏式盲孔[Blind Buried(Adjacent Layer)]和任何层对的隐藏式盲孔[Blind Buried(Any Layer Pair)]。层附近隐藏式盲孔指只穿透相邻的两个工作层;任何层对的隐藏式盲孔指的是可以穿透指定工作层对之间的任何工作层。本实例中选择通孔(Through Hole)。

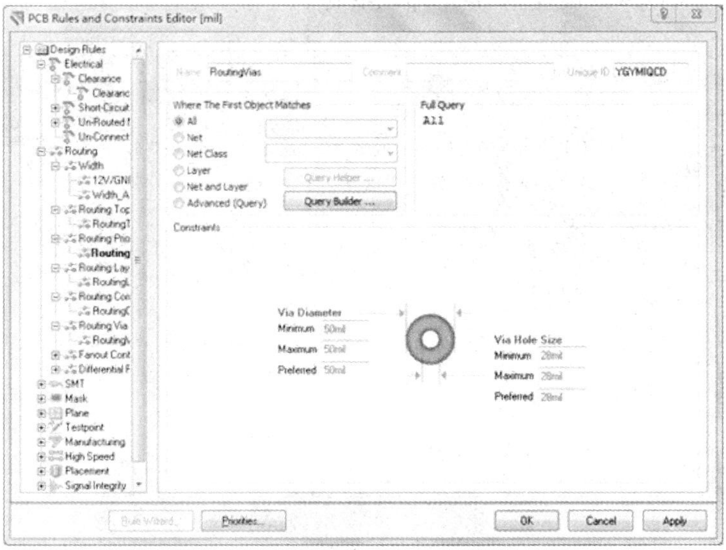

图 6-104　过孔类型设置对话框

(8)SMD To Corner(设置走线拐弯处与表贴元件焊盘的距离)

该项用于设置走线拐弯处与表贴元件焊盘的距离。选中“SMT”的“SMD To Corner”选项,然后单击鼠标右键,从快捷菜单中选择“New Rule”命令,则生成新的走线拐弯处与表贴元件焊盘的距离规则,单击新的走线拐弯处与表贴元件焊盘的距离规则,系统将弹出走线拐弯处与表贴元件焊盘的距离设置对话框,如图 6-105 所示,在该对话框中可以设置走线拐弯处与表贴元件焊盘的距离。

在该对话框右侧的“Distance”编辑框中可以输入走线拐弯处与表贴元件焊盘的距离,另外,规则的使用范围可以设定为 All。

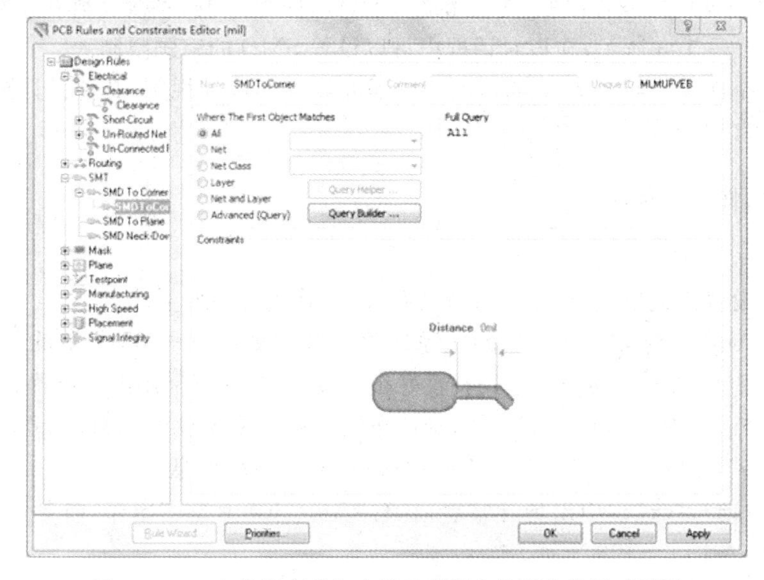

图 6-105　走线拐弯处与表贴元件焊盘的距离设置对话框

(9)SMD Neck-Down(设置 SMD 的缩颈限制)

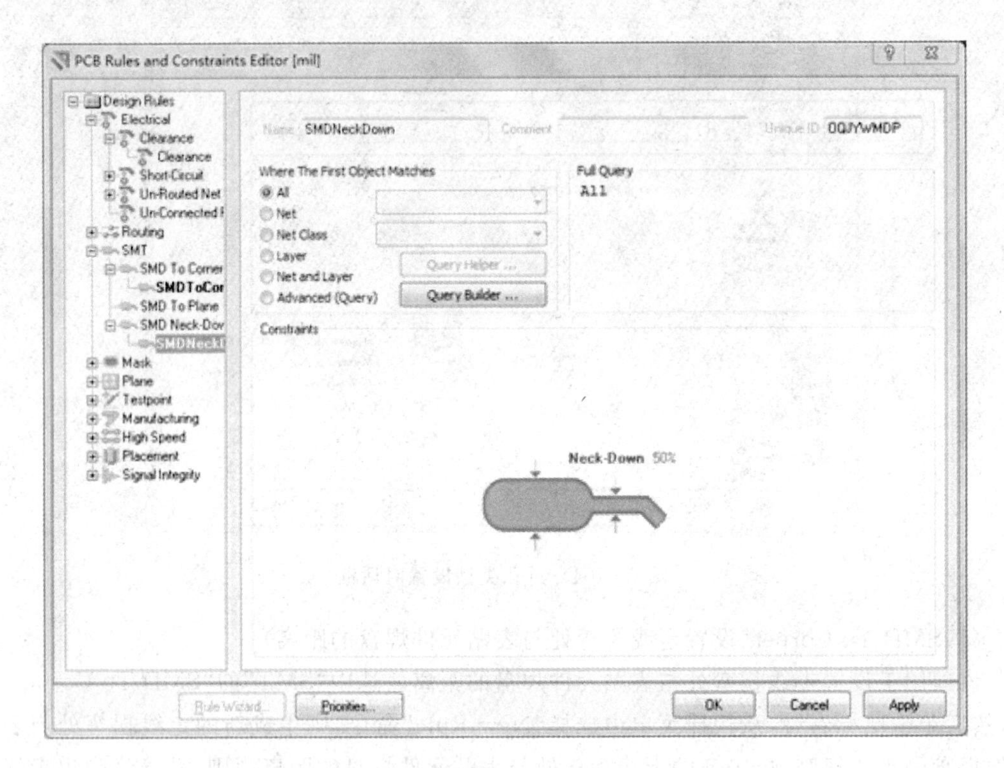

图 6-106　SMD 的缩颈限制对话框

该项用于设置 SMD 的缩颈限制,即 SMD 的焊盘宽度与引出导线宽度的百分比。选中“SMT”的“SMD Neck-Down”选项,然后单击鼠标右键,从快捷菜单中选择“New Rule”命令,则生成新的 SMD 的缩颈限制,单击新的 SMD 的缩颈限制,系统将弹出 SMD 的缩颈限制对话框,如图 6-106 所示,在该对话框中可以设置 SMD 的缩颈限制。

以上比较全面的介绍了 PCB 布线时经常需要设置的设计规则,其他设计规则的设置操作类似,读者可以参考进行设置。

6.4.7　元件自动布线

1. 系统自动布线

布线规则设置完成后,就可以进行自动布线了,具体步骤如下。

(1)执行“Auto Route”—“All”命令,系统将会弹出如图 6-107 所示的“Situs Routing Strategies”对话框,由于前面步骤已经设置好布线策略,此处可采用默认设置。

(2)点击对话框中“Route All”按钮,确认布线策略后系统就开始自动布线,布线过程中会出现如图 6-108 所示的“Messages”对话框反应自动布线信息。

(3)若在自动布线过程中出现异常,可执行“Auto Route”—“Stop”命令,自动布线完毕后,PCB 板状态如图 6-109 所示。

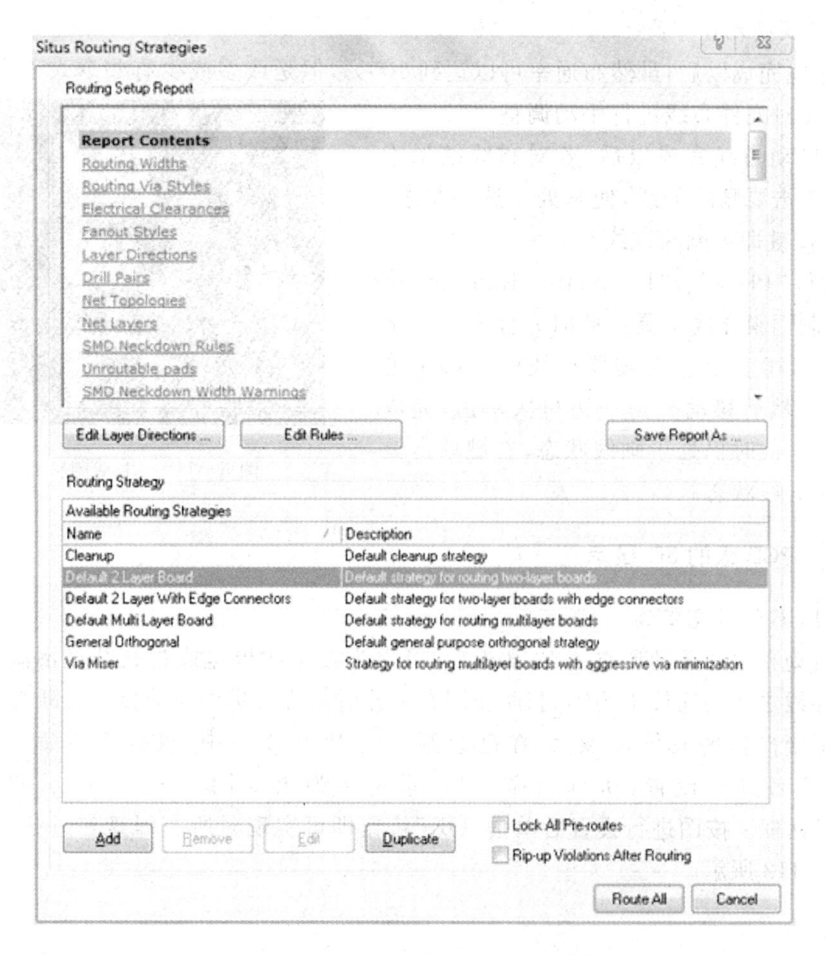

图 6－107　“Situs Routing Strategies”对话框

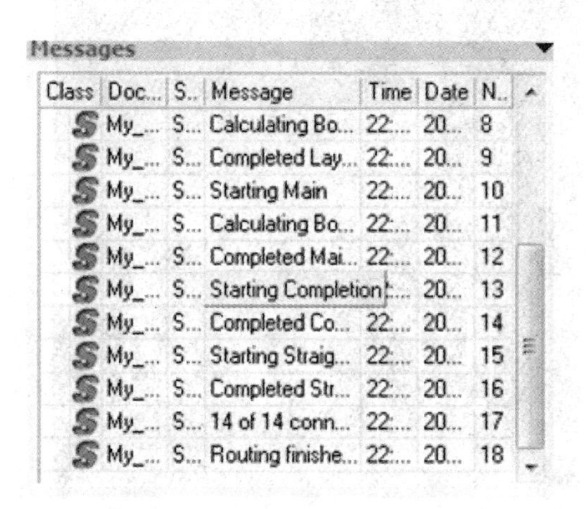

图 6－108　“Messages”对话框

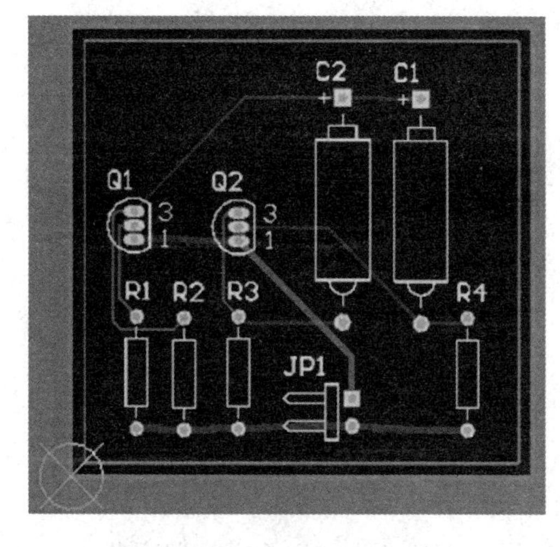

图 6－109　自动布线后的 PCB 板

2. 手动调整元件布线

自动布线完成以后,虽然布通率可以达到 100%,但是或多或少有些令人不太满意的地方,这就需要对元件布线进行手动调整。

(1)在自动布线完成以后,若对布线结果不满意,可以单击要删除的线,使其处于选中状态,按"Delete"按键即可删除该线。

(2)执行"Place"—"Interactive Routing"命令,激活绘制铜膜导线工具。此时光标变为十字状,如图 6 - 110 所示。在需要连线的一端单击以确定起点,然后移动到另一边再次单击,完成该线的绘制。此时仍处于画线状态,右键单击鼠标退出绘制导线状态。

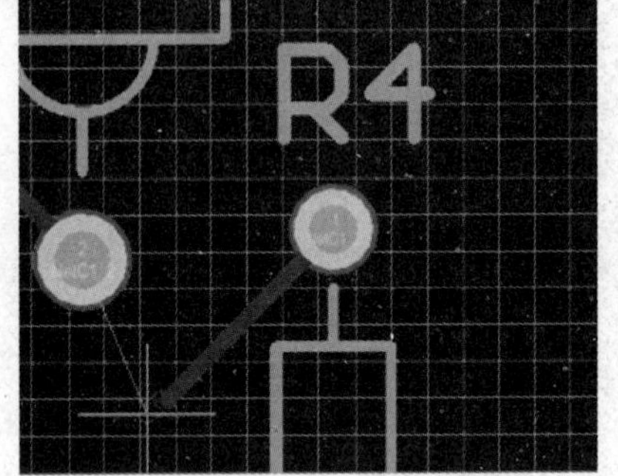

图 6 - 110　手动调整布线

6.4.8　PCB 板的 3D 显示

1. 为 PCB 板补充泪滴

利用自动布线并手动调整完 PCB 板后,可以为板中的焊盘或过孔补充泪滴,使得焊盘或过孔与导线之间的连接更为牢固,防止因在钻孔时的应力集中而使接触处断裂。

补充泪滴操作的具体步骤为:在已绘制好的 PCB 文件中,执行选项命令"Tools"—"Teardrops"来进行设置,执行该命令后,系统将弹出如图 6 - 111 所示的"Teardrop Options"对话框。按图进行设置后单击"OK"按钮即可实现对所有焊盘和过孔的补泪滴操作,如图 6 - 112 所示。

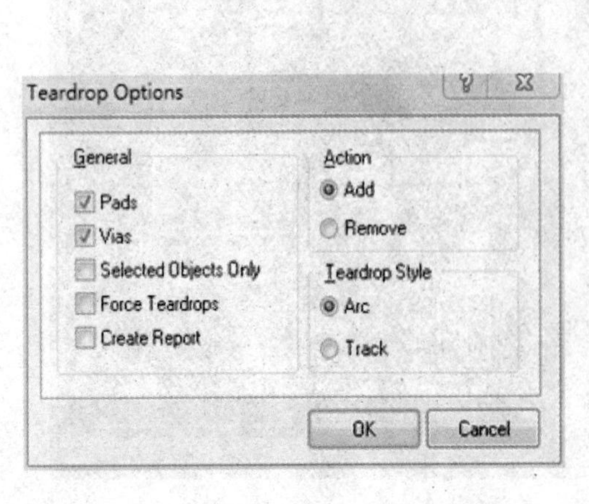

图 6 - 111　"Teardrop Options"对话框

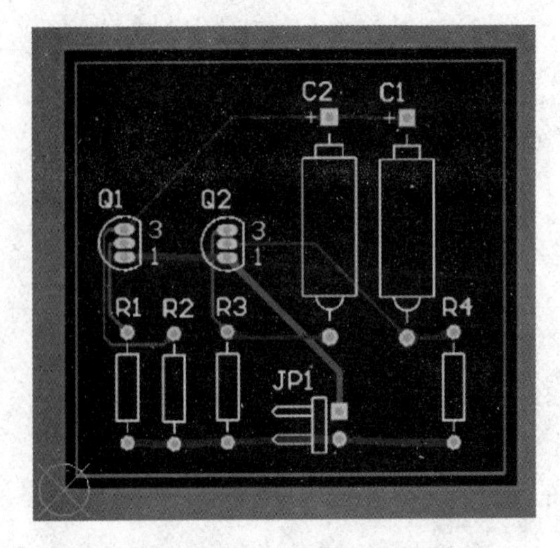

图 6 - 112　为 PCB 板补充泪滴

若要取消补充泪滴，只需在图 6－111 所示的"Teardrop Options"对话框中的"Action"（行为）选项中选中"Remove"单选按钮，然后单击"OK"确定。

2. PCB 板的 3D 显示

利用 PCB 板补充泪滴后，可以执行 3D 效果图命令来直观地看到所设计的电路板布局。执行"View"—"Switch To 3D"，系统将自动生成一个 3D 效果图，如图 6－113 所示。

在 3D 效果图下，用户也可以旋转 PCB 板使得用户能从 360°全方位更为直观观察 PCB 板。用户首先按下"Shift"按键不松开，PCB 板上就会出现一个球状的十字状坐标，按下鼠标右键不松开并移动鼠标，即会观察 PCB 板的翻转情况，如图 6－114 所示。

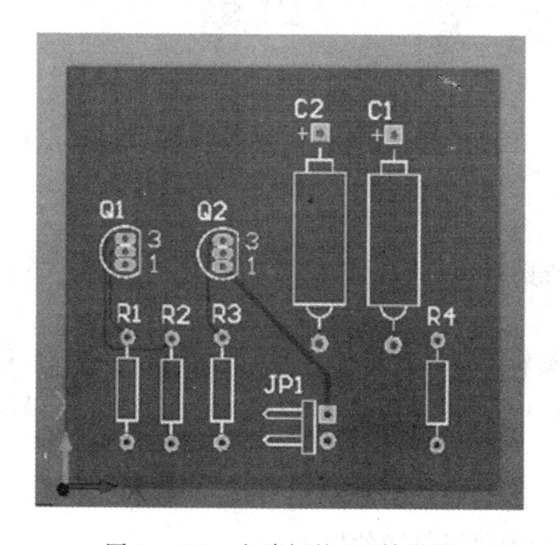

图 6－113　电路板的 3D 效果图

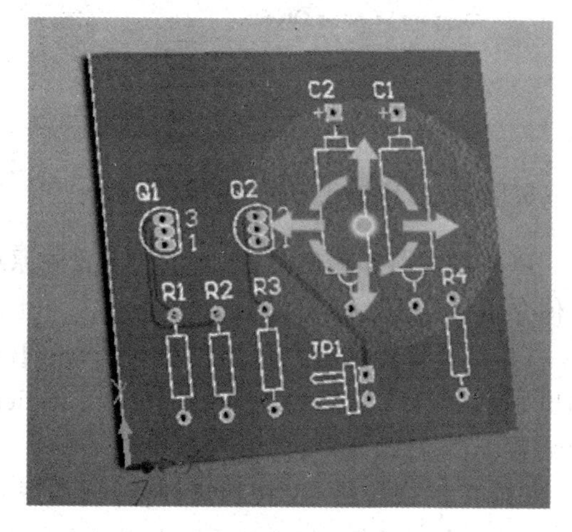

图 6－114　PCB 的 3D 选择效果

6.5　PCB 图的后处理

绘制完成的 PCB 图一般需要进行后续处理，PCB 图的后续处理主要包括生成报表文件、打印输出等操作。本节将详细介绍如何生成报表文件以及打印输出。

6.5.1　生成 PCB 报表文件

PCB 编辑器同原理图编辑器，都在编辑完成后提供了报表功能。PCB 的报表功能集中在"Reports"菜单中，如图 6－115 所示。

在该菜单中，提供了 PCB 特有的报表—"Netlist Status"（网络布线长度）。其他报表与原理图的相应报表完全相同，这里就不再叙述相应的生成过程了。下面以"Netlist Status"（网络布线长度）报表为例，讲述其生成过程。

执行"Report"—"Netlist Status"命令，系统将自动生成后缀为". REP"的报表文件，如图 6－116 所示。

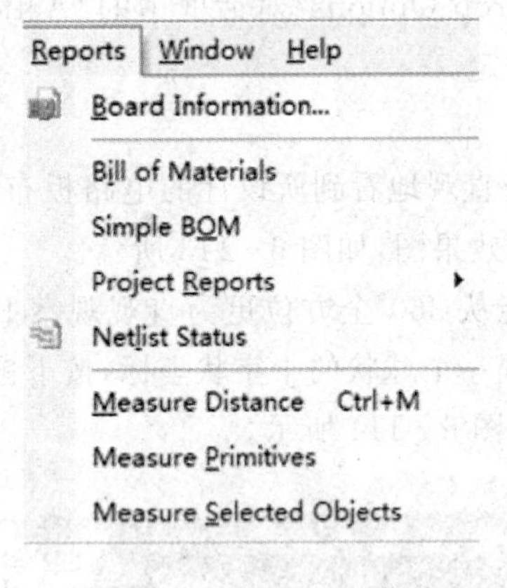

图 6-115 "Reports"菜单

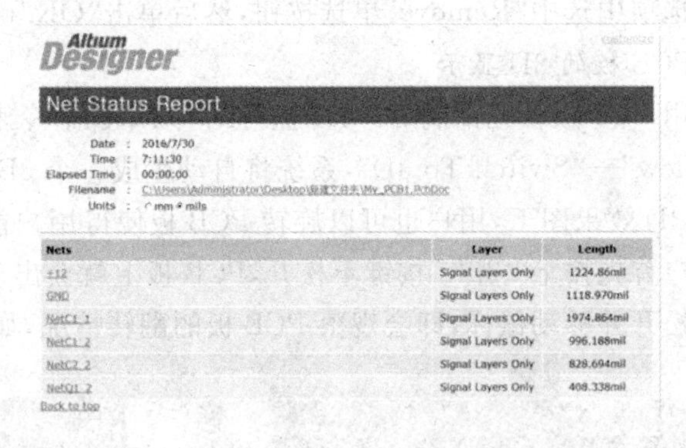

图 6-116 网络布线长度报表

6.5.2 打印输出 PCB 图

PCB 图的打印输出中,打印机的设置同原理图打印机的设置相同,这里不再详述。下面具体介绍 PCB 图的打印步骤。

(1)打开将要打印的 PCB 文件,进入 PCB 编辑器,执行"File"—"Page Setup"命令后,将弹出如图 6-117 所示的"Composite Properties"(打印设置)对话框。在该对话框中可以设置纸型、预览打印效果、打印内容等。

(2)单击"Advanced"按钮后,将弹出如图 6-118 所示的"PCB Printout Properties"(设置打印层面)对话框,在该对话框中列出了所有当前可以打印的层。

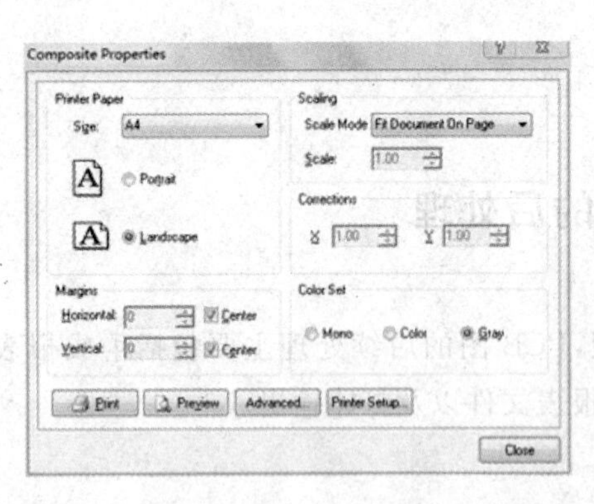

图 6-117 "Composite Properties"对话框

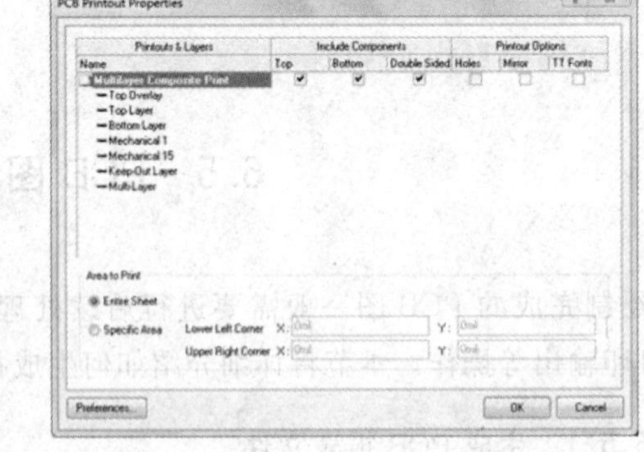

图 6-118 "PCB Printout Properties"对话框

(3)在该对话框中用鼠标左键双击所要打印的层次,将弹出如图 6-119 所示的对话框。

单击"Free Primitives"选项区,"Component Primitives"选项区和"Others"选项区中的"Hide"按钮,可以隐藏这些内容,即不打印这些内容。单击"OK"按钮,完成打印内容的设置。系统返回到如图 6-118 所示的对话框,单击"OK"按钮关闭该对话框。

(4)若已经设置好打印机,执行"File"—"Print Preview"命令可以预览打印层次的内容,如果符合要求即可打印输出。

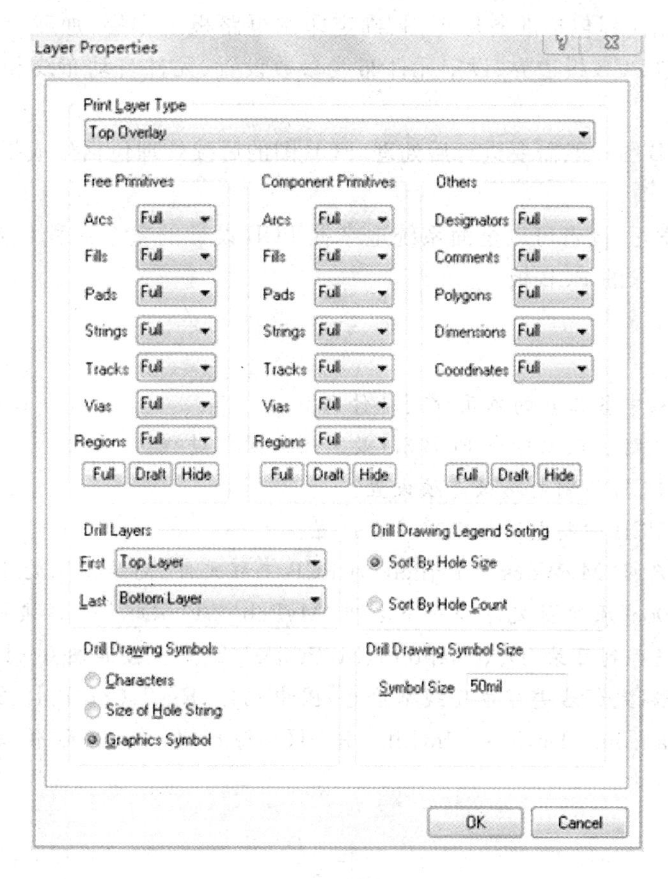

图 6－119　“Layer Properties”对话框

6.6　本章小结

本章主要讲述了与 PCB 设计密切相关的重要概念与设计方法，包括 PCB 设计的基本原则、结构组成、设计流程、参数设置以及如何生成 PCB 报表文件和打印输出 PCB 图。

PCB 设计的好坏直接影响电路板抗干扰能力的大小，因此，在进行 PCB 设计时，一定要遵循 PCB 设计的一般规则，以达到抗干扰设计的要求。

PCB 包含一系列元器件，由印制电路板材料支持并通过铜箔层进行电气连接的电路板，还有在印制电路板表面对 PCB 起注释作用的丝印层等。

电路参数的设置直接影响 PCB 板设计的效果，因此设置电路参数是电路板设计过程中非常重要的一个环节。电路参数设置主要在“Preferences”对话框中实现，执行“Tools”—“Preferences”命令打开“Preferences”对话框后，在该对话框中可以对光标显示、层颜色、系统默认值等进行设置。

与原理图设计系统一样，PCB 设计系统也提供了各种工具栏，主要包括：布线工具栏、元器件调整工具栏和查找选择集工具栏。

PCB 图的绘制流程包括准备原理图、确定印制电路板工作层、加载元件封装库和网络表、元件布局、规划 PCB 板边界、设定元件布线参数设置、元件自动布线和 PCB 板的 3D 显示等步骤。

绘制完成 PCB 图一般需要进行后处理，PCB 图的后续处理包括生成报表文件和打印输出等操作。

通过本章的学习，读者可以全面系统地掌握 PCB 设计的整个流程与方法，从而独立的制作出符合设计要求的 PCB 板。

思考与练习

1. 布线工具栏中各工具的作用分别是什么？
2. 如何利用电路原理图生成 PCB 3D 效果图的操作过程？
3. 如何进行 PCB 印制电路板选项设置？
4. 如何进行 PCB 印制电路板电路参数设置？
5. 新建一个名叫“MyWork_2.PrjPcb”的 PCB 工程文件，向该工程文件下添加一个名叫“MySheet_2.SchDoc”原理图文件和一个名叫“MyPcb_2.PcbDoc”PCB 文件，并将工程文件和原理图文件都保存到目录“D:\Chapter6\MyProject_2”中。按照图 6-120 给出的电路原理图绘制电路，绘制完成后进行电气规则检查，图中元件：Res2、Cap Pol1、2N3904 均在常用元件库 Miscellaneous Devices. IntLib 中；Header6 在常用元件库 Miscellaneous Connectors.IntLib 中。

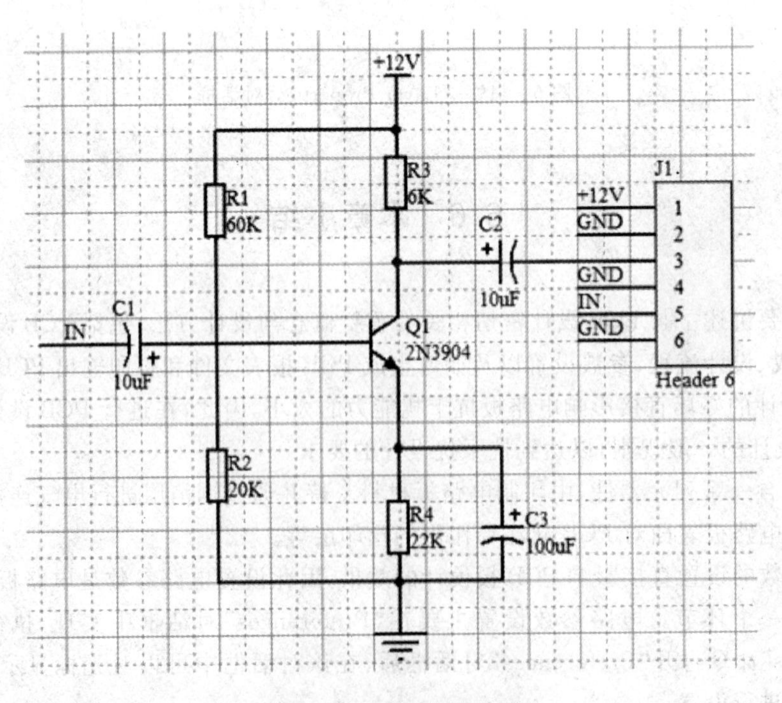

图 6-120　第 5 题电路图

绘制完毕后，将原理图导入 PCB 图中并进行元件手动布局，自行根据布局状况规划电路板边界，进行元件自动布线并补充泪滴。

6. 新建一个名叫“MyWork_3.PrjPcb”的 PCB 工程文件，向该工程文件下添加一个名叫“MySheet_3.SchDoc”原理图文件和一个名叫“MyPcb_3.PcbDoc”PCB 文件，并将工程文件和原理图文件都保存到目录“D:\Chapter6\MyProject_3”中。按照图 6 - 121 给出的电路原理图绘制电路，绘制完成后进行电气规则检查，图中元件：RES2、Cap、2N3904、Sw-PB、Battery、Speaker 均在常用元件库 Miscellaneous Device .IntLib 中。

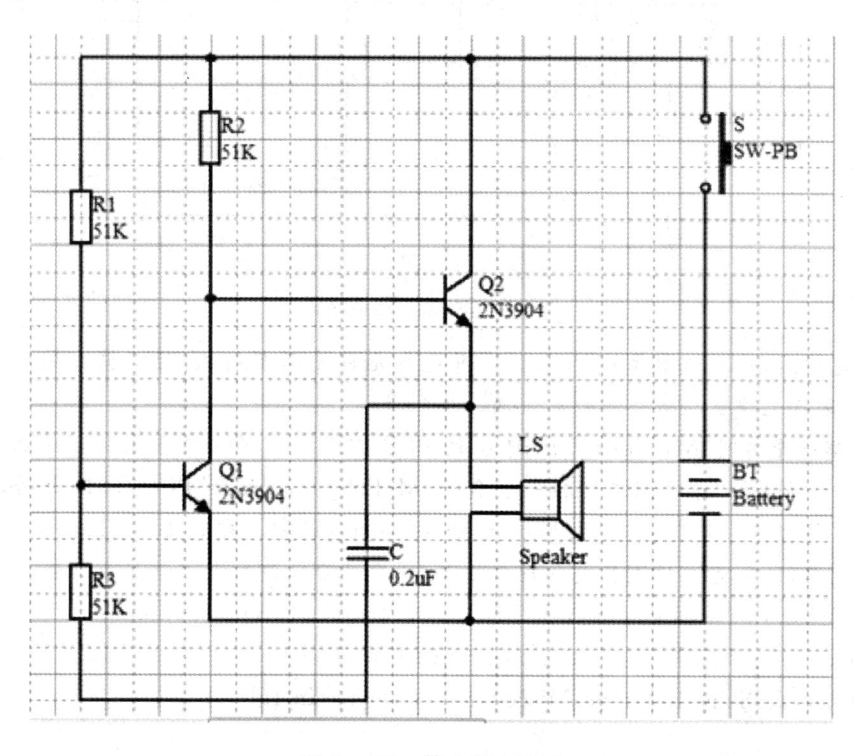

图 6 - 121　第 6 题电路图

绘制完毕后，将原理图导入 PCB 图中并进行元件手动布局，自行根据布局状况规划电路板边界，进行元件自动布线并补充泪滴。

7. 新建一个名叫“MyWork_4. PrjPcb”的 PCB 工程文件，向该工程文件下添加一个名叫“MySheet_4.SchDoc”原理图文件和一个名叫“MyPcb_4.PcbDoc”PCB 文件，并将工程文件和原理图文件都保存到目录“D:\Chapter6\MyProject_4”中。按照图 6 - 122 给出的电路原理图绘制电路，绘制完成后进行电气规则检查，图中部分元件所在元件库或加载路径如下。

① TLC551CP：Texas Instruments/TI Analog Timer Circuit.Intlib

② Header 2：Miscellaneous Connectors.IntLib

③ RES3、RES2、Cap Pol1、Cap Pol2、2N3904、Diode 1N4007：Miscellaneous Device.IntLib

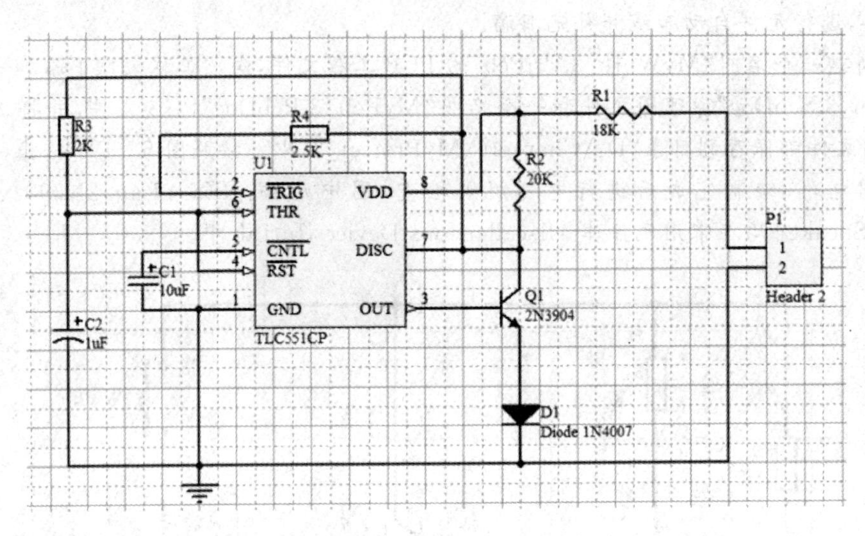

图 6－122　第 7 题电路图

绘制完毕后，将原理图导入 PCB 图中并进行元件手动布局，自行根据布局状况规划电路板边界，进行元件自动布线并补充泪滴。

8. 新建一个名叫“MyWork_5.PrjPcb”的 PCB 工程文件，向该工程文件下添加一个名叫“MySheet_5.SchDoc”原理图文件和一个名叫“MyPcb_5. PcbDoc”PCB 文件，并将工程文件和原理图文件都保存到目录“D:\Chapter6\MyProject_5”中。按照图 6－123 给出的电路原理图绘制电路，绘制完成后进行电气规则检查，图中部分元件所在元件库或加载路径如下。

① NE555D：Texas Instruments/TI Analog Tinmer Circuit.IntLib

② Header 2：Miscellaneous Connectors.IntLib

③ D Zener、Diode、Inductor：Miscellaneous Device.IntLib

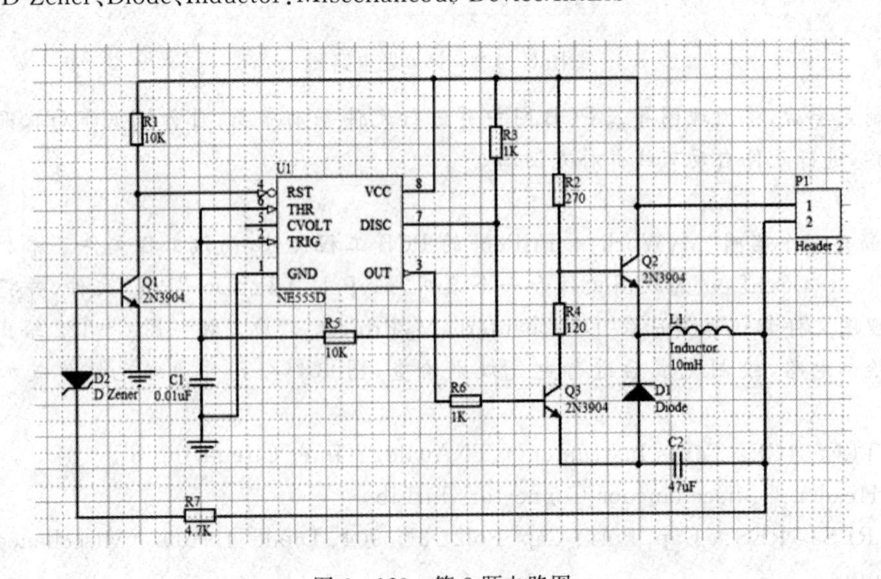

图 6－123　第 8 题电路图

绘制完毕后，将原理图导入 PCB 图中并进行元件手动布局，自行根据布局状况规划电路板边界，进行元件自动布线并补充泪滴。

9. 新建一个名叫“MyWork_6.PrjPcb”的 PCB 工程文件，向该工程文件下添加一个名叫“MySheet_6.SchDoc”原理图文件和一个名叫“MyPcb_6.PcbDoc”PCB 文件，并将工程文件和原理图文件都保存到目录“D:\Chapter6\MyProject_6”中。按照图 6－124 给出的电路原理图绘制电路，绘制完成后进行电气规则检查，图中部分元件所在元件库或加载路径如下。

① TIP120：Motorola / Motorola Discrete BJT.IntLib

② RES3、Cap Pol3：Miscellaneous Device.IntLib

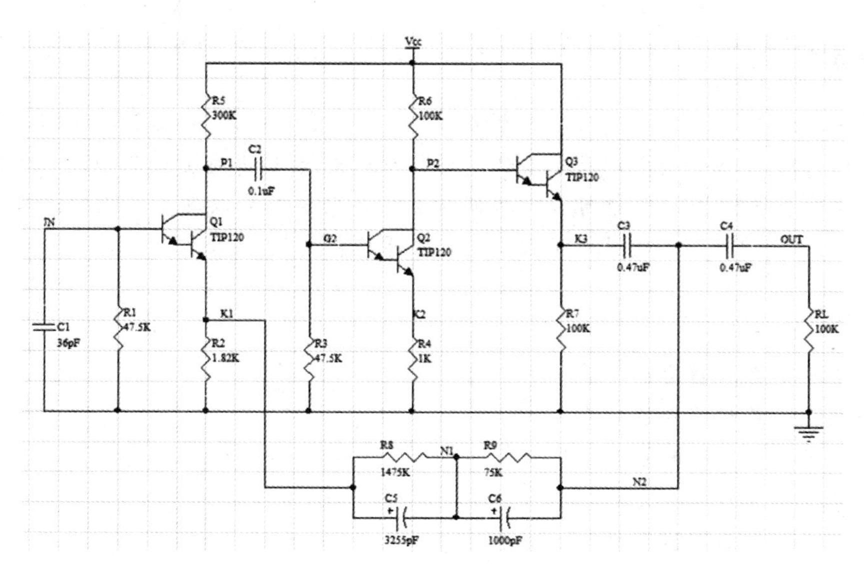

图 6－124　第 9 题电路图

绘制完毕后，将原理图导入 PCB 图中并进行元件手动布局，自行根据布局状况规划电路板边界，进行元件自动布线并补充泪滴。

第7章 创建封装库与制作元器件封装

本章导读

本章主要讲述与PCB元器件封装密切相关的一些基本知识，包括创建新的元器件库文件、利用向导创建元器件封装以及手工创建元器件封装，最后讲述生成几种元器件封装报表的方法。通过本章的学习，读者可以掌握两种创建元器件封装以及生成几种元器件封装报表的方法，从而创建出自己设计中所需要的元器件封装。

学习目标

- 元器件封装编辑器；
- 手工添加新的元器件封装；
- 利用向导添加新的元器件封装；
- 元器件封装信息报表；
- 元器件封装规则检查报表；
- 元器件封装库报表。

7.1 封装概述

电子元件种类繁多，其封装形式也是多种多样。在第5章中已经介绍过，所谓封装是指安装半导体集成电路芯片用的外壳，它不仅起着安放、固定、密封、保护芯片和增强导热性能的作用，还是沟通芯片内部世界与外部电路的桥梁。

芯片的封装在PCB板上通常表现为一组焊盘、丝印层上的边框及芯片的说明文字。焊盘是封装中最重要的组成部分，用于连接芯片的引脚，并通过印制板上的导线连接到印制板上的其他焊盘，进一步连接焊盘所对应的芯片引脚，实现电路功能。在封装中，每个焊盘都有所对应的芯片，方便PCB板的焊接。焊盘的形状和排列是封装的关键组成部分，确保焊盘的形状和排列正确才能正确地建立一个封装。对于安装有特殊要求的封装，边框也需要绝对正确。

Altium Designer 10提供了强大的封装绘制功能，能够绘制各种各样的新型封装。考虑到芯片引脚的排列通常是有规律的，多种芯片是有可能使用同一种封装形式的，Altium Designer 10同时也提供了封装库管理功能，绘制好的封装可以方便地保存和引用。

7.2　元器件封装编辑器

Altium Designer 10 虽然提供了大量的元件集成库和元件封装库，但新型元件层出不穷，元件库不可能涵盖所有封装，因此就需要设计者自行设计元件的封装。而在封装前需要先认识 Altium Designer 编辑界面，并做好封装设计前的准备工作。

7.2.1　元器件封装编辑器的启动

1. 新建各级文件

(1)启动软件后，打开"File"菜单，选择"New"—"Project"—"PCB Project"命令，如图 7-1 所示。在当前工程文件下，打开"File"菜单，选择"New"—"PCB Library"命令；或是在已建立好的工程文件上单击右键选择"Add New to Project"菜单，选择"PCB Library"命令，在当前工程文件中添加一个新的 PCB 库文件，如图 7-2 所示。

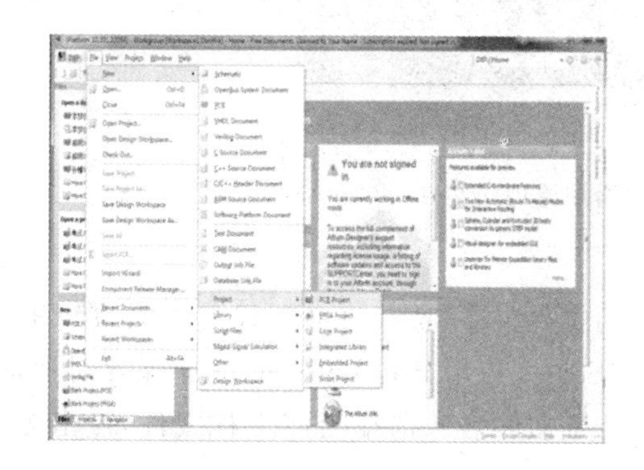

图 7-1　新建工程项目文件

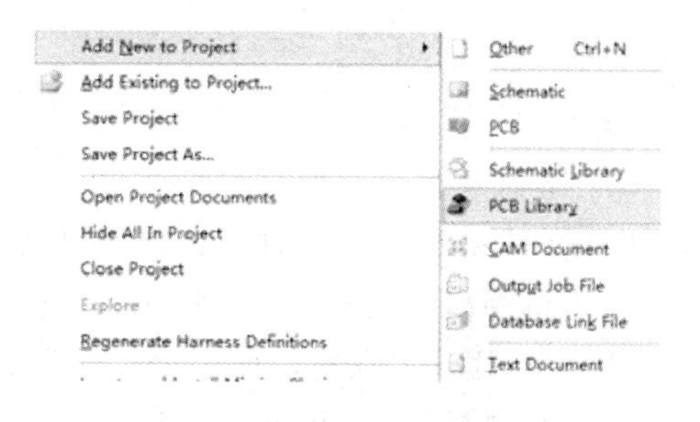

图 7-2　新建 PCB 库文件

(2)两种方法添加 PCB 库文件后，此时的工程文件面板中的工程文件中的就会添加一个默认文件名为"PcbLib1. PcbLib"。其中 Sheet1 是默认 PCB 库文件名，可以由用户自行修改，后缀". PcbLib"是 PCB 库文件的默认扩展名。如图 7-3 所示，该图可以分为以下几个部分。

① 主菜单

PCB 元件的主菜单主要是给设计人员提供编辑、绘图命令，以便于创建一个新元件。

② 元件编辑界面

元件编辑界面主要用于创建一个新元件，将元件放置到 PCB 工作平面上，用于更新 PCB 元件库、添加或删除元件库中的元件等各项操作。

③ Pcb Lib 标准工具栏

Pcb Lib 标准工具栏为用户提供了各种图标操作方式，可以让用户方便、快捷地执行命令和各项功能，如打印、存盘等。

④ Pcb Lib 放置工具栏

Pcb 元件封装编辑器为用户提供了绘图工具，同以往所接触到的绘图工具是一样的，它的作用类似于菜单命令“Place”，即在工作平面上放置各种图元，如焊盘、线段、圆弧等。

⑤ 元件封装管理器

元件封装管理器主要用于对元件封装进行管理。

⑥ 状态栏与命令行

在屏幕最下方为状态栏和命令行，它们用于提示用户当前系统所处的状态和正在执行的命令。

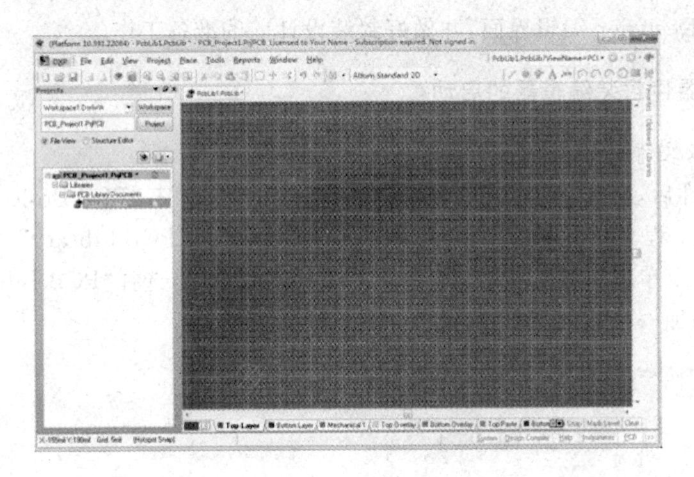

图 7－3　工程文件中增加原理图文件

2. 保存各级文件

将工程文件和 PCB 库文件保存在用户指定的文件夹中，选择当前工程文件中的 PCB 库文件，点击右键弹出快捷菜单，选择“Save”，弹出“Save [PcbLib1. PcbLib] As”保存对话框，如图 7－4 所示，用户可在对话框中修改保存路径与文件名。选择当前工程文件，点击右键弹出快捷菜单，选择“Save Project”到文件夹。

图 7－4　保存原理图文件窗口

同前面章节所述一致，PCB 元件封装管理器也提供了相同的界面管理，包括界面的放大、缩小，各种管理器、工具栏的打开与关闭。界面的放大、缩小处理可以通过“View”菜单进行，如选择菜单命令“View”—“Zoom In”、“View”—“Zoom Out”等，用户也可以通过选择主工具栏上的放大和缩小按钮，来实现画面的放大与缩小。

7.2.2　元器件封装编辑器的组成

单击工作界面右下角的“PCB”选项，选择“PCB Library”，如图 7-5 所示。即可打开 PCB Library 元件库管理窗口，系统将自动新建一个名为“PCBCOMPONENT_1”的元件，如图 7-6 所示。

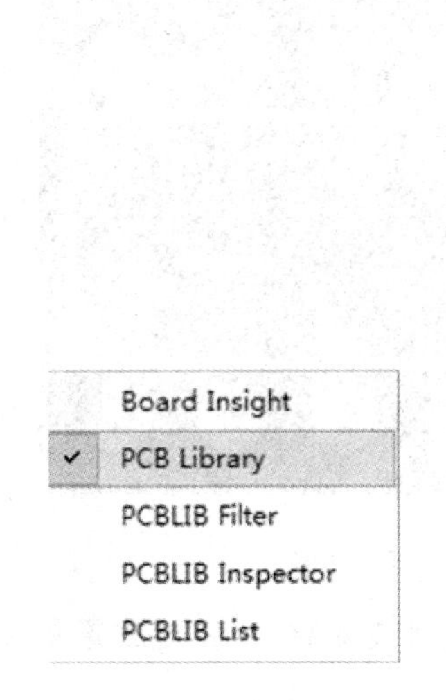

图 7-5　“PCB Library”选项卡

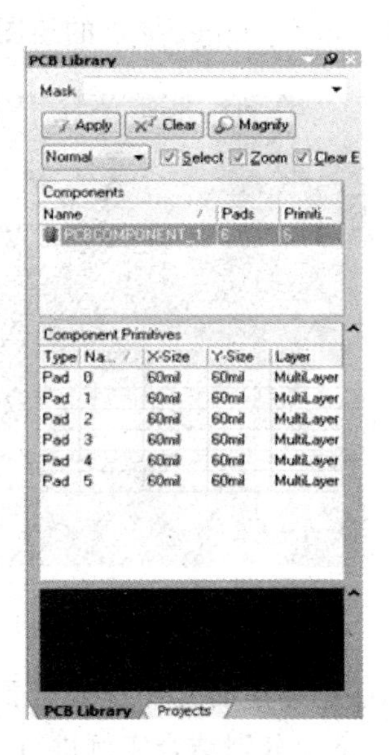

图 7-6　元件封装管理器

PCB Library 元件封装库编辑界面和 PCB 编辑器比较类似。下面简单介绍一下 PCB 元件封装编辑器的组成及其界面的管理，使用户对元件封装编辑器有一个简单的了解。

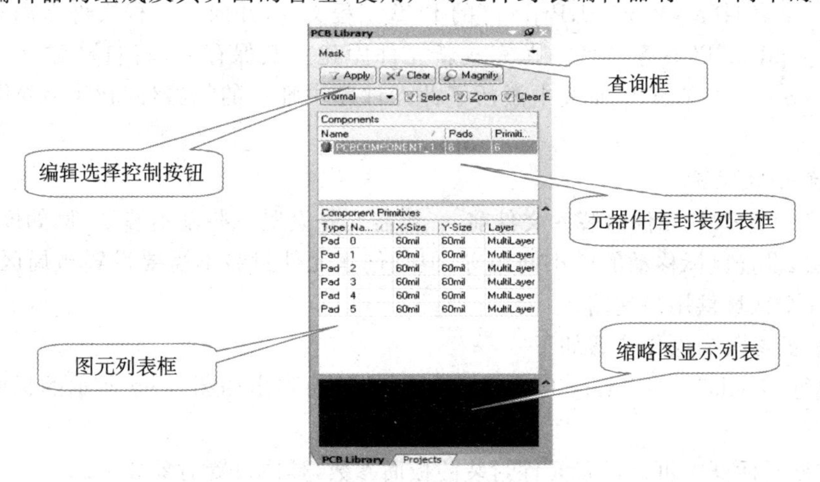

图 7-7　元件封装库管理器

7.3 手动创建新元器件封装

本节讲述如何封装一个新的 PCB 元件。假设要建立一个新的元件封装库作为用户自己的专用库,元件库的文件名为"MyLib_1. PcbLib",并将要创建的新元件封装放置到该元件库中。

下面以如图 7-8 所示的实例来介绍如何手工创建元件封装。手工创建元件封装实际上就是利用 Altium Designer 提供的绘图工具,按照实际的尺寸绘制该元件封装。

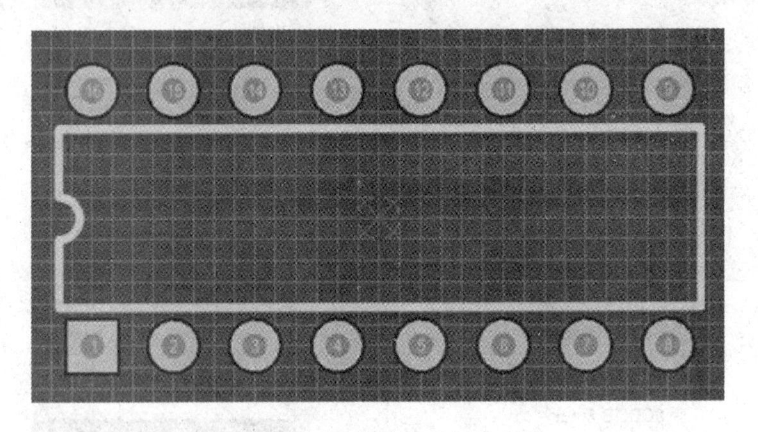

图 7-8 手工创建元件封装实例

一般来说,手动创建的元件封装需要首先设置封装参数,然后再放置图形对象,最后设定插入参考点。下面分别结合实例进行讲解。

7.3.1 元器件封装参数设置

1. 新建 PCB 库

新建一个名叫"MyWork_1.PrjPcb"的 PCB 工程文件,并向该工程文件下添加一个名叫"MyLib_1.PcbLib"PCB 库文件。在完成新元件库建立及保存后,将自动建立一个元件符号,如图 7-6 所示。在工作面板中激活了此元件库中唯一的元器件"PCBCOMPONENT_1"。

2. 板面参数设置

当新建一个 PCB 元件封装库文件前,一般需要先设置一些基本参数,例如度量单位、过孔的内孔层、设置鼠标移动的最小间距等,但是创建元件封装不需要设置布局区域,因为系统会开辟一个区域供用户使用。

设置板面参数的操作步骤如下。

(1)执行"Tools"—"Library Options"命令,系统将弹出如图 7-9 所示的板面选项设置对话框。

(2)在该对话框中可以设置元件封装的板面参数,具体设置对象如下。

① "Measurement Unit"(度量单位),用于设置系统度量单位,系统提供了两种度量单

位，即“Imperial”（英制）和“Metric”（公制），系统默认为英制。

② “Snap Options”（捕捉栅格选项），可设置栅格捕捉情况。

③ “Sheet Position”（图纸位置），可设置图纸的大小和位置。X/Y 编辑框设置图纸左下角的位置，“Width”（宽度）编辑框设置图纸的宽度，“Height”（高度）编辑框用来设置图纸的高度。

若选择“Display Position”（图纸显示）复选框，则显示图纸，否则只显示 PCB 元件部分。

若选择“Auto-size to linked layers”则可以链接具有模板元素（如标题块）的机械层到该图纸。

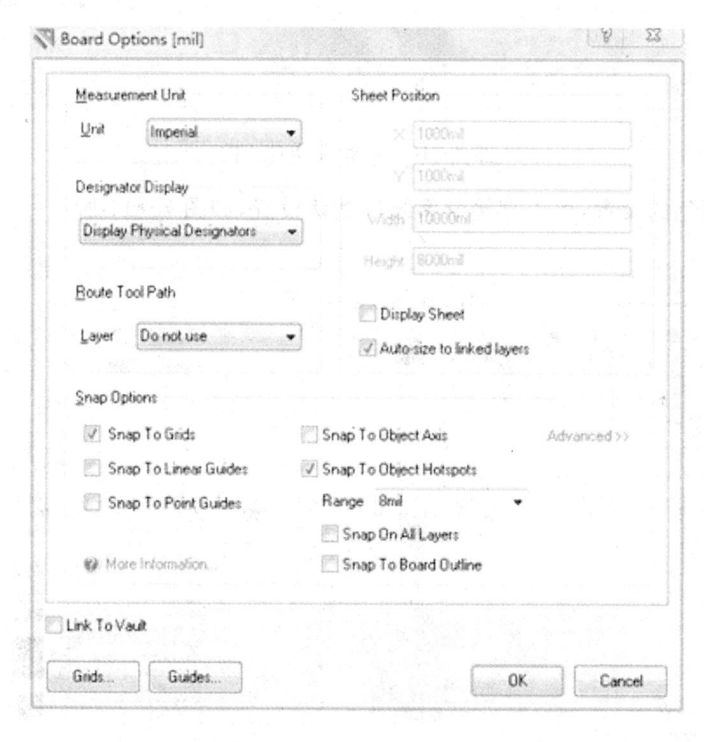

图 7－9　板面选项设置对话框

3. 层的管理

制作 PCB 元件时，同样需要进行层的设置与管理，其操作与 PCB 编辑管理器的层操作一样。

(1)对元件封装工作层的管理可执行“Tools”—“Layer Stack Manager”命令，系统将弹出如图 7－10 所示的层管理器对话框，可按照对话框中设置电路板层与颜色。具体操作可以参考 6.2.1 小节的介绍。

(2)定义板层和设置层的颜色。PCB 元件封装编辑器也是一个多层环境，设计人员所做的大多数编辑工作都将在一个特殊层上。使用“Board Layer & Color”命令可以显示、添加、删除、重命名及设置层的颜色。执行“Tools”—“Layer & Color”命令可以打开“Board Layer & Color”对话框，在该对话框中可以定义工作层和层的颜色，该对话框的设置操作可以参考 6.2.2 小节的介绍。

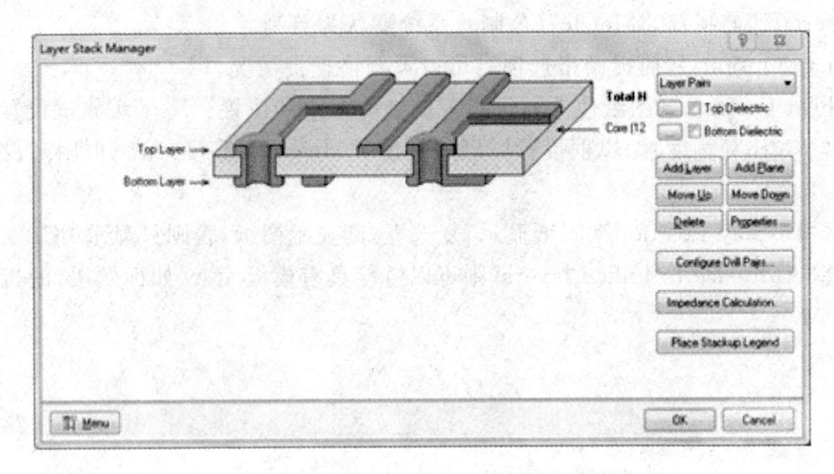

图 7－10　层管理器对话框

对于层和颜色的设置，可以直接取系统的默认设置，如图 7－11 所示。

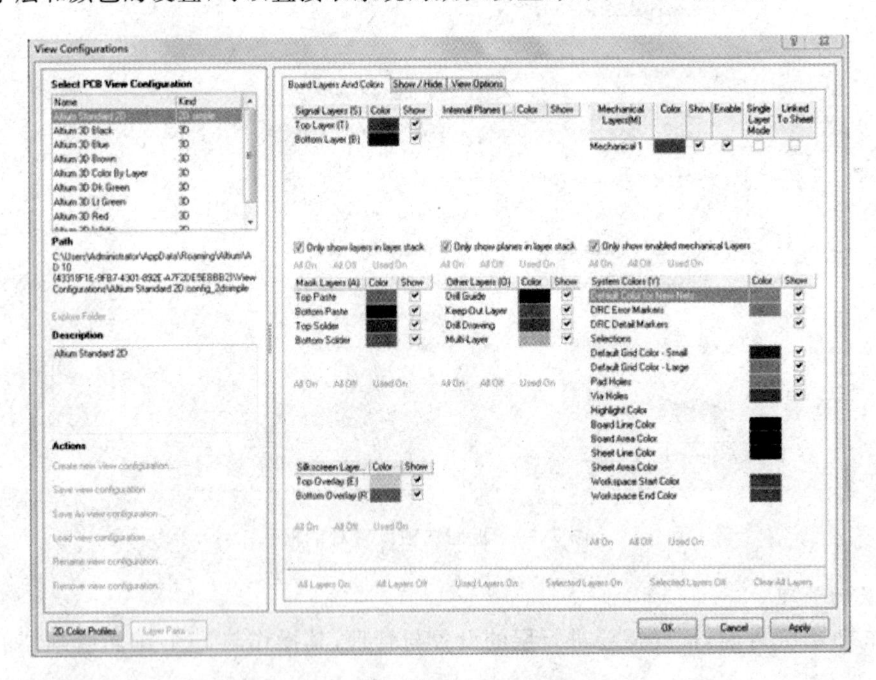

图 7－11　层颜色选项设置对话框

7.3.2　放置元器件

下面通过实例讲述创建元件封装的具体过程。手动创建的一般步骤如下：

(1)执行“Tools”—“New Blank Component”命令，创建一个新的元件封装；也可以先进入元件封装管理器，单击项目管理器下方的“PCB Library”，然后在元件列表处单击鼠标右键，从快捷菜单中选择“New Blank Component”命令，如图 7－12 所示，也可以创建一个新的元件封装。

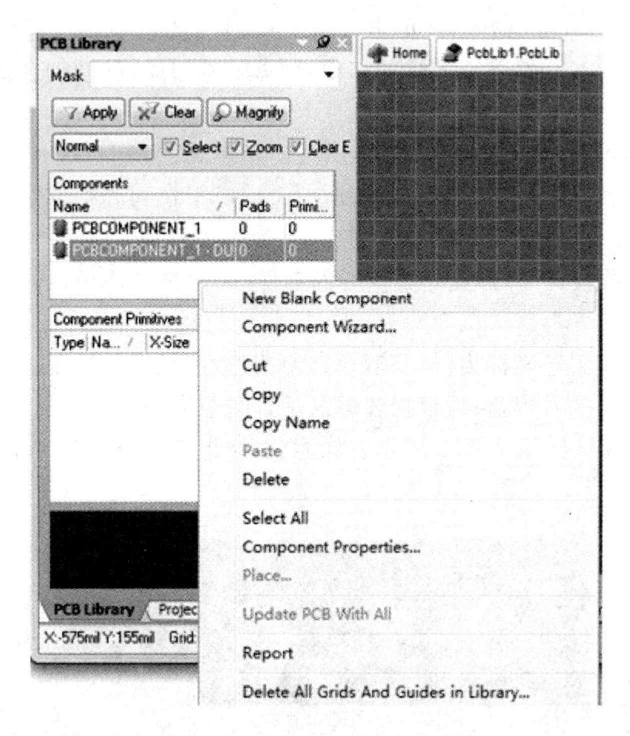

图 7－12　板面选项设置对话框

(2)执行“Edit”—“Jump”—“New Location”命令，系统将弹出如图 7－13 所示的“Jump To Location”对话框。在“X-Location”和“Y-Location”编辑框中输入坐标值，将当前的坐标点移到原点，输入坐标为(0,0)。在编辑元件封装时，需要将基准点设定在原点位置。

图 7－13　“Jump To Location”对话框

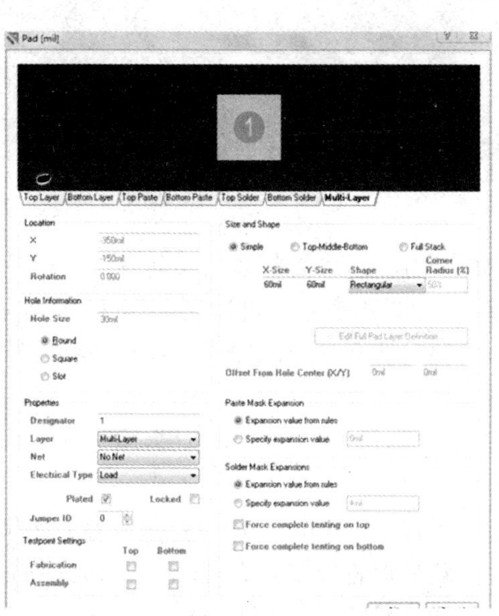

图 7－14　“Pad”选项设置对话框

(3)执行“Place”—“Pad”命令,或单击工具栏中对应的按钮。执行该命令后,光标变成十字状,并带有一个焊盘。并随着光标的移动,焊盘随着移动,移动到合适的位置后,单击鼠标将其定位。

在放置焊盘时,可按“Tab”键进入焊盘属性对话框,设置焊盘属性的“Pad”选项设置对话框如图 7-14 所示。方形或圆形焊盘可以在“Shape”下拉列表中选定,其他参数可选择默认值。

在 PCB 元件封装设计时,焊盘是最重要的部件,因此将来使用该元件封装时,焊盘是其主要电气连接点。

(4)将 1 号焊盘放置于坐标为(−350,−150)的位置,根据各焊盘水平间距为 100mil,按照同样的方法放置 2~8 号焊盘;再根据各焊盘垂直间距为 300mil,按照同样的方法放置9~16 号焊盘。放置后效果如图 7-15 所示。注意:1 号焊盘形状为矩形,其他焊盘的形状为圆形。

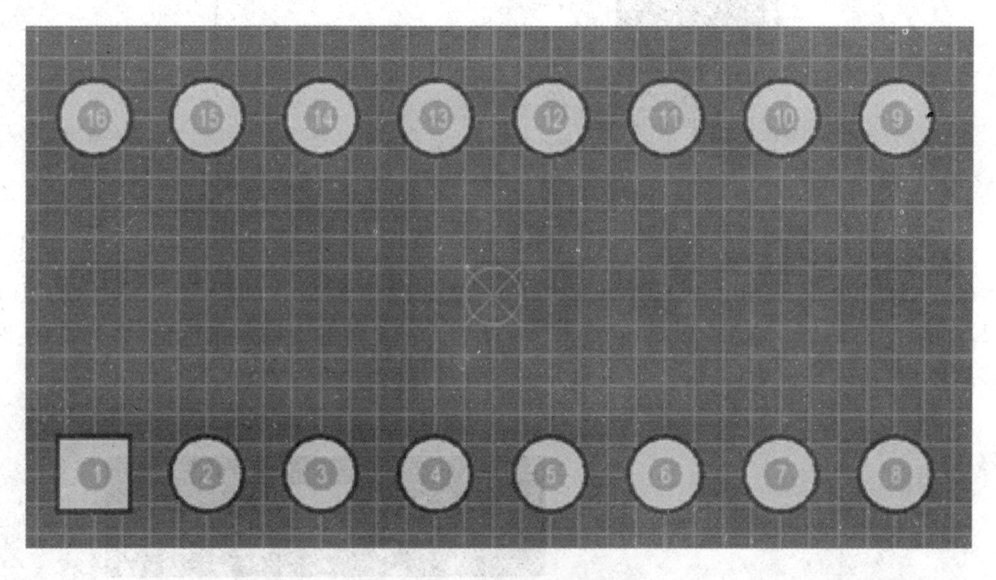

图 7-15 焊盘放置效果图

(5)根据实际需要,设置焊盘的实际参数。假设将焊盘的直径设置为 59mil,焊盘的孔径设置为 35mil。如果用户想编辑焊盘,则可以将光标移动到焊盘上并双击鼠标,即会弹出如图 7-14 所示的对话框,通过修改其中的选项设置焊盘的参数。注意:焊盘所在的层一般取 Multi-Layer。

(6)将工作层面切换到顶层丝印层,即“Top Overlay”层。这只需在“Top Overlay”标签上选择即可。

(7)执行“Place”—“Line”命令,光标变为十字状,将光标移动到适当位置后,单击鼠标左键确定元件封装外形轮廓线起点,随后绘制元件的外形轮廓,元件以原点为中心对称,左下角坐标为(−390,−105),左上角坐标为(−390,105),右上角坐标为(390,105),右下角坐标为(390,−105);左端开口处坐标分别为(−390,−25)和(−390,25),如图 7-16 所示,这些线条的精确坐标可以绘制了线条之后再设置。

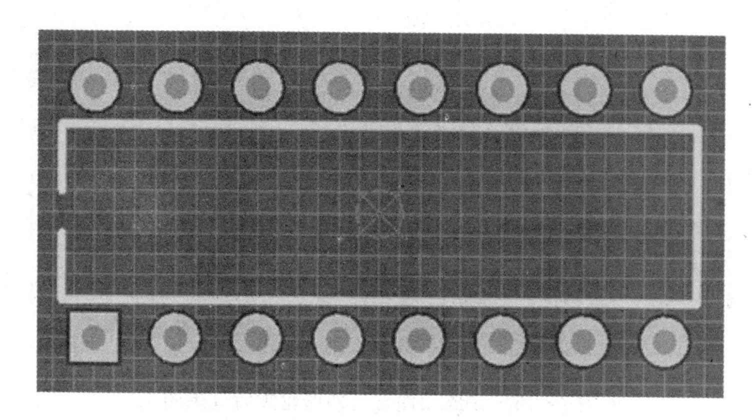

图 7－16　绘制元件封装外形轮廓后效果图

(8)执行“Place”—“Arc”命令，在外形轮廓上绘制圆弧，圆弧参数为半径 25mil，圆心坐标位置为(－390，0)，起始角度为 270°，终止角为 90°。执行命令后，光标变为十字状，将光标移动到适当位置后，先单击鼠标左键确定圆弧的中心，然后移动鼠标单击左键确定圆弧的半径，最后确定圆弧的起点和终点。这段圆弧的精确坐标和尺寸可以在绘制了圆弧以后再设置，绘制完的图形如图 7－17 所示。

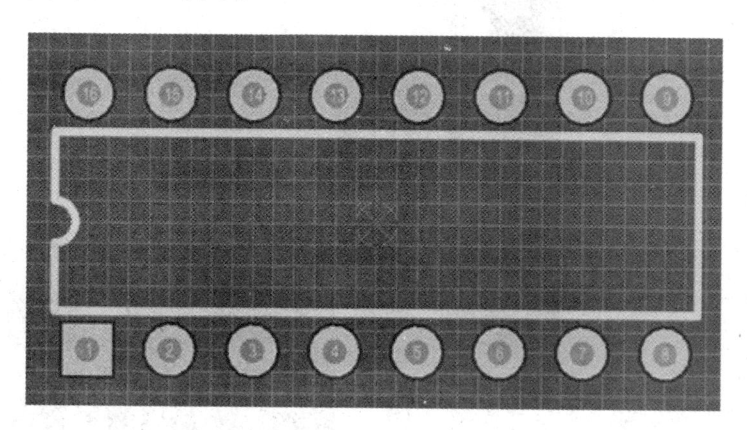

图 7－17　完成元件封装外形轮廓后效果图

(9)绘制完成后，执行“Tools”—“Component Properties”命令，或者进入元件封装管理器，双击当前编辑的元件名，系统会弹出如如图 7－18 所示的对话框，在该对话框中可以重新命名前面制作的元件封装，在此将“Name”中名称改为“DIP-16”，“Height”高度一般设置为 0mil，有必要时可以添加一些元件封装的相关描述。输入元件封装的名称后，可以看到元件封装管理器中的元件名称也相应改变了。

(10)重命名以及保存文件后，该元件封装就创建成功，以后调用时可以作为一个块使用。

(11)设置元件封装的参考点。为了标记一个 PCB 元件用作元件封装，需要设定元件的参考坐标，通常设定 Pin1(即元件的引脚 1)为参考坐标。

设置元件封装的参考点可以执行“Edit”—“Set Reference”子菜单中的相关命令，其中有“Pin 1”、“Center”和“Location”三个选项，如图 7－19 所示。如果执行“Pin 1”命令，则设置

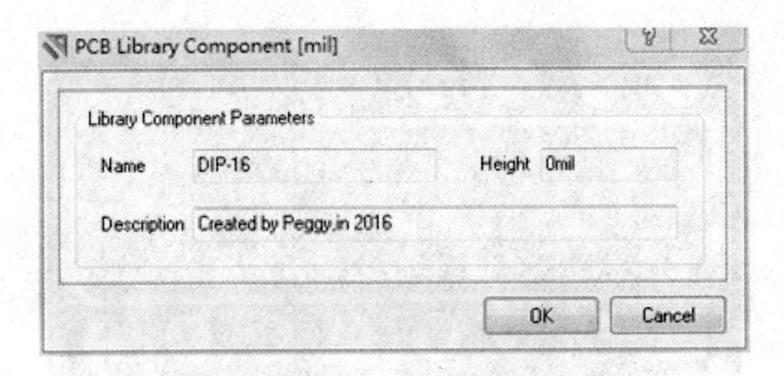

图 7-18　完成元件封装外形轮廓后效果图

引脚 1 为元件的参考点；如果执行“Center”命令，则表示将元件的几何中心作为元件的参考点；如果执行“Location”命令，则表示由用户选择一个位置作为元件的参考点。

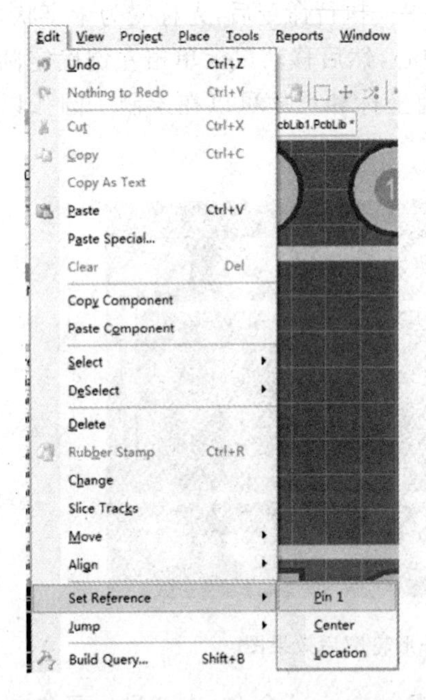

图 7-19　设置元件参考点菜单设置

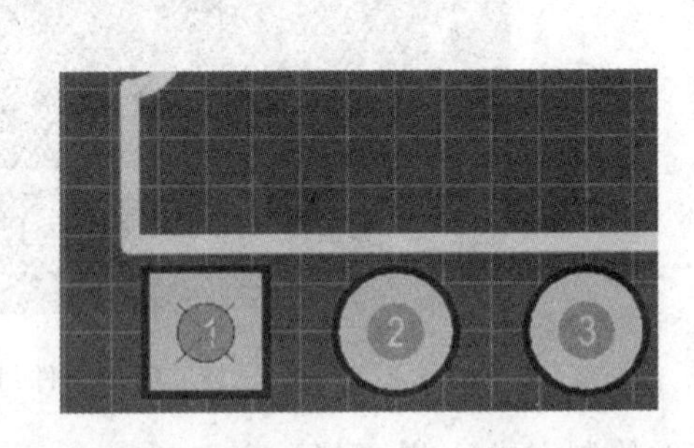

图 7-20　设置 Pin 1 为参考点后的效果

7.4　利用向导创建新元器件封装

Altium Designer 10 提供了元件封装向导是电子设计领域里的新概念，它允许用户预先定义设计规则，在这些规则定义完毕后，元件封装编辑器会自动生成相应的新元件封装。

下面以如图 7-21 所示的实例来介绍利用向导创建元件封装的基本步骤。

(1)启动并进入元器件封装编辑器。

(2)执行“Tools”—“Component Wizard”命令。

(3)执行该命令后,系统会弹出如图 7-22 所示的界面,这样就进入了元件封装创建向导,接下来可以选择封装形式,并可定义设计规则。

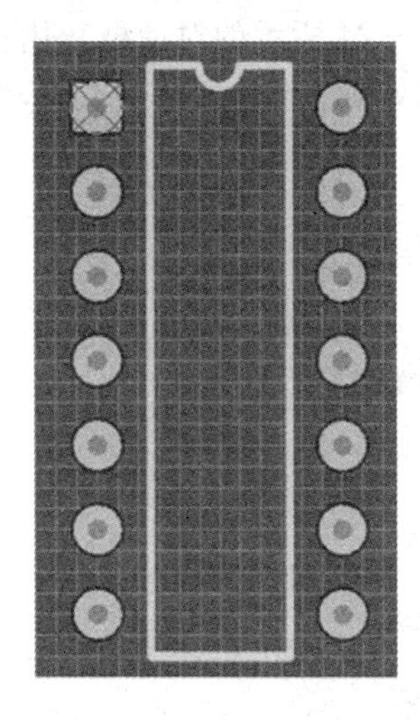

图 7-21　利用向导创建元件封装的实例

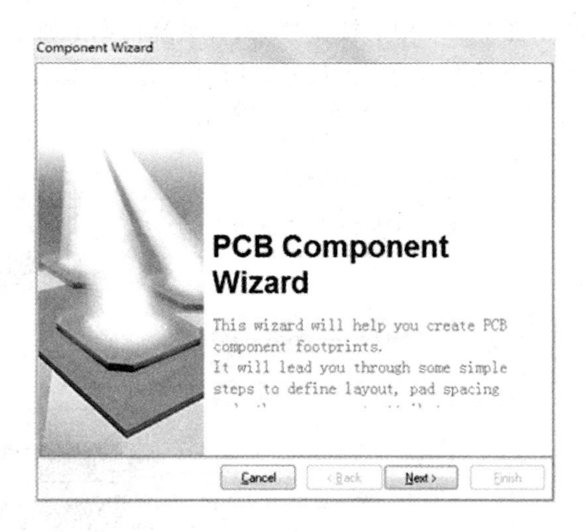

图 7-22　元件封装向导界面

(4)用鼠标左键单击图 7-22 中的按钮"Next",系统将弹出如图 7-23 所示的对话框。用户在该对话框中,可以设置元件外形。Altium Designer 10 提供了 12 种元件封装的外形供用户选择,其中包括"Ball Grid Arrays"(球栅阵列封装)、"Capacitors"(电容封装)、"Diodes"(二极管封装)、"Dual In-line Package (DIP)"(双列直插式封装)、"Edge Connectors"(边连接样式封装)、"Leadless Chip Carriers(LCC)"(无引线芯片载体封装)、"Pin Grid Arrays (PGA)"(引脚网格阵列封装)、"Quad Packs (QUAD)"(四边引出扁平封装)、"Resistors"(电阻封装)、"Small Outline Packages(SOP)"(小尺寸封装)等。

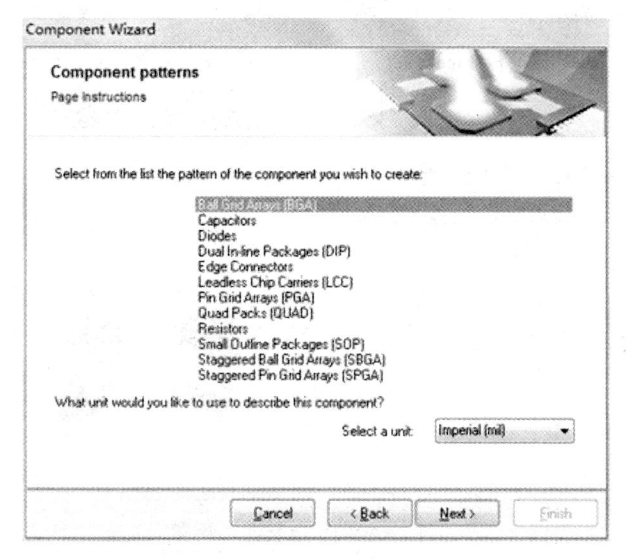

图 7-23　选择元件封装外形

根据本实例的要求，选择 DIP 双列直插式封装外形。另外在对话框的下方还可以选择元件封装的度量单位，有“Metric”（公制）和“Imperial”（英制）。

(5)单击图 7-23 中的按钮“Next”，系统将弹出如图 7-24 所示的对话框。用户在该对话框中，可以设置焊盘的有关尺寸。用户只需要在需要修改的位置单机鼠标左键，然后输入尺寸即可，设置焊盘尺寸如图 7-24 所示。

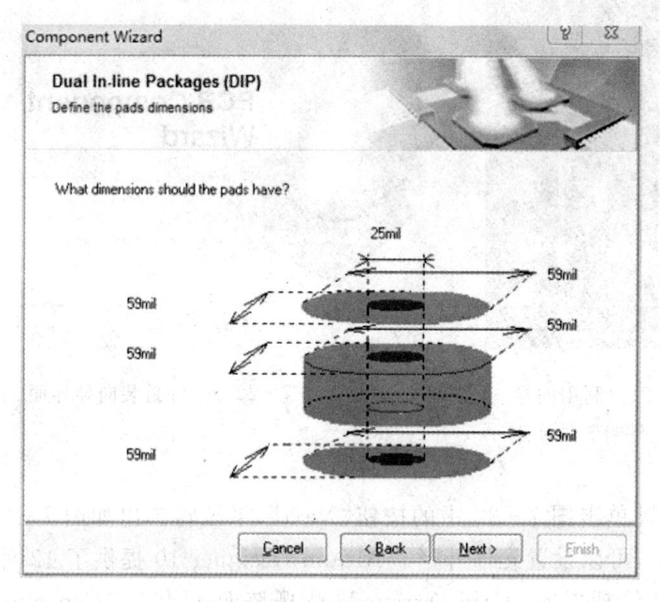

图 7-24　设置焊盘尺寸

(6)单击图 7-24 中的按钮“Next”，系统将弹出如图 7-25 所示的对话框。用户在该对话框中，可以设置引脚的水平间距、垂直间距和尺寸，设置方法同上一步，设置引脚间距和尺寸如图 7-25 所示。

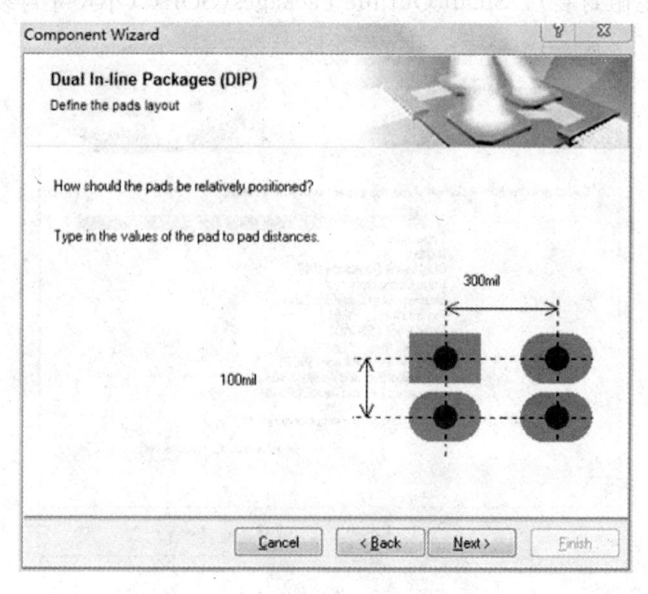

图 7-25　设置引脚的间距和尺寸

(7)单击图 7－25 中的按钮“Next”,系统将弹出如图 7－26 所示的对话框。用户在该对话框中,可以设置元件的轮廓线宽,设置尺寸如图 7－26 所示。

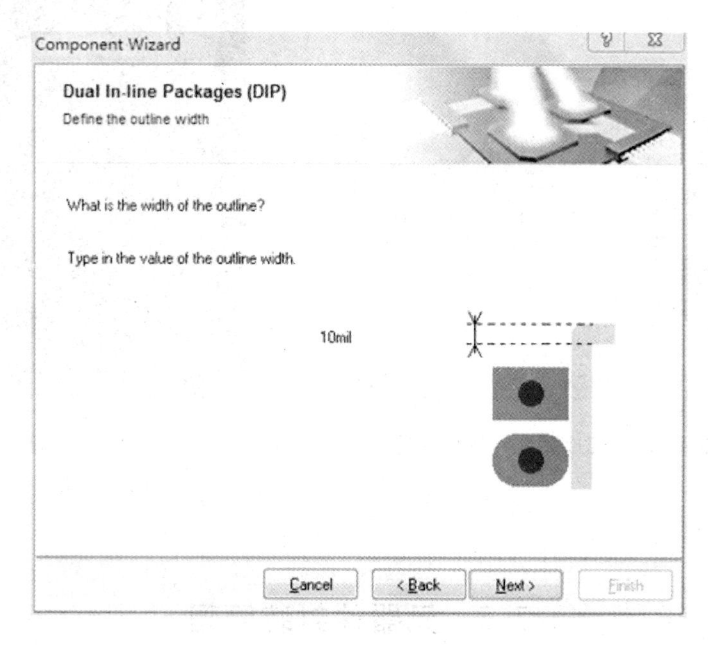

图 7－26　设置元件的轮廓线宽

(8)单击图 7－26 中的按钮“Next”,系统将弹出如图 7－27 所示的对话框。用户在该对话框中,可以设置元件的引脚数量,用户只需要在对话框中的指定位置输入元件引脚数量即可,设置引脚数如图 7－27 所示。

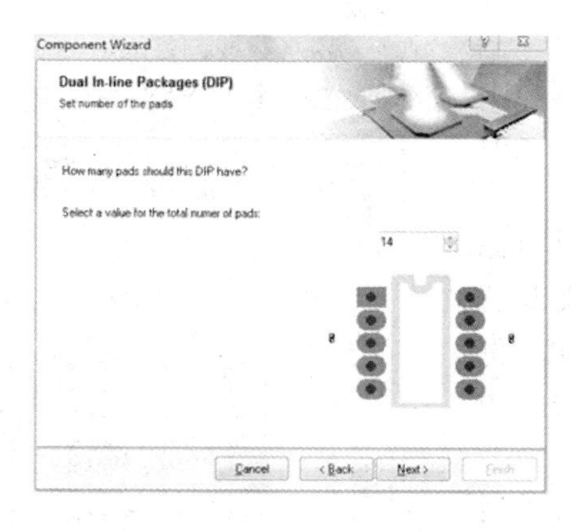

图 7－27　设置元件引脚数量

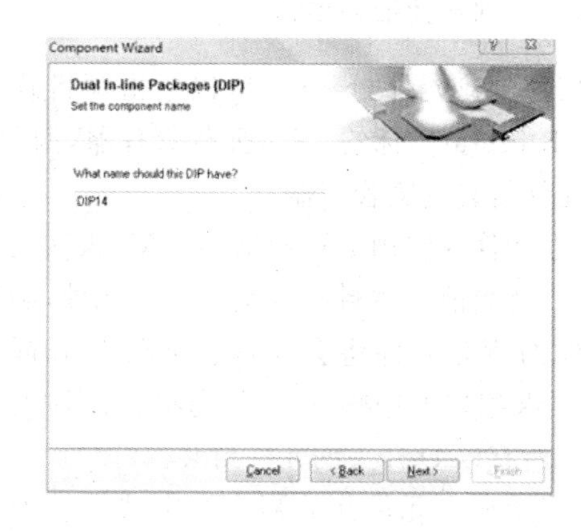

图 7－28　设置元件封装名称

(9)单击图 7－27 中的按钮“Next”,系统将弹出如图 7－28 所示的对话框。用户在该对话框中,可以设置元件封装的名称,在此设置为“DIP14”,如图 7－28 所示。

(10)单击图 7－29 中的按钮“Next”,系统将弹出如图 7－29 所示的完成对话框。单击按钮“Finish”,即可完成对新元件封装设计规则的定义,同时按设计规则生成了新的元件封装。完成后的封装如图 7－30 所示。

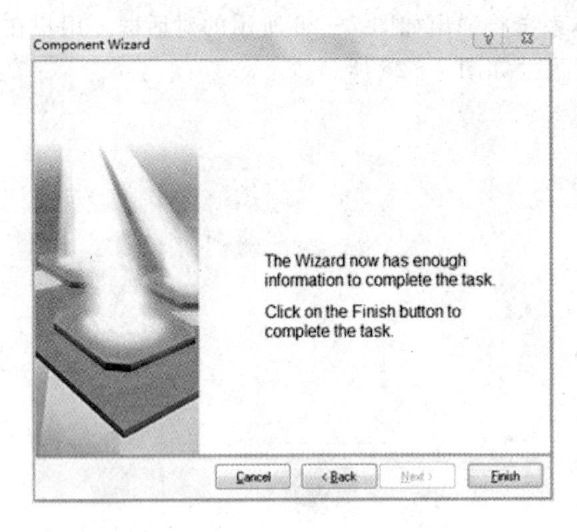

图 7-29　完成元件封装对话框

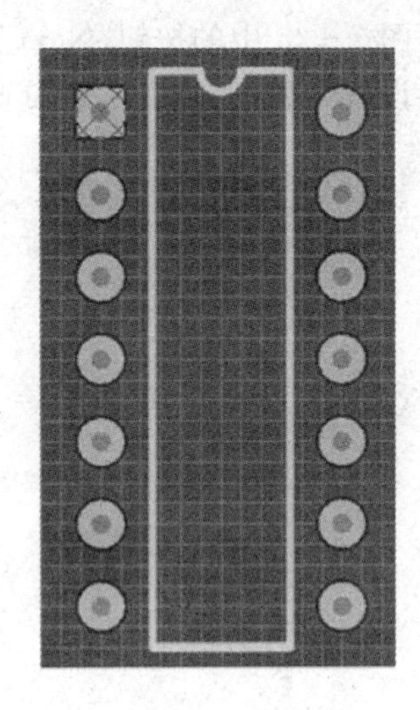

图 7-30　完成后的元件封装

7.5　元器件封装管理

当创建了新的元件封装后，可以使用元件封装管理器进行管理，具体包括元件封装的浏览、添加、删除等操作，下面进行具体讲解。

7.5.1　浏览元器件封装

当用户创建元件封装时，可以单击项目管理器下面的“PCB Library”标签，进入元件管理器，如图 7-31 所示为元件封装浏览管理器。

(1)在元件封装浏览管理器中，“Mask”(元件过滤框)用于过滤当前元件封装浏览库中的元件，满足过滤框中条件的所有元件将会显示在元件列表框中。例如，在 Mask 编辑框中输入“D”，则将在元件列表框中将会显示所有以 D 开头的元件封装。

(2)当用户在元件封装列表框中选中一个元件封装时，该元件封装的焊盘等图元将会显示在“Component Primitives”(元件图元)列表框中，如图 7-31 所示。

(3)单击管理器中“Magnify”(放大)按钮可以局部放大元件封装的细节。

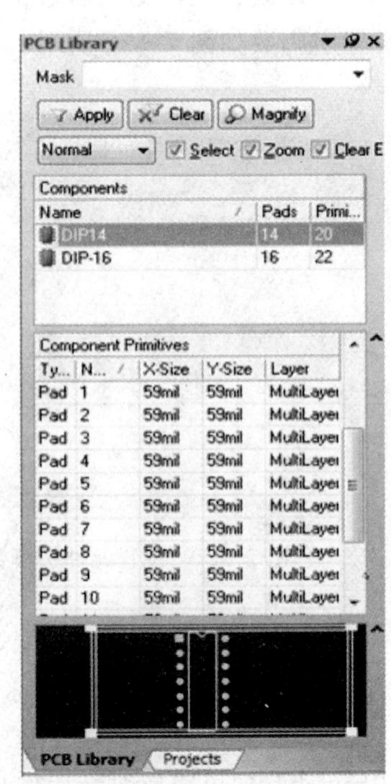

图 7-31　元件封装浏览管理器

(4)双击元件名，可以对元件封装进行重命名等属性设置。

(5)在元件图元列表中,双击图元可以对图元进行属性设置。

另外,用户也可以执行“Tools”—“Next Component”、“Tools”—“Prev Component”、“Tools”—“First Component”、“Tools”—“Last Component”等命令,以选择元件列表框中的元件。

7.5.2 元器件封装基本操作

1. 添加元件封装

当新建一个PCB库文档时,系统会自动建立一个名称为“PCBCOMPONENT_1”的空封装。添加新元件封装的操作步骤如下:

(1)执行“Tools”—“New Blank Component”命令,系统将打开制作元件封装向导对话框。也可以在元件封装管理器的元件列表处单机鼠标右键,从快捷菜单中选择“New Blank Component”命令,创建一个新的元件封装。

(2)此时如果单击“Next”按钮,将会按照向导创建新元件封装,过程可以参考7.4节的讲解。如果单击“Cancel”按钮,系统将会生成一个名称为“PCBCOMPONENT_1”的空封装。

(3)用户可以对该元件封装进行重命名,并可以进行绘图操作,生成一个元件封装。

2. 重命名元件封装

当创建了一个元件封装后,用户还可以对该元件封装进行重命名,具体操作如下:

(1)在元件封装管理器的元件列表处选择一个元件封装,然后单击鼠标左键,系统将弹出如图7-32所示的元件封装属性对话框。

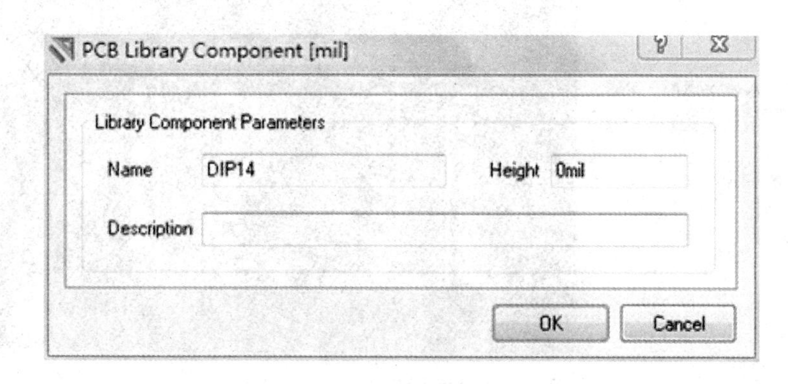

图7-32 元件封装属性对话框

(2)在该对话框中输入元件封装的新名词,然后单击“OK”按钮可完成重命名操作。

3. 删除元件封装

如果用户想从元件库中删除一个元件封装,用户可以先选中需要删除的元件封装,然后单击鼠标右键,从快捷菜单中选择“Delete”命令,或者直接执行“Tools”—“Remove Component”命令,系统将弹出如图7-33所示的提示框。如果用户单击“Yes”按钮将会执行删除操作,如果单击“No”按钮则取消删除操作。

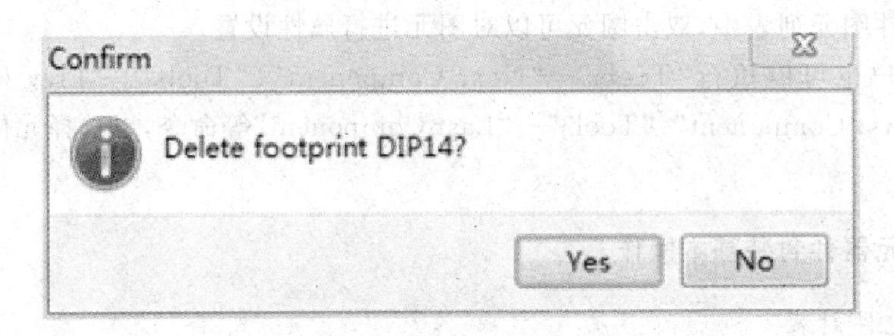

图 7-33　元件删除确认对话框

4. 放置元件封装

通过元件封装浏览管理器，还可以进行放置元件封装的操作。

如果用户想通过元件封装浏览库放置元件封装，可以先选择需要放置的元件封装，然后单击鼠标右键，从快捷菜单中选择“Place”命令，或者直接执行“Tools”—“Place Component”命令，系统将会切换到当前打开的 PCB 设计管理器，用户可以将该元件封装放置到合适位置，如图 7-34 所示。

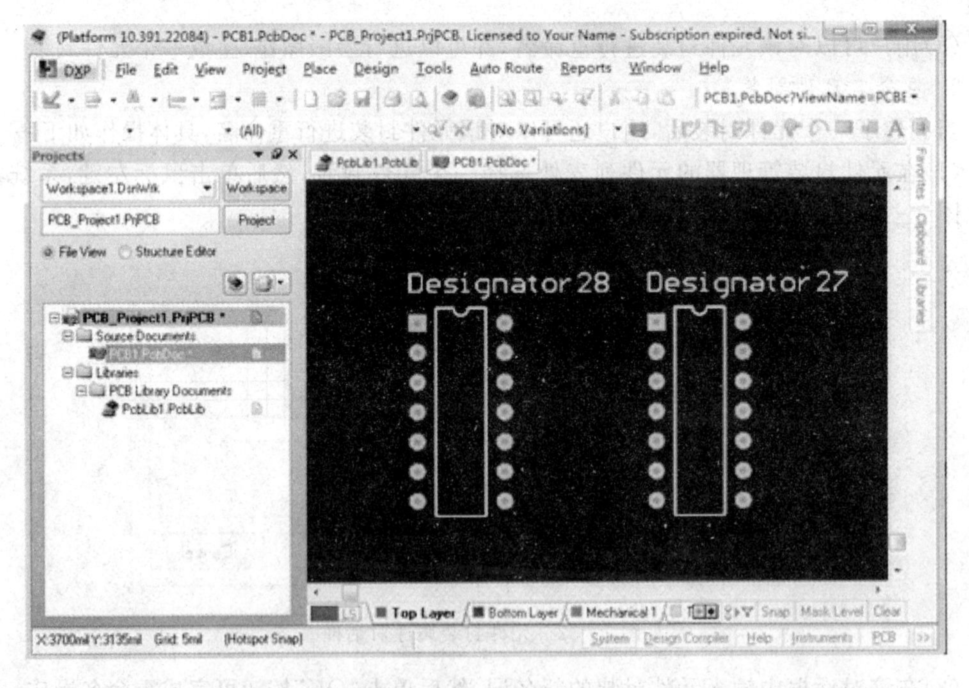

图 7-34　放置元件封装

5. 编辑元件封装引脚焊盘

可以使用元件封装浏览管理器编辑封装引脚焊盘的属性，具体操作过程如下。

(1)在元件列表框中选中元件封装，然后在图元列表框中选中需要编辑的焊盘。

(2)双击所选中的对象，系统将弹出焊盘属性对话框。在该对话框中可以实现焊盘属性的修改，也可以直接双击封装上的焊盘进入焊盘属性对话框。

7.6　PCB 板报表

Altium Designer 的印制电路板设计系统提供了生成各种报表的功能，可以为用户提供有关设计过程及设计内容的详细资料。这些资料主要包括设计过程中的电路板状态信息、引脚信息、元件封装信息、网络信息及布线信息等。完成了电路板设计之后。还需要生成 NC 钻孔报表，用于 PCB 的数控加工，打印输出图形，以备焊接元件和存档。

元器件封装的各种报表命令主要集中在"Report"菜单中，如图 7 - 35 所示。元器件封装的各种报表主要包括"Component"（元器件封装信息）报表、"Component Rule Check"（元器件封装规则检查）报表和"Library Report（元器件封装库）报表。通过这些报表，用户可以了解新建元器件封装的信息，也可以了解整个元器件封装库的信息。下面使用上一节中的 DIP14 双列直插式元件实例讲述如何生成电路板的有关信息报表。

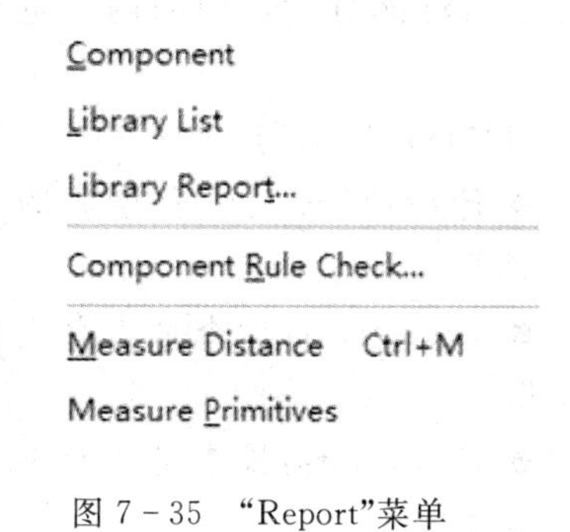

图 7 - 35　"Report"菜单

7.6.1　元器件封装信息报表

元器件封装信息报表主要为用户提供元器件的名称、所在元器件封装库的名称、创建的日期与时间以及元器件封装中各个组成部分的详细信息。

生成元器件封装信息报表的方法非常简单，执行"Report"—"Component"命令，系统将自动生成元器件封装的信息报表，用户查看报表如图 7 - 36 所示。

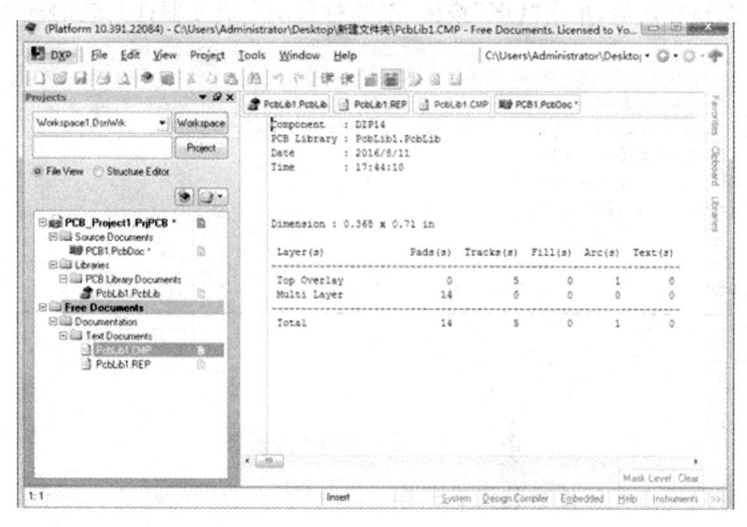

图 7 - 36　查看元器件封装时的编辑器界面

7.6.2 元器件封装规则检查报表

通过元器件封装规则检查报表,用户可以检查新建元器件封装是否有重命名焊盘、是否缺少焊盘名称、是否缺少参考点等。这里仍以上一节中的 DIP14 双列直插式元件实例,讲述生成元器件封装规则检查报表的方法。

执行"Report"—"Component Rule Check"命令,将弹出如图 7-37 所示的封装规则检查对话框。

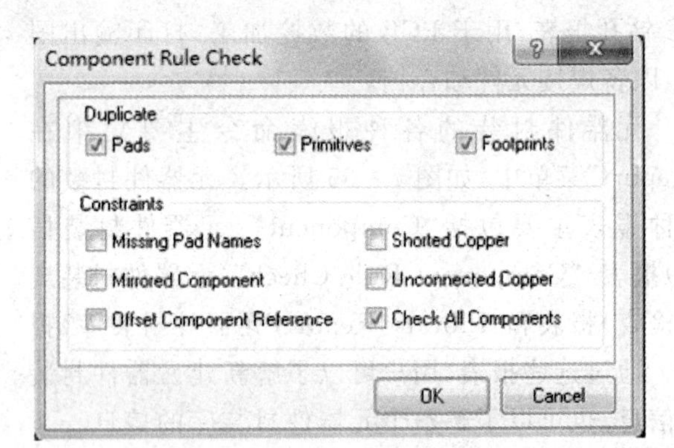

图 7-37 "Component Rule Check"对话框

下面对该对话框中的内容进行介绍。

(1)"Duplicate"选项区

● Pads:检查是否有重名的元器件焊盘。

● Primitives:检查是否有重名的边框。

● Footprints:检查是否有重名的元器件封装。

(2)"Constraints"选项区

● Missing Pin Names:检查是否缺少焊盘名称。

● Mirrored Component:检查是否有镜像的元器件封装。

● Offset Component Reference:检查是否缺少参考点。

● Short Copper:检查是否缺少截短铜箔。

● Unconnected Copper:检查是否缺少未连接铜箔。

● Check All Components:是否检查所有元器件封装。

在本例中选择默认值,单击"OK"按钮,系统将自动生成元器件封装的规则检查报表,如图 7-38 所示。

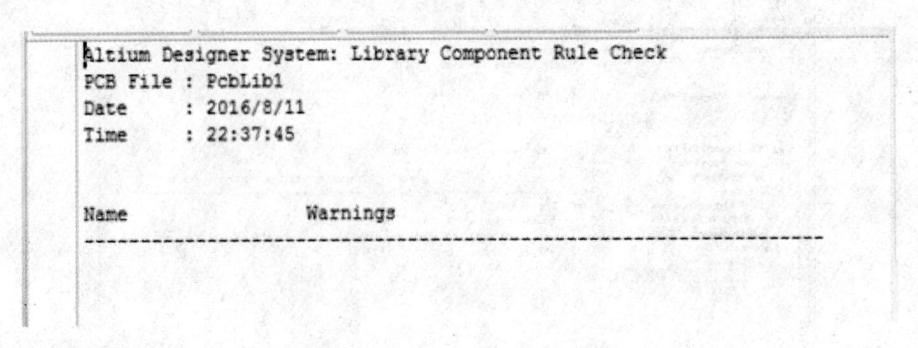

```
Altium Designer System: Library Component Rule Check
PCB File : PcbLib1
Date     : 2016/8/11
Time     : 22:37:45


Name                Warnings
-----------------------------------------------------------------------
```

图 7-38 封装规则检查报表

由该报表可以看出元器件封装没有错误。

7.6.3　元器件封装库报表

元器件封装库报表主要用来显示封装库的名称、创建日期与时间及元器件封装数目、名称等信息。这里仍以上一节中的 DIP14 双列直插式元件实例，讲述生成元器件封装库报表的方法。

执行“Report”—“Library List”命令，系统将生成如图 7 - 39 所示的元器件封装库报表。

```
PCB Library : PcbLib1.PcbLib
Date        : 2016/8/11
Time        : 22:58:12



Component Count : 2

Component Name
------------------------------------------------

DIP-16
DIP14
```

图 7 - 39　元器件封装库报表

7.7　本章小结

本章主要介绍了 PCB 元器件封装的基本知识、两种创建元器件封装的方法以及如何生成几种元器件封装报表。

元器件封装是指安装半导体集成芯片时所用的外壳。它不仅起着安放、固定、封装、保护芯片和增强电热性能的作用，而且是沟通芯片内部世界与外部电路的桥梁。

芯片的封装在 PCB 板上通常表现为一组焊盘、丝印层上的边框及芯片的说明文字。焊盘主要用于连接芯片的引脚，并通过印制电路板上的铜模导线连接其他焊盘，形成一定的电路，完成电路板的功能。

在创建新的元器件封装前，应首先新建一个元器件封装库，来绘制和存储新建元器件封装。向已创建的 PCB 工程文件中添加 PCB 库文件，单击右键单击工程文件，再弹出的快捷菜单中选择“Add”—“PCB Library”命令，系统将自动生成一个默认名为“PcbLib1. PcbLib”的 PCB 元件封装库文件。

与电路原理图中需要自己添加元器件一样，当 Altium Designer 的系统文件中没有用户所需要的元器件封装时，可以自己添加。通常，添加新的元器件封装的方法有手动添加和利用向导添加两种。

元器件封装的各种报表命令主要集中在“Report”菜单中。元器件封装的各种报表主要包括“Component”（元器件封装信息）报表、“Component Rule Check”（元器件封装规则检查）报表和“Library Report”（元器件封装库）报表。通过这些报表，用户可以了解新建元器件封装的信息，也可以了解整个元器件封装库的信息。

生成元器件封装信息报表的方法非常简单，执行“Report”—“Component”命令，系统将自动生成元器件封装的信息报表。

执行“Report”—“Component Rule Check”命令，将弹出封装规则检查对话框。

执行“Report”—“Library List”命令，系统将生成元器件封装库报表。

思考与练习

1. 如何启动元器件封装编辑器？简述元器件封装编辑器各组成部分以及功能。

2. 简述手动创建元器件封装的主要特点及其主要步骤。

3. 简述利用向导生成元器件封装的特点并比较手工创建与向导创建之间的异同。

4. 元器件封装主要包括哪几种报表？各种报表的作用分别是什么？如何生成这些报表？

5. 以如图 7-40 所示的元器件封装为例，根据下面步骤，用封装向导生成该元器件的封装。

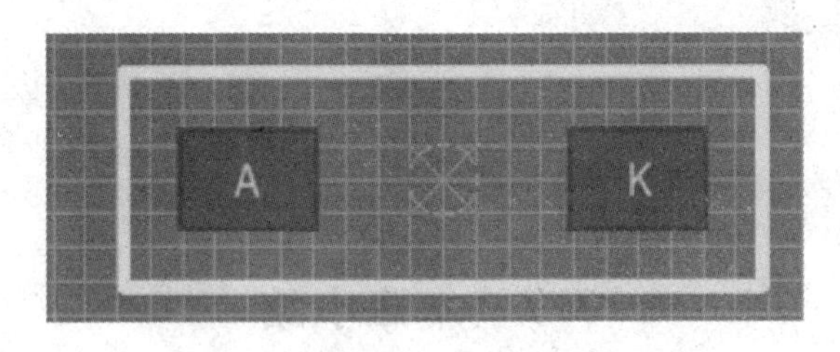

图 7-40　第 5 题元器件封装实例

步骤提示：

(1)新建一个名叫“MyWork_1.PrjPcb”的 PCB 工程文件，向该工程文件下添加一个名叫“MyPcbLib_1.PcbLib”PCB 库文件，并将工程文件和该 PCB 库文件都保存到目录“D:\Chapter7\MyProject_1”中。

(2)执行“Tools”—“Component Wizard”命令，系统会进入元件封装创建向导。

(3)单击“Next”按钮，进入下一步，如图 7-41 所示，这里选择创建二极管，选中“Diodes”选项。

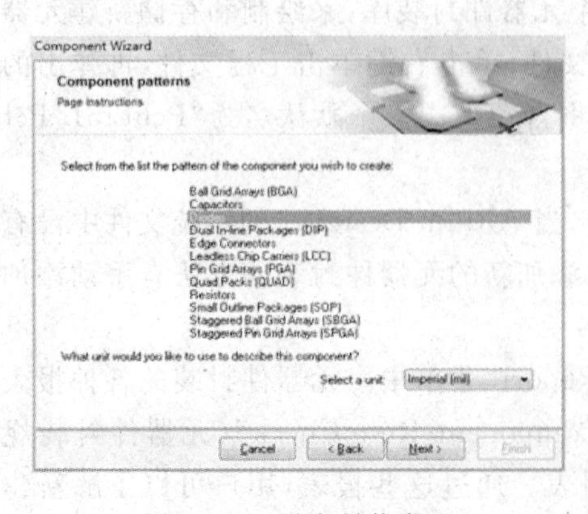

图 7-41　设定封装类型

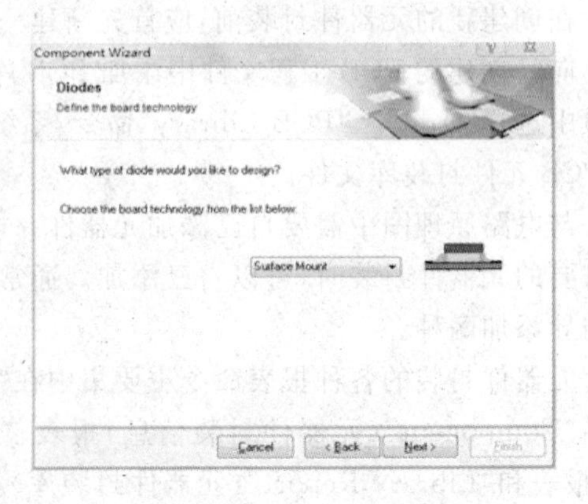

图 7-42　焊接类型选择

(4)单击“Next”按钮继续，如图7-42所示，这里选择贴片式封装，选中“Surface Mount”选项。

(5)单击“Next”按钮继续，如图7-43所示，设置焊盘宽度为70mil，长度为100mil。

(6)单击“Next”按钮继续，如图7-44所示，设置贴片间距为300mil。

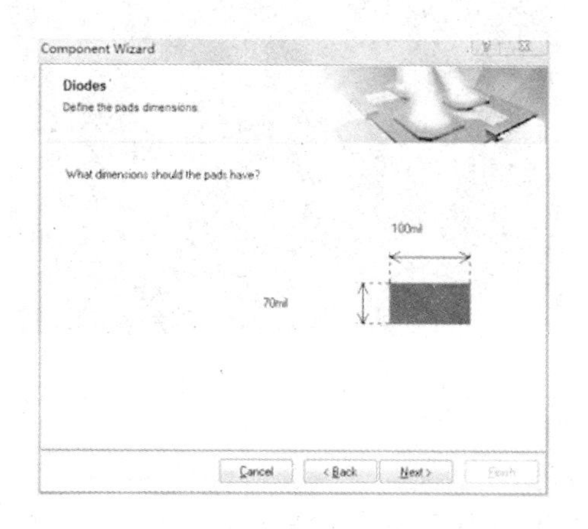

图7-43　焊盘大小设置

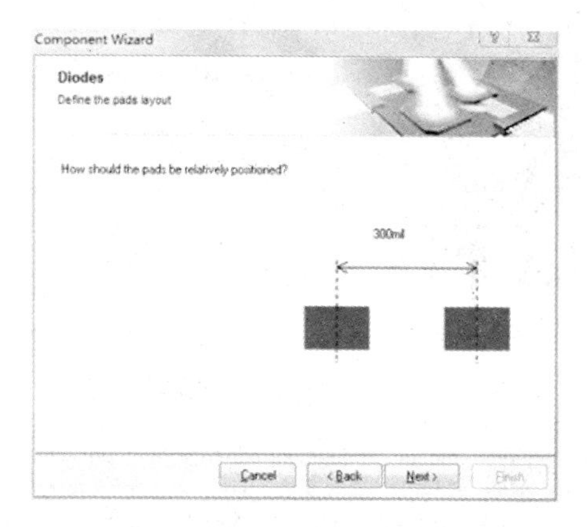

图7-44　设置贴片间距

(7)单击“Next”按钮继续，如图7-45所示，在该对话框中可以设置二极管的轮廓线线宽及边心距，这里设置边心距为80mil，线宽设置为10mil。

(8)单击“Next”按钮继续，如图7-46所示，输入封装名称为Diode(二极管)。

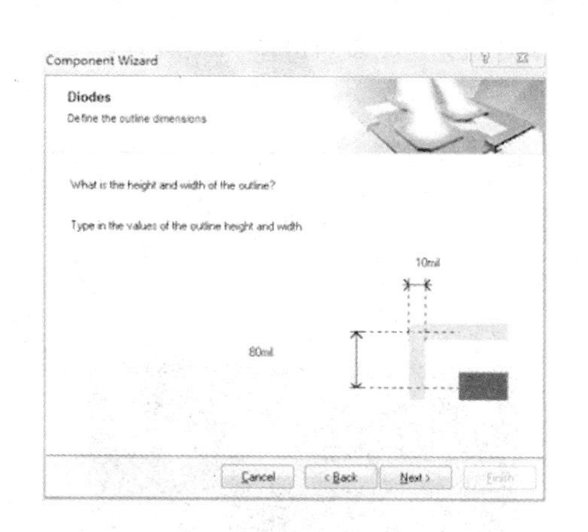

图7-45　设置二极管外形

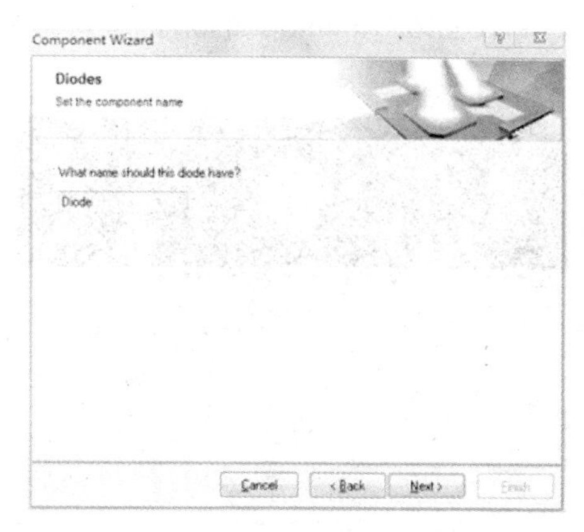

图7-46　编辑封装名称

(9)单击“Next”按钮继续，如图7-47所示，单击“Finish”按钮，将生成如图7-40所示的新建二极管封装。

6. 以如图7-48所示的元器件封装为例，根据下面步骤与提示，用手动方式绘制该元器件的封装。

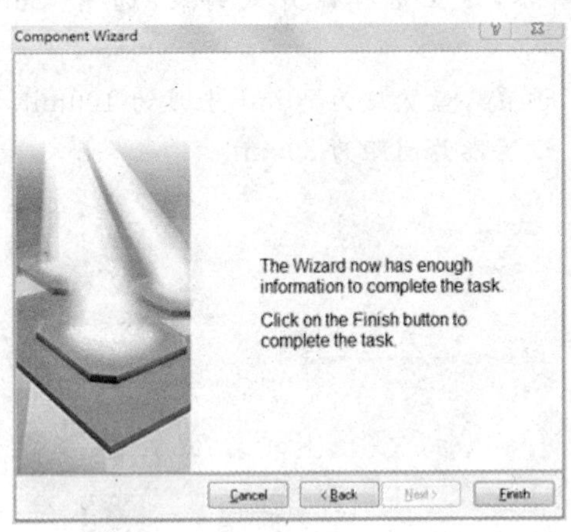

图 7－47　元器件封装完成对话框　　　　图 7－48　第 6 题元器件封装实例

步骤提示：

(1)向第 5 题中建立的“MyPcbLib_1.PcbLib”PCB 库文件中添加一个新的元件封装，执行“Tools”—“New Blank Component”命令，即创建一个新的元件封装。

(2)进入手工绘制元件封装状态后，将板层选定在“Top Overlay”丝印层。

(3)放置焊盘。执行“Place”—“Pad”命令或单击绘图工具栏中对应的 ◎ 按钮后，光标将变成十字形，按“Tab”键，设置焊盘属性，如图 7－49 所示。

对于焊盘 1，将“Shape”栏设置为“Rectangle”(矩形)，并旋转 45°；对于焊盘 2、3 的“Shape”栏设置为“Round”(圆形)。绘制完毕三个焊盘后，效果如图 7－50 所示。

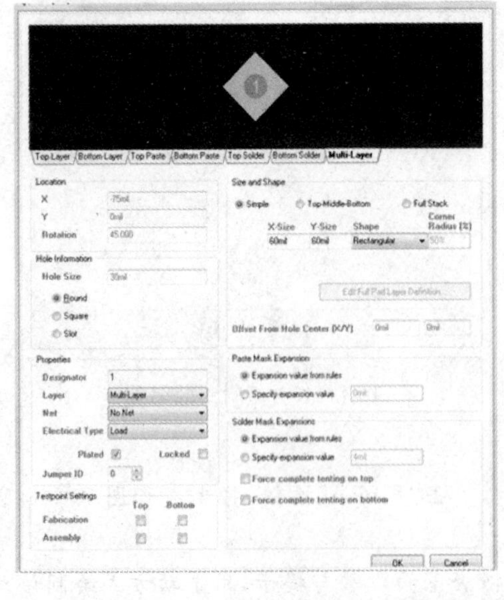

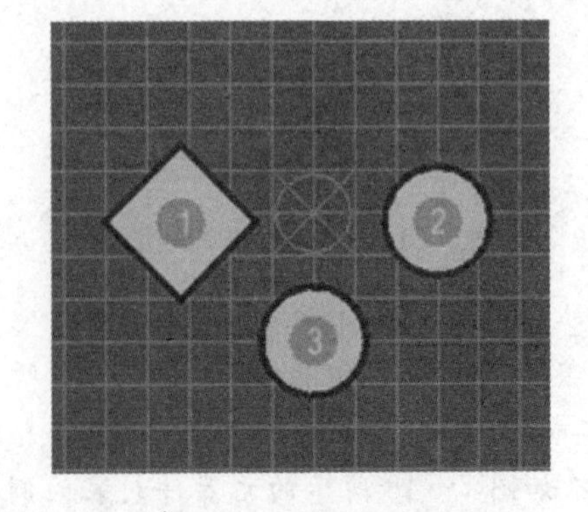

图 7－49　焊盘属性设置对话框　　　　图 7－50　放置焊盘效果

(4)绘制元件轮廓线中的圆弧部分。执行“Place”—“Arc(Center)”命令或单击绘图工具栏中对应的按钮后，光标将变成十字形，绘制弧线后，单击右键在快捷菜单中选择“Properties”设置弧线属性，将“Center”(圆心坐标)设置为(0,0)；“Radius”(圆半径)设置为160mil；“Start Angle”(起始角度)设置为140°；“End Angle”(终止角度)设置为110°，如图7-51所示。绘制完圆弧后，效果如图7-52所示。

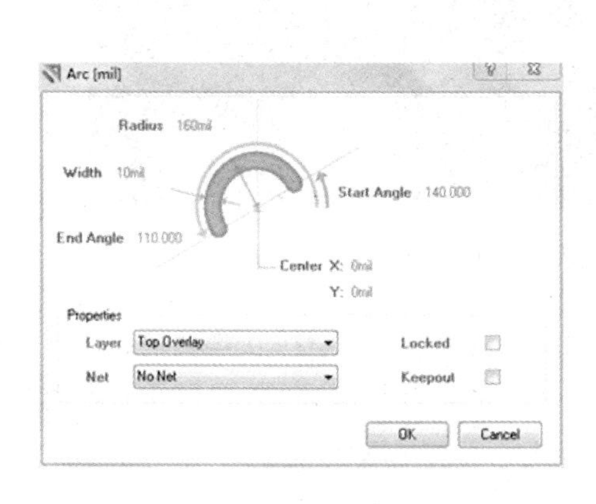

图7-51　弧线属性设置对话框

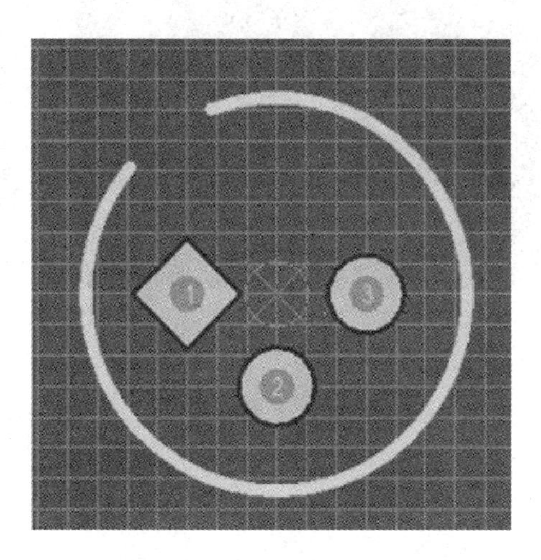

图7-52　绘制弧线效果

(5)绘制元件轮廓线中的直线部分。执行“Place”—“Line”命令或单击绘图工具栏中对应的按钮后，光标将变成十字形，绘制直线后，单击右键在快捷菜单中选择“Properties”设置弧线属性，按照图7-53和图7-54所示将两条直线的起始点和终止点坐标进行设置。并绘制第三条直线，绘制完毕后，效果如图7-55所示。

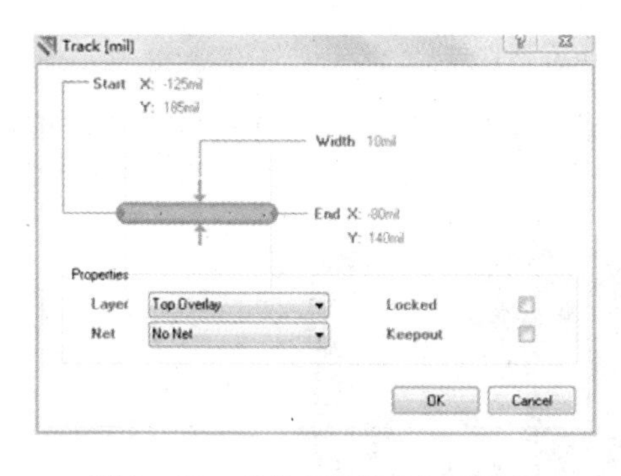

图7-53　直线1属性设置对话框

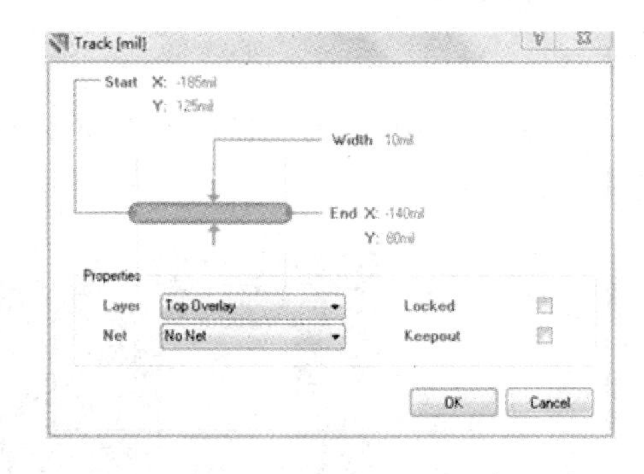

图7-54　直线2属性设置对话框

(6)为元件轮廓添加文字标注部分。执行“Place”—“String”命令或单击绘图工具栏中对应的 A 按钮后，单击放置元件焊盘标号，单击右键在快捷菜单中选择“Properties”设置文字内容，得到如图7-56所示的元器件封装。

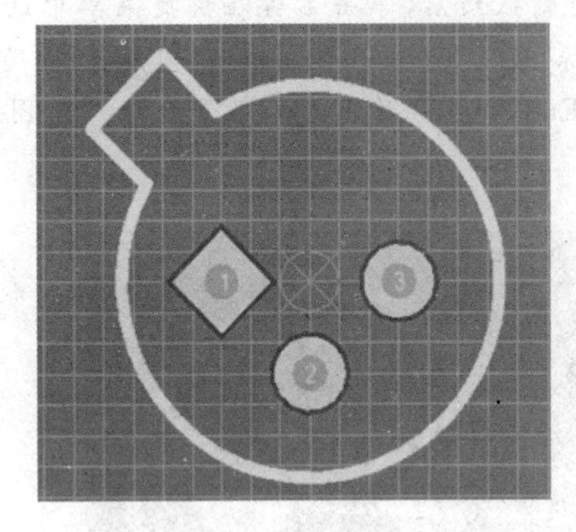

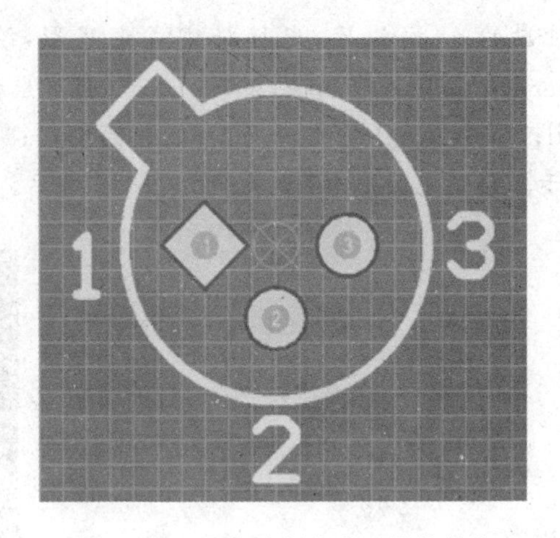

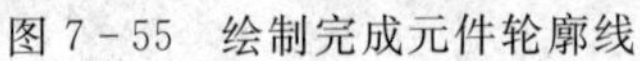

图 7-55 绘制完成元件轮廓线　　　　图 7-56 最终绘制完成元器件封装

(7)在元器件封装编辑器中选择该元件封装双击或单击鼠标右键，在弹出的快捷菜单中选择“Component Properties”。在弹出如图 7-57 所示的对话框中将“Name”修改为“CAN”。

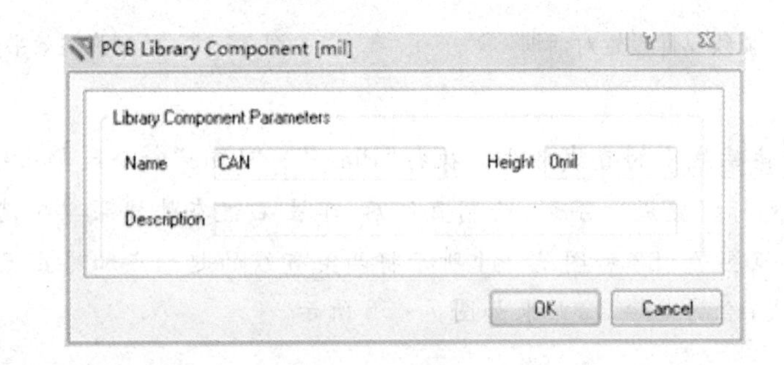

图 7-57 最终绘制完成元器件封装

7. 以如图 7-58 所示的元器件封装为例，根据下面步骤与提示，用手动方式绘制该元器件的封装。

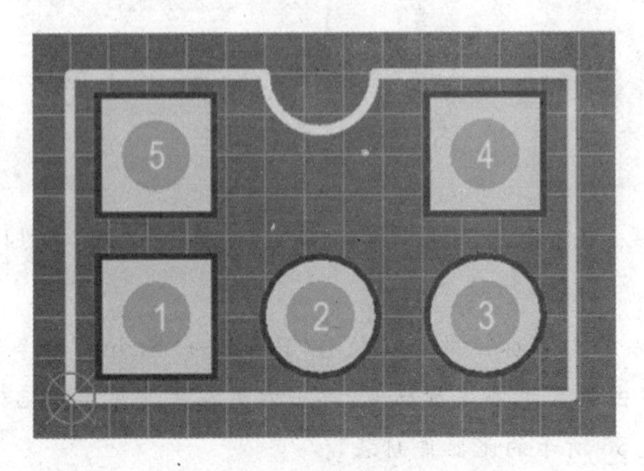

图 7-58 第 7 题元器件封装实例

该元件封装要求如下：

(1)向第5题中建立的“MyPcbLib_1.PcbLib”PCB库文件中添加一个新的元件封装，并将它改名为“PCB-01”。

(2)封装轮廓长320mil，宽200mil，半圆弧半径为35mil，线宽均为6mil。

(3)焊盘通孔直径均为44mil，焊盘1、4、5“Size”为矩形，*X*尺寸和*Y*尺寸为70mil；焊盘2、3“Size”为圆形，*X*尺寸和*Y*尺寸为70mil。

(4)焊盘1圆心坐标为(55,50)；焊盘2圆心坐标为(160,50)；焊盘3圆心坐标为(265,50)；焊盘4圆心坐标为(265,150)；焊盘5圆心坐标为(55,150)。

8. 以图7-58所示的元器件封装为例，根据下面步骤与提示，用手动方式绘制该元器件的封装。

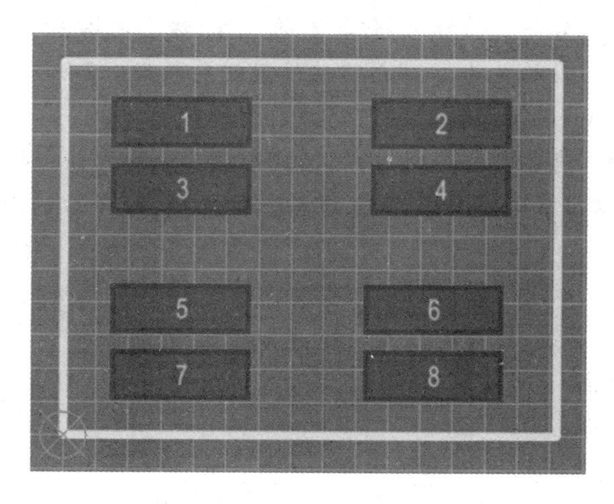

图7-59　第8题元器件封装实例

该元件封装要求如下：

(1)向第5题中建立的“MyPcbLib_1.PcbLib”PCB库文件中添加一个新的元件封装，并将它改名为“PCB-02”。

(2)封装轮廓长380mil，宽280mil，线宽均为15mil。

(3)表贴式焊盘尺寸均为长100mil、宽30mil。

(4)焊盘1中心坐标为(90,235)；焊盘2中心坐标为(290,235)；焊盘3中心坐标为(90,185)；焊盘4中心坐标为(290,185)；焊盘5中心坐标为(90,95)；焊盘6中心坐标为(290,95)；焊盘7中心坐标为(90,45)；焊盘8中心坐标为(290,45)。

第8章　电路仿真基础

本章导读

本章主要介绍了电路仿真的特点、仿真器的设置、仿真元器件及设计仿真原理图的方法与技巧。电路仿真的目的是为了对电路的性能进行检验，以便为后面的电路板设计提供正确的原理图。Altium Designer 10 中提供了多种仿真方式，如工作点分析方式、暂态特性/傅立叶分析方式、直流扫描分析方式、交流小信号分析方法、噪声分析方式等。通过本章的学习，读者可以掌握电路仿真的各种方法和技巧，为今后的 PCB 设计打下坚实的基础。

学习目标

- 电路仿真的特点；
- 仿真元器件简介；
- 仿真器的设置；
- 仿真原理图设计；
- 模拟仿真的方法与技巧；
- 数字仿真的方法与技巧。

8.1　仿真概述与特点

在设计一个电子产品之前，通常先在面板上搭接设计好的原理图，然后使用电源、信号发生器、示波器、万用表等电子设备对原理图的各项指标进行检验。但这种方法很难适应当今电子技术的发展，如果大规模而又复杂的集成电路都用这种方法来验证，结果是难以想象的。Altium Designer 软件为用户提供了一个功能强大的数/模混合电路仿真器，它可以提供模拟信号、数字信号和模/数混合信号的仿真。

Altium Designer 的仿真功能主要有以下几个特点：

Altium Designer 为电路的仿真分析提供了一个规模庞大的仿真元器件库，其中包含数十种仿真激励源和将近 6000 种的元器件。

Altium Designer 支持多种仿真功能，如交流小信号分析、瞬态特性分析、噪声分析、蒙特卡罗分析、参数扫描分析、傅里叶分析等十多种分析方式。用户可以根据所设计的电路的具体要求选择合适的分析方式。

Altium Designer 提供功能强大的结果分析工具，可以记录各种需要的仿真数据，显示各种仿真波形，如模拟信号波形、数字信号波形、波特图等，可以进行波形的缩放、比较、测量等。而且用户可以直观地看到仿真结果，这就为电路原理图的分析提供了很大的方便。

8.2　Altium Designer 仿真库描述

Altium Designer 为用户提供了大部分仿真元件，这些方针元件库在 Library/Simulation 目录中，其中：仿真信号源的元件库为"Simulation Sources.IntLib"，仿真专用函数元件库为"Simulation Special Function.IntLib"，仿真数学函数元件库为"Simulation Math Function.IntLib"，信号仿真传输线函数元件库为"Simulation Transmission Line.IntLib"。

8.2.1　仿真信号源元件库

仿真信号源位于"Simulation Sources. IntLib"库文件中。

1. *直流源*

包括直流电压源（VSRC）和直流电流源（ISRC）两种，如图 8－1 所示。这些仿真源提供了一个用来激励电路的恒定的电压或电流输出。双击直流电压源图标，将弹出如图 8－2 所示的直流电压源属性设置对话框。

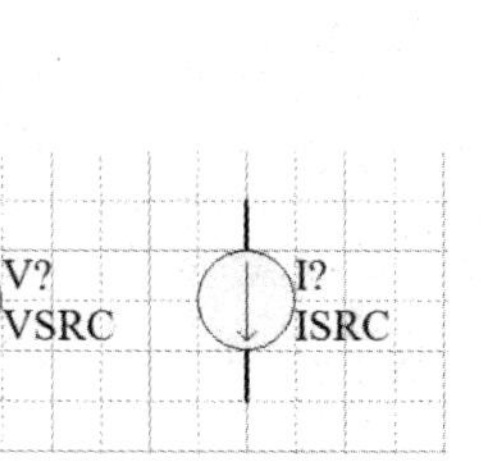

图 8－1　直流源

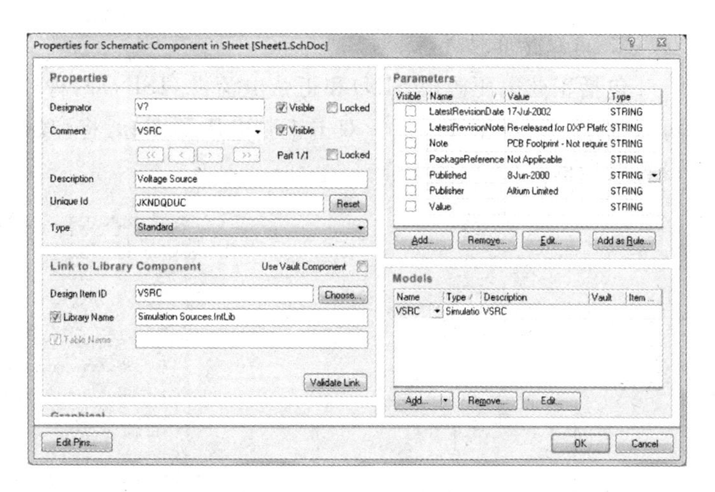

图 8－2　直流电压源属性设置对话框

在该对话框中双击右下方窗口中的"Simulation"选项，将弹出一个对话框，单击"Parameters"标签，将弹出如图 8－3 所示的直流电压源幅值设置对话框。

- Value：设置直流电压源幅值。
- AC Magnitude：若用户想在此电源上进行交流小信号分析，可设置此项，默认值为 1。
- AC Phase：交流小信号分析初始相位，默认值为 0。

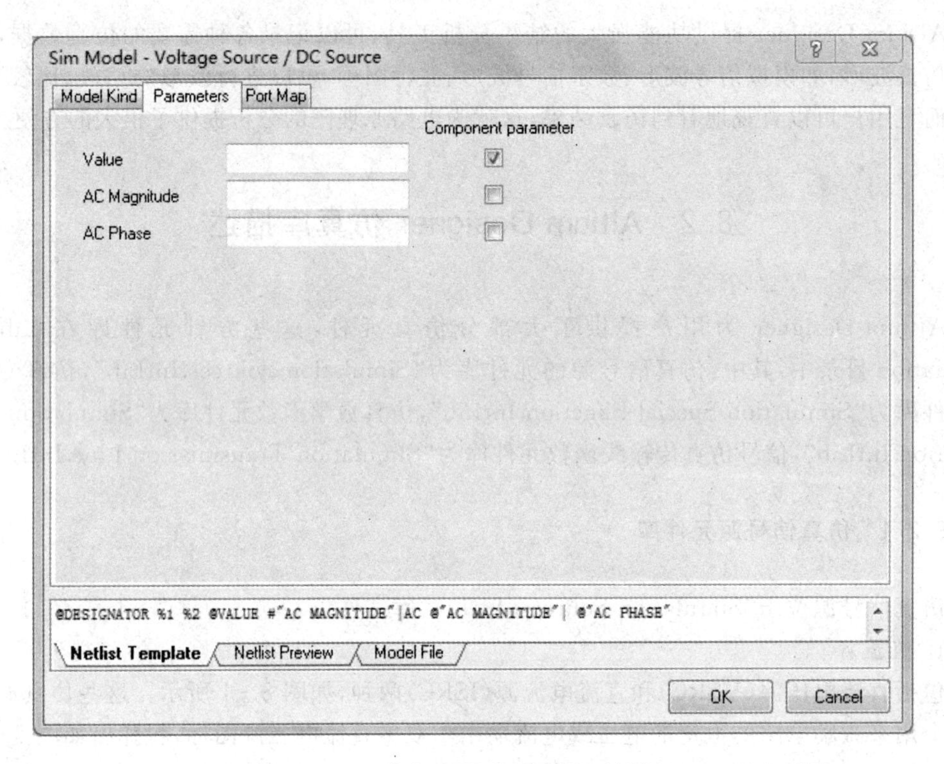

图 8-3　直流电压源幅值设置对话框

2. 正弦仿真信号源

包括正弦电压源(VSIN)和正弦电流源(ISIN)两种,如图 8-4 所示。通过这些仿真源可以创建正弦电压或电流。双击正弦电压源图标,将弹出如图 8-5 所示的正弦电压源属性设置对话框。

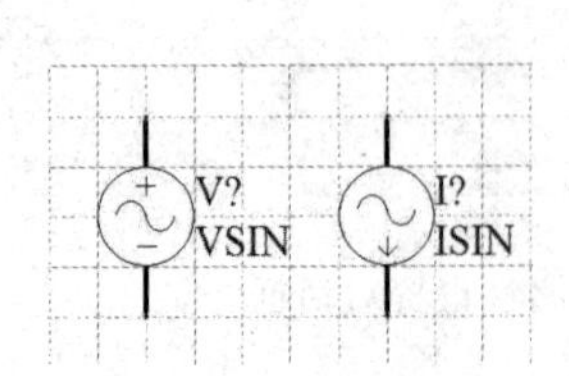

图 8-4　正弦仿真源

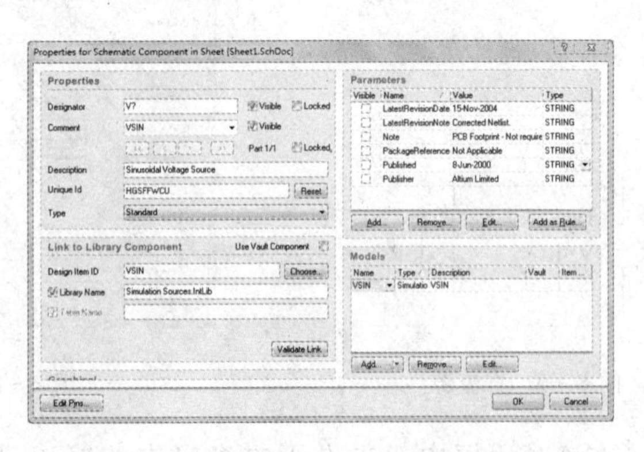

图 8-5　正弦电压源属性设置对话框

在该对话框中双击右下方窗口中的“Simulation”选项,将弹出一个对话框,单击“Parameters”标签,将弹出如图 8-6 所示的正弦电压源幅值设置对话框。

- DC Magnitude:直流参数,通常该项设置为 0。
- AC Magnitude:若用户想在此仿真源上进行交流小信号分析,可设置此项,默认值为 1。

- AC Phase:交流小信号分析初始相位,默认值为 0。
- Offset:正弦电压源的直流偏移量。
- Amplitude:正弦交流电的幅值,以伏特为单位。
- Frequency:正弦交流电的频率,以赫兹为单位。
- Delay:电源起始延时,以秒为单位。
- Damping Factor:每秒正弦波幅值上的减少量,设置为正值将使正弦以指数的形式减少;设置为负值将使幅值增加;设置为 0,将使正弦波幅值不变。
- Phase:时间为 0 时的正弦波相移。

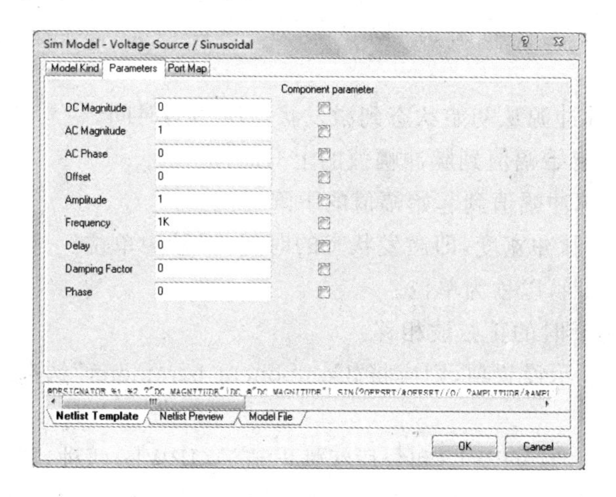

图 8-6　正弦电压源幅值设置对话框

若要在原理图中显示设置项,则应将"Component parameter"钩选。

3. 周期脉冲信号源

包括脉冲电压源(VPULSE)和脉冲电流源(IPULSE)两种,如图 8-7 所示。通过这些仿真源可以创建周期性的连续脉冲。双击脉冲电压源图标,将弹出如图 8-8 所示的脉冲电压源属性设置对话框。

I? IPULSE　V? VPULSE

图 8-7　周期脉冲源

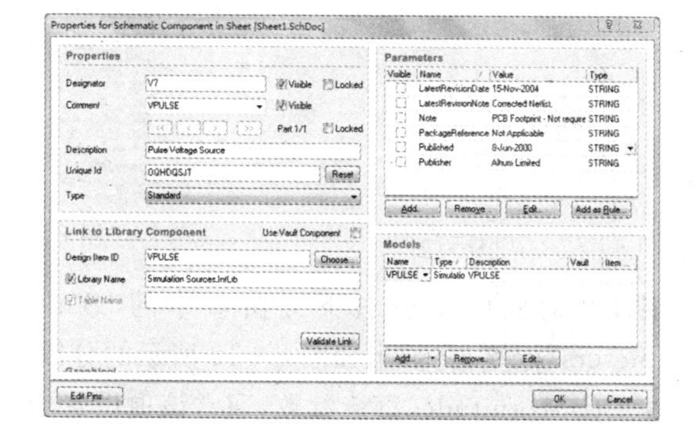

图 8-8　脉冲电压源属性设置对话框

在该对话框中双击右下方窗口中的"Simulation"选项,将弹出一个对话框,单击

“Parameters”标签，将弹出如图 8－9 所示的脉冲电压源幅值设置对话框。

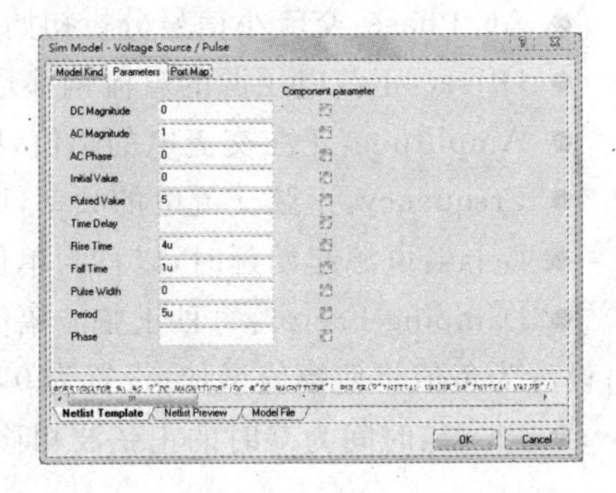

图 8－9 脉冲电压源幅值设置对话框

● DC Magnitude：直流参数，通常该项设置为 0。

● AC Magnitude：若用户想在此仿真源上进行交流小信号分析，可设置此项，默认值为 1。

● AC Phase：交流小信号分析初始相位，默认值为 0。

● Initial Value：起始脉冲电压源的幅值，以伏特为单位。

● Pulsed Value：脉冲的幅值，以伏特为单位。

● Time Delay：脉冲源从初始状态到激发状态所用的时间。

● Rise Time：从起始幅值到脉冲幅值的上升时间。

● Fall Time：从脉冲幅值到起始幅值的下降时间。

● Pulsed Width：脉冲宽度，即激发状态的时间，以秒为单位。

● Period：脉冲周期，以秒为单位。

● Phase：时间为 0 时的正弦波相移。

若要在原理图中显示设置项，则应将“Component parameter”钩选。

4. 分段信号源

包括分段线性电压源(VPWL)和分段线性电流源(IPWL)两种，如图 8－10 所示。通过这些仿真源可以创建任意形状波形。双击分段线性电压源图标，将弹出如图 8－11 所示的分段线性电压源属性设置对话框。

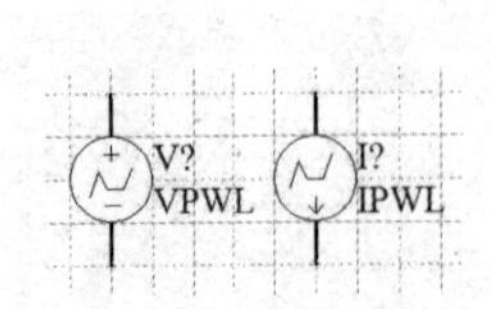

图 8－10 分段线性源

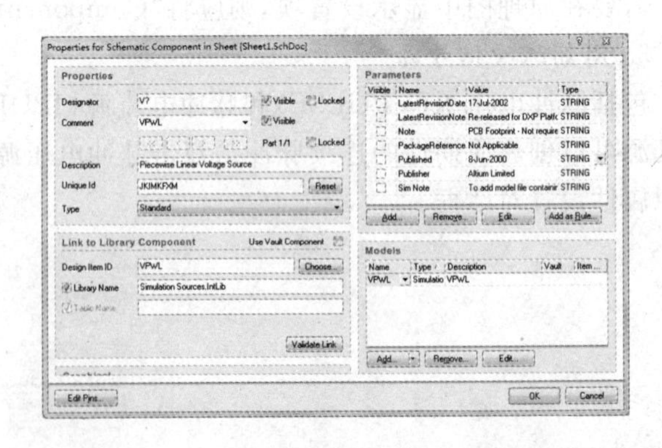

图 8－11 分段线性电压源属性设置对话框

在该对话框中双击右下方窗口中的“Simulation”选项，将弹出一个对话框，单击“Parameters”标签，将弹出如图 8－12 所示的分段线性电压源幅值设置对话框。

● DC Magnitude：直流参数，通常该项设置为 0。

● AC Magnitude：若用户想在此仿真源上进行交流小信号分析，可设置此项，默认值为 1。

● AC Phase：交流小信号分析初始相位，默认值为 0。

● Time /Value Pairs：时间—电压坐标表格，横轴表示时间，纵轴表示电压。单击“Add”或“Delete”按钮来添加或删除时间—电压序列。

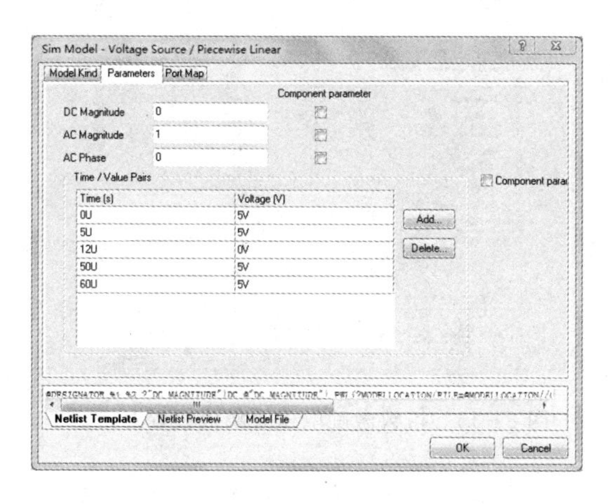

图 8-12　分段线性电压源幅值设置对话框

5. 指数激励源

包括指数激励电压源(VEXP)和指数激励电流源(IEXP)两种，如图 8-13 所示。通过这些仿真源可以创建带有指数上升沿和下降沿的脉冲波形。双击指数激励电压源图标，将弹出如图 8-14 所示的指数激励电压源属性设置对话框。

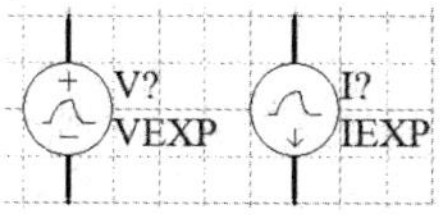

图 8-13　指数激励源

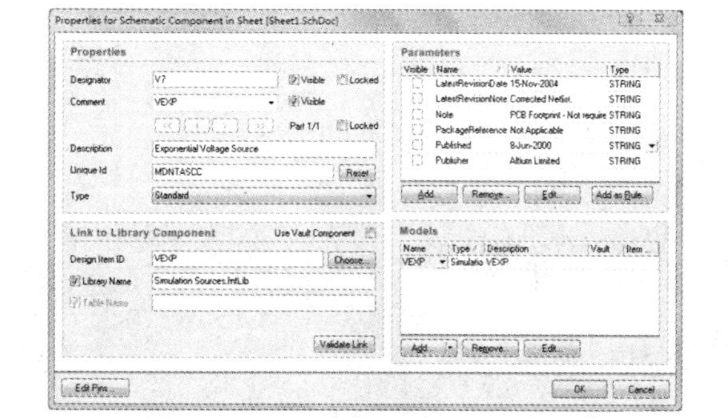

图 8-14　指数激励电压源属性设置对话框

在该对话框中双击右下方窗口中的“Simulation”选项，将弹出一个对话框，单击“Parameters”标签，将弹出如图 8-15 所示的指数激励电压源幅值设置对话框。

● DC Magnitude：直流参数，通常该项设置为 0。

● AC Magnitude：若用户想在此仿真源上进行交流小信号分析，可设置此项，默认值为 1。

● AC Phase：交流小信号分析初始相位，默认值为 0。

● Initial Value：起始指数激励源的幅值，以伏特为单位。

● Pulsed Value：输出振幅的最大幅值，以伏特为单位。

● Rise Delay Time：输出振幅从初始状态到峰值状态所用的时间。

● Rise Time Constant：上升时间常数。

● Fall Delay Time：输出振幅从峰值状态到初始状态所用的时间。

● Fall Time Constant：下降时间常数。

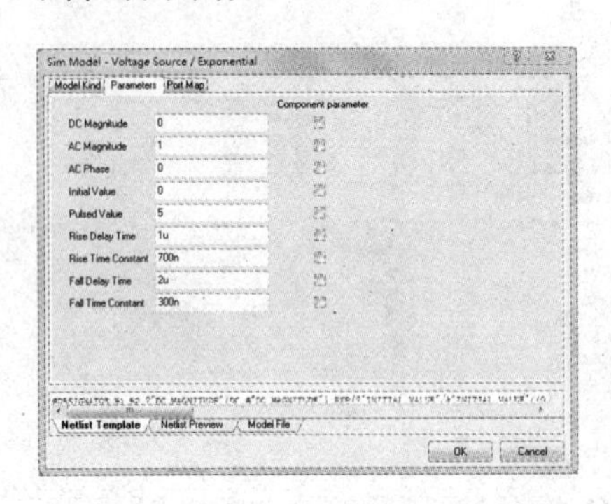

图 8－15　指数激励电压源幅值设置对话框

6. 单频调频源

包括单频调频电压源(VSFFM)和单频调频电流源(ISFFM)两种，如图 8－16 所示。通过这些仿真源可以创建单频调频波形。双击单频调频电压源图标，将弹出如图 8－17 所示的单频调频电压源属性设置对话框。

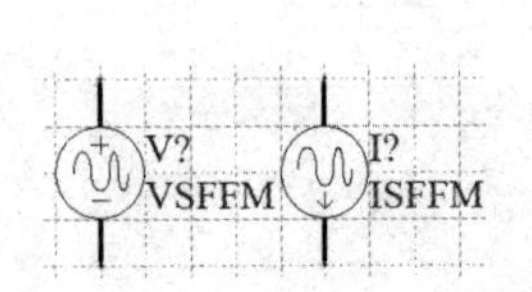

图 8－16　单频调频源

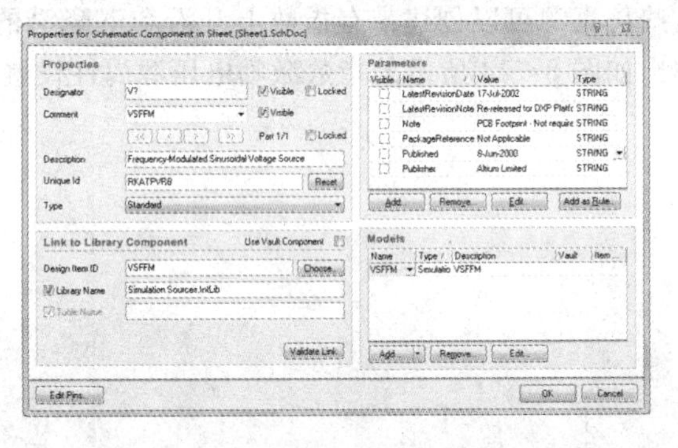

图 8－17　单频调频电压源属性设置对话框

在该对话框中双击右下方窗口中的“Simulation”选项，将弹出一个对话框，单击“Parameters”标签，将弹出如图 8－18 所示的单频调频电压源幅值设置对话框。

● DC Magnitude：直流参数，通常该项设置为 0。

● AC Magnitude：若用户想在此单频调频源上进行交流小信号分析，可设置此项，默认值为 1。

● AC Phase：交流小信号分析初始相位，默认值为 0。

● Offset：信号的直流偏移量，以伏特为单位。

● Amplitude：输出电压或电流的峰值，以伏特为单位。

● Carrier Frequency：截波频率，以赫兹为单位。

● Modulation Index：调制系数。

● Signal Frequency：调制信号频率，以赫兹为单位。

下面给出波形的定义公式：

$$V(t) = VO + VA \times \sin[2 \times PI \times Fc \times t + MDI \times \sin(2 \times PI \times Fc \times t)]$$

其中，t —— 当前时间；VO —— 偏置；VA —— 峰值；Fc —— 载频；MDI —— 调制指数；Fs —— 调制信号频率。

Sim Model - Voltage Source / Single-Frequency FM
Model Kind | Parameters | Port Map
Component parameter
DC Magnitude　0
AC Magnitude　1
AC Phase　0
Offset　2.5
Amplitude　1
Carrier Frequency　100k
Modulation Index　5
Signal Frequency　10k
Netlist Template | Netlist Preview | Model File
OK　Cancel

图 8-18　单调调频电压源幅值设置对话框

7. 线性受控源

包括电流控制电压源(HSRC)、电流控制电流源(FSRC)、电压控制电压源(ESRC)和电压控制电流源(GSRC)共 4 种，如图 8-19 所示。这些仿真电源是标准的“Spice”线性受控源，每个线性受控源都有两个输入节点和两个输出节点。输出节点间的电压或电流的线性函数，一般由源的增益、跨导决定。双击电流控制电压源图标，将弹出如图 8-20 所示的电流控制电压源属性设置对话框。

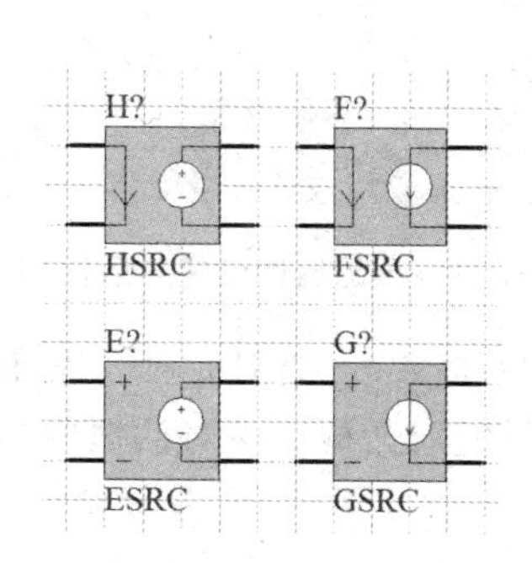

图 8-19　线性受控源

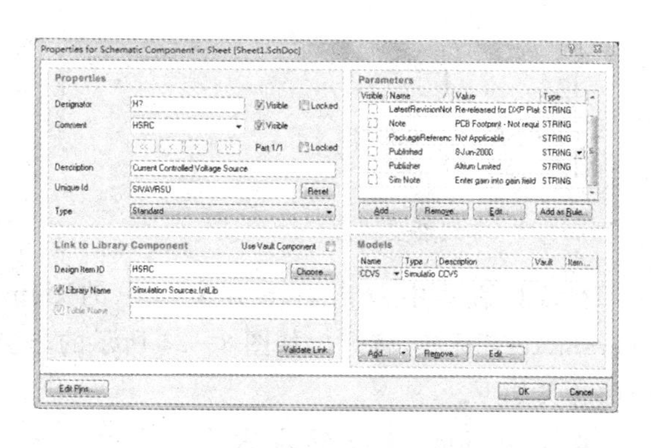

图 8-20　电流控制电压源属性设置对话框

在该对话框中双击右下方窗口中的“Simulation”选项，将弹出一个对话框，单击“Parameters”标签，将弹出如图 8-21 所示的电流控制电压源幅值设置对话框。

- Gain：对电流控制电压源(HSRC)来说为互阻；对电流控制电流源(FSRC)来说为电流增益；对电压控制电压源(ESRC)来说为电压增益；对电压控制电流源(GSRC)来说为互导。

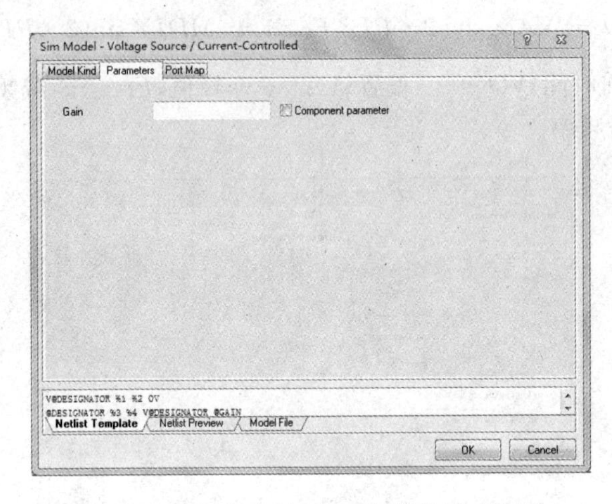

图 8-21　电流控制电压源幅值设置对话框

8. 非线性受控源

包括非线性电压源(BVSRC)和非线性电流源(BISRC)两种,如图 8-22 所示。通过这些仿真源可以创建非线性受控源。非线性受控电压或电流源有时被称为方程定义源,这是因为它的输出由设计者的方程定义,并且经常引用电路中其他节点的电压或电流值。

双击非线性电压源图标,在弹出如图 8-23 所示的非线性电压源属性设置对话框。

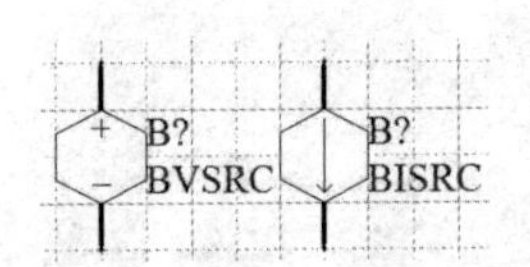

图 8-22　非线性受控源

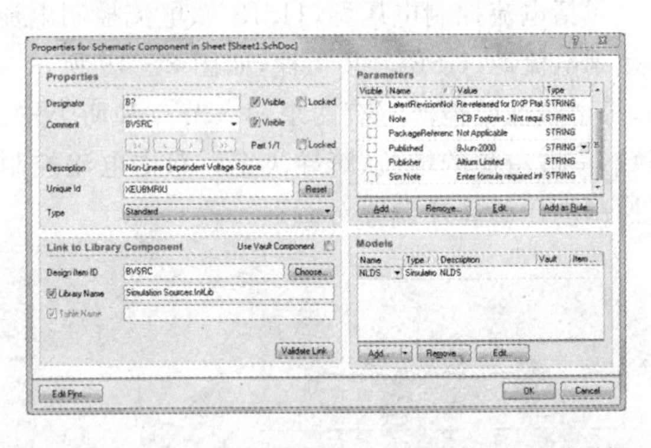

图 8-23　非线性受控电压源属性设置对话框

在该对话框中双击右下方窗口中的“Simulation”选项,将弹出一个对话框,单击“Parameters”标签,将弹出如图 8-24 所示的非受控电压源幅值设置对话框。该对话框中参数的意义如下。

● Equation:原波形表达式。V=表达式或 I=表达式,其中“表达式”为填入“Equation”文本框中的方程。在设计中可以使用标准函数创建一个表达式,这些标准函数有 ABS、LN、SQRT、LOG、EXP、SIN、ASIN、ASINH、SINH、COS、ACOS、ACOSH、COSH、TAN、ATAN 和 ATANH 等。可以使用的运算符有+、-、*、/、^、-If 和 unary 等。若用户已在电路图中定义了名为 NET 的网络符号,则在“Equation”文本框中输入“COS(V(NET))”、“V(NET)^3”都是有效的。若函数 LOG( )、LN( )和 SQRT( )的参数小于零,则将取这个参数的绝对值。若一个除数为零,或函数 LOG( )、LN( )的参数等于零,将会返回错误信息。

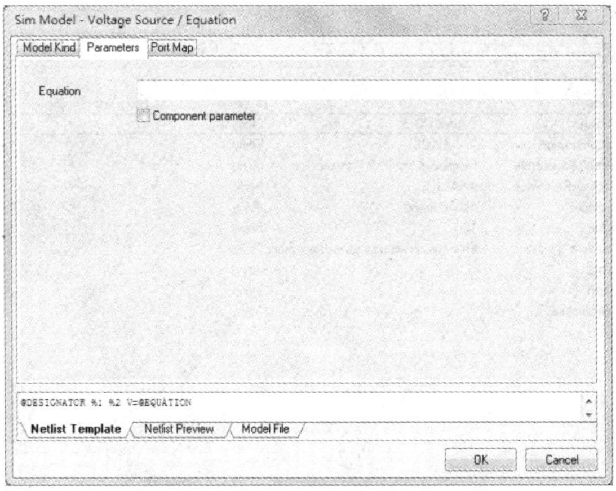

图 8-24 非线性受控电压源幅值设置对话框

8.2.2 仿真元器件

仿真元器件位于“Miscellaneous Devices. IntLib”库文件中，下面对常用仿真元器件进行简单介绍。

1. 电阻

从左至右分别为半导体电阻、定值电阻和可变电阻，如图 8-25 所示。双击半导体电阻图标，将弹出如图 8-26 所示的半导体电阻的属性设置对话框。

图 8-25 仿真电阻

图 8-26 半导体电阻属性设置对话框

在该对话框中双击右下方窗口中的“Simulation”选项，将弹出一个对话框，单击“Parameters”标签，将弹出如图 8-27 所示的半导体电阻参数设置对话框。该对话框中各个参数的意义如下。

- Value：电阻阻值。
- Length：电阻长度。
- Width：电阻宽度。
- Temperature：电阻温度系数。

其他电阻的参数设置与此类似，这里就不再赘述。

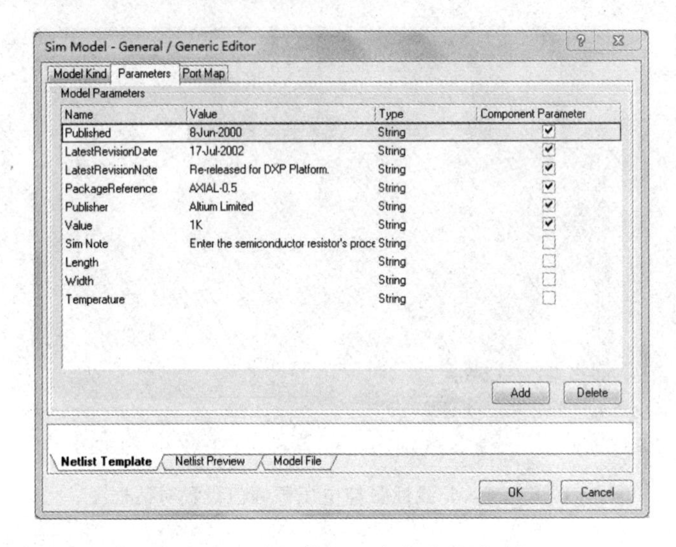

图 8-27　半导体电阻参数设置对话框

2. 电容

从左至右分别为定值电容和半导体电容，如图 8-28 所示。双击定值电容图标，将弹出的定值电容的属性设置对话框中双击右下方窗口中的“Simulation”选项，将弹出一个对话框，单击“Parameters”标签，将弹出如图 8-29 所示的定值电容参数设置对话框。该对话框中各个参数的意义如下。

- Value：电容值。
- Initial Voltage：初始时刻电容两端电压值，默认值为 0。

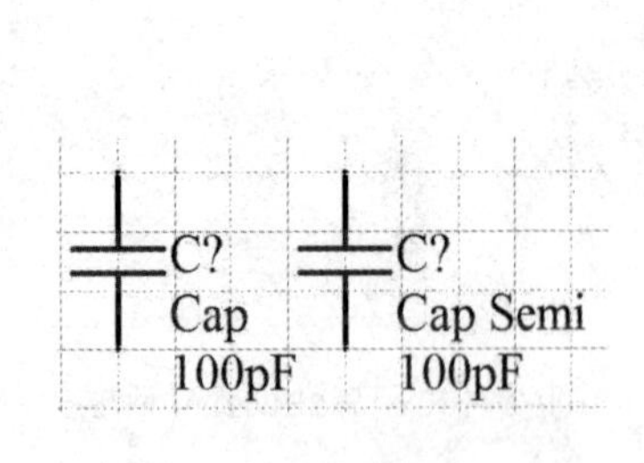

图 8-28　仿真电容

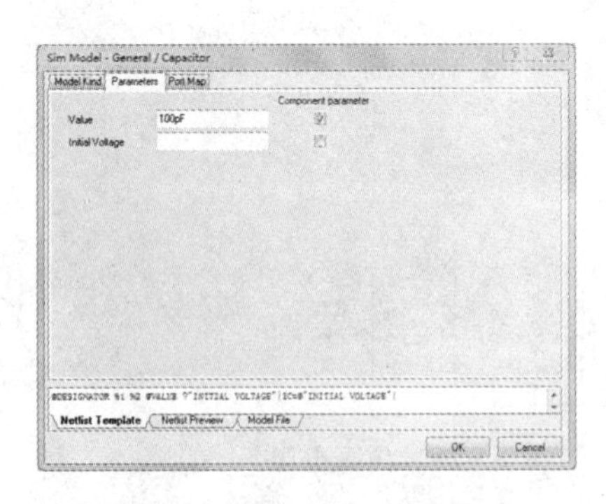

图 8-29　定值电容参数设置对话框

3. 电感

从左至右分别为定值电感和可调电感，如图 8-30 所示。双击定值电感图标，将弹出的定值电感的属性设置对话框中双击右下方窗口中的“Simulation”选项，将弹出一个对话框，单击“Parameters”标签，将弹出如图 8-31 所示的定值电感参数设置对话框。该对话框中各个参数的意义如下.

- Value：电感值。

● Initial Voltage：初始时刻流过电感两端电流值，默认值为0。

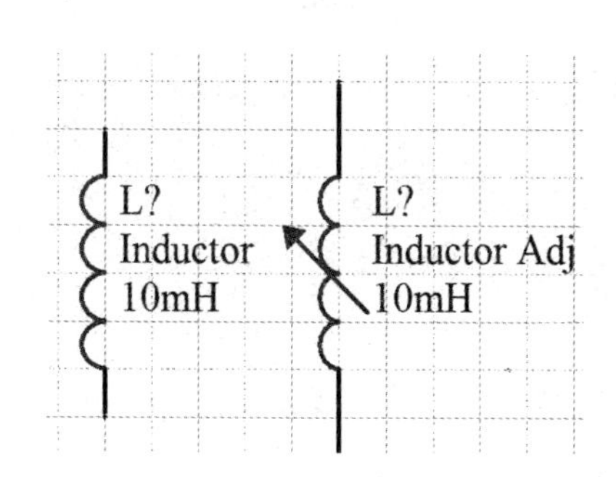

图8-30　仿真电感

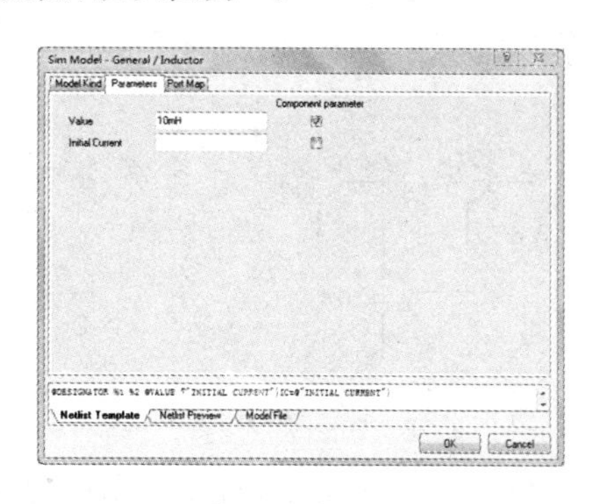

图8-31　定值电感参数设置对话框

4. 二极管

如图8-32所示为仿真库中包含的几种二极管。双击二极管图标，在弹出的二极管的属性设置对话框中双击右下方窗口中的"Simulation"选项，将弹出一个对话框，单击"Parameters"标签，将弹出如图8-33所示的二极管参数设置对话框。该对话框中各个参数的意义如下。

● Area Factor：面积因素。
● Start Condition：初始参数。
● Initial Voltage：初始电压，默认值为0。
● Temperature：元器件工作温度。

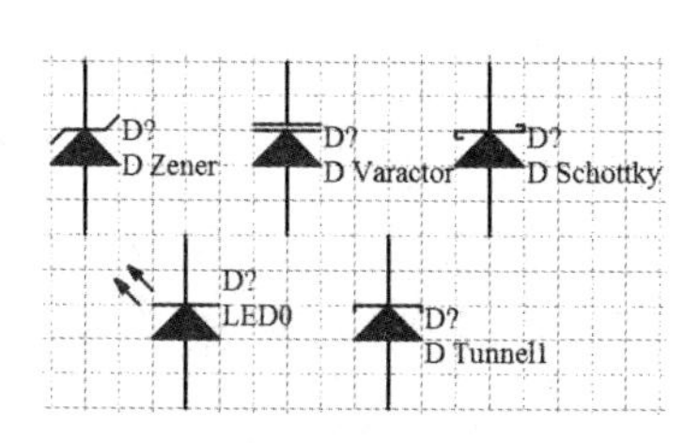

图8-32　仿真二极管

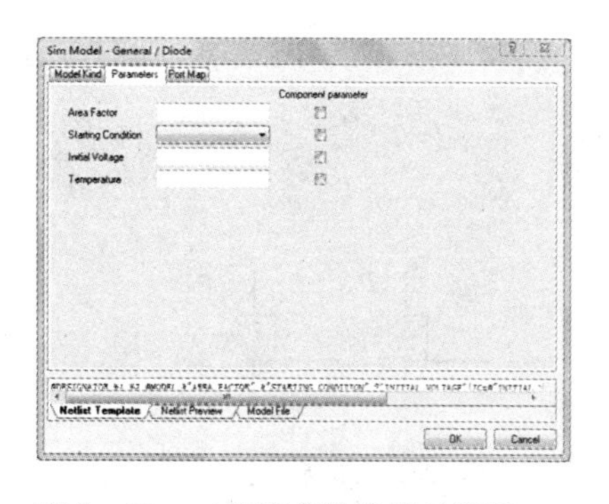

图8-33　二极管参数设置对话框

5. 三极管

如图8-34所示为仿真库中包含的几种三极管。双击三极管图标，在弹出的三极管的属性设置对话框中双击右下方窗口中的"Simulation"选项，将弹出一个对话框，单击"Parameters"标签，将弹出如图8-35所示的三极管参数设置对话框。

在该对话框中各个参数的意义如下：

● Area Factor：面积因素，默认值为1。
● Start Condition：初始参数。
● Initial B-E Voltage：基极与发射极之间的初始电压，默认值为0。
● Initial C-E Voltage：集电极与发射极之间的初始电压，默认值为0。

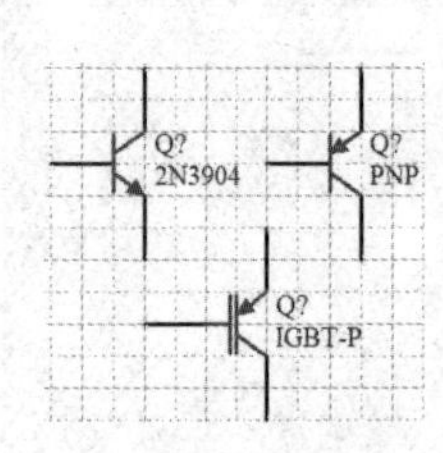

图 8－34　仿真三极管

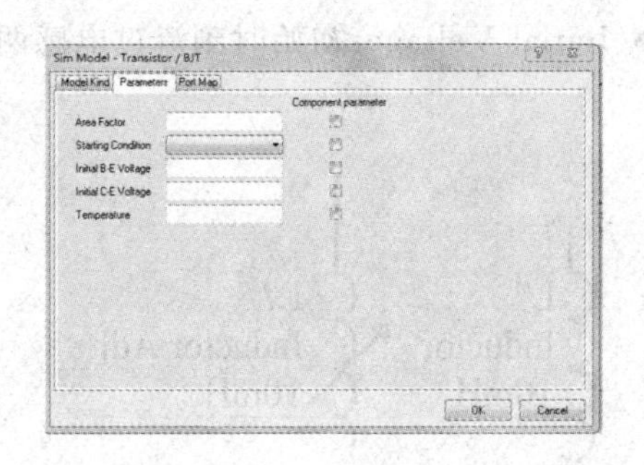

图 8－35　三极管参数设置对话框

● Temperature：元器件工作温度，默认值为 0。

6. JFET 场效应管

如图 8－36 所示为仿真库中包含的几种 JFET 场效应管。双击场效应管图标，在弹出的场效应管的属性设置对话框中双击右下方窗口中的“Simulation”选项，将弹出一个对话框，单击“Parameters”标签，将弹出如图 8－37 所示的 JFET 场效应管参数设置对话框。该对话框中各个参数的意义如下。

● Area Factor：面积因素。
● Start Condition：初始参数。
● Initial D-S Voltage：漏极与源极之间的初始电压。
● Initial G-S Voltage：栅极与源极之间的初始电压。
● Temperature：元器件工作温度。

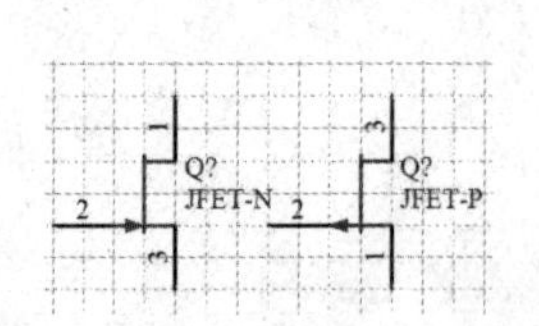

图 8－36　仿真场效应管

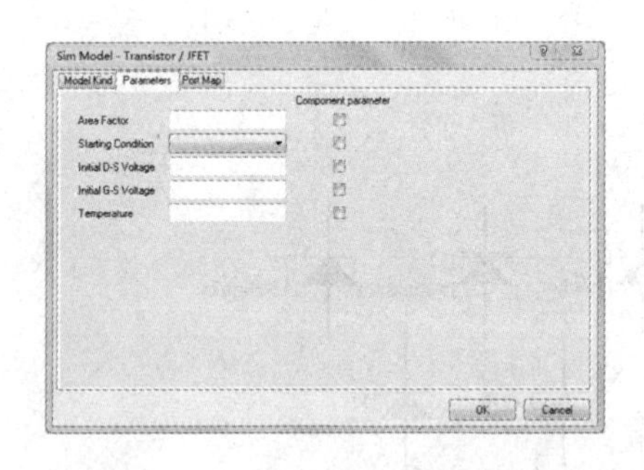

图 8－37　场效应管参数设置对话框

7. MOS 场效应管

如图 8－38 所示为仿真库中包含的几种 MOS 场效应管。双击 MOS 场效应管图标，在弹出的 MOS 场效应管的属性设置对话框中双击右下方窗口中的“Simulation”选项，将弹出一个对话框，单击“Parameters”标签，将弹出如图 8－39 所示的 MOS 场效应管参数设置对话框。该对话框中各个参数的意义如下。

● Area Factor：面积因素。
● Start Condition：初始参数。
● Initial D-S Voltage：漏极与源极之间的初始电压。
● Initial G-S Voltage：栅极与源极之间的初始电压。

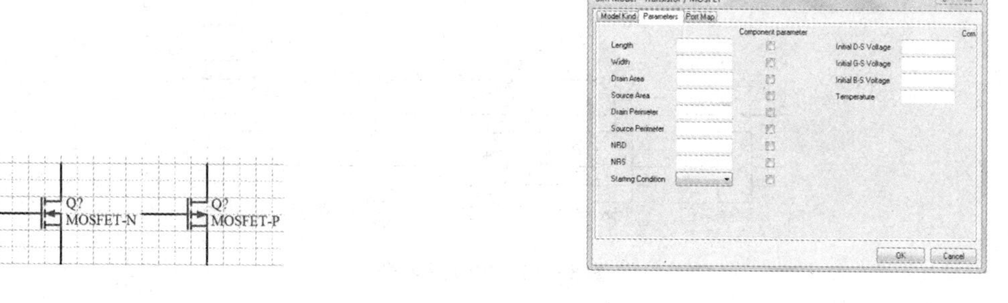

图 8－38　MOS 仿真场效应管

图 8－39　MOS 场效应管参数设置对话框

8. MES 场效应管

如图 8－40 所示为仿真库中包含的几种 MES 场效应管。双击 MES 场效应管图标，将弹出的 MES 场效应管的属性设置对话框中双击右下方窗口中的“Simulation”选项，将弹出一个对话框，单击“Parameters”标签，将弹出如图 8－41 所示的 MES 场效应管参数设置对话框。该对话框中各个参数的意义如下。

- Area Factor：面积因素。
- Start Condition：初始参数。
- Initial D-S Voltage：漏极与源极之间的初始电压。
- Initial G-S Voltage：栅极与源极之间的初始电压。

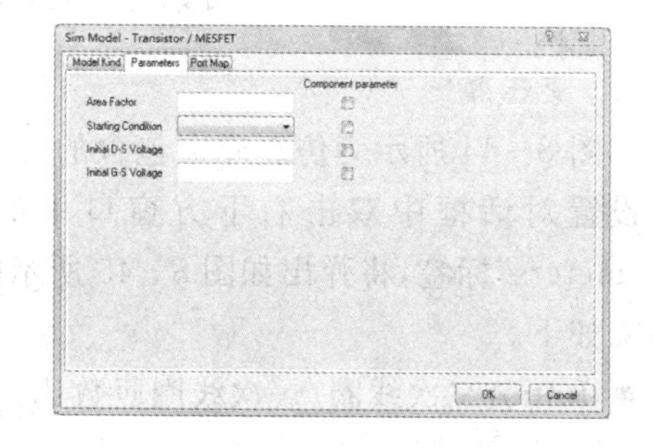

图 8－40　MES 仿真场效应管

图 8－41　MES 场效应管参数设置对话框

9. 继电器

如图 8－42 所示为仿真库中包含的几种继电器。双击继电器图标，在弹出的继电器的属性设置对话框中双击右下方窗口中的“Simulation”选项，将弹出一个对话框，单击“Parameters”标签，将弹出如图 8－43 所示的继电器参数设置对话框。该对话框中各个参数的意义如下。

- Pullin：触点引入电压。
- Dropoff：触点偏离电压。
- Contar：触点阻抗。
- Resistance：线圈阻抗。
- Inductor：线圈电感。

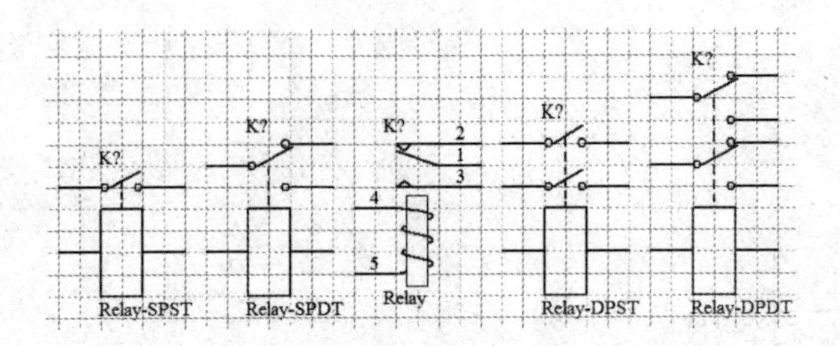

图 8-42　仿真继电器

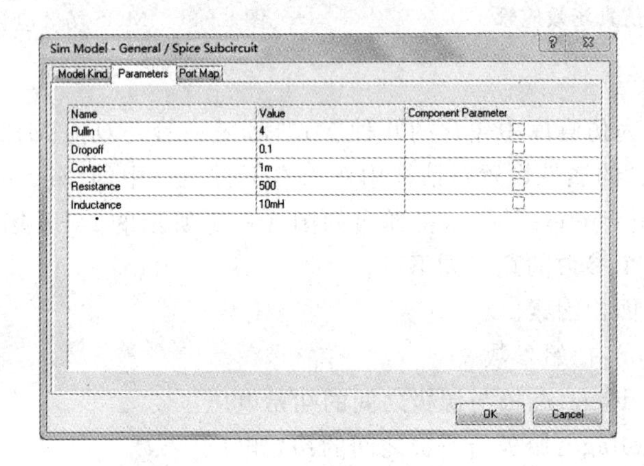

图 8-43　仿真继电器参数设置对话框

10. 变压器

如图 8-44 所示为仿真库中包含的几种变压器。双击变压器图标，在弹出的变压器的属性设置对话框中双击右下方窗口中的“Simulation”选项，将弹出一个对话框，单击“Parameters”标签，将弹出如图 8-45 所示的变压器参数设置对话框。该对话框中各个参数的意义如下。

● Ratio：二次线圈/一次线圈匝数比。

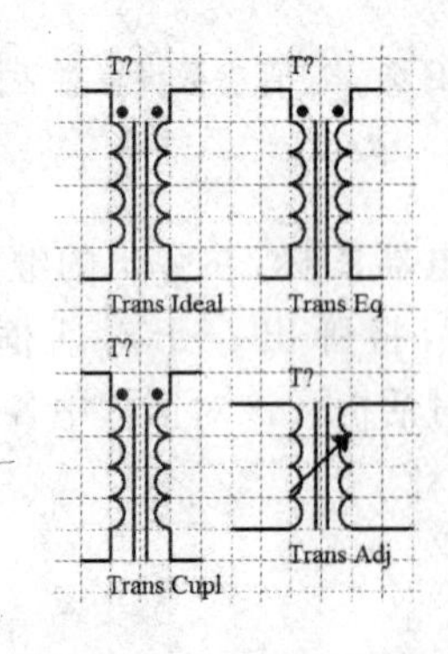

图 8-44　仿真变压器

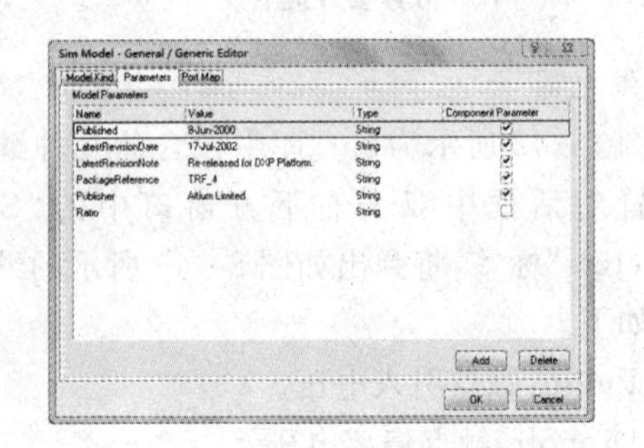

图 8-45　仿真变压器参数设置对话框

11. 晶振

如图 8-46 所示为仿真库中包含的晶振。双击晶振图标，将弹出的晶振的属性设置对话框中双击右下方窗口中的"Simulation"选项，将弹出一个对话框，单击"Parameters"标签，将弹出如图 8－47 所示的晶振参数设置对话框。该对话框中各个参数的意义如下。

- Freq：晶振频率，默认值为 2.5MHz；
- RS：串联阻抗，单位为欧姆。
- C：等效电容，单位为法拉。
- Q：等效电路的品质因数。

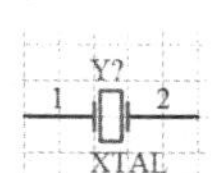

图 8－46　仿真晶振

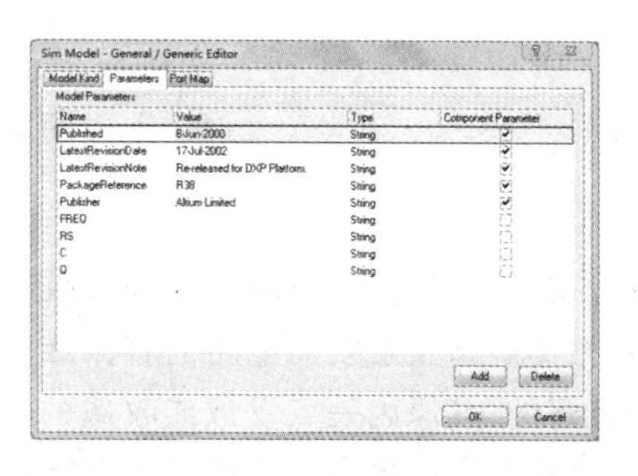

图 8－47　仿真晶振参数设置对话框

12. 开关

如图 8－48 所示为仿真库中包含的开关。双击开关图标，在弹出的开关的属性设置对话框中双击右下方窗口中的"Simulation"选项，将弹出一个对话框，单击"Parameters"标签，将弹出如图 8－49 所示的开关参数设置对话框。该对话框中各个参数的意义如下。

- STATE1：开关支路 1 的初始状态设置，默认值为 0。
- STATE2：开关支路 2 的初始状态设置，默认值为 0。
- STATE3：开关支路 3 的初始状态设置，默认值为 0。
- STATE4：开关支路 4 的初始状态设置，默认值为 0。
- RON：开关闭合时的电阻值，默认值为 1m，单位为欧姆。
- ROFF：开关断开时的电阻值，默认值为 100E6，单位为欧姆。

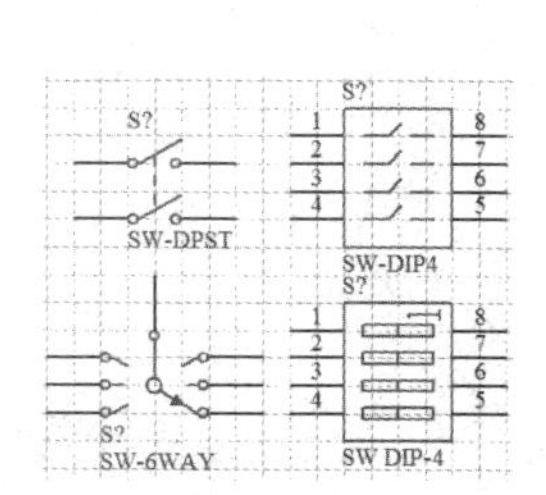

图 8－48　仿真开关

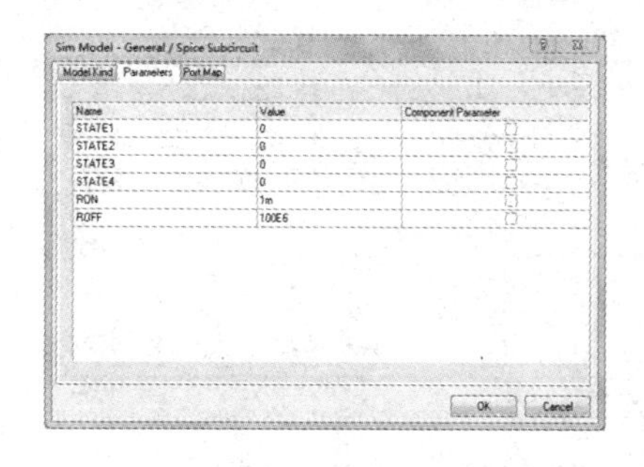

图 8－49　仿真开关参数设置对话框

8.2.3　仿真专用函数元器件

"Simulation Special Function.IntLib"仿真函数元件库是专门为信号仿真提供必要的运算函数，如加、减、乘、除、增益、压控振荡源等专用元器件。

8.2.4 仿真数学函数元器件

“Simulation Math Function.IntLib”仿真数学函数元件库中主要是一些仿真数学元器件及二端口数学转换函数，其中并不包含真实的元器件，而是便于仿真计算的特殊元器件，例如正弦函数、余弦函数、反正弦函数、反余弦函数、绝对值、开方、加、减、乘、除及指数函数、对数函数等。

8.3 初始状态的设置

设置初始状态是为计算偏置点而设定一个或多个电压值(或电流值)。在分析模拟非线性电路、振荡电路及触发器电路的直流或瞬态特性时，常出现求解的不收敛现象，当然实际电路是有解的，其原因是点发散或收敛的偏置点不能适应多种情况。设置初始值最通常的办法，就是在两个或更多的工作点中选择一个，使仿真顺利进行。

8.3.1 节点电压设置

该设置使指定的节点固定在所给定的电压下，仿真器按照这些节点电压(NS)求得直流或瞬态的初始解。

该设置对双稳态或非稳态电路收敛性的计算是必须的，它可使电路摆脱“停顿”状态，而进入所希望的状态。一般情况下，设置是不必要的。

节点电压可以在元件属性对话框中设置，即打开如图 8 - 50 所示的对话框后，双击右下方窗口中的“Simulation”选项，在弹出的对话框中“Model Kind”下拉列表中选中“Initial Condition”选项，然后在“Model Sub-Kind”列表框中选择“Initial Node Voltage Guess”选项，如图 8 - 51 所示，然后单击“Parameters”标签设置其初始值。

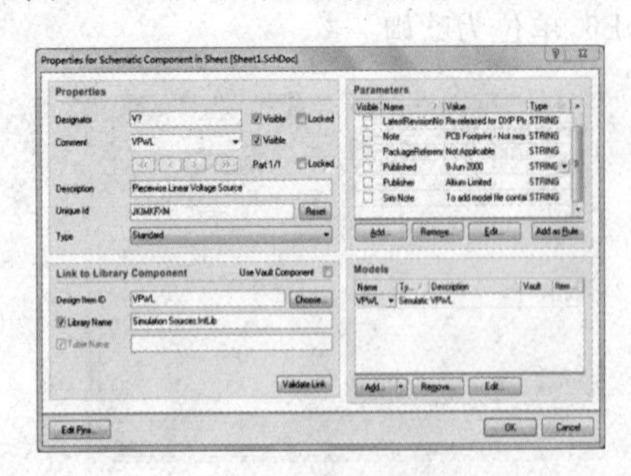

图 8 - 50 元件属性对话框

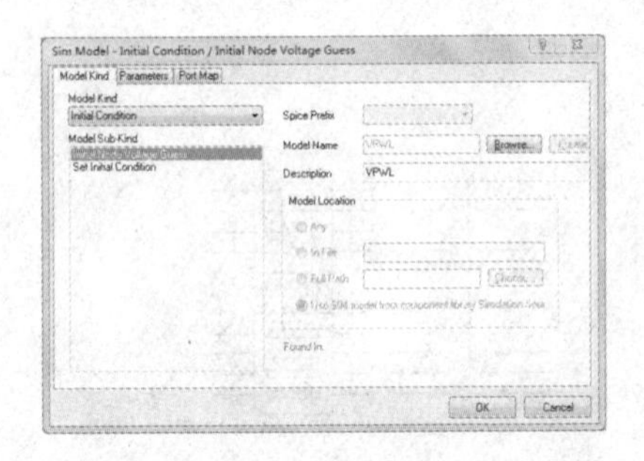

图 8 - 51 元件电压参数设定对话框

8.3.2 初始条件设置

该设置是用来设置瞬态初始条件(IC)的，不要把该设置和上述的设置相混淆。NS 值是用来帮助直流解的收敛，并不影响最后的工作点(对多稳态电路除外)；而 IC 仅用于设置偏置点的初始条件，它不影响 DC 扫描。

瞬态分析中，一旦设置了参数“Use Initial Conditions”和 IC 时，瞬态分析就先不进行直流工作点的分析(初始瞬态值)，因而应在 IC 中设定各点的直流电压。如果瞬态分析中没有设置参数“Use Initial Conditions”，那么在瞬态分析前要计算直流偏置(初始瞬态)解。这时，IC 设置中指定的节点电压仅当作求解直流工作点时相应的节点的初始值。

仿真元件的初始条件设置与节点电压的设置类似，具体操作如下：

首先打开如图 8-52 所示的对话框后，双击右下方窗口中的“Simulation”选项，在弹出的对话框中“Model Kind”下拉列表中选中“Initial Condition”选项，然后在“Model Sub-Kind”列表框中选择“Set Initial Condition”选项，如图 8-53 所示，然后单击“Parameters”标签设置其初始值。

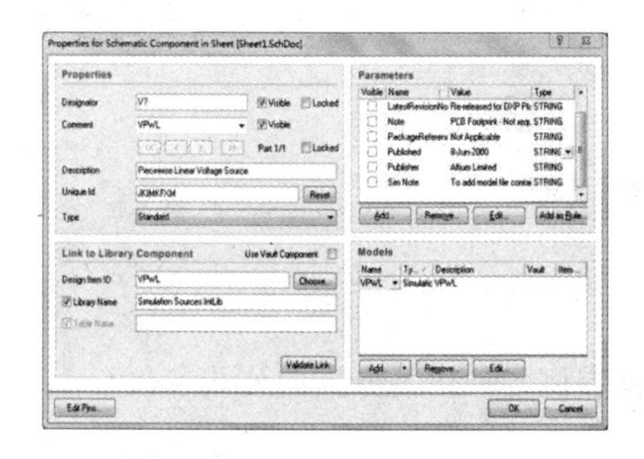

图 8-52　元件属性对话框

图 8-53　元件电压参数设定对话框

另外，Altium Designer 在“Simulation Sources.IntLib”库中还提供了两个特别的初始状态定义符，如图 8-54 所示。

(1)NS：NODE SET(节点设置)。

(2)IC：Initial Condition(初始条件)。

这两个特别的符号可以用来设置电路仿真的节点电压和初始条件。只要向当前的仿真原理图添加这两个元件符号，然后进行设置，即可实现整个仿真电路的节点电压和初始条件设置。

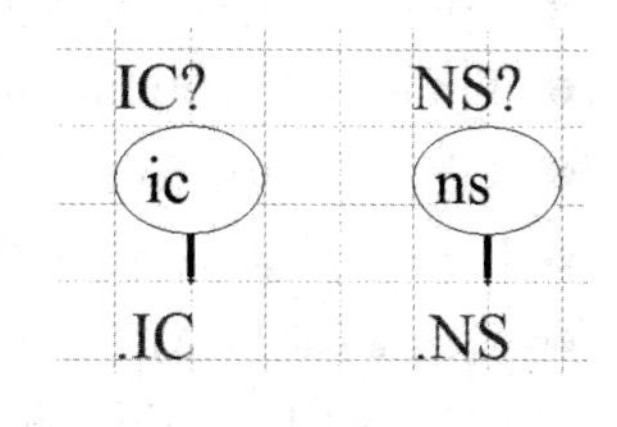

图 8-54　节点设置和初始条件状态定义符

综上所述，初始状态的设置共有三种途径：“. IC”设置、“. NS”设置和定义元件属性。在电路模拟中，如有三种或两种共存时，在分析中优先考虑的次序是：定义元件属性、“. IC”设置、“. NS”设置。如果“. IC”和“. NS”共存时，则“. IC”设置将取代“. NS”设置。

8.4　仿真器的设置与示例

8.4.1　仿真条件设置

在进行仿真之前，用户应知道对电路进行何种分析，要收集哪些数据以及仿真完成后自动显示哪个变量的波形等。因此，应对仿真器进行相应设置。执行"Design"—"Simulate"—"Mixed Sim"命令，将弹出如图 8-55 所示的仿真器设置对话框。

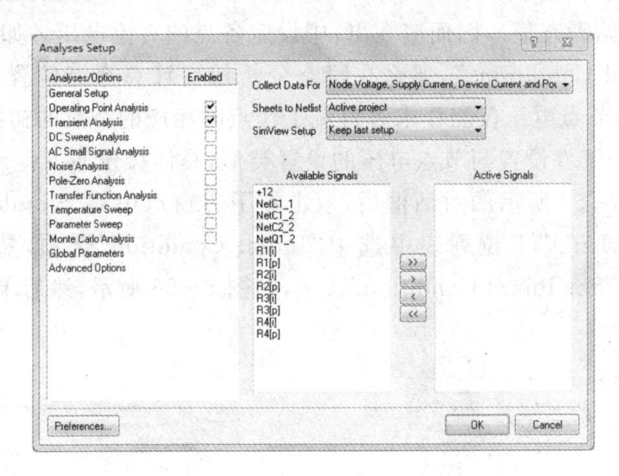

图 8-55　仿真器设置对话框

该对话框主要包含以下几部分。

(1)"Analyses/Options"栏。

- General Setup：钩选该项可以用来设置对话框右侧各种仿真方式的公共参数。
- Operating Point Analysis：工作点分析方式。
- Transient/Fourier Analysis：暂态特性/傅立叶分析方式。
- DC Sweep Analysis：直流扫描分析方式。
- AC Small Signal Analysis：交流小信号分析方式。
- Noise Analysis：噪声分析方式。
- Transfer Function Analysis：传输函数分析方式。
- Temperature Sweep：温度扫描分析方式。
- Parameter Sweep：参数扫描分析方式。
- Monte Carlo Analysis：蒙特卡洛分析方式。

(2)"Collect Data For"下拉列表框：其下拉菜单如图 8-56 所示。

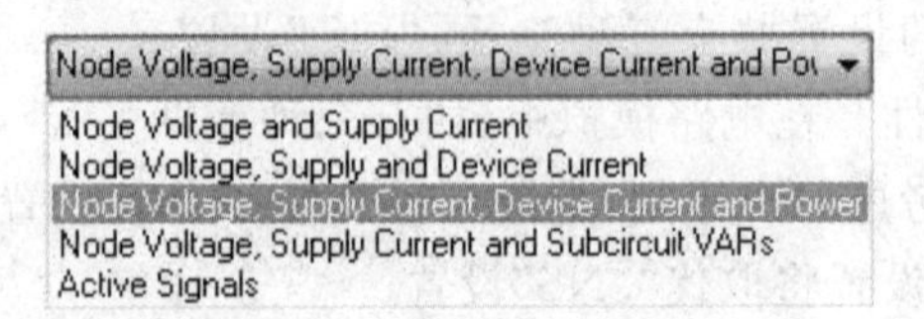

图 8-56　节点数据下拉菜单

- Node Voltage and Supply Current：保存节点电压和电源电流。
- Node Voltage，Supply Current and Device Current：保存节点电压、电源和元器件电流。
- Node Voltage，Supply Current，Device Current and Power：保存节点电压、电源电流、元器件电流和功率。

● Node Voltage,Supply Current and Subcircuit VARs:保存节点电压、电源和支路的电压和电流。

● Active Signals:保存激活的仿真信号。

(3)"Sheet to Netlist"下拉列表框:该选项包含如下两项。

● Active Sheet:当前激活的仿真原理图。

● Active Project:当前激活的项目文件。

(4)"Sim View Setup"下拉列表框:该选项包含如下两项。

● Keep last setup:忽略当前激活的信号菜单,只按上一次仿真操作的设置显示相应波形。

● Show active signal:按照"Active Signals"菜单选择的变量显示仿真结果。

(5)"Available Signals"/"Active Signals"列表框:其中"Available Signals"列表框中列出了所有可以仿真输出的变量,"Active Signals"列表框中列出了当前需要显示的仿真变量。单击 >> 按钮和 << 按钮,可移入、移出所有变量;单击 > 按钮和 < 按钮,可移入、移出所选变量,如图 8-57 所示。

(6)"Advanced Option"选项:若单击该选项将弹出如图 8-58 所示的对话框。

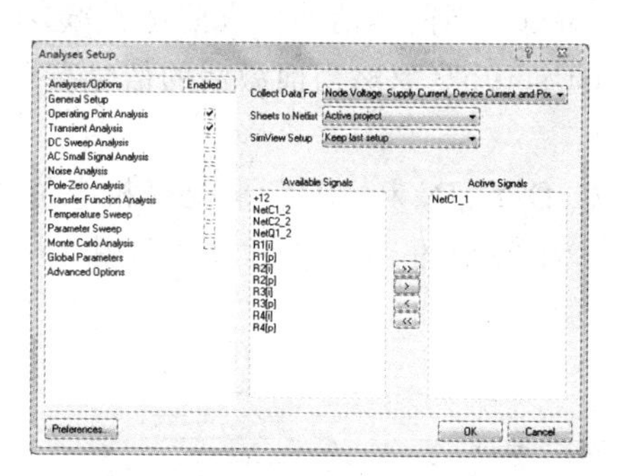

图 8-57　选择信号列表

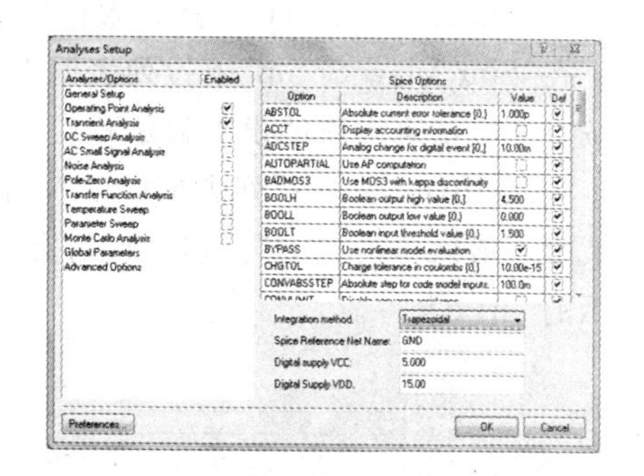

图 8-58　高级仿真设置对话框

该对话框主要用来设置各种默认设置值,包括各种元器件的默认参数及仿真方式设置中的默认参数。其中。VCC 为默认的 TTL 集成电路芯片的电源,VDD 为默认的 CMOS 集成电路芯片的电源,通常取默认值即可。

下面结合具体实例来讲解各种仿真分析方式的设置。

8.4.2　工作点分析方式与暂态特性/傅立叶分析方式

暂态特性分析是从时间为 0 开始,到用户规定的时间范围内进行的。设计者可以规定输出的初始和终止时间和分析的步长,初始值可由直流分析部分自动确定,所有与时间无关的激励源均取它们的直流值;傅立叶分析方式是计算了暂态分析结果的一部分,得到基频、直流分量和谐波。

如图 8-59 所示为一个模拟电路,电路中元器件的设置如图中所示,未标出的属性设置为默认值,各元件初始电压为 0。

执行"Design"—"Simulate"—"Mixed Sim"命令,进入仿真分析设置对话框,如图 8-60

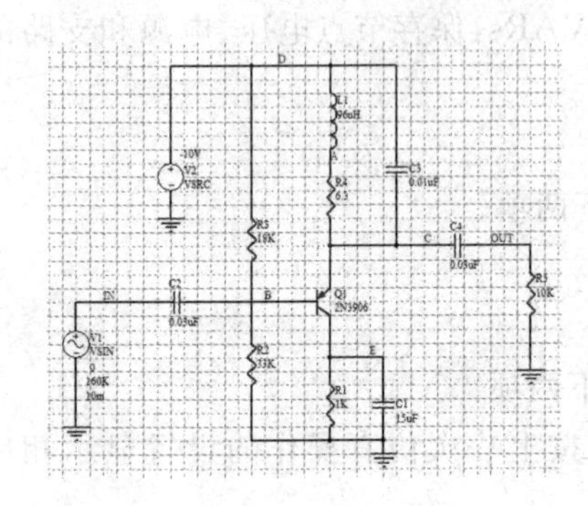

图 8－59　模拟电路实例

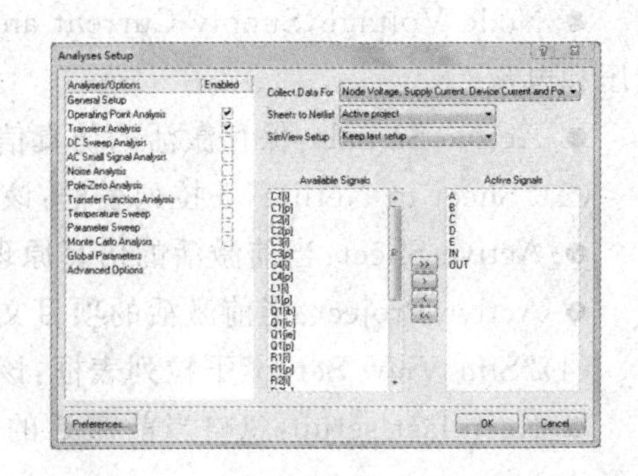

图 8－60　仿真分析设置对话框

所示。

在该对话框中的“Analyses/Options”栏选择默认值，即以工作点方式与暂态特性/傅立叶方式对电路进行分析。

在“Collect Data For”下拉列表框中，选择“Node Voltage，Supply Current，Device Current and Power”(保存节点电压、电源电流、元器件电流和功率)选项。

在“Sheet to Netlist”下拉列表框中，选择“Active Sheet”(当前激活的仿真原理图)选项。

在“Sim View Setup”下拉列表框中，选择“Keep last setup”(忽略当前激活的信号菜单，只按上一次仿真操作的设置显示相应波形)选项。

在“Active Signals”列表框中填入网络标号 A、B、C、D、E、IN 和 OUT 来观察相应位置的波形。最后单击“OK”按钮进行仿真，将得到如图 8－61 所示的 . sdf 波形文件和图 8－62 所示的 . nsx 文件。

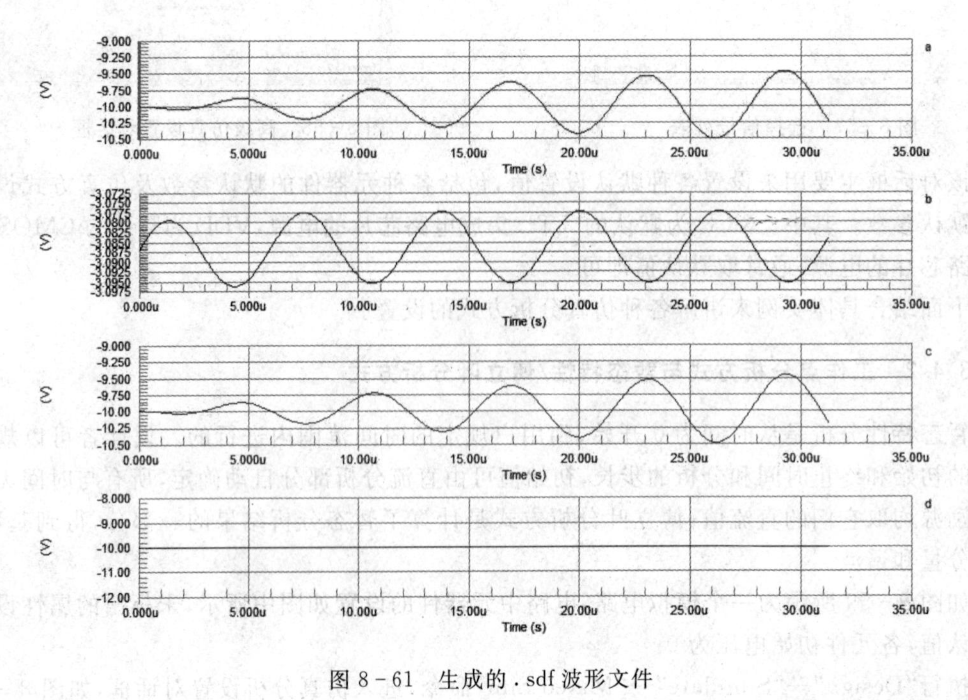

图 8－61　生成的 . sdf 波形文件

```
原理图.SchDoc   MyWork_1.sdf   MyWork_1.nsx
MyWork_1
*SPICE Netlist generated by Advanced Sim server on 2016/8/20 9:01:59

*Schematic Netlist:
C1 0 E 15uF IC=0
C2 B IN 0.03uF IC=0
C3 D C 0.01uF IC=0
C4 C OUT 0.03uF IC=0
L1 D A 96uH IC=0
Q1 E B C 2N3906 IC=0, 0
R1 E 0 1K
R2 B 0 33K
R3 D B 18K
R4 C A 6.3
R5 OUT 0 10K
V1 IN 0 DC 0 SIN(0 10m 160K 0 0 0) AC 1 0
V2 D 0 -10V

.SAVE 0 A B C D E IN OUT V1#branch V2#branch @V1[z] @V2[z] @C1[i] @C2[i] @C3[i]
.SAVE @C4[i] @L1[i] @Q1[ib] @Q1[ic] @Q1[ie] @R1[i] @R2[i] @R3[i] @R4[i] @R5[i] @C1[p]
.SAVE @C2[p] @C3[p] @C4[p] @L1[p] @Q1[p] @R1[p] @R2[p] @R3[p] @R4[p] @R5[p] @V1[p]
.SAVE @V2[p]

*PLOT TRAN -1 1 A=A A=B A=C A=D A=E A=IN
*PLOT OP -1 1 A=A A=B A=C A=D A=E A=IN

*Selected Circuit Analyses:
.TRAN 1.25E-7 3.125E-5 0 1.25E-7
.OP

*Models and Subcircuits:
.MODEL 2N3906 PNP(IS=4E-14 BF=400 VAF=50 IKF=0.02 ISE=7E-15 NE=1.16 BR=7.5 RC=2.4
```

图 8-62　生成的 .nsx 文件

8.4.3　直流扫描分析方式

直流扫描分析是指在指定的范围内，改变输入信号源的电压，每变化一次执行一次工作点分析，从而得到输出直流传输特性曲线。如图 8-63 所示为一个晶体管输出特性分析电路，电路中元器件的设置如图所示，未标出的属性设置为默认值。

执行“Design”—“Simulate”—“Mixed Sim”命令，进入仿真分析设置对话框，然后选择“DC Sweep Analysis”(直流扫描分析方式)，将出现如图 8-64 所示的直流扫描分析设置界面。

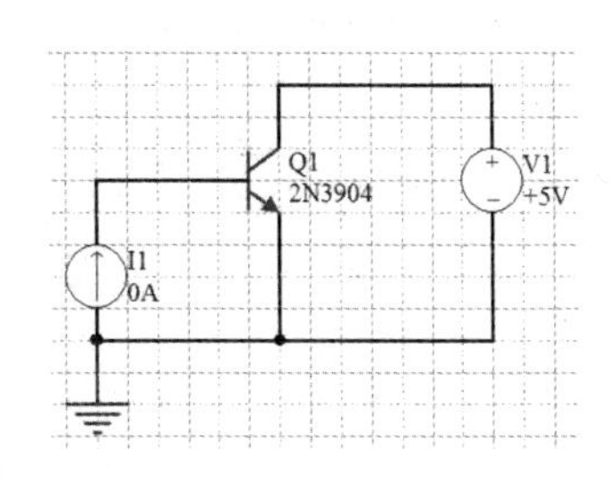

图 8-63　晶体管输出特性分析电路

图 8-64　直流扫描分析设置对话框

下面对该界面中的各项进行简要介绍。

- Primary Source：选择要进行直流扫描方式的主电源。选中此项后将在“Value”栏中弹出一个下拉列表，可从该列表中选择进行直流分析的主电源，本例中选择“Vcc”。
- Primary Start：设定扫描初始电压，本例中设置为 0V。
- Primary Stop：设定扫描终止电压，本例中设置为 3V。
- Primary Step：设定扫描步长，也就是直流电压每次的变化量，通常应设步长为电压变化范围的 1%左右，本例中设置为 1mV。

● Enable Secondary：使用辅助电源选项。一般辅助电源值每变化一次，主电源将扫描其整个范围。具体设置方法与主电源的设置相同。

● Secondary Name：选择要进行直流扫描方式的辅助电源。选中此项后将在“Value”栏中弹出一个下拉列表，可从该列表中选择进行直流分析的辅助电源，本例中选择“Ib”。

● Secondary Start：设定扫描初始电流，本例中设置为 0A。

● Secondary Stop：设定扫描终止电流，本例中设置为 1mA。

● Secondary Step：设定扫描步长，本例中设置为 200μA。

设置完毕后，单击“OK”按钮，即可进行直流扫描分析方式的仿真，得到如图 8－65 所示的 . sdf 波形文件。双击波形文件右上角的输出信号，可弹出如图 8－66 所示的“Edit Waveform”对话框，在“Waveforms”栏目下方选择需要观察的信号名称，如：若要观察电流 Ic 波形，则选择“q1[ic]”，并单击“Create”，即可生成对应仿真波形。从该输出波形可以看出，各条特性曲线的形状基本一致，当 Vcc 超过一定数值后，曲线将变得比较平坦，符合晶体管输出特性。

同时系统也将生成如图 8－67 所示的 . nsx 文件。

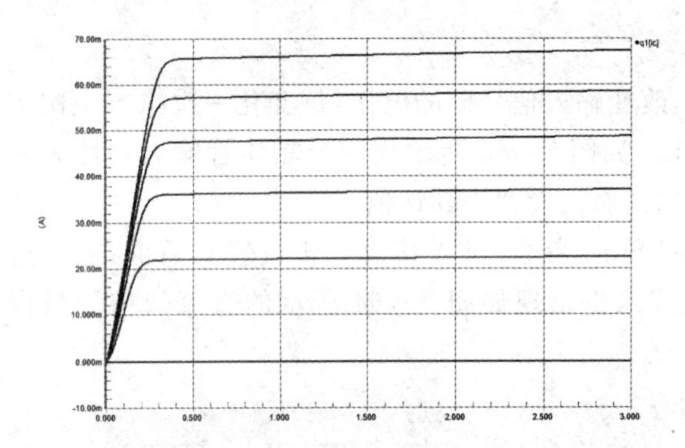

图 8－65　晶体管输出特性曲线(. sdf)

图 8－66　“Edit Waveform”对话框

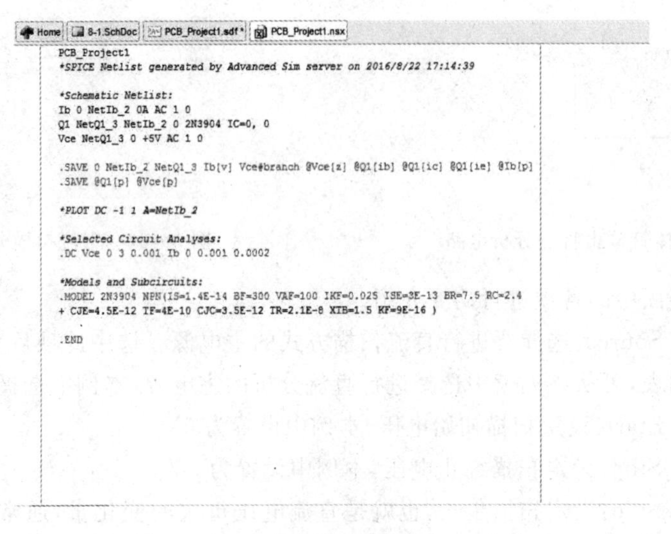


```
PCB_Project1
*SPICE Netlist generated by Advanced Sim server on 2016/8/22 17:14:39

*Schematic Netlist:
Ib 0 NetIb_2 0A AC 1 0
Q1 NetQ1_3 NetIb_2 0 2N3904 IC=0, 0
Vce NetQ1_3 0 +5V AC 1 0

.SAVE 0 NetIb_2 NetQ1_3 Ib[v] Vce#branch @Vce[z] @Q1[ib] @Q1[ic] @Q1[ie] @Ib[p]
.SAVE @Q1[p] @Vce[p]

*PLOT DC -1 1 A=NetIb_2

*Selected Circuit Analyses:
.DC Vce 0 3 0.001 Ib 0 0.001 0.0002

*Models and Subcircuits:
.MODEL 2N3904 NPN(IS=1.4E-14 BF=300 VAF=100 IKF=0.025 ISE=3E-13 BR=7.5 RC=2.4
+ CJE=4.5E-12 TF=4E-10 CJC=3.5E-12 TR=2.1E-8 XTB=1.5 KF=9E-16 )

.END
```

图 8－67　生成的晶体管特性 . nsx 文件

8.4.4　交流小信号分析方式

交流小信号分析方式是将交流输出变量作为频率的函数计算出来。首先计算电路的直流工作点，来决定电路中所有非线性元器件的线性化小信号模型参数，然后设计者可以在指定的频率范围内对该线性化电路进行分析。如图 8－68 所示为一个简单 RC 电路，电路中元器件的设置如图中标识所示，未标出的属性设置为默认值。

执行“Design”—“Simulate”—“Mixed Sim”命令，进入仿真分析设置对话框，然后选择“AC Small Signal Analysis”(交流小信号分析方式)选项，将出现如图 8－69 所示的交流小信号分析设置界面。

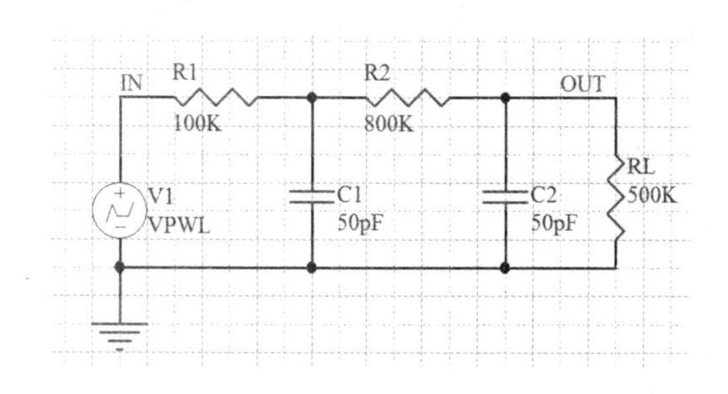

图 8－68　RC 交流小信号分析电路

图 8－69　交流小信号分析方式设置对话框

下面对该界面中的各选项进行简要介绍。

● Start Frequency：设置交流小信号分析扫描初始频率，单位为 Hz，本例中取默认值 1Hz。

● Stop Frequency：设置交流小信号分析扫描终止频率，单位为 Hz，本例中设置为 10MHz。

● Sweep Type：设定扫描方式，共有三种扫描方式，分别为 Linear(线性方式)、Decade(十倍频方式)和 Octave(八倍频方式)，本例中设置为“Decade”。

● Test Points：测试点数，该值与扫描方式直接相关，本例中设置为 100。

设置完毕后，单击“OK”按钮，系统即可进行交流小信号分析方式的仿真，得到如图 8－70 所示的 . sdf 波形文件。

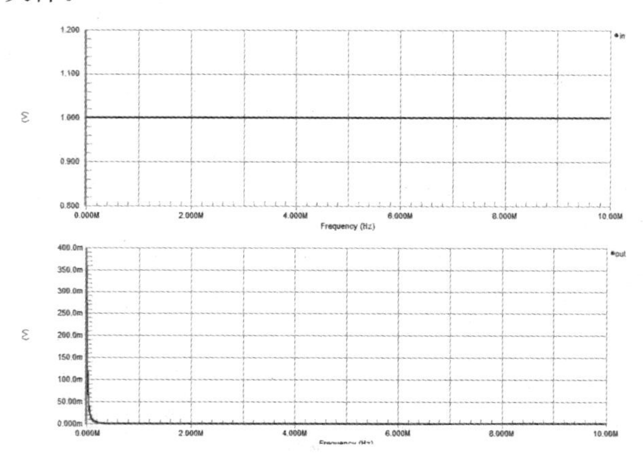

图 8－70　交流小信号分析曲线(. sdf)

双击波形文件右上角的输出信号，可弹出如图 8 - 71 所示的“Edit Waveform”对话框，在“Waveforms”栏目下方选择需要观察的信号名称，并单击“Create”，即可生成对应仿真波形。

在图 8 - 70 中，x 轴为 10 倍频率值，y 轴为电压幅值，通常在实际应用中使用波特图来分析电路的频率响应，因此，用户可以自行改变输出波形的坐标类型来适应不同的仿真需要。本例中输出波形的 x 轴为 10 倍频率值，显得频率变化范围太宽，不利于观察波形结果，我们将 x 轴坐标设置为对数形式，即可看到正确的波形结果。操作方法为：将光标移至 x 轴坐标上的任意一点并双击鼠标左键，将弹出“Chart Options”对话框，如图 8 - 72 所示。

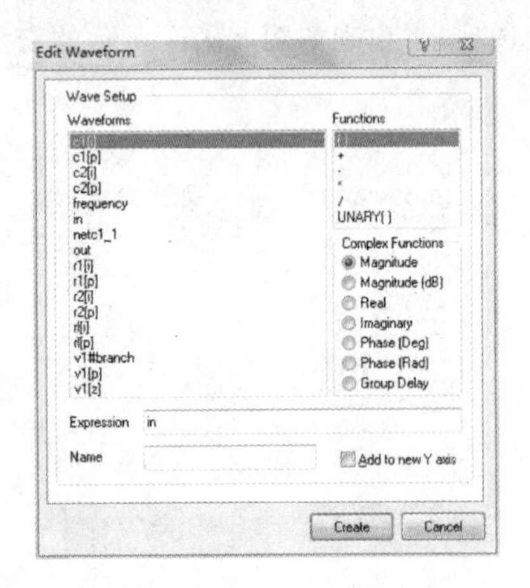

图 8 - 71 “Edit Waveform”对话框

图 8 - 72 “Chart Options”对话框

在该对话框的“Grid Type”选项区中选择“Logarithmic”(对数方式)单选按钮，默认为以 10 为底的对数坐标，单击“OK”按钮，此时输入波形如图 8 - 73 所示，其中 x 轴为对数坐标，y 轴仍为 10 倍频坐标。

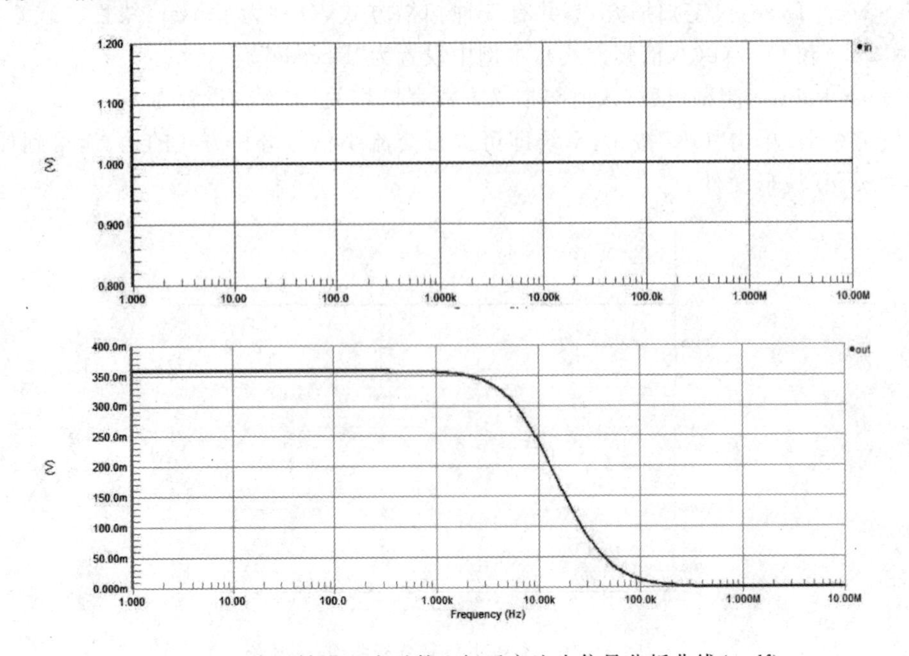

图 8 - 73 将 x 轴设置为对数坐标后交流小信号分析曲线(.sdf)

8.4.5　噪声分析方式

由于电路中电阻与半导体元器件间杂散电容和寄生电容的存在，就会产生信号噪声。每个元器件的噪声源在交流小信号分析的每个频率计算出相应的噪声，并传送到一个传输节点，所有该节点的噪声进行均方根相加，就是指定输出端的等效输出噪声。如图 8－74 所示为一个放大器电路，电路中元器件的设置如图所示，未标出的属性设置为默认值。

执行“Design”—“Simulate”—“Mixed Sim”命令，进入仿真分析设置对话框，然后在“Analyses/Options”栏中选择“Noise Analysis”(噪声分析方式)选项，将出现如图 8－75 所示的噪声分析设置界面。

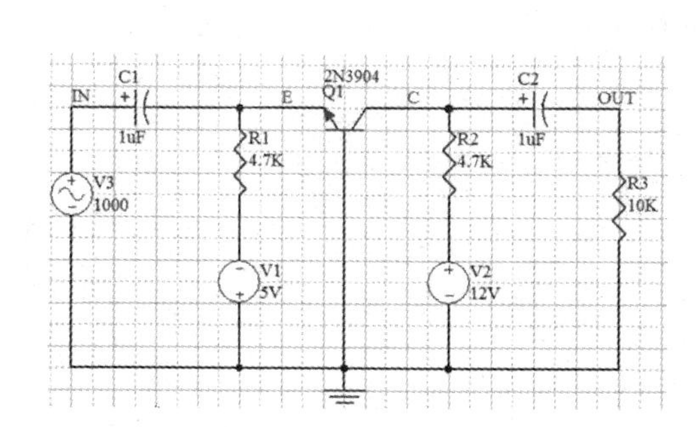

图 8－74　放大器分析电路

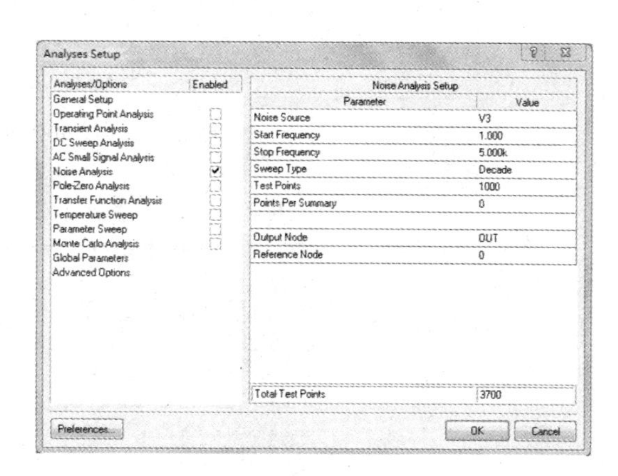

图 8－75　噪声分析方式设置对话框

下面对该界面中的各选项进行简要介绍。

- Noise Source：等效噪声源。选中此项后，“Value”栏将出现一个下拉列表，从该列表中选择需要的等效噪声源，本例中选择“V3”。
- Start Frequency：设置扫描初始频率，单位为 Hz，本例中取默认值 1Hz。
- Stop Frequency：设置扫描终止频率，单位为 Hz，本例中设置为 5kHz。
- Sweep Type：设定扫描方式，共有三种扫描方式，分别为 Linear（线性方式）、Decade（十倍频方式）和 Octave（八倍频方式），本例中设置为“Decade”。
- Test Points：测试点数，该值与扫描方式直接相关，本例中设置为 1000。
- Output Node：噪声输出节点。选中此项后，“Value”栏将出现一个下拉列表，从该列表中选择需要的输出节点，本例中选择“Out”节点。
- Reference Node：参考节点。默认值为零，表示接地点为参考点。

设置完毕后，单击“OK”按钮，即可进行直流扫描分析方式的仿真，得到如图 8－76 所示的 .sdf 波形文件。同时系统也将生成如图 8－77 所示的 .nsx 文件。

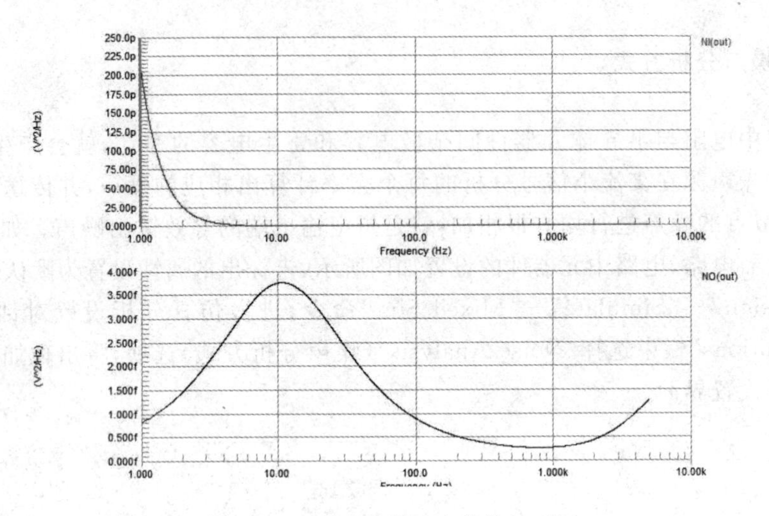

图 8-76　噪声分析输出曲线(.sdf)

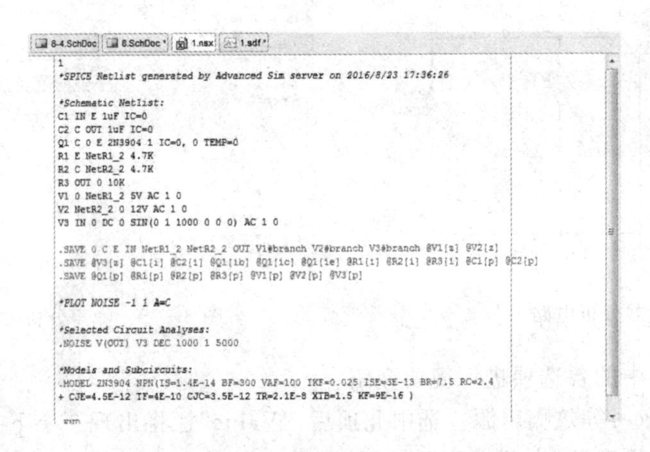


```
1
*SPICE Netlist generated by Advanced Sim server on 2016/8/23 17:36:26

*Schematic Netlist:
C1 IN E 1uF IC=0
C2 C OUT 1uF IC=0
Q1 C 0 E 2N3904 1 IC=0, 0 TEMP=0
R1 E NetR1_2 4.7K
R2 C NetR2_2 4.7K
R3 OUT 0 10K
V1 0 NetR1_2 5V AC 1 0
V2 NetR2_2 0 12V AC 1 0
V3 IN 0 DC 0 SIN(0 1 1000 0 0 0) AC 1 0

.SAVE 0 C E IN NetR1_2 NetR2_2 OUT V1#branch V2#branch V3#branch @V1[z] @V2[z]
.SAVE @V3[z] @C1[i] @C2[i] @Q1[ib] @Q1[ic] @Q1[ie] @R1[i] @R2[i] @R3[i] @C1[p] @C2[p]
.SAVE @Q1[p] @R1[p] @R2[p] @R3[p] @V1[p] @V2[p] @V3[p]

*PLOT NOISE -1 1 A=C

*Selected Circuit Analyses:
.NOISE V(OUT) V3 DEC 1000 1 5000

*Models and Subcircuits:
.MODEL 2N3904 NPN(IS=1.4E-14 BF=300 VAF=100 IKF=0.025 ISE=3E-13 BR=7.5 RC=2.4
+ CJE=4.5E-12 TF=4E-10 CJC=3.5E-12 TR=2.1E-8 XTB=1.5 KF=9E-16 )
```

图 8-77　生成的噪声分析 .nsx 文件

8.4.6　温度扫描分析方式

温度扫描分析(Temperature Sweep Analysis)是和交流小信号分析、直流分析及瞬态特性分析中的一种或几种相连的,该设置规定了在什么温度下进行仿真。如设计者给了几个温度,则对每个温度都要做一遍所有的分析。

绘制完仿真原理图后,执行"Design"—"Simulate"—"Mixed Sim"命令,进入仿真分析设置对话框,然后在"Analyses/Options"栏中选择"Temperature Sweep"(温度分析方式)选项,将出现如图 8-78 所示的噪声分析设置界面。

下面对该界面中的各选项进行简要介绍。

- Start Temperature:设置扫描初始温度值,默认值为 0。
- Stop Temperature:设置扫描终止(最大)温度值。
- Sweep Temperature:设定扫描温度步长。

参数设置完毕后,单击"OK"按钮进行温度扫描分析方式仿真,温度扫描分析只能用在激活变量中定义的节点计算。

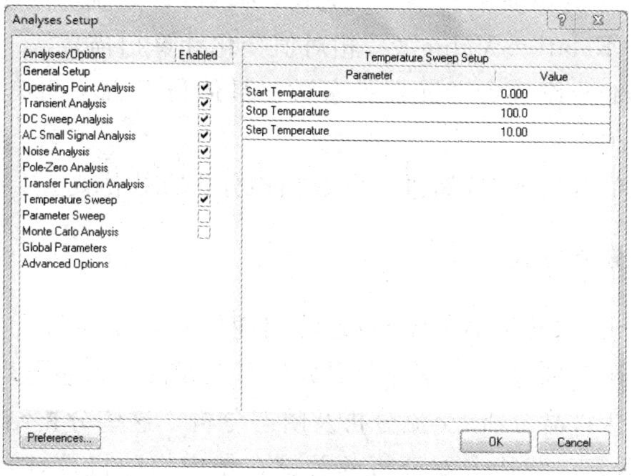

图 8 - 78　温度分析方式设置对话框

8.4.7　参数扫描分析方式

参数扫描分析(Parameter Sweep Analysis)允许设计者自定义增幅进行扫描元器件的值,通过该项设置可以改变基本的元器件和模式,但不改变电子电路的数据。

绘制完仿真原理图后,执行“Design”—“Simulate”—“Mixed Sim”命令,进入仿真分析设置对话框,然后在“Analyses/Options”栏中选择“Parameter Sweep”(参数分析方式)选项,将出现如图 8 - 79 所示的参数分析设置界面。

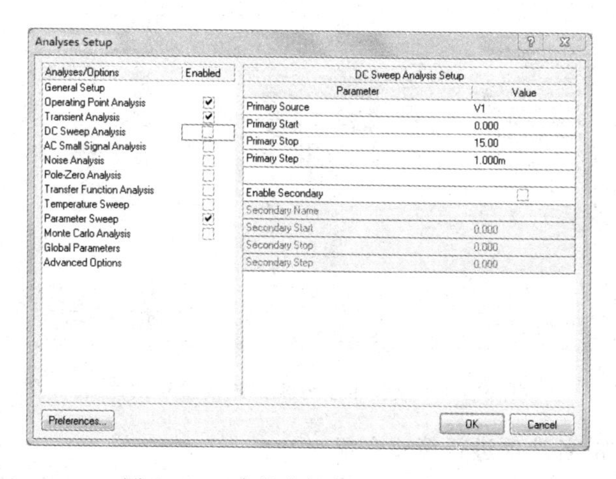

图 8 - 79　参数分析方式设置对话框

下面对该界面中的各选项进行简要介绍。

- Primary Sweep Variable:设置参数扫描分析的元器件。选中此项后将在“Value”栏中弹出一个下拉列表,可从该列表中选择进行直流分析的元器件。
- Primary Start Value:设定元器件扫描初始值。
- Primary Stop Value:设定元器件扫描终止值。

● Primary Step Value:设定元器件扫描步长,通常设置为 5～10 步。

● Primary Sweep Type:参数扫描类型,共分为两种。分别为“Absolute Values”(按绝对值变化计算扫描)和“Relative Value”(按相对值变化计算扫描)。

● Enable Secondary:设置参考元器件参数。具体设置方法与第一个元器件的设置方式相同,这里不再赘述。

参数设置完毕后,单击“OK”按钮进行参数扫描分析方式仿真。

8.4.8 蒙特卡罗分析方式

蒙特卡罗分析(Monte Carlo Analysis)是使用随机数发生器按元件值的概率分布来选择元件,然后对电路进行模拟分析。蒙特卡罗分析可在元件模型参数赋予的容差范围内,进行各种复杂的分析,包括直流分析、交流分析及瞬态分析。这些分析结果可以用来预测电路生产时的成品率及成本等。蒙特卡罗分析的关键在于产生随机数,随机数的产生依赖于计算机的具体字长。用一组随机数取出一组新的元件值,然后做指定的电路模拟分析。只要进行的次数足够多,就可得出满足一定分布规律的、一定容差的元件在随机取值下整个电路性能的统计分析。

绘制完仿真原理图后,执行“Design”—“Simulate”—“Mixed Sim”命令,进入仿真分析设置对话框,然后在“Analyses/Options”栏中选择“Monte Carlo Analysis”(蒙特卡罗分析方式)选项,将出现如图 8-80 所示的蒙特卡罗分析设置界面进行操作。

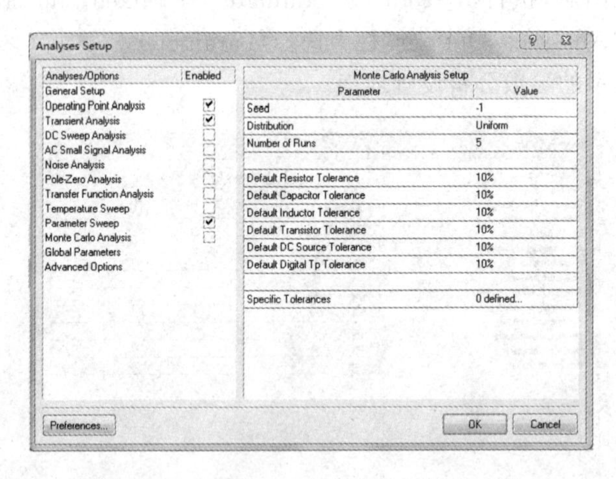

图 8-80 蒙特卡罗分析方式设置对话框

下面对该界面中的各选项进行简要介绍。

● Seed:随机数发生器种子。设置该项可以生成一系列的随机数,默认值为－1。

● Distribution:设置误差分布状态,共有三种误差分布状态,分别是“Uniform”(均匀分布)、“Gaussian”(高斯分布)、“Worst Case”(最差分布)。

● Number of Runs:仿真次数。

● Default Resistor Tolerances:默认的电阻误差范围。

● Default Capacitor Tolerance:默认的电容误差范围。

● Default Inductor Tolerance:默认的电感误差范围。

● Default Transistor Tolerance:默认的晶体管误差范围。
● Default DC Source Tolerance:默认的直流电源误差范围。
● Default Digital Tp Tolerance:默认的数字元器件传输延时时间的误差范围。
● Specific Tolerance:特定元器件的误差范围。

参数设置完毕后,单击"OK"按钮进行参数扫描分析方式仿真。

8.4.10　传递函数分析方式

传递函数分析(Transfer Function Analysis)是用来计算直流输入阻抗、输出阻抗以及直流增益的。

绘制完仿真原理图后,执行"Design"—"Simulate"—"Mixed Sim"命令,进入仿真分析设置对话框,然后在"Analyses/Options"栏中选择"Transfer Function Analysis"(传递函数分析方式)选项,将出现如图8-81所示的传递函数分析设置界面,可进行设置传递函数分析的参数操作。

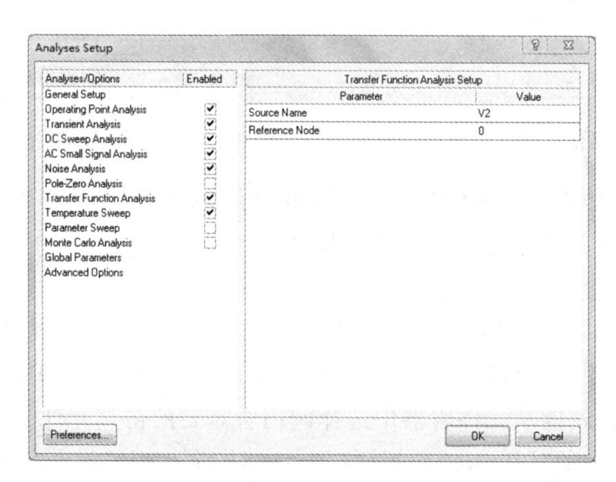

图8-81　传递函数分析方式设置对话框

下面对该界面中的各选项进行简要介绍。

● Source Name:选择电源名称。选中此项后将在"Value"栏中弹出一个下拉列表,可从该列表中选择所需要的电源。

● Reference:选择输入电源的参考节点。选中此项后将在"Value"栏中弹出一个下拉列表,可从该列表中选择所需要的电源的参考节点。

参数设置完毕后,单击"OK"按钮进行传递函数分析方式仿真。

8.5　设计仿真原理图

1. 仿真原理图设计流程

采用Altium Designer进行电路仿真的设计流程如图8-82所示。

在仿真原理图文件前,该原理图文件必须包含所有所需的信息。以下是为使仿真可靠运行而必须遵守的一些规则：

- 所有的元件需定义适当的仿真元件模式属性。
- 设计者必须放置和连接可靠的信号源，以便仿真过程中驱动整个电路。
- 设计者必须在需要绘制仿真数据的节点处添加网络标号。
- 如果必要的话，设计者必须定义电路的初始仿真条件。

设计仿真原理图的一般流程如图 8－83 所示。

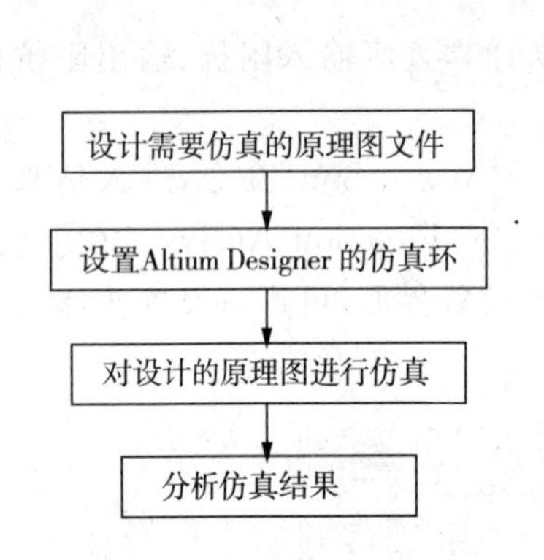

图 8－82　电路仿真的一般流程

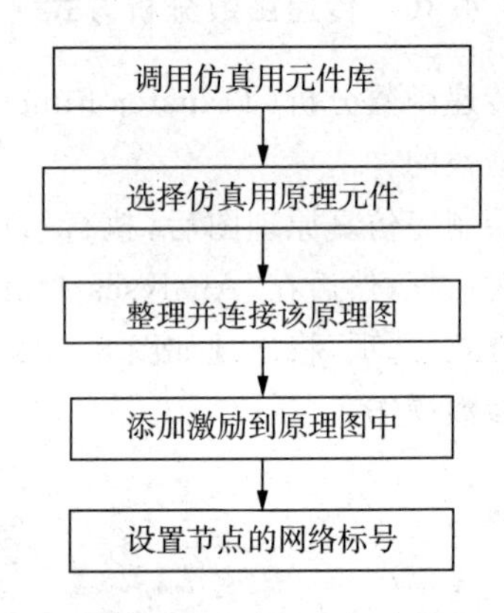

图 8－83　仿真原理图设计的一般流程

下面对如何创建仿真原理图的创建进行简单介绍，对于一般的操作，在此将不做详细介绍，读者可参阅本书中关于原理图设计的章节。

2. 调用元件库

在 Altium Designer 中，默认的原理图库包含在一系列的设计数据库中，每个数据库中都有数目不等的原理图库。设计中一旦加载数据库，则该数据库下的所有库都将列出来，在仿真用元件库加载后，就能从元件管器中选择调用所需要的仿真元件。

在原理图编辑器中的“Library”面板（如图 8－84 所示）上，单击“Library”按钮，系统将自动弹出当前元器件库对话框，如图 8－85 所示，在该对话框中单击“Add Library”按钮，系统将弹出加载元器件库窗口。选择需要的元器件库并即刻完成对所选择元器件库的加载。

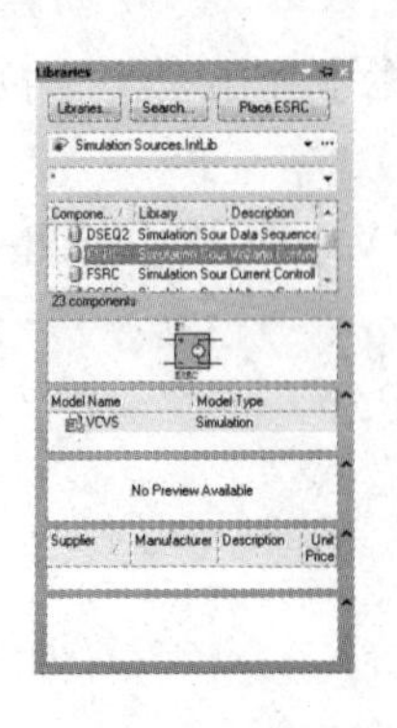

图 8－84　元器件库面板

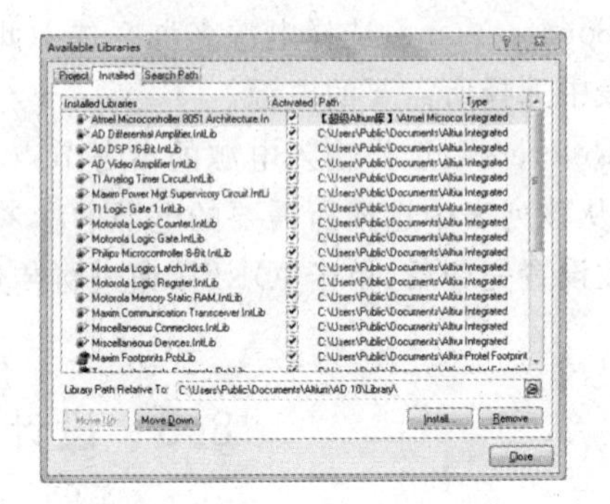

图 8－85　元器件库对话框

3. 选择仿真用原理图元器件

为了执行仿真分析，原理图中放置的所有元件都必须包含特别的仿真信息，以便仿真器正确对待所放置的所有元件。一般情况下，原理图中的元件必须引用适当的 Spice 元件模型。

创建仿真用原理图的简便方法是使用 Altium Designer 仿真库中的元件。Altium Designer 提供的仿真元件库是为仿真准备的。只要将它们放在原理图上，该元件将自动地连接到相应的仿真模型文件上。

另外，Altium Designer 还为大部分元件生产公司的常用元件制作了标准元件库，这些元件大部分都定义了仿真属性，只要调用这些元件，就可以进行仿真分析。如果仿真检查时发现有元件没有定义仿真属性，则设计者应该为其定义仿真属性。

通常，在进行电路仿真时，一般可以直接选择仿真用原理图元件。

在"Library"面板中选择"Simulation Source.IntLib"（仿真激励源元器件库），如图 8－86 所示。其他仿真用元器件可以选择该面板中"Miscellaneous Devices.IntLib"元器件库，如图 8－87 所示。选择好需要的激励源或元器件后，单击对应"Place"按钮，即可将激励源或元器件放置在仿真原理图编辑器中。

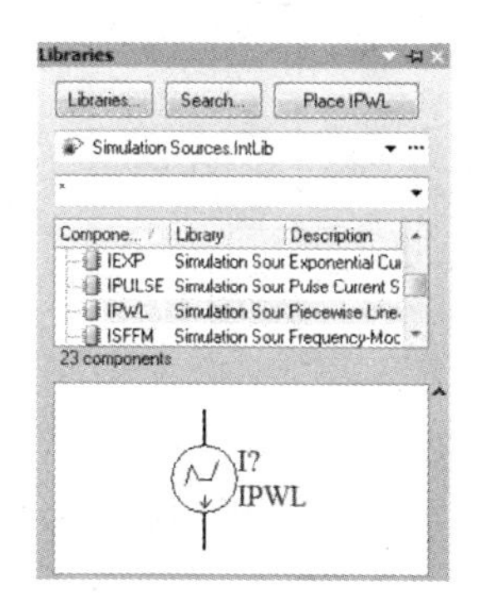

图 8－86 选择仿真激励源元器件

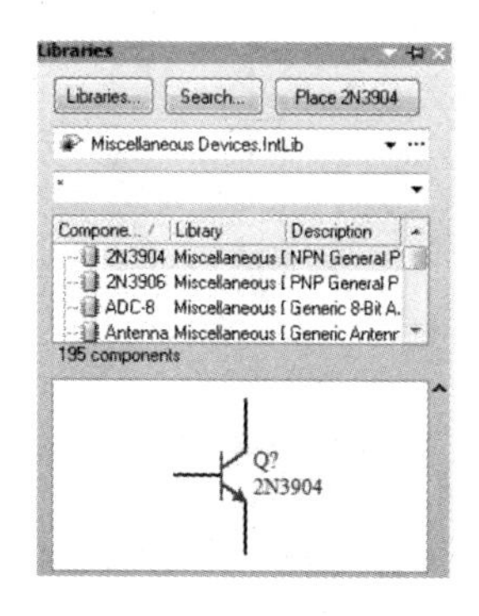

图 8－87 选择其他仿真用元器件

4. *仿真原理图*

设计完原理图，并对该原理图进行 ERC 检查，如有错误，返回原理图设计。仿真用原理图必须包含所有仿真所必需的信息。通常为使仿真可靠运行，应遵循如下规则：

- 原理图所用的元器件必须具有 Simulation 属性。
- 设计电路必须有适当的激励电源，以驱动需要仿真的电路。
- 在需要观测的节点上必须添加网络标号。
- 应根据具体的电路要求设置相应的仿真方式。例如，观测仿真电路中某个节点的电压波形及其相位，应选择瞬态特性分析方式。
- 有时还需要设置电路的初始状态。

仿真原理图的绘制和第二章节介绍过的原理图的绘制一样，这里不再赘述。

然后设计者必须对该仿真器设置，决定对原理图进行何种分析，并确定该分析采用的参数。设置不正确，仿真器可能在仿真前产生警告信息，仿真后将仿真过程中的错误写入 Filename.err 文件中。

仿真完成后，将输出一系列文件，供设计者对所设计的电路进行分析。具体的输出文件和具体步骤见 8.6 节。

8.6 电路仿真实例

8.6.1 模拟电路仿真

前面几节中已经讲述了仿真原理图设计中常用的各种激励源和仿真元器件的属性设置，本节将以图 8－88 所示的整流滤波电路为例，讲述瞬态分析、傅立叶分析、直流扫描分析、交流小信号分析、噪声分析等的方法。

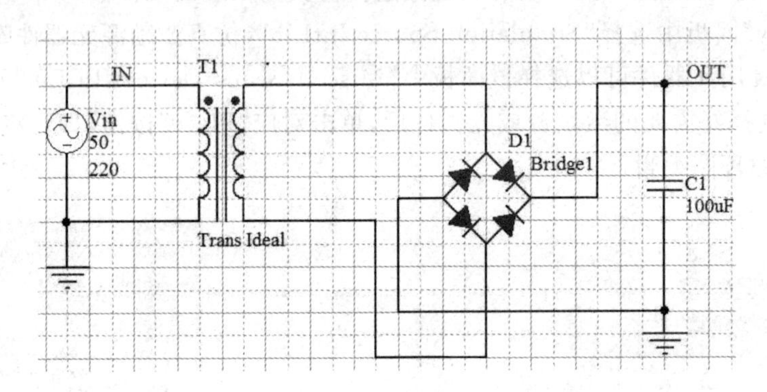

图 8－88 整流滤波电路

1. 绘制仿真原理图

这是进行仿真的基础和前提，在本实例中，首先绘制如图 8－88 所示的整流滤波电路。

(1) 设置参数

设置电源参数：双击原理图中的电源，在弹出的参数设置对话框中设置电源参数，如图 8－89所示。将“Amplitude”设置为 220V，“Frequency”设置为 50Hz。

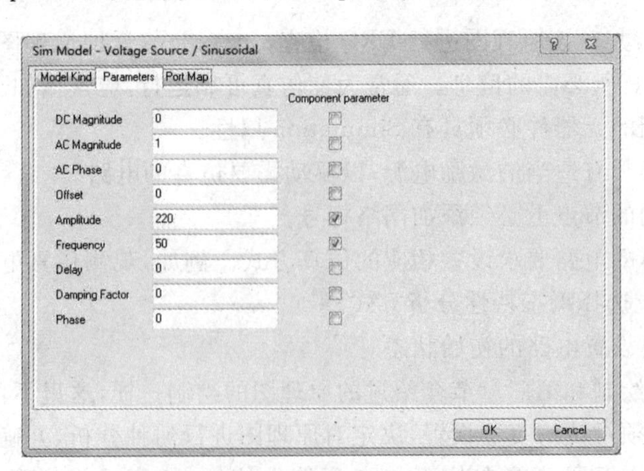

图 8－89 电源参数设置对话框

设置变压器参数：双击原理图中的变压器，在弹出的参数设置对话框中设置变压器参数，如图 8－90 和图 8－91 所示。

设置电容参数：双击原理图中的电容，在弹出的参数设置对话框中设置电容参数，如图8－92所示。

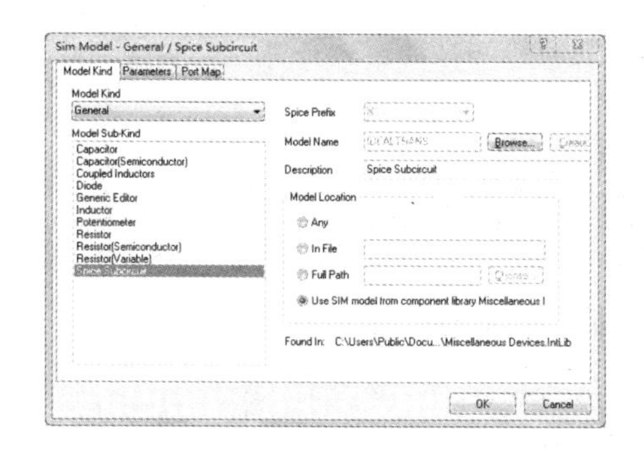

图8－90　变压器参数设置对话框

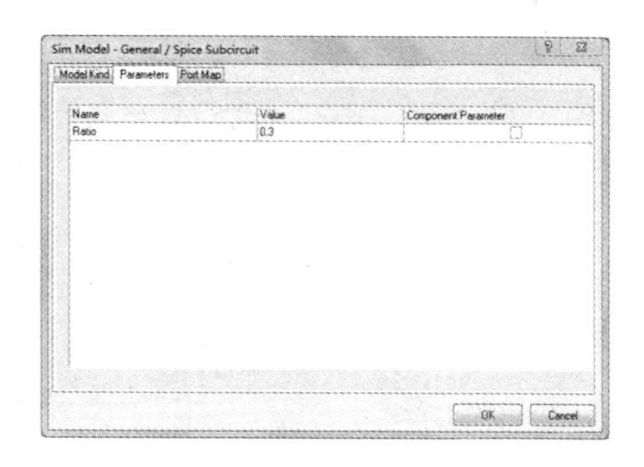

图8－91　变压器参数设置对话框

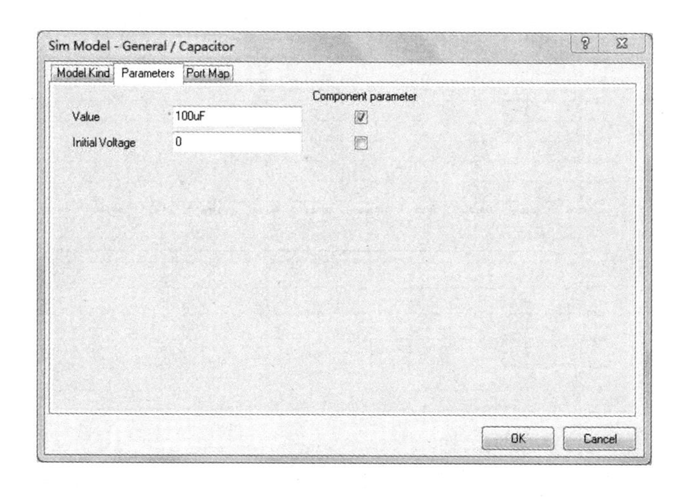

图8－92　电容参数设置对话框

(2) 放置节点网络标签

为了方便信号的观察，通常在需要观测电压波形的节点上放置网络标签。有时用户可能需要观察电路中的多个输出点，或者希望观测某个中间节点的波形，以便检查错误出现在仿真电源图中的哪一段范围内，这就需要设置多个网络标签。仿真电路中网络标签的设置方法和原理图的网络标签设置方式相同。本例中希望观测电源的输出波形，放置网络标签为IN；观测经过电容滤波后的电压，放置网络标签为OUT。

2. 瞬态分析与傅立叶分析

参数设置完毕后，执行“Design”—“Simulate”—“Mixed Sim”命令，进入仿真分析设置对话框。在该对话框中选择“Operating Point Analysis”(工作点分析方式)与“Transient/Fourier Analysis”(暂态特性/傅立叶分析方式)对电路进行分析，直接在该对话框中进行相关设置，如图8－93所示，然后单击“OK”按钮进行仿真。

若仿真电路图正确，将生成如图8－94所示的瞬态分析波形、如图8－95所示的傅立叶分析波形。

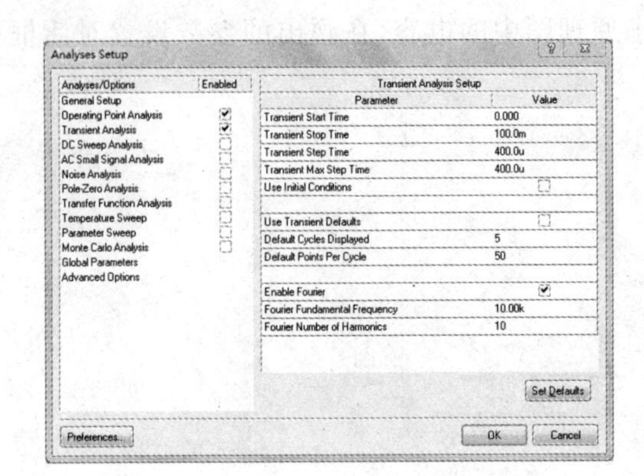

图 8-93　仿真分析设置对话框

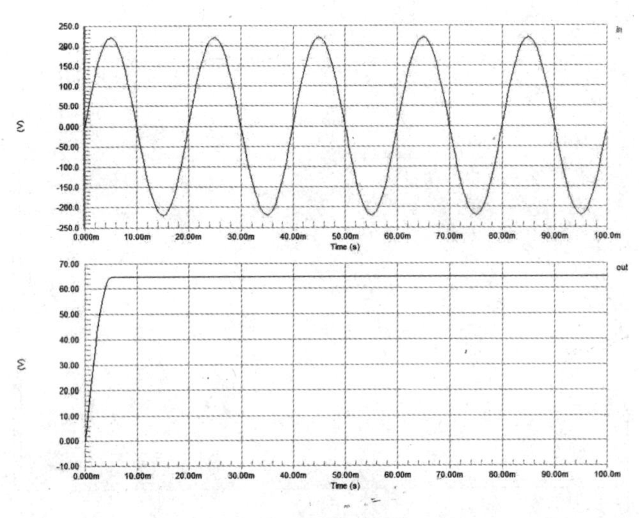

图 8-94　瞬态分析波形

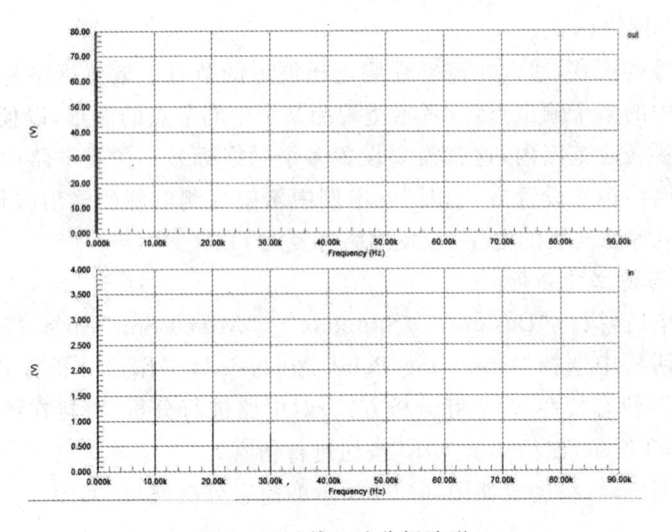

图 8-95　傅立叶分析波形

系统将同时生成如图 8－96 所示的．nsx 文件和如图 8－97 所示的．sim 文件。

```
1
*SPICE Netlist generated by Advanced Sim server on 2016/8/25 11:07:28

*Schematic Netlist:
C1 OUT 0 100uF IC=0
XD1 0 NetD1_2 OUT NetD1_4 BRIDGE
XT1 IN 0 NetD1_4 NetD1_2 IDEALTRANS PARAMS: RATIO=0.3
Vin IN 0 DC 0 SIN(0 220 50 0 0 0) AC 1 0

.SAVE 0 IN NetD1_2 NetD1_4 OUT Vin#branch @Vin[z] @C1[i] @C1[p] @Vin[p]

*PLOT TRAN -1 1 A=IN A=OUT
*PLOT OP -1 1 A=IN A=OUT

*Selected Circuit Analyses:
.TRAN 0.0004 0.1 0 0.0004
.SET NFREQS=10
.FOUR 1E4 @Vin[p] Vin#branch OUT NetD1_4 NetD1_2 IN @C1[p] @C1[i]
.OP

*Models and Subcircuits:
.SUBCKT BRIDGE 1 2 3 4
D1 1 2 DMOD
D2 1 4 DMOD
D3 2 3 DMOD
D4 4 3 DMOD
.MODEL DMOD D ()
.ENDS BRIDGE

.SUBCKT IDEALTRANS 1 2 3 4 PARAMS: RATIO=1
BP  1 2 I=( -I(BS)*(RATIO) )
BS  3 4 V=( V(1,2)*(RATIO) )
.ENDS IDEALTRANS

.END
```

图 8－96　仿真生成的．nsx 文件

```
Circuit: 1
Date:    周四/8月25 11:07:28 2016

Fourier analysis for @vin[p]:
  No. Harmonics: 10, THD: 108.956 %, Gridsize: 200, Interpolation Degree: 1

Harmonic Frequency   Magnitude   Phase       Norm. Mag   Norm. Phase
-------- ---------   ---------   -----       ---------   -----------
 0       0.00000E+000 2.23410E-012 0.00000E+000 0.00000E+000 0.00000E+000
 1       1.00000E+004 1.84751E-012 3.25690E+001 1.00000E+000 0.00000E+000
 2       2.00000E+004 1.36997E-012 2.37577E+001 7.41520E-001 -8.81130E+000
 3       3.00000E+004 9.88112E-013 1.04580E+001 5.34835E-001 -2.21110E+001
 4       4.00000E+004 6.64422E-013 3.73825E+000 3.59631E-001 -2.88307E+001
 5       5.00000E+004 4.81684E-013 8.02882E+000 2.60720E-001 -2.45401E+001
 6       6.00000E+004 4.27876E-013 1.28431E+001 2.31596E-001 -1.97259E+001
 7       7.00000E+004 3.92391E-013 1.05365E+001 2.12389E-001 -2.20325E+001
 8       8.00000E+004 3.32666E-013 7.47209E+000 1.80062E-001 -2.50969E+001
 9       9.00000E+004 2.78692E-013 9.43579E+000 1.50847E-001 -2.31332E+001

Fourier analysis for vin#branch:
  No. Harmonics: 10, THD: 73.4584 %, Gridsize: 200, Interpolation Degree: 1

Harmonic Frequency   Magnitude   Phase       Norm. Mag   Norm. Phase
-------- ---------   ---------   -----       ---------   -----------
 0       0.00000E+000 3.12465E-013 0.00000E+000 0.00000E+000 0.00000E+000
 1       1.00000E+004 1.97919E-013 8.62805E-001 1.00000E+000 0.00000E+000
 2       2.00000E+004 9.89076E-014 1.76069E+000 4.99738E-001 8.97887E-001
 3       3.00000E+004 6.59345E-014 2.68465E+000 3.33139E-001 1.82184E+000
 4       4.00000E+004 4.94744E-014 3.59975E+000 2.49973E-001 2.73695E+000
 5       5.00000E+004 3.96009E-014 4.49432E+000 2.00086E-001 3.63151E+000
 6       6.00000E+004 3.30126E-014 5.38726E+000 1.66798E-001 4.52445E+000
 7       7.00000E+004 2.83080E-014 6.29223E+000 1.43028E-001 5.42942E+000
 8       8.00000E+004 2.47861E-014 7.19952E+000 1.25234E-001 6.33671E+000
 9       9.00000E+004 2.20498E-014 8.09776E+000 1.11408E-001 7.23496E+000
```

图 8－97　仿真生成的．sim 文件

3. 直流扫描分析

参数设置完毕后，执行“Design”—“Simulate”—“Mixed Sim”命令，在弹出的仿真分析设置对话框中，选择“Operating Point Analysis”(工作点分析方式)与“DC Sweep Analysis”(直流扫描分析方式)对电路进行分析，直接在该对话框中进行相关设置，如图 8－98 所示，然后单击“OK”按钮进行仿真。

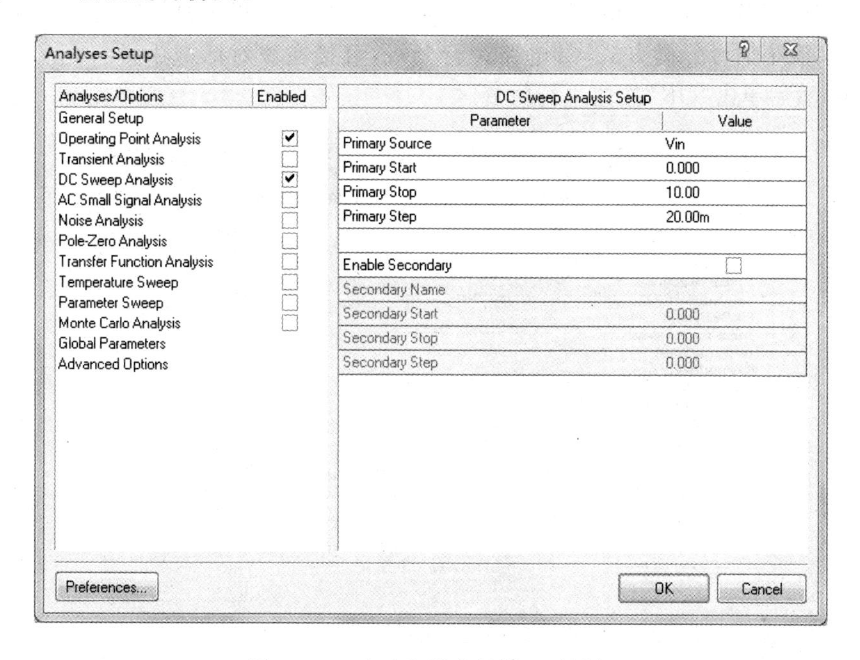

图 8－98　直流扫描分析设置对话框

若仿真电路图正确，系统将生成如图 8－99 所示的直流扫描分析波形图。

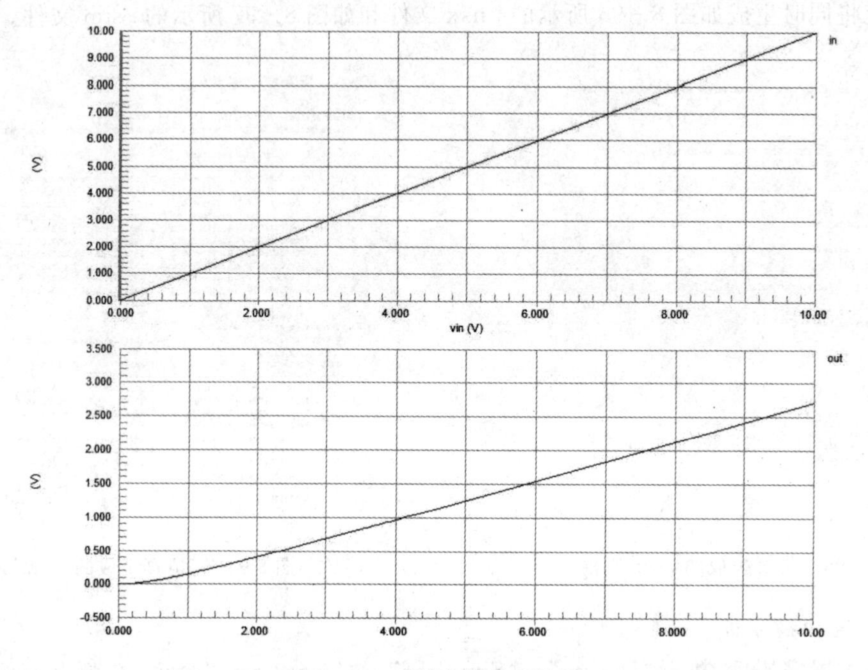

图 8 - 99　直流扫描分析波形

4. 交流小信号分析

参数设置完毕后，执行“Design”—“Simulate”—“Mixed Sim”命令，在弹出的仿真分析设置对话框中，选择“Operating Point Analysis”(工作点分析方式)与“AC Small Signal Analysis”(交流小信号分析方式)对电路进行分析，直接在该对话框中进行相关设置，如图 8 - 100所示，然后单击“OK”按钮进行仿真。

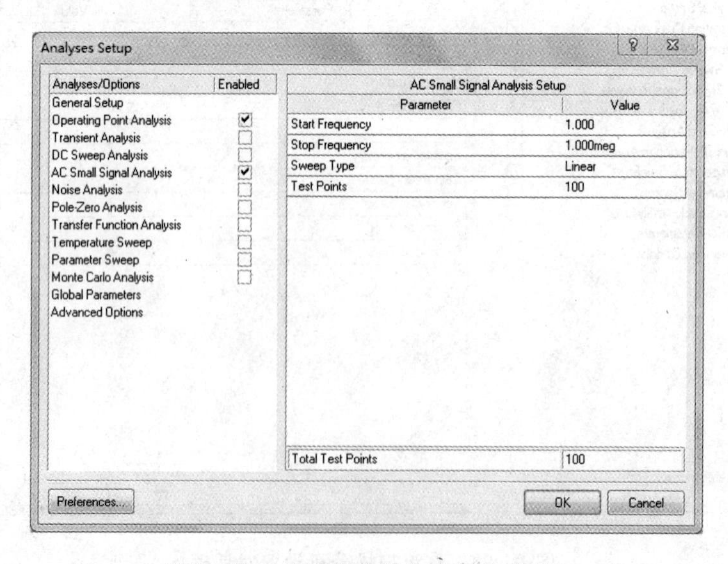

图 8 - 100　交流小信号分析设置对话框

若仿真电路图正确，系统将生成如图 8 - 101 所示的交流小信号分析波形图。

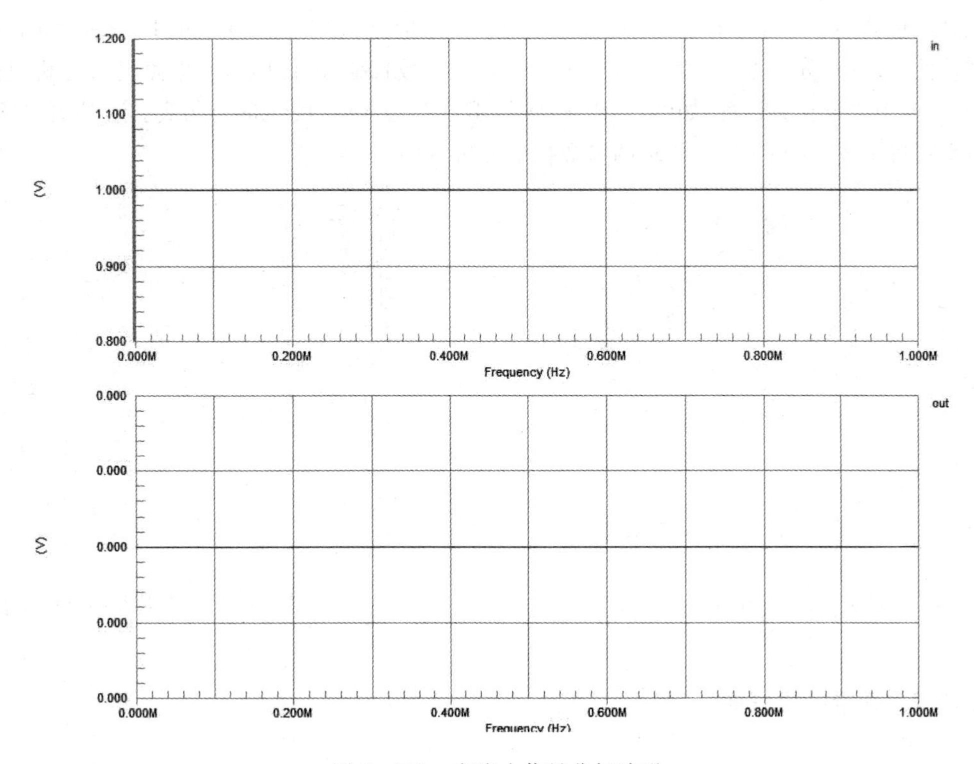

图 8-101　交流小信号分析波形

5. 噪声分析

参数设置完毕后，执行“Design”—“Simulate”—“Mixed Sim”命令，在弹出的仿真分析设置对话框中，选择“Operating Point Analysis”(工作点分析方式)与“Noise Analysis”(噪声分析方式)对电路进行分析，直接在该对话框中进行相关设置，如图 8-102 所示，然后单击“OK”按钮进行仿真。若仿真电路图正确，系统将生成如图 8-103 所示的交流小信号分析波形图。

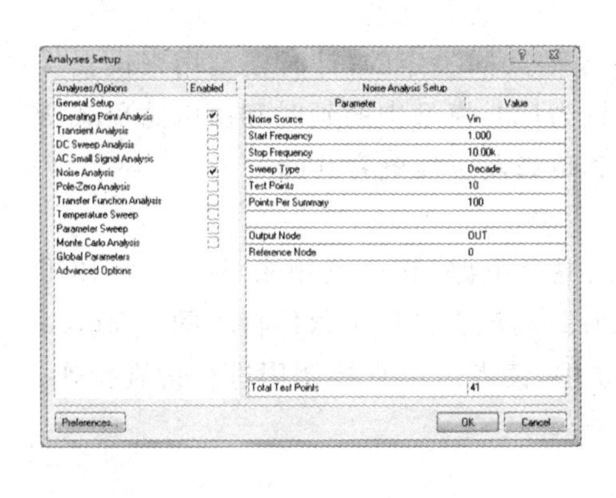

图 8-102　噪声分析设置对话框

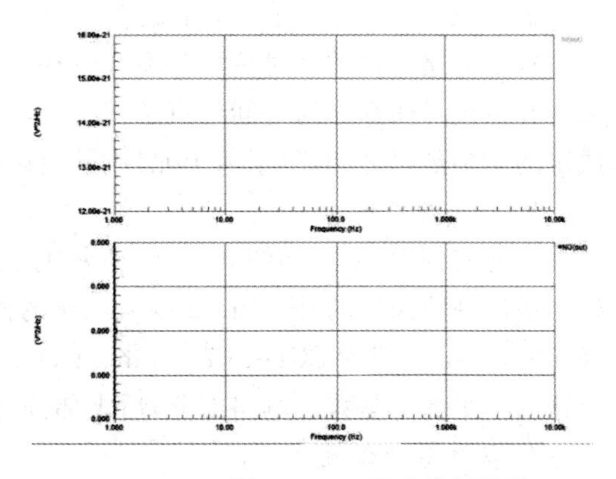

图 8-103　噪声分析波形

6. 参数扫描分析

参数设置完毕后，执行“Design”—“Simulate”—“Mixed Sim”命令，在弹出的仿真分析设置对话框中，选择“Operating Point Analysis”（工作点分析方式）与“Transient/Fourier Analysis”（暂态特性/傅立叶分析方式）和“Parameter Sweep”（参数扫描分析方式）对电路进行分析，直接在该对话框中进行相关设置，如图 8－104 所示，然后单击“OK”按钮进行仿真。若仿真电路图正确，系统将生成如图 8－105 所示的参数扫描分析波形图。

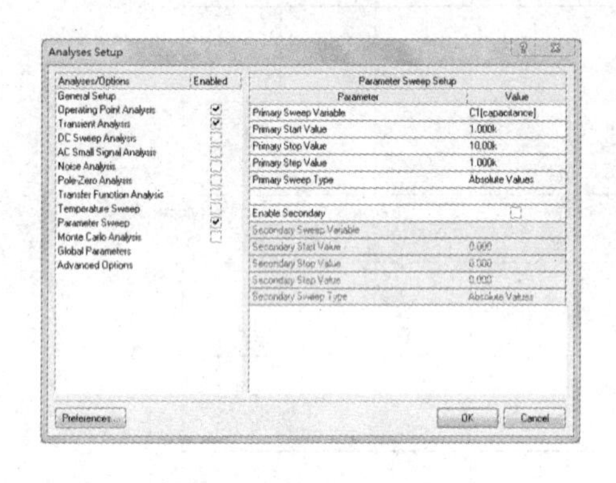

图 8－104　参数扫描分析设置对话框

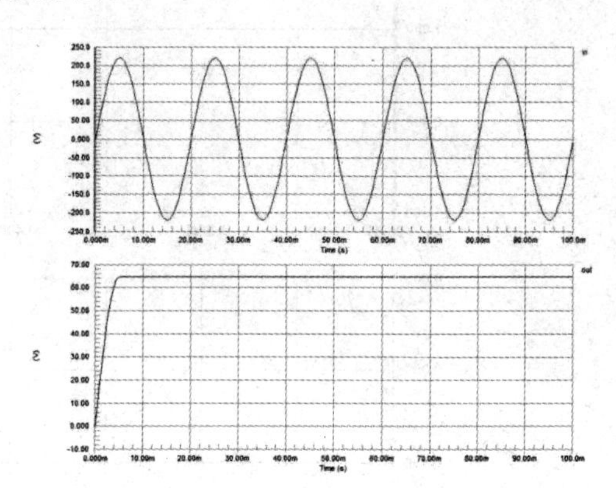

图 8－105　参数扫描分析波形

8.6.2　数字电路仿真

在实际应用中，除了模拟电路外，还有数字电路和数字/模拟混合电路。与模拟电路不同，在数字电路中，设计者主要关心的是各数字节点的逻辑状态（也称逻辑电平）。

数字节点就是仅与数字电路元件相连的节点，仿真电路就是计算电路中各个节点的值，对于数字节点，这些值就是逻辑电平（如“1”、“0”、“X”）。

大多数的数字电路元件有两种模型，第一种模型是计时模型，它描述元件的计时特性；第二种是 I/O 模型，它描述元件的负载和驱动特性，有几个特殊的数字电路元件仅有 I/O 模型。数字电路元件所起的作用和电阻等在模拟电路中所起的作用相似，每个元件有一个或多个输入及一个或多个输出，而且有些元件（如触发器）具有记忆功能。

数字电路元件的计时特性是由计时模型和 I/O 模型共同决定的，计时模型用来设置像建立和持续时间那样的时间约束条件。传输延迟设置为计时模型中的延时和由电路负载所决定的附加延迟之和，对于每个元件，其负载延迟由其负载及引线电容共同决定。

1. 绘制原理图

在此实例中，采用如图 8－106 所示的数字/模拟混合电路，该电路用来显示一个 BCD 码。该原理图采用的是 Altium Designer 的仿真实例图形，该文件位于软件自带的 Example\Circuit Simulation\BCD-to-7 Segment Decoder 目录中，读者可以直接调用进行仿真操作。电路的前半部分是数字电路部分，后半部分是模拟部分。

2. 仿真器的设置

与前例不同的是，数字/模拟混合电路将不进行静态工作点的分析。在此仅选择瞬态分析，其他的分析依次类推。仿真器的设置如图 8－107 所示。

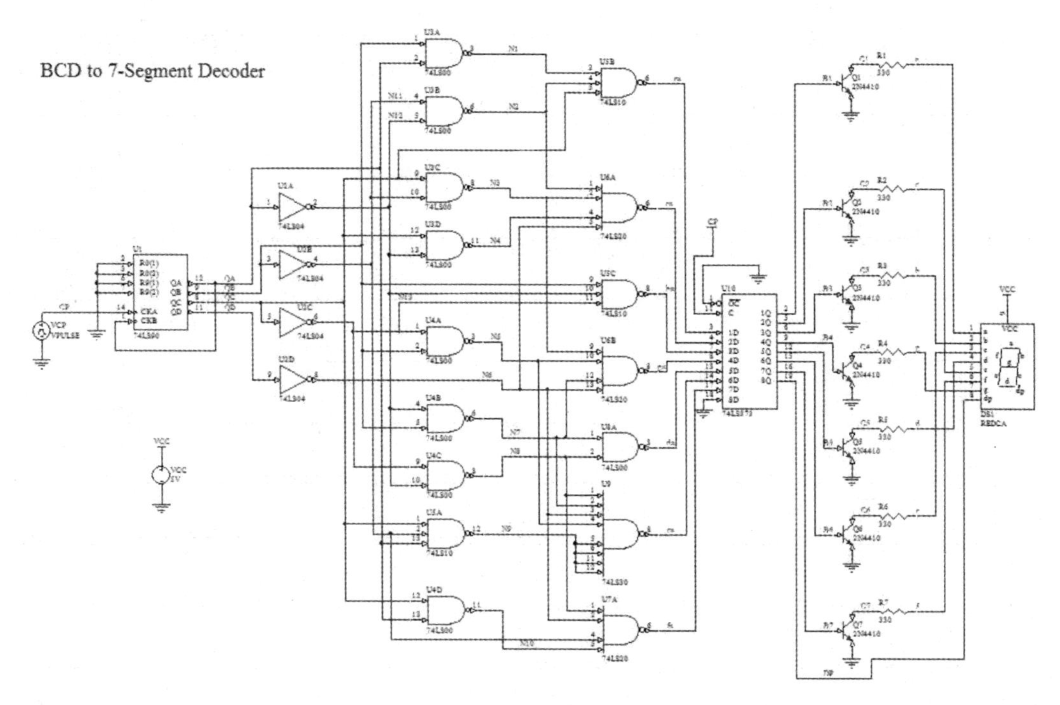

图 8 - 106　一个数字/模拟混合电路实例

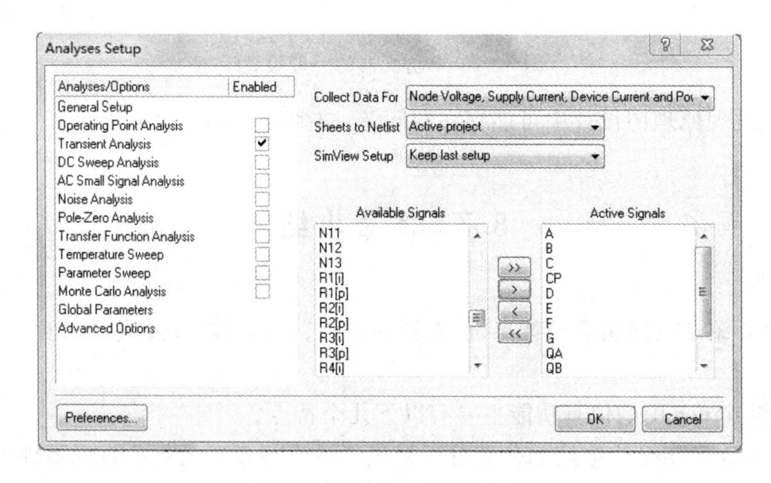

图 8 - 107　仿真器的一般设置

3. 信号仿真结果

设置完毕后，单击“OK”，系统就会进行仿真电路的信号仿真。仿真器输出仿真结果，并保存为“. sdf”的波形文件，在其中显示仿真度结果。通过该文件的波形显示，可以更清楚地了解原理图电路的时序关系。各节点的仿真波形显示如图 8 - 108 所示。

4. 设计者可以通过仿真完善原理图的设计

通过上述的波形，可以使设计者不必通过元件的连接，就可以知道各部分的时序关系。检查所设计的电路与所期望的电路功能是否一致，从而很方便地完成原理图的设计。

综上所述，Altium Designer 提供了一种方便的电路仿真方式。设计者通过该仿真程序

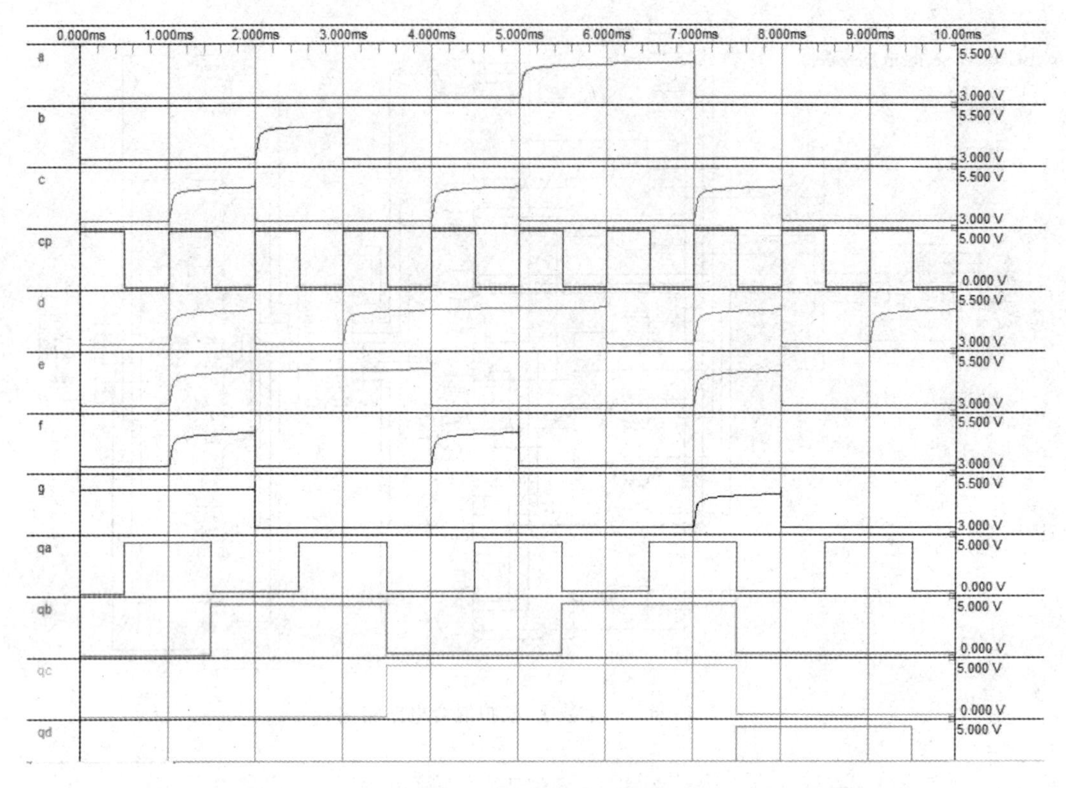

图 8-108 仿真器的一般设置

可以在制板前发现原理图设计中可能存在的问题，减少重复设计的可能性。

8.7 本章小结

本章主要介绍了电路仿真的特点、仿真器的设置、仿真元器件及设计仿真元器件的方法与技巧。

Altium Designer 中的仿真功能主要有以下几个特点。

● Altium Designer 为电路的仿真分析提供了一个规模庞大的仿真元器件库，其中包含数十种仿真激励源和将近 6000 种的元器件。

● Altium Designer 支持多种仿真功能，如交流小信号分析、瞬态特性分析、噪声分析、蒙特卡罗分析、参数扫描分析、温度扫描分析、傅里叶分析等十多种分析方式。用户可以根据所设计电路的具体要求选择合适的分析方式。

● Altium Designer 提供了功能强大的结果分析工具，可以记录各种需要的仿真数据，显示各种仿真波形，如模拟信号波形、数字信号波形、波特图等，可以进行波形的缩放、比较、测量等。而且用户可以直观地看到仿真的结果，这就为电路原理图的分析提供了很大的方便。

仿真原理图设计中常用的各种激励源主要包括直流源、正弦仿真源、周期脉冲源、分段线性源、指数激励源、单频调频源、线性受控源和非线性受控源。

仿真原理图设计中常用的各种仿真元器件主要包括电阻、电容、电感、二极管、三极管、JFET 场效应管、MOS 场效应管、MES 场效应管、继电器、变压器、晶振和开关。

在进行仿真之前，用户应知道对电路进行何种分析，要收集哪些数据以及仿真完成后自动显示哪个变量的波形等。因此，应对仿真器进行相应设置，仿真器进行相应的设置主要是在“Analyses Setup”对话框中实现，执行“Design”—“Simulate”—“Mixed Sim”命令，进入仿真分析设置对话框进行选择分析。

模拟电路和数字电路的仿真方式主要包括瞬态分析、傅立叶分析、直流扫描分析、交流小信号分析、噪声分析、传递函数分析、温度扫描分析和参数扫描分析。

思考与练习

1. Altium Designer 中的仿真功能主要有哪些特点？
2. 仿真激励源在哪个元器件库中？常用的仿真激励源有哪些？
3. 仿真元器件在哪个元器件库中？常用的仿真元器件有哪些？
4. 如何进行仿真器的设置？
5. 简述对仿真原理图进行仿真的一般步骤。
6. 模拟电路和数字电路的仿真方式主要包括哪些？
7. 绘制如图 8 - 109 所示的单稳态多谐振荡电路原理图，完成电路的扫描特性分析。

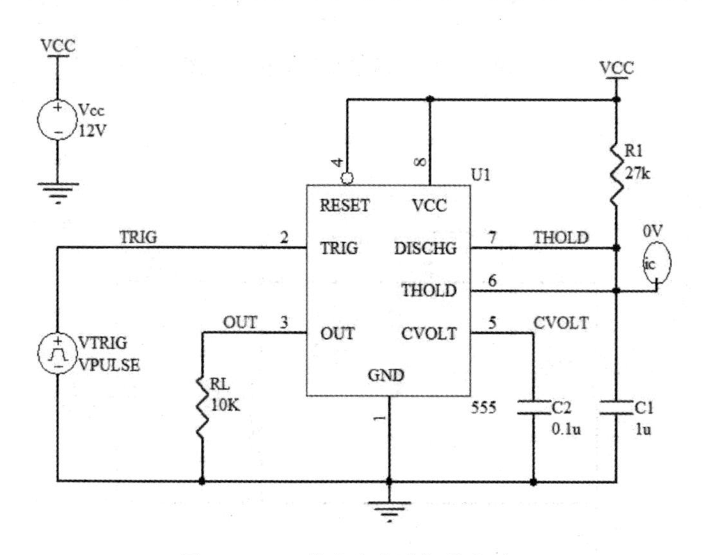

图 8 - 109　单稳态多谐振荡电路

选择观察信号 OUT、TRIG、C2[p]、THOLD，进行瞬态仿真参数设置。分析结果的参考图形如图 8 - 110 所示。

8. 绘制如图 8 - 111 所示的电源电路原理图，完成电路的扫描特性分析。

本题选用的信号源为正弦信号源，频率为 60Hz，并在原理图中添加两个标号 IN 和 OUT，进行瞬态仿真参数设置。分析结果的参考图形如图 8 - 112 所示。

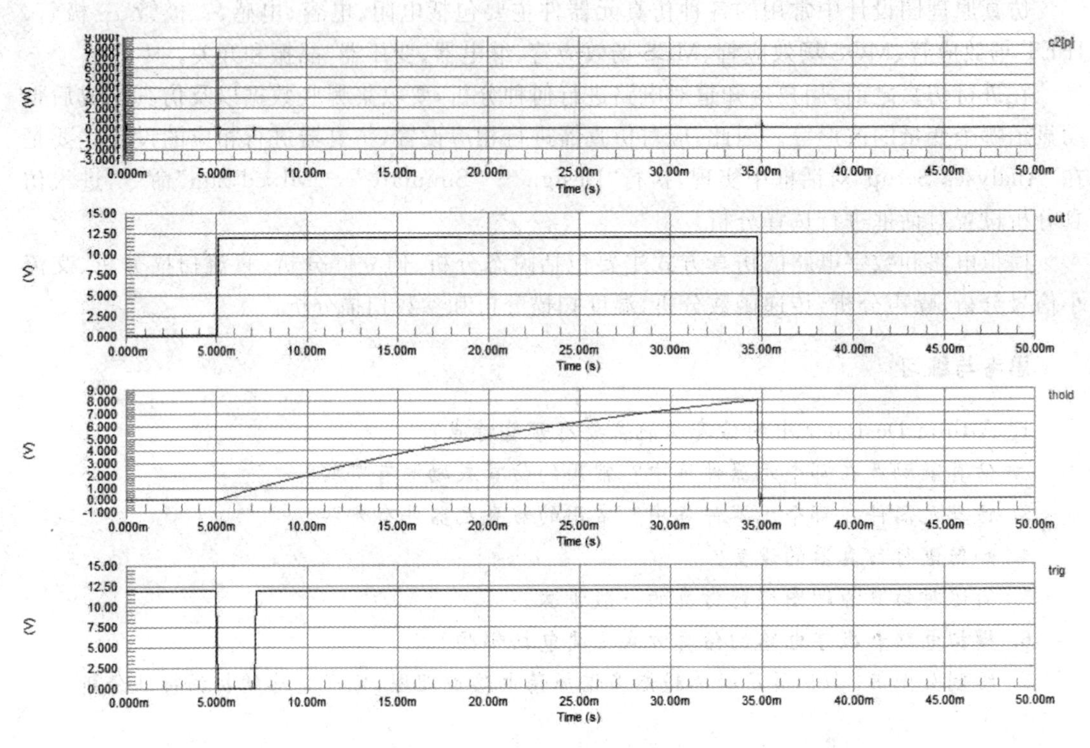

图 8－110　瞬态特性分析结果图

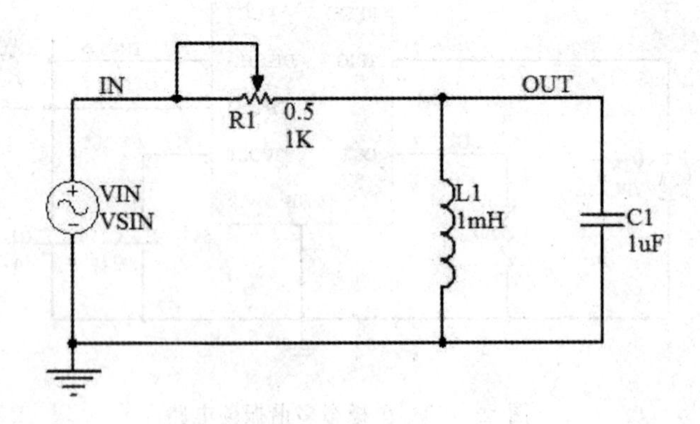

图 8－111　电源电路

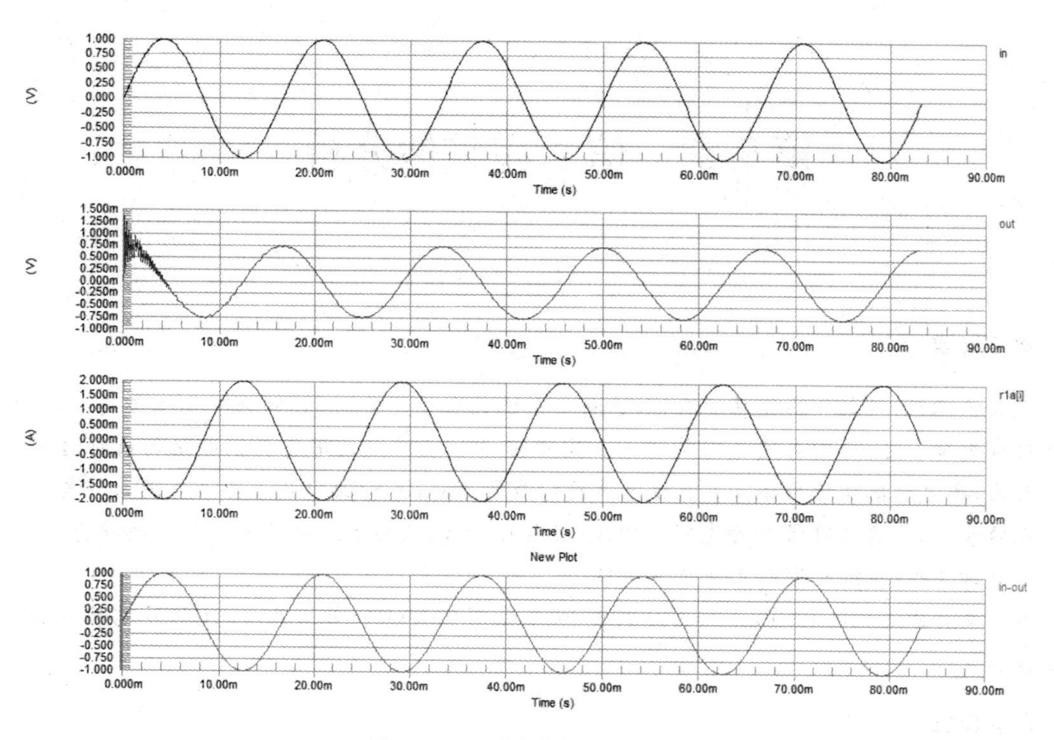

图 8－112　瞬态特性分析结果图

第9章　信号完整性分析

本章导读

随着新工艺、新器件的迅猛发展，高速电路系统的数据传输率、时钟频率都相当高，而且电路功能复杂多样，电路密度也不断增大。高速器件已经广泛应用在类似电路的设计过程中。因此，高速电路设计的重点与低速电路设计截然不同，不能仅顾及元件的合理放置与导线的正确连接，还应该对信号的完整性(Signal Integrity，简称 SI)问题给予充分的考虑，否则即使原理正确，系统也可能无法正常工作。

本章主要讲述 Altium Designer 提供的 PCB 信号完整性分析工具，以及信号完整性分析的基本方法。

学习目标

- 信号完整性分析概念；
- 信号完整性分析规则；
- 信号完整性分析器。

9.1　文件系统的建立

如今的 PCB 设计日趋复杂，高频时钟和快速开关逻辑意味着 PCB 设计已不止是放置元件和布线。网络阻抗、传输延迟、信号质量、反射、串扰和 EMC(电磁兼容)是每个设计者必须考虑的因素，因而进行制板前的信号完整性分析更加重要。本章主要讲述如何使用 Altium Designer 进行 PCB 信号完整性分析。

Altium 公司引进了 EMC 公司的 INCASES 的先进技术，在 Altium Designer 中集成了信号完整性工具，帮助用户利用信号完整性分析获得一次性成功，消除盲目性，以缩短研制周期和降低开发成本。

Altium Designer 包含一个高级的信号完整性仿真器，能分析 PCB 设计和检查设计参数，测试过冲、下冲、阻抗和信号斜率。如果 PCB 上任何一个设计要求(设计规则指定)有问题，即可对 PCB 进行反射或串扰分析，以确定问题所在。

Altium Designer 的信号完整性分析与 PCB 设计过程为无缝连接，该模块提供了极其精确的板级分析，能检查整板的串扰、过冲/下冲、上升/下降时间和阻抗等问题。在 PCB 制造前，用最小的代价来解决高速电路设计带来的 EMC/EMI(电磁兼容/电磁抗干扰)等问题。

1. Altium Designer 的信号完整性分析模块具有如下特性：

- 设置简便，可以和在 PCB 编辑器中定义设计规则一样，定义设计参数（阻抗等）。
- 通过运行 DRC（设计规则检查），快速定位不符合设计要求的网络。
- 无需特殊经验要求，可在 PCB 中直接进行信号完整性分析。
- 提供快速的反射和串扰分析。
- 利用 I/O 缓冲器宏模型，无需额外的 Spice 或模拟仿真知识。
- 完整性分析结果采用示波器形式显示。
- 成熟的传输特性计算和并发仿真算法。
- 用电阻和电容参数值对不同的终止策略进行假设分析，并可对逻辑系列快速替换。

2. Altium Designer 的信号完整性分析模块中的软件 I/O 缓冲器模型具有如下特性：

- 宏模型逼近，包括校验模型。
- 提供 IC 库模型，包括校验模型。
- 模型同 INCASES EMC - WORKBENCH 兼容。
- 自动模型连接。
- 支持 I/O 缓冲器模型的 IBIS 2 工业标准子集。
- 利用完整性宏模型编辑器可方便、快捷地自定义模型。
- 引用数据手册或测量值。

9.2　设置信号完整性分析规则

Altium Designer 中包含了许多信号完整性分析规则，这些规则用于在 PCB 设计中检测一些潜在的信号完整性问题。信号完整性分析基于布好线的 PCB。

在打开的需要进行信号完整性分析的 PCB 文档中，首先需要执行“Design”—“Rules”命令设置信号完整性规则，系统将弹出如图 9 - 1 所示的 PCB 规则设置对话框。

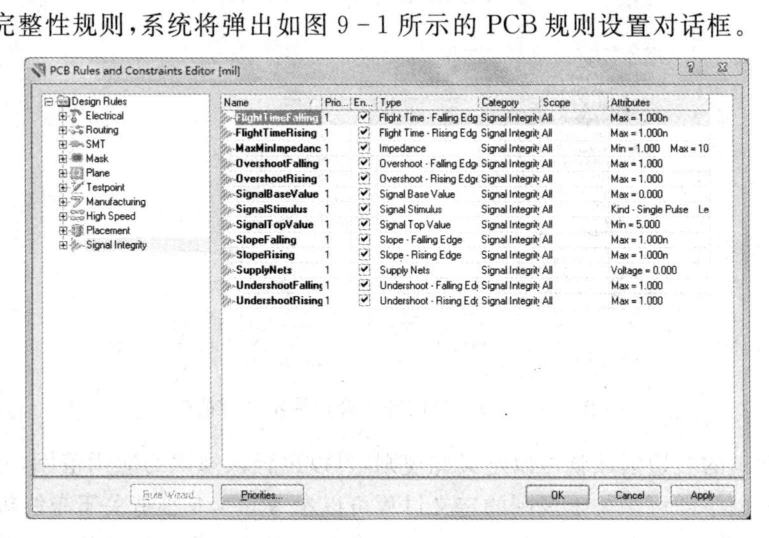

图 9 - 1　PCB 规则设置对话框

在该对话框中的“Signal Integrity”选项中，设计者可以选择信号完整性分析的规则，并对所选择的规则进行设置。

在系统默认状态下，信号完整性分析规则没有定义。当需要进行信号完整性分析时，可以选中“Signal Integrity”选项中的某一项，单击鼠标右键选择快捷菜单中的“New Rules”命令，即可建立一个新的分析规则。然后双击建立的分析规则即可进入规则设计对话框。

Altium Designer 信号完整分析主要包括如下 13 条信号分析规则。

1. 飞升时间下降边沿

飞升时间的下降边沿(Flight Time-Falling Edge)是相互连接结构的输入信号延迟，如图 9-2 所示。它是实际的输入电压到门限电压之间的时间，小于这个时间将驱动一个基准负载，该负载直接与输出相连。

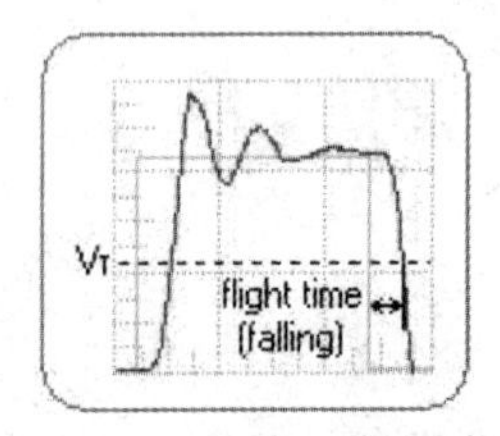

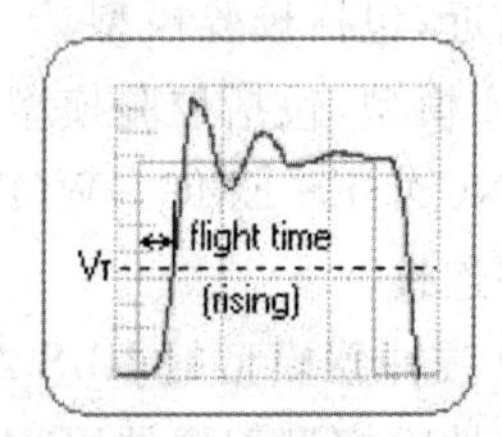

图 9-2 信号飞升时间的下降边沿和上升边沿示意图

这条规则定义了信号下降边沿的最大允许飞行时间。规则定义的操作如下：

选中 Flight Time-Falling Edge，单击鼠标右键选择快捷菜单中的“New Rule”命令，即可建立一个新的分析规则。然后双击建立的分析规则，即可进入规则设计对话框。飞升时间的下降边沿的信号分析规则定义对话框如图 9-3 所示。

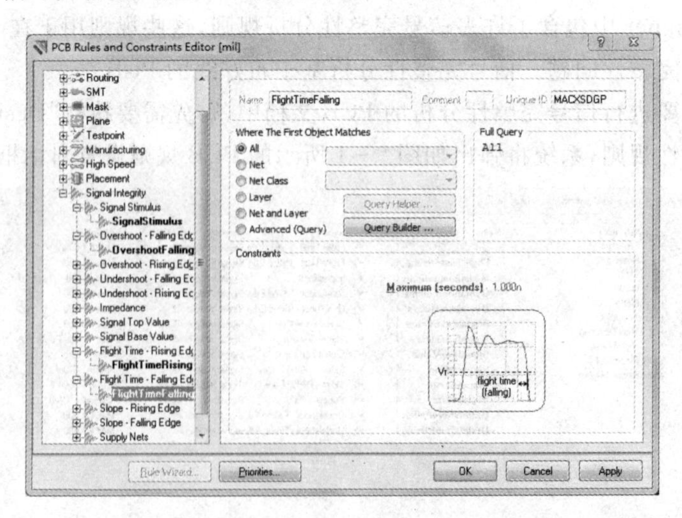

图 9-3 飞升时间的下降边沿定义对话框

在该对话框的右边区域就可以定义此规则，可以设置该规则的应用范围，一般只需要选择应用于哪些网络即可。关于规则的定义过程可以参考 6.4.6 小节关于布线规则的设置。

如图 9-3 所示，在 Maximum(Seconds)编辑框中定义下降边沿的最大允许时间。该时间的单位一般为 ns。

2. 飞升时间上升边沿

这条规则定义了信号上升边沿的最大允许飞行时间。信号飞升时间上升边沿(Flight Time-Rising Edge)的定义如图 9－2 所示。

飞升时间上升边沿的分析规则设置对话框和图 9－3 类似。

3. 阻抗约束

阻抗约束(Impedance Constraint)定义了所允许的电阻的最大值和最小值。阻抗是导体几何形状、电导率、导体周围的绝缘材料以及电路板的物理形状(在 Z 平面中导体之间的距离)的函数。上述的绝缘材料包括板的基材、多层间的绝缘层以及助焊膜等。

阻抗约束规则定义对话框如图 9－4 所示。在该对话框中的编辑框中,设计者可以定义阻抗的最大值(Maximum)和最小值(Minimum),其他设置同样可以参考 6.4.6 小节关于布线规则的设置。

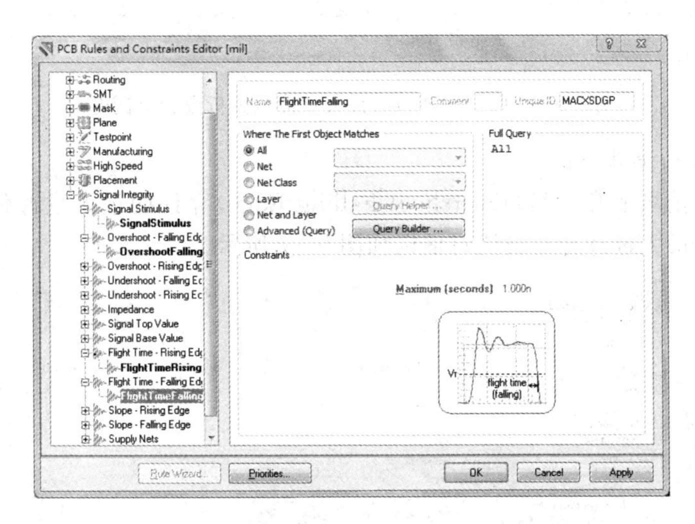

图 9－4　阻抗约束规则定义对话框

4. 信号过冲的下降边沿

信号过冲的下降边沿(Overshoot-Falling Edge)定义信号下降沿允许的最大过冲值。图 9－5 直观地表示了信号过冲的下降边沿和上升边沿。

图 9－5　信号过冲的下降边沿和上升边沿示意图

信号下降边沿最大过冲值分析设置对话框如图 9－6 所示,设计者可以在对话框的 Maximum(Volts)编辑框中设置信号完整性分析中的最大过冲值,其他设置同样可以参考 6.4.6 小节关于布线规则的设置。

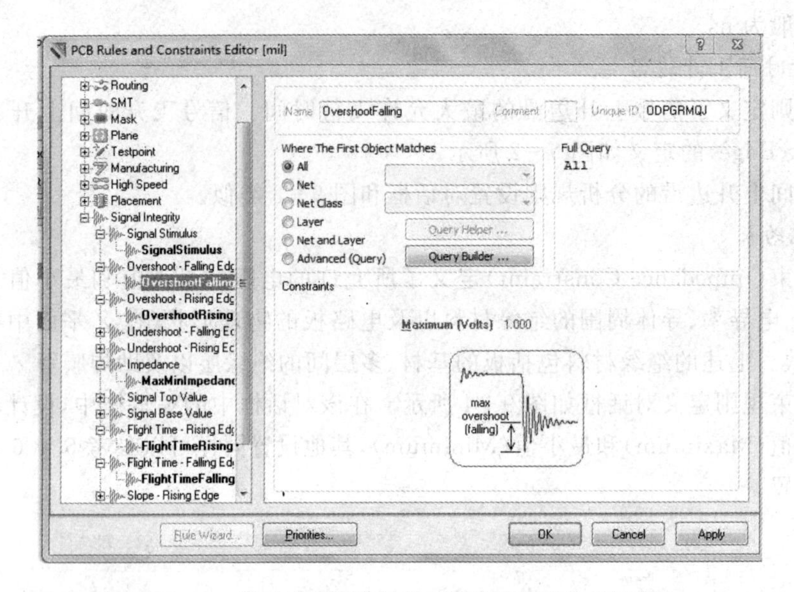

图 9-6 信号下降边沿最大过冲值分析设置对话框

5. 信号过冲的上升边沿

该规则定义信号上升边沿(Overshoot-Falling Edge)允许的最大过冲值，如图 9-5 所示。信号上升沿最大过冲分析设置对话框如图 9-7 所示。

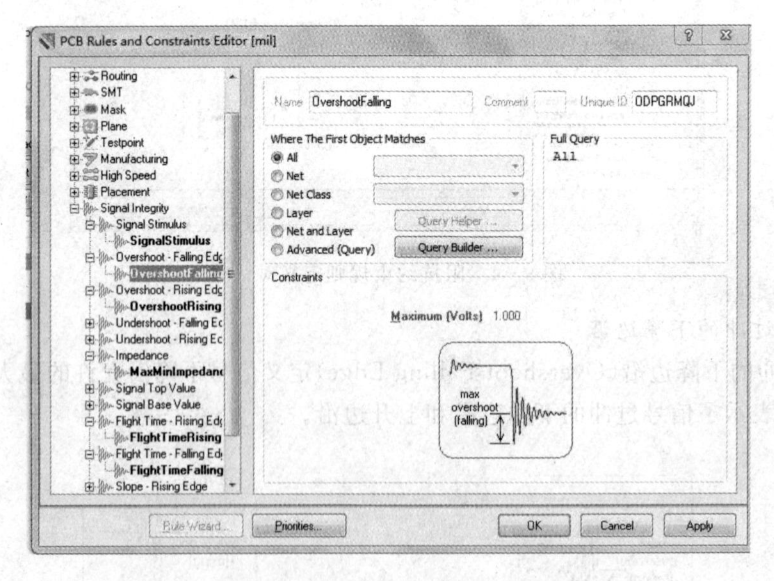

图 9-7 信号上升边沿最大过冲值分析设置对话框

6. 信号基值

信号基值(Signal Basic Value)是信号在低电平状态的最小电压，如图 9-8 所示。该规则定义了允许的最大基值。信号基值设置对话框如图 9-9 所示。

设计者可以在该对话框 Maximum(Volts)编辑框中设置信号完整性分析中的最大信号基值，其他设置同样可以参考 6.4.6 小节关于布线规则的设置。

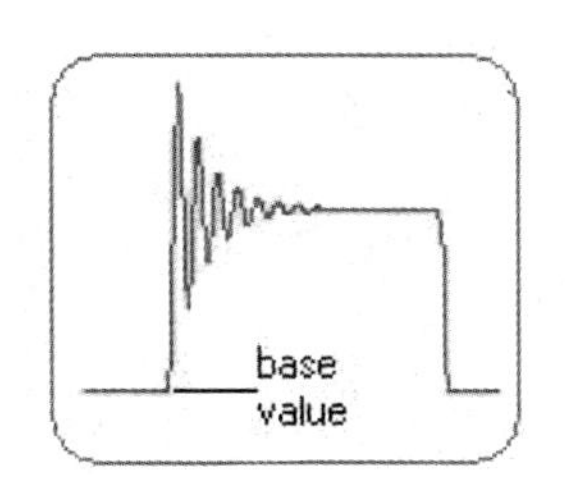

图 9－8　信号基值示意图

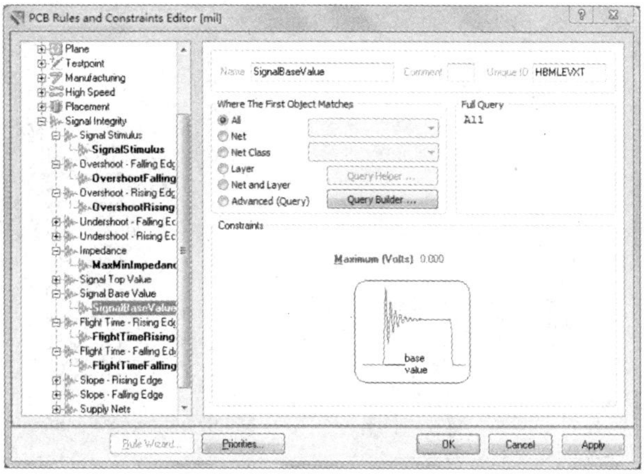

图 9－9　信号基值设置对话框

7. 激励信号

激励信号(Signal Stimulus)是信号完整性分析中使用的激励信号的特性，如图 9－10 所示。

激励信号属性设置对话框如图 9－11 所示。通过该对话框，设计者可以在该对话框中定义所使用的激励信号的属性。如激励信号的种类(包括单脉冲、周期脉冲和常值)；该信号起始电平(高电平或低电平)；该信号的起始时间、终止时间和周期等。其他设置同样可以参考 6.4.6 小节关于布线规则的设置。

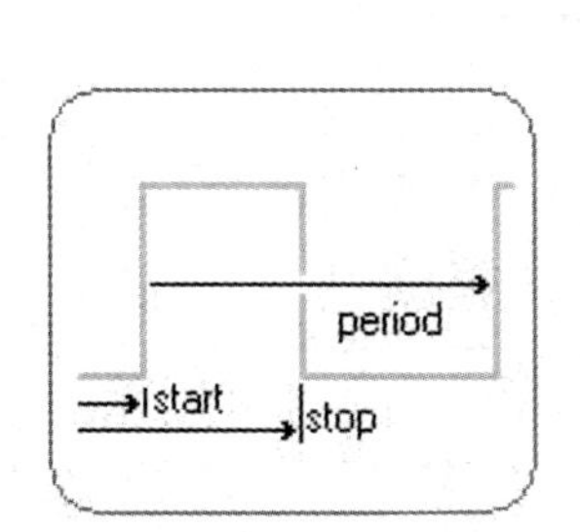

图 9－10　激励信号示意图

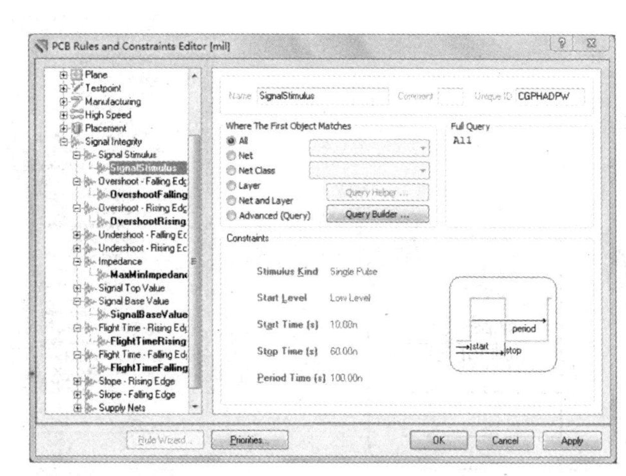

图 9－11　激励信号属性设置对话框

8. 信号高电平

信号高电平(Signal Top Value)是信号在高电平状态时的电压值，如图 9－12 所示。使用这个规则定义此电压的最小值。

信号高电平属性设置对话框如图 9－13 所示。设计者可以在该对话框 Minimum (Volts)编辑框中设置信号完整性分析中的信号高电平的最小值，其他设置同样可以参考 6.4.6 小节关于布线规则的设置。

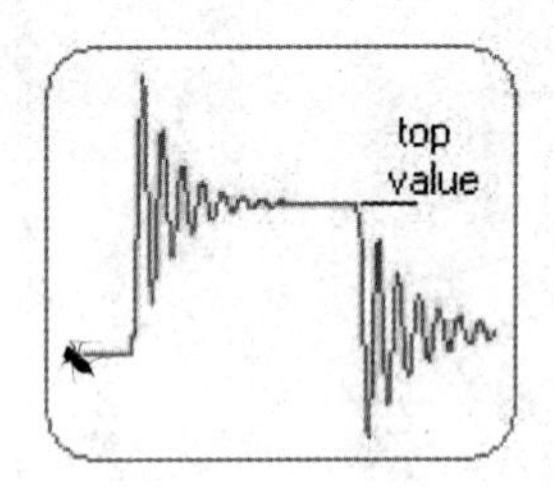

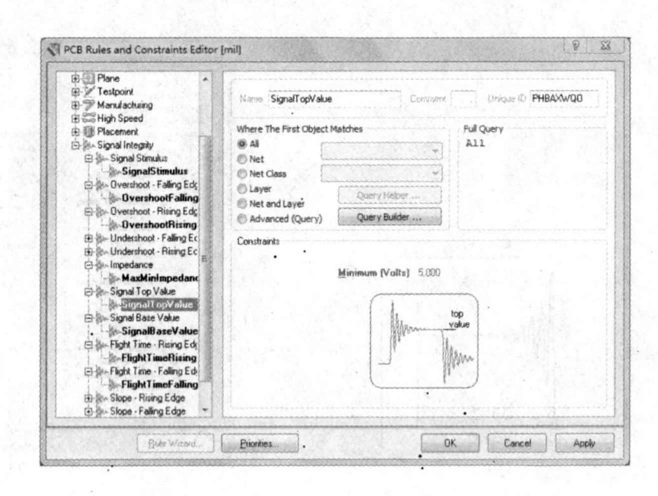

图 9－12　信号高电平电压值示意图　　　　图 9－13　信号高电平属性设置对话框

9. 下降边沿斜率

下降边沿斜率(Slope-Falling Edge)是信号从门线电压 V_T 下降到一有效低电平的时间,如图 9－14 所示。这个规则定义了允许的最大时间。

定义下降边沿斜率对话框如图 9－15 所示。设计者可以在该对话框 Maximum (Seconds)编辑框中设置信号完整性分析中的下降边沿斜率允许的最大时间,其他设置同样可以参考 6.4.6 小节关于布线规则的设置。

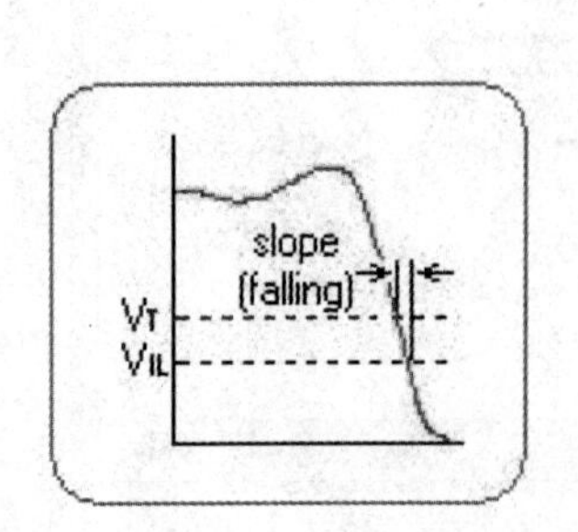

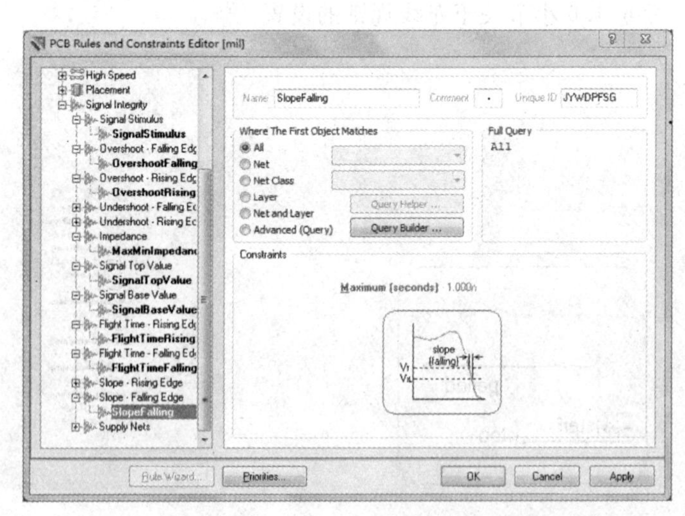

图 9－14　下降沿边沿斜率示意图　　　　图 9－15　定义下降边沿斜率对话框

10. 上升边沿斜率

上升边沿斜率(Slope-Rising Edge)是信号从门线电压 V_T 上升到一有效高电平的时间,如图 9－17 所示。这个规则定义了允许的最大时间。定义上升边沿斜率对话框如图 9－15 所示。

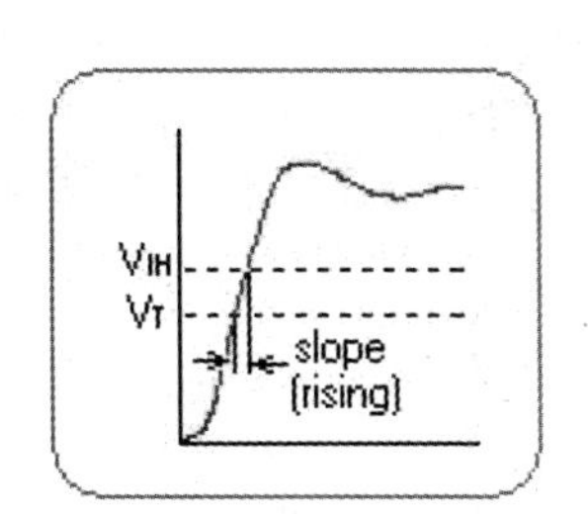

图 9-16　上升沿边沿斜率示意图

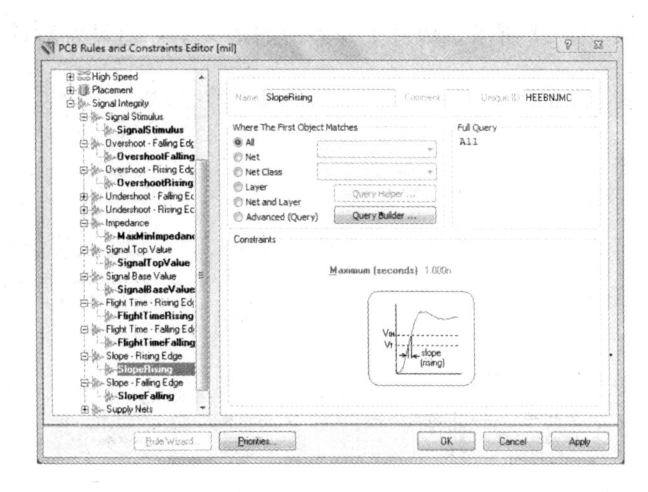

图 9-17　定义上升边沿斜率对话框

11. 电源网络标号

电源网络标号(Supply Nets)用来定义电路板上的供电网络标号。信号完整性分析时需要了解电源网络标号的名称和电压。

电源网络标号设置对话框如图 9-18 所示。设计者可在该对话框电压(Volts)编辑框中设置该网络标号所对应的电压值,其他设置同样可以参考 6.4.6 小节关于布线规则的设置。

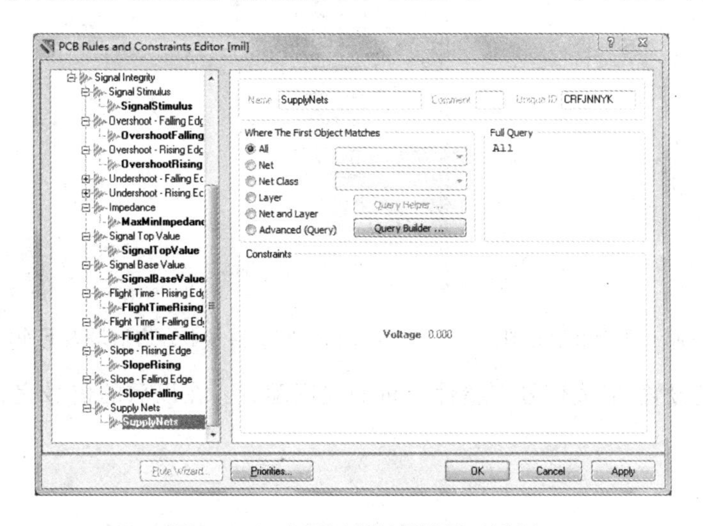

图 9-18　电源网络标号设置对话框

12. 信号下冲的下降边沿

信号下冲的下降边沿(Undershoot-Falling Edge)是信号的下降沿所允许的最大下冲值,如图 9-19 所示。

信号下降边沿的最大下冲值设置对话框如图 9-20 所示。设计者可以在该对话框 Maximum(Volts)编辑框中设置最大下冲值。

13. 信号下冲的上升边沿

信号下冲的上升边沿(Undershoot-Rising Edge)是信号的上升沿所允许的最大下冲值,

如图 9 - 21 所示。信号上升边沿的最大下冲值设置对话框如图 9 - 22 所示。

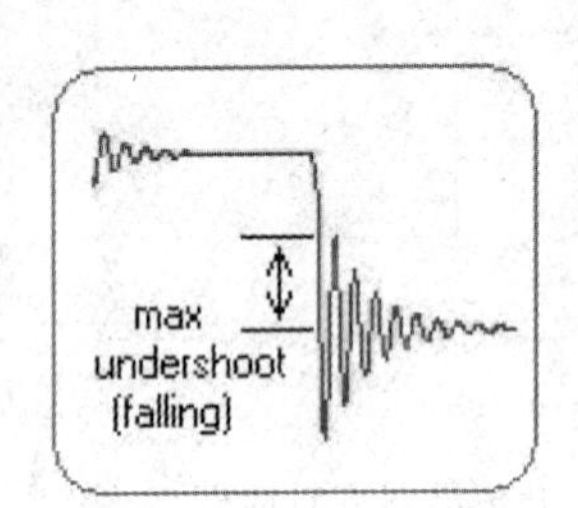

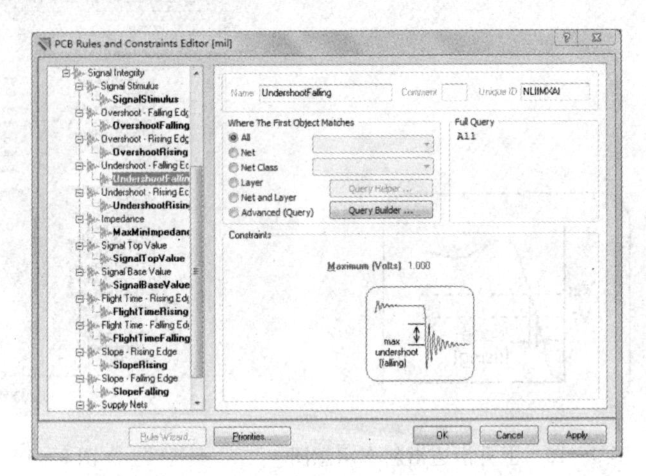

图 9 - 19　信号下冲下降边沿示意图　　　　图 9 - 20　信号下降边沿最大下冲值设置对话框

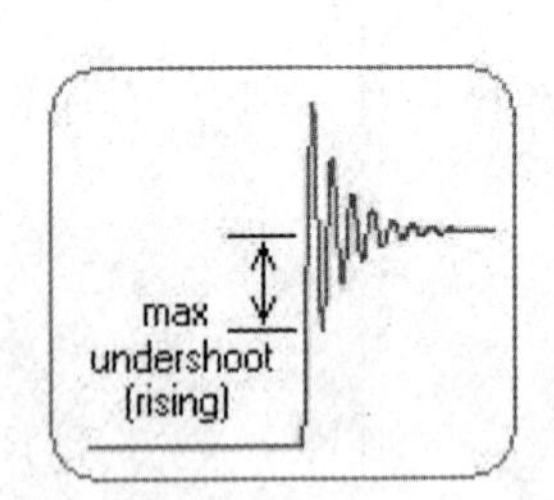

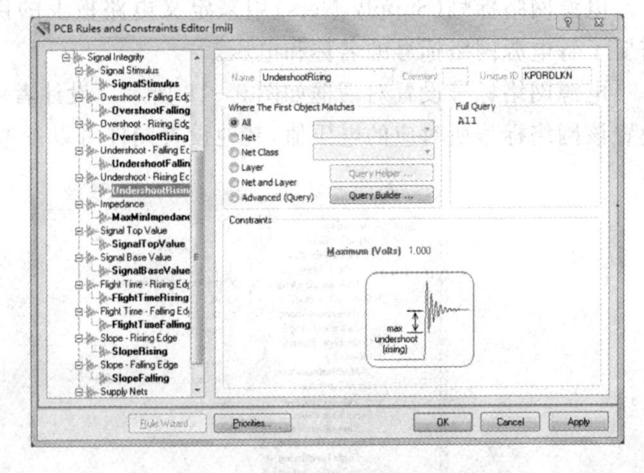

图 9 - 21　信号下冲上升边沿示意图　　　　图 9 - 22　信号上升边沿最大下冲值设置对话框

通过以上的设置，完成信号完整性分析的规则配置。在以后的信号完整性分析中将使用这些规则。

9.3　PCB 信号完整性分析模型

信号完整性问题不仅是出现在高速时钟频率设计中。信号完整性问题是从元件输出的边缘频率（上升/下降时间）就开始考虑，而不只是考虑元件的时钟速度。用上升时间为 1ns 的元件进行设计时，对于 2MHz 或 200MHz 的时钟频率会产生同样的信号完整性问题。传输延时、网络干扰、信号反射和串扰不再是局限于高频设计的特殊要求。

元件制造商总是努力造出更快更小的元件，结果造成了元件边缘率的上升。随着低速逻辑元件正从厂商的库存中消失，在不久的将来，所有的设计人员将不得不在设计和布线时考虑信号完整性问题。对设计者来说，在制板前进行信号完整性问题的检测是非常重要和必要的。

Altium Designer 包括了一个高级信号完整性分析器，它能精确地模拟分析已布线的 PCB。测试网络阻抗、下冲、上冲、过冲、信号斜率和信号水平的设置与 PCB 设计规则一样容易实现。

信号完整性分析器使用典型的线阻抗、传输线计算和 I/O 缓冲器模型信息作为仿真输入，它基于一个快速反射和串扰，是经工业标准证明能产生精确结果的仿真器。

与封装模型、仿真模型一样，SI 模型也是元件的一种外在表现形式。很多元件的 SI 模型与相应的原理图符号、封装模型、仿真模型一起，由系统存放在集成库文件中。因此，与设定仿真模型类似，也需要对元件的 SI 模型进行设定。

元件的 SI 模型可以在信号完整性分析之前设定，也可以在信号完整性分析的过程中进行设定。

9.3.1　在信号完整性分析前设定元件的 SI 模型

在 Altium Designer 中，提供了若干种可以设定 SI 模型的元件类型，如 IC（机车集成电路）、Resistor（电阻元件）、Capacitor（电容元件）、Connector（连接器类元件）、Diode（二极管元件）和 BJT（双极型三极管元件）等。对于不同类型的元件，其设定方法各不相同。

1. 无源元件的 SI 模型设定

（1）在电路原理图中，双击所放置的某一无源元件，打开对应的元件属性对话框，这里打开原理图中的一个电阻。

（2）单击元件属性对话框右下方的“Add”按钮，系统弹出的“Add New Model”（添加新模型）对话框，如图 9－23 所示。在该对话框中选择“Signal Integrity”（信号完整性）选项。

（3）单击“OK”按钮后，系统将弹出如图 9－24 所示的“Signal Integrity Model”（信号完整性模型）对话框。在该对话框中，只需要在“Type”（类型）下拉列表框中选择相应的类型“Resistor”（电阻），然后在“Value”（值）文本框中输入适当的电阻值。

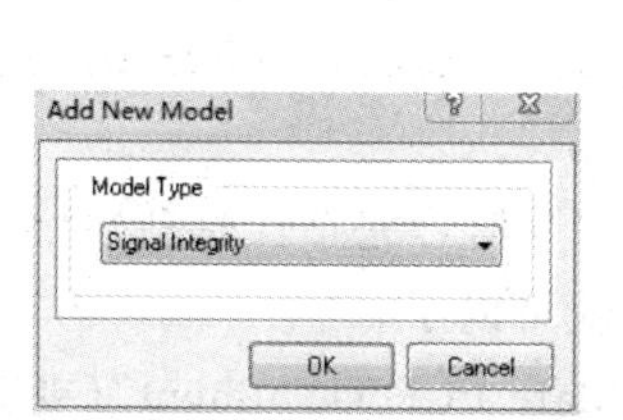

图 9－23　“Add New Model”对话框

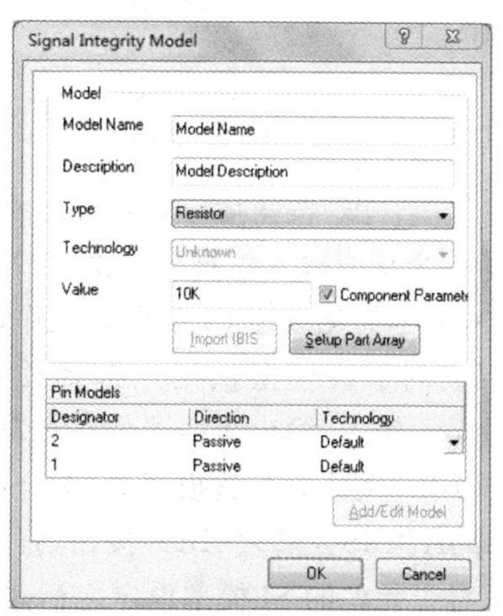

图 9－24　“Signal Integrity Model”对话框

若在“Model”(模型)选择组的类型中,元件的“Signal Integrity Model”(信号完整性模型)已经存在,则双击后,系统同样弹出如图 9-24 所示的“Signal Integrity Model”(信号完整性模型)对话框。

(4) 单击“OK”按钮后,即可完成该无源元件的 SI 模型设定。

对于 IC 类的元件,其 SI 模型的设定同样是在“Signal Integrity Model”(信号完整性模型)对话框中完成的。一般说来,只需要设定其内部结构特性就够了,如 CMOS、TTL 等。但是在一些特殊的应用中,为了更准确地描述电器特性,还进行一些额外的设定。

在“Signal Integrity Model”(信号完整性模型)对话框中的“Pin Models”(引脚模型)列表框中,列出了元件的所有引脚。在这些引脚中,电源性质的引脚是不可编辑的。而对于其他引脚,则可以直接用其右侧的下拉列表框完成简单功能的编辑。如图 9-25 所示,将某一元件的某一输入引脚的技术特性,即工艺类型设定为“AS”(Advanced Schottky Logic,高级肖特基逻辑晶体管)。

如果需要进一步编辑,可以进行如下的操作。

2. 新建引脚模型

(1) 在“Signal Integrity Model”(信号完整性模型)对话框中,单击“Add/Edit Model”(添加/编辑模型)按钮,系统将弹出相应的引脚模型编辑器,如图 9-26 所示。

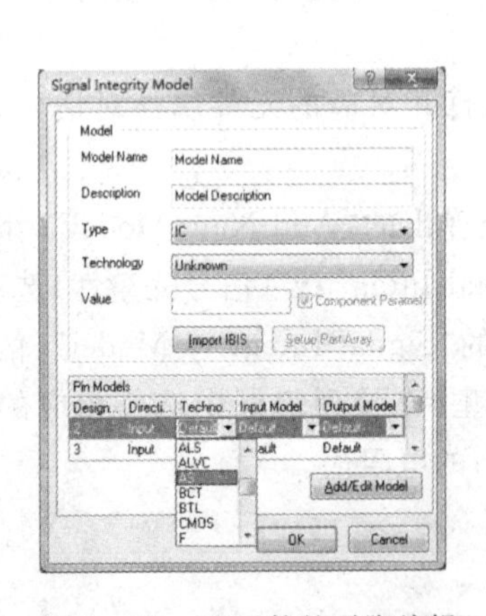

图 9-25　IC 元件的引脚编辑

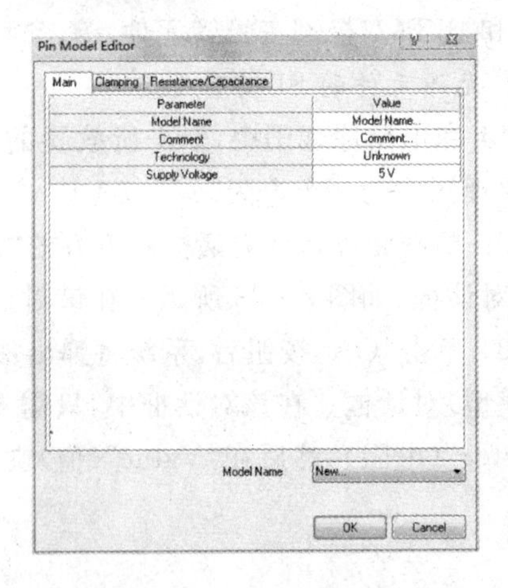

图 9-26　引脚模型编辑器

(2) 单击“OK”按钮后,返回“Signal Integrity Model”(信号完整性模型)对话框,可以看到添加了一个新的输入引脚模型供用户选择。

另外,为了简化设定 SI 模型的操作,以及保证输入的正确性,对于 IC 类元件,一些公司提供了现成的引脚模型供用户选择使用,这就是 IBIS(Input/Output Buffer Information Specification,输入/输出缓冲器信息规范)文件,扩展名为“.ibs”。

使用 IBIS 文件的方法很简单,在“Signal Integrity Model”(信号完整性模型)对话框中,单击“Import IBIS”(输入 IBIS)按钮,打开下载的 IBIS 文件就可以了。

(3) 对于元件的 SI 模型设定之后,执行“Design”—“Update PCB Document”(更新 PCB 文件)命令,即可完成相应 PCB 文件的同步更新。

9.3.2 在信号完整性分析过程中设定元件的SI模型

具体的操作步骤如下：

(1) 打开执行信号完整性分析的项目，这里打开一个简单的设计工程“SY. PrjPcb”，打开的“SY. PcbDoc”PCB文件如图9－27所示。

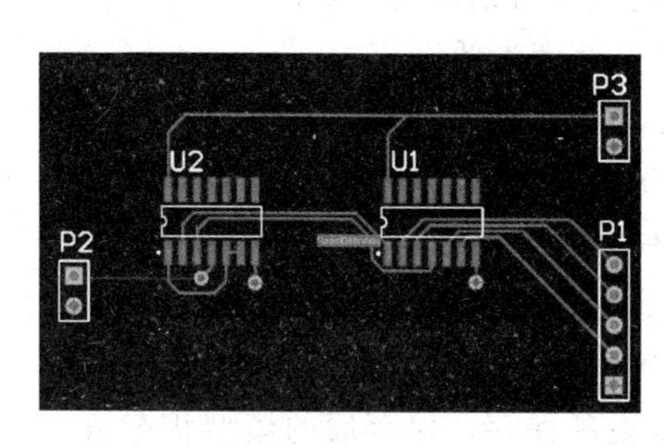

图9－27 “SY. PcbDoc”PCB文件

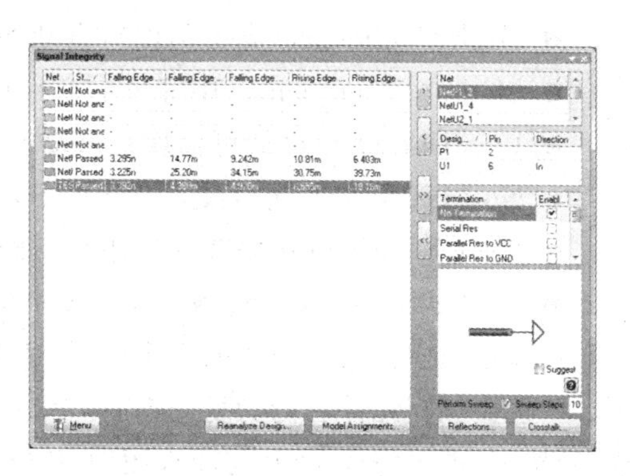

图9－28 信号完整性分析器对话框

(2) 执行“Tools”—“Signal Integrity”(信号完整性)，系统开始运行信号完整性分析器，弹出如图9－28所示的“Signal Integrity”(信号完整性分析器)对话框，其具体设置将在9.4节中详细介绍。

(3) 单击该对话框中“Model Assignments”(模型分配)按钮，系统将弹出SI模型参数设定对话框，显示所有元件的SI模型设定情况，供用户参考或修改，如图9－29所示。

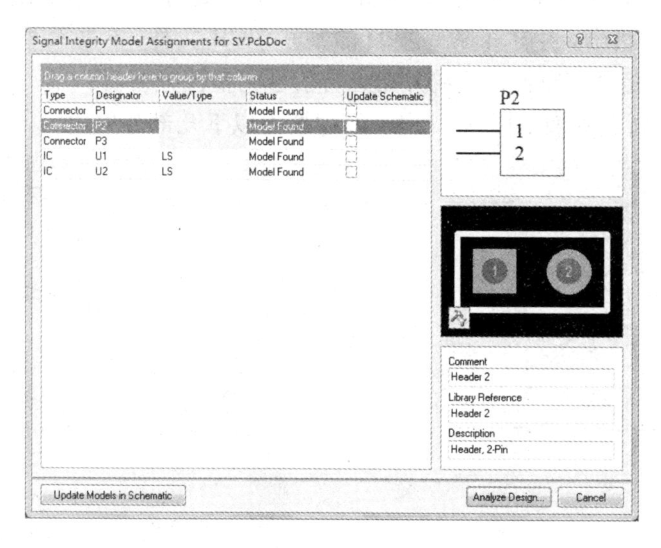

图9－29 “Signal Integrity Model Assignments”对话框

显示框中左侧第一列显示的是已经为元件选定的SI模型，用户可以根据实际的情况，对不合适的模型类型直接单击进行更改。

对于IC(集成电路)类型的元件，在对应的“Value/Type”(值/类型)列中显示了其制造工艺类型，该项参数对信号完整性分析的结果有较大的影响。

在“Status”(状态)列中，显示了当前模型的状态。实际上，在单击菜单栏中的“Tools”—“Signal Integrity”(信号完整性)，开始运行信号完整性分析器的时候，系统已经为一些没有设定 SI 模型的元件添加了模型，这里的状态信息就表示了这些自动加入的模型的可信程度，供用户参考。状态信息一般有以下几种。

- Model Found(找到模型)：已经找到元件的 SI 模型。
- High Confidence(高可信度)：自动加入的模型是高度可信的。
- Medium Confidence(中等可信度)：自动加入的模型可信度为中等。
- Low Confidence(低可信度)：自动加入的模型可信度为低。
- No Match(不匹配)：没有合适的 SI 模型类型。
- User Modified(用修改的)：用户已修改元件的 SI 模型。
- Model Saved(保存模型)：原理图中的对应元件已经保存了与 SI 模型相关的信息。

在显示框中完成了需要的设定以后，这个结果应该保存到原理图源文件中，以便下次使用。钩选要保存元件右侧的复选框后，单击“Update Model in Schematic”(在原理图中更新模型)按钮，即可完成 PCB 与原理图中 SI 模型的同步更新保存。保存后的模型状态信息均显示为“Model Saved”(保存模型)。

9.4 信号完整性分析器设置

Altium Designer 提供了一个高级的信号完整分析器。能精确地模拟分析已布线的 PCB，可以测试网络阻抗、反冲、过冲、信号斜率等。其设置方式与 PCB 设计规则一样，首先启动信号完整性分析器，再打开某一项目的某一 PCB 文件，单击菜单栏中的“Tools”—“Signal Integrity”(信号完整性)，系统开始运行信号完整性分析器。

信号完整性分析器界面如图 9-30 所示，主要由以下几部分组成。

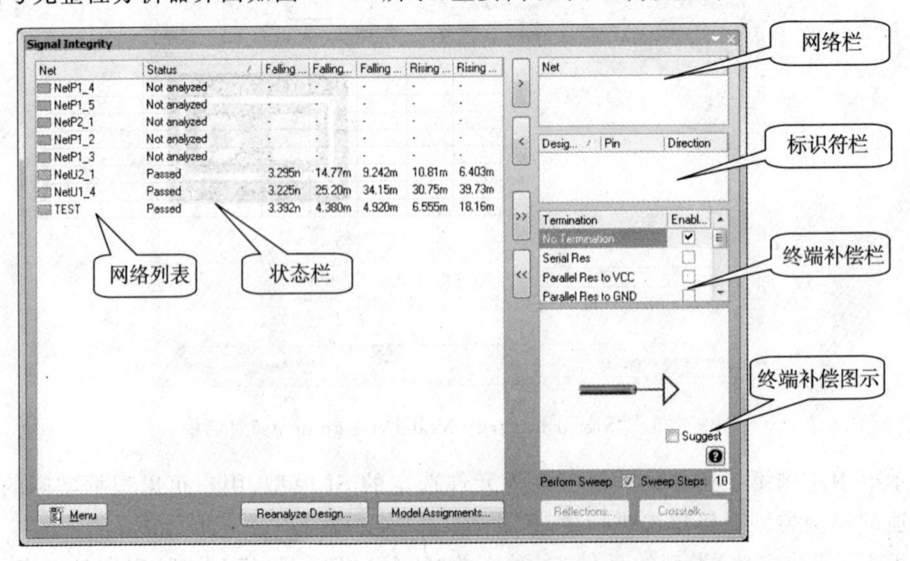

图 9-30 信号完整性分析器的界面

1. 网络列表

网络列表中列出了 PCB 文件中所有可能需要进行分析的网络。在分析之前，可以选中需要进一步分析的网络，单击 按钮添加到右侧的“Net”(网络)栏中。

2. 状态栏

用于显示对某个网络进行信号完整性分析后的状态，包括以下 3 种状态。

- Passed(通过)：表示通过，没有问题。
- Not analyzed(无法分析)：表明由于某种原因导致对该信号的分析无法进行。
- Failed(失败)：分析失败。

3. 标识符栏

用于显示在“Net”(网络)栏中选定的网络所连接元件的引脚及信号的方向。

4. 终端补偿栏

在 Altium Designer 中，对 PCB 进行信号完整性分析时，还需要对线路上的信号进行终端补偿的测试。其目的是测试传输线中信号的反射与串扰，以便使 PCB 中的线路信号达到最优。

在“Termination”(终端补偿)栏中，系统提供了 8 种信号终端补偿方式，相应的图示显示在下面的图示栏中。

(1) No Termination(无终端补偿)：该补偿方法如图 9-31 所示，即直接进行信号传输，对终端不进行补偿，是系统的默认方式。

(2) Serial Res(串阻补偿)：该补偿方法如图 9-32 所示，即在点对点的连接方式中，直接串入一个电阻，以降低外部电压信号的幅值，合适的串阻补偿将使得信号正确传输到接收端，消除接收端的过冲现象。

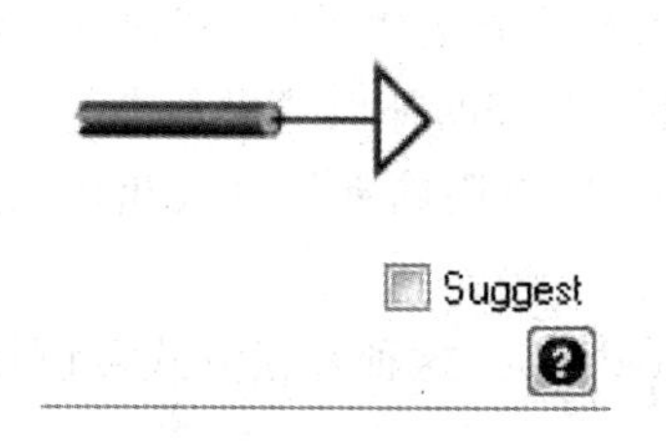

图 9-31　无终端补偿方式

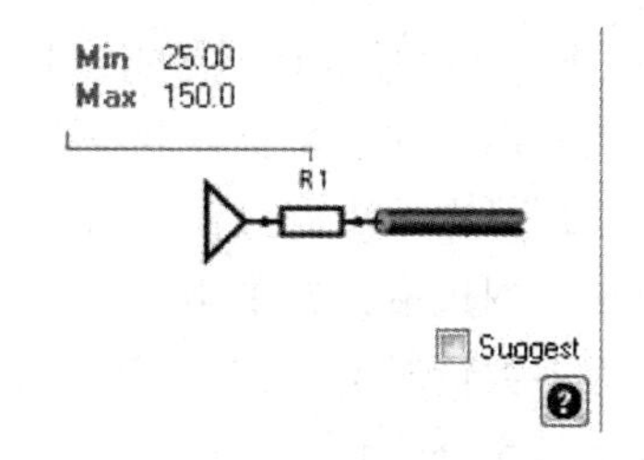

图 9-32　串阻补偿方式

(3) Parallel Res to VCC(电源 VCC 端并阻补偿)：在电源 VCC 输出端并联的电阻和传输线阻抗是相匹配的，对于线路的信号反射，这是一种比较好的补偿方法，如图 9-33 所示。由于该电阻上会有电流通过，因此将增加电源的消耗，导致低电平阀值的升高。该阀值会根据电阻值的变化而变化，有可能会超出在数据区定义的操作条件。

(4) Parallel Res to GND(接地端并阻补偿)：该补偿方法如图 9-34 所示，在接地输入端并联的电阻和传输线阻抗是相匹配的，与电源 VCC 端并阻补偿方式类似，这也是补偿线路信号反射的一种比较好的方法。同样，由于有电流通过，会导致高电平阀值的降低。

(5) Parallel Res to VCC&GND(电源端与接地端同时并阻补偿)：该补偿方法如图 9-35 所示，将电源端并阻补偿与接地端并阻补偿结合起来使用。适用于 TTL 总线系统，而对

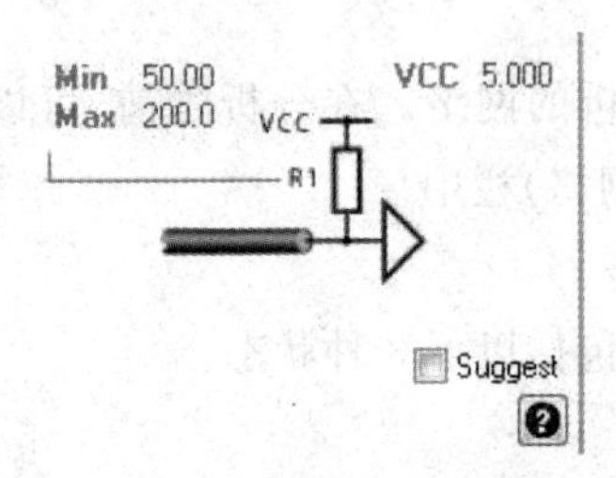

图 9-33 电源 VCC 端并阻补偿方式

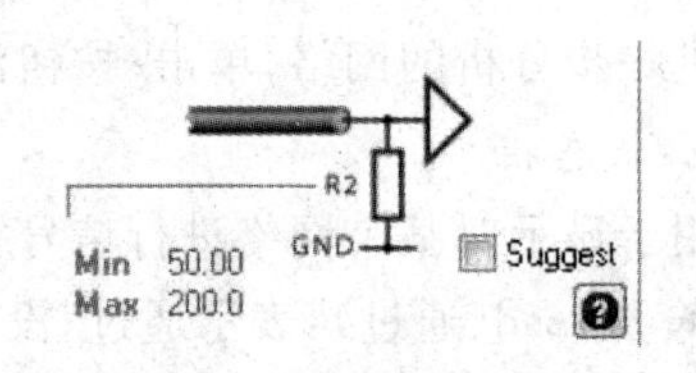

图 9-34 接地端并阻补偿方式

于 CMOS 总线系统则一般不建议使用。

由于该补偿方式相当于在电源与地之间直接接入了一个电阻，通过的电流将比较大，因此对于两电阻的阻值应折中分配，以防电流过大。

(6) Parallel Cap to GND(接地端并阻电容补偿)：该补偿方法如图 9-36 所示，即在信号接收端对地并联一个电容，可以降低信号噪声。该补偿方式是制作 PCB 印刷板最常用的方式，能够有效地消除铜膜导线在走线拐弯处所引起的波形畸变。最大的缺点是，波形的上升沿或下降沿会变得太平坦，导致上升时间和下降时间增加。

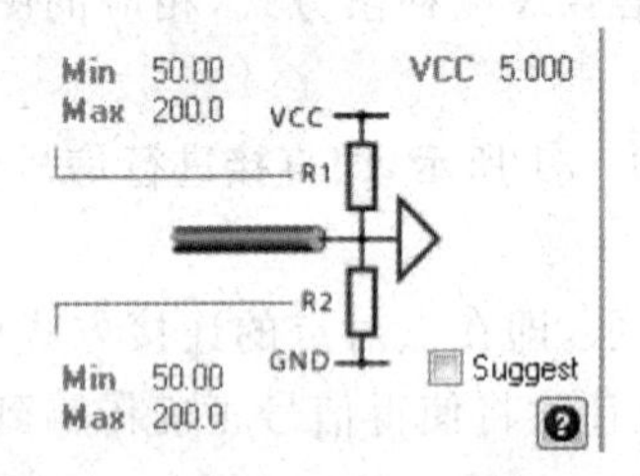

图 9-35 电源端与接地端同时并阻补偿方式

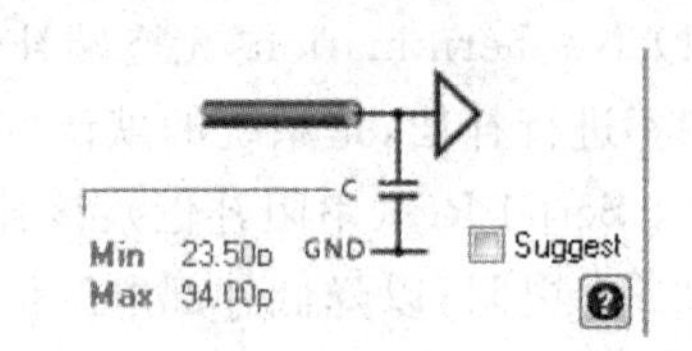

图 9-36 接地端并阻电容补偿方式

(7) Res and Cap to GND(接地端并阻、并容补偿)：该补偿方法如图 9-37 所示，即在接收输入端对地并联一个电容和一个电阻，与接地端仅仅并联电容的补偿效果基本一样，只不过在补偿网络中不再有直流电流通过。而且与地端仅仅并联电阻的补偿方式相比，能够使得线路信号的边沿比较平坦。

在大多数情况下，当时间常数 RC 大约为延迟时间的 4 倍时，这种补偿方式可以使传输线上的信号充分终止。

(8) Parallel Schottky Diode(并联肖特基二极管补偿)：该补偿方法如图 9-38 所示，在传输线补偿端的电源和地端并联肖特基二极管可以减小接收端信号的过冲和下冲值。大多数标准逻辑集成电路的输入电路都采用了这种补偿方式。

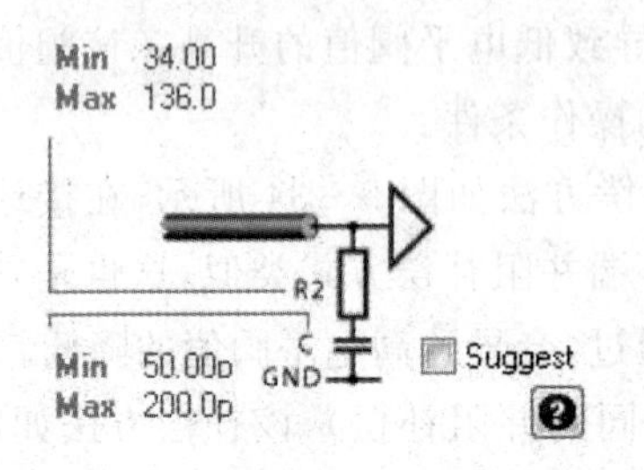

图 9-37 接地端并阻、并容补偿方式

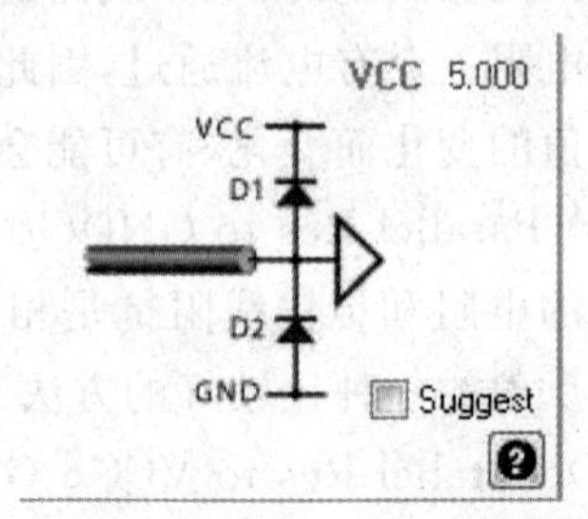

图 9-38 并联肖特基二极管补偿方式

5. “Perform Sweep”执行扫描复选框

若勾选该复选框，则信号分析时会按照用户所设置的参数范围，对整个系统的信号完整性进行扫描，类似于电路原理图仿真中的参数扫描方式。扫描的步数可以在后面进行设置，一般应钩选该复选框，扫描步数采用系统默认值即可。

6. “Menu”菜单按钮

选择其中一个网络后单击该按钮，弹出如图 9 - 39 所示的“Menu”菜单，该命令功能如下。

● Select Net(选择网络)：单击该命令，系统会将选中的网络添加到右侧的网络栏内。

● Details(详细资料)：单击该命令，系统会将弹出如图 9 - 40 所示的“Full Results”(全部结果)对话框，显示在网络列表中所选的网络详细分析情况，包括元件个数、导线条数，以及根据所设定的分析规则得出的各项参数等。

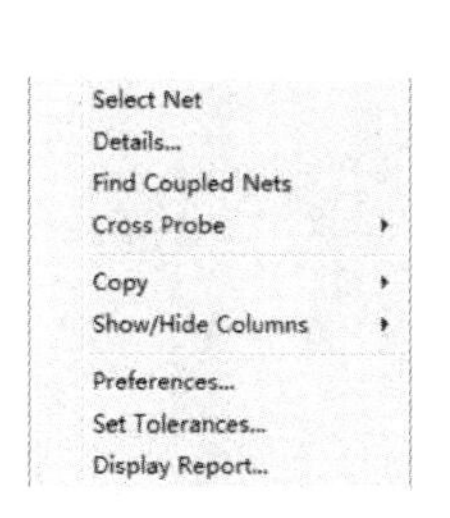

图 9 - 39　“Menu”菜单

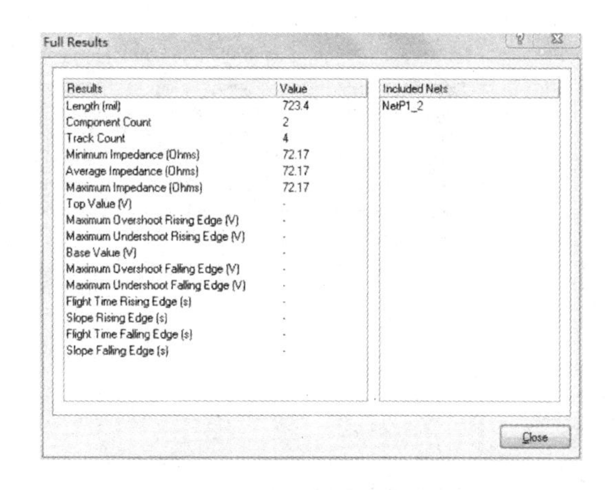

图 9 - 40　“Full Results”对话框

● Find Coupled Nets(找到关联网络)：单击该命令，可以查找所有与选中的网络有关联的网络，并高亮显示。

● Cross Probe(通过探查)：包括“To Schematic”(到原理图)和“To PCB”(到 PCB 板)两个子命令，分别用于在原理图中或者在 PCB 文件中查找所选中的网络。

● Copy(复制)：复制所选中的网络，包括“Select”(选择)和“All”(所有)两个子命令，分别用于复制所选中的网络和所有网络。

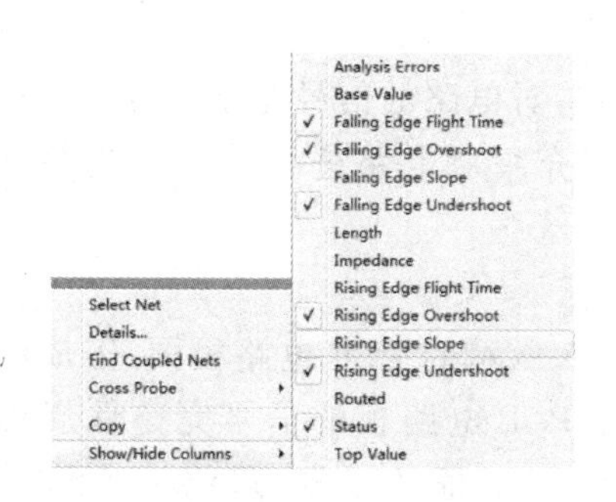

图 9 - 41　“Show/Hidden Columns”子菜单

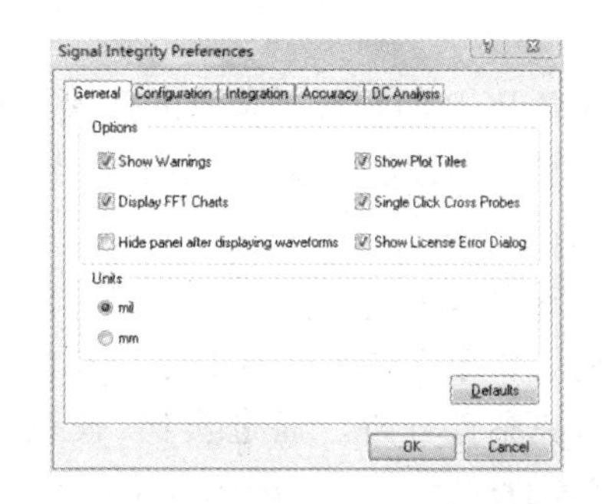

图 9 - 42　“Signal Integrity Preferences”对话框

● Show/Hidden Columns(显示/隐藏纵队)：该命令用于在网络列表栏中显示或者隐藏一些分析数据列。Show/Hidden Columns(显示/隐藏纵队)子菜单如图 9-41 所示。

● Preferences(参数)：单击该命令，用户可以在弹出“Signal Integrity Preferences”(信号完整性首选项)对话框中设置信号完整性分析的相关的选项，如图 9-42 所示。该对话框中包含若干选项卡，对应不同的设置内容。在信号完整性分析中，用到的是“Configuration”(配置)选项卡，用于设置信号完整性分析的时间及步长。

● Set Tolerances(设置公差)：单击该命令后，系统将弹出如图 9-43 所示的“Set Screening Analysis Tolerances”(设置屏幕分析公差)对话框。公差用于限定一个误差范围，代表了允许信号变形的最大值和最小值。将实际信号的误差值与这个范围相比较，就可以查看信号的误差是否合乎要求。对于显示状态为“Failed”(失败)的信号，其主要原因是信号超出了误差限定的范围，因此在进行进一步分析之前，应先检查公差限定是否太过严格。

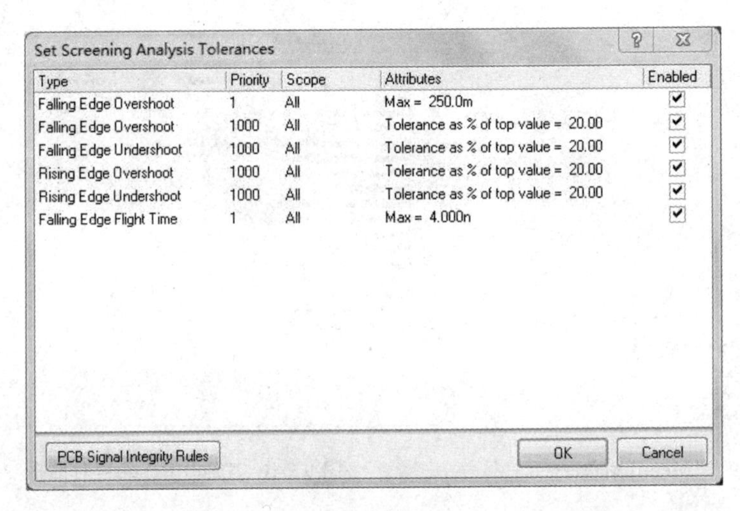

图 9-43 “Screening Analysis Tolerances”对话框

● Display Report(显示报表)：用于显示信号完整性分析报表。

9.5 电路板信号完整性分析实例

随着 PCB 的日益复杂及大规模、高速元件的使用，对电路的信号完整性分析变得非常重要。本节将通过电路原理图及 PCB 电路板，详细介绍对电路进行信号完整性分析的步骤。

1. 设计要求

利用如图 9-44 所示的电路原理图和如图 9-45 所示的 PCB 电路板图，完成电路板的信号完整性分析。通过实例，使读者熟悉和掌握 PCB 电路板的信号完整性规则的设置、信号的选择及“Termination Advisor”(终端顾问)对话框的设置，最终完成信号波形输出。

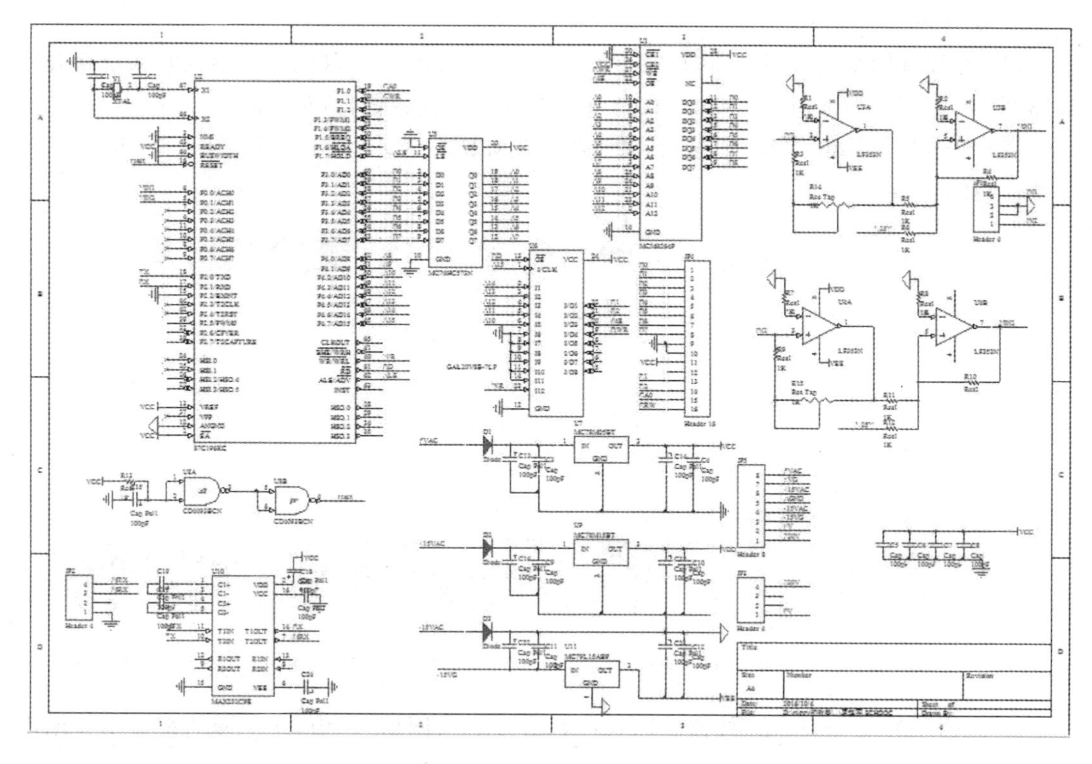

图 9 - 44　电路原理图

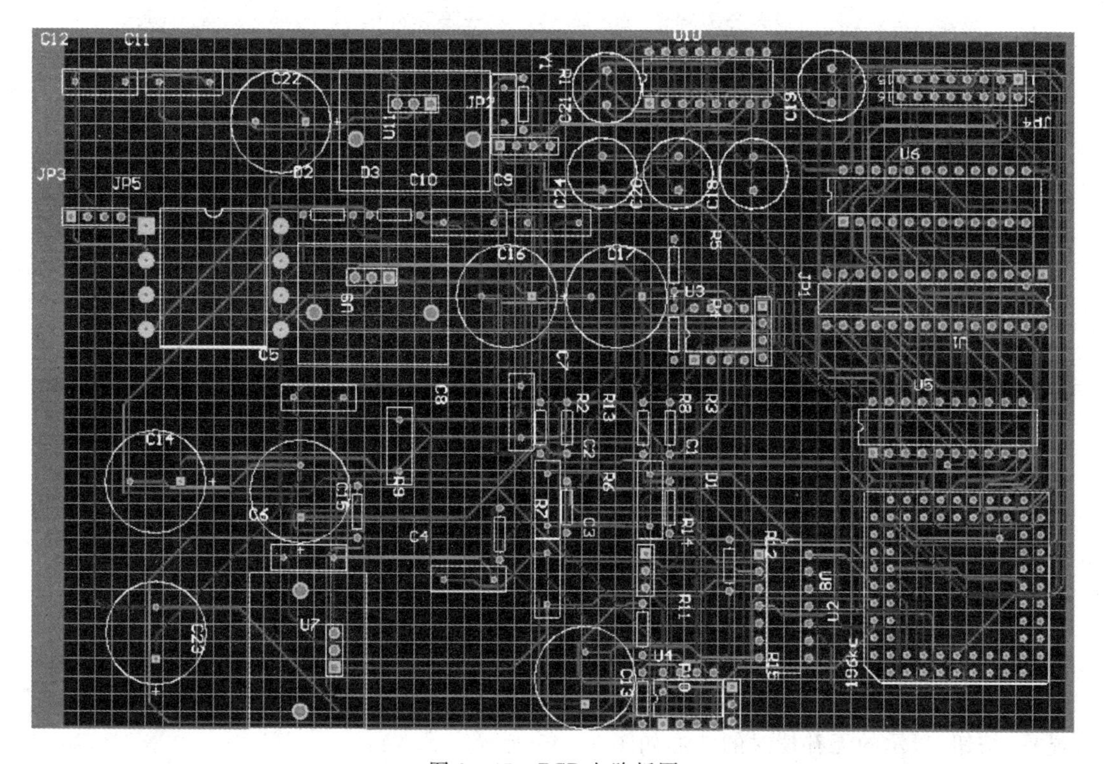

图 9 - 45　PCB 电路板图

2. 操作步骤

(1) 在原理图编辑环境中，执行“Tools”—“Signal Integrity”(信号完整性)，系统将弹出如图 9－46 所示的“Errors or warnings found”(发现错误或警告)对话框。

(2) 单击“Continue”(继续)按钮，系统将弹出如图 9－47 所示的“Signal Integrity”(信号完整性)对话框。

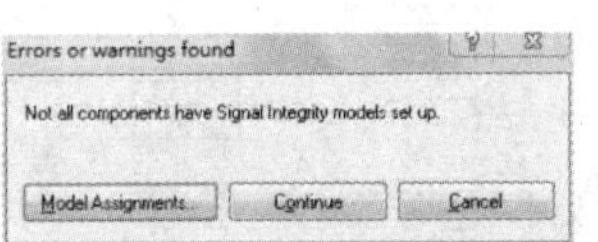

图 9－46 “Error or warning found”对话框

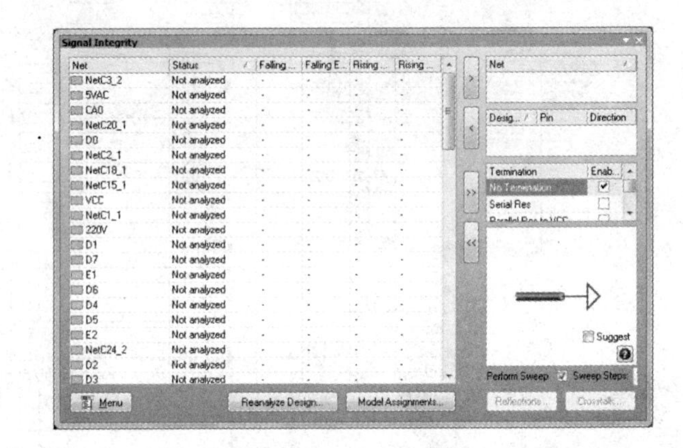

图 9－47 “Signal Integrity”对话框

(3) 选择 D1 信号，单击 按钮添加到右侧的“Net”(网络)栏中，在下面的窗口中显示出与 D1 信号有关的元件 JP4、U1、U2、U5，如图 9－48 所示。

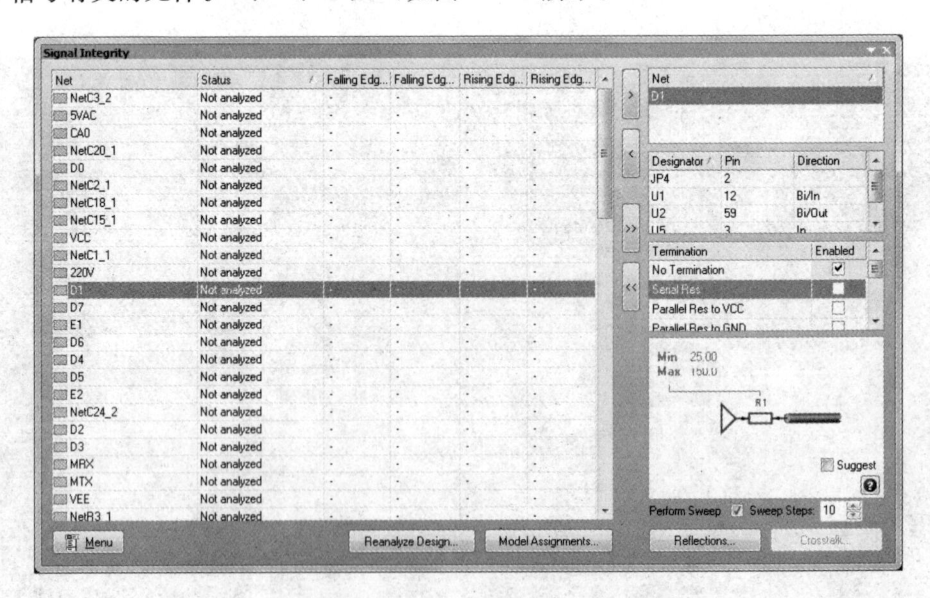

图 9－48 选择 D1 信号

(4) 在“Termination”(终端补偿)栏中，系统提供了 8 种信号终端补偿方式，相应的图示显示在下面的图示栏中。选择“No Termination”(无终端补偿)选项，然后单击“Reflections”(显示)按钮，显示的无补偿时的波形如图 9－49 所示。

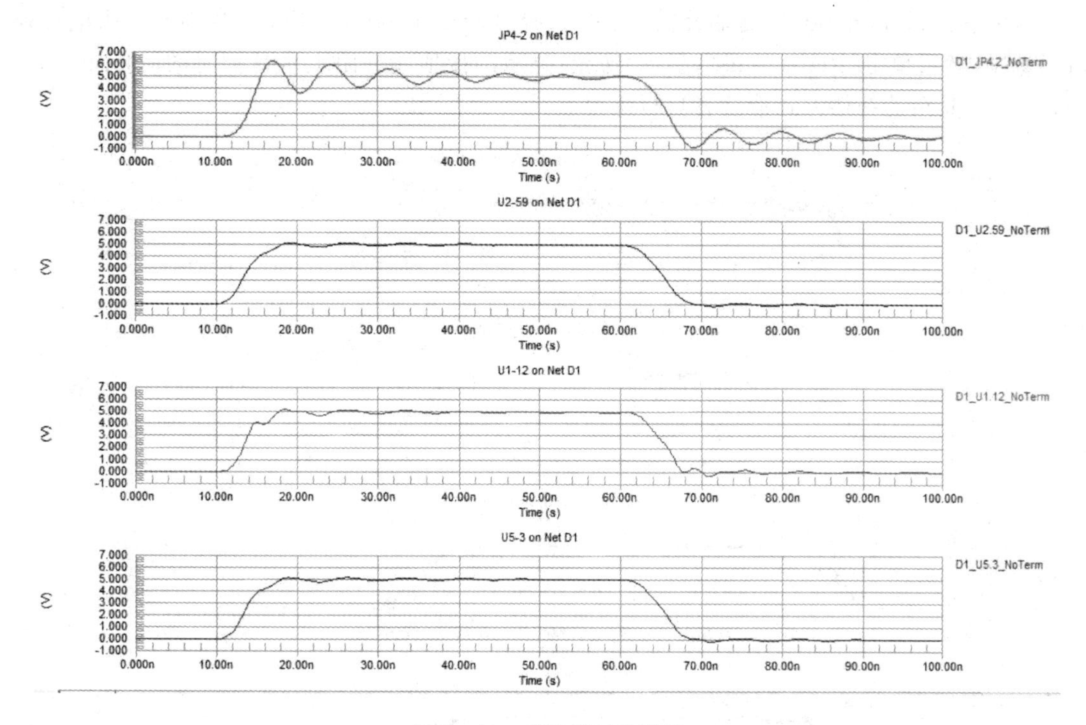

图 9-49　无补偿时的波形

(5) 在"Termination"(终端补偿)栏中，选择"Serial Res"(串阻补偿)选项，然后单击"Reflections"(显示)按钮，显示的串阻补偿时的波形如图 9-50 所示。

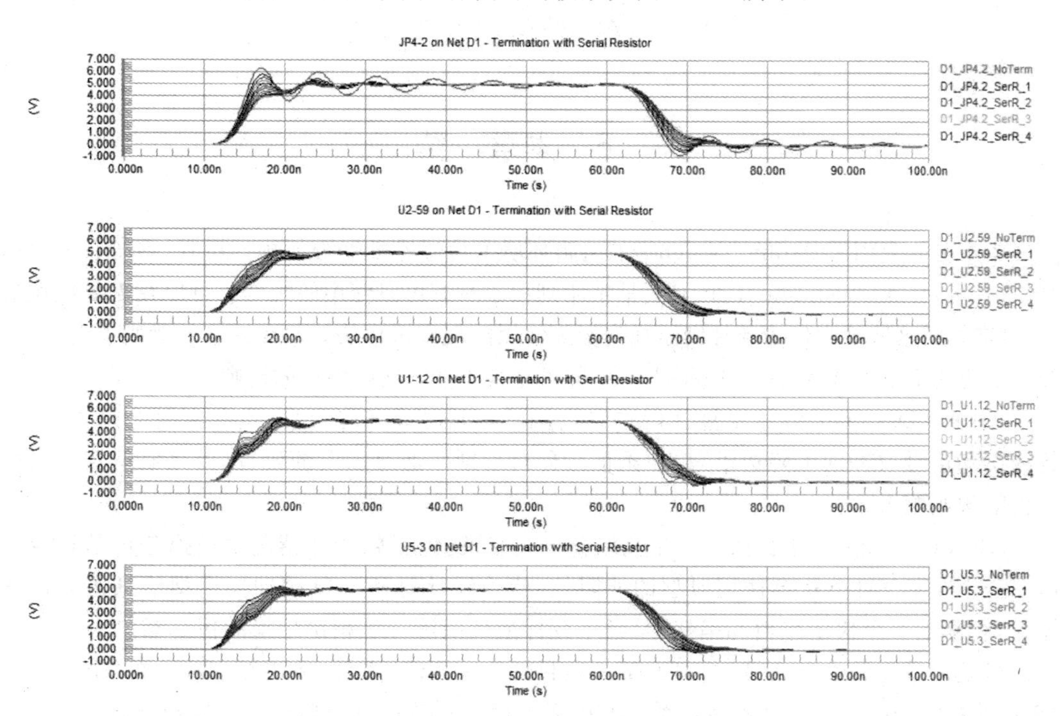

图 9-50　串阻补偿时的波形

(6) 在“Termination”(终端补偿)栏中,选择“Parallel Cap to GND”(接地端并阻电容补偿)选项,然后单击“Reflections”(显示)按钮,显示的接地端并阻电容补偿时的波形如图 9-51 所示。其余的补偿方式请读者自行练习。

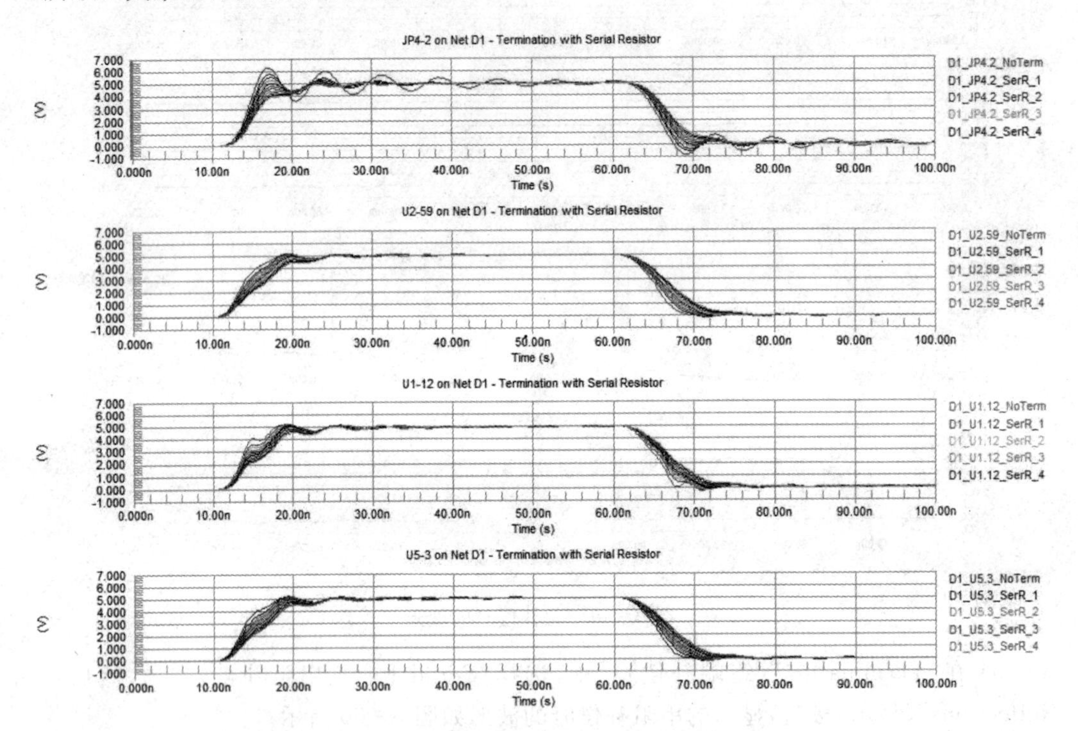

图 9-51　接地端并阻电容补偿时的波形

9.6　本章小结

本章首先介绍了 Altium Designer 的编辑环境中信号完整性分析规则设置,系统在弹出的“PCB Rules and Constraints Editor”对话框中列出了所有可以使用的规则。可以在需要使用这些规则时,将这些规则作为新规则添加到实际使用的规则库中去。只需要在该规则上右击,在弹出的快捷菜单中选择“New Rules”命令,即可将其添加到实际使用的规则库中。

Altium Designer 信号完整分析主要包括了飞升时间下降边沿、飞升时间上升边沿、阻抗约束和信号过冲的下降边沿等 13 条信号分析规则。通过以上的设置,可完成信号完整性分析的规则配置。

Altium Designer 还包括了一个高级信号完整性分析器,它能精确地模拟分析已布线的 PCB。信号完整性分析器使用典型的线阻抗、传输线计算和 I/O 缓冲器模型信息作为仿真输入,它基于一个快速反射和串扰,是经工业标准证明能产生精确结果的仿真器。

启动信号完整性分析器,再打开某一项目的某一 PCB 文件,单击菜单栏中的“Tools”—“Signal Integrity”(信号完整性),系统开始运行信号完整性分析器对电路进行分析。

第10章　数码管电路设计综合实例

本章导读

本章将以一个综合实例来介绍PCB板制作的全过程，首先建立文件系统，然后绘制元器件符号并设计PCB封装，接着绘制原理图，最后制作PCB板。同时介绍了3D显示的相关知识。

学习目标

- 掌握文件系统的建立方法；
- 掌握原理图元件的绘制方法；
- 掌握PCB封装的制作方法；
- 掌握给元件添加封装的方法；
- 掌握绘制3D模型的方法；
- 掌握PCB规则的设计方法；
- 掌握PCB的布局布线方法；
- 掌握PCB的覆铜、泪滴、过孔的添加方法。

10.1　文件系统的建立

在进行PCB设计之前，首先要建立工程文件并向其中添加原理图文件、PCB文件、原理图库文件和PCB库文件。

(1)启动软件后，打开“File”菜单，选择“New”—“Project”—“PCB Project”命令，如图10-1所示。

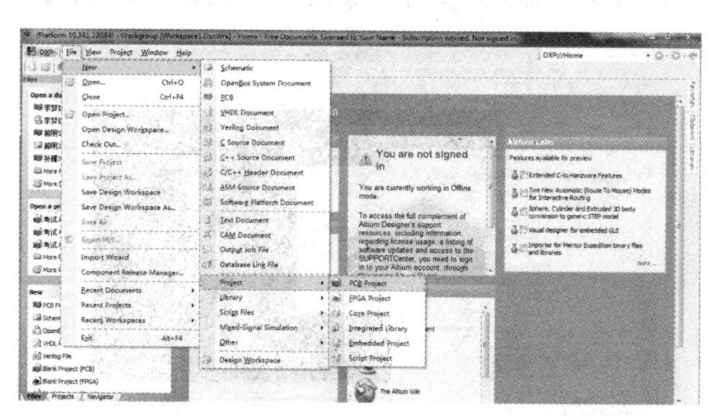

图10-1　新建工程文件

（2）在已建立好的工程文件上单击右键选择“Add New to Project”菜单，选择“Schematic”命令，在当前工程文件中添加一个新的原理图文件，如图 10－2 所示。

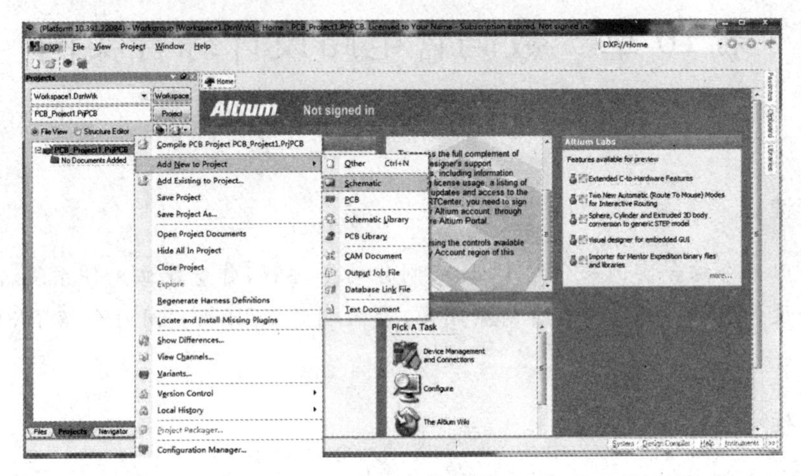

图 10－2　新建电路原理图文件

（3）在已建立好的工程文件上单击右键选择“Add New to Project”菜单，选择“PCB”命令，在当前工程文件中添加一个新的 PCB 文件，如图 10－3 所示。

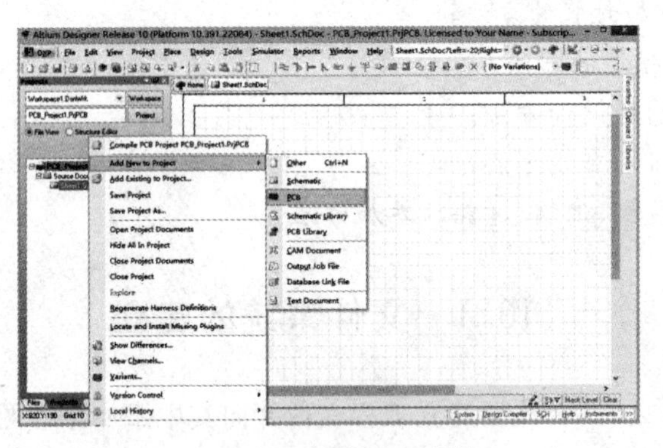

图 10－3　新建 PCB 文件

（4）在已建立好的工程文件上单击右键选择“Add New to Project”菜单，选择“Schematic Library”命令，在当前工程文件中添加一个新的原理图库文件，如图 10－4 所示。

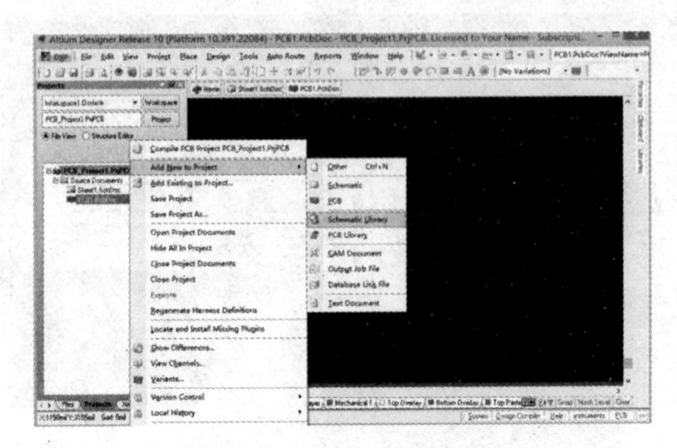

图 10－4　新建电路原理图库文件

(5)在已建立好的工程文件上单击右键选择“Add New to Project”菜单，选择“PCB Library”命令，在当前工程文件中添加一个新的原理图文件，如图 10－5 所示。

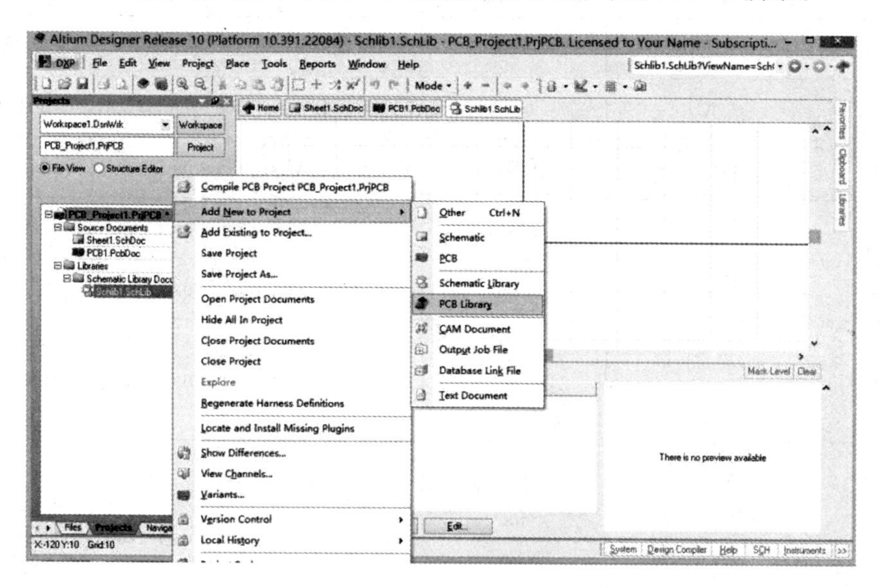

图 10－5　新建电路原理图文件

10.2　装载元件库

设计者要绘制的原理图，如图 10－6 所示。该原理图中的元件所在的库见表 10－1。

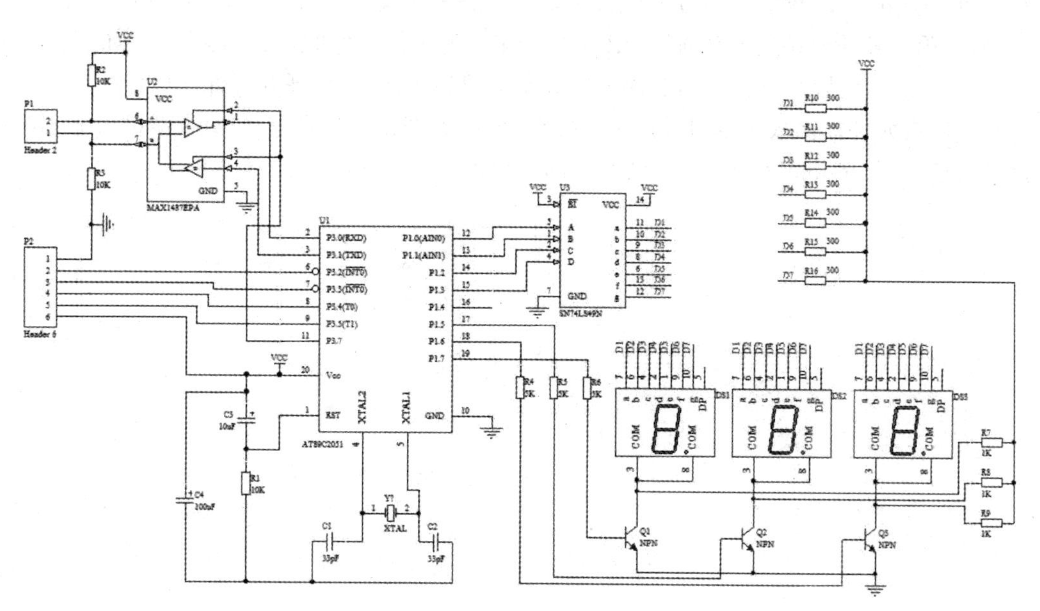

图 10－6　要绘制的电路原理图

表 10-1 元件所在库

元件样本	元件标号	元件型号或参数	所属元件库
MAX1487EPA	U2		Maxim Communication Transceiver. IntLib
SN74LS410N	U3		TI Interface Display Driver. IntLib
NPN	Q1～Q3	9013	Miscellaneous Devices. IntLib
XTAL	Y1	12MHz	Miscellaneous Devices. IntLib
Cap	C1、C2	30pF	Miscellaneous Devices. IntLib
Cap Pol2	C3 C4	10μF/10V 220μF/10V	Miscellaneous Devices. IntLib
Res2	R1～R3 R4～R6 R7～R9 R10～R16	10k 5k 1k 300	Miscellaneous Devices. IntLib
Header 2	P1		Miscellaneous Connectors. IntLib
Header 6	P2		Miscellaneous Connectors. IntLib

设计者可以先安装表中已有的库，如 Miscellaneous Devices.IntLib 和 Miscellaneous Connectors.IntLib。其余的库通过查找安装的方法来实现，如果没有库的元件则自己绘制。

按照第二章所介绍的方法加载元件库，并在库中进行元件的查找，具体方法如下：

(1) 将鼠标放置在工作界面右侧的"Libraries"竖向标签上，展开元件库面板。

(2)单击元件库面板中的"Libraries"按钮，弹出如图 10-7 所示的"Available Libraries"对话框，选择"Installed"标签，观察已加载的元件库。

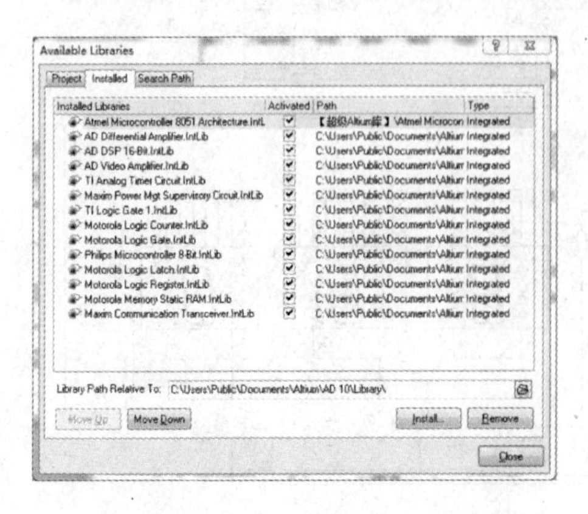

图 10-7 "Available Libraries"对话框

图 10-8 "打开"对话框

(3)单击“Install”按钮,弹出如图 10-8 所示的“打开”对话框,在对话框中修改路径,以加载需要的元件库。本例中的“Miscellaneous Devices. IntLib”和“Miscellaneous Connectors. IntLib”常用元件库均在软件安装目录下“Libraries”中,“Maxim Communication Transceiver. IntLib”在“Maxim”文件下,“TI Integrated Driver. IntLib”在“Texas Instruments”文件下,按路径找到该元件库后点击打开,该元件库即加载到系统中,并且放置在所加载全部元件库中。

(4)加载完毕,点击“Close”按钮退出“Available Libraries”对话框后,系统返回到如图 10-9 所示的元件库面板,并显示刚加载的元件库。选择元件库后可进行元件的搜索与添加。添加完毕后如图 10-10 所示。

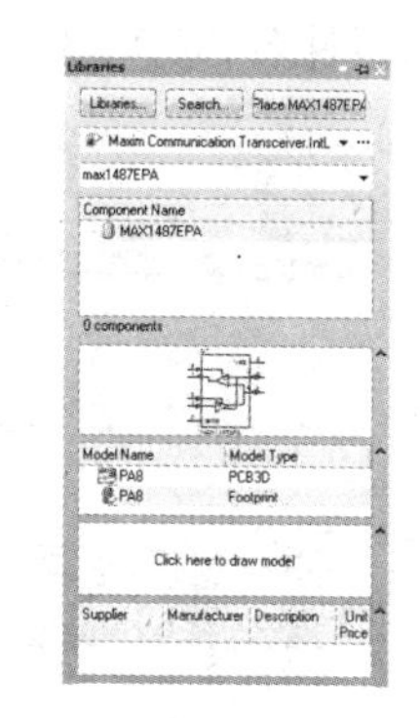

图 10-9　搜索元件的元件库面板

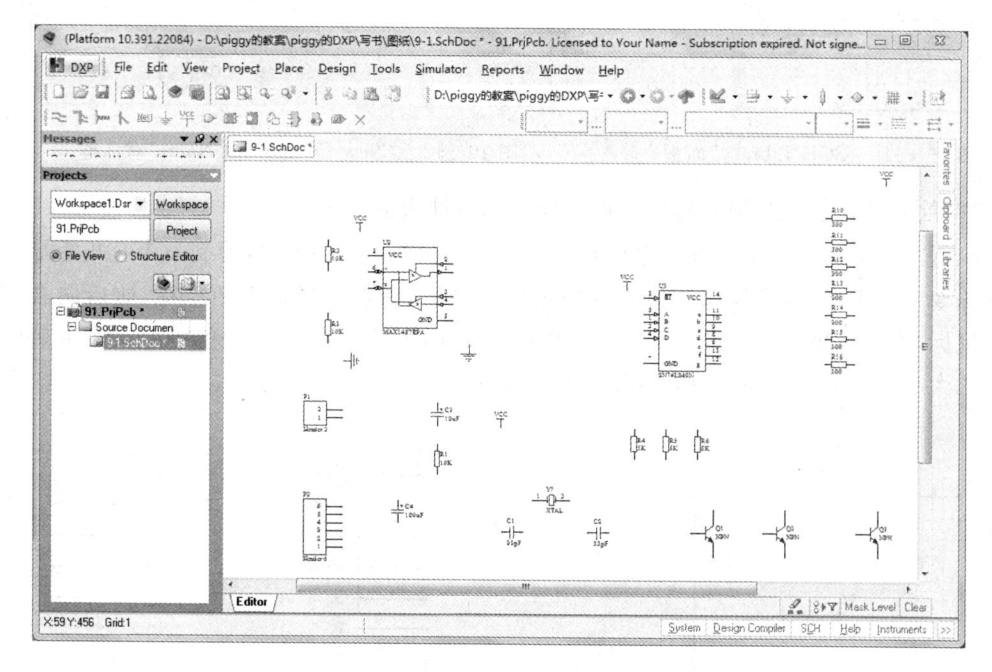

图 10-10　相关元件放置在原理图中

10.3　绘制所需元件

原理图中的两个元件“AT89C2051”和“DPY Blue-CA”在元器件库中无法找到,因此需要自己绘制,具体步骤如下:

1. 绘制“AT89C2051”

(1) 将工作面板切换到“SCH Library”,如图 10-11 所示。选择“Tools”—“New Component”或选择绘图工具栏中的▯,弹出如图 10-12 所示的对话框。在该对话框中输入元器件名称“AT89C2051”，单击“OK”按钮即可完成新建一个元件符号。

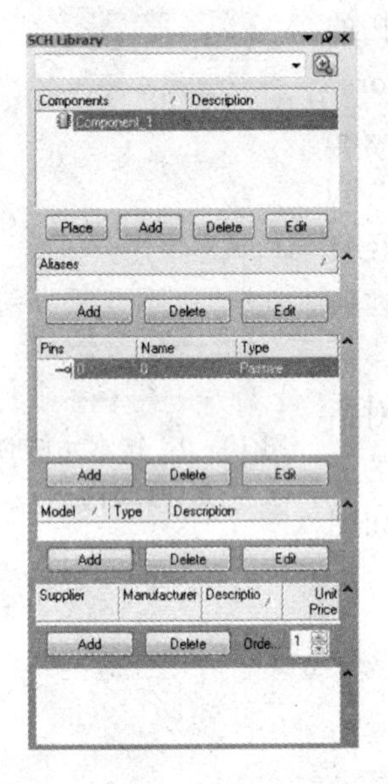

图 10-11 “SCH Library”面板

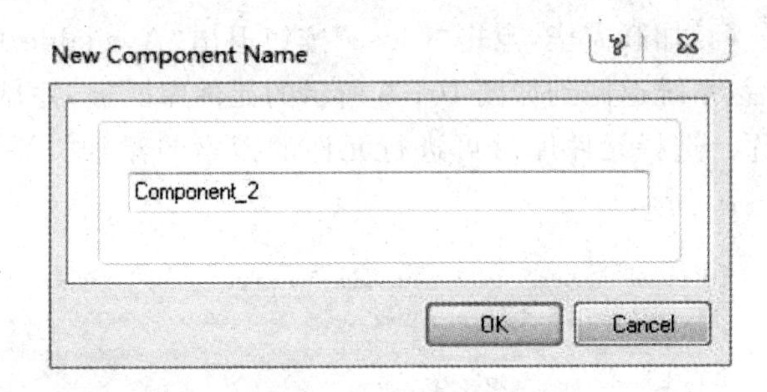

图 10-12 “New Component Name”对话框

(2)绘制边框包括绘制元器件边框和设置元器件边框属性。

执行“Place”—“Rectangle”(矩形)或在绘图工具栏点击绘制□，绘制一个直角矩形。此时光标变成十字形，将光标移至原点处单击鼠标左键，确定矩形左上角坐标，然后向右下方拖动鼠标，当所示矩形区域合乎要求时，再单击鼠标，即可绘制一个直角矩形。在本例中设置矩形大小为 12 小格×18 小格，如图 10-13 所示。

图 10-13 绘制矩形

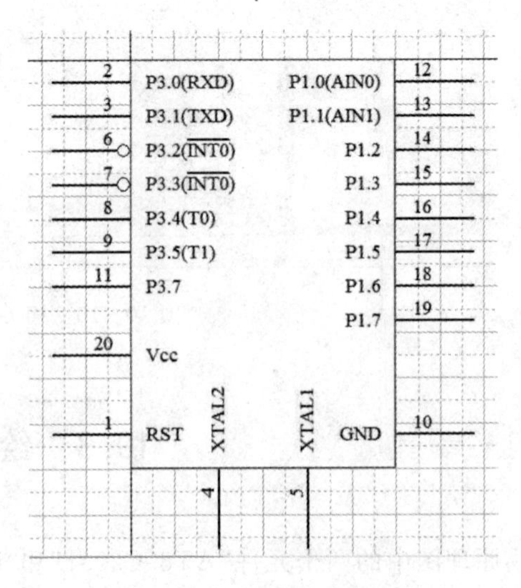

图 10-14 绘制好的元器件

(3)绘制引脚

执行菜单命令“Place”—“Pin”(引脚)，或者绘图工具栏中的按钮，可将编辑模式切换到放置引脚模式，此时鼠标指针旁会多出一个大十字符号并有一条短线，即引脚。按照图10－14所示“AT89C2051”实例图形放置20个引脚的具体位置。

双击所需要编辑的引脚，或先选中该引脚，但单击鼠标右键，从快捷键菜单中选择“Properties”，进入如图10－15所示的“Pin Properties”（引脚属性）对话框设置元件引脚的相关属性，修改好各个引脚属性后，元器件如图10－14所示。

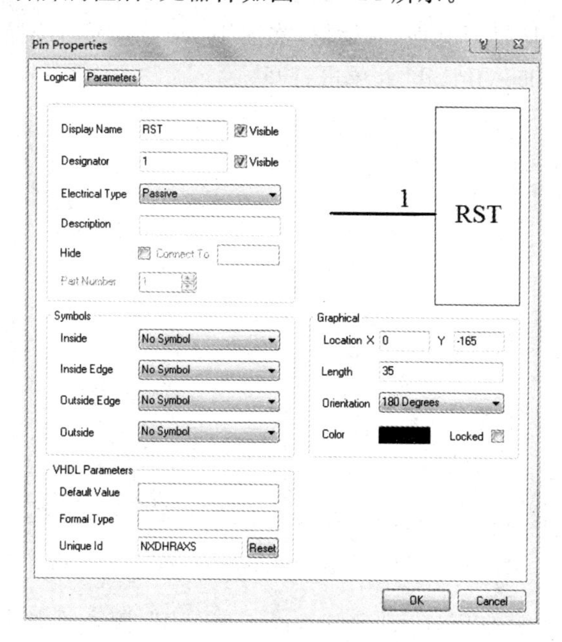

图 10－15　编辑引脚属性

（4）设置元器件属性

单击“Component”下方的“Edit”按钮进行元件属性编辑。单击该按钮后，会出现如图10－16所示的“Library Component Properties”（库元件属性）对话框。

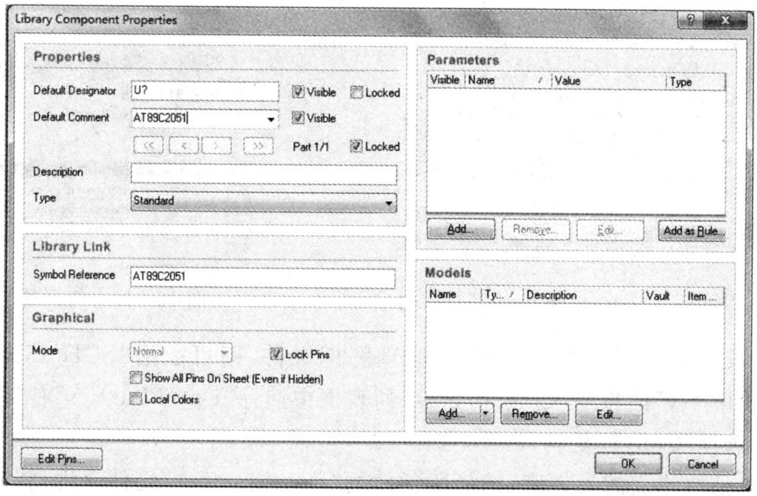

图 10－16　“Library Component Properties”对话框

在“Library Component Properties”对话框中设置元件属性，在其中的“Default Designator”文本框中输入流水号“U?”；在“Default Comment”文本框中输入“AT89C2051”；在“Symbol Reference”文本框中输入“AT89C2051”。设置参数完毕后如图 10－16 所示。

2. 绘制“DPY Blue－CA”

(1) 执行菜单命令“File”—“Open”，或者选择工具栏中的“打开”按钮，弹出“Choose Document to Open”(选择打开文件)对话框，如图 10－17 所示。选择数码管所在的集成库文件“Miscellaneous Devices.IntLib”并单击打开。

图 10－17 “Choose Document to open”对话框

弹出如图 10－18 所示的“Extract Sources or Install”(摘录源文件或安装文件)对话框，单击“Extract Sources”(摘取源文件)按钮。摘取源文件后，在工程面板中即会出现打开的库文件。“Miscellaneous Devices.IntLib”包含两个库文件，一个是 PCB 库文件，另一个是原理图库文件，如图 10－19 所示。

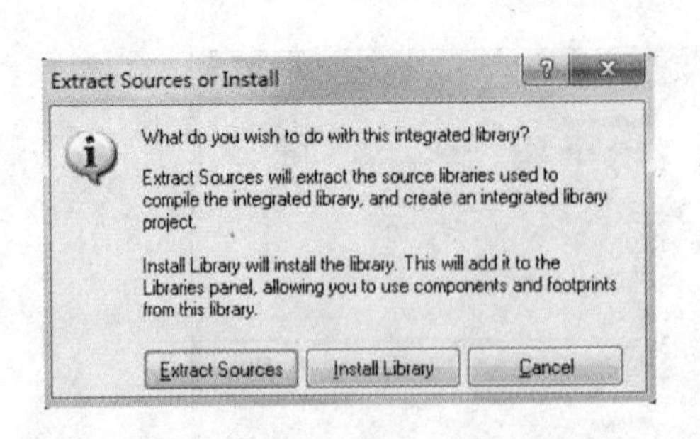

图 10－18 “Extract Sources or Install”对话框

图 10－19 打开的集成库

双击“Miscellaneous Devices.SchLib”原理图库文件，即可激活“SCH Library”库面板，然后在“SCH Library”面板的“Components”列表框中选择“Dpy Blue CA”右键单击，在弹出的快捷菜单中选择“Copy”(复制)命令，如图 10－20 所示。

(2)打开自己所建立的元件库，选择所新建的“Dpy Blue CA”元件文件，将八段数码管粘贴在图纸中，如图 10－21 所示。

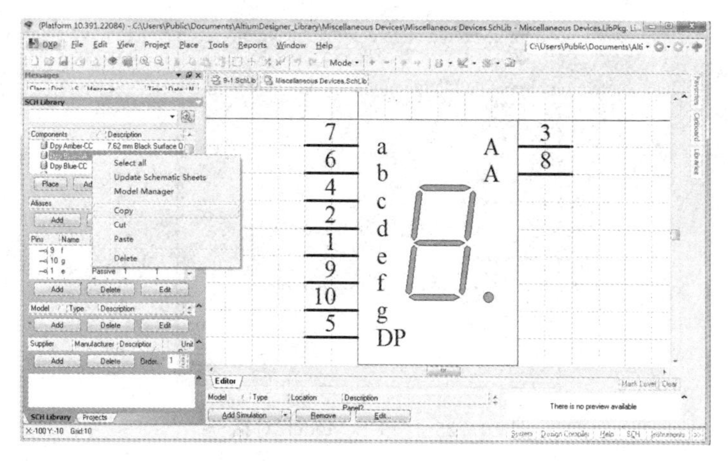

图 10－20　复制集成库中的元件

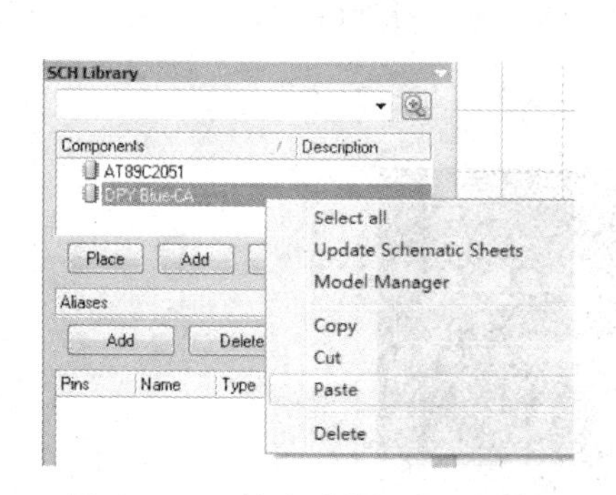

图 10－21　粘贴到自己的元件库中

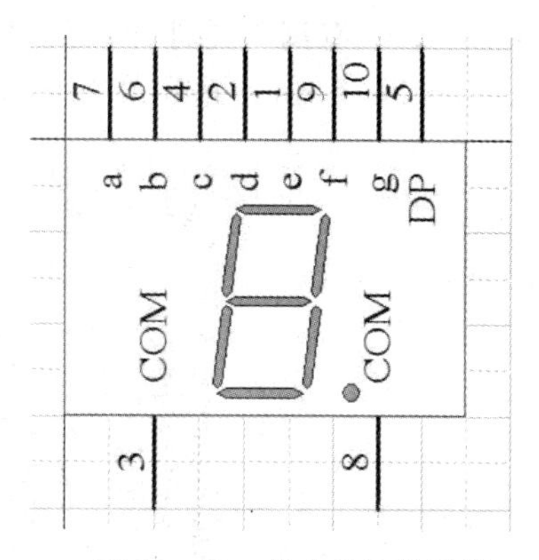

图 10－22　修改后的数码管

（3）修改八段数码管，通过移动引脚，按空格键旋转引脚，放置文本字符串来修改，修改后的数码管如图 10－22 所示。

10.4　为元件添加封装

激活用户自己的"SCH Library"面板，然后在"SCH Library"面板的模型选项区域中单击"Add"按钮，该模型区域如图 10－23 所示。弹出如图 10－24 所示的"Add New Model"（添加新模型）对话框，在下拉框中选择"Footprint"（封装）选项，即可弹出如图 10－25 所示的"PCB Model"（PCB 模型）对话框。

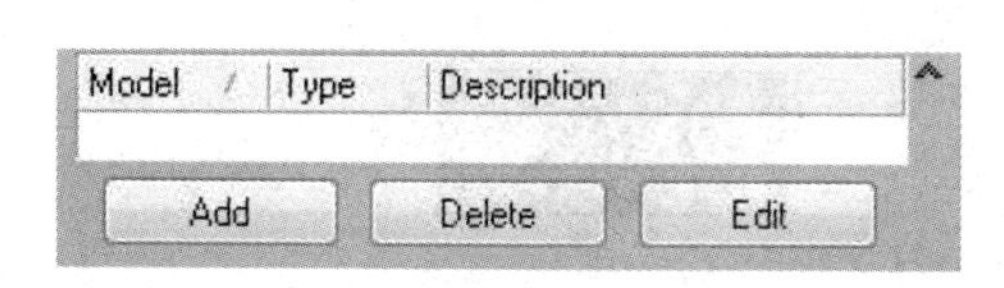

图 10－23 模型区域

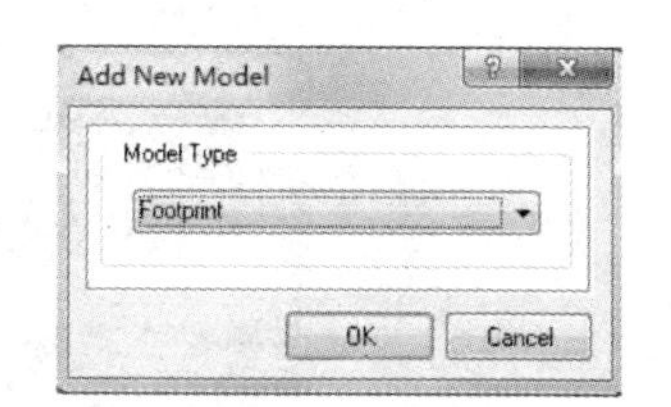

图 10－24　"Add New Model"对话框

图 10-25 “PCB Model”对话框

在“PCB Model”对话框中的封装模型中单击“Browse”按钮，弹出如图 10-26 所示的“Browse Libraries”(浏览元件库)对话框，在对话框的“Libraries”后下拉框中选择“ST Microelectronics Footprints. PcbLib”中选择封装“CDIP20”，并选择“OK”，如图 10-26 所示。

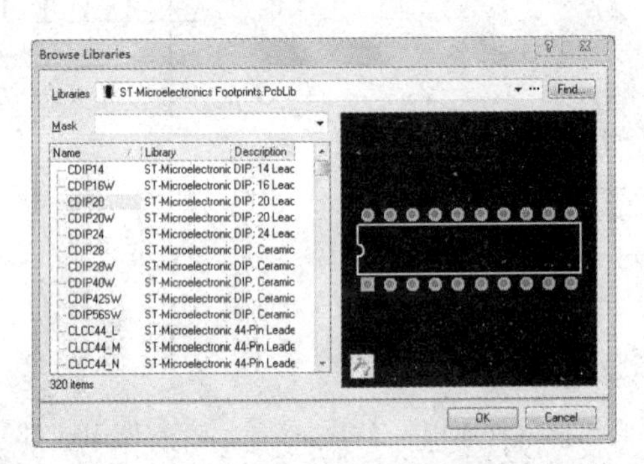

图 10-26 “Browse Libraries”对话框

单击“OK”按钮后，在“SCH Library”中的右下角出现该元件的封装图，如图 10-27 所示。

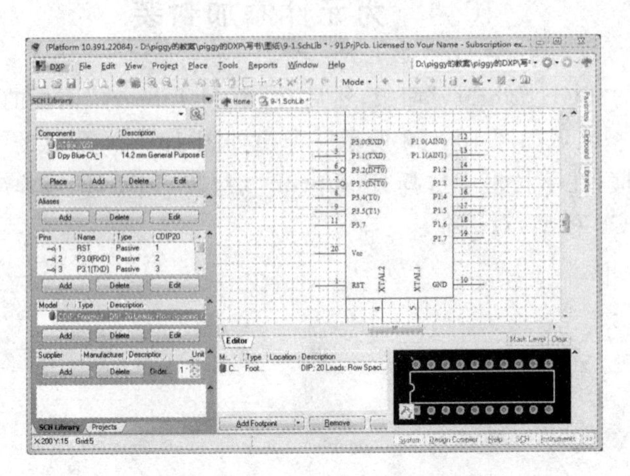

图 10-27 成功添加封装后预览

重复以上的操作，对八段数码管进行封装加载。在“PCB Model”对话框中的封装模型中单击“Browse”按钮，弹出如图 10－28 所示的“Browse Libraries”对话框，在对话框的“Libraries”后下拉框中选择“Miscellaneous Devices.PcbLib”中选择封装“LEDDIP－10/C5.08RHD”，并选择“OK”，如图 10－28 所示。

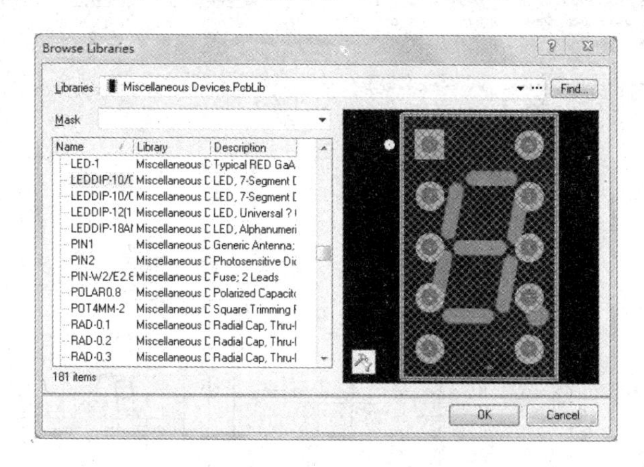

图 10－28 “Browse Libraries”对话框

单击“OK”按钮后，在“SCH Library”中的右下角出现该元件的封装图，如图 10－29 所示。

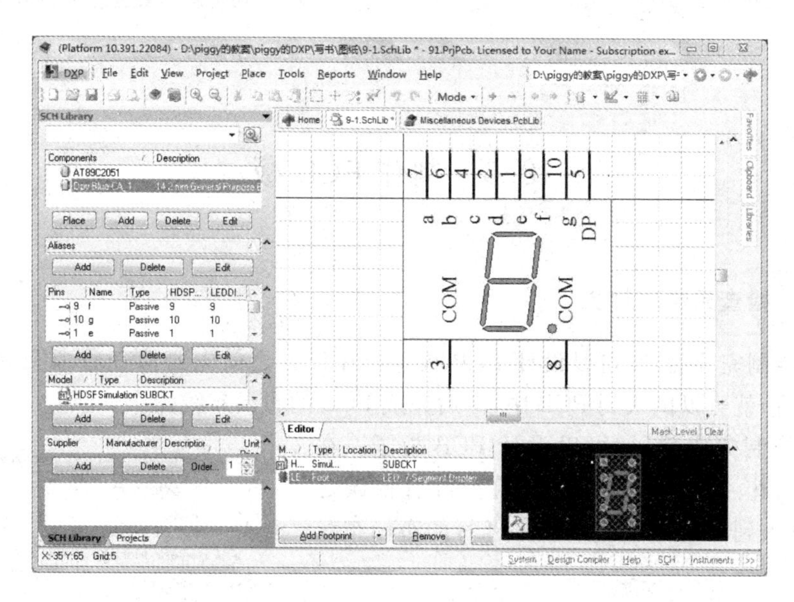

图 10－29 添加成功封装后预览

10.5 完成原理图的绘制

所有元件绘制完成之后，就可以将其放置在原理图中，并进行线路连接。

打开原理图，单击工具栏中的放置导线按钮，鼠标箭头变成十字光标，使需要连线的地方连接起来。

连接线绘制好之后，如图 10 - 30 所示。

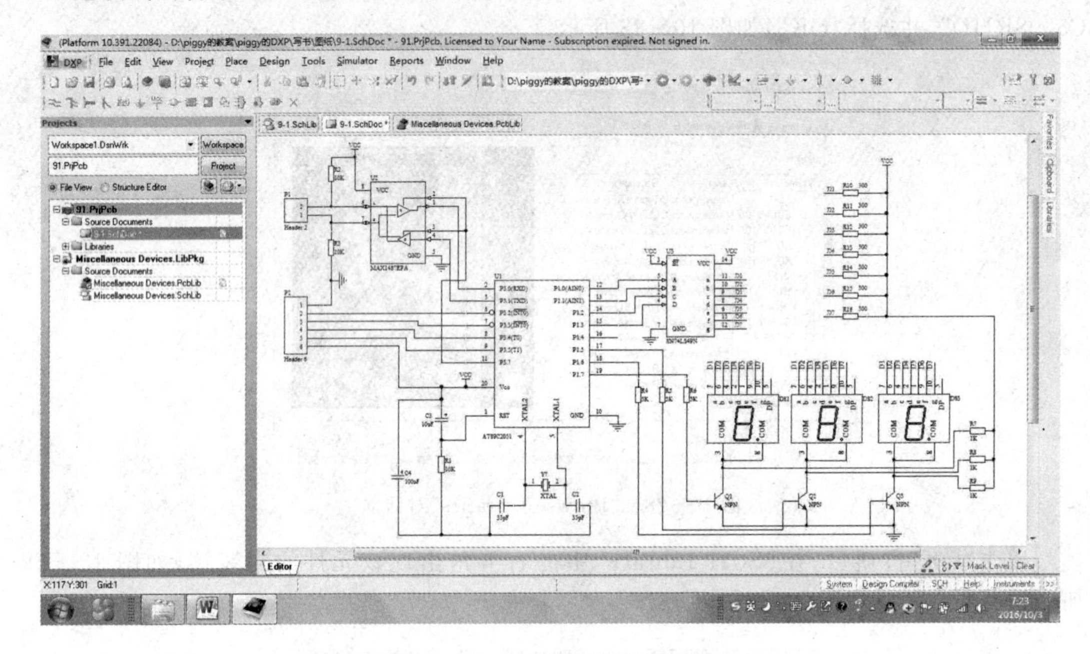

图 10 - 30　已经绘制好的原理图

10.6　制作 PCB 板

10.6.1　检查元器件封装

原理图绘制完成后，就可以设计 PCB 板了。在设计之前先要检查原理图的错误，检查没有错误之后，就可以倒入到 PCB 中，然后完成 PCB 的布局布线操作。

原理图绘制完成后，就可以设计 PCB 板了。在设计之前先要检查原理图的错误，检查没有错误之后，就可以倒入到 PCB 中，然后完成 PCB 的布局布线操作。

(1)执行“Tools”(工具)—“Footprint Manager”(封装管理器)，如图 10 - 31 所示。

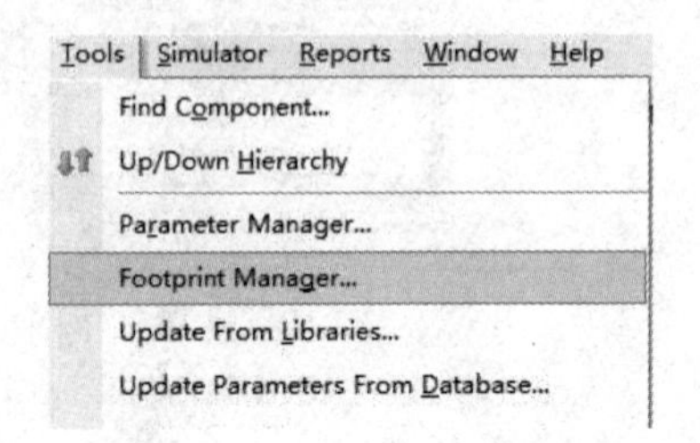

图 10 - 31　启动封装管理器

(2)打开“Footprint Manager”对话框如图 10 - 32 所示，检查是否所有元器件都有封装，若没有封装则需要添加封装。如果不添加封装，则在 PCB 中就只有元件的标号和说明文字存在，而没有元件的实物存在。

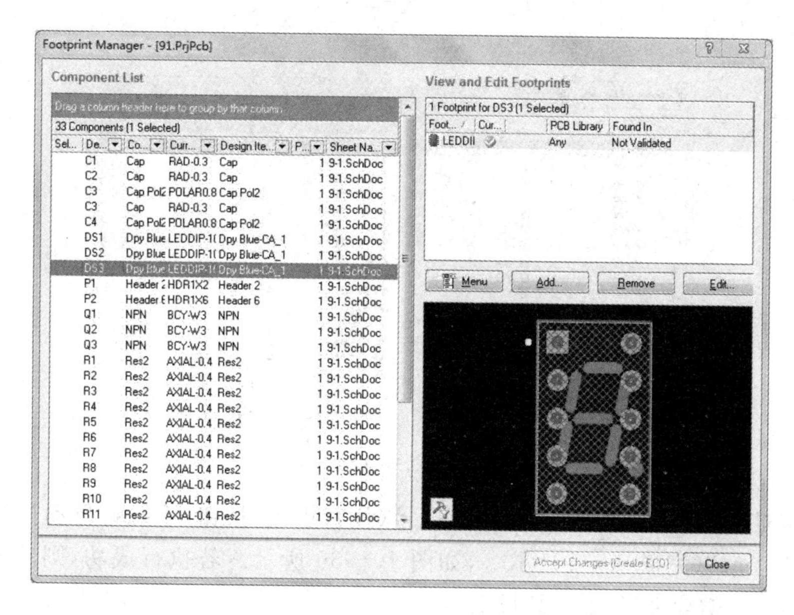

图 10－32　检查封装

10.6.2　导入元器件封装

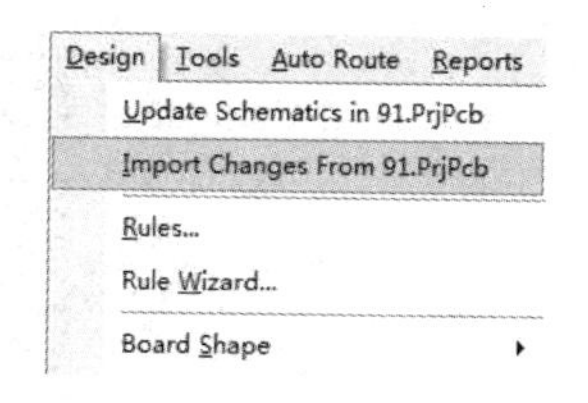

图 10－33　导入元件封装

（1）检查完封装之后，单击“Close”按钮。切换到 PCB 文件，在菜单栏栏中选择“Design”—“Import Changes From ＊＊.PrjPcb”（从工程文件中引入变化）命令，如图 10－33 所示。在执行这步操作之前，要确定 PCB 文件已经建立并且已经保存了。

执行操作后，会弹出 “Engineering Change Order”（工程更改顺序）对话框，如图 10－34 所示。

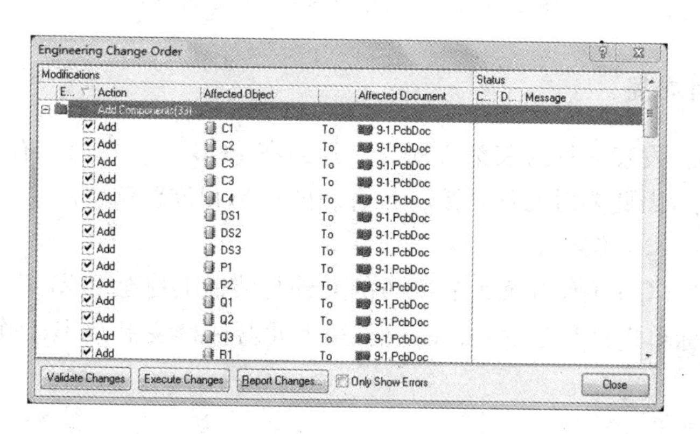

图 10－34　“Engineering Change Order”对话框

（2）在该对话框中单击“Validate Changes”（生效更改）按钮，系统检查所有更改是否有效。若有效，将在右侧“Check”（检查）一栏显示√，若无效则在这一栏显示×，若出现错误，则应关闭该对话框，回到原理图进行修改，直到该对话框“Check”一栏全部显示√，如图 10－

35 所示。

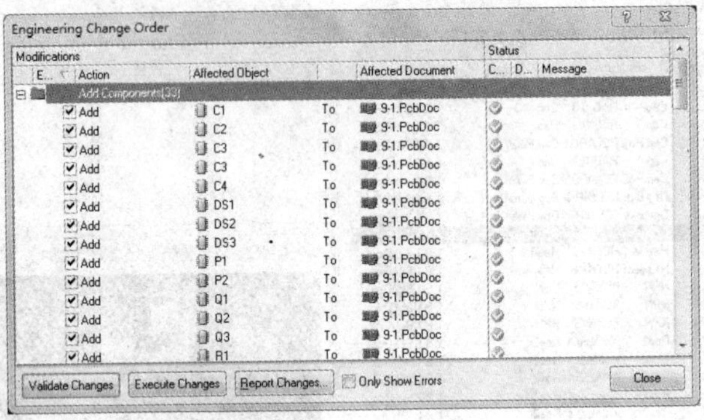

图 10 - 35　系统检查无错

(3)在该对话框中单击“Execute Changes”(执行更改)按钮,系统将自动执行所有变化,并在右边的“Done”(完成)一栏显示√,如图 10 - 36 所示。若执行成功,则单击“Close”按钮,原理图信息就被全部送到 PCB 板上。

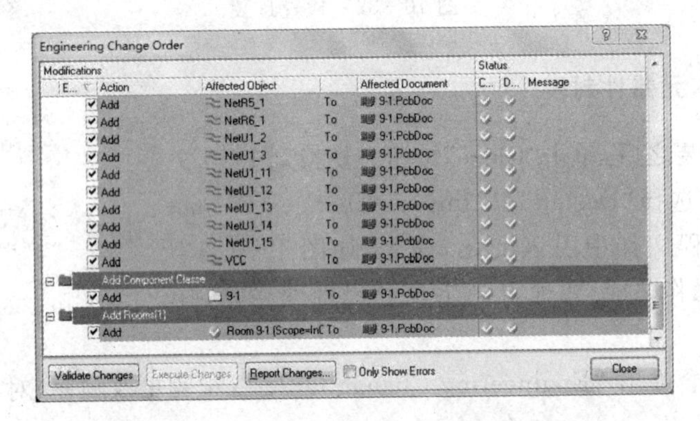

图 10 - 36　系统检查所有更改是否有效

10.6.3　元件布局

加载网络表后,发现元件封装都排列为一列放在 PCB 工作界面外右下角。但这显然不能满足布线的要求,因此要对元件封装进行合理的布局和位置调整。

1. 元件封装移入工作界面

将鼠标放置在 PCB 工作界面外右下角的元件封装框上拖至 PCB 工作界面中,如图 10 - 37 所示。并用鼠标单击该封装框,去除该框,留下元器件封装于 PCB 工作界面中,如图 10 - 38 所示。

2. 调整元件布局

单击 PCB 图中的文件,将其一一拖动到 PCB 板中的黑色区域内。双击元件 U3,弹出如图 10 - 39 所示的“Component U3”(元件 U3)对话框。在该对话框中的 Layer 下拉列表框中修改为“Bottom Layer”(底层),并单击“OK”,将元件 U3 调整到底层。

放置各个元件时,选择与其他元件连接线最短,交叉线最少的方式,可以按空格键旋转

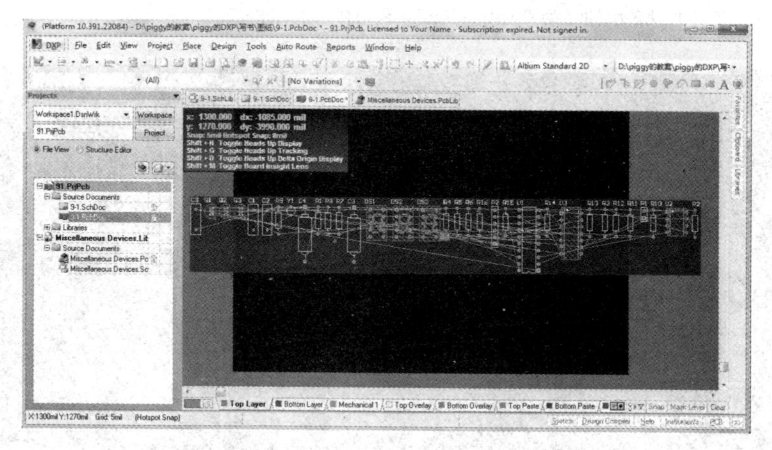

图 10－37　将元件封装移入 PCB 工作界面

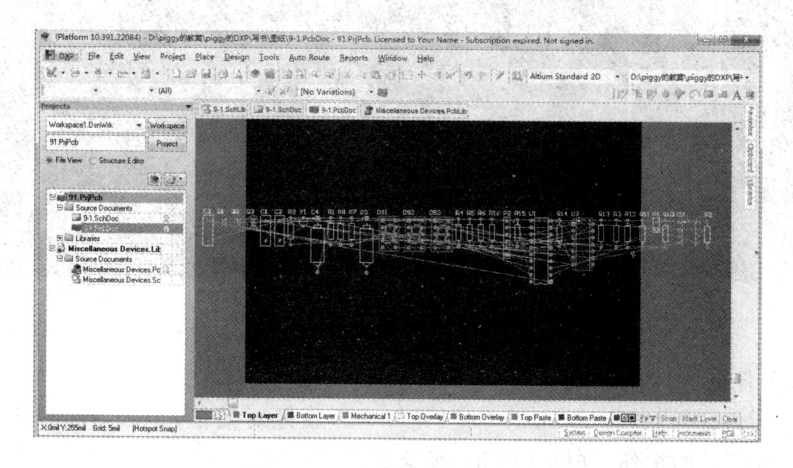

图 10－38　去除元件封装边框

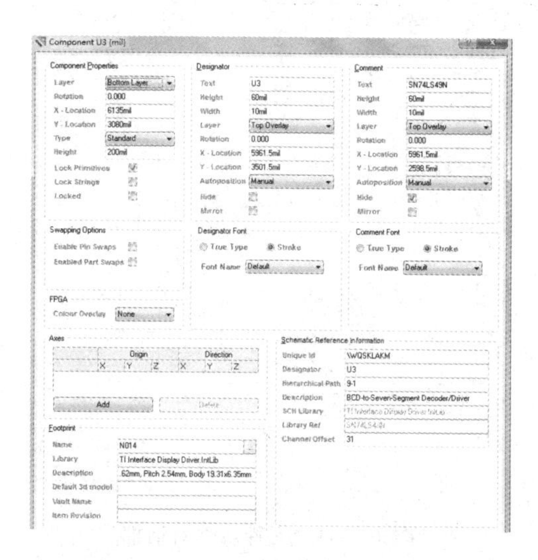

图 10－39　“Component U3”对话框

到最佳位置，再放开鼠标左键，放置的元件如图 10－40 所示。

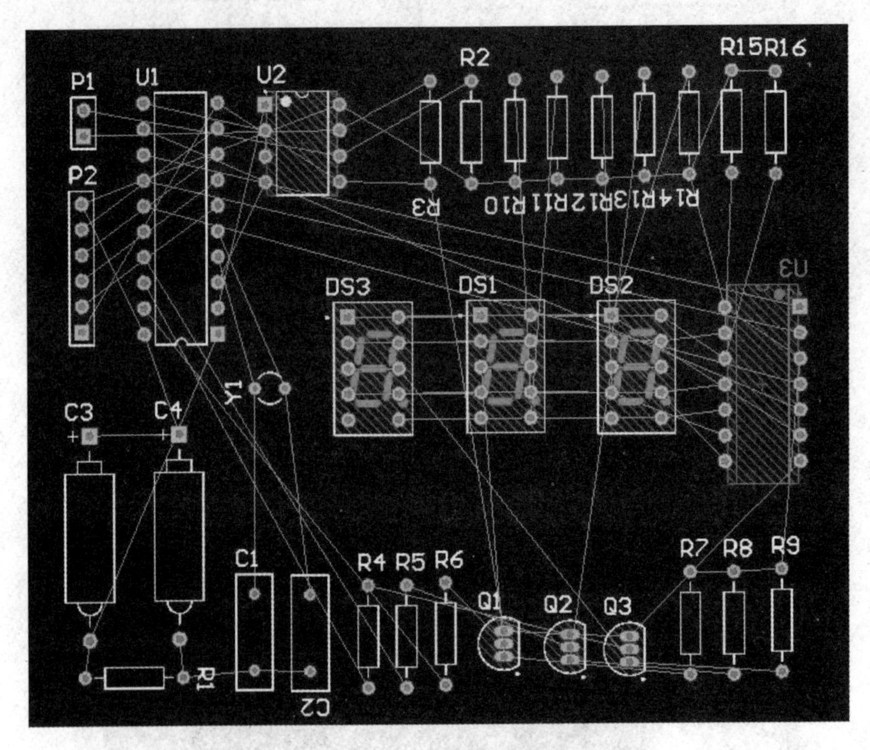

图 10－40　放置的元件

3. 更改元件封装

双击 C3 元件，弹出“Component C3”（元件 C3）属性对话框，单击“Footprint”（封装）区域选项中“Name”后的按钮，如图 10－41 所示。

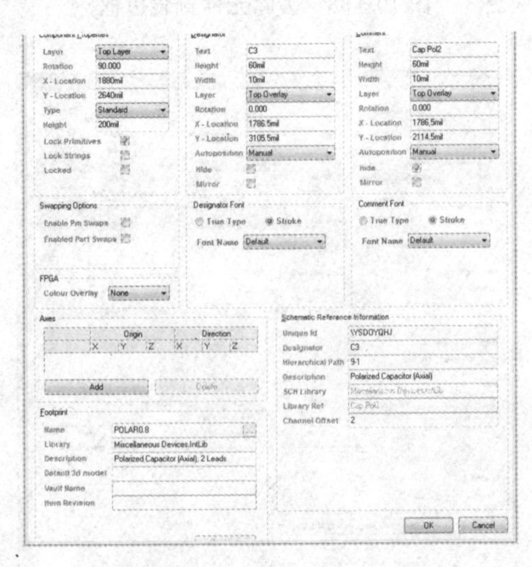

图 10－41　元件属性对话框

弹出如图 10－42 所示的“Browse Libraries”对话框，查找元件。可以在该库中浏览封装库进行更改。将 C1、C2 元件的封装修改为“RAD－0.1”，如图 10－42 所示；C3 元件的封装修改为“CAPPR5－5X5”，如图 10－43 所示；C4 元件的封装修改为“RB5－10.5”，如图 10－44 所示；更改的目的是改变元件的外形。

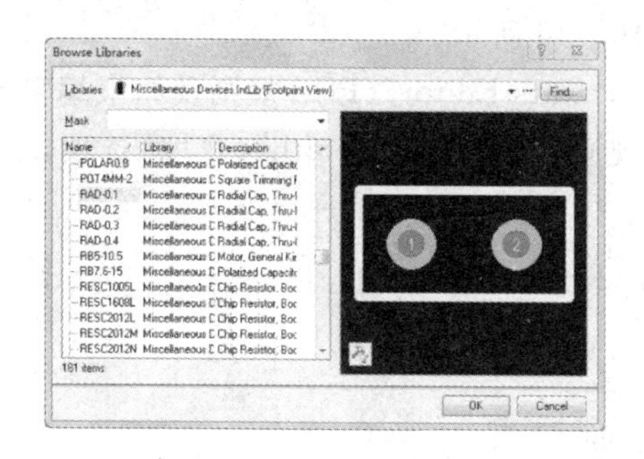

图 10－42　修改 C1、C2 封装

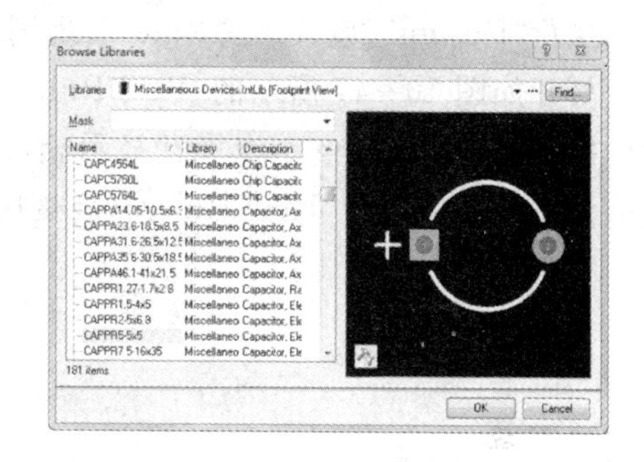

图 10－43　修改 C3 封装

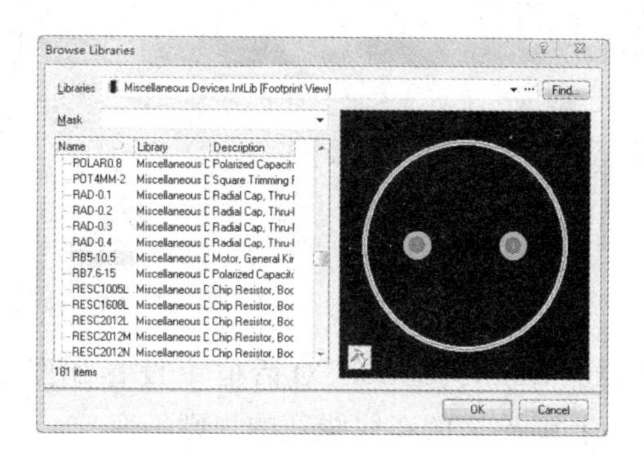

图 10－44　修改 C4 封装

修改好的 PCB 板，如图 10－45 所示。

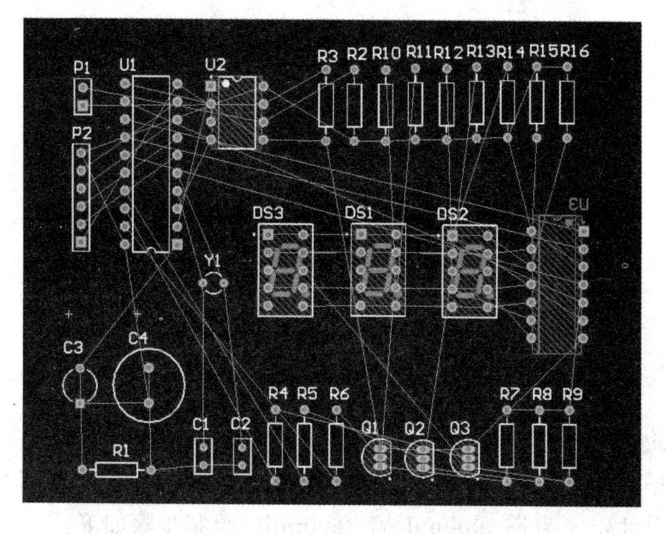

图 10－45　修改后的 PCB 板

10.6.4 系统自动布线

1. 设置布线规则

执行“Design”(设计)—“Rules”(规则),如图 10-46 所示。

打开如图 10-47 所示的“PCB Rules and Constraints Editor”(PCB 规则及约束编辑器)对话框。双击 Routing 节点展开显示相应的布线规则,右键单击“Width”(宽度)选项,在弹出的快捷菜单中选择“New Rules”(新规则)。

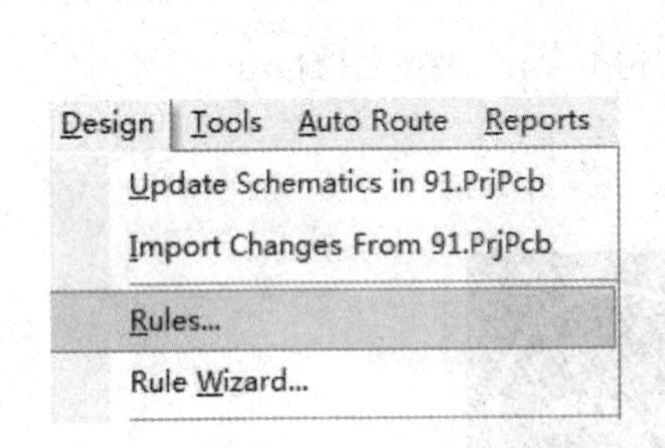

图 10-46 元件属性对话框

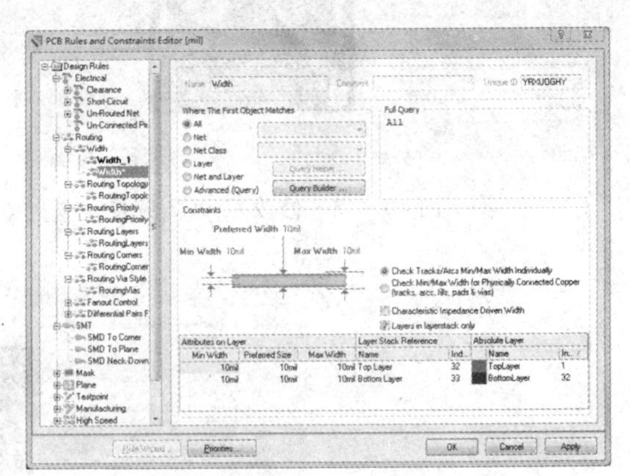

图 10-47 新建布线线宽的规则

在“PCB Rules and Constraints Editor”对话框中设置如图 10-48 所示的规则。将 GND 的宽度设置为 15.748mil,原来的布线线宽的规则不变。

用同样的方法设置电源线的宽度。

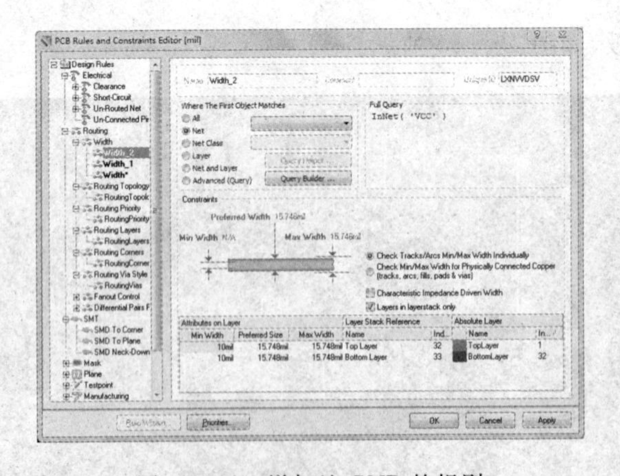

图 10-48 增加地 GND 的规则

2. 设置物理边界

元件布局完毕后,用户可以根据已设置的元件封装布局,设定电路板的物理尺寸。本例中将电路板物理尺寸定义为长 3000mil,宽 3600mil。绘制步骤如下:

(1) 单击 Mechanical 1 标签,选择第一个机械层来确定电路板的物理边界,也就是电路板的实际边框,如图 10-49 所示。

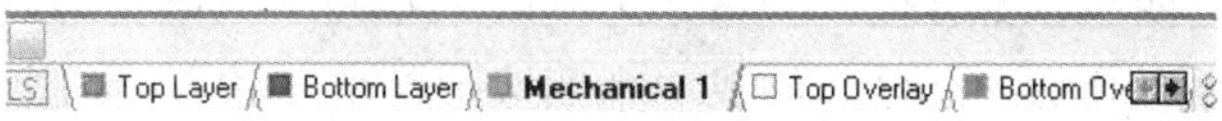

图 10-49　Mechanical 1 标签

（2）执行“Edit”—“Origin”—“Set”命令，或单击 ，在弹出的下拉列表中单击“Set”按钮，设置当前原点。

（3）执行“Design”—“Board Shape”—“Redefine Board Shape”命令，光标将变为十字状。将光标移到坐标原点，单击以确定板边起点，移动鼠标依次确定板边 4 个顶点坐标（0mil，0mil）、（0mil，3000mil）、（3600mil，3000mil）、（3600mil，0mil），再右键单击鼠标，从而形成一个四边形的电路板。

（4）执行“Place”—“Line”命令，Mechanical 1 中绘制电路板的矩形边框。依次移动光标到四个顶点处并单击，则可完成电路板边框的绘制，右键单击退出命令状态。绘制好的电路板边框如图 10-50 所示。

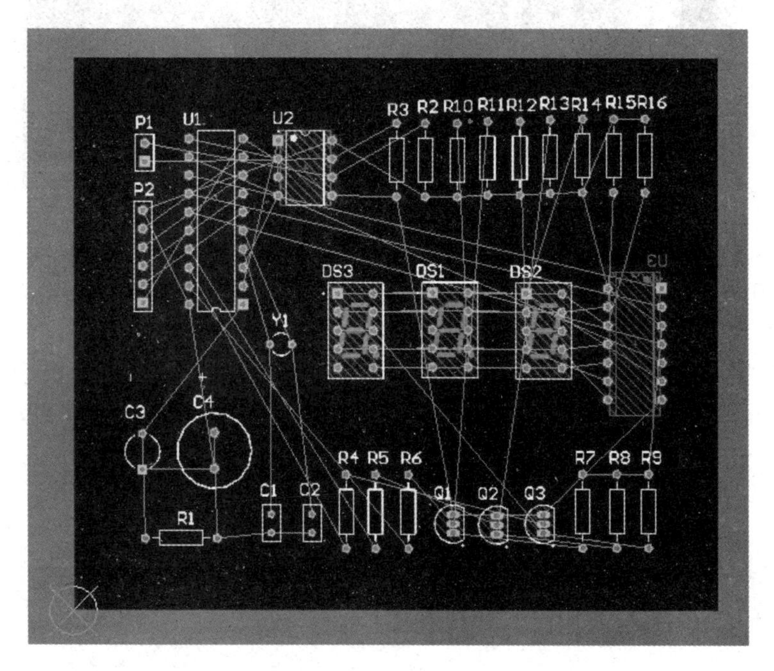

图 10-50　绘制好的电路板边框

（5）设置电气边界距离物理边界 100mil，即电气边界的长为 2800mil，宽为 3400mil。绘制电气边框的步骤如下。

（6）将工作层切换到 Keep-Out Layer，如图 10-51 所示。

图 10-51　Keep Out Layer 标签

（7）与设置物理边界的方法一样，设置电气边界。执行“Place”—“Line”命令，移动鼠标依次确定电气边界的四个顶点坐标(100mil,100mil)、(0mil,2900mil)、(3500mil,2900mil)、(3500mil,100mil),再右键单击鼠标,形成一个四边形的电气边界,如图 10－52 所示。

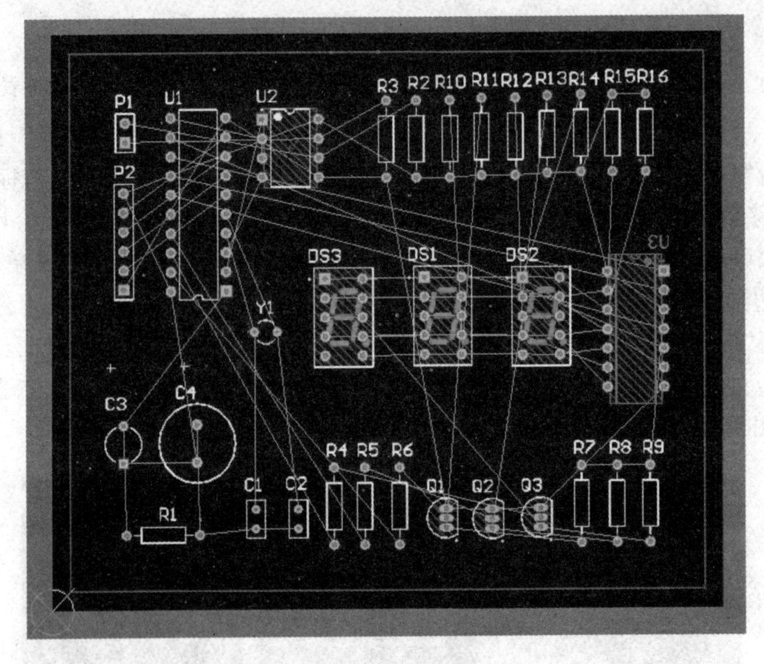

图 10－52　设置好的电气边界

3. 系统自动布线

布线规则设置完成后,就可以进行自动布线了,具体步骤如下。

(1) 执行“Auto Route”(自动布线)—“All”命令,系统将会弹出如图 10－53 所示的“Situs Routing Strategies”(拓扑布线策略)对话框,由于前面步骤已经设置好布线策略,此处可采用默认设置。

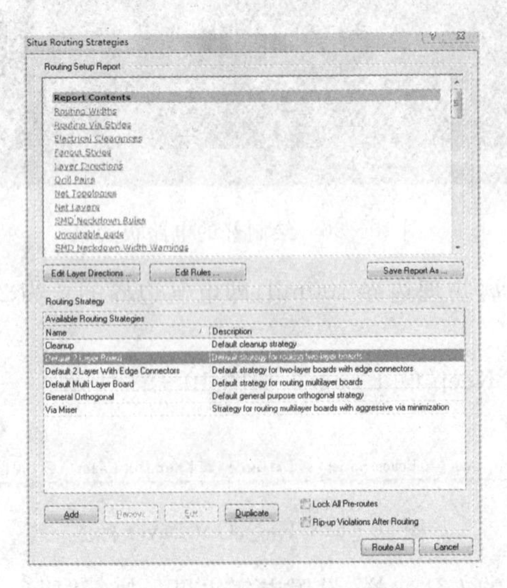

图 10－53　“Situs Routing Strategies”对话框

(2) 点击对话框中“Route All”(对所有布线)按钮,确认布线策略后系统就开始自动布线,布线过程中会出现如图 10－54 所示的“Messages”对话框反映自动布线信息。

(3) 若在自动布线过程中出现异常,可执行“Auto Route”—“Stop”命令,自动布线完毕后,PCB 板状态如图 10－55 所示。

Messages

Class	Do...	S...	Message	T...	D...	N...
S	9-1....	S...	Completed C...	1...	2...	14
S	9-1....	S...	Starting Strai...	1...	2...	15
S	9-1....	S...	92 of 92 con...	1...	2...	16
S	9-1....	S...	Completed S...	1...	2...	17
S	9-1....	S...	92 of 92 con...	1...	2...	18
S	9-1....	S...	Routing finis...	1...	2...	19

图 10－54　“Messages”对话框

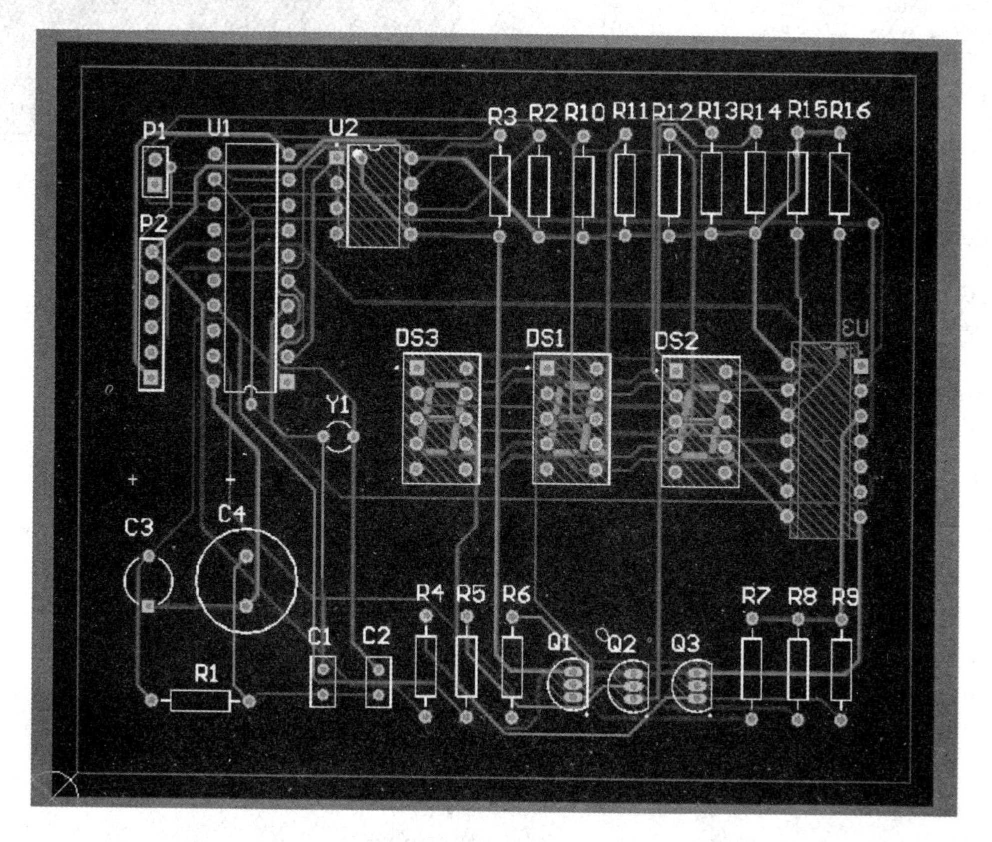

图 10－55　自动布线后的 PCB 板

10.6.5　PCB 板的 3D 显示

1. 为 PCB 板补充泪滴

利用自动布线并手动调整完 PCB 板后,可以为板中的焊盘或过孔补充泪滴,使得焊盘或过孔与导线之间的连接更为牢固,防止因在钻孔时的应力集中而使接触处断裂。

补充泪滴操作的具体步骤为:在已绘制好的 PCB 文件中,执行选项命令“Tools”—“Teardrops”来进行设置,执行该命令后,系统将弹出如图 10－56 所示的“Teardrop Options”对话框。按图进行设置后单击“OK”按钮即可实现对所有焊盘和过孔的补泪滴操作。补充泪滴后的效果如图 10－57 所示。

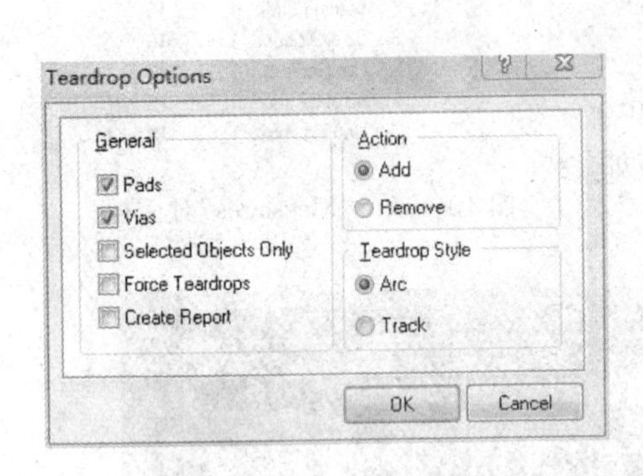

图 10-56 “Teardrop Options”对话框

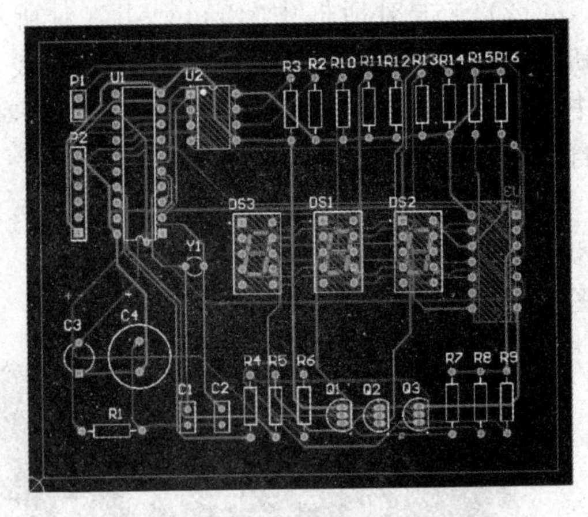

图 10-57 为 PCB 板补充泪滴

2. 添加过孔

执行“Place”—“Via”(过孔),并按下“Tab”键,弹出“Via”对话框,设置过孔参数。将孔的外直径改为 234.22mil,孔的直径改为 118.11mil,如图 10-58 所示。

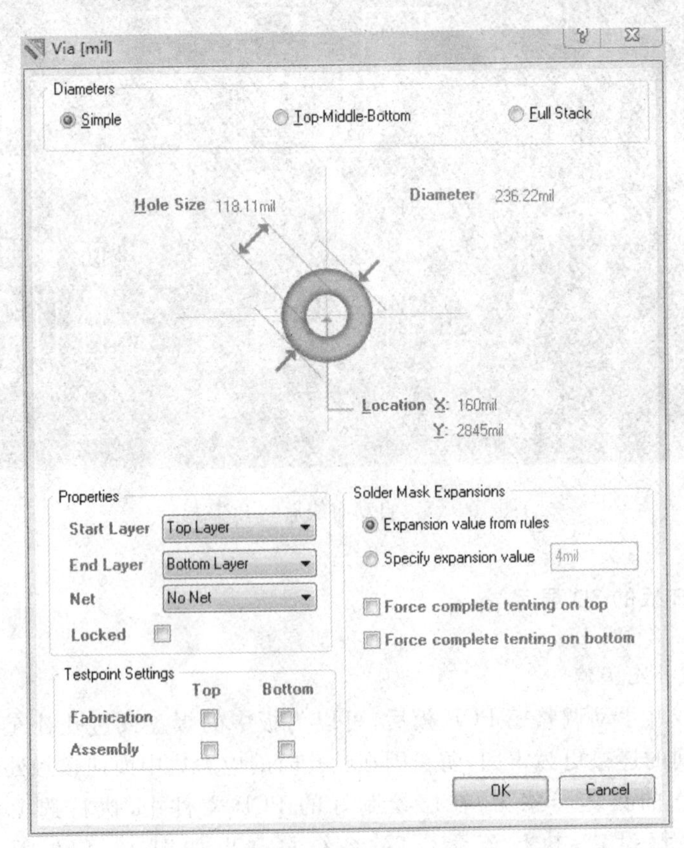

图 10-58 设置过孔参数

然后在 PCB 板的四个角上放置过孔,如图 10-59 所示。

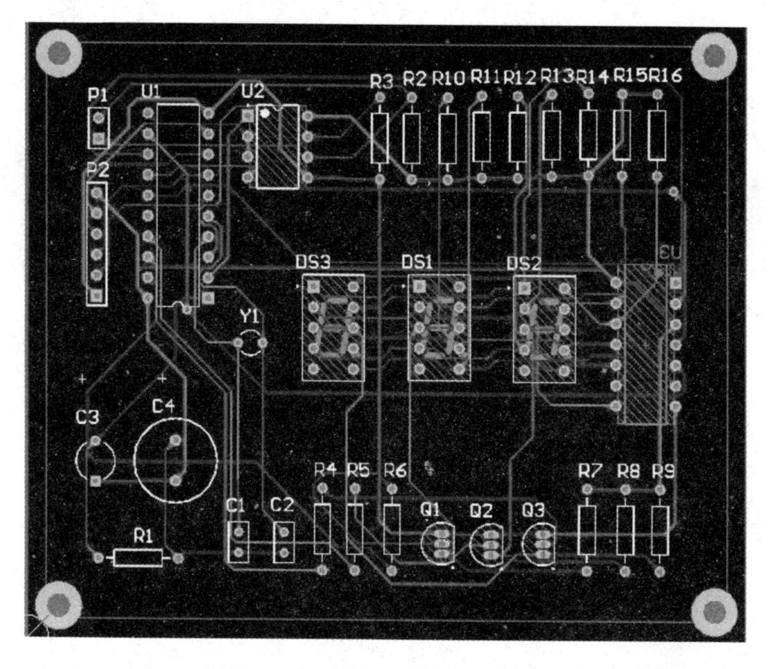

图 10-59 为 PCB 板放置过孔

3. 添加敷铜

执行“Place”—“Polygon Pour”，打开如图 10-60 所示“Polygon Pour”对话框。

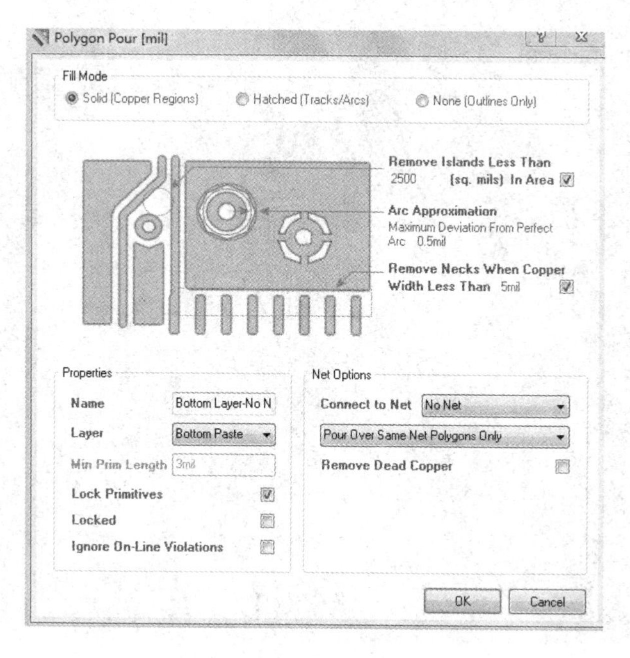

图 10-60 多边形敷铜对话框

在“Polygon Pour”对话框的“Fill Mode”中选择“Hatched”单选按钮。“Connect to Net”选择“GND”，并钩选“Remove Dead Copper”复选框，单击“OK”按钮，如图 10-61 所示。

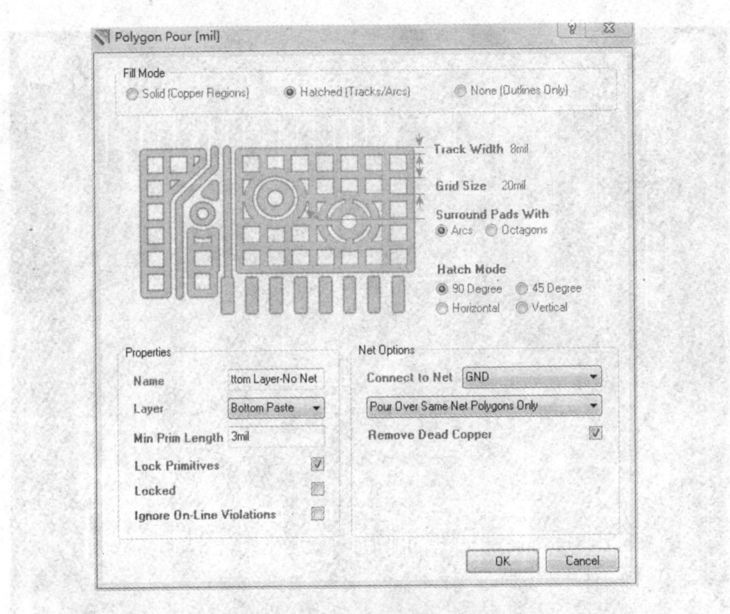

图 10－61　多边形敷铜设置

此时鼠标的光标变成十字光标，框出需要敷铜的区域，如图 10－62 所示。

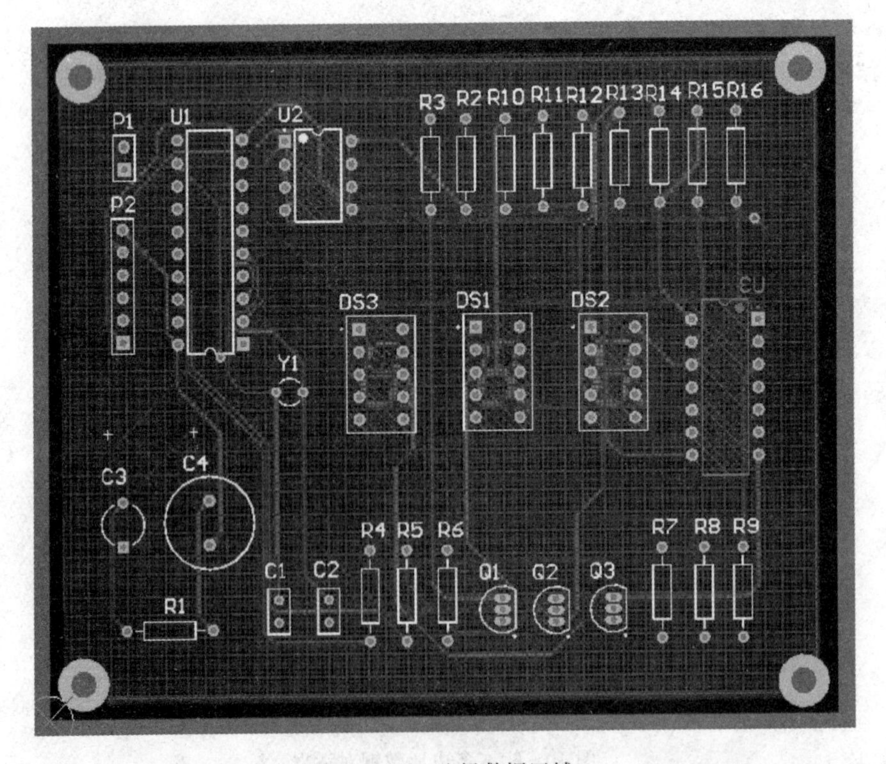

图 10－62　选择敷铜区域

4. PCB 板的 3D 显示

利用 PCB 板补充泪滴后，可以执行 3D 效果图命令来直观地看到所设计的电路板布局。

执行“View”—“Switch To 3D”（转换到 3D 视图），系统将自动生成一个 3D 效果图，如图 10－63所示。

在 3D 效果图下，用户也可以旋转 PCB 板使得用户能从 360°全方位更为直观观察 PCB 板。用户首先按下“Shift”按键不松开，PCB 板上就会出现一个球状的十字状坐标，按下鼠标右键不松开并移动鼠标，即会观察 PCB 板的翻转情况，如图 10－64 所示。

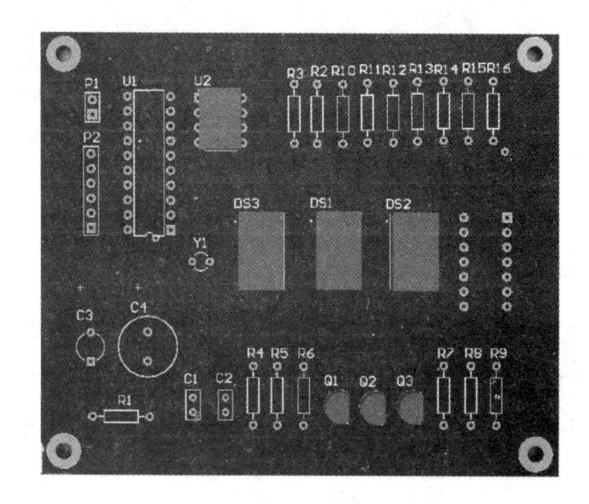

图 10－63　电路板的 3D 效果图

图 10－64　PCB 的 3D 选择效果

附　录

附录 A　Altium Designer 中的常用快捷键

快捷键	所代表的意义
Page Up	以鼠标为中心放大
Page Down	以鼠标为中心缩小
Home	将鼠标所指位置居中
End	刷新画面
Ctrl+Del	删除选取的元件(2个及2个以上)
X	选择浮动图件时,将浮动图件左右翻转
Y	选择浮动图件时,将浮动图件上下翻转
Alt+Backspace	恢复前一次的操作
Ctrl+Backspace	取消前一次的恢复
V+D	缩放视图,以显示整张电路图
V+F	缩放视图,以显示所有电路部件
Backspace	放置导线或多边形时,删除最末一个顶点
Delete	放置导线或多边形时,删除最末一个顶点
Ctrl+Tab	在打开的各个设计文件文档之间切换
A	弹出“Edit”\“Align”子菜单
B	弹出“View”\“Toolbars”子菜单
J	弹出“Edit”\“Jump”子菜单
L	弹出“Edit”\“Set location makers”子菜单
M	弹出“Edit”\“Move”子菜单
S	弹出“Edit”\“Select”子菜单
X	弹出“Edit”\“Deselect”子菜单
←	光标左移1个电气栅格

（续表）

快捷键	所代表的意义
Shift+←	光标左移 10 个电气栅格
→	光标右移 1 个电气栅格
Shift+→	光标右移 10 个电气栅格
↑	光标上移 1 个电气栅格
Shift+↑	光标上移 10 个电气栅格
↓	光标下移 1 个电气栅格
Shift+↓	光标下移 10 个电气栅格
Ctrl+1	以零件原来的尺寸的大小显示图纸
Ctrl+2	以零件原来的尺寸的 200%显示图纸
Ctrl+4	以零件原来的尺寸的 400%显示图纸
Ctrl+5	以零件原来的尺寸的 50%显示图纸
Ctrl+F	查找指定字符
Ctrl+G	查找替换字符
Ctrl+B	将选定对象以下边缘为基准，底部对齐
Ctrl+T	将选定对象以上边缘为基准，顶部对齐
Ctrl+L	将选定对象以左边缘为基准，靠左对齐
Ctrl+R	将选定对象以右边缘为基准，靠右对齐
Ctrl+H	将选定对象以左右边缘的中心线为基准，水平居中排列
Ctrl+V	将选定对象以上下边缘的中心线为基准，垂直居中排列
Ctrl+Shift+H	将选定对象在左右边缘之间，水平均匀排列
Ctrl+Shift+V	将选定对象在上下边缘之间，垂直均匀排列
Shift+F4	将打开的所有文档窗口平铺显示
Shift+F5	将打开的所有文档窗口层叠显示
Shift+单击鼠标左键	选定单个对象
Ctrl+单击鼠标左键，再释放 Ctrl	拖动单个对象
按 Ctrl 后移动或拖动	移动对象时，不受电器格点限制
按 Alt 后移动或拖动	移动对象时，保持垂直方向
按 Shift+Alt 后移动或拖动	移动对象时，保持水平方向

附录 B Altium Designer 常用原理图符号与 PCB 封装符号

附表 B-1 Miscellaneous Devices. IntLib

序号	元件名	描述	原理图符号	封装名	PCB 封装
1	2N3904	NPN 型放大器	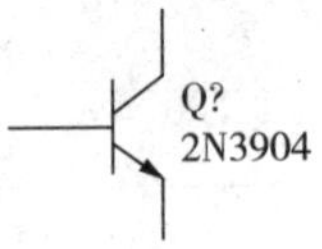 Q? 2N3904	BCY-W3/E4	 3 1
2	2N3906	PNP 型放大器	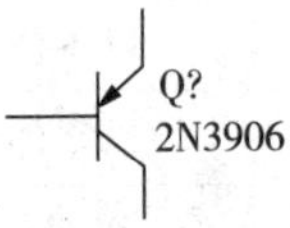 Q? 2N3906	BCY-W3/E4	 3 1
3	ADC-8	模—数转换器	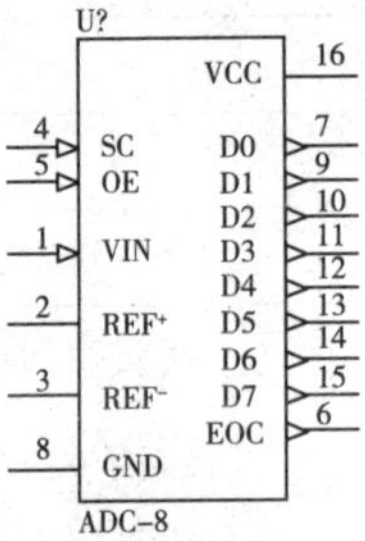 U? VCC 16 4 SC D0 7 5 OE D1 9 D2 10 1 VIN D3 11 D4 12 2 REF+ D5 13 D6 14 3 REF- D7 15 EOC 6 8 GND ADC-8	TSOP65P640-16AL	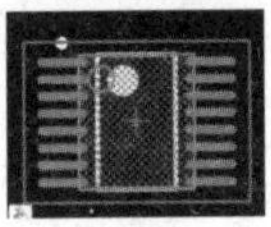
4	Antenna	天线	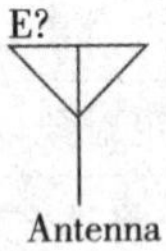 E? Antenna	PIN1	 1
5	Battery	电池	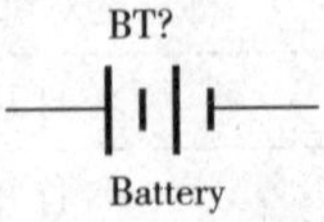 BT? Battery	BAT-2	 +
6	Bell	响铃	 LS? Bell	PIN2	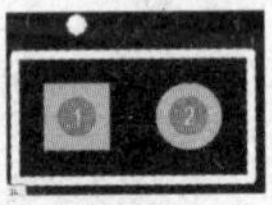 1 2
7	Bridge1	二极管整流桥	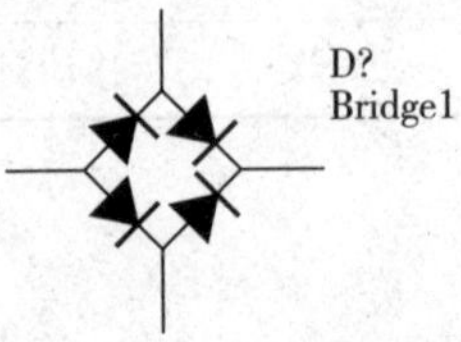 D? Bridge1	E-BIP-P4/D10	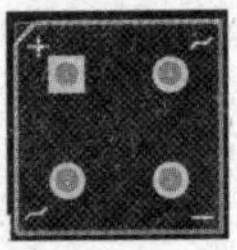 + ~ ~ -

（续表）

序号	元件名	描述	原理图符号	封装名	PCB 封装
8	Bridge2	集成块整流桥	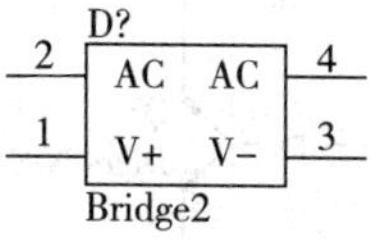 D? 2 AC AC 4 1 V+ V- 3 Bridge2	E-BIP-P4/X2.1	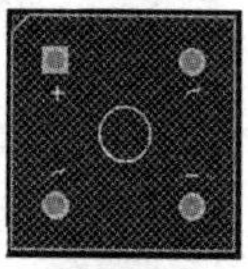
9	Buzzer	蜂鸣器	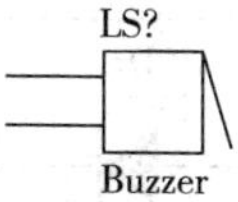 LS? Buzzer	ABSM-1574	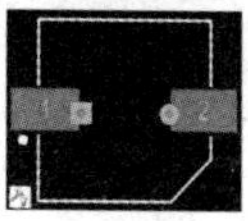
10	Cap	电容	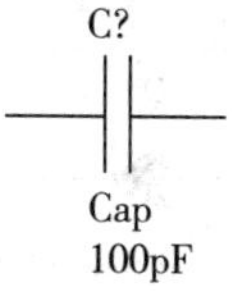 C? Cap 100pF	CAPR2.54-5.1x3.2	
11	Cap2	电容	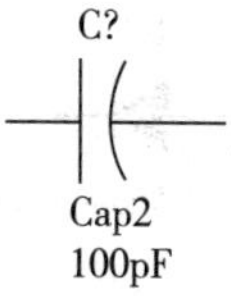 C? Cap2 100pF	CAPR5-4x5	
12	Cap Pol1	有极性电容	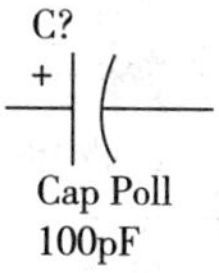 C? + Cap Pol1 100pF	CAPPR7.5-16x35	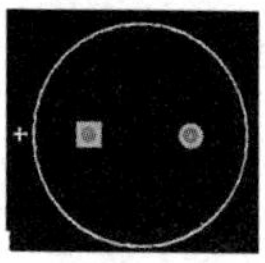
13	Cap Var	可调电容	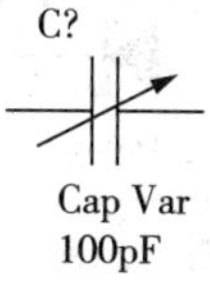 C? Cap Var 100pF	CAPC3225L	
14	Circuit Breaker	熔断丝	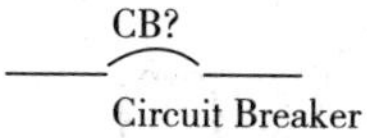 CB? Circuit Breaker	SPST-2	
15	D Varactor	变容二极管	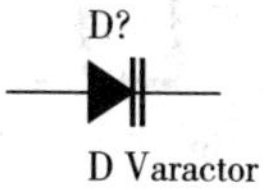 D? D Varactor	SOT95P240-3RM	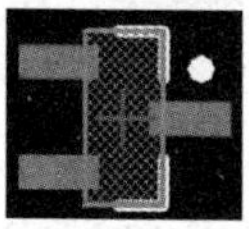
16	D Zener	齐纳二极管	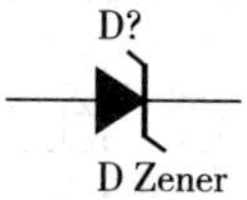 D? D Zener	DIODE-0.7	
17	DAC-8	数一模转换器	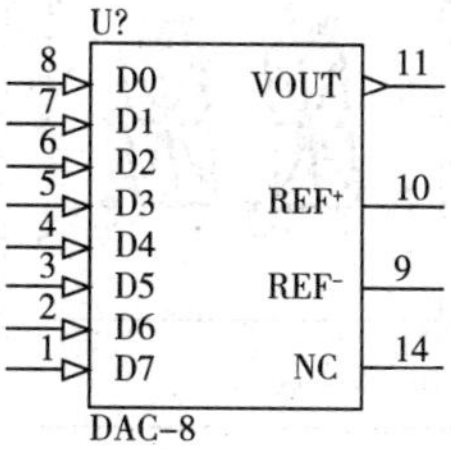 U? 8 D0 7 D1 6 D2 5 D3 4 D4 3 D5 2 D6 1 D7 VOUT 11 REF+ 10 REF- 9 NC 14 DAC-8	TSOP65P640-14AM	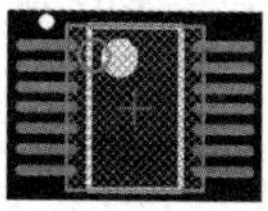

（续表）

序号	元件名	描述	原理图符号	封装名	PCB 封装
18	Diac－NPN	双向触发二极管	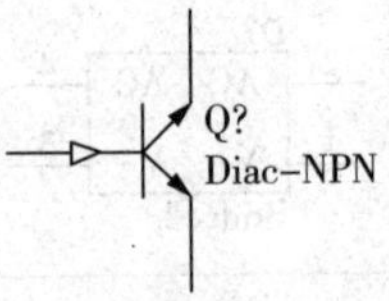 Q? Diac-NPN	SFM－T3/X1.6V	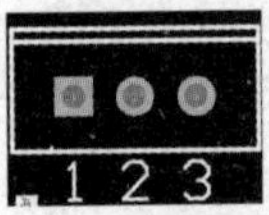 1 2 3
19	Diode	二极管	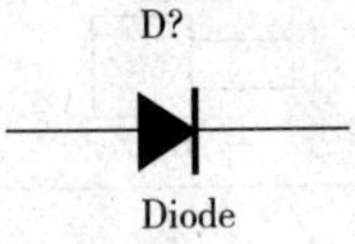 D? Diode	DSO－C2/X3.3	
20	Diode 1N914	二极管	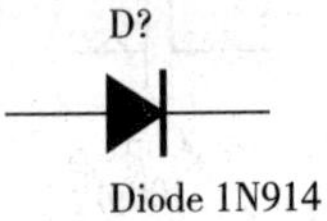 D? Diode 1N914	DIO7.1－3.9x1.9	
21	Diode BAS16	硅低泄漏电流二极管	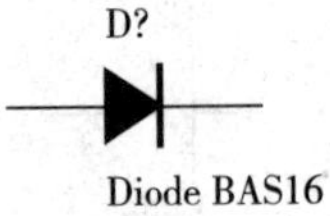 D? Diode BAS16	SOT95P240－3M	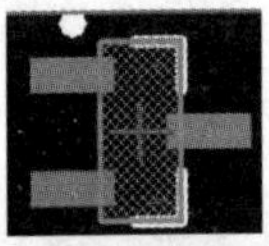
22	Diode BBY31	贴片变容二极管	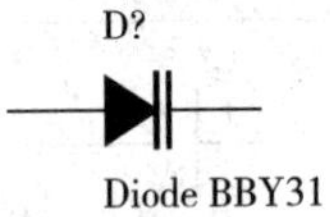 D? Diode BBY31	SOT95P240－3RN	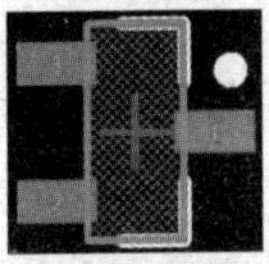
23	Diode BAT17	肖特基二极管	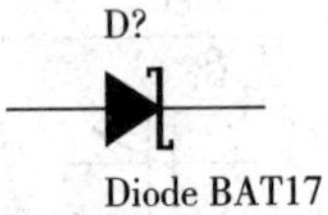 D? Diode BAT17	SOT95P240－3M	
24	Dpy Amber－CA	七段数码显示管	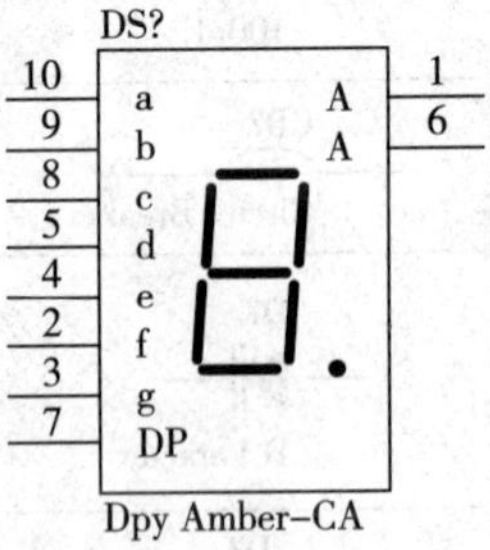 DS? 10 a, 9 b, 8 c, 5 d, 4 e, 2 f, 3 g, 7 DP, 1 A, 6 A; Dpy Amber-CA	LEDDIP－10/C5.08RHD	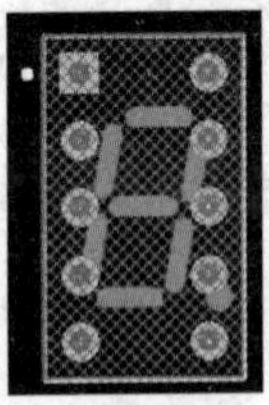
25	Dpy 16－Seg	十六段数码显示管	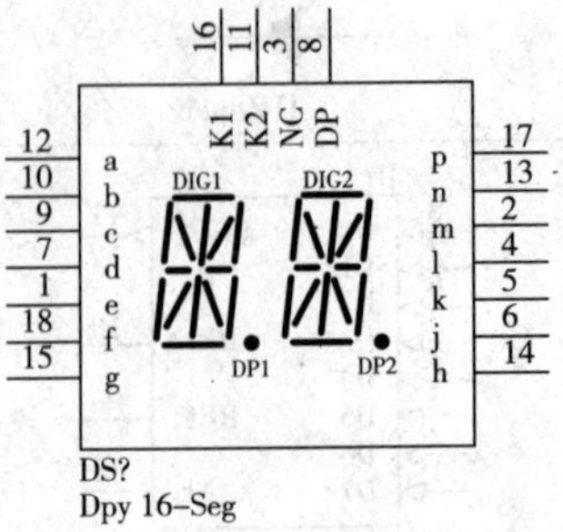 16 K1, 11 K2, 3 NC, 8 DP; 12 a, 10 b, 9 c, 7 d, 1 e, 18 f, 15 g; 17 p, 13 n, 2 m, 4 l, 5 k, 6 j, 14 h; DIG1, DIG2, DP1, DP2; DS? Dpy 16-Seg	LEDDIP－18ANUM	

（续表）

序号	元件名	描述	原理图符号	封装名	PCB 封装
26	D Tunnel1	隧道二极管	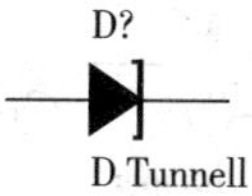 D? D Tunnell	LSO—F2/D6.1	
27	Dpy Overflow	七段显示数码管	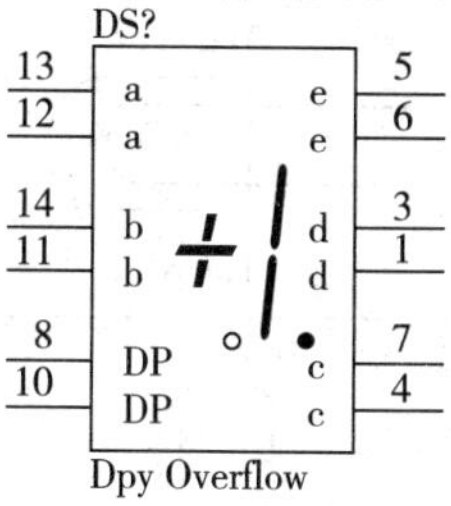 DS? 13 12 14 11 8 10 a a b b DP DP 5 6 3 1 7 4 e e d d c c Dpy Overflow	LEDDIP—12(14)/7.620VF	
28	Fuse1	熔断器	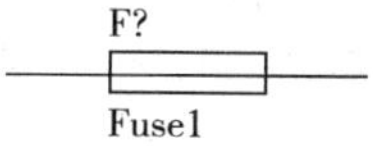 F? Fuse1	PIN—W2/E2.8	
29	Fuse Thermal	温度熔丝	 F? Fuse Thermal	PIN—W2/E2.8	
30	IGBT—N	场效应管	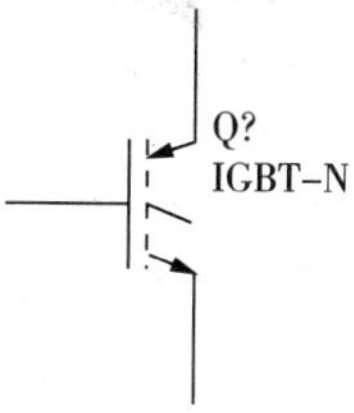 Q? IGBT-N	SFM—F3/Y2.3	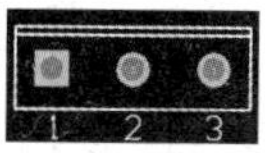 1 2 3
31	Inductor	电感	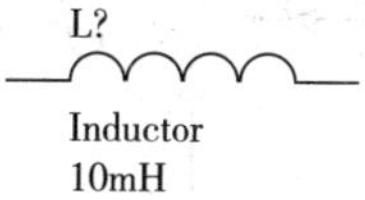 L? Inductor 10mH	INDC0603L	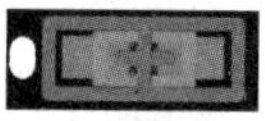
32	Inductor Adj	可调电感	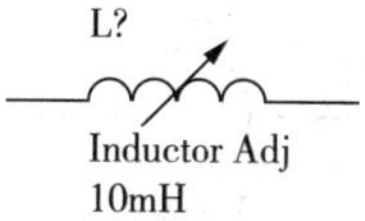 L? Inductor Adj 10mH	AXIAL—0.8	
33	Inductor Iron	带铁芯电感	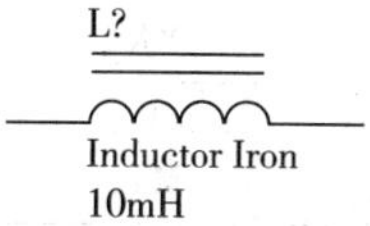 L? Inductor Iron 10mH	AXIAL—0.9	
34	Inductor Isolated	加屏蔽的有芯电感	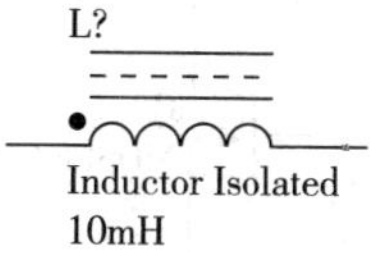 L? Inductor Isolated 10mH	SOD123/X.85	
35	JFET—N	N 沟道结型场效应管	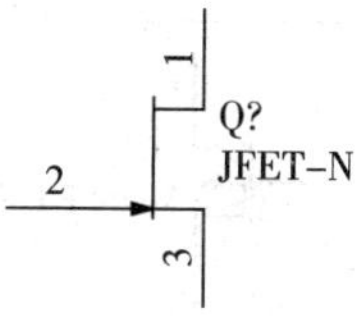 1 2 3 Q? JFET-N	SFM—T3/A6.6V	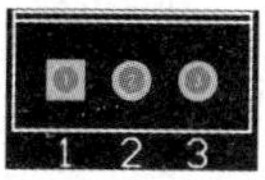 1 2 3

（续表）

序号	元件名	描述	原理图符号	封装名	PCB 封装
36	Jumper	跳线	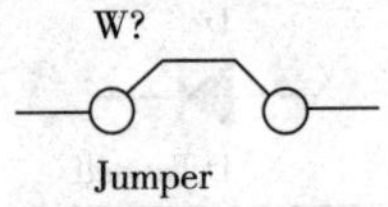 W? Jumper	RAD－0.2	
37	Lamp	灯泡	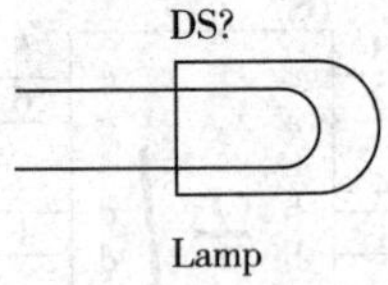 DS? Lamp	PIN2	
38	Lamp Neon	辉光启动器	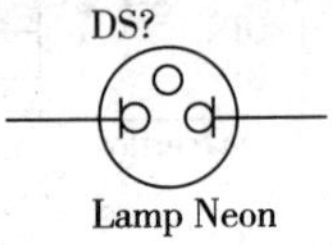 DS? Lamp Neon	PIN2	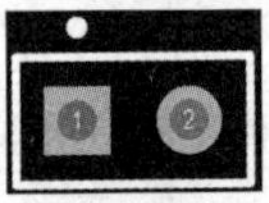
39	LED0	发光二极管	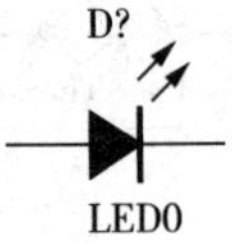 D? LED0	LED－0	
40	MESFET－N	砷化镓场效应晶体管	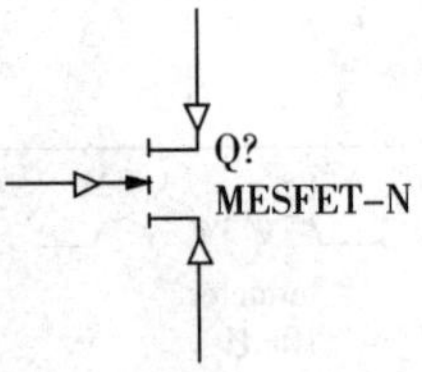 Q? MESFET-N	CAN－3/D5.9	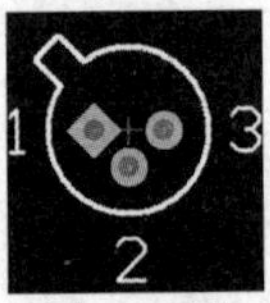 1 3 2
41	Meter	仪表	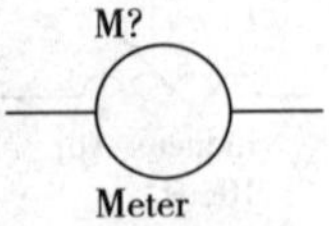 M? Meter	RAD－0.1	
42	Mic1	传声器（麦克风）	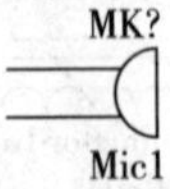 MK? Mic1	PIN2	
43	MOSFET－N	N－MOS 管	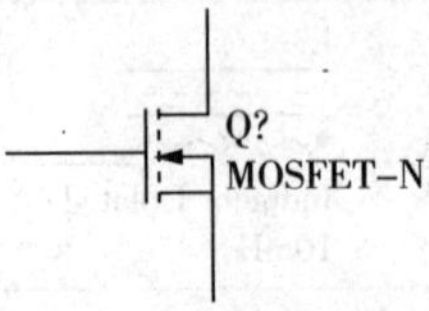 Q? MOSFET-N	BCY－W3/B.8	 1 3
44	MOSFET－P	P－MOS 管	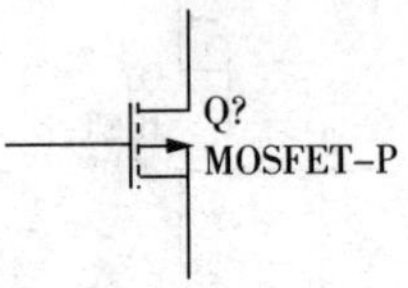 Q? MOSFET-P	BCY－W3/B.8	 1 3

（续表）

序号	元件名	描述	原理图符号	封装名	PCB 封装
45	Motor	电动机	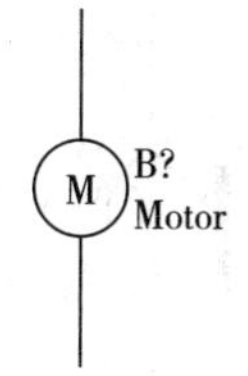 B? Motor	RB5－10.5	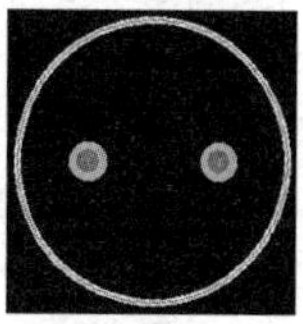
46	Neon	氖灯	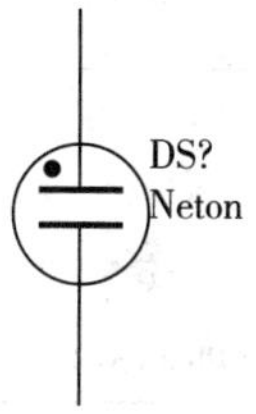 DS? Neton	PIN2	
47	NPN	NPN 型晶体管	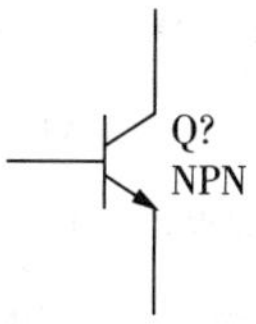 Q? NPN	BCY－W3	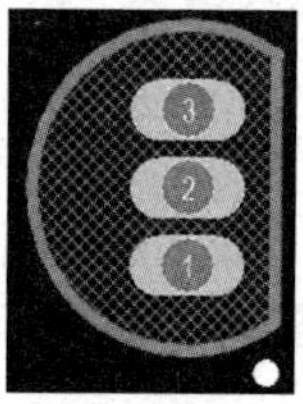
48	NMOS－2	N 沟道功率场效应晶体管	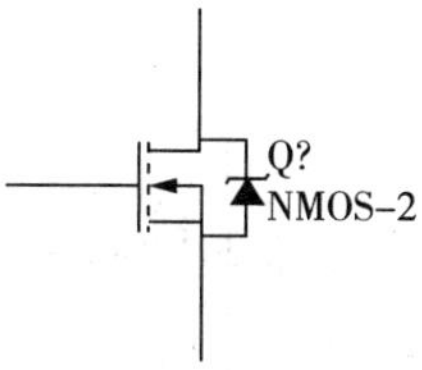 Q? NMOS-2	SFM－T3/A4.7V	
49	Op－Amp	运算放大器	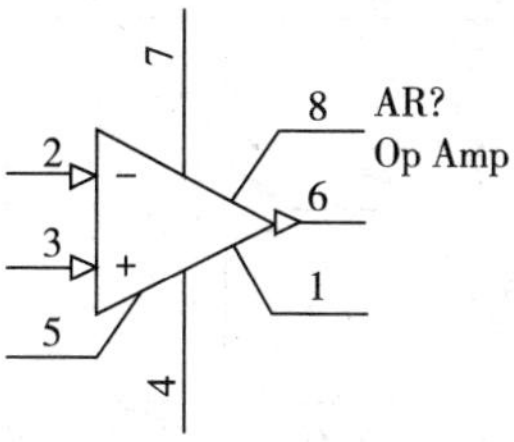 AR? Op Amp	CAN－8/D9.4	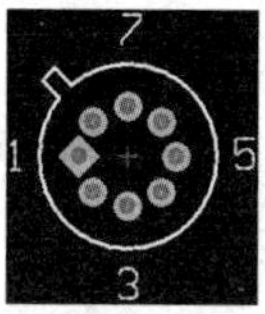
50	Optoisolator1	光耦合器	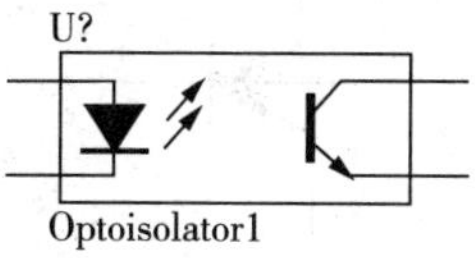 U? Optoisolator1	DIP－4	
51	Photo NPN	光敏晶体管	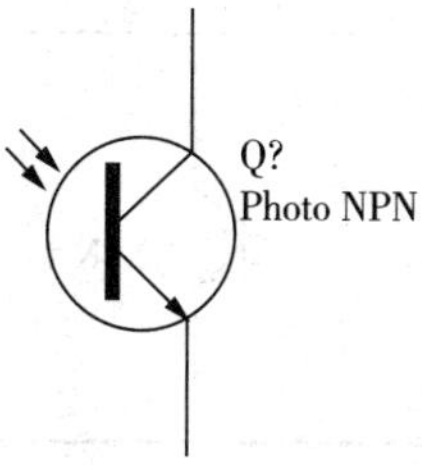 Q? Photo NPN	SFM－T2(3)/X1.6.V	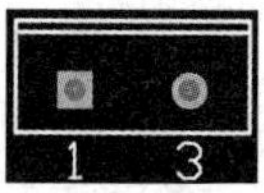

（续表）

序号	元件名	描述	原理图符号	封装名	PCB 封装
52	Photo PNP	光敏晶体管	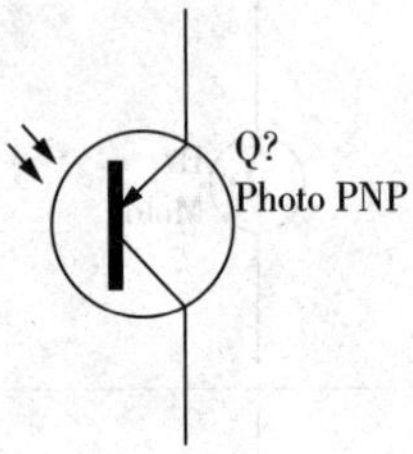 Q? Photo PNP	SFM－T2(3)/X1.6.V	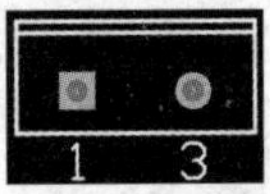 1 3
53	Photo Sen	光敏二极管	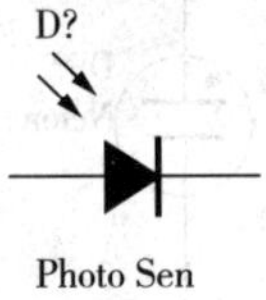 D? Photo Sen	PIN2	
54	PLL	锁相回路	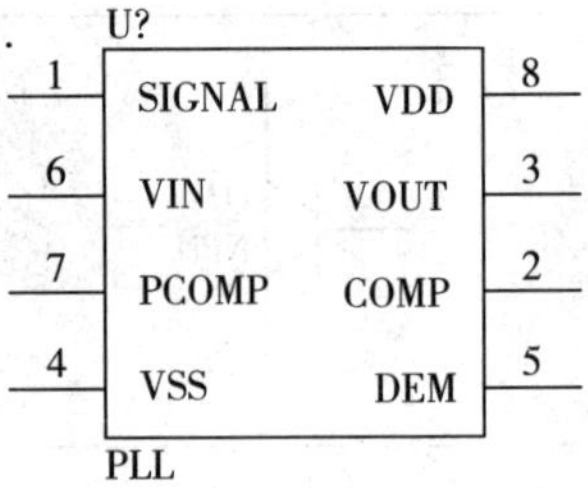 U? 1 SIGNAL VDD 8 6 VIN VOUT 3 7 PCOMP COMP 2 4 VSS DEM 5 PLL	SOP65P780－8M	
55	PMOS－2	P 沟道功率场效应晶体管	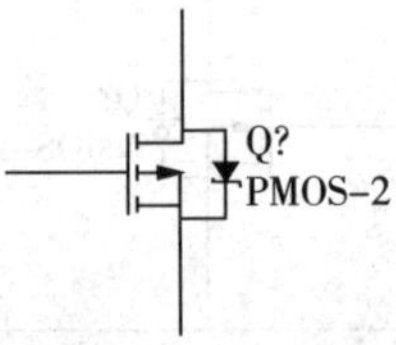 Q? PMOS-2	SFM－T3/A4.7V	
56	PNP	PNP 型晶体管	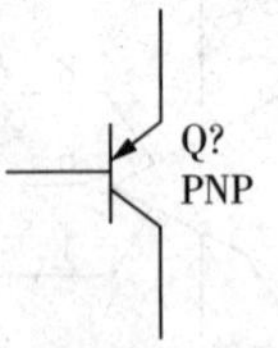 Q? PNP	SOT95P240－3M	
57	PUT	可编程序单结晶体管	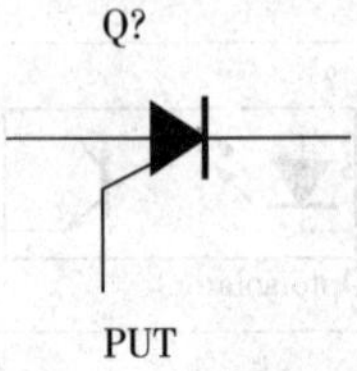 Q? PUT	CAN－3/D5.6	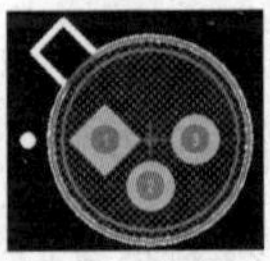
58	QNPN	NPN 双极型晶体管	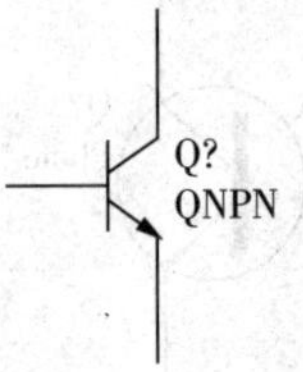 Q? QNPN	SOT95P240－3M	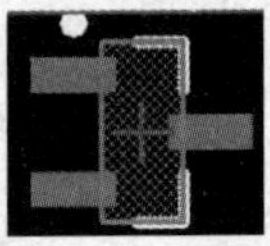

（续表）

序号	元件名	描述	原理图符号	封装名	PCB 封装
59	Relay	继电器	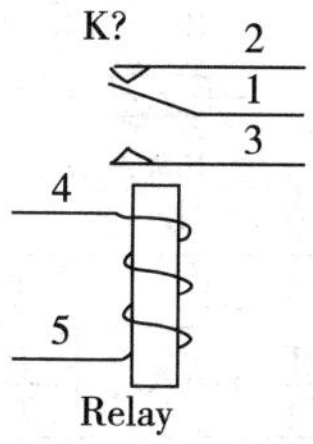 K? 2 1 3 4 5 Relay	DIP—P5/X1.65	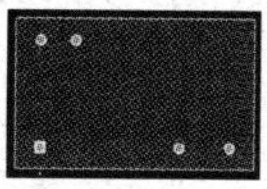
60	Res Bridge	桥式电阻	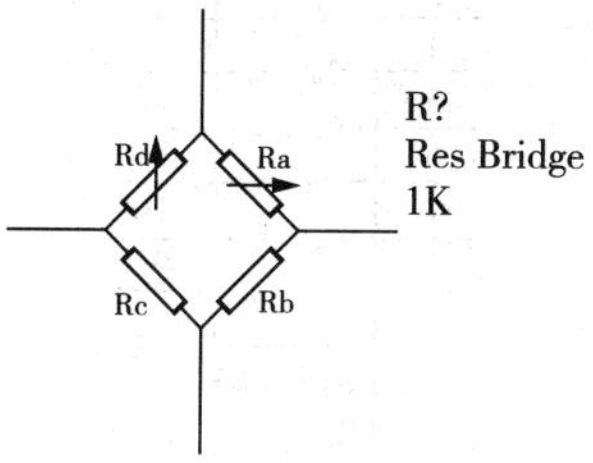 R? Res Bridge 1K Rd Ra Rc Rb	SFM—T4/A4.1V	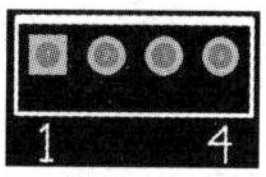 1 4
61	Res Semi	半导体电阻	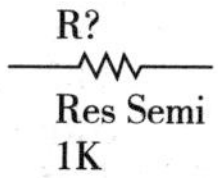 R? Res Semi 1K	AXIAL—0.5	
62	Res Tap	插头电阻	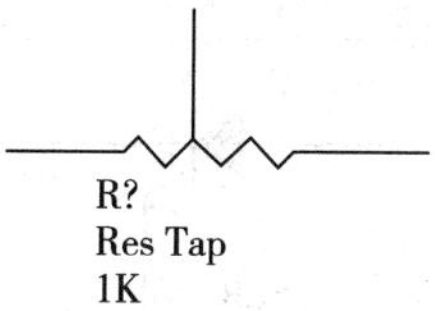 R? Res Tap 1K	VR3	
63	Res Thermal	热敏电阻	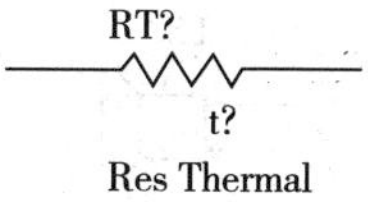 RT? t? Res Thermal	RESC2012N	
64	Res Varistor	压敏电阻	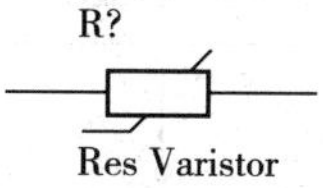 R? Res Varistor	RESC2012N	
65	Res1	电阻	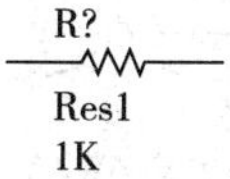 R? Res1 1K	AXIAL—0.3	
66	Res2	电阻	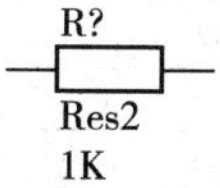 R? Res2 1K	AXIAL—0.4	
67	Res3	电阻	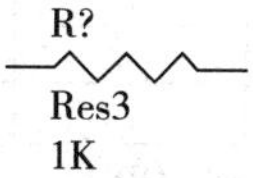 R? Res3 1K	RESC6332L	
68	Res Adj1	可变电阻	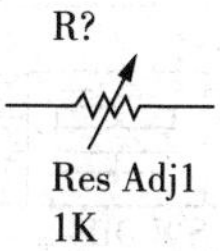 R? Res Adj1 1K	AXIAL—0.7	

（续表）

序号	元件名	描述	原理图符号	封装名	PCB 封装
69	Res Adj2	可变电阻	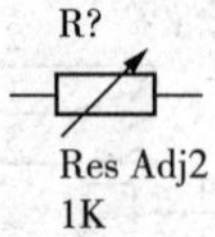 R? Res Adj2 1K	AXIAL－0.6	
70	Res Pack3	隔离电阻网络	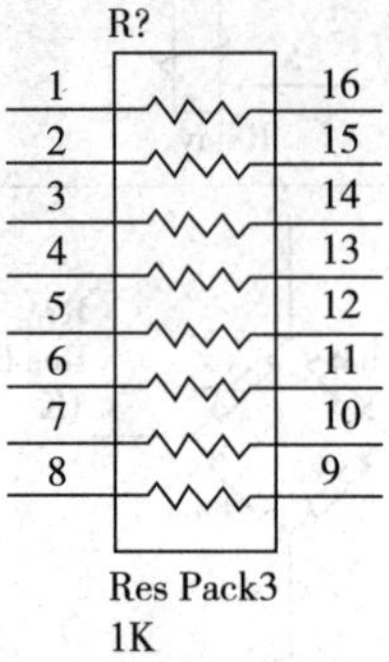 R? 1 16 2 15 3 14 4 13 5 12 6 11 7 10 8 9 Res Pack3 1K	SOIC127P600－16M	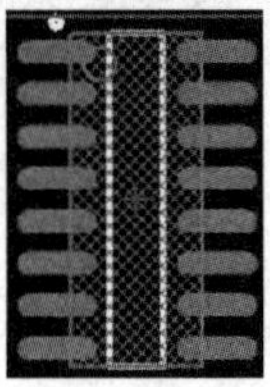
71	Rpot	电位器	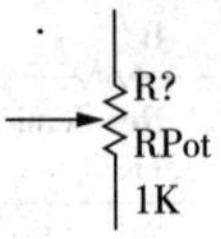 R? RPot 1K	VR5	
72	SCR	晶闸管	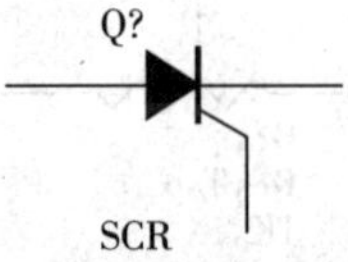 Q? SCR	SFM－T3/E10.7V	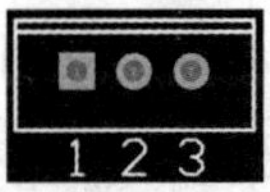 1 2 3
73	Speaker	扬声器	 LS? Speaker	PIN2	
74	SW－6WAY	六位单控开关	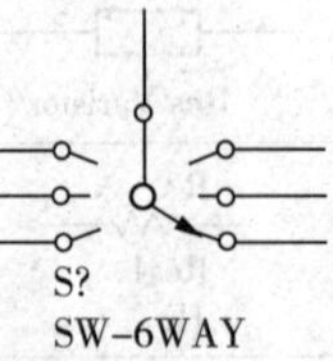 S? SW-6WAY	SW－7	 1 7
75	SW－DIP4	拨动开关	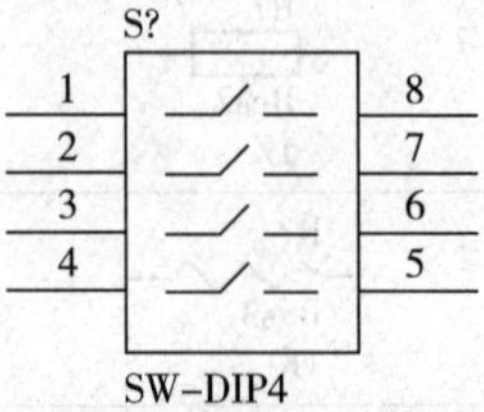 S? 1 8 2 7 3 6 4 5 SW-DIP4	DIP－8	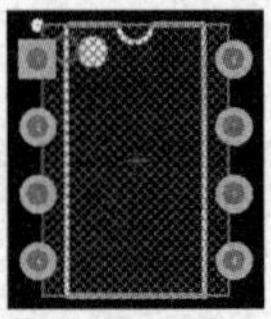
76	SW－DIP－2	双列直插指拨开关	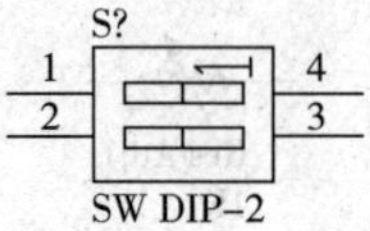 S? 1 4 2 3 SW DIP-2	DIP－4	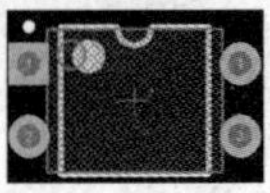

（续表）

序号	元件名	描述	原理图符号	封装名	PCB 封装
77	SW－PB	开关	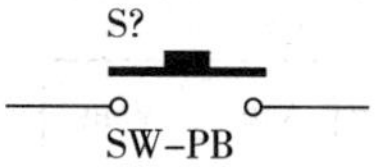 S? SW-PB	SPST－2	
78	Trans	变压器	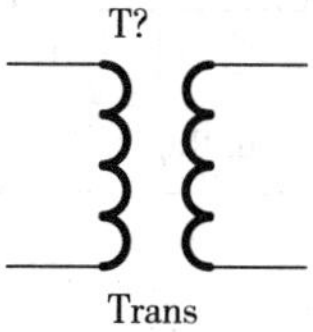 T? Trans	TRANS	
79	Trans Adj	可调变压器	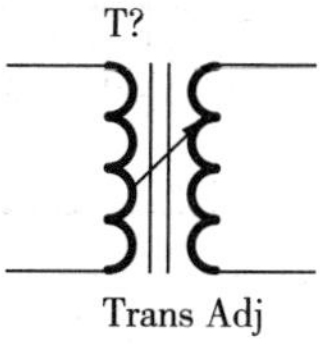 T? Trans Adj	TRF－4	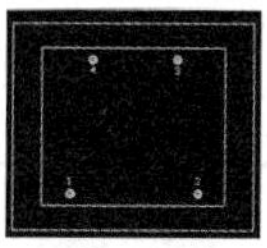
80	Triac	三端双向晶闸管	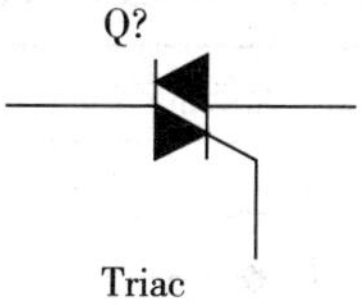 Q? Triac	SFM－T3/A2.4V	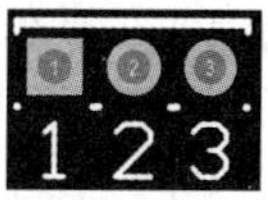 1 2 3
81	Tube 6L6GC	束射五级管	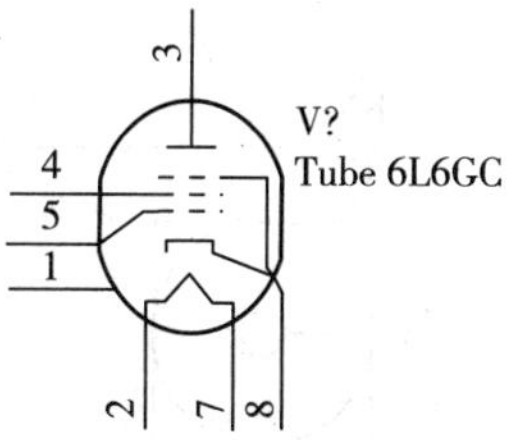 V? Tube 6L6GC	VTUBE－7	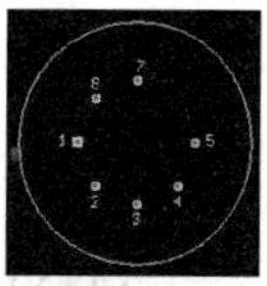
82	Tube Triode	闸流管	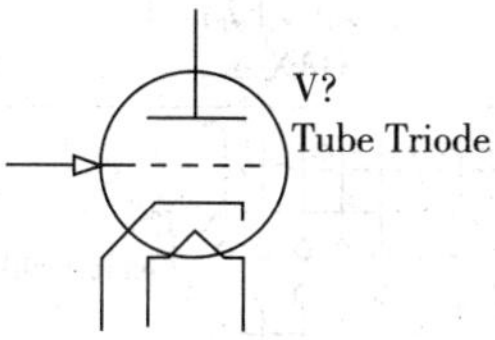 V? Tube Triode	VTUBE－5	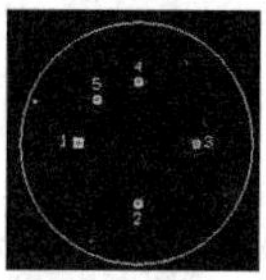
83	UJT－N	N 型双基极单结晶体管	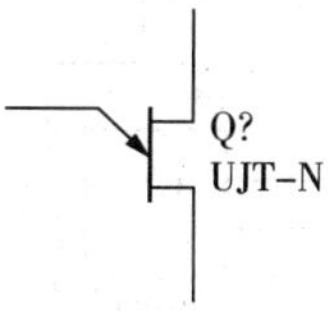 Q? UJT-N	CAN－3/Y1.4	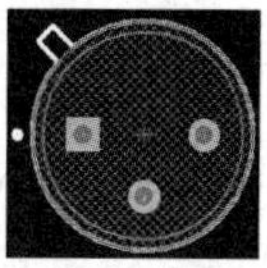
84	UJT－P	P 型双基极单结晶体管	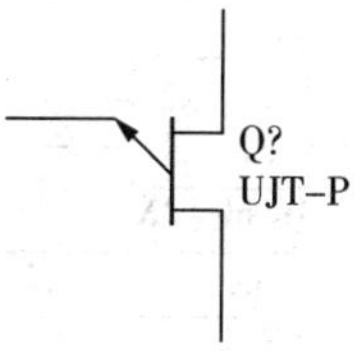 Q? UJT-P	CAN－3/Y1.5	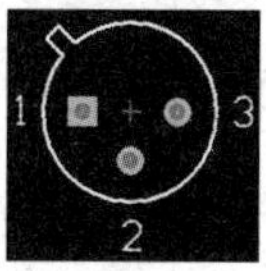 1 3 2

（续表）

序号	元件名	描述	原理图符号	封装名	PCB 封装
85	Volt Reg	电压调节器	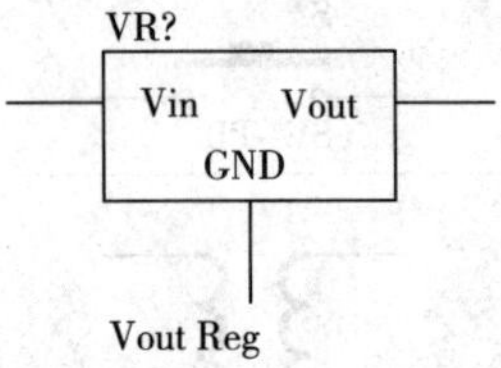 VR? Vin Vout GND Vout Reg	TO254P1510－3_4M	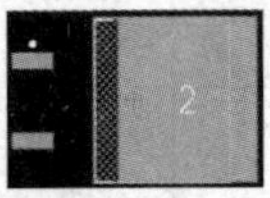 2
86	XTAL	晶体振荡器	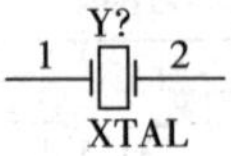 Y? 1 2 XTAL	BCY－W2/D3.1	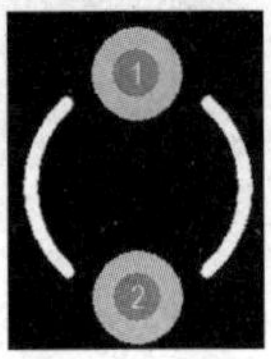 1 2

附表 B－2 Miscellaneous Connectors. IntLib

序号	元件名	描述	原理图符号	封装名	PCB 封装
1	BNC	同轴电缆抽头	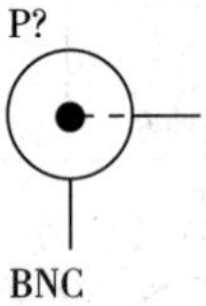 P? BNC	BNC_RA CON	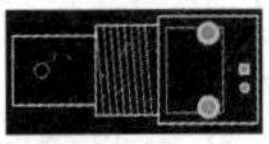
2	COAX－F	同轴电缆	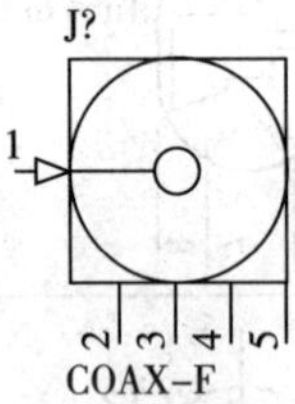 J? 1 2 3 4 5 COAX-F	MCX5.08H5	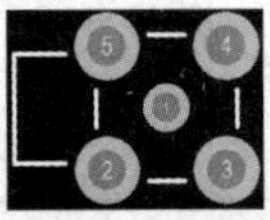 5 4 1 2 3
3	Connector14	插座	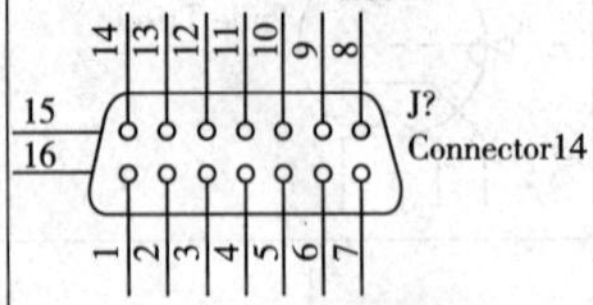 14 13 12 11 10 9 8 15 16 J? Connector14 1 2 3 4 5 6 7	CHAMP1.27－2H14A	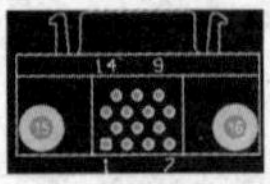 14 9 1 7
4	Header2	2 脚插管	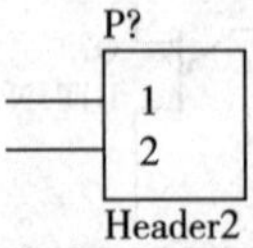 P? 1 2 Header2	HDR1×2	 1 2
5	Header2×2	2 脚双排管座	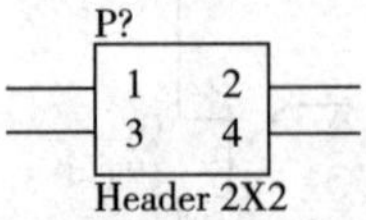 P? 1 2 3 4 Header 2X2	HDR2X2	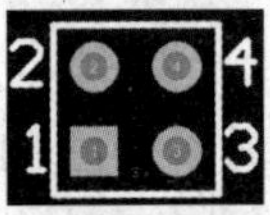 2 4 1 3
6	MHDR1×2	2 脚管座	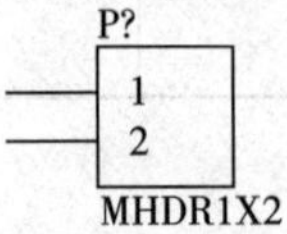 P? 1 2 MHDR1X2	MHDR1X2	 1 2

（续表）

序号	元件名	描述	原理图符号	封装名	PCB 封装
7	Plug	插头	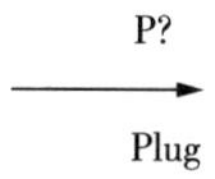 P? Plug	PIN1	
8	Plug AC Female	电源插座	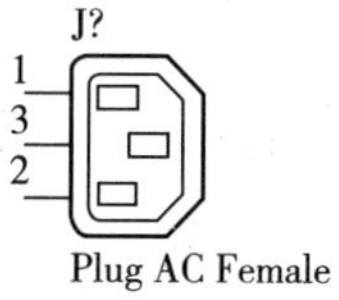 J? 1 3 2 Plug AC Female	IEC7－2H3	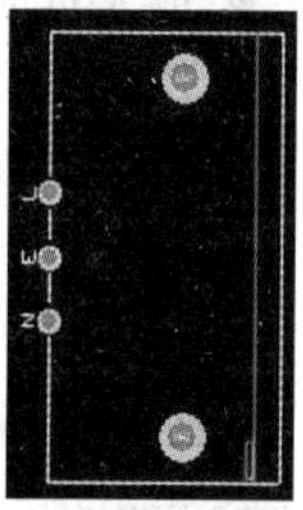
9	PWR2.5	低压电源	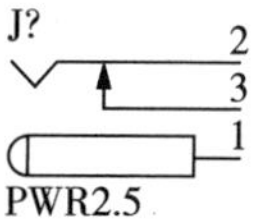 J? 2 3 1 PWR2.5	KLD－0202	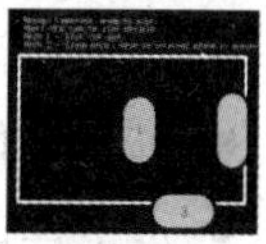
10	RCA	屏蔽电缆插座	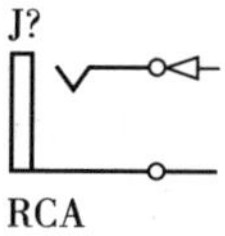 J? RCA	RCA/4.5－H2	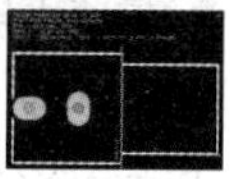
11	SMB	SMB 连接器	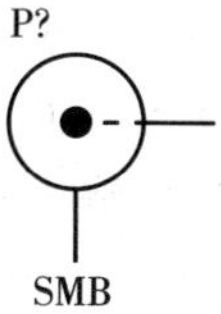 P? SMB	SMB_V－RJ45	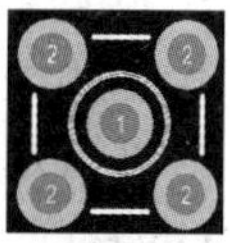
12	Socket	套接字插座	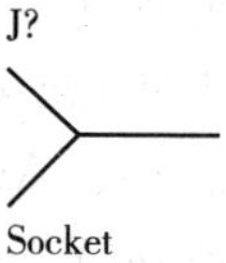 J? Socket	PIN1	
13	Edge Con22	22 脚板边连接器	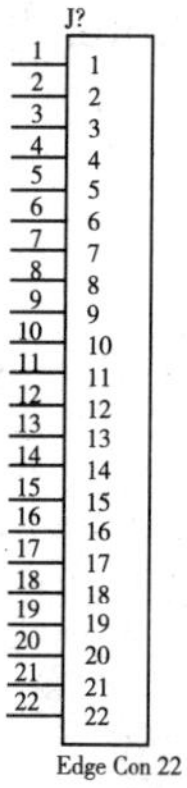 J? 1–22 Edge Con 22	PIN22	

附录 C　Altium Designer 相关设计规范

1. 电路图输入规范

- 最大页面规格：64 英寸×64 英寸。
- 最大页面分辨率：0.1 英寸。
- 每个项目的最多页数：无限制。
- 页面等级：无限制深度。
- 字体支持：所有 Windows 支持的字体。
- 输出设备支持：所有 Windows 输出设备。
- 网络表输出格式：Protel；EDIF 2.0 for PCB；EDIF 2.0 for FPGA；CUPL PLD；Multi Wire；Spice 3f5；VHDL。
- 每页的最大零件：无限制。
- 每个零件的最大针点：无限制。
- 每个库的最多零件：无限制。
- 最多同时打开的库数量：无限制。
- 电子制表工具：总线(Bus)；总线输入(Bus Entry)；Component Part；Junction；Power Port；Wire；Net Label；Sheet Symbol；Sheet Entry。
- 非电子制表工具：Text Annotation；Text Box；Arc；Elliptical Arc；Ellipse；Pie Chart；Line；Rectangle；Rounded Rectangle；Polygon；4－point Bezier；Graphic Image。
- 可指定零件针脚电子类型：输入；输出；输入/输出；集电极开路；隐含；Hiz；Emitter；Power；VHDL 缓冲；VHDL 端口。
- 用户可定义零件参数：不受限，包括程序库编辑程序和简单图纸。
- 报告产生：物料单材料明细表；项目分级；交叉引用。
- 输入文件格式：所有 Protel 电路图格式；AutoCAD DXF/DWG 到 2000；P－CAD Schematic ASCII(V15 和 V16)；Orcad Capture(V7 和 V9)。
- 输出文件格式：Orcad DOS 电路图；Protel 电路图 V4；Protel ASCII；Protel 电路图模板 ASCII 和二进制。

2. 自动布线规范

- 布线方法：拓扑式绘图。
- 布线时所用的模式：Memory；Fan out；Pattern；Rip up；Track spacing；Testpoint addition。
- 最大的零件数量：无限制。
- 每颗零件最大的 Pin 脚限制：5000。
- 最大的网络数量：10000。
- 最大的线段数量：16000

附录D　参考教学日历

周数：<u>12</u>周　　　周学时：<u>4</u>学时　　　总学时：<u>48</u>学时

讲课：<u>28</u>学时　　　上机：<u>20</u>学时

周次	讲　课		习题课,实验课,讨论课,上机,测试	
	教学大纲分章和题目名称	学时	内　　容	学时
第 1 周	第 1 章　印制电路板与 Altium Designer 10	2	(1)Altium Designer 10 概述； (2)Altium Designer 10 设计环境； (3)Altium Designer 10 文件管理； (4)Altium Designer 10 基本操作	
第 1 周	第 2 章　原理图设计	2	(1)原理图设计步骤； (2)绘图工作环境的设置； (3)布线工具栏	
第 2 周	上机实践		(1)熟悉 Altium Designer 10 界面； (2)练习 Altium Designer 基本操作； (3)练习布线工具栏工具使用	2
第 2 周	第 2 章　原理图设计	2	(1)原理图设计工具栏； (2)元件库的管理	
第 3 周	第 2 章　原理图设计	2	(1)元件的排列与对齐； (2)更新元器件流水号； (3)生成报表文件	
第 3 周	上机实践		(1)原理图绘制实例	2
第 4 周	第 3 章　层次原理图设计	2	(1)层次原理图的结构； (2)自顶向下的层次原理图设计	
第 4 周	第 3 章　层次原理图设计	2	(1)自底向上的层次原理图设计； (2)层次原理图的报表	
第 5 周	上机实践		(1)层次原理图绘制实例	2
第 5 周	第 4 章　创建元器件库与制作元器件	2	(1)元件库的创建； (2)元件库的管理； (3)元件绘图工具.	

（续表）

周次	讲　课		习题课，实验课，讨论课，上机，测试	
	教学大纲分章和题目名称	学时	内　　容	学时
第 6 周	第 4 章　创建元器件库与制作元器件	2	(1)如何绘制简单元件实例； (2)如何绘制复合元件绘制	
第 6 周	上机实践		(1)元件绘制实例	2
第 7 周	第 5 章　PCB 设计基础	2	(1)PCB 的板层结构； (2)元器件常用封装； (3)PCB 板设计流程与制作工艺； (4)PCB 板设计原则	
第 7 周	第 6 章　Altium Designer 10 的 PCB 设计	2	(1)PCB 编辑器； (2)PCB 参数设置； (3)PCB 设计工具栏	
第 8 周	上机实践		(1)利用自动布线方法绘制 PCB 图； (2)PCB 图的后处理	2
第 8 周	第 7 章　创建封装库与制作元器件封装	2	(1)封装概述； (2)元器件封装编辑器； (3)手动创建新元器件封装； (4)利用向导创建新元器件封装； (5)元器件封装管理； (6)PCB 板报表	
第 9 周	上机实践		(1)创建新元器件封装实例	2
第 9 周	第 8 章　电路仿真基础	2	(1)仿真概述与特点； (2)Altium Designer 仿真库描述； (3)初始状态的设置； (4)仿真器的设置与示例； (5)设计仿真原理图	
第 10 周	上机实践		(1)设计电路仿真实例	2
第 10 周	第 9 章　信号完整性分析	2	(1)文件系统的建立； (2)设置信号完整性分析规则； (3)PCB 信号完整性分析模型； (4)信号完整性分析器设置	
第 11 周	上机实践		(1)电路板信号完整性分析实例	2

（续表）

周次	讲　课		习题课，实验课，讨论课，上机，测试	
	教学大纲分章和题目名称	学时	内　　容	学时
第 11 周	第 10 章　数码管电路设计综合实例	2	（1）文件系统的建立； （2）装载元件库； （3）绘制所需元件； （4）为元件添加封装； （5）完成原理图的绘制； （6）制作 PCB 板	
第 12 周	上机实践		（1）复习与综合实例作业	4

参考文献

[1] 李小坚,赵山林,冯晓君,等. Protel DXP 电路设计与制版使用教程(第 2 版)[M]. 北京:人民邮电出版社,2009.

[2] 薛楠. Protel DXP 2004 原理图与 PCB 设计实用教程[M]. 北京:机械工业出版社,2012.

[3] 胡仁喜,李瑞,邓湘金,等. Altium Designer 10 电路设计标准实例教程[M]. 北京:机械工业出版社,2012.

[4] 陈学平. Altium Designer Summer09 电路设计与制作[M]. 北京:电子工业出版社,2012.

[5] 江思敏,胡烨. Altium Designer(Protel)原理图与 PCB 设计教程[M]. 北京:机械工业出版社,2015.

[6] 王晓莉. 电子线路 CAD(Protel DXP 2004)[M]. 北京:北京邮电大学出版社,2013.

[7] 李培江. 电子线路 CAD[M]. 北京:电子工业出版社,2014.

[8] 鲁娟娟. 电子线路 CAD 项目化教程[M]. 北京:北京理工大学出版社,2013.

[9] 王万刚,蔡川. 电子线路 CAD 设计[M]. 北京:电子工业出版社,2011.

[10] 何应俊. 电子线路 CAD[M]. 北京:国防工业出版社,2011.